# 数据结构与算法分析新视角
# （第2版）

周幸妮　任智源　马彦卓　樊　凯　编著

電子工業出版社
Publishing House of Electronics Industry
北京・BEIJING

## 内 容 简 介

数据结构是高等学校计算机及其相关专业的核心课程，是计算机程序设计的基础。本书按照“像外行一样思考，像专家一样实践”解决问题的思维方法，基于学习者的认知规律，列举大量实际或工程案例，从具体问题中引出抽象概念，运用类比、图形化描述等方式，对经典数据结构内容做了深入浅出的介绍。在介绍数据结构和算法的基本概念与算法分析方法的基础上，从软件开发的角度，通过应用背景或知识背景介绍、数据分析、函数设计、算法设计、测试调试等环节，分别对顺序表、链表、栈、队列、串、数组、树、图等基本类型的数据结构进行了分析和讨论；介绍数据的典型操作方法，如数据排序方法和查找方法；介绍常见的如递归、分治法、动态规划、贪心法等经典算法。

本书内容全面、算法全代码实现，是C/C++初级程序员、数据结构初学者以及企业招聘、研究生应试等人员的完全参考手册。可作为计算机及相关专业大学本科教材、工程技术人员培训教材，也很适合作为自学教材。



**图书在版编目（CIP）数据**

数据结构与算法分析新视角 / 周幸妮等编著. —2版. —北京：电子工业出版社，2021.1
ISBN 978-7-121-40367-5

Ⅰ. ①数…　Ⅱ. ①周…　Ⅲ. ①数据结构－高等学校－教材②算法分析－高等学校－教材　Ⅳ. ①TP311.12

中国版本图书馆CIP数据核字（2021）第006387号

责任编辑：窦　昊
印　　刷：三河市鑫金马印装有限公司
装　　订：三河市鑫金马印装有限公司
出版发行：电子工业出版社
　　　　　北京市海淀区万寿路173信箱　邮编：100036
开　　本：787×1 092　1/16　印张：32.25　字数：825.6千字
版　　次：2016年4月第1版
　　　　　2021年1月第2版
印　　次：2021年10月第3次印刷
定　　价：89.00元

凡所购买电子工业出版社图书有缺损问题，请向购买书店调换。若书店售缺，请与本社发行部联系，联系及邮购电话：（010）88254888，88258888。

质量投诉请发邮件至zlts@phei.com.cn，盗版侵权举报请发邮件至dbqq@phei.com.cn。

本书咨询联系方式：（010）88254466，douhao@phei.com.cn。

# 再版说明

数据结构是一门专业核心基础课程，在程序语言设计课程和其他计算机专业课程中起着承上启下的重要作用。计算机技术已经发展到“复杂信息系统时代”，对于一般计算问题，计算机的计算性能不再是求解问题的瓶颈，与计算机技术发展相适应的学生培养方式，是进行计算思维的实践，让学生真正掌握利用计算机解决计算问题的通用方法。因此，基础程序设计类课程的具体目标应该是，使学生学会从计算机的角度思考问题，培养学生的逻辑思维能力和程序设计方法。

2016 年 4 月出版的本书第 1 版正是基于上述目标，通过对每种数据结构的由来或工程应用背景的介绍、发展逻辑的分析、表示方式的描述、实现细节的思维展现，探讨数据结构的本质和内涵，将程序设计的思维痕迹完全展现出来，对经典数据结构及应用也进行了代码级的实现，希望为学习者提供更多的帮助。

这一版本是在第 1 版的基础上重新修订而成的。除了修订各种错误，还对相关度不大的内容进行了删减；增加了一些有趣的案例；对篇幅较大的内容增加了分节标题，使条理更清晰。

## 英文版教材

本书对应的英文版教材 *Data Structures and Algorithms Analysis: New Perspectives* 入选国内信息领域英文课程“十三五”系列规划教材，由科学出版社与 DE GRUYTER（德国德古意特出版社）联合出版，分国内版和海外版两个版本（内容相同）。英文版因篇幅的关系，分为上下两卷：

Volume 1: Data Structures Based on Linear Relations，ISBN：978-3-11-059558-1

Volume 2: Data Structures Based on Nonlinear Relations and Data Processing Methods，ISBN：978-3-11-067607-5

## 培训教材

本书被某软件开发公司选中作为培训教材，在多个著名 IT 网站有对应的视频课程。

## 获奖

本书 2017 年获西安电子科技大学第十五届优秀教材一等奖（第二名）。

## 致谢

在第 1 版教材的使用过程中，有不少细心的读者指出了书中的各种错误，特别是铁满霞教授和范敬喆同学，在认真通读全书后，把各种问题一一标出，与作者认真讨论。

非常感谢各位老师与读者的热心支持。

周幸妮

xnzhou@xidian.edu.cn

2020 年 5 月 2 日

# 前　言

从新视角来看待旧问题，则需要创造性的思维。

——爱因斯坦

## 数据结构的教与学经历

六七年前上数据结构课时，驾轻就熟地依然按照一贯的讲法上课。上了几次课后，收到班上一位同学的 E-mail，其中说："我自己是特别热爱写程序的。一方面我很熟悉电脑，软硬件都有涉猎，所以学起来就不缺相关的基础知识（像内存、寄存器、电子电路等这些都很熟悉）；另一方面我好像很能适应，也很喜欢这种思维方式……但班上不少同学好像对数据结构的学习理解和接受起来还是比较困难的……"

教授数据结构的课程也有十余年了，一直以来，学生们总认为数据结构不是一门容易学的课程，"在众多的专业课中，数据结构被很多学生认为是一门很难学习的课程。"虽然我在学校读书时没有学习过数据结构的课程，只是因为后来要教书，才自学了数据结构。在自学的过程中，也并没有觉着内容怎么难，这是怎么回事呢？

仔细回想一下自己学习与工作的经历过程，或许就是来信的这位同学所说的，是因为在学习数据结构书本知识之前，已经有了较强的编程技能、一些数据结构实际应用的先验知识吧。比如，在研究所工作时首次参加的软件开发项目中，就有多进程、链表、队列、散列等实际应用，虽然在学校并没有学过这些概念，而是先接触到实际项目中要处理的问题，再看到其他程序员的具体算法处理和程序实现方法，从实际的问题切入，就比较容易理解相应的数据组织形式和对应的算法，后来再接触到书本的理论知识，就有一种一通百通、豁然开朗的感觉。还有一个原因是在软件开发过程中逐渐熟悉并掌握了程序调试方法，对例程通过跟踪的方法，很容易弄清执行的路径和结果，对算法的设计和实现的理解也起到了事半功倍的效果。

回头来看学生们学习的教科书，概念的介绍是传统意义上的叙述方式，抽象度很高，但从实际到抽象、从抽象到实际的过程介绍不足，感性认识不足，抽象就难以理解接受。"现在有一个不好的倾向，就是教材或课堂过于重视抽象化的知识，忽视应用背景。数据结构的教材是这一倾向的代表。这对入门阶段的学生来讲是不适宜的，因为学生难以走进所涉及的抽象世界，最终表现为不知道在讲什么。"

我的学生既没有实际软件开发的经验也没有熟练的编程调试基础，对数据结构没有感性认识，先接触的是那些抽象的概念，感到理解和接受困难也就可以理解了。邹恒明在《数据结构：炫动的 0、1 之弦》一书中指出，对于很多人来说，数据结构的概念并不难，真正的难点是：

- 如何实现从数据结构概念到程序实现的跨越（即如何实现一个数据结构）。
- 如何实现从实际应用到数据结构抽象的跨越（即如何利用数据结构解决实际问题）。

对于我来说，仅仅在学校学了一点点程序设计语言（记得所有上机时间加起来不超过 20 小时），没有任何数据结构的知识，刚出校门就参与了历时三年多后来获得国家科技进步奖的大型软件开发工作，以及后续多个电信用户单位的实际软件安装、应用调试和维护工作，亲历和实现了上述两个“跨越”的最实际生动的案例。项目的开发过程非常艰苦，在用户单位调试现场连续大半年的天天加班到深夜，第二天依然要正点到机房的超负荷工作，有通宵的跟踪调试，有 24 小时在线系统内存泄漏的巨大压力，有上线后双机备份系统同时崩溃争分夺秒找 bug 的惊心动魄，等等。应该说自己是很幸运的，虽然在学校仅仅学习了一点点编程的概念，但在工作中根据需要自学和向同事学习了很多新知识、经验和技巧，这样的实践和磨练，对后来的程序设计类课程的理解和教授是非常有益的。

## 学习数据结构困难的症结

回想与总结起来，上述两个要“跨越”的鸿沟是由学校的传统教科书教法和实际的应用要求脱节造成的。

弗里德里希·威廉·尼采曾写道：“人们无法理解他没有经历过的事情。”换句话说，我们只接受与过去早已理解的事物相关的信息。这是一种比较学习的过程，在这个过程中，大脑要寻找每条信息之间的联系，借助以往经验来理解新事物。

“欧拉认为，如果不能把解决数学问题背后的思维过程教给学生，数学教学就是没有意义的。现代计算机实质上的发明者莱布尼兹也说过：在我看来，没有什么能比探索发明的源头还要重要，它远比发明本身更重要。从小到大，我们看过的数学书几乎无一不是欧几里得式的：从定义到定理，再到推论。这样的书完全而彻底地扭曲了数学发现的真实过程。目前几乎所有的算法书的讲解方式也都是欧几里得式的，每一个推导步骤都是精准制导、直接面向数据结构目标的，实际上，这完全把人类大脑创造发明的步骤给反过来了。对读者来说，这就等于直接告诉你答案和做法，然后让你去验证这个答案和做法是可行或成立的，而答案和做法到底是怎么来的，从问题到答案之间经历了怎样的思维过程，却鲜有书能够很好地阐释。对于这类知识讲述方式（欧几里得式）的批判，西方（尤其是在数学领域）早就有了。”

传统数据结构教科书的一般模式都是给出问题，然后直接给出算法，而实际上要用计算机解决问题，必须考虑的处理步骤有：如何分析问题中的已知信息，如何提炼数据及数据间的联系（数据的逻辑结构），如何选用合适的存储方式（数据的存储结构）将逻辑结构存到计算机中，然后在存储结构之上按照自顶向下逐步细化的方法给出算法，这才是真正解决实际问题的思维方法和步骤，也是软件开发中实际采用的方法。传统教科书的问题在于没有对思维过程的引导与分析，致使概念论述、实现细节有余，设计实现过程描述不足，让学生看到的只是一个个问题具体的详解，而把握不住算法设计的总方法和原则。

本书尝试从学以致用的角度给出问题或算法的知识背景或应用背景，增加了一些在实际软件开发中的算法应用背景或实例；强调算法的分析方法、设计思路，给出重要算法的测试及调试分析，弥补了传统教科书中的不足。教学生用“软件开发的方法”处理问题，使学生容易理解并掌握它，在实际的软件开发过程中能灵活选择适当的逻辑结构、存储结构及相应算法，设计性能优、效率高、可读性强、易维护的程序，达到数据结构课程预期的目标。

## 程序设计与数据结构的关系

在学习数据结构知识之前要有程序设计的基础，那么我们先来看看与编程相关的问题。

什么是编程？编程不仅仅是对语法的掌握，还涉及诸多方面：

（1）程序的解题思路——算法是由基本运算及规定的运算顺序构成的完整解题步骤，是程序的灵魂，算法的优劣直接影响程序的效率。本书的算法描述方法见稍后的说明。

（2）程序运行的速度——程序运行的速度受很多因素的影响。用户对程序的运行速度往往是有要求的，如实时响应系统。

（3）程序的运行空间——代码运行需要相应的内存空间及相关运行环境。一些应用场合对程序占用的空间有限制，如嵌入式系统。

（4）代码规范——代码要按照一定的规范格式书写，以保证代码的一致性，便于交流和维护。

（5）程序的结构——一个功能复杂的程序由多个功能相对独立的模块组成。模块内高内聚，模块间低耦合，是判断程序结构是否合理的标准。

（6）模块接口——模块间的信息交流通过接口完成，模块间信息传递参数的设置应合理有效。

（7）程序的测试与调试——由精心设计的测试用例来测试程序是否正确。调试是高效率完成软件产品的有效方法，一位编程高手也应该是调试专家，调试的经验方法大多是在实践中得到的。

我们在学习数据结构知识之前要有程序设计的基础，那么数据结构与程序设计间的关系是怎样的呢？应该说，数据结构是编写规模庞大、逻辑复杂的更高级程序所需的基础。表 0.1 给出了程序设计与高级编程的特点。

表 0.1　程序设计与高级编程

| | 涉及课程 | 主要内容 | 课程目标 |
|---|---|---|---|
| 结构化程序设计 | 程序设计基础类课程 | 语言语法形式、语句使用规则<br>模块设计思想 | 编写简单程序<br>解决简单问题 |
| 高级编程技术 | 数据结构 | 数据的抽象思维方法 | 编写规模庞大、逻辑复杂的程序 |
| | | 算法的规范声明、算法的性能分析、算法的性能评价 | |
| | 软件工程 | 部件（模块）设计思想、软件工程思想 | |
| | …… | | |

程序设计的首要问题是模块划分的相关问题，另一个重要问题是把要解决问题的信息转换成计算机能认识并接收的数据，这一转换过程就是数据的抽象过程。要处理规模庞大的复杂问题，必须掌握数据的抽象思维方法，还要熟练掌握算法的规范声明、算法的性能分析、算法的性能评价等诸多技能。

## 数据结构与其他课程的关系

作为一门重要的专业核心必修课程，“数据结构与算法”课程既是以往课程的深入和扩展，也为深入学习其他专业课程打下基础。课程中排序问题算法以及基本的树、图等数据结构，是计算机科学的基本功。B+树、散列（Hash）等高级数据结构，也是数据库、操作系统、编译原理、计算机网络等重要专业课程的基础。本课程在计算机学科中与其他课程的关系如图 0.1 所示。

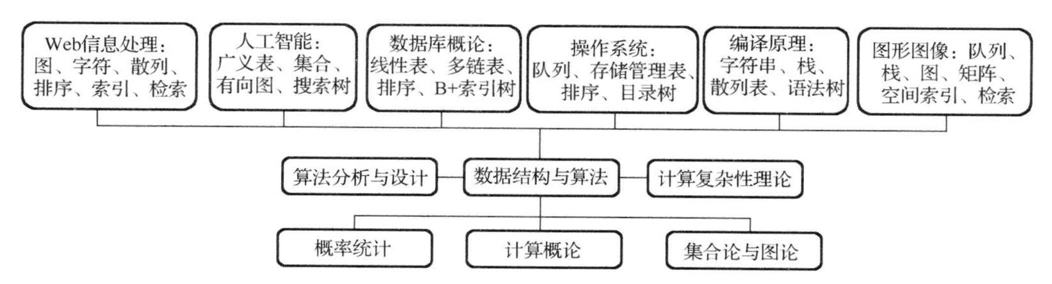


图 0.1 “数据结构与算法”课程在计算机学科中的重要地位

## 数据结构的重要性

商用程序员肖舸在他的博客中写道：“这么多年，我做过游戏、通信、工业控制、教育、VoIP、服务器集群等各个方向的项目。不可谓不宽。

但是我知道的是，其实我都是在用一种方法写程序，那就是从底层的数据结构和算法开始做起，用最基本的C、C++语言开发。用来用去，还是那么几个数据结构、队列、堆栈，等等。

这好比武侠小说里面的内功，内力修好了，学招式非常容易。但如果没有内力，练再好的招式，见到高手就软了。‘一力破十慧’，就是这个道理。在绝对的实力面前，任何花招都是没有用的。”

对清华大学计算机系历届本科毕业生和部分研究生的追踪调查显示，几乎所有的学生都认为“数据结构”是学校里学过的最有用的课程之一；“数据结构”是国内外许多软件开发机构要求考核的基本课程之一；公司面试或笔试考核的绝大部分内容是数据结构或算法；数据结构也是计算机科学与技术、软件工程等专业研究生考试必考科目。

## 数据结构会过时吗

电子计算机自 20 世纪 40 年代诞生以来在硬件上不断更新换代，软件也是同步发展的，作为软件的一个分支，程序设计语言也从机器语言发展到了第四代。但无论软件如何发展，无论开发工具如何进步，只要我们的计算机还是基于冯·诺依曼体系的，数据结构和算法仍然是程序的核心，永远不会被淘汰。

学习数据结构和算法并不仅仅要求我们学会如何使用和实现某种数据结构，更重要的是学会分析解决问题的思想和方法。

## 本书关于算法与程序实现增加的内容

在线性表、栈与队列等相关章节中，特别增加了下列内容。

### 1. 增加测试用例的设计

从程序健壮性的角度出发，测试用例的设计是开始程序设计时就应该考虑的重要内容。一般的程序设计与数据结构教科书很少考虑测试用例问题，本书在最初的算法设计中给出了基础程序的测试用例设计，也是让学习者以专业的方法学习程序设计，养成良好的设计习惯。

### 2. 增加函数结构的设计

对初学者而言，在学习数据结构时，程序设计语言基础并不扎实，特别是函数结构的设计不熟练。根据给定的功能、输入/输出信息，在调用与被调用的函数关系中，信息是怎样传递的，往往存在多种可能的选择，对于如何确定合适的形参类型、函数类型，初学者经常无所适从，从而造成编程困难。根据这种情况，本书特别给出了典型数据结构运算的多种方案实现，在对同一问题不同函数结构设计的比较中，让读者体会各种信息传递的方式和特点，巩固和熟练编程知识与技巧，达到理论与实践的统一。

### 3．增加重要程序的调试

程序设计的过程也是测试与调试的过程，程序的“编”与“调”密不可分。对于初学者而言，若调试不熟练，容易丧失继续学习的信心。根据多年的教学经验，若有程序调试演示，则相关程序比较容易掌握，特别是在学习链表等内容时，只是解释数据结构、结点联系，学生总觉得抽象难懂，若通过演示调试，观察各结点间的联系如何动态建立、消除等，则生动直观，一目了然。由于调试过程步骤较多，学生看过了、明白了，但要再回想并模拟跟踪过程则不是容易的事情，所以本书把一些重点例子的程序跟踪过程记录下来，以方便学生学习。本书所有的源码均以 C 语言编制并在 VS IDE 环境下通过调试和测试。

### 4．算法描述方法

算法描述方法按照下面的顺序给出（主要用于编程最基础的线性表部分）。

（1）函数接口及测试用例设计：确定问题的输入、输出。

（2）算法伪代码描述：描述问题的功能。

（3）数据结构描述：给出问题存储结构的 C 类型描述。

（4）函数结构设计：确定函数类型、形参、返回值等。

函数结构样例分别见表 0.2 和表 0.3。

表 0.2　函数结构样例 1

<table>
<tr><th>功能描述</th><th>输入</th><th>输出</th></tr>
<tr><td rowspan="2">顺序表中查找给定的值<br>LocateElem_Sq</td><td>顺序表地址 SequenList *</td><td>正常：下标值 int</td></tr>
<tr><td>结点值 ElemType</td><td>异常：–1</td></tr>
<tr><td>函数名</td><td>形参</td><td>函数类型</td></tr>
</table>

表 0.3　函数结构样例 2

<table>
<tr><th>功能描述</th><th>输入</th><th colspan="2">输出</th></tr>
<tr><td rowspan="3">顺序表中取给定下标的元素值<br>GetElem_Sq</td><td>顺序表地址 SequenList *</td><td rowspan="2">返回</td><td>正常：1</td></tr>
<tr><td>下标 int</td><td>异常：0</td></tr>
<tr><td>（结点值 ElemType）</td><td colspan="2">结点值 ElemType</td></tr>
<tr><td>函数名</td><td>形参</td><td colspan="2">函数类型</td></tr>
</table>

说明：当函数中的输入和输出项中的内容相同时，表示函数的返回信息是通过形参地址传递方式而非 return 方式实现的。如表 0.3 所示的函数结构样例 2 中，输入、输出都有“结点值 ElemType”项，表示形参采用“地址传递”方式。

（5）程序实现：给出代码实现。

（6）算法效率分析：分析问题的时间复杂度。

注：#define TRUE 1

#define FALSE 0

## “数据结构”课程简介

用计算机解决实际问题，首先要做的事情就是把问题涉及的相关信息存储到计算机中，也就是需要把问题的信息表示为计算机可接收的数据形式，然后根据问题处理功能的要求，对存储到计算机中的数据进行处理。归结为一句话，就是用计算机解题首先要用合理的结构表示数据，然后才能根据相应的算法处理数据。

“数据结构”主要介绍如何合理组织数据、有效存储和处理数据、正确设计算法以及对算法进行分析和评价。

### 1．课程性质与教学目的

“数据结构”是计算机科学中一门综合性的专业基础课。通过本课程的学习，学生能深入透彻地理解数据结构的逻辑结构和物理结构的基本概念以及有关算法，学会分析数据对象特征，掌握数据组织方法和计算机的表示方法，以便在实际的软件开发过程中灵活选择适当的逻辑结构、存储结构及算法，设计性能优、效率高、可读性强、易维护的程序，解决实际问题。同时，为学习“操作系统”“编译原理”“数据库”等课程奠定基础。

“数据结构”是一门实践性很强的课程，注重学生实践活动。大量的上机实验能让学生加深对课程理论知识的理解，增强学习的兴趣，提高计算机算法思维逻辑能力，为以后的研究和工作打下坚实的基础。

### 2．基本要求

（1）了解数据结构及其分类、数据结构与算法的关系。

（2）熟悉各种基本数据结构及其操作，学会根据实际问题要求选择数据结构。

（3）掌握设计算法的步骤和算法分析方法。

（4）掌握数据结构在排序和查找等常用算法中的应用。

（5）初步掌握文件组织方法和索引技术。

## 本书的组织结构

本书共 9 章。第 1 章介绍数据结构和算法的基本概念与算法分析方法；第 2 章至第 6 章从软件开发的角度，通过应用背景或知识背景介绍、数据分析、函数设计、算法设计、调试等环节，对顺序表、链表、栈、队列、串、数组、树、图等基本类型的数据结构进行分析和讨论；第 7 章介绍常见的数据排序方法，第 8 章介绍数据的索引与查找方法，这两章的内容是对数据典型操作方法的介绍；第 9 章介绍常见的如递归、分治法、动态规划、贪心算法等经典算法。

前言、第 1～6 章由周幸妮老师完成；第 7、9 章由任智源老师完成；第 8 章由马彦卓老师完成；樊凯老师提供了通信等方面的部分专业应用案例；周幸妮对全书进行统稿。

书中设有“思考与讨论”“知识 ABC”等栏目。在“思考与讨论”栏目中提出问题，引起读者思考，并对提出的问题进行探讨，帮助读者加深对相关概念的理解，以期活跃思路、扩展思维。“知识 ABC”栏目主要介绍概念的背景、算法的发明背景或故事等，以扩大读者的知识面、了解数据结构的应用背景等。有些知识可能专业性比较强，对此可以“不求甚解”，大致了解即可，需要时再去查阅相关资料。

## 致谢

本书的写作动力依然源自我的学生，起因是09级教改班同学的提议，他们说老师的授课方式、思路都不错，写出来会别具一格，让大家学习这门课程时能更易于理解一些，这部分内容在我的《C语言程序设计新视角》一书中有所提及。

我的动力亦源于父亲的鼓励、家人的支持。感谢铁满霞教授、陈慧婵教授的指点。感谢屈宇澄同学自始至终的支持和帮助。感谢孙蒙、丁煜、孙舒、孙亚萍、张柯、杨恒杰、吴伟基、黄超、张平等同学的热心帮助。感谢西电通信工程学院13级教改班、14级卓越班，空间科学与技术学院13级实验班同学们，对本书初稿讲义提出的有益意见和建议。

和同学们、同事们的讨论都让我受益匪浅，这些讨论或开阔了视野，或引起了深入思考，一切都是一种成长与完善的历程。

感谢曾经给予我很多帮助、一起辛苦工作的同事们；感谢我有趣的人生经历；感谢我可爱的学生们；感谢所有关心和帮助我的人们。

感谢Bandari的《April》，每天伊始，美妙的乐曲让我在纯净、安定、温暖的情绪中开始一天的写作。

感恩一切。

周幸妮
xnzhou@xidian.edu.cn
2015年春于长安

# 目　　录

# 第 1 章　绪　　论

**【主要内容】**

- 数据结构的概念
- 算法设计的基本要求
- 从时间和空间角度分析算法效率的方法

**【学习目标】**

- 了解“数据结构”课程的意义
- 掌握数据结构的概念
- 掌握算法设计与程序设计的步骤
- 掌握算法效率的分析评价方法

## 1.1　从编程说起

学过程序设计的人都知道，用人脑驱动电脑的方式是编程。瑞士著名的计算机科学家、大名鼎鼎的 Pascal 语言之父尼古拉斯·沃斯（Niklaus Wirth）教授就编程的概念提出了一个著名的公式，因此获得计算机科学界的最高荣誉“图灵奖”。公式只有一行文字：

Algorithms（算法）+ Data Structures（数据结构）= Programs（程序）

Niklaus Wirth

沃斯在 1976 年出版了一本书，书名即为《算法+数据结构 = 程序设计》，它阐述了数据结构在程序设计中的作用。编程前首先需要解决两个问题：算法设计和数据结构设计。算法是处理问题的策略，数据结构是描述问题信息的数据模型，程序则是计算机按照处理问题的策略处理问题信息的一组指令集。

我们设计程序的目的是让计算机帮助人们完成复杂任务，计算机科学与技术的根本问题是什么能够被自动化以及有效地自动化。具体就是，实际的问题到最终的计算机求解，要经过怎样的过程？数据结构与算法在其中的作用是什么？

### 1.1.1　计算机解题的一般步骤

要通过计算机来解题，一般步骤如图 1.1 所示。图中，矩形框是问题处理的阶段或结果，椭圆框是处理过程。

- 具体问题：问题中要有已知条件及对实现要求的描述。
- 问题模型：通过对问题进行定性定量分析，提取出要完成的功能、要处理的信息，并找出这些信息之间的关系，提炼出问题的两个要素——信息与功能，建立问题模型。建立问题模型是为了将实际问题转化为计算机能“理解”并能“接收”的形式。

- 数据结构：分析问题模型中的信息包含的数据是什么、数据间的联系是什么、以什么形式存储在计算机中，分析后形成数据结构。
- 算法：对问题中的输入输出是什么、功能是什么、实现的步骤有哪些、算法的速度如何、所占空间是多少等进行分析与设计，之后形成处理方案。
- 程序：程序设计将算法“翻译”成相应命令语句，处理形成代码。
- 问题得解：可以通过各种专业测试方法对程序进行测试，测试合格则得到问题的解。

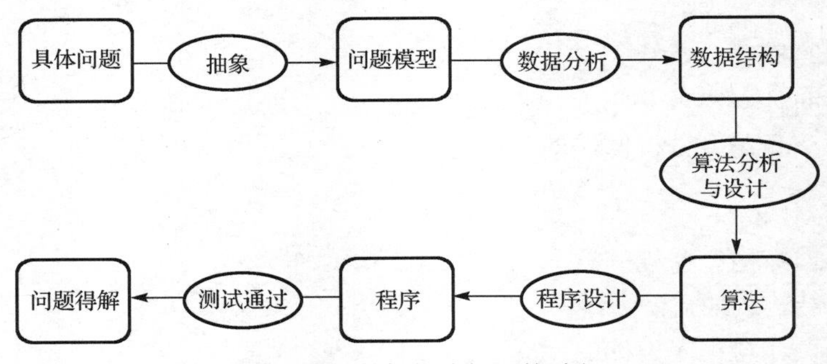


图 1.1　计算机解决问题的过程

## 1.1.2　从程序设计角度看数据与数据的处理

【思考与讨论】

周以真

从程序设计的角度看，“把数据存入计算机并进行处理”是如何实现的？

**讨论：** 美国卡内基·梅隆大学周以真教授在“计算思维”概念的阐述中说：“计算思维，是用计算的基础概念去求解问题、设计系统、理解人类行为。计算思维是建立在计算过程的能力和限制之上的”。计算思维最根本的内容，即其本质是抽象和自动化。计算思维具体到程序设计中，可以用“程序的思维”来描述，见图 1.2。

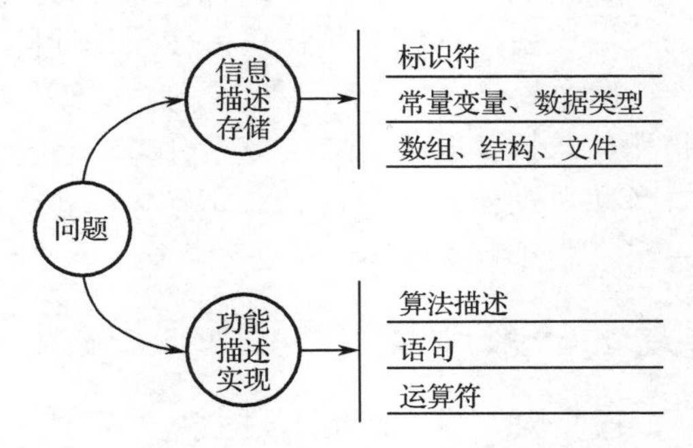


图 1.2　程序的思维

程序设计中信息的抽象是用标识符、常量、变量、数据类型、数组、结构体、文件等描述和记录信息及信息间的关系；自动处理使用语句及运算符按预设目标操纵处理信息；语句的组织结构按照功能的独立性划分就是函数。一个大问题分解为多个子问题，它们相互独立又相互联系的关系是通过函数来完成的；算法则描述了操纵处理的方法和步骤，适合人的思维方式的算法描述方法是按照自顶向下、逐步求精的方法进行的。这些组合在一起，就构成了程序设计语言和程序设计方法。

### 1.1.3　程序设计方法

**【知识 ABC】“自顶向下、逐步求精”程序设计方法**

结构化程序设计（Structured Programming）是进行以模块功能和处理过程设计为主的详细设计的基本原则。其概念最早由迪杰斯特拉（E. W. Dijkstra）在 1965 年提出，是软件发展的一个重要里程碑。主要观点是：采用自顶向下、逐步求精的程序设计方法；使用三种基本控制结构构造程序，任何程序都可由顺序、选择、循环这三种基本控制结构来构造。

Edsger W. Dijkstra

自顶向下，指程序设计时，应先考虑总体，后考虑细节，先考虑全局目标，后考虑局部目标。不要在开始就过多追求众多的细节，先从最上层总目标开始设计，逐步使问题具体化。逐步细化，是针对复杂问题，设计一些子目标作为过渡，逐步细化。

以模块化设计为中心，是将待开发的软件系统划分为若干相互独立的模块，这样使完成每一个模块的工作变得单纯而明确，为设计一些较大的软件打下良好的基础。

### 1.1.4　程序开发过程

要开发复杂的软件，需要科学的构建和维护方法，即把软件开发当成一项工程项目来处理，这涉及软件工程学科的内容。从软件工程的观点来看，程序的开发过程是由多个阶段构成的，依次是需求分析、设计、编码、测试等阶段，表 1.1 列出了一般编程的解题步骤和这些步骤的对应关系。

**表 1.1　程序开发的阶段**

| 程序解题 | 软件工程 | 具体工作 |
|---|---|---|
| 建模型 | 需求分析阶段 | 提取问题要完成的功能；分析问题涉及的数据对象，找出数据对象之间的关系 |
| 设计 | 设计阶段 | 数据结构设计、软件的结构设计、算法设计 |
| 编程 | 编码阶段 | 编写程序代码 |
| 验证 | 测试 | 软件测试与调试 |

#### 1．建模型

描述程序员为完成系统功能所必须获得的信息，即给定的条件（输入）应该是什么，生成的结果（输出）应该是什么，确定软件系统功能。

#### 2．设计

设计阶段包括下面三类设计。

（1）数据结构设计

分析数据对象及数据对象间的联系，确定数据对象的存储方式，并确定对数据对象要进行的操作。

（2）软件结构设计

用“自顶向下”方法，把问题按功能分解成规模适中、便于处理的若干部分即模块。软件的结构包括组成模块、模块的层次结构、模块的调用关系、每个模块的功能等。

（3）算法设计

具体描述每个模块完成的功能，把功能描述转变为精确的、结构化的过程描述。

### 3．编程

用项目选定的程序设计语言编程，实现算法。

### 4．验证

验证包括测试和纠错两方面的内容。

- 测试：用“测试用例”测试代码。
- 纠错：通过调试找到测试中出错的原因并改正。

**【知识 ABC】测试用例及其设计原则**

测试用例（Test Case），也称为测试用例，是为核实程序是否满足特定需求而编制的一组测试输入、执行条件和预期结果。

在设计测试用例时，应包括测试的功能、应输入的数据（包括合理的输入和不合理的输入）和预期的输出结果；设计中应追求用尽可能少的测试用例发现尽可能多的错误。设计最有可能发现软件错误的测试用例，同时避免使用发现错误效果相同的测试用例。测试用例的设计原则是，测试数据应少量、高效、尽可能完备。

测试用例常用的方法有：

- 边界值分析法：确定边界情况（等于、稍小于和稍大于、刚刚大于等价类边界值），针对被测系统，在测试中主要输入一些合法数据/非法数据，测试值主要在边界值附近选取。
- 等价划分：将所有可能的输入数据（有效的和无效的）划分成若干等价类。
- 错误推测：主要根据测试经验和直觉，参照以往的软件系统发现错误。

测试用例的设计时机，应该在代码设计之前完成，根据需求规格说明书和设计说明书，详细了解用户的真正需求，准确理解软件所实现的功能，然后着手制订测试用例。

**【思考与讨论】**

设计、编程与测试孰轻孰重？

**讨论：**编程的重点不是“编”程序而是调试程序，理论上的完美在实现时会遇到很多细节问题，这些问题必须经过调试才能解决。

前文提到的沃斯教授曾经在一次报告中提到，某体系结构的设计只花了约 10%的时间，90%的时间花在开发和测试上，尤其是解决程序各种各样的运行问题，这些问题包括有线索可依的，也有令人莫名其妙的，真的让人很崩溃。

## 1.2 程序要处理的数据

在20世纪三四十年代，发明电子计算机的目的是进行科学和工程计算，其处理的对象是纯数值性的信息，通常人们把这类问题称为数值计算。

现在，电子计算机的发展异常迅速，这不仅表现在计算机本身性能不断提高，更重要的是，可输入到计算机中的数据的范畴极大扩大，比如，符号、声音、图像等多种信息都可以通过编码存储到计算机中。相应地，计算机的处理对象也从简单的纯数值型信息发展到非数值型的、具有一定结构的信息，计算机的应用领域在不断扩大。

## 1.2.1　数值计算与非数值计算的概念

**【知识 ABC】数值计算与非数值计算**

数值计算，就是有效利用计算机求解数学问题近似解的方法与过程，通过抽象出合适的数学模型，然后设计相应的算法来解决。数值计算问题以浮点算术运算为主，算法成熟，如线性方程组的求解、数值积分的计算、微分方程初边值问题的求解等。

所谓“非数值计算”问题，是为了区分前面提到的“数值问题”而言的。非数值问题涉及的数据及数据间的相互关系，一般无法用数学公式、方程等来描述，如排序问题、检索问题等，需要另外设计数据描述方法和相应算法来处理。

为了对数值计算与非数值计算的概念有一些感性认识，并熟悉程序设计步骤，我们来看一些例子。

## 1.2.2　数值计算实例

**【例 1-1】** π 值的计算。

从下面的无限序列中计算出 π 的值。输出一个表格，在表格中显示根据这个序列中的 1 项、2 项、3 项等所得的近似 π 值。在第一次得到 3.14 之前，必须使用这个序列的多少项？如果要得到 3.141 呢？3.1415 呢？3.14159 呢？

$$\pi = 4 - \frac{4}{3} + \frac{4}{5} - \frac{4}{7} + \frac{4}{9} - \frac{4}{11} + \cdots$$

**解析：**

步骤一：建模型

对于数值问题的处理，首先要找到或建立相应的数学模型。此题的数学模型就是数学公式，我们由此找出数据对象及数据间的关系，确定数据的初始值，见图 1.3。

<table>
<tr><td>通用公式</td><td colspan="3">（-1）$\cdot m \cdot 4/(2 \cdot i+1)$</td></tr>
<tr><td rowspan="2">数据对象</td><td>$m$</td><td colspan="2">系数：控制序列项的正负号</td></tr>
<tr><td>$i$</td><td colspan="2">项数：当前已经用到的项数</td></tr>
<tr><td rowspan="3">数据间关系</td><td colspan="2">$i$ 取值</td><td>m 取值</td></tr>
<tr><td colspan="2">奇数</td><td>1</td></tr>
<tr><td colspan="2">偶数</td><td>−1</td></tr>
<tr><td>数据初始化</td><td colspan="3">$m$=1;　$i$=1</td></tr>
</table>

图 1.3　例 1-1 模型参数

步骤二：设计

对于算法的设计，我们遵循“自顶向下、逐步求精”的程序设计原则，用伪代码描述之。当算法细化到适合编程时，将之转换成代码就容易了。根据题目的要求给出算法伪代码实现，见表 1.2。

表 1.2 算法设计

| 算法顶部伪代码描述 | 算法细化描述 |
| --- | --- |
| 赋初值：累加和 $x = 4$; $m$=1; 项数 $i$=1; | 累加和 $x = 4$; $m$=1; $i$=1; |
| 根据通用公式，$x$ 做循环累加<br>直到 $x$=3.14 时中断循环 | do<br>$x = x + (-1)*m*4/(2*i+1)$<br>$i$ 增加 1;<br>$m$ = m*(−1)<br>until $x$=3.14 时中断循环 |
| 输出 $x$ 及 $i$ 值; | 输出 $x$ 及 $i$ 值; |

步骤三：编码

```
int main()
{
    float x=4;
    int i=1,m=1;

    while (1)
    {
        x = x +(float)(-1)*m*4/(2*i+1);
        i++;
        m=m*(-1);
        if  (x>=3.14-0.000001 && x<=3.14+0.000001)   break;
    }
    printf("i=%d,x=%f\n",i,x);
    return 0;
}
```

说明：

（1）while (1)

之所以设置为无限循环，是因为循环次数是事前无法确定的，这里是用条件控制循环，而不是用次数来控制。

（2）if  (x>=3.14-0.000001 && x<=3.14+0.000001) break;

中断条件之所以如此设置，是因为程序语言中有“实数不能直接比相等”的规则限制，在此做了一个变通的处理。[注：参看《C 语言程序设计——程序思维与代码调试》第 3 章中浮点数的存储相关内容]

### 1.2.3 非数值计算实例——表

**【例 1-2】**电话号码查询问题。

电信公司通过电话号码登记表记录客户各项信息，见图 1.4。编一个可以查询某个城市或单位的私人电话号码的程序。要求对任意给出的一个姓名，快速查找其电话号码，找到则给出电话号码，找不到则给出“无号码”标志。

我们先对图 1.4 中的概念做一些介绍。

表格的一行称为一个“数据元素”或“结点”；一行中的一项，如“客户姓名”“电话”等，称为“数据项”。若通过某数据项可以区分各数据元素，则把这个数据项称为“关键字”。

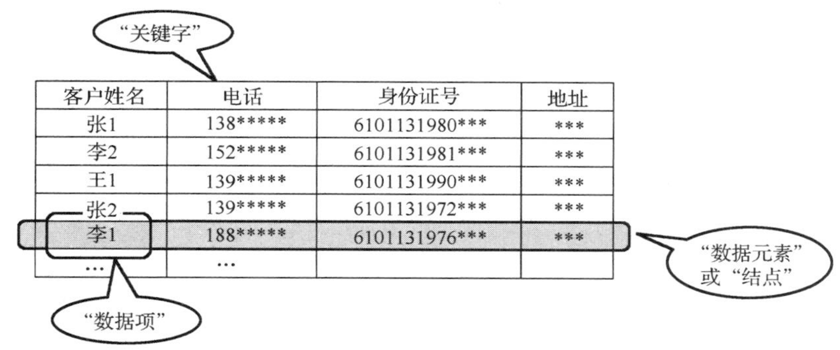

| 客户姓名 | 电话 | 身份证号 | 地址 |
|---|---|---|---|
| 张1 | 138***** | 6101131980*** | *** |
| 李2 | 152***** | 6101131981*** | *** |
| 王1 | 139***** | 6101131990*** | *** |
| 张2 | 139***** | 6101131972*** | *** |
| 李1 | 188***** | 6101131976*** | *** |
| … | … | | |



图 1.4　电话号码登记表

【名词解释】

关键字：用来标识数据元素的数据项。

主关键字：可以唯一标识一个数据元素的关键字。如图 1.4 中的"电话"，每个号码都是唯一的。

次关键字：可以标识若干数据元素的关键字。如图 1.4 中的"客户姓名"，有可能出现重名现象。

**1．方案一——顺序结构，顺序查找**

步骤一：建模型

根据图 1.4 中电话信息的顺序存储方式，问题涉及的数据对象以及数据对象之间的关系见图 1.5。

| 问题涉及的对象 | 每个客户及其相应的数据项 |
|---|---|
| 对象之间的关系 | 数据元素一个接一个地按加入的先后顺序排列 |

图 1.5　例 1-2 模型参数 1

步骤二：设计

（1）数据存储：要解此问题，首先构造一张电话号码登记表，表中内容包括客户姓名、电话号码、身份证号码、地址。将数据元素按加入的先后顺序存入结构数组中。

（2）算法设计：在数据表中按顺序查找"客户姓名"数据项，找到，返回对应"电话"数据项；未找到，返回约定值。

步骤三：编码

略。有兴趣的读者可自行完成。

**【思考与讨论】**

方案一查找算法的效率高吗？

**讨论**：这种从头至尾在表中逐个查找记录的方法称为顺序查找。

显然，在顺序查找中，如果被查找的记录在表的前部，需要比较的次数就少；如果被查找的记录在表的尾部，需要比较的次数就多。特别是当要查找的数据项刚好是登记表中的第一个元素时，只需比较一次就查找成功；但是，当要查找的数据项刚好是表中最后一个元素时，则需要与表中的所有元素进行比较。当表很大时，顺序查找方法很费时间，这对于一家公司或一所大学的电话表或许是可行的，但对一个有成千上万私人电话的城市电话表就不实用了。由于表很大时顺序查找方法比较费时间，因此我们设计第二种方案。

### 2. 方案二——有序结构，折半查找

为了提高查找效率，可以重新组织电话号码登记表，让数据元素按客户姓氏的拼音顺序排列。

步骤一：建模型

内容见图1.6。

| 问题涉及的对象 | 每个客户及其相应的数据项 |
| --- | --- |
| 对象之间的关系 | 数据元素有序排列 |

图1.6 例1-2模型参数2

步骤二：设计

（1）数据存储：将图1.4电话号码登记表中的数据元素按客户姓氏的拼音顺序，有序存入结构数组中，见表1.3。

表1.3 电话号码登记表有序结构

| 客户姓名 | 电话 | 身份证号 | 地址 |
| --- | --- | --- | --- |
| 李1 | 188***** | 6101131976*** | *** |
| 李2 | 152***** | 6101131981*** | *** |
| 王1 | 139***** | 6101131990*** | *** |
| 王2 | 138***** | 6101131986*** | *** |
| 张1 | 138***** | 6101131980*** | *** |
| 张2 | 139***** | 6101131972*** | *** |
| … | … | … | … |

（2）算法设计：用折半查找法查找“客户姓名”数据项，找到则返回对应“电话”数据项，未找到则返回约定值。

步骤三：编码（略）

**【知识ABC】折半查找算法**

折半查找又称二分查找，前提是待查表为有序表，即表中结点按主关键字有序排列。

若假设表中元素是按升序排列的，则算法思路如下：将表中间位置数据项的主关键字与查找关键字比较，两者相等，则查找成功；否则，利用中间位置数据项将表分成前、后两个子表，如果中间位置数据项的关键字大于查找关键字，则进一步查找前一子表，否则进一步查找后一子表。重复以上过程，直到找到满足条件的数据项，查找成功；或直到子表不存在为止，此时查找不成功。

**【思考与讨论】**

方案二查找算法的优缺点是什么？

**讨论**：折半查找法的优点是比较次数少，查找速度快，平均性能好；缺点是要求待查表为有序表，插入删除困难。因此，折半查找方法适用于不经常变动而查找频繁的有序列表。为了让算法适用数据量很大的情形，我们设计了第三种方案。

### 3. 方案三——索引结构，分级查找

步骤一：建模型

在电话号码登记表中我们把同姓氏的客户排列在一起，然后另造一张姓氏索引表，见图1.7。根据索引结构，我们对问题对象及相关联系的分析见图1.8。

步骤二：设计

（1）数据存储：将图1.7中的索引表和数据表分别用相应的结构数组存入。

索引表

| 姓氏 | 表内地址 | 数量 |
| --- | --- | --- |
| 李 | 0x2000 | *** |
| 张 | 0x4000 | *** |
| 王 | 0x6000 | *** |
| | | |
| … | … | |

数据表

| 客户姓名 | 电话 | 身份证号 | 地址 |
| --- | --- | --- | --- |
| 李1 | 188***** | 6101131976*** | 0x2000 |
| 李2 | 152***** | 6101131981*** | *** |
| … | … | | |
| 张1 | 138***** | 6101131980*** | 0x4000 |
| 张2 | 139***** | 6101131972*** | *** |
| … | … | | |
| 王1 | 139***** | 6101131990*** | 0x6000 |
| 王2 | 138***** | 6101131986*** | *** |
| … | … | | |

图 1.7　电话号码登记表索引结构

| | | |
| --- | --- | --- |
| 问题涉及的对象 | 索引表 | 客户姓氏、数量、对应数据表中同姓氏的首地址 |
| | 数据表 | 每个客户及其相应的数据项 |
| 对象之间的关系 | 索引表 | 数据元素有序排列 |
| | 数据表 | 数据元素顺序排列或有序排列 |

图 1.8　例 1-2 模型参数 3

（2）算法设计：对应这样的索引结构，查找过程是先在索引表中查对应姓氏，然后根据索引表中的地址和数量到数据表中查找姓名，这样查找数据表时就无须查找其他姓氏的名字了。因此，在这种新的结构上建立的查找算法就更为有效。

**【思考与讨论】**

在电话号码查找问题中，表的结构对算法的效率有什么样的影响？

**讨论：**从上面的三种方案中我们可以看出，查找算法的效率取决于表的结构及存储方式。关于索引结构查找效率的进一步分析，可以参考“索引与查找技术”一章的内容。

推而广之，在对数据进行处理时，可以根据功能所要求的运算将数据组织成不同的形式，以便于实现该种运算，提高数据处理的效率。

#### 4. 结论

数据的组织方式和数据的存储方式，都会影响算法的效率。

### 1.2.4　非数值计算实例——图

**【例 1-3】**十字路口交通灯管理问题。

在十字路口，设置几种颜色的交通灯才能保持正常的交通秩序？

**解析：**在实际生活中，大家对十字路口交通灯都很熟悉，问题的解是只有红绿两种颜色即可，但这个问题要让计算机来解，就不是一个容易的问题了。首先要解决的是如何把题目中的信息存储到计算机中，在此基础上才能设计算法求解。

步骤一：建模型

设十字路口的路口分别为 A、B、C、D，见图 1.9，问题涉及的对象以及对象之间的关系见图 1.10。

设左转通行规则和直行一致，右转随时都允许。根据模型给出的对象及对象之间关系的表示方法，画出图形见图 1.11，其中每个圆圈表示一个数据元素。

**【思考与讨论】**

本例的数据元素为什么和例 1-2 的数据元素在形式上有很大不同？

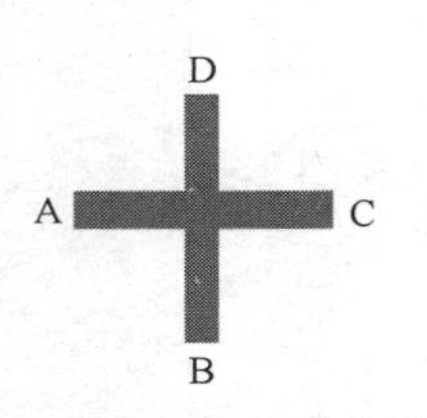


图 1.9　十字路口示意图

| 问题涉及的对象 | 四个路口A、B、C、D，及相应的通路 |
|---|---|
| | 用(AC)表示从A到C有一条通路 |
| 对象之间的关系 | 某方向通行时，另外某些方向不能通行 |
| | (AC)—(BD) 表示AC、BD不能同时通行 |

图 1.10　例 1-3 模型参数

**讨论：**这里的数据元素和例 1-2 中的数据元素虽然在形式上不同，但其本质都是要处理问题的数据的基本单位，是对问题中数据的一种提炼和抽象。

步骤二：设计

数据存储：如何把图 1.11 中的信息存到机器中，可参见第 6 章。

算法功能：对图中的圆圈上色，同一连线两端的两个圆圈不同色，且颜色种类最少。

按照算法要求，可得到图 1.12 的求解结果。

步骤三：编码

将在第 6 章给出同类问题的程序源码。

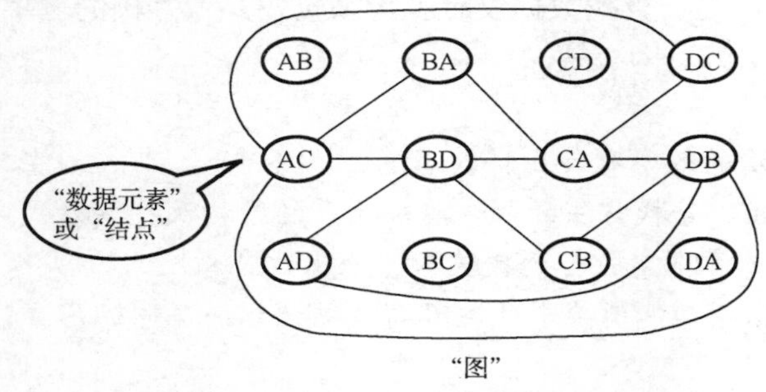


图 1.11　十字路口问题的图形表示

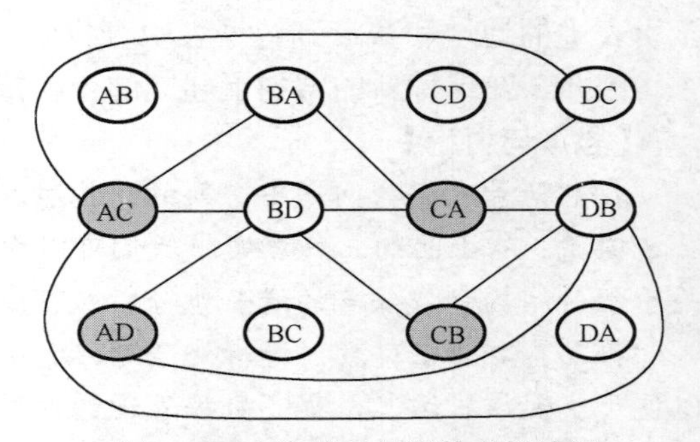


图 1.12　十字路口问题的求解结果

## 1.2.5　非数值计算实例——树

【例 1-4】计算机文件系统结构的表示与管理。

在计算机中，对文件的管理是通过多级目录形式进行的。例如，UNIX 文件系统结构见图 1.13。在这样的形式中，如果把每个文件目录都抽象成一个数据元素或结点，则文件目录结构就像一棵树，根目录是树的根。对文件目录的管理操作包括文件夹的查找、插入、删除等。

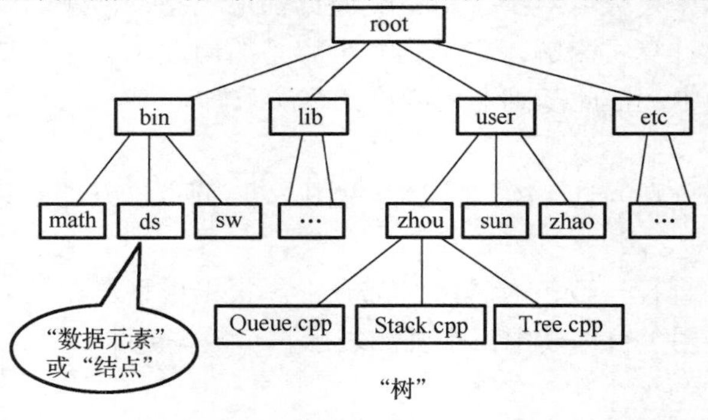


图 1.13　UNIX 文件系统结构

步骤一：建模型

见表 1.4。

表 1.4　例 1-4 模型参数

| 问题涉及的对象 | 每个文件目录结点 |
| --- | --- |
| 对象之间的关系 | 除根结点外，每个结点都有上一级结点 |

步骤二：设计

数据存储：参见第 5 章。

算法功能：文件目录结点的查找、插入、删除等。

步骤三：编码

略。相应操作实现将在第 5 章介绍。

## 1.3　数据结构的引入

从前面的例子可以看出，非数值问题中的表、树、图等结构的模型，无法用方程等描述。因此，解决此类问题的关键不再是分析数学和计算方法，而是先找出问题中要处理的数据及数据间的联系、组织形式、存储方式、表示方法等，再设计出适合计算机解题的模型，这样才能有效地解决问题。

数据的组织形式和表示方法直接关系到程序对数据的处理效率，而系统程序和许多应用程序的规模很大，结构相当复杂，处理对象又多为非数值性数据，因此，单凭程序设计人员的经验和技巧已难以设计出效率高、可靠性强的程序，这就要求人们对计算机程序加工的对象进行系统研究。非数值数据的特性以及对其的操作在计算机中如何表示和实现——数据结构（Data Structure），就成为计算机学科的一个专门研究领域。

**【知识 ABC】数学、算法、数据结构间的关系**

当用数学和机器的眼光直面待解决问题的时候，就产生了数据结构和算法。算法和数据结构是数学、计算机软件、计算机硬件三门学科之间的交叉，算法可以理解为“广泛的编程问题的具体解法”。

实际上，数据结构与算法解决的问题是整个编程中最有限、最底层的问题，它只解决对于计算机在组织内存、支持对这些内存中数据进行操作（如排序、查找）等有限的问题。

作为计算机学科一个重要的分支，数据结构与算法的研究涉及构筑计算机求解问题过程的两大基石：刻画实际问题中的信息及其关系的数据结构，描述问题解决方案的算法。

一般认为，数据结构是由数据元素依据其本身内在的逻辑联系组织起来的。对数据元素之间逻辑关系的描述称为数据的逻辑结构；数据必须存储在计算机内，数据的存储结构是数据结构的实现形式，是其在计算机内的表示；此外，讨论一个数据结构必须同时讨论在该类数据上执行的运算才有意义。一个逻辑数据结构可以有多种存储结构，在不同的存储结构上，数据处理的效率不尽相同。

在许多类型的程序设计中，数据结构的选择是一个基本的设计考虑因素。许多大型系统的构造经验表明，系统实现的难易程度和系统构造的质量都依赖于是否选择了良好的数据结构。许多时候，确定了数据结构，算法就容易得到了。有些时候事情也会反过来，我们根据特定算法来选择数据结构与之适应。不论哪种情况，选择合适的数据结构都非常重要。

本书只介绍经典的数据结构。

# 1.4　数据结构的基本概念

## 1.4.1　数据结构的基本术语

通过前面介绍的数值与非数值数据处理的例子，我们对数据结构的概念已经有了感性认识，下面给出相关术语。

### 1．数据（Data）

在计算机科学中，数据是指能输入到计算机中并被计算机程序处理的符号的总称。其特征是计算机可识别、加工、存储。

### 2．数据元素（Data Element）

数据元素数据的基本单位，也称为“元素”或“结点”，在计算机程序中通常作为一个整体进行考虑和处理。一个元素可包含多个数据项。

### 3．数据项（Data Item）

数据项是具有独立含义的最小标识单位，是最基本的、不可分的数据单位。

### 4．数据结构（Data Structure）

数据结构由数据对象及对象中所有数据成员之间的关系组成。数据结构包含三个要素：数据的逻辑结构、数据的存储结构、数据的运算。

## 1.4.2　数据结构的三个要素

如前所述，数据结构的三要素分别为数据的逻辑结构、存储结构和运算，见图 1.14。

### 1．数据的逻辑结构（Logical Structure）

数据的逻辑结构反映了我们对数据含义的解释，它可以用一组数据以及这些数据之间的关系表示。数据的逻辑关系是从具体问题抽象出来的数据模型，与数据元素本身的形式、内容无关，与数据的存储方式也无关。数据的逻辑结构又分为几种类型，见图 1.15。

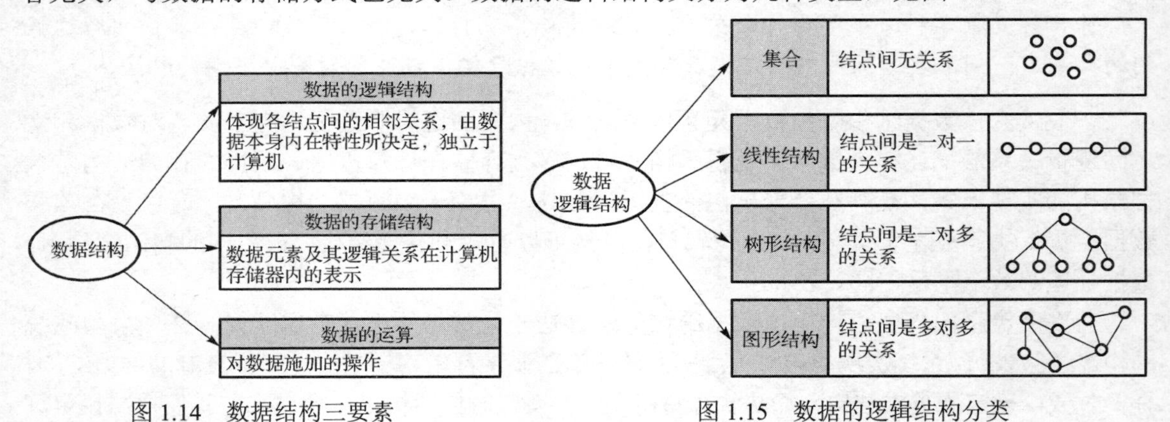


图 1.14　数据结构三要素　　　　图 1.15　数据的逻辑结构分类

集合中的数据元素除了同属于一个集合、类型相同，别无其他关系。

线性结构的各数据成员之间呈线性关系，即全部结点两两皆可以比较前后（除最前、最后一个元素外，每个结点都有直接前趋结点和直接后继结点）。线性结构中的结点具有一对一的关系，即除了第一个和最后一个数据元素，其他数据元素都是首尾相接的，从图上直观地看，各结点是一条直线连起来的。这种结构在程序设计中应用最多。

在树形结构中，结点间的关系是一对多，除根结点外，每个结点只有一个前趋结点而可以有多个后继结点。树形结构简称为树结构，或称为层次结构。其关系称为层次关系，或称为“父子关系”等。

在图状结构或网状结构中，结点间的关系是多对多。

树形结构和图形结构都属于非线性结构，结点前趋或后继可能多于一个。

从数学上看，线性结构和树形结构的基本区别是“每个结点是否仅有一个直接后继”；而树形结构和图结构的基本区别是“每个结点是否仅从属于一个直接前趋”。

### 2. 数据的存储结构（Physical Structure）

数据的存储结构又称为物理结构，是数据及其逻辑结构在计算机中的表示方式，指数据如何在计算机中存放，实质上是内存单元分配的问题，在具体实现时用计算机语言中的数据类型（Data Type）来描述。

**【思考与讨论】**

*存储数据应该存什么？怎样存？*

**讨论：** *存数据，第一，不仅要保存数据本身的值，还要保存数据间的关系，这样才能把相关问题的所有信息存储完整。保存数据间联系的目的是通过这种联系找到与之相连的元素；第二，在计算机中存储数据是为了对它们进行处理，如果存进机器了但要用时却找不到，数据的存储就失去了意义。这里“找到”的含义，一方面是能找到需要的数据元素，一方面是能找到与之相联系的数据元素。所以，数据存储结构的设计应基于下面两个原则。*

- *数据存储原则 A：存数值，存联系。*
- *数据存储原则 B：存得进，取得出。*

常见的数据存储方式有四类，见图 1.16。

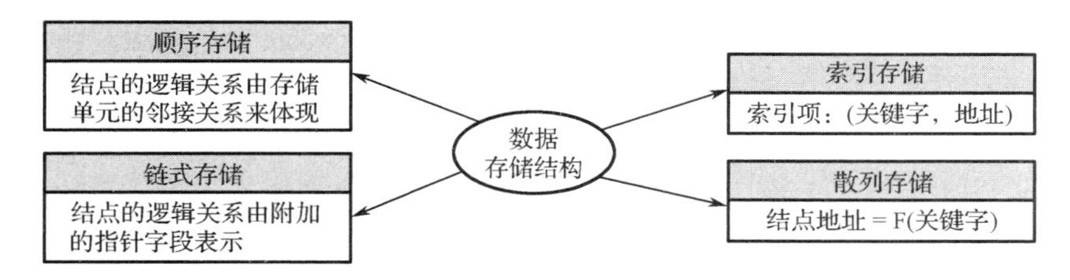


图 1.16 数据的存储结构分类

（1）顺序存储结构

用一组连续的存储单元依次存储数据元素，数据元素之间的逻辑关系由元素的存储位置来体现。顺序存储结构的特点如下：

- 连续顺序地存放数据元素。
- 若数据的逻辑结构也是顺序（线性）的，则逻辑结构和存储结构完全统一。连续存放的数据元素可以很容易地在内存中被找到。

（2）链式存储结构

在每个数据元素中增加指针项，以记录数据元素间的逻辑关系。链式存储结构的特点如下：

- 元素在内存中不一定连续存放。
- 在元素中附加指针项，通过指针可以找到与之逻辑相连的数据元素的实际位置。

（3）索引存储结构

索引存储方法是在存储结点信息的同时建立一个附加的索引表。索引表中的每一项称为一个索引项，索引项的一般形式是：（关键字，地址）。

通过索引表，可以找到相应数据元素的位置。

（4）散列存储结构

散列存储方式，以结点的关键字作为自变量，通过函数关系 $F$，直接计算出该结点的存储地址

$$结点地址=F(关键字)$$

数据的存储结构也称为物理结构，是数据的逻辑结构在计算机中的表示。数据的存储结构依赖于计算机语言，是用程序设计语言中的“数据类型”来描述的。数据类型指的是高级语言中变量可选取的数据种类。

**【思考与讨论】**

1. 为什么要设置不同的数据类型？

**讨论：** 数据类型是按数据的性质、表示形式、占据存储空间的大小、构造特点来划分的。每个数据类型都有一个独有的名称，它限制了数据的有效范围。

不同数据在内存中占用的空间不同，其运算方式也不同。通过数据类型这个概念将数据加以区分，并在使用数据时采用适合该数据的方式，从而使数据的储存与运算都采用最佳的方式，避免浪费空间，提升代码运行效率。

2. 为什么数据逻辑结构与存储结构不能完全统一起来？

**讨论：** 存储器是由地址连续的存储单元构成的，各存储单元的关系是线性关系。数据元素存储空间的线性关系有时不能直接反映复杂的逻辑关系。

3. 逻辑结构和存储结构之间的区别与联系是什么？

**讨论：** 数据的逻辑结构是面向问题的，反映了数据内部的构成方式，数据的逻辑结构独立于计算机；数据的存储结构的实现要用计算机语言中的数据类型来描述，因而是依赖于具体的计算机语言的，是面向计算机、面向具体实现的。

前面提到的 4 种基本存储方法既可单独使用，也可组合起来对数据结构进行存储映像。

同一逻辑结构采用不同的存储方法，可以得到不同的存储结构。选择何种存储结构来表示相应的逻辑结构，需要视具体要求而定，主要考虑的是运算的方便性以及对算法的效率要求。

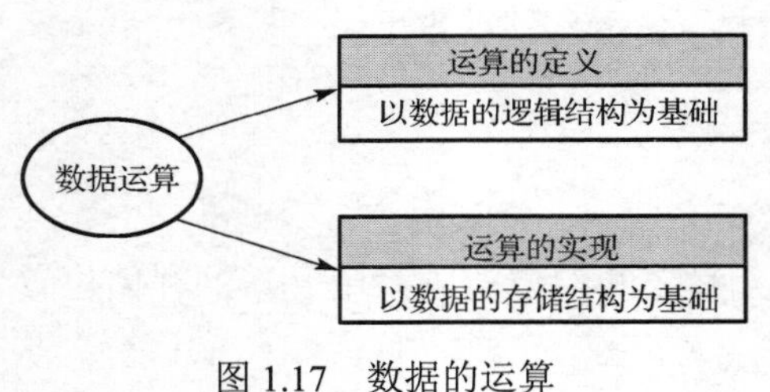

图 1.17　数据的运算

### 3. 数据的运算

数据的运算有两方面的含义——运算的定义与运算的实现，见图 1.17。

运算的定义取决于数据的逻辑结构，知道了问题中的数据及数据间的联系，就可以设计相应的数据处理方法。一般常见的运算操作如下。

- 初始化：对存储结构设置初始值，或者申请存储空间。
- 判空：判断存储空间是否为未存放有效值的状态。
- 求长度：统计元素个数。
- 查找：判断是否包含指定元素。
- 遍历：按某种次序访问所有元素，每个元素只被访问一次。
- 取值：获取指定元素值。
- 置值：设置指定元素值。
- 插入：增加指定元素。
- 删除：移去指定元素。

例如，在例 1-2（电话号码查询）中，我们有了客户电话号码登记表，就可以设计对其进行查找客户信息、插入新客户信息、更新客户信息等操作处理；这些操作处理的具体实现方法和电话号码登记表的存储形式密切相关。不同的存储方法，处理的方法不尽相同，即数据运算的实现基于数据的存储结构。

## 1.5 如何设计算法

数据结构三要素中，数据逻辑结构的分析、数据存储结构的设计解决了待处理问题中信息的分析和存储，即把要处理的信息从实际问题转换成计算机能接收和理解的问题，接下来的工作就是对数据进行操作处理，即数据的运算，以完成问题所要求的功能。数据的运算通过算法来描述。

由于数据的逻辑结构和存储结构不是唯一的，算法的设计思想和技巧也不是唯一的，因此处理同一个问题的算法也不是唯一的。

学习“数据结构”这门课程的目的就是学会根据数据处理问题的需要，为待处理的数据选择合适的逻辑结构和存储结构，从而设计出满意的算法。

讨论算法是“数据结构”课程的重要内容之一。

### 1.5.1 算法的定义与表示方法

#### 1. 算法（Algorithm）

做任何事情都要有一定的步骤，这些步骤是有顺序的，而且缺一不可；所以广义地说，算法就是为解决问题而采取的步骤和方法。在程序设计中，算法就是计算机解题的过程，要求对解题方案有准确而完整的描述。

具体地说，算法就是在有限步骤内求解某一问题所使用的一组定义明确的操作序列，能够在有限时间内，对一定的规范输入获得符合要求的输出。

#### 2. 算法的特征

（1）有穷性：算法必须保证自身在执行有限步骤后结束，不能无限执行下去。

（2）确定性：算法中的每条指令必须有明确的含义，不能含糊不清、有歧义。

（3）可行性：每一个操作步骤都必须能在有限的时间内完成。

（4）输入：一个算法可以有多个输入，也可以没有输入。

（5）输出：一个算法可以有一个或多个输出，没有输出的算法是没有实际意义的。

**3. 算法的表示**

可以用多种不同的形式描述算法。常用的描述方法有自然语言、流程图、N-S 图、伪代码、计算机语言等。

一般而言，描述算法较合适的语言是介于自然语言和程序语言之间的伪代码语言，它的控制结构类似于 Pascal、C 等程序语言，但其中可使用任何表达能力强的描述方法使算法的表达更清晰、更简洁，而不至于陷入具体程序语言的细节，让算法的程序语言适应性更好。本书对算法的描述采用伪代码的方式。

## 1.5.2 算法设计与函数设计的关系

在算法实现中涉及具体的编程问题。下面把相关的重点概念再回顾一下。

**1. 有关函数的概念**

C 语言中函数的形式有三种：函数的声明形式、函数的定义形式、函数的调用形式，它们与对应的实例见图 1.18。

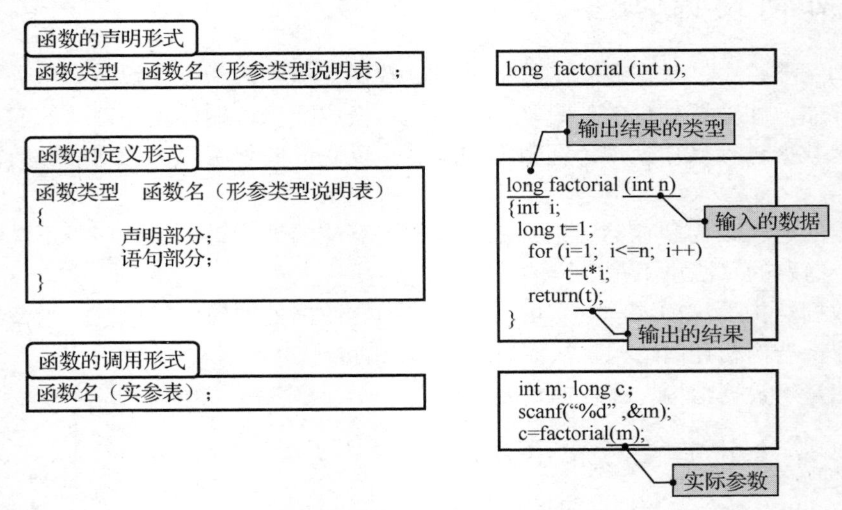


图 1.18　C 语言中函数的三种形式及实例

函数声明类似于变量的声明，函数声明里的形式参数可以只写类型而省略名称。

在函数的定义形式中包含了函数设计的三个要素。

（1）功能描述：尽量用一个词来描述函数的功能，以此作为函数的名称。

（2）输入：列出所有要提供给函数处理的信息的定性描述，它们决定了函数形式参数表的内容。在形式参数表中要填写变量的声明形式。

（3）输出：输出信息的类型决定函数的类型，即返回的类型。

在函数的执行过程中，需要有实际的操作数据才能进行相应的处理，因此调用函数时的实际参数要填变量的引用形式。C 语言的函数实际参数与形式参数的形式见图 1.19。

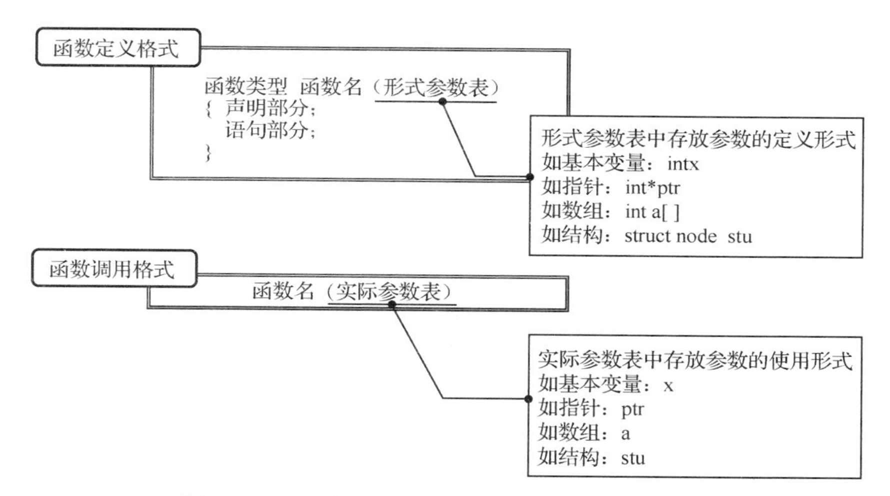


图 1.19 C 语言的函数实际参数与形式参数的形式

### 2. 算法设计与函数设计的关系

算法的实现由函数来完成，那么算法与函数的哪些要素相关呢？

由函数的三要素我们知道，函数名应该是对算法功能的描述；函数要处理的信息是通过形参接收的，因此算法的输入信息种类和内容就决定了形参的个数和类型；函数的输出是通过返回值实现的，返回值的类型就是函数的类型，算法要求的输出信息就决定了函数的类型。因此，函数的名称与输入/输出接口由算法的功能、输入与输出三个要素确定，见图 1.20。函数类型、函数名、形参也是函数头的构成要素，它们决定了函数的框架结构。

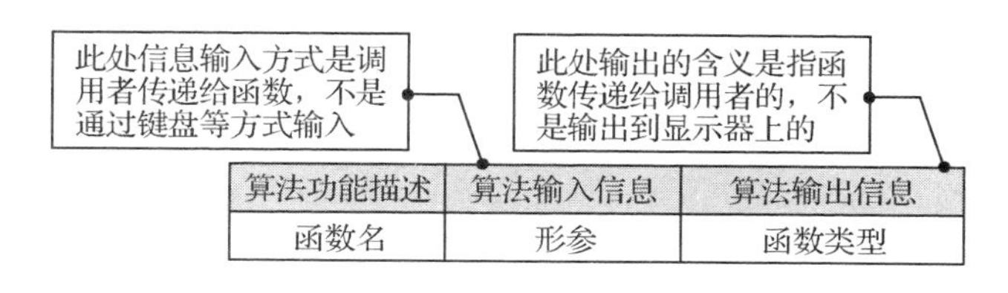


图 1.20 算法要素与函数结构

## 1.5.3 软件设计方法

从软件工程的角度看，对实际问题的计算机求解，除了解题步骤的描述，还需要相关的设计与处理。

（1）测试用例设计

根据问题的功能要求，按照输入数据的正常情形、边界或特例情形、异常情形等，给出测试用例。

（2）数据结构描述

给出问题包含的信息与信息之间的联系的存储结构，用 C 语言数据类型描述。

（3）函数接口及函数结构设计

根据问题的功能、输入、输出，确定函数类型、形参、返回值。

特别说明：在本书中，当函数的输入和输出项内容相同时，表示函数的返回信息通过形参地址传递方式，而非 return 方式。在函数框架表述时，会在此输入参数项上加上括号，表示主调函数将在此项参数接收子函数的运算结果。

（4）算法的伪代码描述

按照自顶向下逐步求精的方法，描述问题的解决步骤。

（5）程序实现

按照细化的伪代码给出代码实现，必要时按照测试用例给出测试结果。

（6）算法效率分析

分析问题的时间复杂度、空间复杂度。（算法效率分析方法在 1.7 节介绍。）

## 1.5.4　算法设计的一般步骤

要使计算机完成人们预定的工作，必须为如何完成预定工作设计一个算法。算法是对问题求解过程的精确描述，不同的问题有不同的解决方法，同一个问题也可能有多种算法可供选择。虽然前人已经设计出很多经典的算法，如迭代法、穷举搜索法、递推法、递归法、贪心法、回溯法、分治法、动态规划法等（经典算法的介绍参见第 9 章），但算法设计依然是一件非常困难的工作，其困难在于算法设计不同于一般的数学、物理问题，明确问题后没有现成的公式可以套用。那么设计算法是否有规律可循呢？我们来看两个实例。

### 1．由一般情形开始的算法探讨

（1）题目描述

求大于 0 的整数的阶乘。

（2）题目分析

按照算法设计的一般步骤，根据数学定义，我们可以先选择一个数值不太大、又不是特殊点的值来求解 $n!$，如 $n=5$ 来设计算法的实现。

对于临界点或特殊点、异常情况，可以在实现一般情形的算法后再测试这些值，对算法进行完善处理。

（3）测试用例设计

按照一般情形、特殊情形、异常情况三类情形，将题目的数据列出，测试用例见图 1.21。

（4）函数框架设计

框架设计的具体内容见表 1.5。

| 情形 | 测试数据 | 预期结果 |
|---|---|---|
| 问题的一般情形 | $n>1$ | 按照 $n$！一般定义得出的值 |
| 临界点或特殊情形 | $n=0$，$n=1$ | 按照 $n$！边界定义得出的值 |
| 异常情况 | $n<0$ | 给出错误提示信息 |

图 1.21　$n$！函数的测试用例

表 1.5　$n$！函数框架

<table>
<tr><th>功能描述</th><th>输入信息</th><th colspan="2">输出信息</th></tr>
<tr><td rowspan="2">求 n！<br>factorial</td><td rowspan="2">int n</td><td rowspan="2">Long 类型</td><td>异常：−1</td></tr>
<tr><td>正常：n！的结果</td></tr>
</table>

特别注意：此处输出的含义是指函数传递给调用者的，不是输出到显示器上的。

（5）算法描述

设 $s$ 为累乘之积，$t$ 为乘数。伪代码见表 1.6。

表 1.6　*n*！伪代码描述

| 顶部伪代码描述 | 第一步细化 | 第二步细化 |
| --- | --- | --- |
| 输入 *n* | 输入 *n* | 输入 *n* |
| 求 *n*！ | 初始化乘积 *s*=1，乘数 *t*=2 | *s*=1，　*t*=2 |
| | 由 1 乘 2 开始结果放到乘积 *s* 中，乘数 *t* 每次增 1 | do<br>　*s*=*s***t*<br>　*t* 增加 1 |
| | 当 *t*>*n* 结束 | while　(*t*<*n*) |
| 输出结果 | 输出结果 *s* | 输出：*s* |

（6）代码实现

```
/*==============================
函数功能：求 n!
函数输入：整数 n
函数输出：n！值
================================*/
long  factorial(int n)
{
      int  t;
      long  s=1;
      for ( t=2;  t<=n;  t++)
            s=s*t;
            return(s);
}
```

（7）测试结果

按照测试用例列出的各种情形，设置相应的数据进行输入，记录程序运行的结果，并与预设的结果进行比较，若相同，测试正确；若不同，则程序有问题，测试结果见表 1.7。这里在测边界值 $n$=1 时，程序的结果是 2，这个和预期的结果不一样；另外输入−1 时，程序结果也是错的。这时就要进行调试，找出 bug，直至最终得到正确结果。

表 1.7　测试结果

| | 一般情形 | | 边界值 | | 异常情形 |
| --- | --- | --- | --- | --- | --- |
| 测试值 | 5 | 10 | 0 | 1 | −1 |
| 测试结果 | 120 | 3628800 | 1 | 2 | 1 |

## 2．由特殊情形开始的算法探讨

前面我们讨论的 $n$！计算方法是从一般情形开始的解题方法，算法设计的另一种思路还可以是从特殊情形开始，来看下面的例子。

（1）题目描述

相邻区域问题。一个 $n$ 行 $m$ 列的矩阵被划分成 $t$ 个矩形区域，分别用数字 1～$t$ 来标识，同一个区域内的元素都用同一个数字标识。如图 1.22 所示，一个 6 行 8 列的矩阵被分成 8 个矩形区域，分别用编号 1～8 标识。当两个小区域之间公用一条边时，称这两个区域相邻，例如，图中区域 5 的相邻区域有 6 个，分别为 1、2、3、6、7、8，但 4 并不是它的相邻区域。请写一个算法找出区域 $k$ 的所有相邻区域。

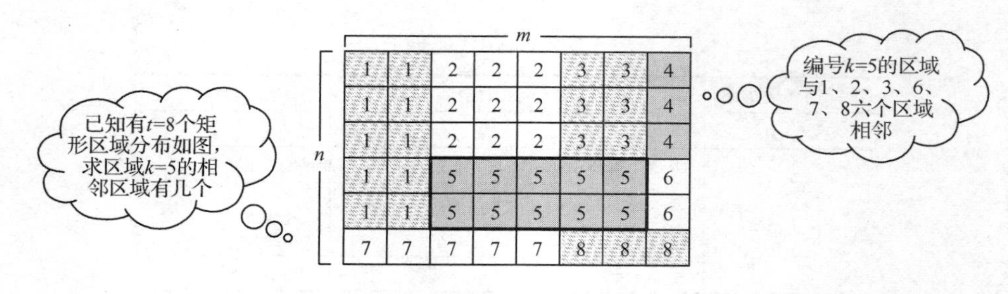


图 1.22　相邻区域问题

（2）算法设计思路

此题目的特殊情形有 $k$ 占满矩阵、$k$ 只占一个小格、只有一个矩形等几种状态。若按 $k$ 的一般情况（即占多个格子又非满的状态）考虑，各种相邻情形就比较多，判断条件比较复杂。这时，若考虑 $k$ 只占一个格子，则相邻区域有上、下、左、右 4 个，这是一种简单的基础状态，见图 1.23，此时按序逐个在矩阵中查看每一个格子。若值等于 $k$，统计其相邻区域数值非 $k$ 的格子个数即可。这样的方法是适合用计算机来求解的。

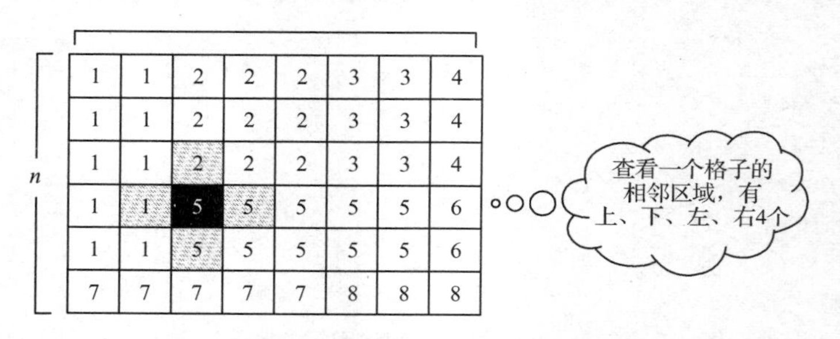


图 1.23　相邻区域问题分析

按照算法全面性的要求，考虑此题的特殊情形，我们可以看到，在整个矩阵边缘的格子，它们的相邻区域并不是 4 个。我们可以在整个矩阵周围添加一圈标号为 0 的格子，搜索的有效区域依然控制在 $n$ 行 $m$ 列，通过这样的“补足”方法来解决，见图 1.24。

| 0 | 0 | 0 | 0 | 0 | 0 | 0 | 0 | 0 | 0 |
|---|---|---|---|---|---|---|---|---|---|
| 0 |  | 1 | 2 | 2 | 2 | 3 | 3 | 4 | 0 |
| 0 | 1 | 1 | 2 | 2 | 2 | 3 | 3 | 4 | 0 |
| 0 | 1 | 1 | 2 | 2 | 2 | 3 | 3 | 4 | 0 |
| 0 | 1 | 1 | 5 | 5 | 5 | 5 | 5 | 6 | 0 |
| 0 | 1 | 1 | 5 | 5 | 5 | 5 | 5 | 6 | 0 |
| 0 | 7 | 7 | 7 | 7 | 7 | 8 | 8 | 8 | 0 |
| 0 | 0 | 0 | 0 | 0 | 0 | 0 | 0 | 0 | 0 |

图 1.24　相邻区域问题查找区域设计

在此略过算法的具体实现及测试过程，感兴趣的读者可以自行完成。

### 3. 算法设计的一般步骤

通过例子中求解方法的讨论可以看到，问题的求解方法可以从一般情形开始，也可以从特殊情形开始，无论哪种情形，都应该是尽可能简单的、普遍适用的情形，即适用于计算机求解的。从算法是处理数据的步骤这个角度来看，我们可以总结出算法设计的一般步骤：

① 找到一种尽可能简单的、普遍适用的情形，作为基本的处理流程；
② 设定算法初始条件；
③ 确定算法的结束条件；
④ 考虑临界点或特殊情形的处理；
⑤ 考虑异常情形。

# 1.6　如何评价算法的优劣

求解同一问题可能有多种不同的算法，有不同就可以有比较，有比较就有优劣之分。从哪些方面入手来分析和评价算法呢？是否有统一的评价标准和分析方法呢？只有评价标准统一了，才能全面客观地看待问题。

我们首先来看对算法的设计要求。

## 1.6.1　算法的设计要求

设计一个好的算法应考虑以下几方面，这些也可以说是算法评价标准。

### 1. 正确性

算法应满足具体问题的要求，这是算法设计的基本目标。“正确”的含义在通常的用法中有很大的差别，大体可分为以下四个层次：

（1）程序不含语法错误。

（2）对于几组输入数据，程序能够得出满足算法功能要求的结果。

（3）对于精心选择的典型、苛刻而带有刁难性的几组数据，程序能够得出满足算法功能要求的结果。

（4）对于一切合法的输入数据，程序都能产生满足算法功能要求的结果。

通常以第 3 层意义的正确性作为衡量程序是否合格的标准。

### 2. 可读性

在正确的前提下，算法的可读性、可理解性至关重要，即程序员的效率最重要，这在当今大型软件需要多人合作完成的环境下尤其重要。晦涩难读的程序容易隐藏错误且难以调试。

### 3. 健壮性

健壮性又被译为鲁棒性（Robustness），是指算法对不合理数据输入的反应能力和处理能力，也称为容错性。一个好的算法应该能够识别出错误的输入数据并进行适当的处理。

设计出合理有效的测试用例，在软件测试阶段尽可能多地发现程序的错误，是保证算法健壮性的有效方法。

### 4．高效性

高效性指算法的运行效率高，有以下两个考查的方面。

（1）时间效率高。算法的时间效率指的是算法的执行时间，执行时间短的算法称为时间效率高的算法。

（2）存储空间少。算法的存储空间指的是算法执行过程中需要的最大存储空间，其中主要考虑运行时需要的辅助存储空间。存储空间小的算法称为内存要求低的算法。

研究实验告诉我们，对于大多数问题，在速度上能够取得的进展远大于在空间上能取得的进展。所以，我们把主要精力集中在算法时间效率的讨论上。

从算法运行的开销、执行的效果角度看，时间和空间可以相互转化。

## 1.6.2 算法效率的度量方法

能够确定某个问题的算法的正确性后，再来看评价优劣的问题。算法评价的标准是什么呢？从实际的情形看，如果一个问题的求解算法需要运行长达数周的时间才能有结果，这种算法就很难说有什么用处；同样，一个需要 1GB 内存的算法在当前大多数机器上也是没法使用的。算法运行的时间与空间都是机器的资源，因此算法效率的高低用其使用机器资源的多少来衡量。可以用下面直接或间接的方法来分析算法的效率。

### 1．算法性能的事后统计

提到算法的运行效率，很自然地会想到用“秒”“毫秒”等实际的时间单位，因为这对于算法的测试者而言是很直观的。算法性能的事后统计也叫算法的后期测试，用程序实际运行的时间来衡量算法的效率。

事后统计的方法，可以在实现算法的程序中的某些部位插装时间函数 time()或 clock()，测定算法完成某一功能所花费的时间。代码模板如下。

```
#include <time.h>
//time()的计时单位为秒，clock()的计时单位为 CPU 时钟计时单元，通常为 1 毫秒
clock_t   start, stop;          // clock_t 在 time 头文件中定义为长整型
time (&start);                  //或 start = clock();
/******************************************
此处放要测定运行时间的函数
******************************************/
time (&stop);                   //或  stop = clock();
long runTime = stop - start;
printf (" %ld\n " , runTime );
```

当一个算法转换成程序并在计算机上执行时，其运行所需的时间取决于下列因素：

（1）硬件的速度。CPU 速度和存取数据的速度越快，程序的执行时间越短。

（2）选用的程序设计语言。程序设计语言的级别越高，执行效率越低。比如，汇编语言程序的执行效率往往高于高级程序语言。

（3）编译程序所生成目标代码的质量。对代码优化较好的编译程序，其所生成的程序质量较高。

（4）问题的规模。很显然，大规模问题的求解比小规模问题的求解更耗费时间。

（5）算法选用的策略。对于同一个问题，可以设计不同的算法来解决。

显然，前 3 个因素与软硬件环境有关，而与算法设计思路本身无关，这些因素的变化会让程序在不同运行环境下的时间不具可比性，即同一程序在不同软硬件环境中的运行时间不一样，用测试算法执行的绝对时间来确定算法的效率是不合适的，找到一个通用的、独立于机器特性的描述算法效率的方法就变得非常有意义。

### 2. 算法性能的事前分析

通过对算法执行性能的静态理论分析，得出的关于算法效率时间和空间的特征函数，与计算机软硬件没有直接关系。

算法性能的事前分析做的研究包括：

（1）算法的时间效率分析——找出与算法运行时间相关的因素与特征函数。从时间角度来评价算法。

（2）算法的空间效率分析——找出算法运行所需的辅助存储空间特征函数。从空间角度来评价算法。

## 1.7 算法性能的事前分析方法

算法性能的事前分析指对一个算法所需的资源进行预测，这里的资源指的是机器计算时间、存储空间等。

由于计算机的计算时间和存储空间是有限的资源，因此好的算法在保证结果正确的同时还要兼顾效率。

**【思考与讨论】**

1. 与算法执行时间相关的因素中，哪些是关键因素？

**讨论：**若不考虑软硬件相关的因素，剩下的相关因素就只有算法的策略和问题的规模两项了。我们把问题的数据量作为问题的规模，一般用一个整数表示。比如，求矩阵相乘，矩阵的阶就是问题的规模；在一个有 $n$ 个结点的表格中进行查找，结点的数目 $n$ 就是问题的规模。

2. 如何能将算法时间效率的分析独立于软硬件系统？

**讨论：**一个算法所耗费的时间，应该是该算法中每条语句的执行时间之和，而每条语句的执行时间又是该语句的执行次数（频度）与该语句执行一次所需时间的乘积，因此，算法花费的时间与算法中语句的执行次数成正比。语句执行一次所需时间取决于机器指令执行速度和编译所产生的代码质量，但这很难确定。我们可以假定，每条语句执行一次的时间都是相同的，为单位时间，在这样设定的条件下，可以把算法的执行时间简单地用基本操作的执行次数（频度）来代替。

由此，我们对时间的分析就可以独立于软硬件系统。

【名词解释】语句频度

若问题的规模为 $n$，一个算法中的语句执行次数称为语句频度或时间频度，记为 $T(n)$。

问题的规模和解决问题的策略对算法的效率有什么样的影响呢，它们之间又有什么关系呢？这是下面要重点讨论的问题。

### 1.7.1 问题的规模与算法的策略

#### 1. 问题实例

【例 1-6】问题的规模与算法的策略。

将数字 1～100 写在卡片上，乱序后再按序排好。排序时所有卡片的查找次数是多少？

**解析**：此问题的规模 $n$=100，可以采用下面不同的策略进行查找。

策略一：按数字大小顺序找卡片。

先找 1，再找 2，再找 3…，则找 1 最多要抽取查看 100 次。找 2 是在剩下的 99 张卡片中找，最多要找 99 次，最后，数字 100 只找 1 次。

这个解法最多要抽取的次数：(100+1)×100/2。

问题规模为 $n$ 时的抽取次数：$T(n)=n^2/2+n/2$。

策略二：随机抽取卡片排序。

此方法与抽牌排序类似，见图 1.25。例如，先抽到 2，再抽到 5，因为 5 比 2 小，故插在 2 后。再抽到 98，比 5 小，插到 5 后，等等，将随机抽到的卡片按大小插入已经有序的序列中。按插入法排序，则每个卡片只抽取一次，只要抽取 100 次即可。

问题规模为 $n$ 时的抽取次数：$T(n)=n$。

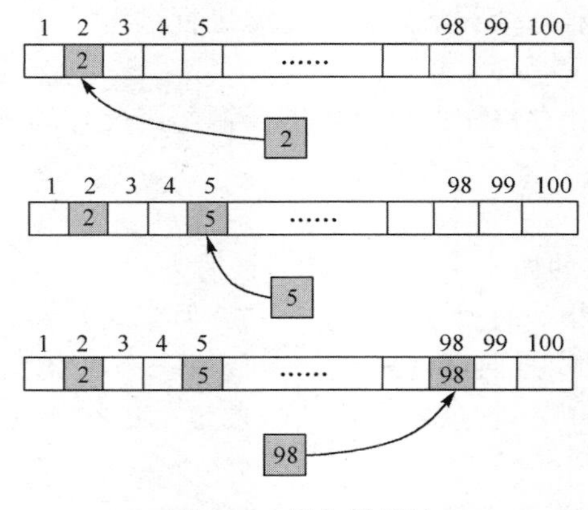


图 1.25 插入排序法

#### 2. 问题讨论

**【思考与讨论】**

1. 策略一处理 10 个数字，策略二处理 100 个数字，哪个得到结果快？

**讨论**：此种情形下当然是策略一快。

2. 可以根据上面的结论说策略一比策略二快吗？

**讨论**：在处理数据的规模大小不同时，对两种算法做比较，结论有失偏颇。

通过上面的例子可以看出，问题的规模往往是决定算法效率的主要因素。

#### 3. 结论

一般地，算法所需时间和输入规模 $n$ 同步增长，见图 1.26。

（1）对于同一算法，输入量小，运行时间短；输入量大，运行时间长。

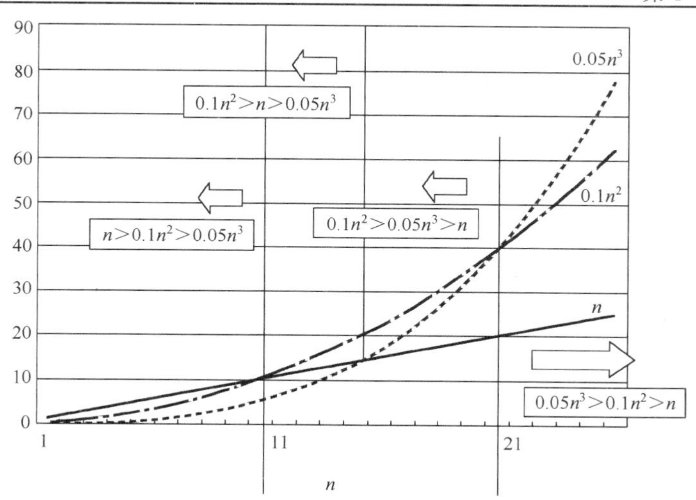


图 1.26　算法的效率曲线图

（2）对于不同的算法，有可能在 $n$ 的某一区间，一个算法的效率高于另一个，而在 $n$ 的另一区间，情况相反。

（3）对于不同的算法，规模较小时，算法效率接近；规模扩大，算法所需时间通常呈上升趋势，各算法之间的差距就比较明显了。

## 1.7.2　算法效率的上限与下限

### 1. 查找问题中的各种情形

在例 1-6 中，策略一的算法效率高低有一个“碰运气”的概率。下面三种典型的情形是要考虑的（设卡片数 $n$=100），见图 1.27。

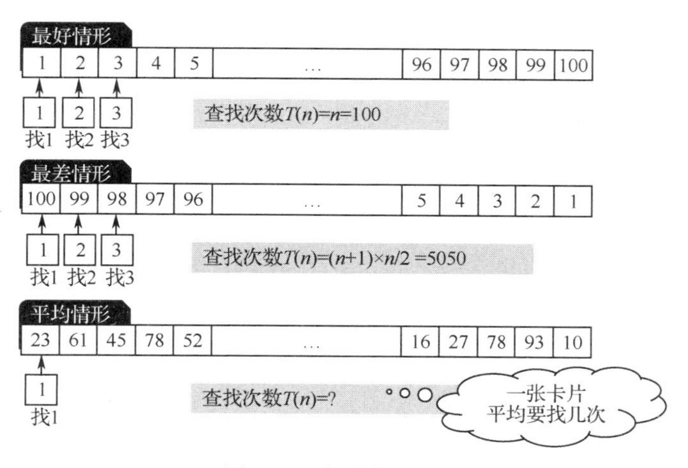


图 1.27　各种查找情形

### 2. 查找问题的算法效率讨论

（1）最好情形

若 100 张卡片刚好已按递增有序排列，则需要找的次数是最少的，为 100 次。

（2）最差情形

若100张卡片刚好已按递减有序排列，那么每次都要在剩余的卡片中找最多的次数才能找到需要的卡片，这样查找次数最多，共需要5050次。

（3）平均情形

100张卡片大小随机排列，那么，一张卡片平均需要查找几次？100张卡片又要查找多少次呢？

先考虑在$n$张卡片中找一个指定卡片$i$的平均查找次数$\text{ASL}_n$（Average Search Length），设$p_i$为查找表中第$i$个记录的概率，$c_i$为找到该记录时已经比较过的卡片数，则平均查找次数为

$$\text{ASL}_n = \sum_{i=1}^{n} p_i c_i \tag{1-1}$$

其中，在等概率情形下，$p_i = 1/n$（$i = 1, 2,\cdots, n$）。

由图1.28可得$c_i+i=n+1$，所以$c_i=n-i+1$

| 开始查找位置 | 1 | 2 | 3 | … | $i$ | … | $n-1$ | $n$ |
|---|---|---|---|---|---|---|---|---|
| 剩余卡片数 | $n$ | | | | $c_i$ | | 2 | 1 |

图1.28　查找位置与次数对应表

所以，

$$\text{ASL}_n = \sum_{i=1}^{n} p_i \times (n-i+1) = \frac{1}{n} \times \frac{(n+1)\times n}{2} = \frac{n+1}{2}$$

则在$n-1$张卡片中找一个指定卡片$i$的平均查找次数

$$\text{ASL}_{n-1} = \frac{n}{2}$$

在$n$张卡片中找$n$个指定卡片平均查找次数

$$\text{ASL}_n = \frac{n+1}{2} + \frac{n}{2} + \cdots + \frac{1+1}{2} = \frac{(n+3)\times n}{4}$$

那么，$n$=100时，$T(n)$=(100+3)×100/4=2575。

### 3．算法效率与处理数据的情形相关

一个算法往往有最好效率、平均效率、最差效率三种情形。最差效率是指在输入规模为$n$时，算法在最差情形下的效率；最好效率是指在输入规模为$n$时，算法在最优情形下的效率；平均效率是指在“典型”或“随机”输入情形下算法具有的效率。通常，最差效率是我们最关注的。

## 1.7.3　上下限问题的数学描述

### 1．渐近上下界的数学定义

算法的效率分析是为了得到近似的执行时间，一般考察的是当问题规模$n$增加时，运算所需时间频度$T(n)$的上界和下界，见图1.29。其中，$O$表示法、$\Omega$表示法、$\Theta$表示法分别表示了算法的效率上限（上界）、下限（下界）和等限（确界），其数学上的具体定义见表1.8，对应的曲线见图1.30。

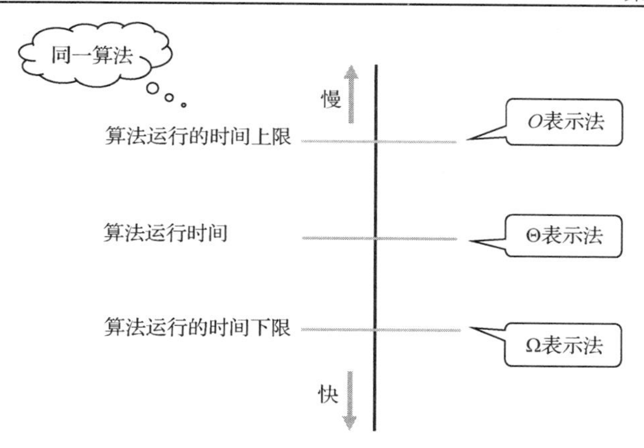


图 1.29　算法效率的近似表示法示意图

**表 1.8　算法的渐近运行时间记号**

| 记号 | 定义 | 含义 |
| --- | --- | --- |
| $O$ | 定义：$f(n)=O(g(n))$ 若存在两个正常数 $c$ 和 $n_0$，使得当 $n\geqslant n_0$ 时，$f(n)\leqslant cg(n)$ | $f(n)$的渐近上限为 $g(n)$ |
| $\Omega$ | 定义：$f(n)=\Omega(g(n))$ 若存在两个正常数 $c$ 和 $n_0$，使得当 $n\geqslant n_0$ 时，$f(n)\geqslant cg(n)$ | $f(n)$的渐近下限为 $g(n)$ |
| $\Theta$ | 定义：$f(n)=\Theta(g(n))$ 若存在正常数 $c_1$，$c_2$ 和 $n_0$，使得当 $n\geqslant n_0$ 时，$c_1 g(n)\leqslant f(n)\leqslant c_2 g(n)$ | $f(n)$的渐近确界为 $g(n)$ |
| $o$ | 定义：$f(n)=o(g(n))$ 对任意正常数 $c$，若存在 $n_0$，使得当 $n\geqslant n_0$ 时，$f(n) < cg(n)$ | $g(n)$为 $f(n)$的非紧确渐近上界 |
| $\omega$ | 定义：$f(n)=\omega(g(n))$ 对任意正常数 $c$，若存在 $n_0$，使得当 $n\geqslant n_0$ 时，$f(n) > cg(n)$ | $g(n)$为 $f(n)$的非紧确渐近下界 |

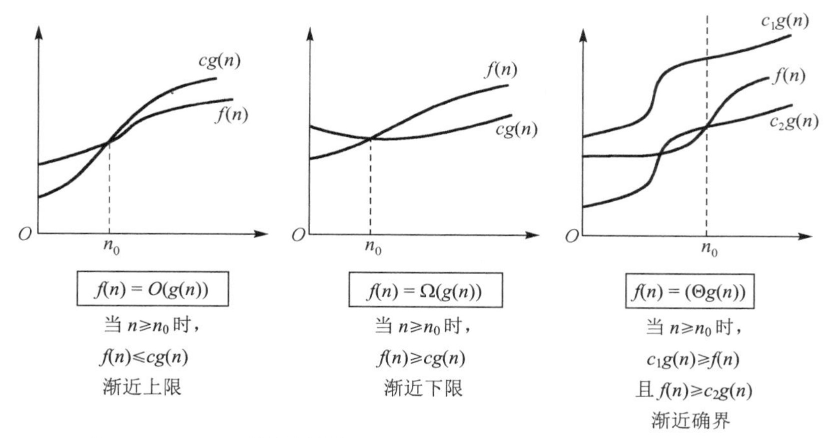


注：$n_0$、$c$、$c_1$、$c_2$ 均为正常数。

图 1.30　渐近表示法

说明：$f(n)$和 $g(n)$都是非负的数学函数。

大 $O$ 与小 $o$ 的区别：大 $O$ 的条件是存在正常数 $c$，小 $o$ 的条件是对任意正常数 $c$。

大 $\Omega$ 与小$\omega$的区别：与上类同。

$f(n)=O(g(n))$，表示 $g(n)$为 $f(n)$的渐近上限，可以理解为当 $n$ 足够大时，$f(n)$最终增长的速度至多与 $g(n)$一样快，但不会超过 $g(n)$的增长速度。

$f(n)=o(g(n))$，表示 $g(n)$为 $f(n)$的非紧确渐近上限，非紧确即是非紧凑的意思，可以理解为当 $n$ 足够大时，$f(n)$的增长速度不会超过 $g(n)$，且不会与 $g(n)$一样快。

$\omega$ 记号与 $\Omega$ 记号的关系和 $o$ 记号与 $O$ 记号的关系一样。

$f(n)=\Theta(g(n))$ 表示 $g(n)$为 $f(n)$的渐近确界，可以理解为当 $n$ 足够大时，$g(n)$的增长速度与 $f(n)$相同。如果一个算法的效率既在 $O(g(n))$中又在 $\Omega(g(n))$中，则可以说该算法的效率在 $\Theta(g(n))$里。

### 2．用极限描述渐近表示法

虽然符号 $O$、$\Omega$ 和 $\Theta$ 等的正式定义对于证明它们的抽象性质是不可缺少的，但很少直接用它们来比较两个特定函数的阶数。有一种较为简便的比较方法，就是基于对所讨论的两个函数的比率求极限。

设 $f(n)$、$g(n)$是在同一个自变量 $n$ 的变化过程中的无穷大，则二者比率的极限为

$$\lim_{n\to\infty}\frac{f(n)}{g(n)}$$

极限结果与渐近表示法的关系见表 1.9。

表 1.9　无穷大量的比较结果

| 极限值 | | f 与 g 比较结果 | 表示 |
|---|---|---|---|
| 存在 | $c=0$ | $f$ 是比 $g$ 低阶的无穷大 | $f(n)=o(g(n))$ |
| | $0\leqslant c\leqslant 1$ | $f$ 是 $g$ 同阶或低阶的无穷大 | $f(n)=O(g(n))$ |
| | $c=1$ | $f$ 与 $g$ 是同阶的无穷大 | $f(n)=\Theta(g(n))$ |
| | $1\leqslant c\leqslant\infty$ | $f$ 与 $g$ 是同阶或高阶的无穷大 | $f(n)=\Omega(g(n))$ |
| 不存在 | $c=\infty$ | $f$ 是比 $g$ 高阶的无穷大 | $f(n)=\omega(g(n))$ |
| | 振荡 | | |

注：$c$ 为常数。

### 3．大 O 表示法的实例

**【例 1-7】**大 $O$ 表示法的例子 1。

（1）$f(n)=3n+2=O(n)$

可找到 $c=4$，$n_0=2$，使得 $3n+2 < 4n$。

（2）$f(n)= 10n^2+5n+1=O(n^2)$

可以找到 $c=11$，$n_0=6$，使得 $10n^2+5n+1 < 11n^2$。

（3）$f(n)= 7\times2^n +n^2+n=O(2^n)$

可以找到 $c=8, n_0=5$，使得 $7\times2^n +n^2 +n < 8\times2^n$。

注意，大 $O$ 记号提供的渐近上界可能是也可能不是紧确渐近的，例如，$2n^2=O(n^2)$是紧确渐近的，而 $2n=O(n^2)$就是非紧确渐近的。在进行算法效率分析时希望获得的是尽可能紧凑的上界。

**【例 1-8】**大 $O$ 表示法的例子 2。

（1）$f(n)=3n+2=O(n)$

$$\lim_{n\to\infty}\frac{3n+2}{n}=3$$

当 $n$ 充分大时，该程序的运行时间和 $n$ 成正比，用 $O(n)$表示，称 $f(n)$和 $n$ 是同阶的（数量级相同）。注意，我们关注的频度函数此时在分母上，所以此时常数 $c$ 大于 1，与表 1.9 中的定义相反。

（2）$f(n)=10n^2+5n+1=O(n^2)$

$$\lim_{n\to\infty}\frac{10n^2+5n+1}{n^2}=10$$

当 $n$ 充分大时，该程序的运行时间和 $n^2$ 成正比，用 $O(n^2)$表示；称 $f(n)$和 $n^2$ 是同阶的。

（3）$f(n)=7\times2^n+n^2+n=O(2^n)$

$$\lim_{n\to\infty}\frac{7\times2^n+n^2+n}{2^n}=7$$

当 $n$ 充分大时，该程序的运行时间和 $2^n$ 成正比，用 $O(2^n)$表示，称 $f(n)$和 $2^n$ 是同阶的。

### 1.7.4　渐近的上限——算法的时间复杂度

#### 1. 时间复杂度定义

如果 $O(f(n))$是某个算法的语句执行次数 $T(n)$的渐近上限，那么可以说此算法的渐近时间复杂度为 $O(f(n))$。算法的渐近时间复杂度，简称时间复杂度。

**【例 1-9】** 时间复杂度的例子 1。

$n$ 阶矩阵相乘算法的时间复杂度分析。

$n$ 阶矩阵相乘程序语句见表 1.10，相应语句的执行次数在“频度”一栏给出，如语句 1 中的 for 循环，在 $i$ 值从 1 到 $n$ 时，控制循环体中的语句执行 $n$ 次，$i$ 大于 $n$ 时，因还要对循环条件 $i$<=$n$ 做一次判断，故语句的执行次数为 $n+1$，这里“语句的执行次数”即为“频度”。同理可得语句 2 到 5 的频度值。

表 1.10　$n$ 阶矩阵相乘算法的时间复杂度分析

| 编号 | 程序语句 | 频度 $T(n)$ |
|---|---|---|
| 1 | for ( i=1;　i<=n;　i++ ) | $n+1$ |
| 2 | 　for ( j=1;　j<=n;　j++ ) | $n(n+1)$ |
| 3 | 　{　c[i][j]= 0 ; | $n^2$ |
| 4 | 　　for ( k = 1;　k<= n;　k++ ) | $n^2(n+1)$ |
| 5 | 　　　c[i][j] += a[i][k] * b[k][j]　} | $n^3$ |

各行语句频度和为 $f(n)=2n^3+3n^2+2n+1$。

矩阵相乘算法时间复杂度为 $T(n)=O(f(n))=O(n^3)$。

#### 2. 结论

算法的渐近分析关心的是数据规模 $n$ 逐步增大时资源开销 $T(n)$的增长趋势，具体是考察数量级大小的比较。当 $n$ 增大到一定值时，资源开销的计算公式中影响最大的就是 $n$ 的幂次最高的项，其他常数项和低幂次项都是可以忽略的。

如果一个算法的最坏情况运行时间的阶要比另外一个算法的低，常常认为前者更为有效。在输入的规模较小时，上述结论有时可能不对，比如，对于两个分别为 $O(0.01n^3)$和 $O(100n^2)$的两个程序，尽管在 $n$ 很小的时候，前者优于后者，但后者的时间随数据规模增长得慢，对足够大规模的输入来说，一个具有阶 $O(n^2)$的算法在最坏情况下比阶为 $O(n^3)$的算法运行得更快。

**【例 1-10】**时间复杂度的例子 2。

程序语句的时间复杂度分析。

程序段及相应语句频度和时间复杂度见表 1.11。

**表 1.11　例 1-10 时间复杂度分析表**

| 编号 | 程序段 | 频度 $f(n)$与规模 $n$ 的关系 | 时间复杂度 $O(f(n))$ |
|---|---|---|---|
| 1 | x=x+1;　y=x+2; | $f(n)=2$ | $O(1)$ |
| 2 | for(i=0;i<n;i++)　x++; | $f(n)=2n+1$ | $O(n)$ |
| 3 | for(i=0;i<n;i++)　for(j=0;j<n;j++)　x++; | $f(n)=(n+1)+n(n+1)+n^2$ | $O(n^2)$ |
| 4 | i=1; while(i<=n) i=i*2; | $2^{f(n)-1}=n$ | $O(\log_2 n)$ |

对第 1 个程序段，如果算法的执行时间是一个与问题规模 $n$ 无关的常数，则算法的时间复杂度为常数阶，记为 $T(n)=O(1)$。

第 4 个程序段 $f(n)$结果分析见表 1.12，其中，$f(n)$为语句 i=i*2 的执行次数。程序最后一次执行的条件是 $i=n$，即 $2^{f(n)-1}=n$。

**表 1.12　累乘语句时间复杂度分析表**

| $f(n)$ | 1 | 2 | 3 | … | $k$ | … | $f(n)$ |
|---|---|---|---|---|---|---|---|
| $i$ | 1 | 2 | $2^2$ | | $2^{k-1}$ | | $2^{f(n)-1}$ |
| 语句 i=i*2 的值 | 2 | $2^2$ | $2^3$ | | $2^k$ | | $2^{f(n)}$ |

## 1.7.5　算法时间复杂度的综合讨论

### 1.7.5.1　算法时间复杂度的实际意义

时间复杂度并不表示一个程序解决问题具体需要用多少时间，而是表示当问题的规模扩大时程序运行需要的时间增长得有多快。对于高速处理数据的计算机而言，处理某特定数据的效率不能衡量一个程序的好坏，而应该看这个数据的规模变大到数百倍后程序运行时间是否仍不变，还是随之增加数百、数千倍。

为什么对于大规模的输入要强调执行次数的增长趋势呢？这是因为小规模的输入在运行时间上的差别不足以将高效的算法和低效的算法区分开。下面我们来看同一组数据用不同处理方法的算法效率的比较。

**【例 1-11】**查找的效率问题。

对于一组有序的数列（5,13,19,21,37,56,64,75,80,88,92），如何查找效率更高？

**解析：**

方法一：顺序查找

在 1.7.2 节关于算法效率的上限与下限的讨论中，我们已经有一个结点平均成功查找次数的计算

$$\mathrm{ASL}_{顺序}=\sum_{i=1}^{n}p_i c_i=\frac{1}{n}\times\frac{(1+n)\times n}{2}=\frac{n+1}{2} \tag{1-2}$$

则顺序查找的平均时间复杂度为 $T(n)=O\left(\frac{n+1}{2}\right)=O(n)$。

方法二：折半查找

前面介绍了这种查找方法，对于本例给定的数列，各结点的查找顺序和查找次数见图 1.31。假设要找的数为 $x$，则首次从数列的中间开始查找，首先与 56 比较，若小于 56，则在 56 的左半区域继续折半查找；若大于 56，则在 56 的右半区域继续折半查找；若等于 56，则完成查找，查找次数为 1。按这样的方法递归地查找整个数列，一个结点成功的查找次数平均为所有结点的查找次数之和与查找概率的乘积，见式（1-3）。

$$\mathrm{ASL}_{折半}=\sum_{i=1}^{h}p_i c_i=\frac{1}{n}\times(1\times 2^0+2\times 2^1+3\times 2^2+\cdots+i\times 2^{i-1})=\frac{(h-1)\times 2^h+1}{n} \tag{1-3}$$

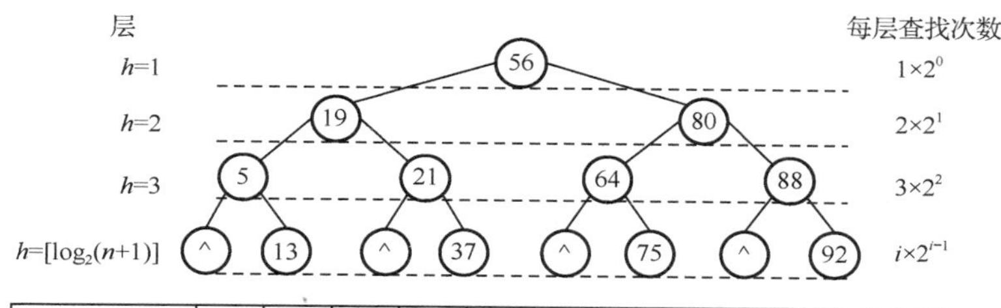


| 数据 | 5 | 13 | 19 | 21 | 37 | 56 | 64 | 75 | 80 | 88 | 92 |
|---|---|---|---|---|---|---|---|---|---|---|---|
| 顺序查找次数 | 1 | 2 | 3 | 4 | 5 | 6 | 7 | 8 | 9 | 10 | 11 |
| 折半查找次数 | 3 | 4 | 2 | 3 | 4 | 1 | 3 | 4 | 2 | 3 | 4 |
| 可能的概率 $p_i$ | 1/$n$ | | | | | | | | | | |

图 1.31　折半查找示意图

假设每一层的结点都是满的，则层数 $h$ 与结点数 $n$ 的关系为

$$n=2^0+2^1+\cdots+2^{h-1}=2^h-1$$

因此，$h=[\log_2(n+1)]$。

故折半查找的时间复杂度为

$$T(n)=O\left(\frac{(h-1)\times 2^h+1}{n}\right)=O\left(\frac{(\log_2 n)\times n}{n}\right)=O(\log_2 n)$$

由以上分析可以看出，顺序查找比折半查找的效率低很多。

### 1.7.5.2　对于算法效率分析具有重要意义的函数值

各种常见的时间复杂度函数及相关的值见表 1.13，相应的曲线见图 1.32。

**表 1.13　常见时间复杂度函数及相关值**

| 分类 | | 多项式阶 | | | | | | 非多项式阶 | |
|---|---|---|---|---|---|---|---|---|---|
| | | 常数阶 | 对数阶 | 线性阶 | 线性对数阶 | $C$ 次方阶 | | 指数阶 | 阶乘阶 |
| 形式 | | $O(1)$ | $O(\log_2 n)$ | $O(n)$ | $O(n\log_2(n))$ | $O(n^C)$ | | $O(c^n)$ | $O(n!)$ |
| 例子 | | c | $\log_2 n$ | $n$ | $n\log_2 n$ | $n^2$ | $n^3$ | $2^n$ | $n!$ |
| 问题规模 $n$ | 10 | 10 | 3.3 | 10 | $3.3\times10^1$ | $10^2$ | $10^3$ | $10^3$ | $3.6\times10^6$ |
| | $10^2$ | $10^2$ | 6.6 | $10^2$ | $6.6\times10^2$ | $10^4$ | $10^6$ | $1.3\times10^{30}$ | $9.3\times10^{157}$ |
| | $10^3$ | $10^3$ | 10 | $10^3$ | $1.0\times10^4$ | $10^6$ | $10^9$ | | |
| | $10^4$ | $10^4$ | 13 | $10^4$ | $1.3\times10^5$ | $10^8$ | $10^{12}$ | | |
| | $10^5$ | $10^5$ | 17 | $10^5$ | $1.7\times10^6$ | $10^{10}$ | $10^{15}$ | | |
| | $10^6$ | $10^6$ | 20 | $10^6$ | $2.0\times10^7$ | $10^{12}$ | $10^{18}$ | | |

注：表中 $C$ 为常数。

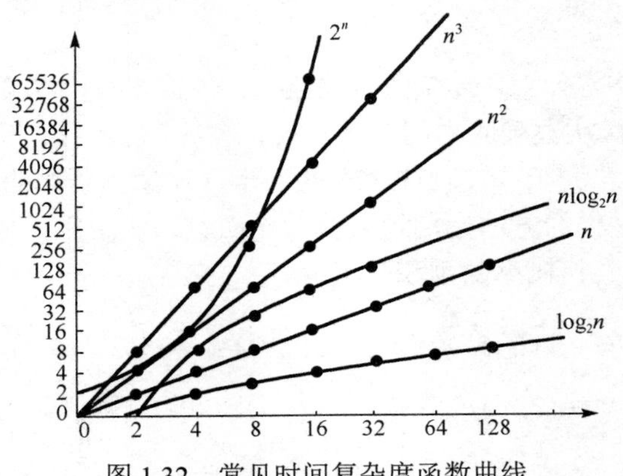


图 1.32　常见时间复杂度函数曲线

常见的时间复杂度，按数量级递增排列依次为

常数阶 < 对数阶 < 线性阶 < 线性对数阶 < 多项式阶 < 指数阶

若以计算机每秒 100 万次的运算速度，完成各层次计算量所需的时间见图 1.33。

| $n$ | $\log_2 n$ | $n$ | $n\log_2 n$ | $n^2$ | $n^3$ | $2^n$ | $3^n$ | $n!$ |
|---|---|---|---|---|---|---|---|---|
| 10 | $10^{-6}$ 秒 | $10^{-5}$ 秒 | $10^{-5}$ 秒 | $10^{-4}$ 秒 | $10^{-3}$ 秒 | $10^{-3}$ 秒 | 0.059 秒 | 3.62 秒 |
| 20 | $10^{-6}$ 秒 | $10^{-5}$ 秒 | $10^{-5}$ 秒 | $10^{-4}$ 秒 | $10^{-2}$ 秒 | 1 秒 | 58 分 | $8\times10^4$ 年 |
| 50 | $10^{-6}$ 秒 | $10^{-4}$ 秒 | $10^{-4}$ 秒 | 0.0025 秒 | 0.125 秒 | 36 年 | $2\times10^{10}$ 年 | $10^{51}$ 年 |
| 1000 | $10^{-6}$ 秒 | $10^{-3}$ 秒 | $10^{-3}$ 秒 | 1 秒 | 0.28 小时 | $10^{333}$ 年 | 极大 | 极大 |
| $10^6$ | $10^{-5}$ 秒 | 1 秒 | 6 秒 | 11.6 天 | $3\times10^4$ 年 | 极大 | 极大 | 极大 |
| $10^9$ | $10^{-5}$ 秒 | 0.28 小时 | 2.5 小时 | $3\times10^4$ 年 | 极大 | 极大 | 极大 | 极大 |

图 1.33　时间复杂度与机器时间

不管数据有多大，程序处理所需的时间始终不变，我们就说这个程序很好，具有 $O(1)$的时间复杂度，也称为常数级复杂度；数据规模变大，花费的时间也随之按比例变长，这个程序的时间复杂度就是 $O(n)$，如找无序的 $n$ 个数中的最大值；而冒泡排序、插入排序等属于 $O(n^2)$的复杂度。一些穷举类的算法，所需时间长度成几何阶数上涨，这就是 $O(C^n)$的指数级复杂度，甚至 $O(n!)$的阶乘级复杂度。

容易看出，前面的几类复杂度被分为两种级别，一种是 $O(1)$，$O(\log_2(n))$，$O(n^C)$等，我们把它叫做多项式级的复杂度，因为它的规模 $n$ 出现在底数的位置；另一种是 $O(C^n)$和 $O(n!)$型复杂度，它是非多项式级的。

如果一个程序的算法具有对数级的基本操作次数，那么该程序对于任何实际规模的输入都会在近乎瞬间完成；一个需要指数级操作次数的算法只能用来解决规模非常小的问题。通常认为，具有指数阶量级的算法是实际不可计算的，而量级低于平方阶的算法是高效的。

当 $n$ 取值很大时，指数时间算法和多项式时间算法在所需时间上相差悬殊。因此，只要能将现有指数时间经典算法中的任何一个算法化简为多项式时间算法，就可以说是一个了不起的突破。

#### 1.7.5.3　时间复杂度的计算规则

前面做算法效率分析的程序例子都是功能单一的程序段，当程序比较复杂时，如何进行效率分析呢？可以分成下面几种情形处理。设程序段 1 和程序段 2 的时间分别为 $T_1(n)$和 $T_2(n)$，

总的运行时间为 $T(n)$。

### 1. 加法准则（程序并列）

对于两个连续执行部分组成的算法，其整体效率是由具有较大增长次数的部分决定的，即由效率较差的部分决定。

$$\begin{aligned}T(n) &= T_1(n) + T_2(n) \\ &= O(f_1(n)) + O(f_2(n)) \\ &= O(\max(f_1(n), f_2(n)))\end{aligned}$$

### 2. 乘法准则（程序嵌套）

对于循环结构，循环语句的运行时间主要体现在多次迭代中执行循环体以及检验循环条件的时间耗费上，可用大 $O$ 下的“乘法法则”。

$$T(n) = T_1(n)\times T_2(n) = O(f_1(n))\times O(f_2(n)) = O(f_1(n)\times f_2(n))$$

### 3. 特例情形

当基本操作执行次数算法的时间复杂度不仅依赖于问题规模 $n$，还与问题的输入数据有关时，可考虑用以下复杂度做算法的复杂度度量：

- 算法平均时间复杂度。
- 算法在最差情形下的时间复杂度。

复杂的算法可以分成几个容易估算的部分，然后利用加法法则和乘法法则求出整个算法的时间复杂度。

在分析算法的时间复杂度时，要检查基本操作的执行次数是否只依赖于输入规模，如果还依赖于其他因素，则最差效率、平均效率和最优效率（如有必要）需要分别研究，见例 1-12。

**【例 1-12】**问题的输入数据影响算法效率的情形考察。

在数组 A[N]中查找给定值 $k$ 的算法如下。

```
int search(int k)
{
    int i = N-1;                    // i 为要查找的下标
    while ( i >= 0 && A[i] != k )   i--;
    return i;
}
```

**解析**：观察给定的程序，我们可以发现，语句 i--的频度不仅与数组的规模 $N$ 有关，还与数组 A 中各元素的取值，以及 $k$ 的取值有关。因此，需要考虑最差和平均两类情形下的查找次数。

最差情形：$k$ 在数组 A 的最后一个元素中找到，或找不到，时间频度 $f(n)=n$，则 $O(f(n))=O(n)$。

平均情形：设在数组 A 中每个元素被查找的概率都一样，为 $1/n$，找到一个元素的平均查找次数为 $(1+n)n/2$，则时间频度 $f(n)=(1/n)\times(1+n)\times n/2=(1+n)/2$，则 $O(f(n))=O(n)$。

**【思考与讨论】**

我们主要考察最差情形下的运行时间，即在规模 $n$ 下输入最差情形下的最长运行时间，原因有哪些？

**讨论**：算法的最差情形运行时间是在任何输入下运行时间的上界，这就保证算法的运行时间不比它更长。

对某些算法来说，最差情形是经常发生的。例如，在搜索一个数据库时，若待搜索的数据项不在其中，则搜索算法的最差情形就会发生。

“平均情况”的时间形态常常与最差情形下的大致一样。

如果某个算法的复杂度到达了这个问题复杂度的下界，就称这样的算法是最优算法。

#### 1.7.5.4 算法效率分析一般性方法

对算法做效率分析有一些常规的方法。针对递归与非递归算法特性差异较大，分别有下面两种分析方法。

**1. 非递归算法效率分析方法**

决定用哪个（些）参数作为输入规模的度量。

- 找出算法的基本操作（作为一个规律，它总是位于算法的最内层循环）。
- 检查基本操作的执行次数是否仅依赖于输入规模。若还依赖一些其他特性，如输入顺序等，则最差效率、平均效率以及最优效率需分别研究。
- 建立一个算法基本操作执行次数的求和表达式。

**2. 递归算法效率分析方法**

- 找出算法的基本操作，用递推式的形式表达基本操作次数。
- 决定用哪些参数作为输入规模的度量。
- 检查一下，对于相同规模的不同输入，基本操作的执行次数是否不同。如果不同，则必须对最差效率、平均效率以及最优效率分别单独研究。

### 1.7.6 算法的空间效率分析方法

算法的空间效率分析与算法的时间效率分析类似，是要找到问题规模对算法运行所需空间的影响。具体地说，就是去除无关因素之后，找到它们之间对应的函数关系。

#### 1.7.6.1 算法所需的空间分析

一个算法所需的存储空间包括两个方面：存储算法本身所需的存储空间，算法运行过程中需要的存储空间。

算法本身所占用的存储空间与算法实现代码的长短相关，很难确定其与问题规模的函数关系，而且一个算法确定了，其存储空间大小并不随问题规模的变化而改变。

算法在运行过程中需要的存储空间，主要是为局部变量分配的存储空间，包括为参数表中形参变量分配的存储空间和为在函数体中定义的局部变量分配的存储空间两部分。

算法的输入、输出数据所需的存储空间是由要解决的问题决定的，通过参数表由调用函数传递而来。若输入数据所占空间只取决于问题本身，不随算法的不同而改变，这就不需要考虑它的大小；若其所需存储量依赖于特定的输入，则通常按最差情况考虑。

在算法运行过程中，局部量临时占用的存储空间随算法的不同而异，有的算法只需要占用少量的临时工作单元，且不随问题规模的大小而改变；有的算法需要占用的临时工作单元数与问题的规模 $n$ 有关，它随着 $n$ 的增大而增大，当 $n$ 较大时，将占用较多的存储单元。请看下面算法存储空间分析的例子。

#### 1.7.6.2　算法存储空间分析实例

【例 1-13】算法存储空间分析的例子。

计算多项式函数 $f(x)$的值，$f(x)=a_0+a_1x+a_2x^2+\cdots+a_{n-1}x^{n-1}$。

**解析：**

##### 1．函数结构设计

函数结构设计见表 1.14。

表 1.14　计算多项式值的函数结构设计

| 功能描述 | 输入 | 输出 |
|---|---|---|
| 计算多项式的值<br>evaluate | 系数 float　coef[ ] | float　f(x) |
| | 变量 float　x | |
| | 规模 int　n | |
| 函数名 | 形参 | 函数类型 |

##### 2．方案一算法的伪代码描述

算法的伪代码描述见表 1.15。

表 1.15　计算多项式值的伪代码 1

| 顶部伪代码描述 | 第一步细化 | 第二步细化 |
|---|---|---|
| 计算函数值 | 分别设置两个数组，存放 $x$ 的幂和系数 $a_n$ | int　A[N]存放 $x$ 的幂，float coef[N]存放系数 |
| | 计算 $x$ 的幂，存于数组中 | A[0]=1，i=1<br>当 i< n 时<br>A[i] = x*A[i-1];　　i++; |
| | $x$ 的幂分别乘以相应的系数 | f=0,i=0;<br>当 i< n 时<br>f = f + coef[i]*A[i];　　i++; |

##### 3．方案一程序实现

```
# define N 100
float evaluate (float coef[ ],   float x , int n )
{
      float   f; int A[N], i;
      for (A[0]=1, i=1;   i< n;   i++ )
          A[i] = x*A[i-1];
      for (f = 0, i=0;   i< n;   i ++)
          f = f + coef[i]*A[i];
      return(f);
}
```

##### 4．方案一空间复杂度分析

本问题的规模 $n$ 是多项式的项数。coef[ ]属于输入/输出，为数据空间；局部量中，占据空间最大的是 A[N]，它随着问题规模 $n$ 的增大而增大，其他局部量 $x$、$f$、$i$ 是与 $n$ 增长无关的量，所以按照时间复杂度的分析方法，算法一的空间复杂度为 $O(n)$。

### 5. 方案二算法为代码描述

算法的伪代码描述见表 1.16。

表 1.16　计算多项式值的伪代码 2

| 顶部伪代码描述 | 第一步细化 | 第二步细化 |
| --- | --- | --- |
| 计算函数值 | 从 f()最后一项系数开始逐步乘 $x$，反向处理 | float coef[ ]存放系数，$n$ 为项数 |
| | | f = coef[n-1],　i=n-2;<br>如果 i>=0 { f = f*x + coef[i];　i--; } |

### 6. 方案二程序实现

```
# define N 100
float evaluate (float coef[ ], float x , int n )
{      float    f; int i;
       for (f = coef[n-1],    i= n-2;     i>=0;     i --)
             f = f*x + coef[i];
       return(f);
}
```

### 7. 方案二空间复杂度分析

同方案一的分析方法一样，本算法的局部变量 $x$、$n$、$f$、$i$ 占用的临时空间大小不随 $n$ 值的变化而变化，所以方案二的空间复杂度为 $O(1)$。

$O(1)$代表算法所需的临时空间不随问题规模的大小而改变，与输入量无关，此种算法称为原地工作算法。

## 1.7.6.3　空间复杂度的概念

### 1. 空间复杂度定义

根据前面的例子，可以给出空间复杂度的定义如下。

*空间复杂度（Space Complexity）是对一个算法在运行过程中临时占用存储空间大小的量度，它是问题规模 $n$ 的函数，记为*

$$S(n)=O(g(n))$$

*其中，$g(n)$是执行算法所需的临时存储空间，也称辅助空间。*

空间复杂度数学上的计算方法与时间复杂度一样，只不过空间复杂度是求辅助空间单元总和的同阶上限，而时间复杂度是求语句频度之和的同阶上限。

### 2. 空间复杂度与时间复杂度的关系

对于一个算法，其时间复杂度和空间复杂度往往是相互影响的。当追求一个较好的时间复杂度时，可能会使空间复杂度变差，即可能导致占用较多的存储空间；反之，当追求一个较好的空间复杂度时，可能会使时间复杂度变差，即可能导致占用较长的运行时间。

通常，一个算法的复杂度是其时间复杂度和空间复杂度的总称。我们用“时间复杂度”表示对运行时间的需求，用“空间复杂度”表示对空间的需求。当前没有限定词时，不加限定词的“复杂度”一般都是指时间复杂度。研究实验告诉我们，对于大多数问题，我们在速度上能够取得的进展远大于能够在空间上取得的进展，所以我们把主要精力集中在算法的时间效率上。

### 1.7.7　算法效率分析的综合例子

**【例 1-14】** 给出斐波那契（Fibonacci）数列第 $n$ 项的递归算法，试分析其算法复杂度。

**解析：**

**1．斐波那契数列的定义**

$$f_0 = 0,\ f_1 = 1;$$
$$f_n = f_{n-1} + f_{n-2}\ \ (n \geqslant 2)$$

**2．代码实现**

```
/*=================================================
函数功能：递归计算斐波那契数列的第 n 项
函数输入：n 值
函数输出：斐波那契数列的第 n 项
=================================================*/
long Fib(long n)
 {      if   (n <= 1)   return   n;              //递归边界
        else   return   Fib(n-1)+Fib(n-2);       //递归条件
 }
```

**3．代码执行过程分析**

递归算法的执行过程分为递推和回归两个阶段。在递推阶段，把较复杂的问题（规模为 $n$）的求解推到比原问题简单一些的问题（规模小于 $n$）的求解，见图 1.34。

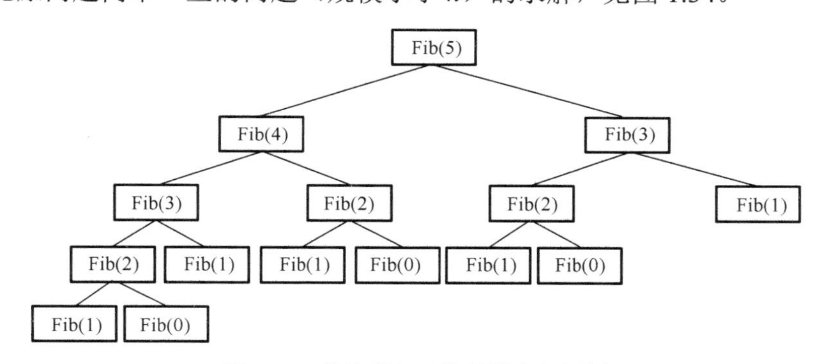


图 1.34　斐波那契函数的递归调用树

例如，求解 Fib(n)，需要把它推到求解 Fib(n−1)和 Fib(n−2)。即为了计算 Fib(n)，必须先计算 Fib(n−1)和 Fib(n−2)，而要计算 Fib(n−1)和 Fib(n−2)，又必须先计算 Fib(n−3)和 Fib(n−4)。依此类推，直至计算 Fib(1)和 Fib(0)，分别能立即得到结果 1 和 0。在递推阶段，必须有终止递归的情况，在函数 Fib()中，终止递归的是 $n$ 为 1 和 0。

在回归阶段，当获得最简单情况的解后，逐级返回，依次得到稍复杂问题的解。例如，得到 Fib(1)和 Fib(0)后，返回得到 Fib(2)的结果，逐级回归，在得到了 Fib(n−1)和 Fib(n−2)的结果后，返回得到 Fib(n)的结果。

根据图 1.34，可以得出 $n$ 与 Fib(n)执行次数的关系，见图 1.35。

| $n$ | 0 | 1 | 2 | 3 | 4 | 5 | 6 | 7 | … | $n$ |
|---|---|---|---|---|---|---|---|---|---|---|
| $T(n)$ | 1 | 1 | 3 | 5 | 9 | 15 | 25 | 41 | | $T(n-1)+T(n-2)+1$ |

图 1.35　递归的运算次数

当 $n$=0 时，Fib(0)只需 1 次运算，$T(0)=1$；当 $n$=1 时，Fib(1)也只需 1 次运算，$T(1)=1$；当 $n$=2 时，因为 Fib(2)由 Fib(1)、Fib(0)组合而成，故 $T(2)=T(0)+T(1)+1$。

最后的加 1 是把 Fib(1)、Fib(0)加起来做的一次运算。

#### 4. 时间复杂度推导

根据图 1.35 中的频度关系，可以做下面的推导

$T(n)=T(n-1)+T(n-2)+1$;

因为$T(n-1)>T(n-2)$，所以有

$T(n)<2\times T(n-1)<2\times 2\times T(n-2)<2\times 2\times 2\times T(n-3)\ldots<2^{n-1}T(n-n+1)=2^{n-1}T(1)=2^{n-1}$

$T(n)\in O(2^n)$;

又因为$T(n-1)>T(n-2)$，所以有

$T(n)>2\times T(n-2)>2\times 2\times T(n-4)>2\times 2\times 2\times T(n-6)>\ldots>2^{n/2}\times T(n-n)=2^{n/2}$

$T(n)\in\Omega(2^{n/2})$

所以，斐波那契递归函数的渐近上限与渐近下限分别为 $O(2^n)$与 $\Omega(2^{n/2})$。

要求斐波那契递归函数的渐近确界，需要用斐波那契数列通项公式导出。

二阶线性递推数列的一般形式为

$$af(n+2)+bf(n+1)+cf(n)=0 \tag{1-4}$$

二阶线性递推数列的通项公式为

$$f(n)=\alpha x_1^n+\beta x_2^n \tag{1-5}$$

二阶线性递推数列的特征方程为

$$ax^2+bx+c=0 \tag{1-6}$$

由式（1-4）可知，斐波那契数列为一个二阶线性递推数列，所以可以求得

$$a=1;\ b=-1;\ c=-1$$

斐波那契数列的特征方程为

$$x^2=x+1$$

解得

$$x_1=(1-\sqrt{5})/2 \qquad x_2=(1+\sqrt{5})/2$$

由式（1-4）与式（1-5），得

$$\begin{cases} f(n)=\alpha\times[(1+\sqrt{5})/2]^n+\beta\times[(1+\sqrt{5})/2]^n \\ f(n+2)-f(n+1)-f(n)=0 \end{cases}$$

解得

$$\alpha=1/\sqrt{5} \quad \beta=-1/\sqrt{5}$$

所以，

$$f(n)=\frac{1}{\sqrt{5}}\left[\left(\frac{1+\sqrt{5}}{2}\right)^n-\left(\frac{1-\sqrt{5}}{2}\right)^n\right]$$

近似值

$$f(n)=\frac{1}{\sqrt{5}}\left(\frac{1+\sqrt{5}}{2}\right)^{n+1}$$

因为$T(n)=T(n-1)+T(n-2)+1$，所以$T(n)\in\Theta\left(\frac{1+\sqrt{5}}{2}\right)^{n}=\Theta(1.618^{n})$。

最后的结果为

$T(n)\in O(2^{n})$——渐进上界；

$T(n)\in\Omega(2^{n/2})=\Omega(1.414^{n})$——渐进下界；

$T(n)\in\Theta((1+\sqrt{5})/2)^{n}=\Theta(1.618^{n})$——渐进确界。

递归计算斐波那契数列第 $n$ 项的算法的时间复杂度相应上界、下界与确界的曲线见图 1.36。

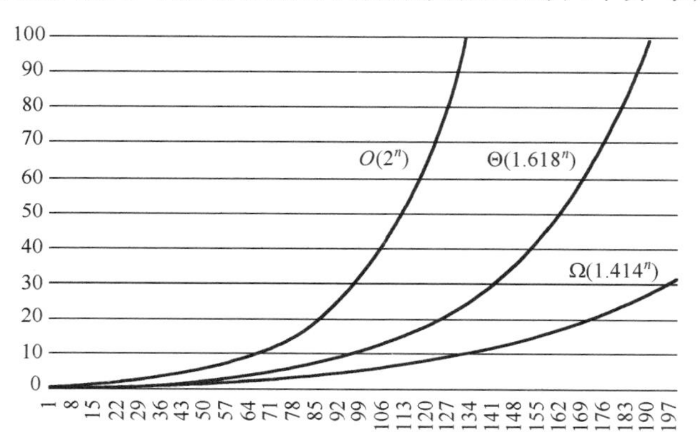


图 1.36　时间复杂度曲线

## 1.8　算法性能综合考量

评价一个算法的优劣应综合考虑其时间复杂度、空间复杂度和逻辑复杂度。程序的逻辑复杂性影响程序开发的周期和维护。

一个占存储空间小、运行时间短、其他性能也好的算法是很难做到的，原因是这些要求有时相互矛盾：要节约算法的执行时间，往往要以占用更多的空间为代价；而为了节省空间占用，就要耗费更多的计算时间，因此只能根据具体情况有所取舍：

- 若该程序使用次数较少，则力求算法简明易懂。
- 对于反复多次使用的程序，应尽可能选用快速的算法。
- 若待解决的问题数据量极大、机器的存储空间较小，则算法应主要考虑如何节省空间。

算法高效与算法易理解、易编程之间也有一种制约关系。这两个要求有时互相矛盾。因此，对反复运行的算法，首先考虑的是高效性，对偶尔运行的算法，则需注重算法易理解和易编程。

求解同一个问题一般会存在多种算法。这些算法的优劣往往表现出“时空折中”的性质。为了改善一个算法的时间开销，往往可以用增大空间开销为代价，设计出一个新算法来。为了缩小算法的空间开销，可以通过增大时间开销来换取存储空间的节省。

## 1.9 本章小结

本章主要内容间的联系见图 1.37。

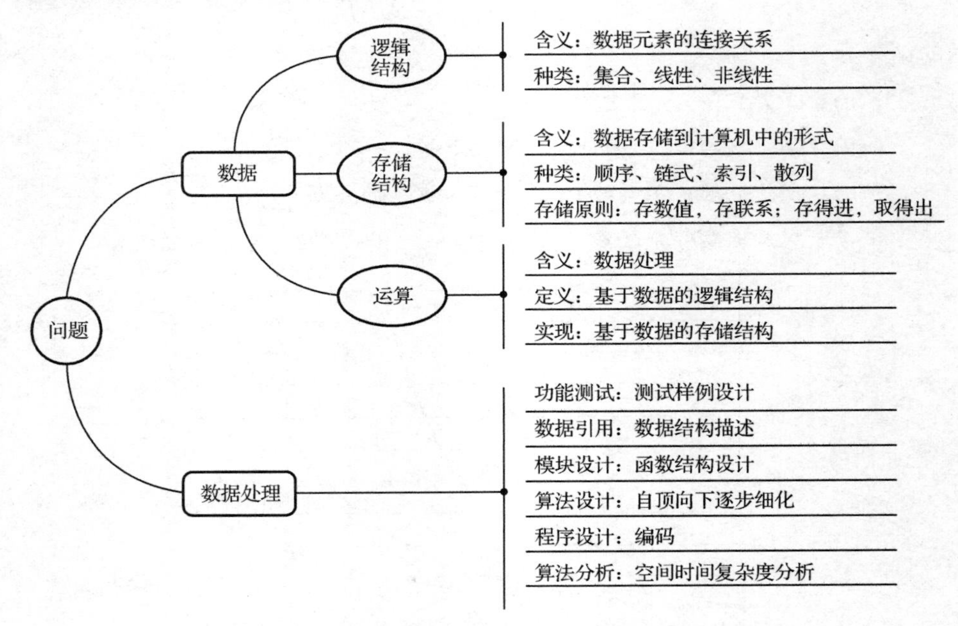


图 1.37　数据结构基本概念间的联系

## 习题

### 一、单项选择题

1. 在数据结构中，与所用计算机无关的数据结构是（　　）。
   （A）逻辑　（B）存储　（C）逻辑和存储　（D）物理
2. 算法能正确实现预定功能的特性，这是算法的（　　）。
   （A）正确性　（B）易读性　（C）健壮性　（D）高效性
3. 数据不可分割的基本单位是（　　）。
   （A）元素　（B）结点　（C）数据类型　（D）数据项
4. 在数据结构的讨论中，数据结构在逻辑上可分为（　　）。
   （A）内部结构与外部结构　（B）静态结构与动态结构
   （C）线性结构与非线性结构　（D）紧凑结构与非紧凑结构
5. 数据的逻辑关系是指数据元素的（　　）。
   （A）关联　（B）结构　（C）数据项　（D）存储方式
6. 下列关于数据的逻辑结构的叙述中，正确的是（　　）。
   （A）数据的逻辑结构是数据间关系的描述

（B）数据的逻辑结构反映了数据在计算机中的存储方式
（C）数据的逻辑结构分为顺序结构和链式结构
（D）数据的逻辑结构分为静态结构和动态结构

7．下面哪种结构不是非线性结构（　　）。
（A）一对多　　（B）多对多　　（C）多对一　　（D）一对一

8．计算机算法指的是（　　）。
（A）计算方法　　（B）排序方法
（C）解决问题的有限运算序列　　（D）调度方法

9．计算机算法必须具备输入、输出和（　　）等 5 个特性。
（A）可行性、可移植性和可扩充性　　（B）可行性、确定性和有穷性
（C）确定性、有穷性和稳定性　　（D）易读性、稳定性和安全性

10．算法效率分析的目的是（　　）。
（A）找出数据结构的合理性　　（B）研究算法中的输入/输出关系
（C）分析算法的效率以求改进　　（D）分析算法的易懂性及文档度

11．算法效率分析的两个主要方面是（　　）。
（A）空间复杂性和时间复杂度　　（B）正确性和简明性
（C）可读性和文档度　　（D）数据及程序的复杂度

**二、应用题**

1．求下面各伪代码描述的程序段的时间复杂度：

```
(a)  i=1，j=0;
     while (i+j<=n)
     {
          if (i>j)     j=j+1;
          else     i=i+1;
     }

(b)  for i=1 to n
          for j=1 to n
               for k=1 to j
                    x=x+1
               end for
          end for
     end for

(c)  for i=1 to n
          for j=1 to i
               for k=1 to j
                    x=x+1
               endfor
          endfor
     endfor
```

2．一个算法的执行时间为 $1000n$，另一个算法约为 $2^n$。这两个算法的时间复杂度分别是多少？哪个复杂度高？当问题的规模 $n \leqslant 13$ 时，选用哪个算法合适？

3．已知有实现同一功能的两个算法，其时间复杂度分别为 $O(2^n)$ 和 $O(n^{10})$，假设现实计算机可连续运行的时间约为 100 天，每秒可执行基本操作 $10^5$ 次。试问在此条件下，这两个算法可解决问题的规模（即 $n$ 的范围）各为多少？哪个算法更合适？试说明理由。

4．给出斐波那契数列前 $n$ 项递归与非递归的算法，比较它们的算法复杂度；试用 time 或 clock 函数实际测试 $n$=100 时机器的实际运行时间，并分析结果。

# 第 2 章　结点逻辑关系为线性的结构——线性表

【主要内容】

- 线性表的逻辑结构定义
- 各种存储结构的描述方法
- 在线性表的两类存储结构上实现基本操作

【学习目标】

- 掌握线性表的两类存储结构及基本操作
- 掌握线性表两种存储结构的不同特点及适用场合

## 2.1　从逻辑结构角度看线性表

### 2.1.1　实际问题中的线性关系

#### 1．排队中的一对一关系

跟团出国旅游时，团内成员往往互不熟识。导游最关心的一件事就是不能让游客掉队，在清点人数时可以用一个简单的办法，让大家按照一个约定排成一队。大家只需要记住自己前面的那一位游客（我们可以把自己前面的那一位称为“前趋”）。万一有人走丢，导游只需要问“哪位旅客的‘前趋’不见啦”，就能在最短时间内知道是谁不在队伍中。

在这个队列中，除了队头和队尾的人，每个人的前后相邻者都只有一个。一个人可以看成是一个结点，称这样的结点之间的关系是一对一的，即除了第一个和最后一个数据元素，其他数据元素都是首尾相接的，见图 2.1。

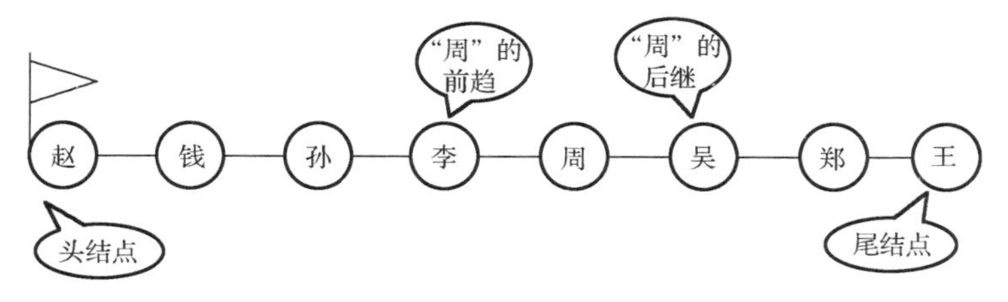


图 2.1　排队中的一对一关系

#### 2．字母表的表示方法

“凯撒密码”（Caesar Code）据传是两千年前古罗马凯撒大帝为防止敌方截获情报，用密码传送情报时使用的。加密的方法可以用图 2.2 的密码表实现。如果明码是 CAESAR（凯撒）一词，则通过密码表翻译出的密码就是 EBKTBP，即使敌方得到了这个密码，没有密码表也很难猜到它的实际意思。

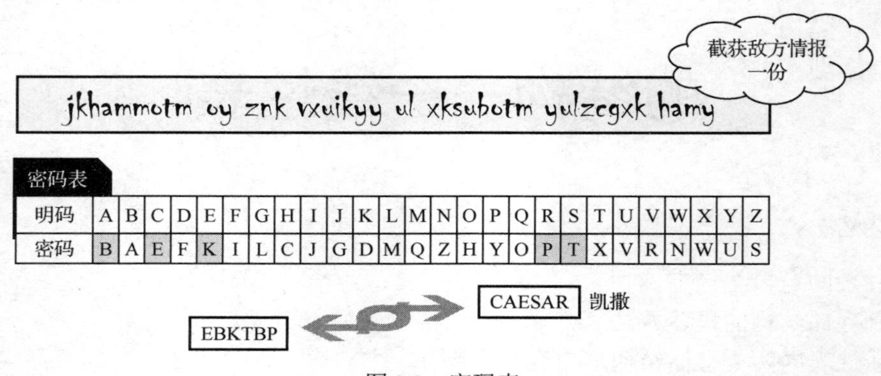


图 2.2　密码表

要编程实现这个编码和译码过程，首先要把密码表存储到机器中。在 C 语言中可以用数组来存储这个表，表中数据元素的类型为字符型：

```
char code[27]="baefkilcjgdmqzhyoptxvrnwus";
```

字母表中的一个字符可以看成是一个结点，每个数组元素间逻辑上的先后关系也是一一按顺序对应的。

**3．电话号码表的结构**

电话公司为管理用户信息，设置了电话号码表如图 2.3 所示。在电话号码表中，每一行是一个结点。表中数据元素的类型为结构类型。

| 客户姓名 | 电话 | 身份证号 | 地址 |
|---|---|---|---|
| 张1 | 138***** | 6101131980*** | *** |
| 李2 | 152***** | 6101131981*** | *** |
| 王1 | 139***** | 6101131990*** | *** |
| 张2 | 139***** | 6101131972*** | *** |
| 李1 | 188***** | 6101131976*** | *** |
| … | … | | |

一个数据元素或一个结点

图 2.3　电话号码表

在数据结构中，把这种数据元素之间是一对一关系的结构称为线性表。线性表除了第一个和最后一个数据元素，其他数据元素都是前后相接的。

## 2.1.2　线性表的逻辑结构

线性表是最基本、最简单、最常用的一种数据结构，其逻辑结构简单，便于实现和操作。

**1．线性表的定义**

一个线性表是 $n$（$n \geqslant 0$）个同类型结点的有限序列。记为$(a_1, a_2, \cdots, a_i, \cdots, a_n)$。其中，$a_i$ 表示一个结点，其具体含义在不同的情况下可以不同（$1 \leqslant i \leqslant n$）；$n$ 是线性表的长度，$n$=0 时为空表。

### 2．线性表的逻辑特征

线性表的逻辑结构如图 2.4 所示，在线性表结点之间，具有先后的、线性的、一维的关系：

- 存在唯一的一个被称为“第一个”的结点，即开始结点 $a_1$；
- 存在唯一的一个被称为“最后一个”的结点，即终端结点 $a_N$；
- 除了第一个结点，集合中的每个结点均只有一个前趋；
- 除了最后一个结点，集合中每个结点均只有一个后继。

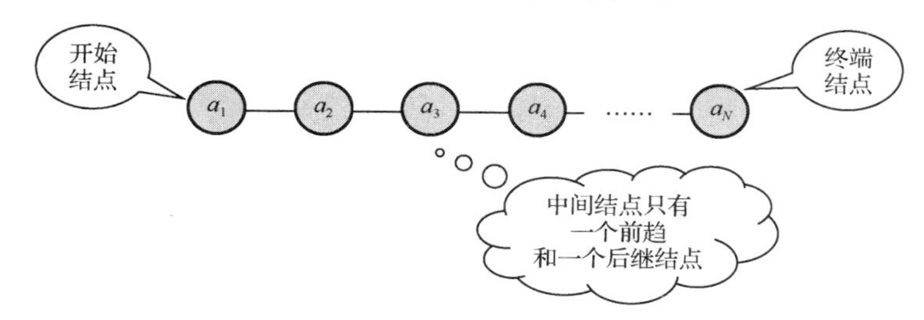


图 2.4　线性表的逻辑结构

注意，在同一个线性表中，所有结点必须是相同的数据类型。

### 3．线性表的主要操作

我们对电话号码表的管理一般会有设置初始值、求表的长度、查找客户的信息、插入或删除客户信息、打印整个表格，等等。抽象成线性表上的操作，则是下面这些：

- 初始化——给线性表相关参数赋初值；
- 求长度——求线性表的元素个数；
- 取元素——取给定位置的元素值；
- 定位——查找给定元素值的位置；
- 插入——在指定位置插入给定的值；
- 删除——删除指定位置的值或给定的值；
- 遍历——从头到尾扫描线性表，做指定的操作。

# 2.2　线性表的存储结构方法之一——顺序表

将线性表中的元素依次放在一个连续的存储空间中，这样的线性表称为顺序表（Sequential List）。

## 2.2.1　顺序表的存储结构设计

线性表的逻辑特征是每个结点间的先后关系是一一对应的。在计算机中，一维数组是一组地址连续的存储单元依次存储同类型数据，各元素间的关系也是一一对应的。因此，可以采用一维数组来存储线性表的各个结点。根据“存结点存联系”的存储原则，顺序表的存储方式虽然并没有直接存储结点之间的逻辑关系，但是结点通过物理地址即存储位置相邻体现了逻辑关系的相邻。

### 1．顺序表的定义

用数组存储线性表，称为线性表的顺序存储结构或顺序映像，用这种方法存储的线性表称为顺序表，见图 2.5。线性表元素标号 $i$ 在图示中从 1 开始，因为 C 语言数组下标从 0 开始，故下面表述线性表操作算法时，我们特地用 $k$ 表示线性表存储的数组下标，$0 \leqslant k \leqslant n-1$。

| 下标 $k$ | 0 | 1 | … | $k-1$ | $k$ | $k+1$ | … | $n-1$ |
|---|---|---|---|---|---|---|---|---|
| 元素 $a_i$ | $a_1$ | $a_2$ | … | $a_{i-1}$ | $a_i$ | $a_{i+1}$ | … | $a_n$ |

图 2.5　用一维数组存储线性表

### 2. 顺序表的存储特点

顺序表的存储有如下特点：

- 逻辑上相邻，对应物理地址相邻。
- 任一元素均可随机存取。

【名词解释】随机存取

能用相等的常量时间访问存储区中的任何元素，这样的存储结构就是可随机存取结构。如数组结构，只要确定其下标，即可对相应元素进行访问，无论这个下标在数组的什么位置。所谓相等的常量访问时间，即得到数组中任意元素地址的时间是一样的，时间复杂度为 $O(1)$。

元素 $a_i$ 地址计算方法：$LOC(a_i)=LOC(a_1)+(i-1)\times L$（$1 \leqslant i \leqslant n$）。其中，$LOC(a_1)$表示数据元素 $a_1$ 的地址，$L$ 为单个元素长度。

### 3. 顺序表存储结构的设计

【思考与讨论】

怎样设计顺序表的结构，才能完整描述整个顺序表信息？

**讨论**：我们在定义放置顺序表的数组时，首先遇到的问题是数组长度应该是多少。这个问题推进一步，即顺序表长度是多少。应该和顺序表元素个数相同，还是多于元素个数？若一样，则无法实现线性表的插入运算，因此，顺序表长度应该设计得比当前元素个数多一些才合理，这样一来，为方便运算，元素在顺序表中最后一个元素的位置，就应该是必须知道的信息，这可以通过设置一个 last 指针来指示，也可以用一个计数器记录元素的个数来间接表示，见图 2.6。设置备用空间是为了在插入新结点时有扩充的余地。

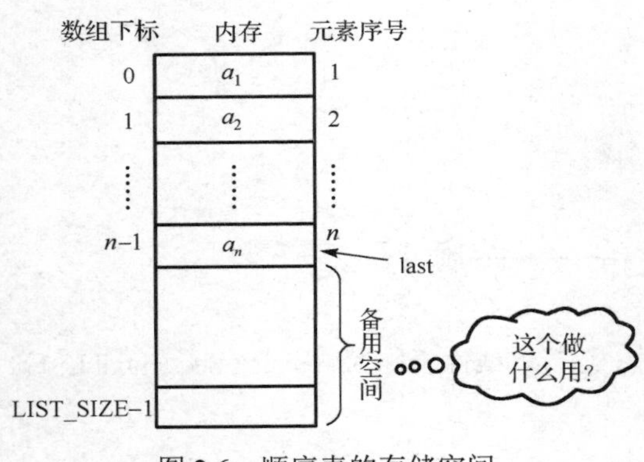


图 2.6　顺序表的存储空间

考虑到 C 语言数组下标从 0 开始，为处理方便，在后续应用时，规定 last=−1 时，顺序表为空。

通过上述讨论，我们可以给出顺序表结构类型描述，见图 2.7。

### 【知识 ABC】typedef——为类型取一个新名称

typedef 是 C 语言的关键字，用于在原有数据类型（包括基本类型、构造类型和指针等）的基础上，由用户自定义新的类型名称。它的语法规则为

typedef 类型名称 类型标识符;

```
typedef int ElemType;    //假定线性表元素的类型为整型
# define LIST_SIZE 1024  //假定线性表的最大长度为1024
typedef struct
{ ElemType data[LIST_SIZE];
  int last;              //指向最后结点的位置
} SequenList;
```

```
SequenList *LPtr;        // 指向SequenList结构的指针
注：后续顺序表操作中均用此名称指针
```

图 2.7　顺序表结构定义

typedef 为系统保留字，“类型名称”为已知数据类型名称，包括基本数据类型和用户自定义数据类型，“类型标识符”为新的类型名称。例如：

```
typedef int INT16;      //程序中出现 INT16，代表类型 int
typedef long INT32;     //程序中出现 INT32，代表类型 long
```

在编程中使用 typedef 的好处是，可以简化一些比较复杂的类型声明，也可以提高程序的可移植性。

**【思考与讨论】**

1. 为什么要另设 ElemType 作为结点的数据类型？

**讨论：**让算法的通用性更好。顺序表中结点类型在不同的问题中可以有不同的含义，但处理方法是一样的。

2. 把 data 数组和 last 放在同一结构里有什么好处？

**讨论：**在函数之间进行数据传递时方便。可以把顺序表的所有信息作为一个整体传递。

## 2.2.2　关于结构类型应用的思考与讨论

由于数据结构中的数据常常是复合的类型，故要求熟练掌握结构体的概念，以下通过讨论顺序表存储中的问题来复习结构体的相关概念。

### 1．提出问题

（1）下面关于结构类型的描述，系统会分配空间吗？

```
typedef   struct
{ ElemType   data[LIST_SIZE];
   int last;
} SequenList;
```

（2）下面两种结构量的定义有什么区别？系统如何分配空间？

```
SequenList *L;
SequenList   L;
```

（3）定义了如下结构变量 L 后，顺序表中的结点如何表示？

```
SequenList   L;
```

（4）按照如下变量定义，用指针 p 指向结构空间后，其中的结点怎么用 p 表示？

```
SequenList   L;
Sequenlist *p=&L;
```

（5）如图 2.8 所示，当结点内容有多个数据项而不是基本类型 int 时，怎么办？

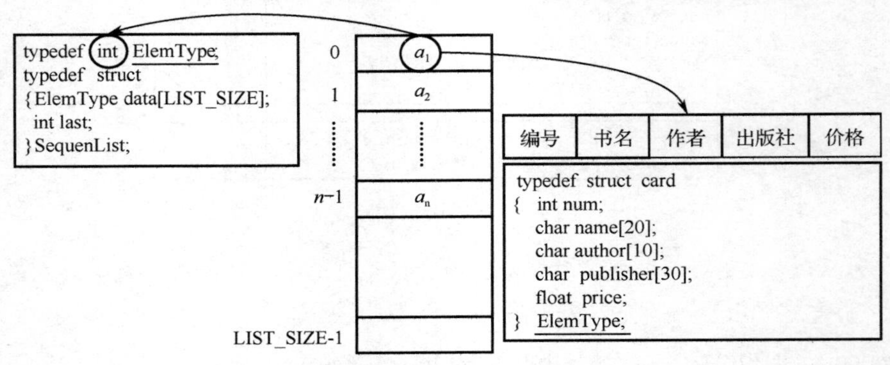


图 2.8　结点类型的通用定义

## 2. 问题解析

（1）问题 1 解析

typedef 是类型定义的意思，即让两个类型等价。

此处 typedef 的作用是给结构类型起一个别名 SequenList，为的是引用方便，而非定义变量。类型是存储空间尺寸的描述，不会分配内存空间。

（2）问题 2 解析

若有变量 L 的定义如下

```
SequenList   *L;      //定义结构指针
```

这样的写法是定义结构指针。结构指针指向单元存放的是结构类型的数据，指针变量本身占一个 int 的空间，分配空间大小为 sizeof(int)。

若有变量 L 的定义是下面的形式

```
SequenList   L;       //定义结构变量
```

则这样的写法是定义结构变量。结构变量的定义，按类型尺寸大小分配存储空间，分配空间大小为 sizeof(SequenList)。

（3）问题 3 解析

根据结构成员引用规则，方法之一：结构变量.结构成员。

```
L.data[0]=a1;          //顺序表下标 0 位置赋值为 a1
X=L.last;              //取 last 值
```

（4）问题 4 解析

根据结构成员引用规则，方法之二：结构指针->结构成员。

```
p-> data[0]=a1;        //顺序表下标 0 位置赋值为 a1
X=p->last;             //取 last 值
```

（5）问题 5 解析

改变 ElemType 定义即可。

```
typedef struct card
{   int num;
    char name[20];
    char author[10];
    char publisher[30];
    float price;
} ElemType;
```

## 2.2.3 顺序表的运算

根据线性表的操作定义，在顺序表上的操作有：

- 初始化——给线性表相关参数赋初值；
- 求长度——求线性表的元素个数；
- 取元素——取给定位置的元素值；
- 定位——查找给定元素值的位置；
- 插入——在指定位置插入给定的值；
- 删除——在指定位置删除值、删除给定的值；
- 遍历——从头到尾扫描线性表，输出各个元素的值。

### 2.2.3.1 顺序表的插入运算

在线性表位置 $i$ 插入一个结点 $x$，使长度为 $n$ 的线性表

$$(a_1, \cdots, a_{i-1}, a_i, \cdots, a_n)$$

变为长度等于 $n+1$ 的线性表

$$(a_1, \cdots, a_{i-1}, x, a_i, \cdots, a_n)$$

顺序表插入操作示意图见图 2.9。一般情况下，要在第 $i$（$1 \leqslant i \leqslant n$）个元素之前插入一个新元素，首先要从最后一个元素 $a_n$ 开始，直到第 $i$ 个元素之间共 $n-i+1$ 个元素依次向后移动一个位置。移动结束时，第 $i$ 个位置就被空出，然后将新元素插入，插入结束线性表的长度增 1。

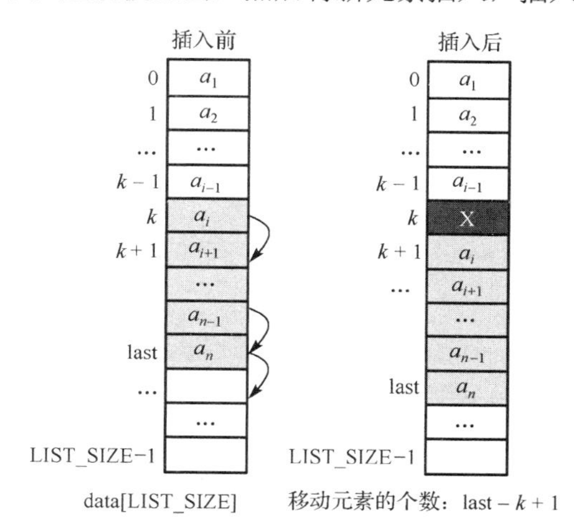


图 2.9　顺序表插入运算示意图

### 1．测试用例设计

插入的位置可以是指定的下标位置，也可以是指定值之前的位置，在此按前一种要求设计算法。线性表元素标号 $i$ 在图示中从 1 开始，因为 C 语言数组下标从 0 开始，故下面在线性表操作算法中表示线性表存储的数组下标时，我们特地用 $k$ 表示，$0 \leqslant k \leqslant n-1$。因有元素插入，故插入后 $0 \leqslant k \leqslant n$。

测试用例的设计见表 2.1。异常有下面两种情形。

**表 2.1　顺序表插入运算的测试用例**

| | 一般情形 | 边界值 | 异常情形 |
|---|---|---|---|
| 插入的下标位置 $k$ | $0 \leqslant k \leqslant n$ | $k=0,n$ | $!(0 \leqslant k \leqslant n)$ |
| 顺序表 | 未满 | 未满 | 已满或未满 |
| 预期结果 | 插入成功 | 插入成功 | 插入失败 |

情形一：输入的 $k$ 是非法位置，即 $k$ 的取值在 0 到 $n$ 之外。

情形二：顺序表已满。

注意：情形一和情形二的各种情况是非直接关联的，如 $k$ 值处于一般情形时，顺序表可以是异常情形的“已满”状态，也可以是一般情形的“未满”状态。

### 2．函数结构设计

根据测试用例表 2.1，可以设计函数的输出信息为：1 表示插入成功；0 表示出现异常。函数结构设计见表 2.2。

**表 2.2　顺序表插入运算的函数结构设计**

| 功能描述 | 输入 | 输出 |
|---|---|---|
| 顺序表元素的插入<br>Insert_SqList | 顺序表地址 SequenList * | 完成标志 int<br>0：异常　1：正常 |
| | 插入值 ElemType | |
| | 插入位置 int | |
| 函数名 | 形参 | 函数类型 |

### 3．算法伪代码描述

功能：在顺序表中下标为 $k$ 的位置插入新元素 $x$。

伪代码描述见表 2.3 和表 2.4。

**表 2.3　顺序表插入的运算伪代码 1**

| 顶部伪代码描述 | 第一步细化 |
|---|---|
| 在顺序表 $k$ 位置插入新元素 $x$ | 异常情形处理　返回不成功处理标志 |
| | 在顺序表中移动元素，空出下标为 $k$ 的位置 |
| | 插入新元素 $x$ |
| | 修改元素最后位置指针 |
| | 返回成功处理标志 |

**表 2.4　顺序表插入的运算伪代码 2**

| 第二步细化 | 第三步细化 |
|---|---|
| 若 $k$ 是非法位置，则 return 0;<br>若顺序表溢出，则 return 0; | `if(  k<0 ‖  k>(LPtr->last+1)  )    return 0;`<br>`if ( LPtr->last  >=  LIST_SIZE-1 ) return 0;` |

续表

| 第二步细化 | 第三步细化 |
|---|---|
| 从顺序表的最后一个元素起，向后移动(last −*k* +1)个元素 | j=LPtr->last;<br>当 j>=k<br>　LPtr->data[j+1]=LPtr->data[j];<br>　j- - ; |
| 将 *x* 放入表的 *k* 位置 | LPtr-> data[k]=x; |
| Last+1 | LPtr-> last=LPtr-> last+1; |
| return 1 | return 1 |

## 4. 程序实现

```
/*=============================================
函数功能：顺序表运算——元素的插入
函数输入：顺序表地址，插入值，插入位置
函数输出：完成标志——　0：异常　1：正常
=============================================*/
int Insert_SqList(SeqList *LPtr,  ElemType x,  int k)
{  int j;
    if (LPtr->last>=LIST_SIZE-1)   return FALSE;          //溢出
    else  if ( k<0 || k > (LPtr->last+1))  return FALSE;  //非法位置
          else
           {
               for(j=LPtr->last; j>=k; j--)          //从顺序表的最后一个元素起
               {
                     LPtr->data[j+1]=LPtr->data[j];
                     //向后移动(last-k)个元素
               }
               LPtr-> data[k]=x;                     //将 x 放入表的 k 位置
               LPtr-> last= LPtr-> last+1;           //修改最后结点指针 last
           }
      return TRUE;
}
```

## 5. 算法效率分析

这里的问题规模是结点个数，设它的值为 $n$，插入新元素后，结点数变为 $n$+1。该算法的时间主要花费在结点循环后移语句上，该语句的执行次数（即移动结点的次数）是 last−$k$+1=$n$−$k$。由此可看出，所需移动结点的次数不仅依赖于表的长度，还与插入位置 $k$ 有关，见表 2.5。

**表 2.5　插入位置与移动次数分析**

| 插入下标位置 $k$ | 0 | 1 | 2 | … | $k$ | … | $n$−1 | $n$ |
|---|---|---|---|---|---|---|---|---|
| 移动次数 | $n$ | $n$−1 | $n$−2 | … | $n$−$k$ | … | 1 | 0 |
| 可能的概率 $p_k$ | 1/($n$+1) | 1/($n$+1) | 1/($n$+1) | … | 1/($n$+1) | … | 1/($n$+1) | 1/($n$+1) |

不失一般性，假设在表中任何位置（$0\leqslant k\leqslant n$）上插入结点的机会是均等的。

最好情形：当 $k$=$n$ 时，结点后移语句将不进行，其时间复杂度 $O(1)$。

最差情形：当 $k$=0 时，结点后移语句将循环执行 $n$ 次，需移动表中所有结点。

平均情形：在长度为 $n+1$ 的线性表中第 $k$ 个位置上插入一个结点，移动次数为 $n-k$，用 $E_{is}(n)$表示移动的平均次数

$$E_{is}(n)=\sum_{k=0}^{n}p_k(n-k)=\frac{1}{n+1}\times\frac{n(n+1)}{2}=\frac{n}{2}$$

由此可见，在顺序表上做插入运算，平均要移动表上一半元素。算法的平均时间复杂度为 $O(n)$。

#### 2.2.3.2 顺序表的删除运算

将线性表的第 $i$（$1\leqslant i\leqslant n$）个结点删除，使长度为 $n$ 的线性表

$$(a_1, \cdots, a_{i-1}, a_i, a_{i+1}, \cdots, a_n)$$

变成长度为 $n-1$ 的线性表

$$(a_1, \cdots, a_{i-1}, a_{i+1}, \cdots, a_n)$$

顺序表删除操作示意图见图 2.10。在顺序表上实现删除运算也要移动结点，以填补删除操作造成的空缺，从而保证删除后的元素间依然通过物理地址相邻而体现逻辑相邻关系。若 $i=n$，则只要简单地删除终端结点，无须移动结点；若 $1\leqslant i\leqslant n-1$，则必须将表中位置 $i+1$，$i+2$，…，$n$ 的结点，依次前移到位置 $i$，$i+1$，…，$n-1$ 上，需将第 $i+1$ 至第 $n$ 共 $n-i$ 个元素前移。

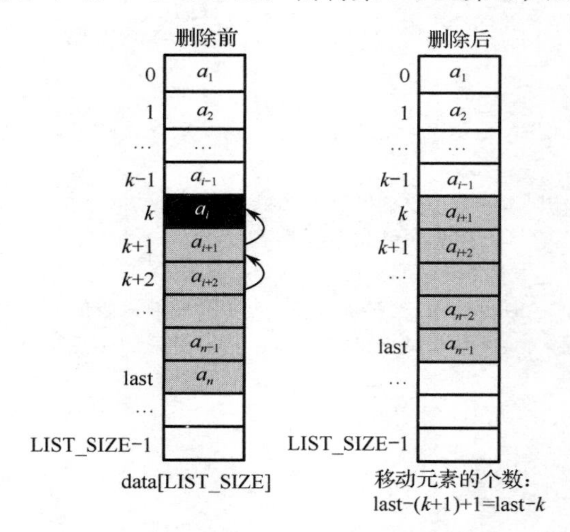


图 2.10 顺序表删除运算示意图

设第 $i$ 个结点对应下标为 $k$，则需将第 $k+1$ 至 last 共 last−$k$ 个元素前移。

#### 1. 测试用例设计

输入：顺序表的地址，要删除的结点下标位置 $k$。

输出：操作是否成功标志。

测试用例见表 2.6。

表 2.6 顺序表删除运算测试用例

| | 一般情形 | 边界值 | 异常情形 |
|---|---|---|---|
| 删除下标位置 $k$ | $0\leqslant k\leqslant n-1$ | $k=0$，$n-1$ | $!(0\leqslant k\leqslant n-1)$ |
| 顺序表 | 非空 | 非空 | 空 |
| 预期结果 | 删除成功 | 删除成功 | 删除失败 |

根据测试用例表，设计输出信息为：1 表示删除成功；0 表示出现异常。

### 2．数据结构描述

同插入运算。

### 3．函数结构设计

函数的结构设计见表 2.7。

表 2.7　顺序表删除运算函数的结构设计

| 功能描述 | 输入 | 输出 |
|---|---|---|
| 顺序表元素删除<br>Delete_SqList | 顺序表地址 SequenList *<br>删除位置 int | 完成标志 int<br>0：异常　1：正常 |
| 函数名 | 形参 | 函数类型 |

### 4．算法伪代码描述

将顺序表中下标为 $k$ 的结点删除，伪代码见表 2.8 和表 2.9。

表 2.8　顺序表删除运算的伪代码 1

| 顶部伪代码描述 | 第一步细化 |
|---|---|
| 将顺序表 $k$ 位置的结点删除 | 异常处理，返回 |
| | 顺序移动元素，覆盖被删除单元 |
| | 修改元素最后位置指针 |
| | 正常返回 |

表 2.9　顺序表删除运算的伪代码 2

| 第二步细化 | 第三步细化 |
|---|---|
| $k$ 值出界或表空，则 return 0 | 若　!(0<= k <= LPtr->last)　return 0;<br>若　( LPtr->last== -1)　return 0 |
| 从顺序表的第 $k$+1 个元素起　向前移动(last−$k$)个元素 | int j=k;<br>当( j <= LPtr-> last)<br>　LPtr-> data[j] = LPtr-> data[j+1];　j++ |
| last−1 | LPtr-> last - - |
| return 1 | return 1 |

### 5．程序实现

由伪代码的第三步细化，可以给出相应的程序实现。

```
/*==============================================
函数功能：顺序表运算——元素的删除
函数输入：顺序表地址，删除位置
函数输出：完成标志　0：异常　1：正常
==============================================*/
int Delete_SqList(SeqList   *LPtr,   int k)
 {
      if (( k >= 0 && k<= LPtr->last) &&( LPtr->last!= -1))
       {
            for ( int j = k;     j <= LPtr->last;     j++ )
```

```
            {
                LPtr->data[j] = LPtr-> data[j+1];
            }
            LPtr->last --;
            return TRUE;                    //成功删除
        }
    return FALSE;                           //异常情形
}
```

**6．算法效率分析**

设结点数为 $n$。与插入运算一样，删除算法的时间主要花费在结点循环前移语句上，该语句的执行次数是 last−$k$=$n$−1−$k$，因此所需移动结点的次数不仅依赖于表的长度，还与删除位置有关，见表 2.10。

**表 2.10　删除位置与移动次数分析**

| 删除位置 $k$ | 0 | 1 | 2 | … | $i$ | … | $n$−2 | $n$−1 |
|---|---|---|---|---|---|---|---|---|
| 移动次数 | $n$−1 | $n$−2 | $n$−3 | … | $n$−$i$−1 | … | 1 | 0 |
| 可能的概率 $p_k$ | 1/$n$ | 1/$n$ | 1/$n$ | … | 1/$n$ | … | 1/$n$ | 1/$n$ |

最好情形：当 $k$=$n$−1 时，结点前移语句将不进行，其时间复杂度 $O(1)$。

最差情形：当 $k$=0 时，结点前移语句将循环执行 $n$−1 次，需移动表中所有剩余结点。

平均情形：假设在表中任何位置（0≤$k$≤$n$−1）删除结点的概率是相等的，则结点需要移动的平均次数 $E_{\mathrm{dl}}$ 为

$$E_{\mathrm{dl}}(n)=p_k\sum_{k=0}^{n-1}(n-k)=\frac{1}{n}\times\frac{(n-1)\times n}{2}=\frac{n-1}{2}$$

由此可见，在顺序表上做删除运算，平均约要移动表中一半元素。算法的平均时间复杂度为 $O(n)$。顺序表的删除与插入运算属于同一类问题。

### 2.2.3.3　顺序表元素查找

在顺序表中查找给定的值（存在多个相同值时，只找第一个）。

查找思路：从第一个元素开始，把元素的关键字值和给定值逐个比较，若某个元素的关键字值和给定值相等，则查找成功；否则，若直至第 $n$ 个记录都不相等，则说明不存在满足条件的数据元素，查找失败。

**1．测试用例**

元素查找的测试样式见表 2.11。

**表 2.11　元素查找的测试用例**

| | 一般情形 | 异常情形 |
|---|---|---|
| 顺序表 | 顺序表中存在给定值 | 顺序表中不存在给定值 |
| 预测结果 | 找到 | 未找到 |

**2．函数结构**

元素查找函数的结构见表 2.12。

表 2.12　元素查找函数的结构

<table>
<tr><th>功能描述</th><th>输入</th><th>输出</th></tr>
<tr><td rowspan="2">顺序表中查找给定的值<br>Locate_SqList</td><td>顺序表地址 SequenList *</td><td rowspan="2">正常：下标值 int<br>异常：-1</td></tr>
<tr><td>结点值 ElemType</td></tr>
<tr><td>函数名</td><td>形参</td><td>函数类型</td></tr>
</table>

### 3．程序实现

```
/*============================================
函数功能：顺序表运算——查找给定的值
函数输入：顺序表地址，结点值
函数输出：正常：下标值；异常：-1
============================================*/
int Locate_SqList(SeqList *LPtr, ElemType key)
{
    for(int i=0; i<= LPtr->last; i++)
        if(LPtr->data[i]== key)   return i;
    return -1;
}
```

### 4．算法效率分析

平均时间复杂度为

$$f(n)=(1/n)\times(1+n)\times n/2=(1+n)/2 \quad O(f(n))=O(n)$$

#### 2.2.3.4　顺序表取数据元素

在顺序表中取给定下标的元素值。

算法思路：由于顺序表是数组结构，属于随机存取结构，故已知下标就可以直接得到对应的数组元素值，只需要注意判断给定的下标是否出界即可。

### 1．测试用例

测试用例见表 2.13。

表 2.13　取数据元素的测试用例

| 测试情形 | 一般情形 | 边界 | 异常 |
|---|---|---|---|
| | 下标值介于 0 与 $n$−1 | 下标值为 0；<br>下标值为 $n$−1 | 下标值出界 |
| 预测结果 | 取得元素 | 取得元素 | 操作失败 |

### 2．函数结构设计

函数的结构设计见表 2.14。

表 2.14　取数据元素函数的结构设计

<table>
<tr><th>功能描述</th><th>输入</th><th colspan="2">输出</th></tr>
<tr><td rowspan="3">顺序表中取给定下标的元素值<br>Get_SqList</td><td>顺序表地址 SequenList *</td><td rowspan="2">返回</td><td>正常：1</td></tr>
<tr><td>下标 int</td><td>异常：0</td></tr>
<tr><td>(结点值 ElemType)</td><td colspan="2">结点值 ElemType</td></tr>
<tr><td>函数名</td><td>形参</td><td colspan="2">函数类型</td></tr>
</table>

说明：表中的输入、输出都有“结点值”项，表示的是形参采用“地址传递”方式。

#### 3. 程序实现

```
/*================================================
函数功能：顺序表运算——取给定下标的元素值
函数输入：顺序表地址，下标位置
函数输出：正常：1；异常：0
=====================================================*/
int Get_SqList( SeqList *LPtr, int i, ElemType *e)
{
        if( i<0 || i>LPtr->last) return FALSE;
        if( LPtr->last < 0)   return FALSE;
        *e= LPtr->data[i];
        return TRUE;
}
```

#### 4. 算法效率分析

时间复杂度为 $O(1)$。

### 2.2.4 顺序存储结构的讨论

顺序表的特点是逻辑上相邻的数据元素，其物理存储位置也相邻，且顺序表的存储空间需要预先分配。

#### 1. 优点

（1）方法简单，各种高级语言中都有数组，容易实现。
（2）存储空间使用紧凑。
（3）顺序表具有按元素序号随机访问的特点。

#### 2. 缺点

（1）在顺序表中进行插入、删除操作时，平均移动表中的一半元素，因此对 $n$ 较大的顺序表效率低。
（2）预先分配空间需按最大空间分配，估计过大，可能导致顺序表后部大量闲置；预先分配过小，又会造成溢出。
（3）表容量难以扩充。

## 2.3 线性表的存储结构方法之二——链表

### 2.3.1 问题的引入

#### 1. Word 的故事

Microsoft 公司决定开发一款全世界通用的文本处理软件 Word，设计目标是它要比以往任何同类软件具有更强大的功能。软件开发小组在设计时首先遇到一个具有挑战性的问题——作为通用软件，文档需要初始化多大的空间才能满足各种不同用户的需求？具体如下。

问题 1：作为软件的设计者，如何知道用户输入信息的规模，即需要多少页文档？

问题 2：在用户也事先无法预计文档有多少页的情形下又该怎么办？

上述问题如何解决呢？按照我们已有的数组和结构的知识，要满足所有用户的要求，只能申请一个尽可能大的结构数组。这样做的缺陷也是显而易见的，一旦运行 Word，则大量的内存空间被这个软件占用，机器的速度同时会降低。但是，对于多数用户来说，文本页数并不需要这么多，因此这样的方案不合理。

最朴素的一个解决思路是，不论用户的要求是多少页，文档总是从第一页开始的。按照这样的思路，在最初打开 Word 开始工作时，系统先分配一页的空间给用户使用，当用到一页的最后一个字符时，若用户还需要新的一页，则从内存中申请新的一页给用户使用。这就是按需分配的方法。

这样的方法从思路上来说是不错的，但需要在程序运行过程中动态申请数据空间，前提是程序语言提供了这样的机制。很幸运，至少现在 C 语言中有库函数能实现这样的功能。

继续跟踪了解动态申请数据空间的功能，发现每次申请的一页的位置是系统随机给定的，并不能按编程者的要求，使各页在存储空间中顺序连续存放。那么，新的问题是，对于这样动态申请的页，存储空间中的每页之间如何按页码联系起来？即页码的逻辑联系和存储位置要有对应的关系，才不至于存了找不到。按前面有序表的经验，我们可以把一页看作一个结点，按序存储，即结点的逻辑关系通过存储的相邻关系来体现，现在问题归结为结点的逻辑关系是有序的而存储是离散无序的。在这样的情况下，结点的逻辑关系如何存储？

继续思考，是不是可以在第一个结点的某一数据项上记录与之相连的下一结点的地址呢？这样知道第一个结点就能找到第二个，以此类推，见图 2.11，这样才完成了数据及数据间联系的所有信息的存储，也就是在本书绪论中提到的，存储要遵循的两个基本原则：

- 数据存储原则 A：存数值，存联系。
- 数据存储原则 B：存得进，取得出。

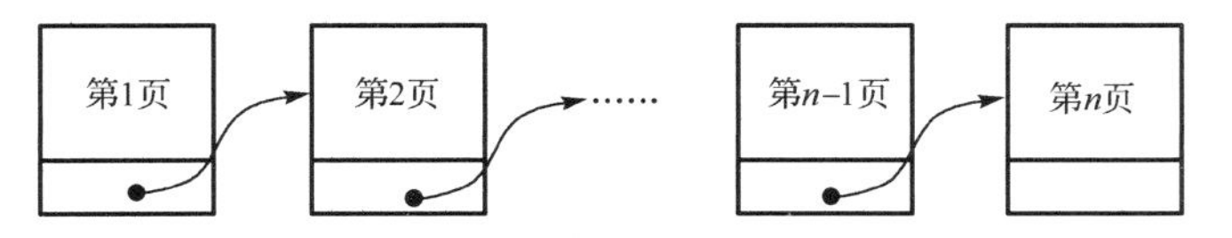


图 2.11　线性逻辑关系的离散存储形式

由于图 2.11 的形式像我们日常生活中的“链子”，故把它称为“链表”（Linked List）。

**【知识 ABC】动态内存管理**

动态存储管理的基本问题是：系统如何按请求分配内存，如何回收内存再利用。

空闲块：未曾分配的地址连续的内存区称为空闲块。

占用块：已分配给用户使用的地址连续的内存区称为占用块。

系统刚刚启动时，整个内存可看成一个大的空闲块，随着用户请求的进入，系统依次分配相应的内存，见图 2.12(a)。

在系统运行过程中，内存被分为两大部分：低地址区（左边部分，若干占用块）和高地址区（右边部分，空闲块）。经过一段时间后，有的程序运行结束，释放掉它所占用的内存，使之变为空闲块，这就使整个内存中空闲块和占用块之间出现相互交错的现象，见图 2.12(b)。

当系统进入到图 2.12(b)的状态，又有新的用户请求分配内存时，系统如何处理呢？

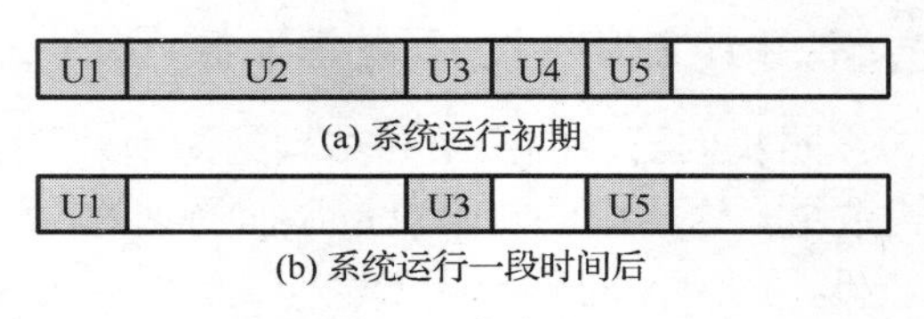


图 2.12　内存状态

方法一：系统继续从高地址区的空闲块进行分配，直到无法分配。当剩余的空闲块不能满足分配请求时，系统回收所有不再使用的内存区，并重新组织内存，将所有空闲块紧凑为一个大的空闲块，以备再分配。

方法二：空闲链表。空闲链表中包含了所有空闲块的信息，一个结点对应一个空闲块。当用户请求分配时，系统的工作就是搜索空闲链表，按某种策略找到一个合适的空闲块进行分配，并删除对应的结点。当用户释放所占用的内存时，系统回收该内存，并将它插入到空闲链表中，见图 2.13。一般的操作系统对内存的管理常采用链表结构。

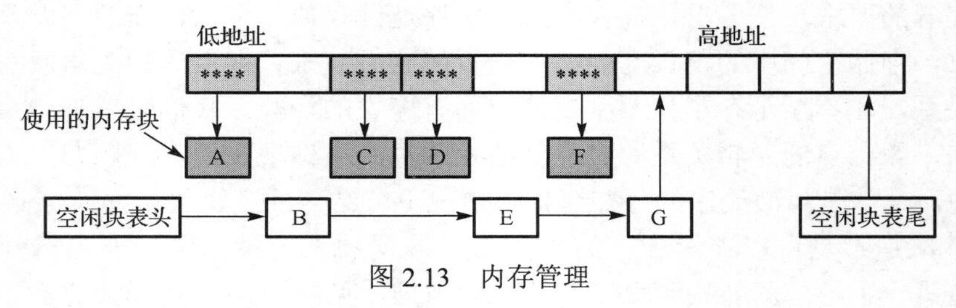


图 2.13　内存管理

## 2. 手机中的链表

前述“Word 的故事”是为了形象说明链表的原理及应用而虚构的。下面我们来看一个真实的“手机中的链表”的实例。

移动互联网的应用越来越广泛，现在很多场合都提供免费的 WiFi，可以很方便地用手机或电脑等无线上网。

上网时有一个输入用户名、密码的过程，这是为了合法、安全通信所进行的一种身份认证。通常，身份认证是在手机与无线接入点之间进行的（无线接入点，Access Point，是使用无线设备如手机、笔记本电脑等的用户进入有线网络的接入点，简称 AP）。身份认证是比较耗时的，而手机用户的位置经常处于移动状态，为确保通信的实时性，即不出现通话的时断时续或观看视频时的卡壳等现象，现在技术上采用的是手机用户和无线接入点之间进行预先身份认证，以实现快速切换，保障通信业务的实时性，示意图见图 2.14。

预先认证的具体方法是，当手机用户登录无线接入点 AP3 时，不仅完成和 AP3 之间的身份认证，还要完成和周边可能切换的无线接入点之间的身份认证，如 AP1、AP2、AP4 和 AP5，这些接入点的信息都是 AP3 事前侦测到并存储到本机的。AP3 将这些接入点的信息（如认证的结果、协商的密钥等）都传给手机用户，随着手机用户的移动，其周边接入点动态变化，如离开 AP3，到达 AP5 附近，这样手机中接入点的个数不断发生变化。由于接入点的个数是事前无法预计的，此时手机客户端根据当前接入点的多少来动态创建结点以存储接入点信息，即以链表作为存储结构，这样能够节省手机嵌入式系统的内存空间，是比较合理的存储方案。预认证过程涉及链表的建立或新结点的插入运算，切换过程涉及链表结点的遍历（遍历即全部结点的查找）操作。在手机离开相应 AP 若干时间后，如果不再使用此结点信息，则做链结点的删除操作。

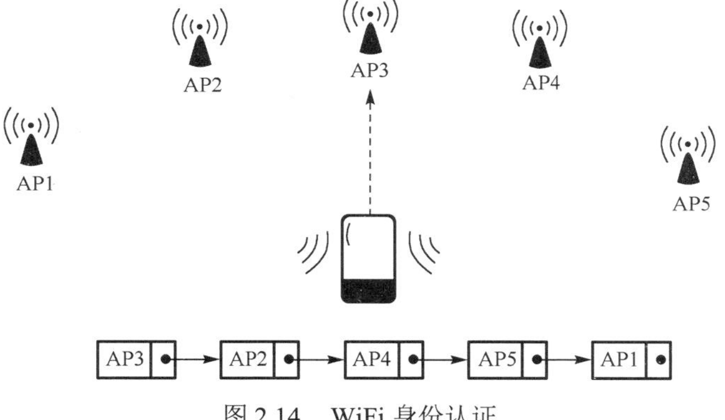


图 2.14 WiFi 身份认证

在实际问题中，链表应用的例子很多，比如，计算机接收输入的信息，在无法预知输入量的情形下，采用等长数据结构作为接收信息存储的结点，不够用时再动态申请存储结点，以此方式接收不定长的信息。在互联网中传输信息，也采用数据分块（分组）的方式发送和接收数据。

链式存储是一种应用非常广泛的存储方式，我们知道了它的原理，就可以“像专家一样实践”，设计链表的数据结构。

## 2.3.2 单链表的存储

### 2.3.2.1 结点在存储空间的链接实例

**【例 2-1】**链式存储结构示意的例子。

线性表（bat，cat，fat，hat，mat，rat，sat，vat）在某次运算时，存储状态出现表 2.15 中所示的情形，按照每个结点数据域的逻辑顺序，给出后继结点的地址。

**解析：**

按照每个结点的存储地址，可以给出相应后继的地址值，见表 2.16。

表 2.15 链表存储信息

| 存储地址 | 数据域 | 后继结点地址 |
|---|---|---|
| 1 | hat | |
| 7 | cat | |
| 13 | fat | |
| 19 | vat | |
| 25 | rat | |
| 31 | bat | |
| 37 | sat | |
| 43 | mat | |

表 2.16 链表存储信息

| 存储地址 | 数据域 | 后继结点地址 |
|---|---|---|
| 1 | hat | 43 |
| 7 | cat | 13 |
| 13 | fat | 1 |
| 19 | vat | |
| 25 | rat | 37 |
| 31 | bat | 7 |
| 37 | sat | 19 |
| 43 | mat | 25 |

填完地址后我们发现有两个问题。

问题 1：最后一个结点 vat 的地址应该怎么填？

问题 2：要从表中找到第一个结点在哪里是不方便的。

为解决上面的问题，可以设一个头指针来记录第一个结点的位置，设头指针 head 指向开始结点。终端结点无后继，故设终端结点的后继结点地址为空，用空指针 NULL 来标记最后一个结点，见图 2.15，这里我们用“指针域”标记“后继结点地址”。链表的逻辑结构示意图见图 2.16。

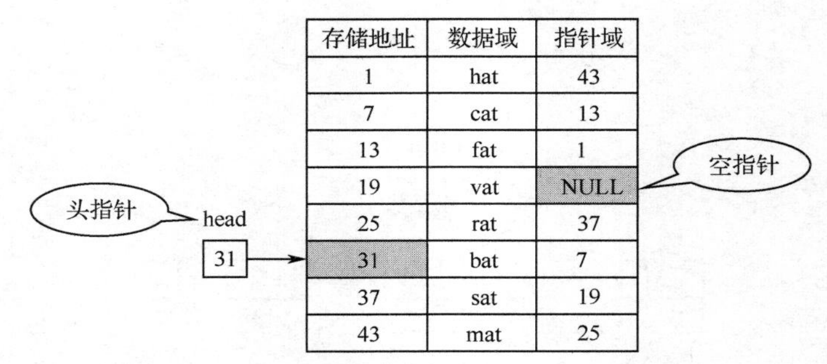


| 存储地址 | 数据域 | 指针域 |
|---|---|---|
| 1 | hat | 43 |
| 7 | cat | 13 |
| 13 | fat | 1 |
| 19 | vat | NULL |
| 25 | rat | 37 |
| 31 | bat | 7 |
| 37 | sat | 19 |
| 43 | mat | 25 |

图 2.15　链表存储信息

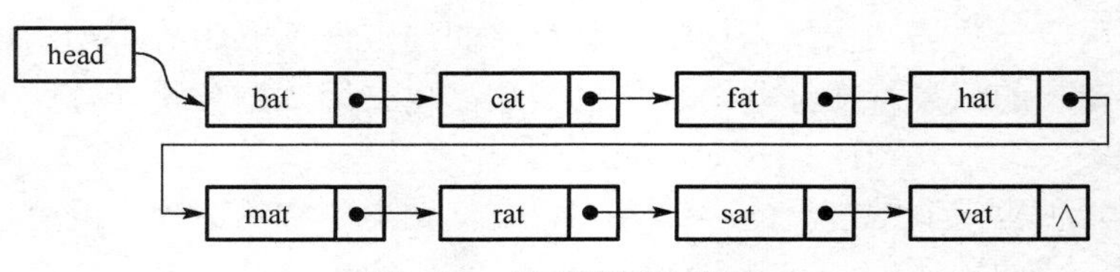


图 2.16　链表逻辑结构图

链表由头指针唯一确定，单链表可以用头指针的名字来命名。例如，头指针名是 head 的链表可称为表 head。

【名词解释】线性链表

结点中只含一个指针域的链表也叫单链表（Single Linked List）。在单链表中，除了头尾结点，各结点的关系都是只有一个前趋和一个后继，故称单链表为线性链表。

### 2.3.2.2　链表的结构设计

#### 1. 链结点结构设计

首先考虑链结点的结构，遵循存储原则，应该包括下面两类信息：

- 存储结点 $a_i$ 本身的信息。
- 存储结点 $a_i$ 相邻结点的地址。

| 结点信息 | 相邻结点地址 |
|---|---|
| data | next |

图 2.17　链结点结构

结点结构见图 2.17，其中：

- data 存放结点值，常称为数据域。
- next 存放结点的直接后继的地址（位置），常称为指针域或链域。

注意：（1）链表通过每个结点的链域将线性表的 $n$ 个结点按其逻辑顺序链接在一起。（2）每个结点只有一个指针域的链表称为单链表。

#### 2. 链结点数据类型描述

单链表结点类型描述见图 2.18。在这个结构中，成员 next 有些特殊，它是本结构体类型的指针，其含义有：

- next 是一个指针。
- next 的类型是 struct node。
- next 的值是 struct node 类型结点的地址。
- next 指向的空间中放置的是 struct node 类型的值。

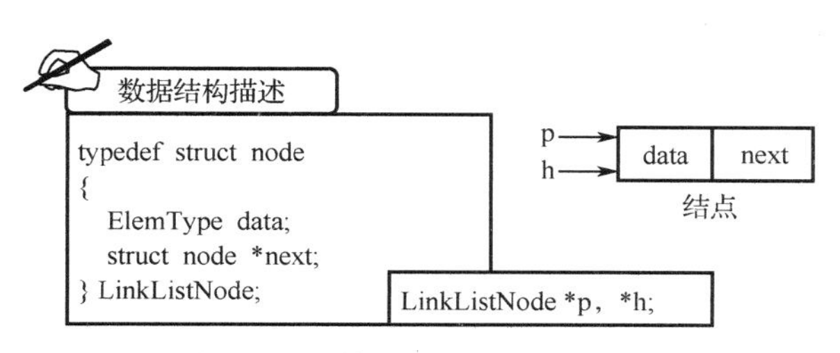


图 2.18　单链表结点结构描述

### 3. 内存的动态存储分配知识

**【知识 ABC】动态存储分配**

在 C 语言中，有一种称为“动态存储分配”的内存空间分配方式：程序在执行期间需要存储空间时，通过“申请”分配指定的内存空间；当闲置不用时，随时将其释放，由系统另作他用。相关的库函数有 malloc()、calloc()、free()、realloc()等，使用这些库函数时，必须在程序开头包含文件 stdlib.h 或 malloc.h 或 alloc.h。

【内存分配函数 malloc()】

函数格式：void*malloc(unsigned size)。

函数功能：从内存中分配一大小为 size 字节的块。

参数说明：size 为无符号整型，用于指定需要分配的内存空间的字节数。

返回值：新分配内存的地址，若无足够的内存可分配，则返回 NULL。

说明：（1）当 size 为 0 时，返回 NULL。（2）void *为无类型指针，可以指向任何类型的数据存储单元，无类型指针需强制类型转换后赋给其他类型的指针。

【内存释放函数 free()】

函数格式：void free(void*block)。

函数功能：将 calloc()、malloc()及 realloc()函数所分配的内存空间释放为自由空间。

参数说明：block 为 void 类型的指针，指向要释放的内存空间。

返回值：无。

如 void free(void *p)，从动态存储区释放 p 指向的内存区，p 是调用 malloc 返回的值。free 函数没有返回值。

（1）结点的申请　　p=(LinkListNode *)malloc(sizeof( LinkListNode));

函数 malloc 分配一个大小为 LinkListNode 字节的空间，并将其首地址放入指针变量 p 中。

（2）结点的释放　　free(p);

释放 p 所指的结点变量空间。

（3）结点数据项的访问：利用结点指针 p 访问结点分量。

方法一：(*p).data 和 (*p).next

方法二：p->data 和 p->next

#### 4．问题讨论

**【思考与讨论】**

1．在图 2.19 中，两者都有动态结点申请，不同的写法含义是否一样？

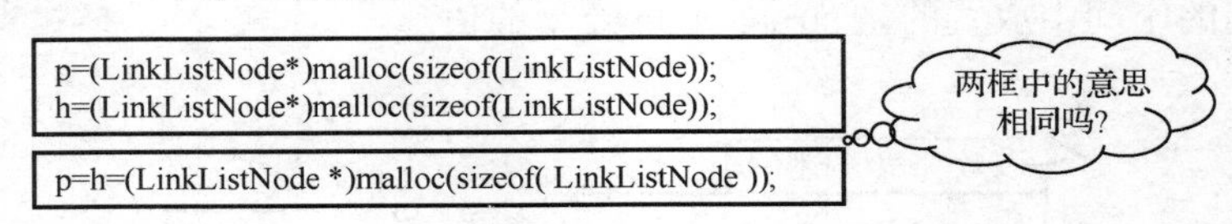


图 2.19　链表讨论题 1

**讨论：**不相同。第一个框中是申请了两个结点；第二个是只申请了一个结点，这个结点的地址分别赋给了 p 和 h 两个指针。

2．在图 2.20 中，p 是指向值为 b 的结点的指针，每个结点上的数字是其地址，各表达式的值是多少？

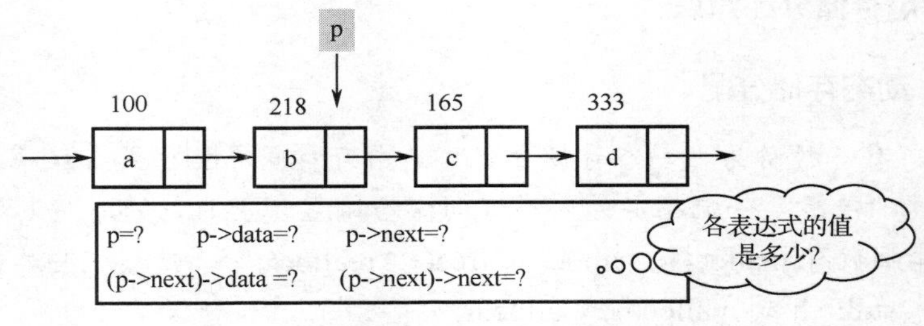


图 2.20　链表讨论题 2

**讨论：**p=218　　p->data=b　　p->next=165

(p->next)->data =c　　(p->next)->next=333

### 2.3.2.3　静态链接两个结点

编程实现如图 2.21 所示的两个结点的连接。

图 2.21　两个结点连接

#### 1．算法思路

要实现图 2.21 所示的两个结点连接，步骤如下：

① 构造 $x$、$y$ 两个结点；

② 把 $y$ 结点的地址填入 $x$ 的指针域中。

#### 2．程序实现

```
typedef struct node
{
   int   data;
   struct   node   *next;
} LinkListNode;

int main( )
{
      LinkListNode x,y,*p;  //定义结点空间 x，y
```

```
    x.data=6;               //给 x 结点数据域赋值
    x.next=NULL;            //给 x 结点指针域置空
    y.data=8;
    y.next=NULL;
    p=&y;
    x.next=p;               //将 y 结点地址写入 x 结点指针域
    return 0;
}
```

### 3．跟踪调试

图 2.22 显示了结构变量 *x*、*y* 的空间形式及赋值情形，结构指针 p 记录了 *y* 的地址。

```
int main( )
{
    LinkListNode x,y,*p;//定义结点空间x, y

    x.data=6;    //给x结点数据域赋值
    x.next=NULL; //给x结点指针域置空
    y.data=8;
    y.next=NULL;
    p=&y;
    x.next=p; //将y结点地址写入x结点指针域

    return 0;
```

| Name | Value |
|---|---|
| ⊟ &x | 0x0018ff44 |
| data | 6 |
| ⊞ next | 0x00000000 |
| ⊟ &y | 0x0018ff3c |
| data | 8 |
| ⊞ next | 0x00000000 |
| ⊟ p | 0x0018ff3c |
| data | 8 |
| ⊞ next | 0x00000000 |

图 2.22　结点结构跟踪步骤 1

图 2.23 显示了把 *y* 的地址放入 x.next 中的情形。

```
int main( )
{
    LinkListNode x,y,*p;//定义结点空间x, y

    x.data=6;    //给x结点数据域赋值
    x.next=NULL; //给x结点指针域置空
    y.data=8;
    y.next=NULL;
    p=&y;
    x.next=p; //将y结点地址写入x结点指针域

    return 0;
```

| Name | Value |
|---|---|
| ⊟ &x | 0x0018ff44 |
| data | 6 |
| ⊞ next | 0x0018ff3c |
| ⊟ &y | 0x0018ff3c |
| data | 8 |
| ⊞ next | 0x00000000 |
| ⊟ p | 0x0018ff3c |
| data | 8 |
| ⊞ next | 0x00000000 |

图 2.23　结点结构跟踪步骤 2

图 2.24 显示了通过 x.next 找到 *y* 结点的位置。

```
int main( )
{
    LinkListNode x,y,*p;//定义结点空间x, y

    x.data=6;    //给x结点数据域赋值
    x.next=NULL; //给x结点指针域置空
    y.data=8;
    y.next=NULL;
    p=&y;
    x.next=p; //将y结点地址写入x结点指针域

    return 0;
```

| Name | Value |
|---|---|
| ⊟ &x | 0x0018ff44 |
| data | 6 |
| ⊟ next | 0x0018ff3c |
| data | 8 |
| ⊞ next | 0x00000000 |
| ⊟ &y | 0x0018ff3c |
| data | 8 |
| ⊞ next | 0x00000000 |
| ⊞ p | 0x0018ff3c |

图 2.24　结点结构跟踪步骤 3

根据跟踪的结果，可以画出结点 *x* 和 *y* 地址关系图，见图 2.25。

本例中链表的结点空间是静态分配的，另外一种方法可以在程序运行过程中申请得到，即动态申请。

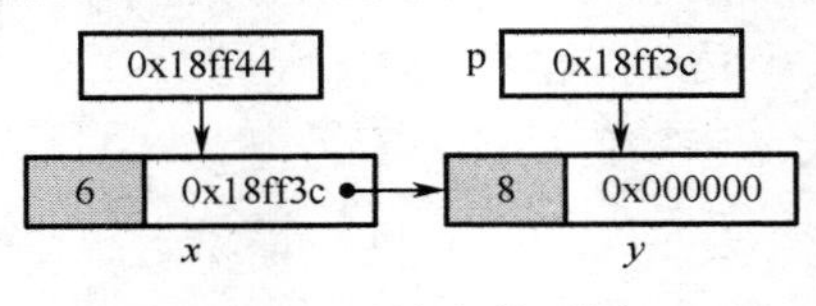


图 2.25　结点关系图

#### 2.3.2.4　动态链接两个结点

用动态申请结点的方法，实现图 2.26 中两个结点的链接。

##### 1．算法描述

要实现图 2.26 所示的两个结点的连接，步骤如下：

① 动态申请 *x*、*y* 两个结点（动态申请得到的是结点的地址 **xPtr** 和 **yPtr**）。

② 把 *y* 结点的地址 **yPtr** 填入 *x* 结点的指针域中。

xPtr　yPtr

6　8　∧

*x*结点　*y*结点

图 2.26　两个结点连接 2

##### 2．程序实现

```
typedef struct node
{
   int   data;
   struct   node   *next;
}  LinkListNode;

int main( )
{
      LinkListNode *xPtr,*yPtr,*p;      //定义结点指针
      xPtr =(LinkListNode *)malloc(sizeof(LinkListNode)); //申请一个 x 结点
      xPtr->next=NULL;                   //给 x 结点指针域置空
      yPtr =(LinkListNode *)malloc(sizeof(LinkListNode)); //申请一个 y 结点
      yPtr->next=NULL;                   //给 y 结点指针域置空
      xPtr->data=6;                      //给 x 结点数据域赋值
      yPtr->data=8;                      //给 y 结点数据域赋值
      xPtr->next=yPtr;                   //将 y 结点地址写入 x 结点指针域

      return 0;
}
```

##### 3．跟踪查看

（1）申请结点 *x*，其地址为 0x02171750，见图 2.27。

```
int main( )
{
    LinkListNode *xPtr,*yPtr;//定义结点指针
    xPtr =(LinkListNode *)malloc(sizeof(LinkListNode));
    xPtr->next=NULL; //给x结点指针域置空
    yPtr =(LinkListNode *)malloc(sizeof(LinkListNode));
    yPtr->next=NULL; //给y结点指针域置空
    xPtr->data=6;   //给x结点数据域赋值
    yPtr->data=8; //给y结点数据域赋值
    xPtr->next=yPtr; //将y结点地址写入x结点指针域

    return 0;
}
```

Watch

| Name | Value |
|---|---|
| ⊟ xPtr | 0x02171750 |
| data | -842150451 |
| ⊞ next | 0x00000000 |
| ⊟ yPtr | 0xcccccccc |
| data | CXX0030: Erro |
| next | CXX0030: Erro |

图 2.27　动态申请结点跟踪步骤 1

（2）申请结点 $y$，其地址为 0x02171710，见图 2.28。结点 $x$、$y$ 的数据域分别填上数值 6 和 8。

```
int main( )
{
    LinkListNode *xPtr,*yPtr;//定义结点指针
    xPtr =(LinkListNode *)malloc(sizeof(LinkListNode));
    xPtr->next=NULL; //给x结点指针域置空
    yPtr =(LinkListNode *)malloc(sizeof(LinkListNode));
    yPtr->next=NULL; //给y结点指针域置空
    xPtr->data=6;    //给x结点数据域赋值
    yPtr->data=8; //给y结点数据域赋值
    xPtr->next=yPtr; //将y结点地址写入x结点指针域

    return 0;
}
```

Watch

| Name | Value |
|---|---|
| ⊟ xPtr | 0x02171750 |
| data | 6 |
| ⊞ next | 0x00000000 |
| ⊟ yPtr | 0x02171710 |
| data | 8 |
| ⊞ next | 0x00000000 |

图 2.28　动态申请结点跟踪步骤 2

（3）将结点 $y$ 的地址 0x02171710 填入 $x$ 的指针域，见图 2.29。

```
int main( )
{
    LinkListNode *xPtr,*yPtr;//定义结点指针
    xPtr =(LinkListNode *)malloc(sizeof(LinkListNode));
    xPtr->next=NULL; //给x结点指针域置空
    yPtr =(LinkListNode *)malloc(sizeof(LinkListNode));
    yPtr->next=NULL; //给y结点指针域置空
    xPtr->data=6;    //给x结点数据域赋值
    yPtr->data=8; //给y结点数据域赋值
    xPtr->next=yPtr; //将y结点地址写入x结点指针域

    return 0;
}
```

Watch

| Name | Value |
|---|---|
| ⊟ xPtr | 0x02171750 |
| data | 6 |
| ⊟ next | 0x02171710 |
| data | 8 |
| ⊞ next | 0x00000000 |
| ⊟ yPtr | 0x02171710 |
| data | 8 |
| ⊞ next | 0x00000000 |

图 2.29　动态申请结点跟踪步骤 3

## 2.3.3　单链表的运算

### 2.3.3.1　单链表的形式

一般把单链表画成用箭头相连的结点序列，结点之间的箭头表示指针域中的指针（地址）。常见的单链表形式有图 2.30 所示的两种，headA 是无头结点的单链表，headB 是带头结点的单链表，其中的头结点位于表的最前端，其结构同其他结点，但本身不存放结点值，仅标志表头，在有的应用中可用于存放表长等附加信息。

在不带头结点的单链表中，头指针直接指向单链表的第一个结点。

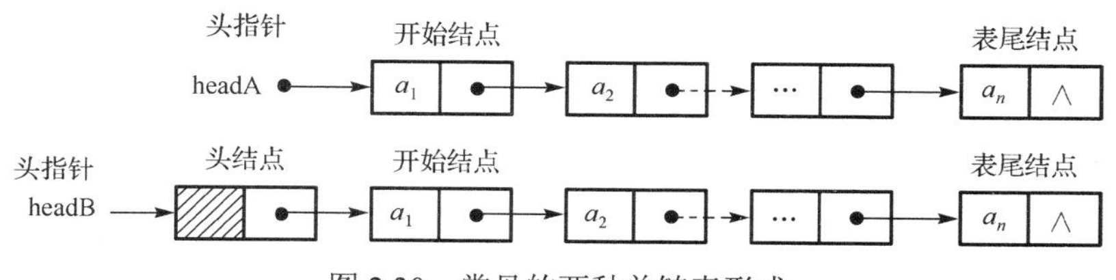


图 2.30　常见的两种单链表形式

**【思考与讨论】**设置表头结点的目的是什么？

**讨论：**头结点在链表中并不是必需的，只是为了操作上的方便。它具有两个优点：

（1）由于开始结点的位置被存放在头结点的指针域中，所以在链表的第一个位置上的操作就和在表的其他位置上操作一致，无须进行特殊处理。

（2）无论链表是否为空，其头指针都是指向头结点的非空指针（空表中头结点的指针域空），因此空表和非空表的处理是统一的。

根据链表的特点，本节将讨论链表的初始化、建立、查找、插入、删除等操作。

#### 2.3.3.2 单链表初始化

构造只有一个头结点的空单链表。

##### 1. 问题描述

空单链表示意图见图 2.31。

##### 2. 函数框架设计

函数框架设计见表 2.17。

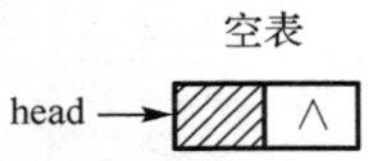

空表

head → [ / / / | ∧ ]

图 2.31 空单链表

表 2.17 单链表初始化函数框架设计

| 功能描述 | 输入 | 输出 |
| --- | --- | --- |
| 单链表初始化 initialize_LkList | 无 | 链表头指针 LinkListNode * |
| 函数名 | 形参 | 函数类型 |

##### 3. 程序实现

```
/*=============================================
函数功能：单链表运算——初始化
函数输入：无
函数输出：链表头指针
=============================================*/
LinkListNode *initialize_LkList(void)
{
    LinkListNode *head;
    head=(LinkListNode *)malloc(sizeof(LinkListNode)); //申请一个结点
    if(head ==NULL)     exit(1); //存储空间分配失败
    head->next=NULL; //指针域置空
    return head;
}
```

注意：一般对申请空间极少的程序而言，动态申请新结点空间时不会出问题。但在实用程序中，尤其是对空间需求较大的程序，凡涉及动态申请空间，一定要判断空间是否申请成功，以防系统无空间可供分配。

#### 2.3.2.3 尾插法建立单链表

将线性表的元素存放在一个单链表中，head 为头指针。建立单链表的方法不止一种，我们先介绍尾插法建立单链表。

##### 1. 算法思路

通过不断在单链表的尾部插入结点的方法建立链表，建立步骤见图 2.32，说明见伪代码第一步细化。

##### 2. 数据结构描述

数据结构设计见图 2.33。

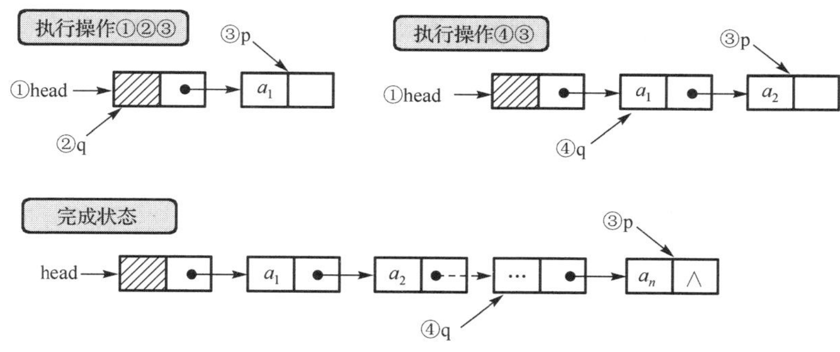


图 2.32　尾插法建立链表步骤

### 3. 函数结构设计

函数结构设计见表 2.18。

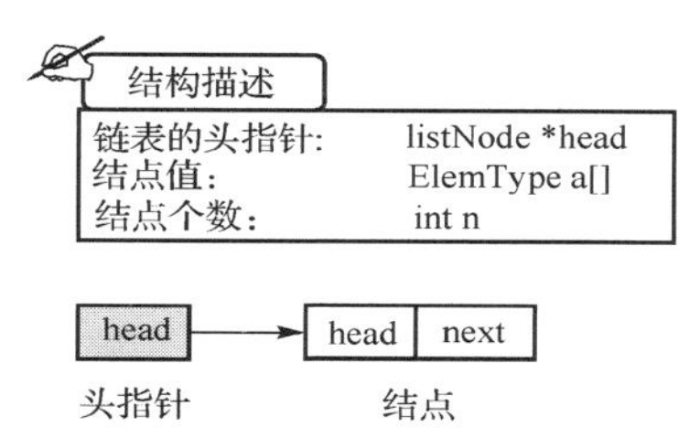


图 2.33　尾插法建链表数据结构

表 2.18　尾插法建链表函数结构设计

| 功能描述 | 输入 | 输出 |
|---|---|---|
| 尾插法建链表<br>Create_Rear_LkList | 结点值<br>ElemType | 链表的头指针<br>LinkListNode * |
| | 结点个数 int | |
| 函数名 | 形参 | 函数类型 |

说明：建立链表的结点值有一组，故设计形参是数组形式。

### 4. 算法伪代码描述

伪代码描述见表 2.19。

表 2.19　尾插法建链表伪代码描述

| 顶部伪代码 | 第一步细化 | 第二步细化 |
|---|---|---|
| 在链表尾部插入结点，直到结点数目满足要求为止 | ① 申请头结点 head | head=malloc(sizeof(LinkListNode)); |
| | ② 前趋结点 q=head | q=head; |
| | ③ 申请当前结点 p；向 p 结点中添入结点值；p 的地址填入前趋 q 指针域 | p=malloc(sizeof(LinkListNode));<br>p->data=a[i];　q->next=p; |
| | ④ q=p | q=p; |
| | ⑤ 尾结点指针域置 NULL | p->next=NULL; |
| | 重复步骤③～④直到结点数目满足要求 | |

### 5. 程序实现

```
/*==============================================
函数功能：单链表操作——尾插法建立链表
函数输入：结点值数组，结点个数
函数输出：链表的头指针
==============================================*/
LinkListNode *Create_Rear_LkList(ElemType a[],int n )
{
	LinkListNode *head,*p, *q;
	int i;
```

```
        head=(LinkListNode *)malloc(sizeof(LinkListNode));
        q=head;
        for(i=0;i<n;i++)
        {
            p=(LinkListNode *)malloc(sizeof(LinkListNode));
            p->data=a[i];
            q->next=p;
            q=p;
        }
        p->next=NULL;
        return head;
}
```

#### 2.3.3.4 头插法建立单链表

**1．算法思路**

从一个空表开始，通过不断在单链表头部插入结点的方法来建立链表，建立步骤见图 2.34，说明见伪代码第一步细化。

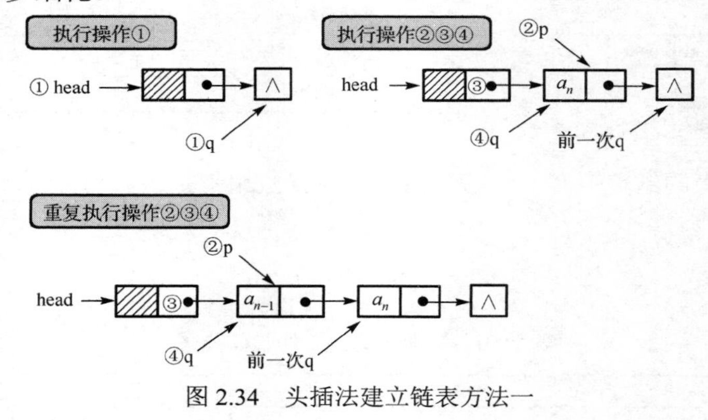


图 2.34　头插法建立链表方法一

**2．数据结构描述**

与尾插法建立单链表的数据结构相同。

**3．函数结构设计**

输入输出同尾插法建立单链表函数。

**4．算法描述**

伪代码描述见表 2.20。

表 2.20　头插法建链表伪代码描述

| 顶部伪代码描述 | 第一步细化 | 第二步细化 |
|---|---|---|
| 在链表头部插入结点，直到结点数目满足要求为止 | ① 建立新结点 head，指针域置 NULL，q 记录 head 的后继地址 | head=malloc(sizeof(LinkListNode));<br>head->next=NULL;<br>q=head->next; |
| | ② 建立新结点 p，向 p 结点数据域中填入内容，p 结点与 q 相连 | p=malloc(sizeof(LinkListNode));<br>p->data=a[i];<br>p->next=q; |

续表

| 顶部伪代码描述 | 第一步细化 | 第二步细化 |
|---|---|---|
| 在链表头部插入结点，直到结点数目满足要求为止 | ③ 头结点与 p 连接 | head->next=p; |
| | ④ q 记录 head 的后继 | q=head->next; |
| | ⑤ 重复②～④直到建完链表 | |

### 5. 程序实现

```
/*=============================================
函数功能：单链表操作——头插法建立链表
函数输入：结点值数组，结点个数
函数输出：链表的头指针
=============================================*/
LinkListNode *Create_Front1_LkList(ElemType a[], int n )
{
    LinkListNode *head, *p, *q;
    int i;

    head=(LinkListNode *)malloc(sizeof(LinkListNode));
    head->next=NULL;
    q=head->next;
    for(i=n-1; i>=0; i--)
    {
        p=(LinkListNode *)malloc(sizeof(LinkListNode));
        p->data=a[i];
        p->next=q;
        head->next=p;
        q=head->next;
    }
    return head;
}
```

## 2.3.3.5 单链表中按值查找结点

在单链表中查找关键字。

### 1. 测试用例设计

输入：单链表头指针，要查找的关键字。
输出：关键字所在结点的地址。
测试用例取值范围参考表 2.22。

表 2.22　单链表按值查找测试用例

| | 一般情形 | 边界值 | 异常情形 |
|---|---|---|---|
| 链表头指针 head | head 非空 | 链表只有一个开始结点 | head 为空 |
| 预期结果 | 找到关键字：返回结点地址<br>未找到关键字：返回 NULL | | 返回 NULL |

**【思考与讨论】**

关键字找不到时，输出 NULL 合适吗？

**讨论：**找不到关键字，应该返回和结点地址同类型的指针值，为和正常的地址有所区别，输出 NULL 是合适的。

### 2．函数结构设计

函数结构设计见表 2.23。

表 2.23　单链表按值查找运算函数结构设计

| 功能描述 | 输入 | 输出 | |
|---|---|---|---|
| 单链表按值查找 Locate_LkList | 链表的头指针 LinkListNode * | 找到 | 结点地址 LinkListNode * |
| | 关键字值 ElemType | 未找到 | NULL |
| 函数名 | 形参 | 函数类型 | |

### 3．算法伪代码描述

从开始结点出发，顺着链逐个比较结点的值和给定值 key，若有结点的值与 key 相等，则返回首次找到的其值为 key 的结点的存储位置；否则返回 NULL。伪代码描述见表 2.24。

表 2.24　单链表按值查找伪代码描述

| 顶部伪代码描述 | 第一步细化 | 第二步细化 |
|---|---|---|
| 在单链表中查找关键字 key | 跳过表头结点 | p=head->next; |
| | 若当前结点 p 非空，取 p 的值与关键字比较<br>不等：p 指向下一个结点；<br>相等：结束 | 当 p != NULL<br>若 ( p->data != key)　p=p->next;<br>否则　break; |
| | 输出结点 p 的地址 | return p; |

**【思考与讨论】**

伪代码中对异常情形都有处理吗?

**讨论：**非空表，未找到，p=NULL。空表，head->next=NULL，p=NULL。

### 4．程序实现

```
/*=============================================
函数功能：单链表操作——按值查找结点
函数输入：链表的头指针，结点值
函数输出：找到：返回结点指针；未找到：返回 NULL
=============================================*/
LinkListNode * Locate_LkList( LinkListNode *head, ElemType key)
{
    LinkListNode *p;
    p=head->next; //跳过表头结点
    while(p != NULL && p->data != key ) //结点非空且结点值不是 key
    {
        p=p->next; //p 指向下一个结点
    }
    return p;
}
```

### 5．算法效率分析

该算法的执行时间与输入实例中 key 的取值相关，见表 2.25。

表 2.25 单链表按值查找效率分析

| 结点位置 | 1 | 2 | 3 | … | $i$ | … | $n$ |
|---|---|---|---|---|---|---|---|
| 查找次数 | 1 | 2 | 3 | | $i$ | | |
| 查找概率 | $1/n$ | $1/n$ | $1/n$ | | $1/n$ | | $1/n$ |

其平均时间复杂度为

$$T(n)=\frac{1}{n}\sum_{i=1}^{n}i=\frac{1}{n}\times\frac{(1+n)n}{2}=\frac{1+n}{2}=O(n)$$

### 2.3.3.6 单链表中按序号查找结点

在单链表中查找第 $i$ 个结点（头结点 $i$=0）。

#### 1. 测试用例设计

输入：单链表头指针，要查找的结点编号。

输出：第 $i$ 个结点的地址。

测试用例见表 2.26。

表 2.26 按序号查找运算测试用例

| | 一般情形 | 边界值 | 异常情形 |
|---|---|---|---|
| $i$ 值 | 0<$i$<=表长 | $i$=0，1，表长 | $i$>表长 |
| 链表 | 非空 | 无 | 空 |

**【思考与讨论】**

异常情形与输出值如何确定？

**讨论：**按照表 2.26，可以主要考虑如下异常情形：

①非空表，$i$ 值出界；②空表。

所以函数正常返回找到的结点地址，异常可以返回 NULL。

#### 2. 函数结构设计

函数结构设计见表 2.27。

表 2.27 单链表按序查找函数结构设计

| 功能描述 | 输入 | 输出 |
|---|---|---|
| 单链表按序号查找 Get_LkList | 链表头指针(LinkListNode *) | 结点地址 LinkListNode * |
| | 结点编号 int | |
| 函数名 | 形参 | 函数类型 |

#### 3. 算法思路分析

查找的结果分为找到与找不到两种情形。

（1）找到的情形，见图 2.35。

计数器 $j$ 置为 0 后，p 指针从链表的头结点开始顺着链扫描。当 p 扫描下一个结点时，计数器 $j$ 相应地加 1。

继续查找的条件：（1）$j$<$i$；（2）p->next 非空。

找到时的条件：①$j=i$；②p 非空。

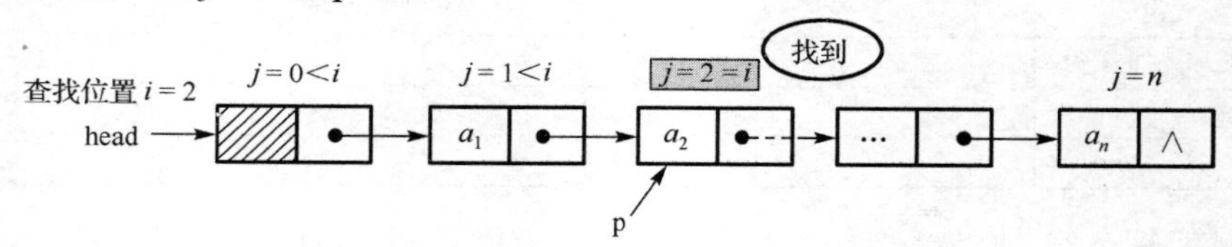


图 2.35　单链表顺序查找“找到”

（2）找不到的情形，见图 2.36。

当 p 的后继为 NULL，且 $j \neq i$ 时，表示找不到第 $i$ 个结点。

注意：头结点是第 0 个结点，把 $i$=0 也归为异常。

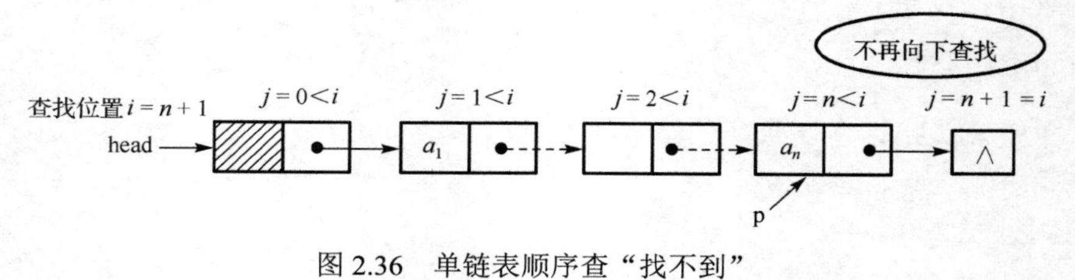


图 2.36　单链表顺序查“找不到”

### 4．算法伪代码描述

算法的伪代码见表 2.28。

表 2.28　单链表按序号查找伪代码描述

| 顶部伪代码描述 | 第一步细化 | 第二步细化 |
|---|---|---|
| 在单链表中查找第 $i$ 个结点（头结点 $i$=0） | 当前结点地址 p=head　设置计数器 $j$=0, | p=head;　j=0; |
| | 若未到达第 $i$ 个结点且下一个结点非空<br>做新一次查找的条件值设置 | 若( j<i　&&　p->next != NULL )<br>p=p->next;　j++; |
| | 若找到第 $i$ 个结点，返回 $i$ 的地址，否则返回 NULL | if (i==j) return p;<br>else return NULL; |

**【思考与讨论】**

链表是不是随机存取结构？

讨论：在链表中，即使知道被访问结点的序号 $i$，也不能像顺序表中那样直接按序号 $i$ 访问结点，而只能从链表的头指针出发，顺链域 next 逐个结点往下搜索，直至搜索到第 $i$ 个结点。因此，链表不是随机存取结构。

### 5．程序实现

```
/*================================================
函数功能：单链表操作——按序号查找结点
函数输入：链表的头指针，待查结点序号
函数输出：找到：返回结点指针；未找到：返回 NULL
================================================*/
LinkListNode *Get_LkList(LinkListNode *head, int i )
{
    int j;
    LinkListNode *p;
```

```
        p=head;j=0;
        if (i==0) return NULL;
        while( j<i && p->next != NULL)   //未到达第 i 个结点且下一个结点非空
         {
              p=p->next;
               j++;
         }
        if (i==j) return p;   //找到第 i 个结点
        else return NULL;
    }
```

### 6. 算法效率分析

算法中，while 语句的终止条件是搜索到表尾或者满足 $j \geqslant i$，其频度最多为 $i$，它和被寻找的位置有关。在等概率假设下，平均时间复杂度为：

$$T(n)=\sum_{i=0}^{n-1}\frac{1}{n}\times i=\frac{1}{n}\frac{(n-1)\times n}{2}=\frac{n-1}{2}=O(n)$$

## 2.3.3.6 单链表在指定结点后的插入运算

在链表指定位置插入给定的值，运算示意图见图 2.37。

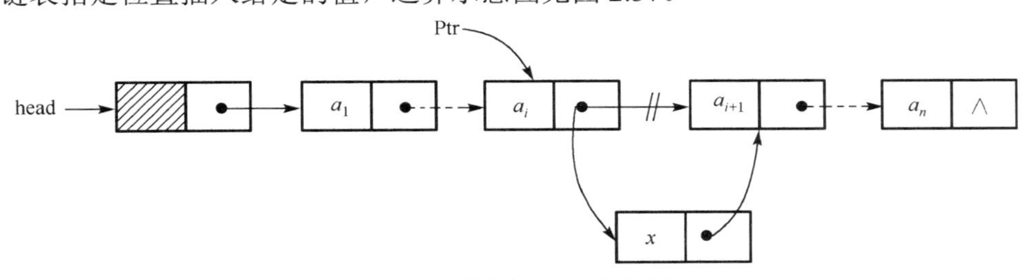


图 2.37　单链表插入运算示意图 1

### 1. 问题描述

在单链表结点 $a_i$ 之后插入 $x$；已知 $a_i$ 的地址为 Ptr。

### 2. 测试用例设计

输入：插入点地址 Ptr；待插入结点的值。
输出：无。
测试用例见表 2.29。

表 2.29　单链表插入运算测试用例

| | 一般情形 | 边界值 | 异常情形 |
|---|---|---|---|
| 链表 | 非空 | 头结点、尾结点 | 空表 |

### 3. 函数结构设计

函数结构设计见表 2.30。

表 2.30　单链表指定位置插入函数结构设计

| 功能描述 | 输入 | 输出 |
|---|---|---|
| 单链表指定位置后插入结点<br>Insert_After_LkList | 插入点地址 LinkListNode*<br>结点值 ElemType | 无 |
| 函数名 | 形参 | 函数类型 |

#### 4. 算法伪代码描述

单链表插入运算示意图见图 2.38，伪代码描述见表 2.31。

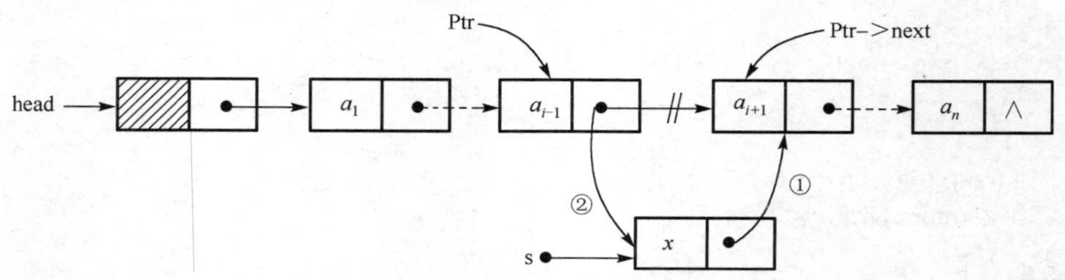


图 2.38 单链表插入运算示意图 2

表 2.31 单链表指定位置插入伪代码描述

| 顶部伪代码描述 | 第一步细化 |
|---|---|
| 在指定的结点后插入值为 $x$ 的结点 | ① 建立新结点 $s$，添入内容 $x$ |
| | ② 将 $s$ 结点与 Ptr 的后继点连接 |
| | ③ 将 Ptr 后继改为 $s$ |

#### 5. 程序实现

```
/*=============================================
函数功能：单链表操作——在指定位置后插入结点
函数输入：插入点地址，结点值
函数输出：无
=============================================*/
void   Insert_After_LkList(LinkListNode *Ptr,ElemType x )
{
  LinkListNode    *s;
  s=(LinkListNode*)malloc(sizeof(LinkListNode));
  s->data=x;
  s->next=Ptr->next;
  Ptr->next=s;
}
```

### 2.3.3.7 在指定结点前的插入运算

#### 1. 问题描述

在单链表结点 $a_i$ 之前插入 $x$；已知 $a_i$ 的地址为 Ptr，见图 2.39。

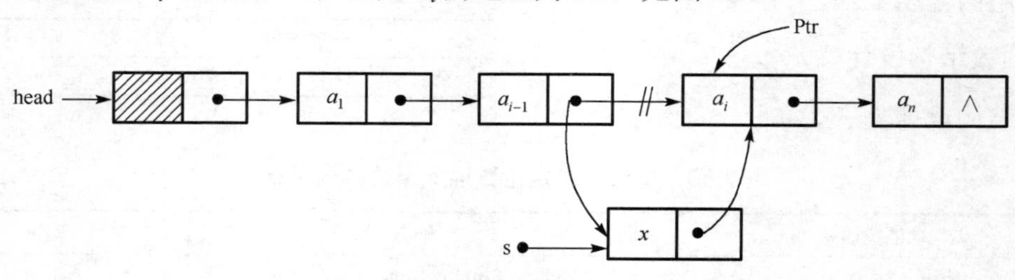


图 2.39 单链表插入运算示意图 3

## 2．测试用例设计

输入：①链表头指针，② $a_i$ 结点地址，③结点值 $x$。

输出：无。

测试用例取值范围见表 2.32。

表 2.32　单链表后插运算测试用例

| | 一般情形 | 边界值 | 异常情形 |
|---|---|---|---|
| 链表 | 非空 | 头结点　尾结点 | 空表 |

## 3．函数结构设计

函数结构设计见表 2.33。

表 2.33　单链表指定位置前插函数结构设计

| 功能描述 | 输入 | 输出 |
|---|---|---|
| 单链表指定位置前插入结点 Insert_Before_LkList | 链表头指针 LinkListNode * | 无 |
| | $a_i$ 结点地址 LinkListNode * | |
| | 结点值 ElemType | |
| 函数名 | 形参 | 函数类型 |

## 4．算法伪代码描述

运算示意图见图 2.40，伪代码描述见表 2.34。

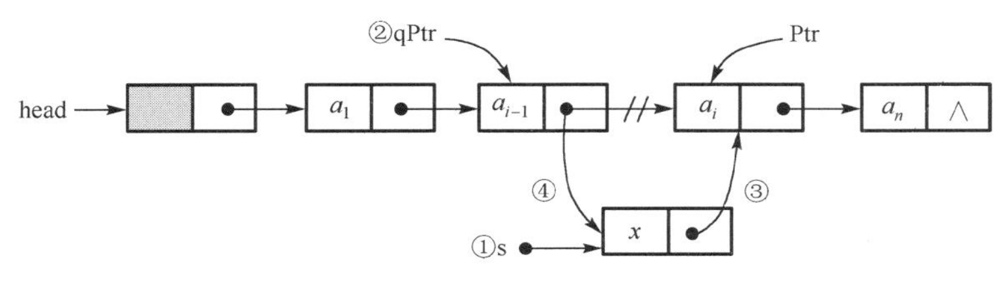


图 2.40　单链表插入运算示意图 4

表 2.34　单链表指定位置前插入伪代码描述

| 顶部伪代码描述 | 第一步细化 | 第二步细化 |
|---|---|---|
| 在指定的结点 Ptr 前插入值为 $x$ 的结点 | ① 建立新结点 $s$，并添入内容 | s = malloc(sizeof(LinkListNode)); s->data = x; |
| | ② 从表头开始，查找 Ptr 的前一结点 qPtr | qPtr =head;<br>while (qPtr ->next != Ptr)<br>qPtr=qPtr->next; |
| | ③ 将新结点链入链中 | s->next=Ptr; |
| | ④ 改变 $s$ 结点前一结点的指针域 | qPtr->next=s; |

## 5．程序实现

```
/*=============================================
函数功能：单链表操作——在指定位置前插入结点
函数输入：链表头指针，插入点地址，结点值
函数输出：无
=============================================*/
void Insert_Before_LkList(LinkListNode *head, LinkListNode *Ptr, ElemType x)
{
  LinkListNode *s, *qPtr;
   s=(LinkListNode *)malloc(sizeof(LinkListNode));
   s->data=x;
```

```
        qPtr=head;
        while ( qPtr->next != Ptr )   qPtr=qPtr->next;
        s->next=Ptr;
        qPtr->next=s;
    }
```

#### 2.3.3.8 删除指定结点的后继结点

删除指定结点的后继结点，指定结点地址为 Ptr。

虽然删除结点的操作要知道结点的地址，但对于删除函数而言，这个地址是否有异常难以判断。为方便处理异常情形，给出要删除的结点序号 $i$，通过“按序号查找”函数，找到 $i$ 结点地址，若正常则删除，有异常则不删除，即确保情形一的删除函数接收的地址参数是正常的，异常情况在函数内不再判断。

**1. 函数接口及函数结构设计**

输入：结点地址 Ptr。

输出：被删除结点的地址 fPtr。

注意：①异常处理在调用前处理；②函数返回的是被删除结点的地址，而没有释放这个结点空间，主要是考虑调用者有可能要继续使用这个结点信息，这个结点的释放时机将由调用者决定。有时，这么处理是方便的，但一定要记着，这个结点不再使用时要释放，否则会造成内存泄漏。

函数结构设计见表 2.35。

表 2.35 单链表删除函数结构设计

| 功能描述 | 输入 | 输出 |
|---|---|---|
| 删除指定结点的后继 Delete_After_LkList | 结点地址 LinkListNode * | 被删除结点的地址 LinkListNode * |
| 函数名 | 形参 | 函数类型 |

**2. 算法伪代码描述**

单链表删除指定结点的后继示意图见图 2.41，伪代码描述见表 2.36。

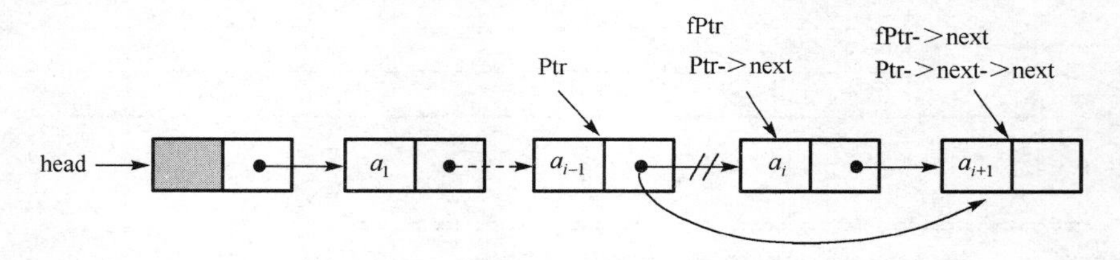


图 2.41 单链表删除指定结点的后继示意图

表 2.36 单链表删除伪代码描述

| 顶部伪代码描述 | 第一步细化 | 第二步细化 |
|---|---|---|
| 删除指定结点的后继结点 | 找到指定结点 Ptr 的后继地址 fPtr | fPtr= Ptr->next |
| | 将 Ptr 与其 fPtr 的后继结点相连 | Ptr->next= fPtr->next |

（3）程序实现

```
/*================================================
函数功能：单链表操作——删除指定结点的后继结点
函数输入：指定结点地址
函数输出：被删除结点地址
================================================*/
LinkListNode * Delete_After_LkList( LinkListNode *Ptr)
{ LinkListNode *fPtr;
   fPtr=Ptr->next;
   Ptr->next=fPtr->next;
   return fPtr;
}
```

#### 2.3.3.9　删除指定编号的结点

删除指定结点，指定结点编号为 $i$。

##### 1. 测试用例设计

输入：链表头指针、结点编号。
输出：被删除结点的地址。
测试用例见表 2.37。

表 2.37　单链表删除运算测试用例

| | 一般情形 | 边界值 | 异常情形 |
|---|---|---|---|
| 链表 | 非空 | | 空表 |
| 结点地址 | 在链表中 | 头结点<br>尾结点 | |

##### 2. 函数结构设计

函数结构设计见表 2.38。

表 2.38　单链表删除指定结点函数结构设计

| 功能描述 | 输入 | 输出 | |
|---|---|---|---|
| 单链表删除第 $i$ 个结点<br>Delete_i_LkList | 链表头指针 LinkListNode * | 正常 | 被删除结点地址 LinkListNode * |
| | 结点编号 int | 异常 | NULL |
| 函数名 | 形参 | 函数类型 | |

##### 3. 算法伪代码描述

运算示意图见图 2.42，描述见表 2.39。

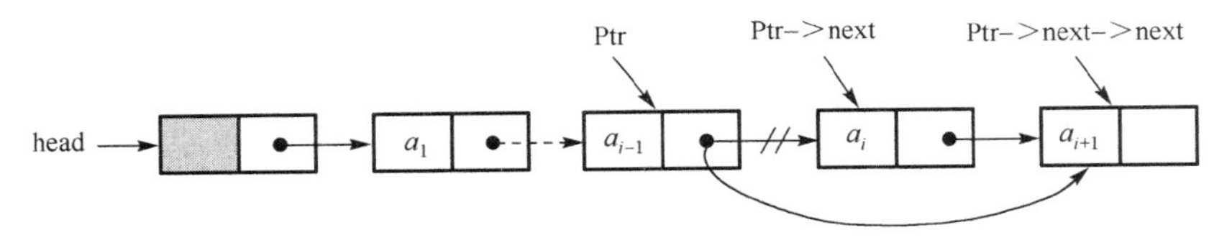


图 2.42　删除指定结点的运算示意图

表 2.39 单链表删除指定结点伪代码描述

| 顶部伪代码描述 | 第一步细化 | 第二步细化 |
| --- | --- | --- |
| 删除第 *i* 个结点 | 找到 *i* 的前趋结点地址为 Ptr | Ptr=GetElem(head,i-1); |
| | 若 Ptr 正常<br>删除 Ptr 的后继结点 | if((Ptr!=NULL)&&(Ptr->next!=NULL))<br>qPtr=DeleteAfter (Ptr); |
| | 返回删除结点的地址 | return qPtr |

【思考与讨论】

在表 2.39 的单链表删除指定结点 *i* 中，异常情形都处理了吗？

讨论：GetElem 函数在找不到结点 *i* 时会返回 NULL，在此情形下删除 *i* 后继的函数 DeleteAfter 将不被执行，直就返回 qPtr，故 qPtr 应该设置初值 NULL，这样就不用再判断 DeleteAfter 是否被执行。

### 4．程序实现

```
/*===============================================
函数功能：单链表操作——删除第 i 个结点
函数输入：链表头指针，结点编号
函数输出：正常：被删除结点地址；异常：NULL
===============================================*/
LinkListNode *Delete_i_LkList( LinkListNode *head,   int i)
{  LinkListNode *Ptr,*qPtr=NULL;
   Ptr=Get_LkList(head,i-1);       //找到 i 结点的前趋地址
   if( Ptr!=NULL && Ptr->next!=NULL )
         qPtr=Delete_After_LkList(Ptr);
   return qPtr;
}
```

### 5．算法复杂度分析

算法的时间主要耗费在查找操作 Get_LkList 上，故时间复杂度为 $O(n)$。

## 2.3.4 单链表的讨论

链表中的对象是按线性顺序排列的。与数组不同，数组的线性顺序是由数组的下标决定的，而链表中的顺序则是由各对象中的指针决定的。相比于线性表顺序结构，数组的操作更为复杂。

（1）动态结构，不需预先分配空间：使用链表结构可以克服顺序表需预先知道数据大小的缺点，链表结构可以充分利用计算机内存空间，实现灵活的内存动态管理。

（2）指针占用额外存储空间：链表由于增加了结点的指针域而额外占用空间。

（3）不能随机存取，查找速度慢：链表失去了数组随机读取的优点，且单向链表只能顺着一个方向查找。

（4）链表上实现的插入和删除运算，不需要移动结点，仅需修改指针。

对于单链表，由于每个结点只存储了后继结点的地址，因此搜索只能向后不能向前。带来的问题是，若不从头结点出发，则无法访问到全部结点。我们可以用循环链表来解决这个问题。

## 2.3.5　循环链表

### 2.3.5.1　循环链表结构设计

循环链表如图 2.43 所示，是将单链表中终端结点的指针端由空指针改为指向头结点，使整个单链表形成一个环，这样从中间的任一点出发，都可以访问到整个链表结构。

循环链表不一定要有头结点，但带头结点的循环链表，在表述的一致性上比较方便，比如空表的情形。空表是特例情形，头结点的指针指向自身，这是和单向链表不同的地方。

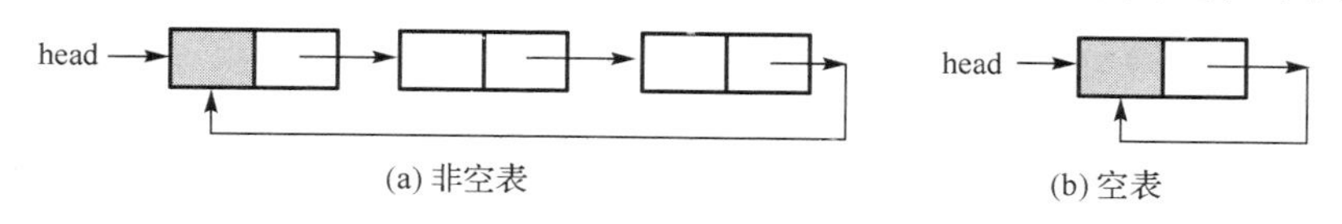


图 2.43　循环链表

### 2.3.5.2　循环链表的运算说明

循环链表的运算与单链表的运算基本一致，不同之处有以下几点。

（1）在建立一个循环链表时，必须使其最后一个结点的指针指向表头结点，而不是像单链表那样置为 NULL。

（2）在判断是否到表尾时，判断该结点链域的值是不是表头结点，当链域值等于表头指针时，说明已到表尾，而非像单链表那样判断链域值是否为 NULL。

对循环链表，有时不给出头指针，而是给出尾指针，见图 2.44。

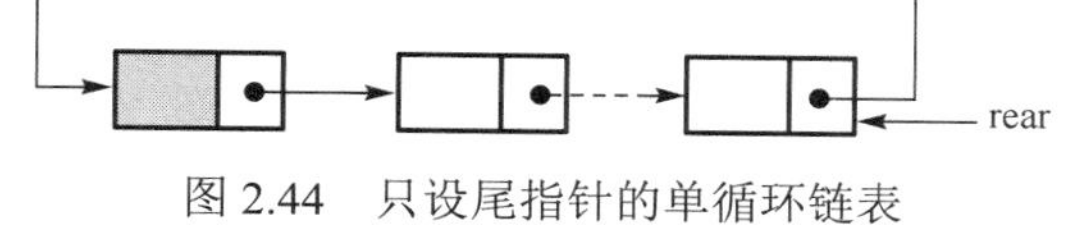


图 2.44　只设尾指针的单循环链表

### 2.3.5.3　建立循环链表

#### 1．算法思路

利用尾插法建立链表函数 Create_Rear_LkList，将返回前的 p->next=NULL 改为 p->next=head 即可。

#### 2．程序实现

```
/*===================================================
函数功能：单链表操作——建立循环链表
函数输入：链表结点值数组，结点数目
函数输出：循环链表尾地址
===================================================*/
LinkListNode *Create_Circle_LkList(ElemType a[ ],int n )
{
	LinkListNode *head,*p, *q;
	int i;

	head=(LinkListNode *)malloc(sizeof(LinkListNode));
	q=head;
	for(i=0;i<n;i++)
```

```
        {
            p=(LinkListNode *)malloc(sizeof(LinkListNode));
            p->data=a[i];
            q->next=p;
            q=p;
        }
        p->next=head;
        return p;
    }
```

#### 2.3.5.4 循环链表实例

【例 2-2】将两个单循环链表合并成一个单循环链表。

接口信息如下。

输入：两循环链表尾指针 ra、rb。

输出：无。

**解析：**

**1. 算法思路**

两循环链表合并步骤见图 2.45，其中的步骤(a)至步骤(d)分别对应表 2.40 伪代码描述第一步细化中的①～④，图中的“内存池”是内存中一块空闲可用的区域。

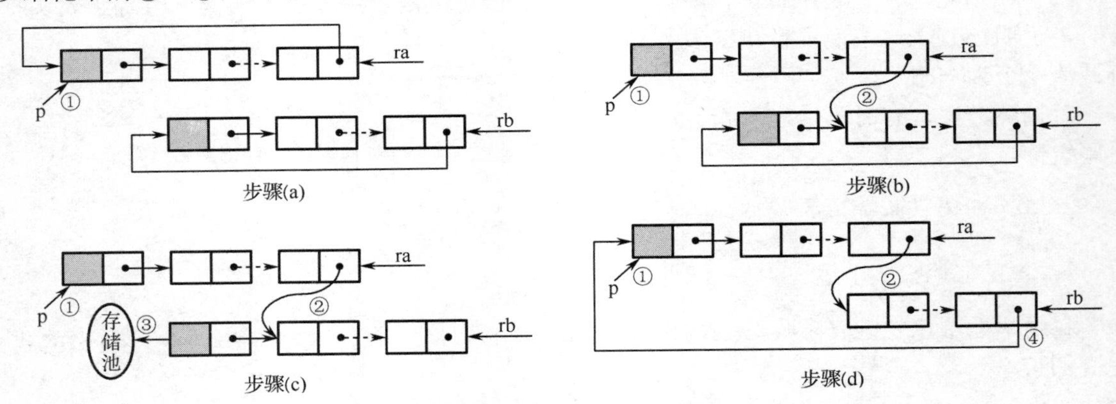


图 2.45 两循环链表合并步骤

**2. 算法描述**

算法的伪代码描述见表 2.40。

表 2.40 两循环链表合并伪代码描述

| 第一步细化 | 第二步细化 |
|---|---|
| ①记录 a 链表的头结点地址 | p=ra->next; ① |
| ②将 b 链第一个结点链入 a 链尾结点 | ra->next=rb->next->next; ② |
| ③释放 b 链的头结点 | free(rb->next); ③ |
| ④b 链尾结点链入 a 链的头结点 | rb->next=p; ④ |

### 3．程序实现

```
/*==============================================
函数功能：将两个单循环链表 a、b 链接成一个
函数输入：链表 a 尾指针，链表 b 尾指针
函数输出：无
================================================*/
void Connect_L(LinkListNode *ra,  LinkListNode *rb)
{
  LinkListNode *p;
  p=ra->next;
  ra->next=rb->next->next;
  free(rb->next);
  rb->next=p;
}
```

若在单链表或头指针表示的单循环表上做这种链接操作，都需要遍历第一个链表，找到结点 $a_n$，然后将结点 $b_1$ 链到 $a_n$ 的后面，其执行时间是 $O(n)$。在尾指针表示的单循环链表上实现，则只需修改指针，无须遍历，其执行时间是 $O(1)$。

### 4．测试

```
int main()
{
      ElemType a[]={2,4,6,8,10};
      ElemType b[]={1,3,5,7,9};
      LinkListNode *ra,*rb;
      LinkListNode *head;

      ra=Create_Circle_LkList(a,N);
      rb=Create_Circle_LkList(b,N);
      head=ra->next;
      Connect_L(ra,rb);
      return 0;
}
```

合并的结果见图 2.46。

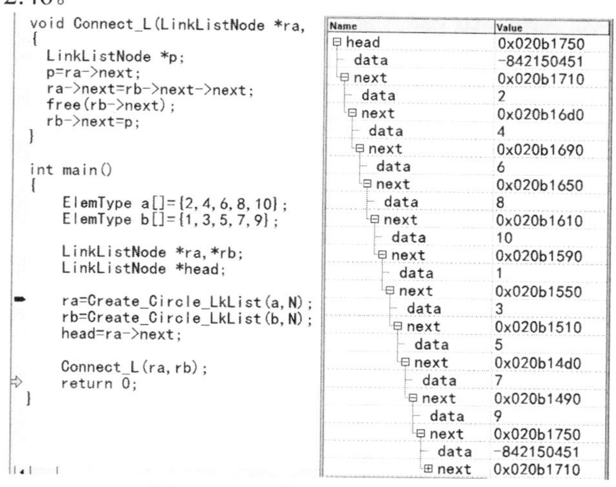


图 2.46　两个循环链表的合并

## 2.3.6 双向链表

在顺序表中总是可以很方便地找到表元素的前趋和后继，但单链表只能找后继，若需要对某个结点的直接前趋进行操作，则必须从表头开始查找。因为单链表的结点只记录了后继结点的位置，而没有前趋结点的信息。那么能不能在其结点结构中增加记录直接前趋结点地址的数据项呢？这在结构实现上是没有问题的，这样构造出来的链表就是双向链表（Double Linked List）。

### 1. 双向链表的结构设计

一个结点的结构既有前趋地址又有后继的地址，这样构成的链表就是双向链表。双向链表的结点结构见图 2.47。

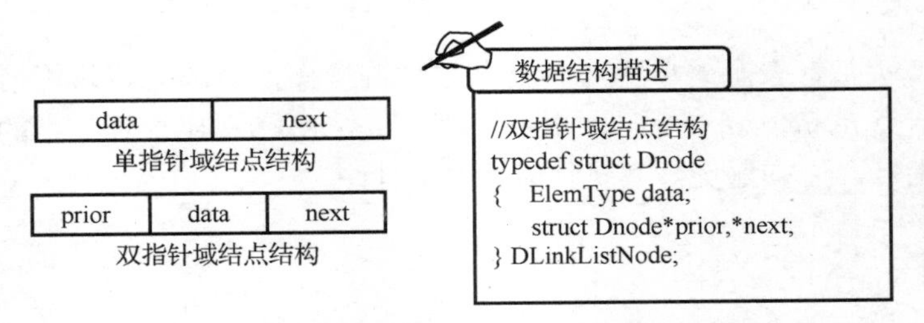


图 2.47 单向与双向链表结点结构

在双向链表的结点中有两个指针域，其中一个指向直接后继，另一个指向直接前趋，如图 2.48 所示。

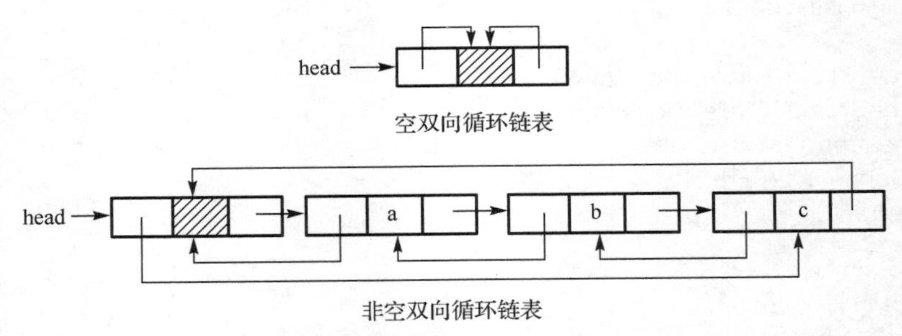


图 2.48 双向循环链表的指针

若 Ptr 为指向双向链表某个结点的指针，如图 2.49 所示，则结点指针间有如下关系。

Ptr->prior->next = Ptr = Ptr->next->prior

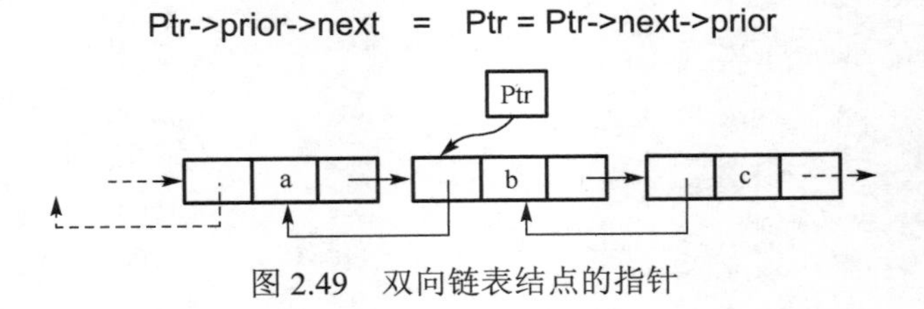


图 2.49 双向链表结点的指针

### 2. 双向链表的运算

与单链表相比，双向链表的操作，在只需要某一个方向顺序处理时，其算法和单链表基本相同的，如求链表长度、找指定值等，如果操作时需要查找前趋结点，就比单链表相应的操作方便，像插入和删除结点的处理。具体算法请感兴趣的读者自行完成。

## 2.3.7　静态链表

**【知识 ABC】静态链表——用数组存储的链表结构**

静态链表（Static Linked List）用链接的方式将结构体数组串接起来，形成像链表一样的数据结构，这种描述方法便于在没有指针类型的高级程序设计语言中使用。静态链表结构示意图见图 2.50。

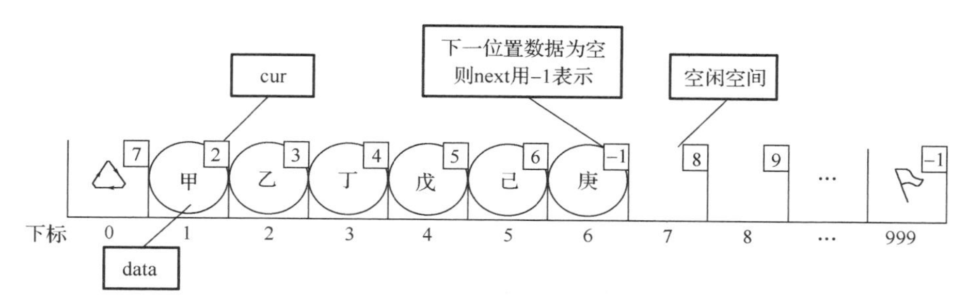


图 2.50　静态链表示意图

在静态链表中把数组元素作为存储结点，数组元素类型包含数值域data和游标指示器cur。游标定义为整型，存储该元素的后继元素所在数组对应的下标。通常下标为零的元素被看成头结点，其游标指示器指示线性链表的第一个结点。

静态链表可以设计成多种方案。图 2.50 中实际上有两个链表：一个用于存储链表的各元素；另一个存储所有未分配的数组元素，称为空闲链表。两个链表的终点的 next 域都设为-1，表示链表结束。

图 2.50 中的静态链表有几个特殊的结点：

- 下标为 0 的结点中不包含有意义的数据，它的 cur 存储的是空闲链表（即没有存储数据的那些结点）第一个结点的下标，数组第一个元素的 cur 存放的是 7。
- 链表的最后一个元素并不一定是数组的最后一个元素（如图中结点“庚”），链表最后一个元素的 cur 存放-1，表示它后面的结点为空。

静态链表这种存储结构同样具有链式存储结构的主要优点，即在插入和删除元素时只需要修改游标而不用移动元素，但也有一些缺点，例如，要预先分配一个较大的空间。

## 2.3.8　链表小结

链表是一种动态的数据结构，每添加一个结点分配一次内存；数组的内存是一次性分配完毕的，所以链表不像数组一样，占用的内存一定是连续的；但链表没有闲置的内存，比起数组，其空间效率更高。

我们传递一个链表时，通常是传递它的头指针。

单链表：总是从头到尾找结点，只能正遍历，不能反遍历。

双向链表：正反遍历都可以，可以有效提高算法的时间性能，但由于每个结点需要记录两份指针，所以在空间占用上略多一点，这就是通过空间来换时间。

## 2.4 线性表应用举例

### 2.4.1 逆序输出单链表结点值

遍历单链表，将其结点值逆序输出。

**1．方案一**

从单链表的头结点开始，将链表结点值从数组的最后逐个往前顺序存放，然后输出数组的内容。程序实现如下。

```
#include<stdio.h>
#include<malloc.h>
#define N 6     //链表结点数
typedef  int  ElemType
typedef  struct  node
{
    ElemType  data;
    struct  node  *next;
} LinkListNode;

LinkListNode *Create_Rear_LkList(ElemType a[], int n);    //建立链表
void PrintList(LinkListNode *L);                          //输出链表

int main()
{
    LinkListNode *L;
    ElemType  list[N] = { 1, 2, 3, 4, 5, 6 };             //链表结点值

    L = Create_Rear_LkList(list, N);
    PrintList(L);
    return 0;
}

void PrintList(LinkListNode *L)
{
    LinkListNode *p;
    int array[N];
    int i = N - 1;
    p = L->next;        //跳过头结点
    while (p)           //链表非空
    {
        array[i--] = p->data;                //链表结点值从数组的最后往前顺序存放
        p = p->next;
    }
    while (++i<N) printf("%d ", array[i]);   //顺序输出数组的值
}
```

### 2. 方案二

用递归的方法实现逆序。具体为递归找到尾结点，返回时输出结点的值。

```
void PrintList(LinkListNode *L)
{
    if(L->next!=NULL) PrintList(L->next);
    printf("%d",L->data);
}
```

在主函数中的调用形式为 PrintList(L->next)。

## 2.4.2 一元多项式的相加

### 1. 问题分析

在数学上，一个一元多项式 $P_n(x)$可按升幂的形式写为

$$P_n(x)=p_0+p_1x+p_2x^2+p_3x^3+\cdots+p_nx^n$$

实际上 $P_n(x)$可以由 $n$+1 个系数唯一确定。因此，计算机中可以用一个线性表 $P$ 来表示

$$P=(p_0,\ p_1,\ p_2,\cdots,\ p_n)$$

其中每一项的指数隐含在其系数的序号中。

假设 $Q_m(x)$是一个一元多项式，则它也可以用一个线性表 $Q$ 来表示。即

$$Q=(q_0,\ q_1,\ q_2,\cdots,\ q_m)$$

假设 $m<n$，则两个多项式相加的结果 $R_n(x)=P_n(x)+Q_m(x)$，也可以用线性表 $R$ 来表示

$$R=(p_0+q_0,\ p_1+q_1,,\ p_2+q_2,\cdots,\ p_m+q_m,\ p_{m+1},\cdots,\ p_n)$$

可以采用顺序存储结构来实现，顺序表的方法使得多项式相加的算法定义十分简单，即 p[0]存系数 $p_0$，p[1]存系数 $p_1$……p[n]存系数 $p_n$，对应单元的内容相加即可，如图 2.51 所示。

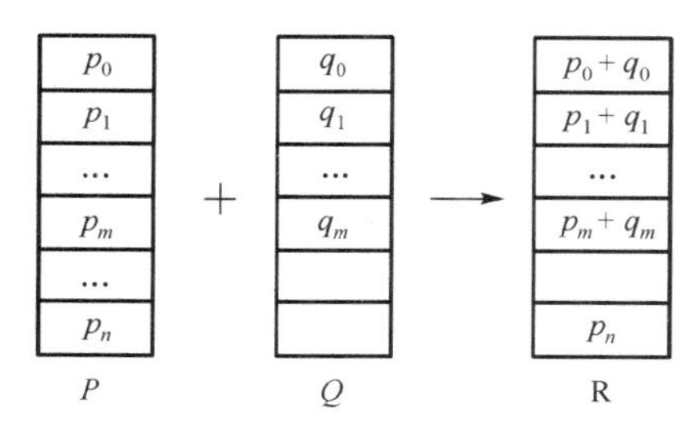


图 2.51　多项式顺序表存储

但是在通常的应用中，多项式的指数有时可能很高且变化很大，如式（2-1）

$$R(x)=1+5x^{10000}+7x^{20000} \qquad (2\text{-}1)$$

此时若采用顺序存储，则需要 20001 个空间，而存储的有用数据只有三个，显然这不是一种有效的存储方式。

**【思考与讨论】**

对于类似式（2-1）的多项式，如何存储才能提高存储效率？

**讨论：**从存储空间容易看出，未使用的单元是由于系数为 0 造成的，而且多项式中系数为 0 的项数是大量的，若只存储非零系数项，则可以节省空间。再观察可以发现，非零系数项和相应的指数信息相关，只需采用链式存储结构把对应的系数和指数同时保存。

假设一元多项式 $P_n(x)=p_1x^{e_1}+p_2x^{e_2}+\cdots+p_ix^{e_i}+\cdots+p_mx^{e_m}$，其中，$p_i$是指数为 $e_i$的项的系数，且 $0\leqslant e_1\leqslant e_2\leqslant\cdots\leqslant e_m$，$m=n$。若只存非零系数，则多项式中每一项由两项构成（指数项和系数项），用线性表来表示，即

$$P=(\,(p_1,e_1),\ (p_2,e_2),\ \cdots,\ (p_i,e_i),\ \cdots,\ (p_m,e_m)\,)$$

采用这样的方法存储，在最差情形下，即 $n+1$ 个系数都不为零，则比只存储系数的方法多存储一倍的数据。对于非零系数多的且项数较多的多项式则不宜采用这种表示。

对应于线性表的两种存储结构，一元多项式也可以有两种存储表示方法。在实际应用中，可以视具体情况而定。下面给出用单链表实现一元多项式相加的方法。

### 2．数据结构描述

多项式结点结构见图 2.52。在这种线性表描述中，结点包括两个数据域：一个是系数 coef，另一个是指数 exp。

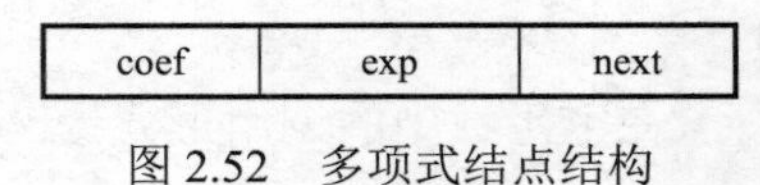

图 2.52　多项式结点结构

```
typedef   struct   Polynode
{
      int coef;     //系数
      int exp;      //指数
      Polynode *next;
} LinkListNode;
```

### 3．算法思路

两个多项式相加的运算规则很简单，对所有指数相同的项，将其对应系数相加，若其和不为零，则构成结果中的一项；将所有指数不同的项复制到结果中。具体实现时，可采用另建和多项式的方法，或采用把一个多项式归并入另一个多项式的方法。

### 4．算法实现方案一——多项式相加结果放入新建多项式中

将两个多项式 polyA 和 polyB 相加，然后将结果存放在多项式 polyC 中。

输入：多项式 polyA、polyB 的头指针 headA、headB。

输出：和多项式链头结点 headC。

### 5．方案一伪代码描述

设 pa 指向 headA 链、pb 指向 headB 链。

```
while (pa、pb 两个链都没处理完)
{
      if  (pa、pb 指向当前结点的指数项相同)
      {
            系数相加，当和不为零时在 C 链中添加新的结点；
            pa、pb 指针后移一位；
      }
      else
      {
            以指数小的项的系数添入 C 链中的新结点；
            指数小的相应链指针后移；
      }
}
p 指向未处理完的链
while( p 非空)
      { 顺序处理 p 链；}
```

## 6. 方案一程序实现

```
/*=================================================================
函数功能：将两个多项式 polyA 和 polyB 相加，然后将和多项式存放在多项式 polyC 中。
函数输入：polyA 和 polyB 链的首地址
函数输出：polyC 链地址
=================================================================*/
LinkListNode *polyadd_headC( LinkListNode *headA, LinkListNode *headB)
    {
    LinkListNode *headC;
    LinkListNode *pa, *pb, *pc,*p;
    ElemType x;
    pa=headA->next;
    pb=headB->next;
    headC=(LinkListNode *)malloc(sizeof(LinkListNode));
    pc=headC;
    while(pa && pb)
    {
       if(pa->exp==pb->exp)
       {
           x=pa->coef+pb->coef;
           if(x!=0)   pc=attach(x,pa->exp,pc);
           pa=pa->next;
           pb=pb->next;
           continue;
        }
        if( pa->exp<pb->exp )
          {p=pa; pa=pa->next; }
        else
          { p=pb; pb=pb->next; }
        pc=attach(p->coef,p->exp,pc);

    }
        p=pa;
        if (pa==NULL) p=pb;
        while(p)
        {
             pc=attach(p->coef, p->exp,pc);
             p=p->next;
        }
        pc->next=NULL;
        return headC;
}

/*=================================================
函数功能：建立系数为 c、指数为 e 的新结点，并把它插在
          pc 所指结点的后面，链接后 pc 指向新链入的结点
函数输入：系数 c，指数 e，pc 地址
```

```
函数输出：pc 地址
=========================================================*/
LinkListNode *attach (ElemType c, int e, LinkListNode *pc)
{
        LinkListNode *p;
        p=(LinkListNode *)malloc(sizeof(LinkListNode));
        p->coef=c;
        p->exp=e;
        pc->next=p;
        return p;
}
```

### 7．算法实现方案二——多项式相加的结果并入原多项式中

将两个多项式 polyA 和 polyB 相加，然后将结果存放在多项式 polyA 中，并将多项式 ployB 删除。

输入：多项式 polyA、polyB 的头指针 headA、headB。

输出：headA。

### 8．方案二伪代码描述

```
设 pa 指向 headA 链、pb 指向 headB 链
while (pa、pb 两个链都没处理完)
{
     if  (pa、pb 指向当前结点的指数项相同)
     {
         两个结点中的系数相加；
         当和不为零时修改结点 pa 的系数域，释放 pb 结点；
         若和为零，则和多项式中无此项，删去 pa 结点，同时释放 pa 和 pb 结点。
         continue；
     }
     if (pa 指数小于 pb 指数)
     {
         pa 结点应是“和多项式”中的一项，pa 后移；
         continue；
     }
     if (pa 指数大于 pb 指数)
     {
         pb 结点应是“和多项式”中的一项，将 pb 插入在 pa 之前，
         pb 后移；
         continue；
       }
     }
若 pb 非空，将其加入 pa 链尾。
```

### 9．方案二程序实现

```
/*=========================================================
函数功能： 将两个多项式 polyA 和 polyB 相加,结果存放在 polyA 中
```

```
函数输入：polyA 和 polyB 链首地址
函数输出：无
=============================================================*/
void   polyadd_headA(LinkListNode *polyA, LinkListNode *polyB)
{
       LinkListNode   * pa, *pb, *pre, *temp;
       int sum;

     //令 pa 和 pb 分别指向 polyA 和 polyB 多项式链表中的第一个结点
     pa=polyA->next;
     pb=polyB->next;

     pre=polyA;   //pre 指向和多项式的尾结点
     while (pa!=NULL && pb!=NULL) //当两个多项式均未扫描结束时
    {
        if (pa->exp == pb->exp)//若指数相等
       {
            sum=pa->coef + pb->coef;   //相应的系数相加
            if (sum !=0)//若系数和非零
            {
                 pa->coef=sum;
                 pre->next=pa;
                 pre=pre->next;
                 pa=pa->next;
                 temp=pb;
                 pb=pb->next;
                 free(temp);
                 continue;
            }
            else//若系数和为零
            {
                   temp=pa->next ; free(pa); pa=temp ;
                   temp=pb->next;   free(pb); pb=temp ;
                   continue;
            }
        }
        if (pa->exp<pb->exp)   //pa 的指数大于 pb 的指数
        //pa 与 pre 指针后移
        {
                   pre->next=pa;
                   pre=pre->next;
                   pa=pa->next;
                   continue;
            }
            if (pa->exp>pb->exp)   //pa 的指数小于 pb 的指数
            //将 pb 结点加到 pa 前
            {
```

```
                    pre->next=pb;
                    pre=pre->next;
                    pb=pb->next;
                    pre->next=pa;
                    continue;
                }
            }
            if(pb!=NULL)   //将剩余的 pb 加到和多项式中
                pre->next=pb;
        }
/*=========================================================
函数功能：用尾插法建立一元多项式的链表
函数输入：多项式系数与指数数组、多项式项数
函数输出：多项式链表首地址
=========================================================*/
LinkListNode *CreateList_Rear(ElemType a[][2], int n )
{
        LinkListNode *head, *p, *q;
        int i;

        head=(LinkListNode *)malloc(sizeof(LinkListNode));
        q=head;
        for(i=0;i<n;i++)
        {
            p=(LinkListNode *)malloc(sizeof(LinkListNode));
            p->coef=a[i][0];
            p->exp=a[i][1];
            q->next=p;
            q=p;
        }
        p->next=NULL;
        return head;
}
```

### 10．程序测试

可以用下面的程序来测试多项式相加的相关函数。

```
#include <stdio.h>
#include <malloc.h>

typedef struct Polynode
{
    int coef;
    int exp;
    Polynode *next;
} LinkListNode;
typedef int ElemType;
```

```
LinkListNode *CreateList_Rear(ElemType a[][2], int n );
LinkListNode *polyadd_headC(LinkListNode *polyA,LinkListNode *polyB);
LinkListNode *attach(ElemType c, int e, LinkListNode *pc);
void polyadd_headA(LinkListNode *polyA,LinkListNode *polyB);

int main()
{
    int a[][2]={{3,14},{2,8},{1,6}};
    int b[][2]={{8,14},{-3,10},{10,6},{1,0}};
    LinkListNode *headA,*headB;
    LinkListNode *linkPtr;

    headA=CreateList_Rear(a,3);
    headB=CreateList_Rear(b,4);
    linkPtr=polyadd_headC(headA,headB);
    polyadd_headA(headA,headB);
    return 0;
}
```

程序运行结果见图 2.53。

Watch

| Name | Value |
|---|---|
| ⊟ headA | 0x01ca16f0 |
| coef | -842150451 |
| exp | -842150451 |
| ⊟ next | 0x01ca16b0 |
| coef | 1 |
| exp | 6 |
| ⊟ next | 0x01ca1670 |
| coef | 2 |
| exp | 8 |
| ⊟ next | 0x01ca1630 |
| coef | 3 |
| exp | 14 |
| ⊞ next | 0x00000000 |

Watch

| Name | Value |
|---|---|
| ⊟ headB | 0x01ca15f0 |
| coef | -842150451 |
| exp | -842150451 |
| ⊟ next | 0x01ca15b0 |
| coef | 1 |
| exp | 0 |
| ⊟ next | 0x01ca1570 |
| coef | 10 |
| exp | 6 |
| ⊟ next | 0x01ca1530 |
| coef | -3 |
| exp | 10 |
| ⊟ next | 0x01ca14f0 |
| coef | 8 |
| exp | 14 |
| ⊞ next | 0x00000000 |

Watch

| Name | Value |
|---|---|
| ⊟ linkPtr | 0x01ca14b0 |
| coef | -842150451 |
| exp | -842150451 |
| ⊟ next | 0x01ca1470 |
| coef | 1 |
| exp | 0 |
| ⊟ next | 0x01ca1430 |
| coef | 11 |
| exp | 6 |
| ⊟ next | 0x01ca13f0 |
| coef | 2 |
| exp | 8 |
| ⊟ next | 0x01ca13b0 |
| coef | -3 |
| exp | 10 |
| ⊟ next | 0x01ca1370 |
| coef | 11 |
| exp | 14 |
| ⊞ next | 0x00000000 |

Watch

| Name | Value |
|---|---|
| ⊟ headA | 0x01eb16f0 |
| coef | -842150451 |
| exp | -842150451 |
| ⊟ next | 0x01eb15b0 |
| coef | 1 |
| exp | 0 |
| ⊟ next | 0x01eb16b0 |
| coef | 11 |
| exp | 6 |
| ⊟ next | 0x01eb1670 |
| coef | 2 |
| exp | 8 |
| ⊟ next | 0x01eb1530 |
| coef | -3 |
| exp | 10 |
| ⊟ next | 0x01eb1630 |
| coef | 11 |
| exp | 14 |
| ⊞ next | 0x00000000 |

图 2.53　多项式相加程序运行结果

## 2.5 顺序表和链表的比较

本章介绍了线性表的逻辑结构和两种存储结构——顺序存储结构和链式存储结构。通过前面的讨论可知，顺序表与链表有各自的特点，见表 2.41。

**表 2.41 顺序表与链表特点比较**

| | | | 顺序表 | 链表 |
|---|---|---|---|---|
| 空间 | 分配方式 | | 静态分配 | 动态分配 |
| | 存储密度 | | 为 1 | 小于 1 |
| 时间 | 存取方法 | | 随机存取 | 顺序存取 |
| | 操作 | 插入删除 | $O(n)$ | $O(1)$ |
| | | 按序访问 | $O(1)$ | $O(n)$ |

注：存储密度是指一个结点中数据元素所占的存储单元和整个结点所占的存储单元之比。

### 1. 顺序表的特点

- 方法简单，各种高级语言中都有数组，容易实现。
- 不用为表示结点间的逻辑关系而增加额外的存储开销。
- 顺序表具有按元素序号随机访问的特点，非常方便。
- 在顺序表中做插入删除操作时，平均移动表中约一半的元素。因此，规模较大的顺序表这两种运算的效率低。
- 需要预先分配足够大的存储空间。预估过大，可能导致顺序表后部大量闲置；预估过小，又会造成溢出。

### 2. 链表的特点

- 无须事先了解线性表的长度。
- 允许线性表的长度有很大变化。
- 能够适应经常插入、删除内部元素的情况。
- 通过建立双向或循环链表提高访问效率。

### 3. 线性表存储结构的选用原则

顺序表和链表各有短长，在实际应用中究竟选用哪一种存储结构，要根据具体问题的要求和性质来决定，通常有以下几方面的考虑。

（1）基于存储的考虑

顺序表的存储空间是静态分配的，在程序执行之前必须明确规定它的存储规模，即事先对 MAXSIZE 有合适的设定，过大则造成浪费，过小则造成溢出。在对线性表的长度或存储规模难以估计时，不宜采用顺序表；链表不用事先估计存储规模。

（2）基于运算的考虑

如果经常做的运算是按序号访问数据元素，显然顺序表优于链表；在顺序表中做插入、删除操作时，平均移动表中一半的元素，当数据元素的信息量较大且表较长时，这一点是不应忽视的；在链表中做插入、删除操作，虽然也要找插入位置，但操作主要是比较操作，从这个角度考虑，显然链表优于顺序表。

（3）基于环境的考虑

顺序表容易实现，链表的操作是基于指针的，前者相对简单些。两种存储结构各有优缺点，选择哪一种由实际问题中的主要因素决定。通常“较稳定”的线性表选择顺序存储结构，而频繁做插入删除操作（动态性较强）的线性表，宜选择链式存储结构。

综上，选取线性表存储结构时应综合考虑时间和空间因素，选择最适合要解决问题特点的结构。

## 2.6　本章小结

本章主要内容间的联系见图 2.54。

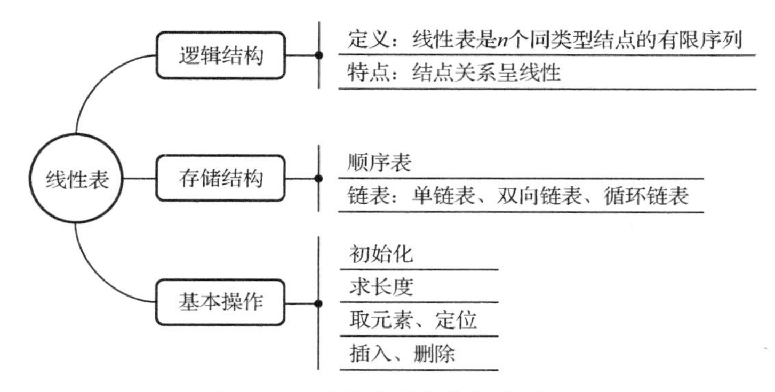


图 2.54　线性表各概念间的联系

## 习题

### 一、单项选择题

1．数据在计算机存储器内表示时，物理地址连续，数据间的逻辑关系依靠其物理地址间的连续性来表达，称为（　　）。

（A）存储结构　　（B）逻辑结构

（C）顺序存储结构　　（D）链式存储结构

2．在 $n$ 个结点的顺序表中，算法的时间复杂度是 $O(1)$的操作是（　　）。

（A）访问第 $i$ 个结点（$1 \leqslant i \leqslant n$）和求第 $i$ 个结点的直接前趋（$2 \leqslant i \leqslant n$）

（B）在第 $i$ 个结点后插入一个新结点（$1 \leqslant i \leqslant n$）

（C）删除第 $i$ 个结点（$1 \leqslant i \leqslant n$）

（D）将 $n$ 个结点从小到大排序

3．向一个有 127 个元素的顺序表中插入一个新元素并保持原来顺序不变，平均要移动几个元素（　　）。

（A）8　　（B）63.5　　（C）63　　（D）7

4．链式存储的存储结构所占存储空间（　　）。

（A）分两部分，一部分存放结点值，另一部分存放表示结点间关系的指针

（B）只有一部分，存放结点值

（C）只有一部分，存储表示结点间关系的指针

（D）分两部分，一部分存放结点值，另一部分存放结点所占单元数

5．链表是一种采用哪种存储结构存储的线性表。（　　）

（A）顺序　　（B）链式　　（C）星式　　（D）网状

6．线性表若采用链式存储结构时，要求内存中可用存储单元的地址（　　）。

（A）必须是连续的　　（B）部分地址必须是连续的

（C）一定是不连续的　　（D）连续或不连续都可以

7．线性表 L 在哪种情况下适用于使用链式结构实现？（　　）

（A）需经常修改 L 中的结点值　　（B）需不断对 L 进行删除插入

（C）L 中含有大量的结点　　（D）L 中结点结构复杂

8．单链表的存储密度（　　）。

（A）大于 1　　（B）等于 1　　（C）小于 1　　（D）不能确定

9．下述哪一条是顺序存储结构的优点？（　　）

（A）存储密度大　　（B）插入运算方便

（C）删除运算方便　　（D）可方便地用于各种逻辑结构的存储表示

10．下面关于线性表的叙述中，错误的是哪一个？（　　）

（A）线性表采用顺序存储，必须占用一片连续的存储单元

（B）线性表采用顺序存储，便于进行插入和删除操作

（C）线性表采用链接存储，不必占用一片连续的存储单元

（D）线性表采用链接存储，便于插入和删除操作

11．若某线性表最常用的操作是存取任一指定序号的元素和在最后进行插入和删除运算，则利用（　　）存储方式最节省时间。

（A）顺序表　　（B）双链表

（C）带头结点的双循环链表　　（D）单循环链表

12．某线性表中最常用的操作是在最后一个元素之后插入一个元素和删除第一个元素，则采用（　　）存储方式最节省运算时间。

（A）单链表　　（B）仅有头指针的单循环链表

（C）双链表　　（D）仅有尾指针的单循环链表

13．链表不具有的特点是（　　）。

（A）插入、删除不需要移动元素　　（B）可随机访问任一元素

（C）不必事先估计存储空间　　（D）所需空间与线性长度成正比

14．下面的叙述不正确的是（　　）。

（A）线性表在链式存储时，查找第 $i$ 个元素的时间同 $i$ 的值成正比

（B）线性表在链式存储时，删除第 $i$ 个元素的时间同 $i$ 的值无关

（C）线性表在顺序存储时，查找第 $i$ 个元素的时间同 $i$ 的值成正比

（D）线性表在顺序存储时，查找第 $i$ 个元素的时间同 $i$ 的值无关

15．在一个以 h 为头的单循环链中，p 指针指向链尾的条件是（　　）。

（A）p->next=h　　（B）p->next=NIL

（C）p->next->next=h　　（D）p->data=-1

16．完成在双循环链表结点 p 之后插入 s 的操作是（　　）。

（A）p->next=s ; s->priou=p; p->next->priou=s ; s->next=p->next;

（B）p->next->priou=s; p->next=s; s->priou=p; s->next=p->next;

（C）s->priou=p; s->next=p->next; p->next=s; p->next->priou=s ;

（D）s->priou=p; s->next=p->next; p->next->priou=s ; p->next=s;

17．在单链表指针为 p 的结点之后插入指针为 s 的结点，正确的操作是（　　）。

（A）p->next=s;s->next=p->next;

（B）s->next=p->next;p->next=s;

（C）p->next=s;p->next=s.next;

（D）p->next=s->next;p->next=s;

18．对于一个头指针为 head 的带头结点的单链表，判定该表为空表的条件是（　　）。

（A）head==NULL　　　　（B）head->next==NULL

（C）head->next==head　　　　（D）head!=NULL

## 二、算法设计题

1．假设在长度大于 1 的循环链表中，既无头结点也无头指针。s 为指向链表中某个结点的指针，试编写算法删除结点 s 的前趋结点。

2．已知一单链表中的数据元素含有三个字符，即字母字符、数字字符和其他字符。试编写算法，构造三个循环链表，使每个循环链表中只含同一类的字符，且利用原表中的结点空间作为这三个表的结点空间（头结点可另辟空间）。

3．设有一线性表 $E=\{e_1,e_2,\cdots,e_{n-1},e_n)$，试设计一个算法，将线性表逆置，即将元素排列次序颠倒过来，成为逆线性表 $E'=\{e_n,e_{n-1},\cdots,e_2,e_1)$，要求逆线性表占用原线性表空间，并且用顺序和单链表两种方法表示，写出不同的处理过程。

4．已知带头结点的动态单链表 L 中的结点是按整数值递增排列的，试写一算法将值为 x 的结点插入表 L 中，使 L 仍然有序。

5．设有一双链表，每个结点中除有 prior、data 和 next 三个域外，还有一个访问频度域 freq，在链表被启用之前，其值均初始化为零。每当在双链表上进行一次 LOCATE (L, X)运算时，令元素值为 X 的结点中 freq 域的值增 1，并使此链表中结点保持按访问频度递减的顺序排列，以便使频繁访问的结点总是靠近表头。试编写实现符合上述要求的 LOCATE 运算的算法。

6．设 $A=(a_1,a_2,a_3,\cdots,a_n)$和 $B=(b_1,b_2,\cdots,b_m)$是两个线性表（假定所含数据元素均为整数）。若 $n=m$ 且 $a_i=b_i$（$i=1,\cdots,n$），则称 A=B；若 $a_i=b_i$（$i=1,\cdots,j$）且 $a_j+1<b_j+1$（$j<n<=m$），则称 $A<B$；在其他情况下均称 $A>B$（$j<m<n$）。试编写一个比较 A 和 B 的算法，当 $A<B$、A=B 或 $A>B$ 时，分别输出-1、0 或者 1。

7．假设分别以两个元素值递增有序的线性表 A、B 表示两个集合（即同一线性表中的元素各不相同），现要求构成一个新的线性表 C，C 表示集合 A 与 B 的交，且 C 中元素也递增有序。试分别以顺序表和单链表为存储结构，编写实现上述运算的算法。

8．已知 A、B 和 C 为三个元素值递增有序的线性表，现要求对表 A 作如下运算：删去那些既在表 B 中出现又在表 C 中出现的元素。试分别以两种存储结构（一种顺序结构，一种链式结构）编写实现上述运算的算法。

9．假设有两个按元素值递增有序排列的线性表 A 和 B 均以单链表作存储结构，试编写算法将表 A 和表 B 归并成一个按元素值递减有序（即非递增有序，允许值相同）排列的线性表 C，并要求利用原表（即表 A 和表 B）的结点空间存放表 C。

10．任给正整数 $n$、$k$，按下述方法可得排列 1，2，…，$n$ 的一个置换：将数字 1，2，…，$n$ 环形排列，按顺时针方向从 1 开始计数；计满 $k$ 时输出该位上的数字（并从环中删去该数字），然后从下一个数字开始继续计数，直到环中所有数字均被输出为止。例如，$n$=10，$k$=3 时，输出的置换是 3，6，9，2，7，1，8，5，10，4。试编写一算法，对输入的任意正整数 $n$、$k$，输出相应的置换。

# 第 3 章　运算受限的线性表——栈和队列

【主要内容】

- 栈的逻辑结构定义
- 栈的存储结构及其运算的实现
- 队列的逻辑结构定义
- 队列的存储结构及其运算的实现

【学习目标】

- 掌握栈和队列的特点及操作方法
- 能在实际应用中正确选用它们

## 3.1　栈——按先进后出方式管理的线性表

数据结构中栈（Stack）的概念，借用了日常生活中具有先进后出特点的“栈”的含义，见图 3.1，对于可以叠放在一起的物品，总是先放下面的后放上面的，取的顺序和放的顺序刚好相反。我们通过一些实际问题在计算机中的算法实现来看看数据结构中栈的意义。

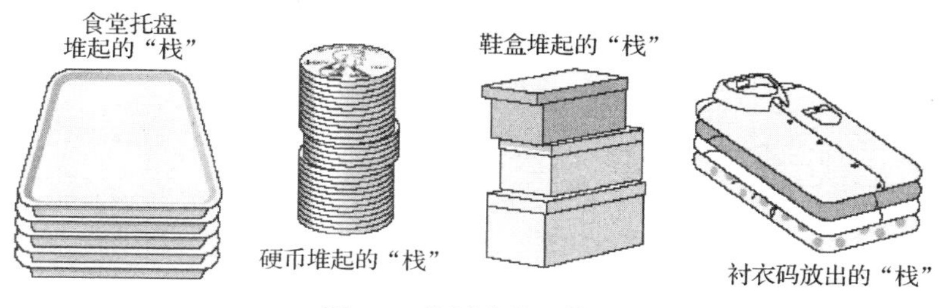


图 3.1　生活中的“栈”

### 3.1.1　栈处理模式的引入

#### 1. Word 中的误操作

Word 是常用的文本编辑软件，如果在使用时发生了误操作，比如，错删了内容，你会着急吗？熟悉 Word 的人会说，这个不要紧，用“撤销”工具可以恢复被误删的内容，“撤销”工具可以撤销前面做的操作。其实现在具有编辑功能的软件都有这个“撤销”功能。值得注意的是，“撤销操作”的顺序和“操作”的顺序刚好相反，如图 3.2 所示，即每次所做的撤销动作，都是为了纠正最近的一次误操作，这样才符合我们的操作习惯。计算机既然能撤销之前的操作，那么它一定是按照之前操作的顺序保存了操作的内容，撤销时按照相反的顺序取消原操作即可，即操作信息的存入顺序和取出顺序是相反的。这就是应用程序中的“撤销”（Undo/Redo）功能。

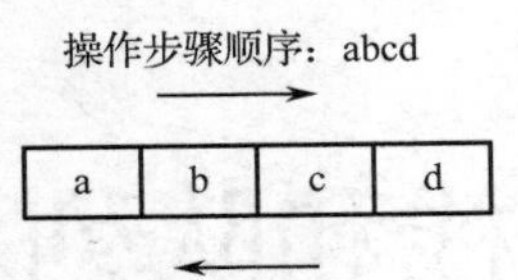


图 3.2　文本编辑中的“撤销”顺序

很多软件都有 Undo/Redo 的操作，如浏览器上的后退键（单击后可以按访问顺序的逆序加载浏览过的网页）与前进键，也是用这种方式实现的。虽然不同的软件具体实现会有很大的差异，不过原理其实都是一样的。

### 2. 括号匹配问题

括号匹配问题是编译程序时经常遇到的问题，用以检测语法是否有错。在编译器的语法检查中，其中一个过程就是检查各种括号是否匹配。我们按照图 3.3 的测试用例来看一下这个问题的处理思路，图中的编号为括号的进入顺序。

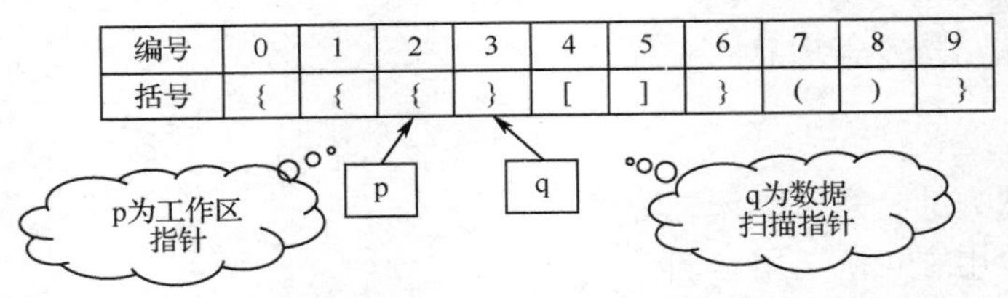


图 3.3　括号匹配问题的测试用例

对应图 3.3 的样例，其处理的流程如图 3.4 所示。用 p 记录左括号的最新位置，用 q 指向当前新进入的括号，将 p 与 q 的内容比对，如果匹配，则删除该左括号，p 后退一位，即在从左至右的扫描过程中，工作区只保存遇到的左括号。可以观察到，这个括号匹配的算法，每个右括号将与最近遇到的那个未匹配的左括号相匹配，即“后进的先出”，数据的插入和删除操作都是在数组的末端进行的。

| 步骤 | { | { | { | } | [ | ] | } | ( | ) | } |
|---|---|---|---|---|---|---|---|---|---|---|
| ① q指向左括号保存到工作区p位 | q | | | | | | | | | |
| | p | | | | | | | | | |
| | { | | | | | | | | | |
| ② q指向左括号保存到工作区p位 | | q | | | | | | | | |
| | | p | | | | | | | | |
| | { | { | | | | | | | | |
| ③ q指向左括号保存到工作区p位 | | | q | | | | | | | |
| | | | p | | | | | | | |
| | { | { | { | | | | | | | |
| ④ q指向右括号与p位括号做比对 | | | | q | | | | | | |
| | | | p | 匹 | | | | | | |
| | { | { | { | 配 | | | | | | |
| ⑤ 匹配则p指针后退 | | | | q | | | | | | |
| | | p | | | | | | | | |
| | { | { | | | | | | | | |
| ⑥ q指向左括号保存到工作区p位 | | | | | q | | | | | |
| | | | p | | | | | | | |
| | { | { | [ | | | | | | | |
| ⑦ q指向右括号与p位括号做比对 | q | | | | | q | | | | |
| | | | p | | | 匹 | | | | |
| | { | { | [ | | | 配 | | | | |
| ⑧ q指向右括号与p位括号做比对 | | | | | | | q | | | |
| | | p | | | | | 匹 | | | |
| | { | { | | | | | 配 | | | |
| ⑨ q指向左括号保存到工作区p位 | | | | | | | | q | | |
| | | p | | | | | | | | |
| | { | ( | | | | | | | | |
| ⑩ q指向右括号与p位括号做比对 | | | | | | | | | q | |
| | | p | | | | | | | 匹 | |
| | { | ( | | | | | | | 配 | |
| ⑪ q指向右括号与p位括号做比对 | | | | | | | | | | q |
| | p | | | | | | | | | 匹 |
| | { | | | | | | | | | 配 |

图 3.4　括号匹配算法数据的存储与处理

### 3．函数的递归调用

求递归的程序如下。

```
int fac(int n)
{
    if (n==1) return (1);
    return (n*fac(n-1));
}
```

以 $n$=4 为例，图 3.5 给出了递归的调用及返回过程。

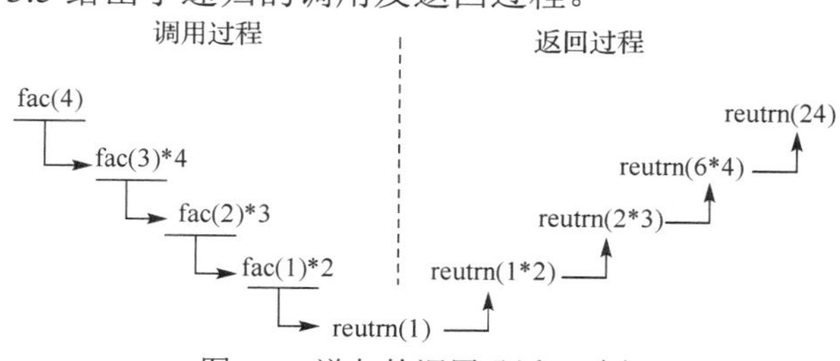


图 3.5　递归的调用及返回过程

程序员使用函数的递归调用使问题逐步简化，这些嵌套在一起的层层调用与返回也有风险，在程序运行时，万一信息链被破坏，函数不知道自己身处的是哪一层，程序就会出错。

**【思考与讨论】**

递归函数的嵌套调用机制是如何保证正确返回的呢？

**讨论：**从图 3.5 中我们可以看到，递归的调用是一个层层嵌套调用的过程，在下一层函数运行时，本层的函数在等待，得到下一层函数返回值后本层函数再继续自身的运算。因此，函数要继续执行的位置即返回地址是必须要保存的。

为了保证返回过程中数值计算的正确性，fac 函数在执行过程中，在下一层函数执行前都要保存本层函数当前的参数，如 fac(3)执行前要保存参数 4，fac(2)执行前要保存参数 3，等等。

所以，为了保证递归调用能够正确返回，函数的调用在机制设置上需要在函数调用前保存调用点的运行现场，包括返回地址、函数的参数等，然后在新的一级参数情形下调用 fac。等被调函数运行完毕再恢复现场，本层调用函数继续执行，直至程序结束。

通常我们把每一次保存信息的过程称为“压栈”，每一次恢复信息的过程称为“弹栈”。

**【思考与讨论】**

递归调用时现场保存与现场恢复的顺序是什么？

**讨论：**从一般方法上说，是在前行阶段，对于每一层递归，函数的局部变量、参数值以及返回地址都被压入栈中。在退回阶段，位于栈顶的局部变量、参数值和返回地址被弹出，用于返回调用层次中执行代码的其余部分，即恢复了调用前的状态。简单地说，是一个逐层保存而后逐层恢复的过程，按照先保存后恢复的顺序进行。这种过程和括号匹配过程是类似的，函数调用就像遇到了一个左括号，函数返回就像遇到了一个右括号。

对于现在的高级语言，这样的递归执行是不需要用户来管理的，一切都由系统完成。

### 【知识 ABC】函数调用的信息保留与信息恢复

1．被调函数运行前

通常，一个函数在运行期间调用另一个函数时，在运行被调用函数之前，系统要完成

3件事:

- 将所有的实际参数、返回地址等信息传递给被调用函数;
- 为被调用函数的局部变量分配存储区;
- 将控制转移到被调用函数入口。

2. 函数调用时，顺序保存下列信息:

- 主函数中的下一条指令（函数调用语句的下一条可执行语句）的地址;
- 函数的各个参数，在大多数C编译器中，参数是由右往左入栈的;
- 函数中的局部变量。

3. 从被调用函数返回:

- 保存被调用函数的计算结果;
- 释放被调用函数数据区;
- 依照被调用函数的返回地址将控制转移到调用函数。

当本次函数调用结束后，局部变量先出栈，然后参数出栈，最后栈顶指针指向最开始保存的地址，也就是主函数中的下一条指令，程序由该点继续运行。

栈的先进后出的顺序使得函数可以嵌套、递归。如果递归层数太多，栈也会满，会出现栈溢出现象。在Windows下，栈的默认大小是1MB（编译时就确定的常数）；在SunOS/Solaris/Linux下，栈的默认大小是8MB；申请的空间超过栈的剩余空间时，将提示overflow。

从前面三个引例中可以发现，这些问题共同的特点是数据的处理过程都具有“后进先出”的特性，这是一类典型的问题，我们将它归结为数据结构中的“栈”。

### 3.1.2 栈的逻辑结构

栈的示意图见图3.6。设想有一个直径不大、一端开口、一端封闭的容器，有若干个写有编号的小球，小球的直径比容器的直径略小。现在把不同编号的小球放到容器里面，可以发现一种规律：先放进去的小球只能后拿出来；后放进去的小球要先拿出来。放入和拿出就是“插入”和“删除”操作，“先进后出”就是这种结构的特点。

当我们把上述容器中的小球抽象成数据结构中的结点时，结点间的关系是线性的，因此它是一个线性表，又由于它的操作都在表的同一端进行，“先进的只能后出”，因此它是一个运算受限的线性表。

#### 1. 栈的定义

栈（stack）是一种特殊的线性表，它所有的插入和删除操作都限制在表的同一端进行。

栈中允许进行插入、删除操作的一端称为栈顶（top），另一端则称为栈底（bottom）。当栈中没有元素时，称为空栈。

栈的插入运算通常称为压栈、进栈或入栈（push），栈的删除运算通常称为弹栈或出栈（pop），见图3.7。

第一个进栈的元素在栈底，最后一个进栈的元素在栈顶，第一个出栈的元素为栈顶元素，最后一个出栈的元素为栈底元素。

**【思考与讨论】**

要对一个栈的状态进行标示，至少需要几个参数？

**讨论：** 对栈的状态进行标示，首先要把栈所有可能的状态列出来，在栈的大小确定的前提下，应该有栈空、栈满、非空非满三种情形。我们设计的栈状态标示参数应该能够表示栈的这些可能情形。

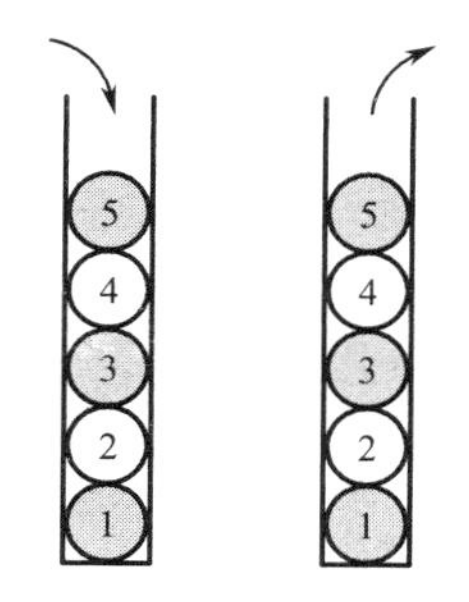

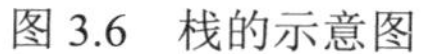
图 3.6　栈的示意图

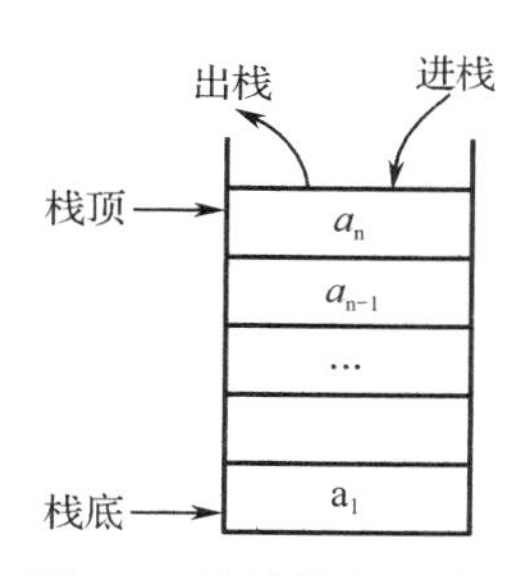

图 3.7　栈的抽象示意

根据栈的定义，每次进栈的数据元素，都放在栈顶元素之前而成为新的栈顶元素，每次出栈的数据元素都是当前栈顶元素，栈的各种情形及对栈的操作见图 3.8，其中，状态 3 是栈满情形，所以栈中内容的变化只需要一个栈顶指针的指示即可。

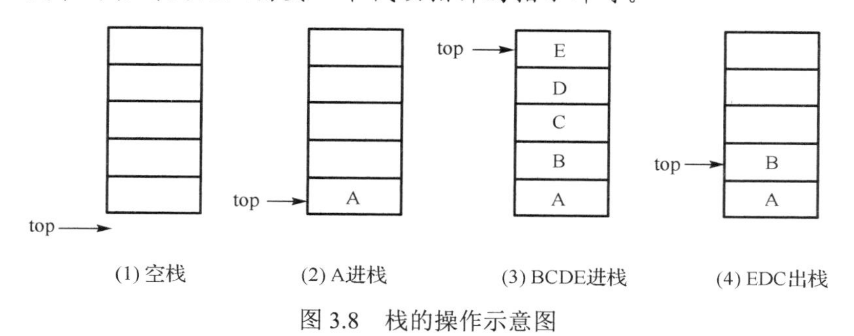

图 3.8　栈的操作示意图

### 2．栈与线性表的区别与联系

（1）栈是特殊的线性表。

（2）栈的插入与删除运算只能在栈顶进行，而线性表的插入和删除操作可在线性表中的任意位置进行。

**【思考与讨论】**

为什么要使用栈？

**讨论：**有人可能会觉得，用数组或链表直接实现功能不就行了吗？为什么要引入栈这样的数据结构呢？

栈的引入简化了程序设计的思路，划分了不同关注层次，使得思考范围缩小，更加聚焦于我们要解决的核心问题。若用数组来处理同样的问题，因为要考虑数组的下标增减等细节问题，会造成解决问题时的主次不分明。

现在的许多高级语言，如 Java、C#等，都有对栈结构的封装，我们可以不用关注栈的实现细节，而直接使用对栈的 push 和 pop 操作，非常方便。

### 3．栈的运算种类

根据栈的定义，栈的基本操作包括以下几种。

（1）栈初始化操作：建立一个空栈 S。

（2）判栈空：判断栈是否为空。

（3）取栈顶元素：取得栈顶元素的值。

（4）压栈：在栈 S 中插入元素 e，使其成为新的栈顶元素。

（5）弹栈：删除栈 S 的栈顶元素。

### 3.1.3　栈的存储结构设计

栈既然是一种特殊的线性表，其存储结构可采用线性表的存储形式——顺序结构和链式结构。

#### 1．顺序栈

栈的顺序存储结构需要使用一个数组和一个整型变量来实现。利用数组来顺序存储栈中的所有元素，利用整型变量来存储栈顶元素的下标位置，可将这个变量称为栈顶指针 top，栈的示意及数据结构描述见图 3.9。

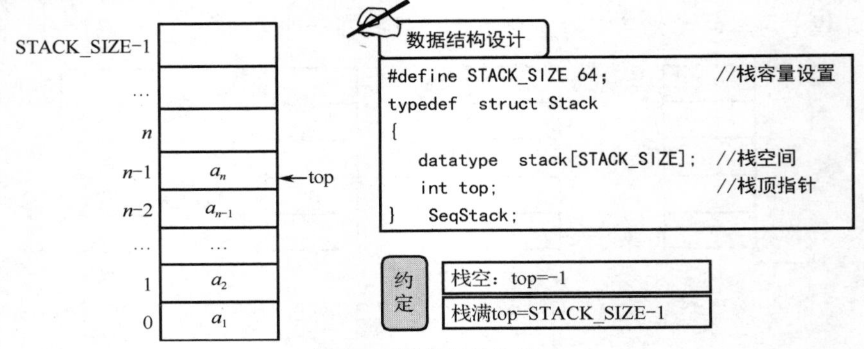


图 3.9　顺序栈结构描述

**【知识 ABC】共享栈——多栈共享邻接空间**

在计算机系统软件中，各种高级语言的编译系统都离不开栈的使用。一个程序中常常要用到多个栈，为了不发生上溢错误，必须给每个栈预先分配一个足够大的存储空间，但实际中很难准确估计所需空间。另一方面，若每个栈都预分配过大的存储空间，势必造成系统空间紧张。若让多个栈共用一个足够大的连续存储空间，则可利用栈的动态特性使它们的存储空间互补，这就是栈的共享邻接空间。

在栈的共享问题中，最常用的是两个栈的共享，实现方法是两个栈共享一个一维数组空间 S（StackSize），两个栈的栈底设置在数组的两端，当有元素进栈时，栈顶位置从栈的两端迎面增长，当两个栈的栈顶相遇时，栈满。共享栈的存储表示如图 3.10 所示。设两个栈共享一个一维数组空间 stack[M]，将两个栈的栈底分别设置在该数组空间两端，即 stack[0]和 stack[M-1]。这样，当元素进栈时，两个栈都是从两端向中间生长。通过两个栈顶指针（top1 和 top2）的动态变化，使其存储空间相互补充。

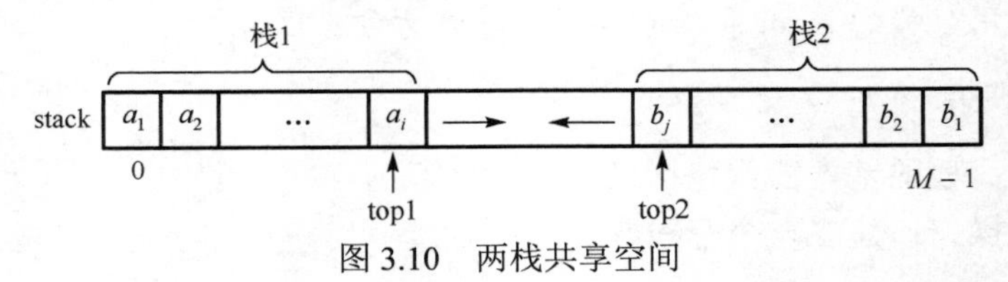


图 3.10　两栈共享空间

两栈共享空间的数据结构定义如下。

```
#define STACK_SIZE 64                 //两栈共享的存储空间大小
typedef struct
{
  datatype stack[STACK_SIZE];         //两栈共享的一维数组空间
  int top1，top2;                     //两栈的栈顶指针
} DSegStack;
```

### 2. 链式栈

在顺序栈中，由于顺序存储结构需要事先静态分配，而存储规模往往又难以确定，栈空间分配过小，可能造成溢出，栈空间分配过大，又造成存储空间浪费。因此，为克服顺序存储的缺点，采用链式存储结构表示栈，见图 3.11。

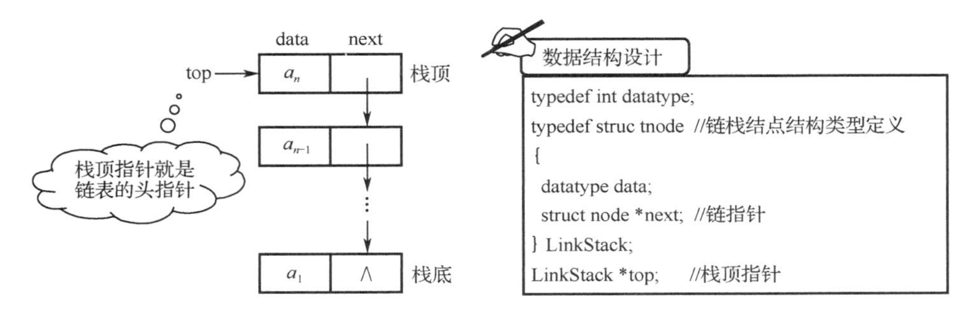


图 3.11　链栈结构描述

采用链式存储方式的栈称为链栈或链式栈。链栈由一个个结点构成，每个结点包含数据域和指针域两部分。在链栈中，利用每个结点的数据域存储栈中的每一个元素，利用指针域表示元素之间的关系。

## 3.1.4　顺序栈的操作

栈的基本操作主要有下面这些，我们给出其中部分操作的实现。

- 初始化
- 判断栈空
- 进栈
- 出栈
- 取栈顶元素
- 求栈的长度

### 3.1.4.1　栈的初始化

对栈进行初始化，将栈顶指针置为-1。

### 1．测试用例与函数结构设计

相应内容分别见表 3.1 与表 3.2。

表 3.1　栈初始化测试用例

| 测试情形 | 输入 | 预期结果 |
| --- | --- | --- |
| 正常情形 | 顺序栈地址 | 栈顶指针置为栈空位置 |
| 边界及异常情形 | 无 | 无 |

表 3.2　栈初始化函数结构设计

| 功能描述 | 输入 | 输出 |
| --- | --- | --- |
| 栈初始化 initialize_SqStack | 顺序栈地址 SeqStack * | 无 |
| 函数名 | 形参 | 函数类型 |

### 2．程序实现

```
/*=========================================
函数功能：顺序栈置空栈
函数输入：顺序栈地址
函数输出：无
=========================================*/
    void initialize_SqStack( SeqStack *s )
    {
            s->top = -1;
    }
```

#### 3.1.4.2　判断栈空

判断栈是否为空，查看栈中是否有元素。

### 1．测试用例与函数结构设计

相应内容分别见表 3.3 与表 3.4。

表 3.3　栈初始化测试用例

| 测试情形 | 栈状态 | 预期结果 |
| --- | --- | --- |
| 一般情况 | 栈非空 | 返回栈非空标志 |
| | 栈空 | 返回栈空标志 |

表 3.4　判栈空函数结构设计

| 功能描述 | 输入 | 输出 |
| --- | --- | --- |
| 判栈空 StackEmpty_SqStack | 顺序栈地址 SeqStack * | 栈状态标志 int<br>（栈空：1；非空：0） |
| 函数名 | 形参 | 函数类型 |

### 2．程序实现

```
/*=========================================
函数功能：判断顺序栈是否为空
函数输入：顺序栈地址
函数输出：1——栈空；0——栈非空
=========================================*/
    int StackEmpty_SqStack(SeqStack *s)
    {
```

```
        return( s->top == -1 );
    }
```

### 3.1.4.3　顺序栈进栈

将值为 $x$ 的元素放入栈中。操作示意图见图 3.12。进栈前，栈顶指针 top 指向栈顶元素 $a_n$ 所在位置，要将 $x$ 入栈，先将 top 加 1，指向 $a_n$ 所在的上一个位置，再把 $x$ 放入此单元。

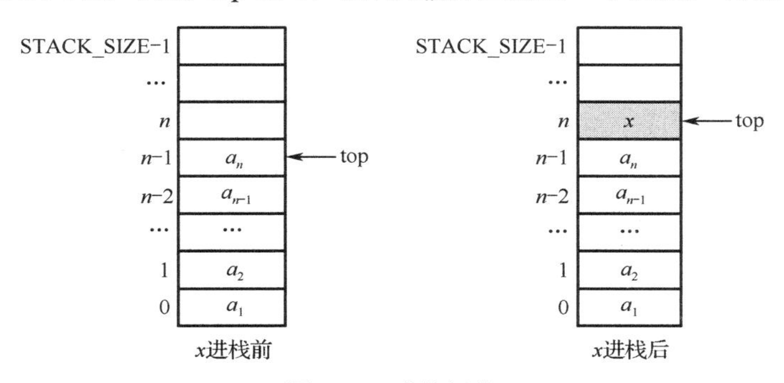


图 3.12　进栈操作

#### 1．测试用例与函数结构设计

相应内容见表 3.5 与表 3.6。

**表 3.5　顺序栈进栈测试用例**

| 测试情形 | 栈状态 | 预期结果 |
| --- | --- | --- |
| 正常情形 | 栈未满 | 返回正常进栈操作标志 |
| 异常情形 | 栈满 | 返回上溢标志 |

**表 3.6　顺序栈进栈函数结构设计**

| 功能描述 | 输入 | 输出 |
| --- | --- | --- |
| 进栈 Push_SqStack | 顺序栈地址 SeqStack * | 操作状态 int<br>（正常：1；上溢：0） |
| | 新元素值 datatype | |
| 函数名 | 形参 | 函数类型 |

#### 2．算法伪代码描述

算法伪代码描述见表 3.7。

**表 3.7　顺序栈进栈伪代码描述**

| 顶部伪代码描述 | 第一步细化 |
| --- | --- |
| 在顺序栈栈顶位置插入新元素 $x$ | 若栈满则　return FALSE |
| | 修改栈顶指针 top++ |
| | 在栈顶指针指向位置放入 $x$ |
| | return TRUE |

#### 3．程序实现

```
/*=======================================
函数功能：顺序栈进栈操作
```

```
函数输入：顺序栈地址，进栈元素值
函数输出：0——栈上溢，操作失败；1——操作正常
============================================*/
int   Push_SqStack(SeqStack *s,   datatype   x)
{
        if ( s->top == STACK_SIZE-1)     return   FALSE;   //栈上溢
        else
        {
              s->top++;
              s->stack[s->top]=x;
         }
        return TRUE;
 }
```

### 3.1.4.4　顺序栈进栈的问题讨论

同一问题可以有不同的解决方案。对于顺序栈的进栈问题，有下面两种函数结构设计，分别见表 3.8 和表 3.9，它们是否都能完成进栈的功能？我们通过实际代码来验证一下，然后做进一步的分析讨论。

表 3.8　顺序栈压栈函数结构设计 1

| 功能描述 | 输入 | 输出 | |
|---|---|---|---|
| 压栈 | 顺序栈内容 | 操作状态 | 1：正常 |
| | 新元素值 | | 0：上溢 |
| 函数名 | 形参 | 函数类型 | |

表 3.9　顺序栈压栈函数结构设计 2

| 功能描述 | 输入 | 输出 | |
|---|---|---|---|
| 压栈 | 顺序栈地址 | 正常 | 栈结构地址 |
| | 新元素值 | 上溢 | NULL |
| 函数名 | 形参 | 函数类型 | |

#### 1．整个栈结构以传值方式传递给压栈函数

（1）验证的源码

根据表 3.8 中的结构设计，其函数原型形式为 int　push(SeqStack s,　datatype　x )。验证代码如下。

```
#include<stdio.h>
#define STACK_SIZE 6
typedef char datatype;
typedef   struct Stack
{
      datatype   stack[STACK_SIZE];//栈空间
      int top; //栈顶指针
}   SeqStack;
void InitStack( SeqStack *s );
int push(SeqStack s, datatype   x );
```

```
void InitStack( SeqStack *s ) //初始化
{
      s->top = -1;
}

int push(SeqStack s, datatype   x )     //压栈
 {
      if ( s.top == STACK_SIZE-1) return FALSE;
      else
             {
                  s.top = s.top + 1;
                  s.stack[s.top]=x;
             }
      return TRUE;
}

int main( )
{
      SeqStack sa;
      int sign;

      InitStack(&sa);
      sign=push(sa,'a');
      sign=push(sa,'b');
      return 0;
}
```

（2）跟踪调试

图 3.13 main 中的 sa 栈未做初始化之前，top 指针为随机数。注意，sa 为结构变量，其地址为 0x18ff38。

在图 3.14 中，栈初始化 InitStack 函数调用之后，top 指针被置为-1。

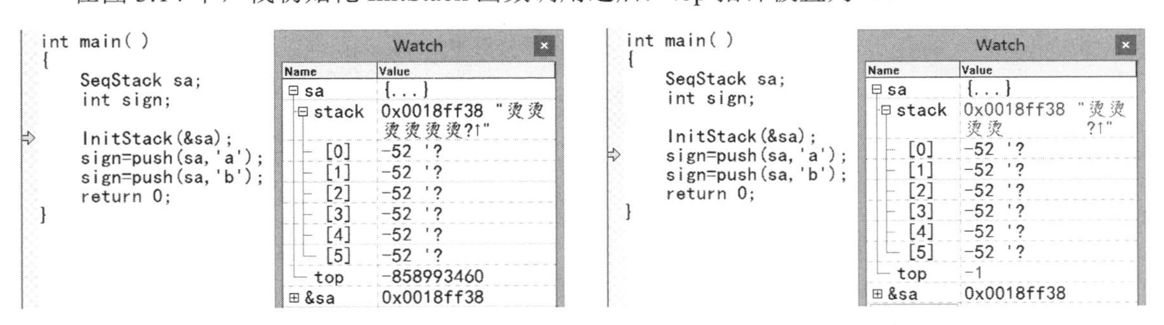


图 3.13　设计 1 的调试步骤 1　　　　图 3.14　设计 1 的调试步骤 2

图 3.15 中，push 函数被调用，形参 s 的地址为 0x18fedc。注意，与 main 中的栈 sa 不是同一地址。

```
void InitStack( SeqStack *s )
    {
        s->top = -1;
    }

int push(SeqStack s, datatype  x )
{
    if ( s.top == STACK_SIZE-1) return 0;
    else
        {
            s.top = s.top + 1;
            s.stack[s.top]=x;
        }
    return 1;
}
```

| Name | Value |
| --- | --- |
| sa | CXX0017: Error: s |
| &sa | CXX0017: Error: s |
| ⊟ s | {...} |
| ⊟ stack | 0x0018fed8 "烫烫烫烫 a" |
| [0] | -52 '? |
| [1] | -52 '? |
| [2] | -52 '? |
| [3] | -52 '? |
| [4] | -52 '? |
| [5] | -52 '? |
| top | -1 |
| ⊞ &s | 0x0018fed8 |

图 3.15　设计 1 的调试步骤 3

在图 3.16 中，栈顶指针做加 1 操作，形参 x 的值 a 入栈 stack[0]。

```
void InitStack( SeqStack *s )
    {
        s->top = -1;
    }

int push(SeqStack s, datatype  x )
{
    if ( s.top == STACK_SIZE-1) return 0;
    else
        {
            s.top = s.top + 1;
            s.stack[s.top]=x;
        }
    return 1;
}
```

| Name | Value |
| --- | --- |
| sa | CXX0017: Error: s |
| &sa | CXX0017: Error: s |
| ⊟ s | {...} |
| ⊟ stack | 0x0018fed8 "a烫烫烫? |
| [0] | 97 'a' |
| [1] | -52 '? |
| [2] | -52 '? |
| [3] | -52 '? |
| [4] | -52 '? |
| [5] | -52 '? |
| top | 0 |
| ⊞ &s | 0x0018fed8 |

图 3.16　设计 1 的调试步骤 4

在图 3.17 中，返回 main，sign 标志为 1，表示压栈操作正常，但此时 sa 中的栈内容并未改变。

```
int main( )
{
    SeqStack sa;
    int sign;

    InitStack(&sa);
    sign=push(sa,'a');
    sign=push(sa,'b');
    return 0;
}
```

| Name | Value |
| --- | --- |
| ⊟ sa | {...} |
| ⊟ stack | 0x0018ff38 "烫烫烫烫 ?↑" |
| [0] | -52 '? |
| [1] | -52 '? |
| [2] | -52 '? |
| [3] | -52 '? |
| [4] | -52 '? |
| [5] | -52 '? |
| top | -1 |
| ⊞ &sa | 0x0018ff38 |
| s | CXX0017: Error: s |
| &s | CXX0017: Error: s |
| sign | 1 |

图 3.17　设计 1 的调试步骤 5

在图 3.18 中，形参 x 是 b 的情形，top 指针依然是从-1 开始。

```
int push(SeqStack s, datatype  x )
{
    if ( s.top == STACK_SIZE-1) return 0;
    else
        {
            s.top = s.top + 1;
            s.stack[s.top]=x;
        }
    return 1;
}

int main( )
{
    SeqStack sa;
    int sign;

    InitStack(&sa);
    sign=push(sa,'a');
    sign=push(sa,'b');
    return 0;
}
```

Watch

| Name | Value |
| --- | --- |
| sa | CXX0017: Error: s |
| &sa | CXX0017: Error: s |
| sign | CXX0017: Error: s |
| ⊟ s | {...} |
| ⊟ stack | 0x0018fed8 "烫烫烫烫 b" |
| [0] | -52 '? |
| [1] | -52 '? |
| [2] | -52 '? |
| [3] | -52 '? |
| [4] | -52 '? |
| [5] | -52 '? |
| top | -1 |
| x | 98 'b' |

Watch1 / Watch2 / Watch3 / Watc

图 3.18　设计 1 的调试步骤 6

图 3.19 中，x=b，进入 s 栈。

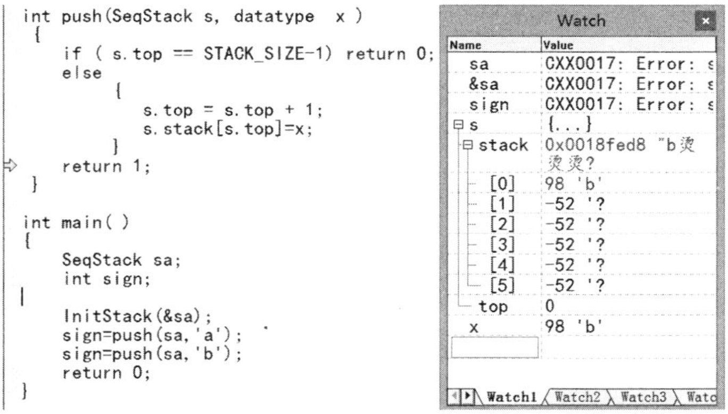

```
int push(SeqStack s, datatype  x )
 {
    if ( s.top == STACK_SIZE-1) return 0;
    else
        {
            s.top = s.top + 1;
            s.stack[s.top]=x;
        }
    return 1;
 }

int main( )
{
    SeqStack sa;
    int sign;

    InitStack(&sa);
    sign=push(sa,'a');
    sign=push(sa,'b');
    return 0;
}
```

Watch

| Name | Value |
|---|---|
| sa | CXX0017: Error: s |
| &sa | CXX0017: Error: s |
| sign | CXX0017: Error: s |
| ⊟ s | {...} |
| ⊟ stack | 0x0018fed8 "b烫烫烫? |
| [0] | 98 'b' |
| [1] | -52 '? |
| [2] | -52 '? |
| [3] | -52 '? |
| [4] | -52 '? |
| [5] | -52 '? |
| top | 0 |
| x | 98 'b' |

Watch1 Watch2 Watch3 Watc

图 3.19　设计 1 的调试步骤 7

图 3.20 中，push(sa,'b')调用结束。

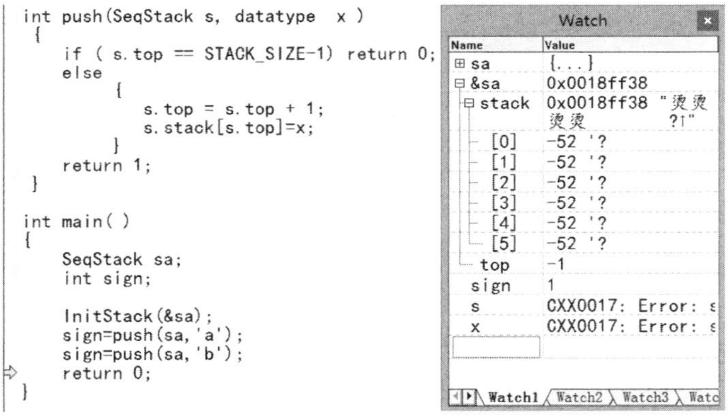

```
int push(SeqStack s, datatype  x )
 {
    if ( s.top == STACK_SIZE-1) return 0;
    else
        {
            s.top = s.top + 1;
            s.stack[s.top]=x;
        }
    return 1;
 }

int main( )
{
    SeqStack sa;
    int sign;

    InitStack(&sa);
    sign=push(sa,'a');
    sign=push(sa,'b');
    return 0;
}
```

Watch

| Name | Value |
|---|---|
| ⊞ sa | {...} |
| ⊟ &sa | 0x0018ff38 |
| ⊟ stack | 0x0018ff38 "烫烫烫烫 ?↑" |
| [0] | -52 '? |
| [1] | -52 '? |
| [2] | -52 '? |
| [3] | -52 '? |
| [4] | -52 '? |
| [5] | -52 '? |
| top | -1 |
| sign | 1 |
| s | CXX0017: Error: s |
| x | CXX0017: Error: s |

Watch1 Watch2 Watch3 Watc

图 3.20　设计 1 的调试步骤 8

（3）分析讨论

在 push 函数中，输入是 sa 栈的副本 s，即把 sa 栈的所有信息复制到栈结构空间 s 中，在 push 函数中对 s 的内容进行入栈的操作。但根据 C 语言中函数信息传递设置的机制，s 内容的改变，调用者是无法通过这种单项形参传递机制得到的。C 语言函数信息传递的“传值调用”与“传址调用”机制参见 C 语言函数部分相关内容。

（4）结论

在函数的结构设计中，要注意所用语言的特点、参数传递的单向与双向限制，根据函数功能的要求选用合适的信息传递方式，切不可随意确定函数的参数。

### 2. 整个栈结构以传址方式传递给压栈函数

（1）验证源码

根据表 3.9 中的结构设计，其函数原型形式为 SeqStack *PUSHS( SeqStack *s, datatype e)。验证代码如下。

```
#include<stdio.h>
#define STACK_SIZE 6
typedef char datatype;
typedef   struct Stack
{
        datatype   stack[STACK_SIZE];        //栈空间
        int top;                             //栈顶指针
}   SeqStack;
void InitStack( SeqStack *s );
SeqStack *PUSHS( SeqStack *s, datatype e);

void InitStack( SeqStack *s )
{
        s->top = -1;
}

SeqStack *PUSHS( SeqStack *s, datatype e)
{     if (s->top>STACK_SIZE-1)
        {
                printf("Stack Overflow");            //上溢
                return(NULL);
        }
        else
        {
                s->top++;
                s->stack[s->top]=e;
        }
        return(s);
}

int main( )
{
        SeqStack sa;
        SeqStack *sPtr;

        InitStack(&sa);
        sPtr=PUSHS(&sa,'a');
        sPtr=PUSHS(&sa,'b');
        return 0;
}
```

（2）跟踪调试

在图 3.21 中，main 中 sa 栈未做初始化之前，top 指针为随机数。注意，sa 为结构变量，其地址为 0x18ff38。

```
int main( )
{
    SeqStack sa;
    SeqStack *sPtr;

    InitStack(&sa);
⇨   sPtr=PUSHS(&sa,'a');
    sPtr=PUSHS(&sa,'b');
    return 0;
}
```

| Name | Value |
|---|---|
| ⊟ sa | {...} |
| ⊟ stack | 0x0018ff38 "烫烫烫烫 ?↑" |
| [0] | -52 '? |
| [1] | -52 '? |
| [2] | -52 '? |
| [3] | -52 '? |
| [4] | -52 '? |
| [5] | -52 '? |
| top | -1 |

图 3.21　设计 2 的调试步骤 1

在图 3.22 中，PUSHS 函数形参 s 是指针类型，从 main 中接收 sa 栈结构的地址 0x18ff38。

```
SeqStack *PUSHS( SeqStack *s, datatype e)
⇨{  if (s->top>=STACK_SIZE-1)
        {
            printf("Stack Overflow"); //上
            return(NULL);
        }
        else
        {
            s->top++;
            s->stack[s->top]=e;
        }
    return(s);
}
```

| Name | Value |
|---|---|
| sa | CXX0017: Error: s |
| ⊟ s | 0x0018ff38 |
| ⊟ stack | 0x0018ff38 "烫烫烫烫 ?↑" |
| [0] | -52 '? |
| [1] | -52 '? |
| [2] | -52 '? |
| [3] | -52 '? |
| [4] | -52 '? |
| [5] | -52 '? |
| top | -1 |
| e | 97 'a' |

图 3.22　设计 2 的调试步骤 2

在图 3.23 中，进栈操作完成，注意 s 指针的值仍然为 0x18ff38，并未改变。

```
SeqStack *PUSHS( SeqStack *s, datatype e)
{   if (s->top>=STACK_SIZE-1)
        {
            printf("Stack Overflow"); //上
            return(NULL);
        }
        else
        {
            s->top++;
            s->stack[s->top]=e;
        }
⇨   return(s);
}
```

| Name | Value |
|---|---|
| sa | CXX0017: Error: s |
| ⊟ s | 0x0018ff38 |
| ⊟ stack | 0x0018ff38 "a烫烫烫?" |
| [0] | 97 'a' |
| [1] | -52 '? |
| [2] | -52 '? |
| [3] | -52 '? |
| [4] | -52 '? |
| [5] | -52 '? |
| top | 0 |
| e | 97 'a' |

图 3.23　设计 2 的调试步骤 3

在图 3.24 中，返回 main，sa 结构栈的内容已经被子函数 PUSHS 修改，sPtr 得到 return 的值 0x18ff38。

```
int main( )
{
    SeqStack sa;
    SeqStack *sPtr;

    InitStack(&sa);
    sPtr=PUSHS(&sa,'a');
⇨   sPtr=PUSHS(&sa,'b');
    return 0;
}
```

| Name | Value |
|---|---|
| ⊟ sa | {...} |
| ⊟ stack | 0x0018ff38 "a烫烫烫?" |
| [0] | 97 'a' |
| [1] | -52 '? |
| [2] | -52 '? |
| [3] | -52 '? |
| [4] | -52 '? |
| [5] | -52 '? |
| top | 0 |
| ⊞ sPtr | 0x0018ff38 |

图 3.24　设计 2 的调试步骤 4

在图 3.25 中，PUSHS 函数执行完毕，sa 栈中已有元素 ab，栈顶指针为 1，与预设一致。

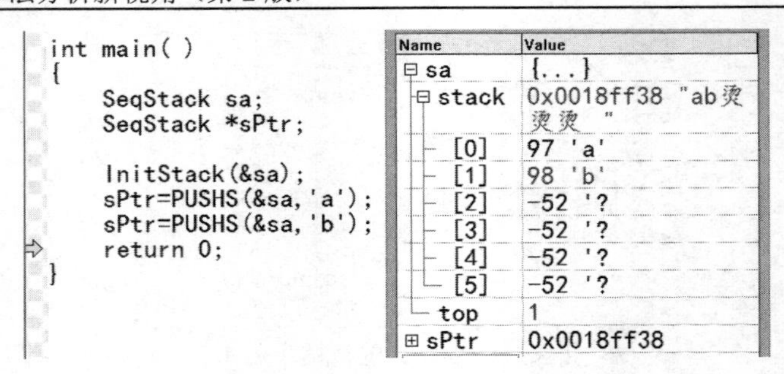


图 3.25　设计 2 的调试步骤 5

（3）分析讨论

调用 PUSHS 函数，通过 s=sa 得到 sa 栈的内容，进行入栈操作；操作完毕，s 的指向并未发生变化，因此，调用者可以得到 s 中变化后的内容。

（4）结论

我们已经知道，函数的类型是函数提交给调用者的结果类型。对于本例，在异常时提交的是一个特别的值 NULL，以此来标记“溢出”的情形；用正常栈结构的地址作为操作正常的标志，虽然不算错，但不直观，而且操作正常时，既然 s 的指向并未发生变化，正常情形下设置返回 s 的值就是没有必要的。这样的函数结构设计不直观、不简洁，不是一种好的设计。

#### 3.1.4.5　顺序栈出栈操作

出栈操作是删除栈顶数据元素，操作示意图见图 3.26。出栈操作只须将栈顶指针下移一位即可。

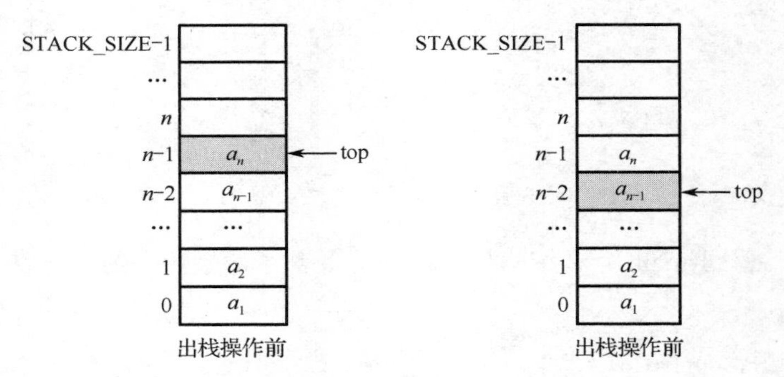


图 3.26　出栈操作

**【思考与讨论】**

1. 为什么顺序栈出栈操作后不真正删除原来的栈顶元素值?

**讨论：**因为栈顶元素的位置是通过栈顶指针标示的，不是靠判断栈中的元素值是否存在来确定栈顶的位置。由此我们也可以看出用栈顶指针管理栈的方便性。

2. 顺序栈出栈操作后不真正删除原来的栈顶元素值，会对下一次的进栈操作产生影响吗?

**讨论：**进栈操作是“写操作”，即对原来的单元空间进行覆盖，故无影响。

**1. 测试用例及函数结构设计**

相关内容见表 3.10 与表 3.11。

表 3.10　顺序栈出栈测试用例

| 测试情形 | 状态 | 输入 | 预期结果 |
|---|---|---|---|
| 正常情形 | 栈非空 | 栈顶指针 ＞0 | 返回栈顶元素值<br>返回出栈操作正常标志 |
| 边界情况 | | 栈顶指针 ＝0 | |
| 异常情形 | 栈空 | 栈顶指针=－1 | 返回出栈操作异常标志 |

表 3.11　顺序栈出栈函数结构设计

| 功能描述 | 输入 | 输出 |
|---|---|---|
| 出栈<br>Pop_SqStack | 顺序栈地址 SeqStack *<br>(出栈元素值 datatype *) | 操作状态 int (正常：1；下溢：0) |
| | | 出栈元素值 datatype * |
| 函数名 | 形参 | 函数类型 |

注：输入/输出均有出栈元素值 datatype *，表示主调函数要通过形参地址传递得到出栈元素值，在函数框架表述中，此输入参数特别用括号括起来。

### 2. 算法伪代码描述

算法的伪代码描述见表 3.12。

表 3.12　顺序栈出栈伪代码描述

| 顶部伪代码描述 | 第一步细化 |
|---|---|
| 删除栈顶数据元素 | 若栈空，则 return FALSE |
| | 记录栈顶元素值 x |
| | 修改栈顶指针：top- - |
| | return TRUE |

### 3. 程序实现

```
/*=========================================
函数功能：顺序栈出栈操作
函数输入：顺序栈地址，（出栈元素地址）
函数输出：0——栈下溢，操作失败；1——操作正常
============================================*/
int   Pop_SqStack(SeqStack *s, datatype *x)
{
        if ( s->top == -1) return FALSE;
        else
        {
                *x= s-> stack[s-> top];
                 s-> top--;
         }
         return TRUE;
 }
```

**【思考与讨论】**

下面的出栈函数在设计上有什么问题？

```
datatype   pop(SeqStack *s)
     {
          datatype   temp;
          if (StackEmpty(s))
          {
               return(-1);
          }
          else
          {    s->top --;
```

```
                return(s->stack[s->top+1]);
            }
        }
```

**讨论**：根据程序，可以给出表 3.13 所示的函数结构设计。从中可以观察到，输出中栈元素的类型 datatype 不一定是整型，无论是正常情形还是异常情形的返回，对函数类型而言都只能是一种类型，故在“下溢”这种异常情形时，设计返回“-1”是不恰当的。输出可以改为栈元素下标，而不是栈元素值。

**表 3.13　出栈函数结构设计**

| 功能描述 | 输入 | 输出 |
|---|---|---|
| 出栈 pop | 顺序栈地址 SeqStack * | 正常：出栈元素值 datatype |
| | | 下溢：-1 |
| 函数名 | 形参 | 函数类型 |

#### 3.1.4.6　取栈顶元素

取栈顶元素的值，而不改变栈顶指针。与出栈函数类似，只是不修改栈顶指针。实现过程描述参见出栈操作，不再赘述。

程序实现如下：

```
/*==========================================
函数功能：顺序栈取栈顶元素
函数输入：顺序栈地址，（栈元素地址）
函数输出：0——栈下溢，操作失败；1——操作正常
==========================================*/
int   Get_SqStack(SeqStack *s, datatype *x)
 {
        if ( s->top == -1) return FALSE;
        else
        {
                *x= s-> stack[s-> top];
         }
         return TRUE;
 }
```

### 3.1.5　链栈的基本操作

顺序栈存在栈满以后不能再进栈的问题，这是因为使用了定长的数组来存储栈的元素。解决的方法是使用链式存储结构，让栈空间可以动态扩充。

栈的链式存储结构称为链栈，它是运算受限的单链表，其插入和删除操作仅限制在表头位置上进行。由于只能在链表头部进行操作，故链栈没有必要像单链表那样附加头结点。栈顶指针就是链表的头指针。

我们在前面学习了线性链表的插入删除操作算法，不难写出链式栈初始化、进栈、出栈等操作的算法。

#### 3.1.5.1　链栈的基本操作——进栈

在链栈栈顶位置插入值为 x 的新结点。

链栈进栈前后的状态变化见图 3.27。

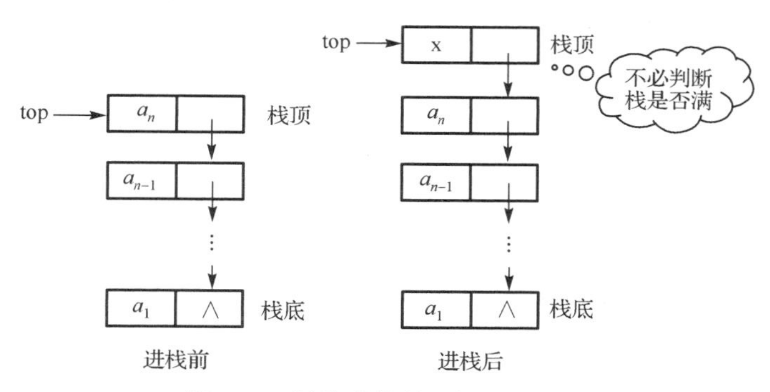


图 3.27　链栈进栈前后的状态变化

### 1. 函数结构设计及测试用例

相应内容见表 3.14 与表 3.15。

**表 3.14　链栈进栈操作测试用例**

| 测试情形 | 状态 | 预期结果 |
|---|---|---|
| 一般情况 | 链栈非空 | 压栈成功<br>返回栈顶指针 |
| 特例情况 | 链栈为空 | |

**表 3.15　链栈进栈操作函数结构设计**

| 功能描述 | 输入 | 输出 |
|---|---|---|
| 进栈<br>PushLStack | (栈顶指针 LinkStack *) | 栈顶指针 LinkStack * |
| | 进栈元素值 datatype | |
| 函数名 | 形参 | 函数类型 |

**【思考与讨论】**

进栈函数返回栈的结构指针是否有必要？

**讨论：** 传址调用是在同地址中的内容传递，若子函数中修改了传递的地址，则此被修改的地址无法通过“传址”传送。在图 3.27 中，进栈前 top 指向的是结点 $a_n$ 的地址，进栈后 top 指向结点 x 的地址，top 指向发生了变化，则不能通过函数的形参传递给调用者。因此，在函数结构设计时，要有栈顶指针 top 的返回。

注意，此种情形和 top 的指向未发生变化但 top 指向单元的内容发生了变化的区别。

### 2. 算法伪代码描述

算法的伪代码描述见表 3.16。

**表 3.16　链栈的基本操作——进栈伪代码描述**

| 顶部伪代码 | 第一步细化 |
|---|---|
| 在链栈栈顶位置插入值为 x 的新结点 | 申请新结点 p，并赋值为 x |
| | 将 p 结点链在栈顶 |
| | 修改栈顶指针 |
| | 返回栈顶指针 |

### 3．程序实现

```
/*=====================================================
函数功能：链栈的进栈操作
函数输入：(栈顶指针)、进栈元素
函数输出：栈顶指针
=====================================================*/
LinkStack * PushLStack(LinkStack *top, datatype x )
{   LinkStack *p;
    p=malloc( sizeof(LinkStack ) );
    p->data=x;
    p->next=top;
    top= p;
    return top;
}
```

### 4．测试验证

我们来上机测试一下返回栈的结构指针是否必要，源码如下。

```
#include<stdio.h>
#include<stdlib.h>
typedef int datatype;
typedef struct node                //结点
{
    datatype data;
    struct node *next;             //链指针
} LinkStack;
LinkStack * PushLStack(LinkStack *top, datatype x);
LinkStack * PushLStack(LinkStack *top, datatype x)
{    LinkStack *p;
     p=(LinkStack *)malloc( sizeof(LinkStack));
     p->data=x;
     p->next=top;
     top= p;
     return top;
}
int main( )
{
     LinkStack   *topPtr;                      //栈顶指针
     topPtr=PushLStack(topPtr,'a');            //元素‘a’压栈
     topPtr=PushLStack(topPtr,'b');            //元素‘b’压栈
     return 0;
}
```

在图 3.28 中，注意 topPtr 指针定义时没有初始化，其值为一个随机数，编译时有一个告警“Warning C4700: local variable 'topPtr' used without having been initialized”。

```
int main( )
{
    LinkStack   *topPtr; //栈顶指针

    topPtr=PushLStack(topPtr,'a');//
    topPtr=PushLStack(topPtr,'b');//
    return 0;
}
```

Watch

| Name | Value |
| --- | --- |
| ⊟ topPtr | 0xcccccccc |
| data | CXX0030: Err |
| next | CXX0030: Err |

图 3.28　链栈进栈调试步骤 1

在图 3.29 中，进入 PushLStack 函数，注意，top 的值为 0xcccccccc。

```
LinkStack * PushLStack(LinkStack *top, datatype x )
{   LinkStack *p;
    p=(LinkStack *)malloc( sizeof(LinkStack));
    p->data=x;
    p->next=top;
    top= p;
    return top;
}
```

Watch

| Name | Value |
| --- | --- |
| topPtr | CXX0017: Err |
| ⊞ top | 0xcccccccc |
| x | 97 |

图 3.29　链栈进栈调试步骤 2

在图 3.30 中，调用 malloc，创建新结点 0x5e1780，元素赋值为 a（a 的 ASCII 码为 97）。

```
LinkStack * PushLStack(LinkStack *top, datatype x )
{   LinkStack *p;
    p=(LinkStack *)malloc( sizeof(LinkStack));
    p->data=x;
    p->next=top;
    top= p;
    return top;
}
```

Watch

| Name | Value |
| --- | --- |
| topPtr | CXX0017: Err |
| ⊞ top | 0xcccccccc |
| x | 97 |
| ⊟ p | 0x005e1780 |
| data | 97 |
| ⊞ next | 0xcccccccc |

图 3.30　链栈进栈调试步骤 3

在图 3.31 中，top 指向新结点 0x5e1780，然后返回 main。

```
LinkStack * PushLStack(LinkStack *top, datatype x )
{   LinkStack *p;
    p=(LinkStack *)malloc( sizeof(LinkStack));
    p->data=x;
    p->next=top;
    top= p;
    return top;
}
```

Watch

| Name | Value |
| --- | --- |
| topPtr | CXX0017: Err |
| ⊞ top | 0x005e1780 |
| x | 97 |
| ⊟ p | 0x005e1780 |
| data | 97 |
| ⊞ next | 0xcccccccc |

图 3.31　链栈进栈调试步骤 4

在图 3.32 中，main 中得到返回的 0x5e1780 地址。

```
int main( )
{
    LinkStack   *topPtr; //栈顶指针

    topPtr=PushLStack(topPtr,'a');//元素 'a' 压栈
    topPtr=PushLStack(topPtr,'b');//元素 'b' 压栈
    return 0;
}
```

Watch

| Name | Value |
| --- | --- |
| ⊟ topPtr | 0x005e1780 |
| data | 97 |
| ⊞ next | 0xcccccccc |
| top | CXX0017: Err |
| x | CXX0017: Err |
| p | CXX0017: Err |

图 3.32　链栈进栈调试步骤 5

图 3.33 是元素 b 压栈后链栈中的情形。

注意，栈底的 next 值为 0xcccccccc，不符合我们关于链表最后一个结点标志的约定，可以在首个元素 a 进栈时做一点改进，让栈顶指针 topPtr=NULL，即可将栈底的 next 值改为 0，如图 3.34 所示。

```
int main( )
{
    LinkStack   *topPtr; //栈顶指针

    topPtr=PushLStack(topPtr,'a');//元素 'a' 压栈
    topPtr=PushLStack(topPtr,'b');//元素 'b' 压栈
    return 0;
}
```

| Name | Value |
|---|---|
| ⊟ topPtr | 0x005e1740 |
| data | 98 |
| ⊟ next | 0x005e1780 |
| data | 97 |
| ⊞ next | 0xcccccccc |

图 3.33　链栈进栈调试步骤 6

```
int main( )
{
    LinkStack   *topPtr; //栈顶指针

    topPtr=PushLStack(NULL,'a');//元素 'a' 压栈
    topPtr=PushLStack(topPtr,'b');//元素 'b' 压栈
    return 0;
}
```

| Name | Value |
|---|---|
| ⊟ topPtr | 0x00551740 |
| data | 98 |
| ⊟ next | 0x00551780 |
| data | 97 |
| ⊞ next | 0x00000000 |

图 3.34　链栈进栈调试步骤 7

### 3.1.5.2　链栈的基本操作——出栈

在链栈栈顶位置删除结点。链栈出栈前后的状态变化如图 3.35 所示。

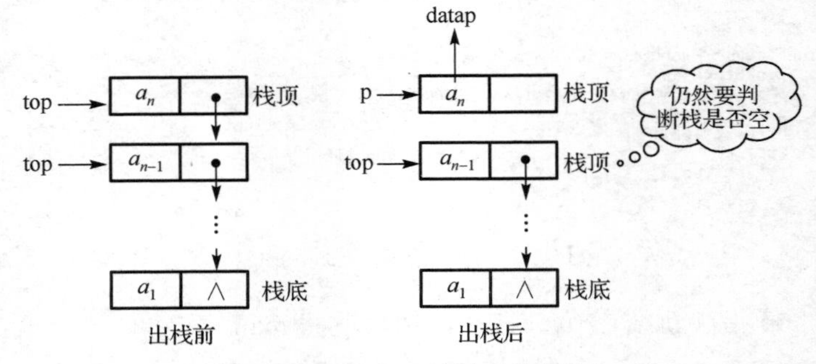


图 3.35　链栈出栈前后的状态

#### 1．函数结构设计及测试用例

相应内容见表 3.17 与表 3.18。

表 3.17　链栈的出栈操作样例

| 测试情形 | 输入/状态 | 预期结果 |
|---|---|---|
| 正常情形 | 栈非空 | 返回栈顶指针、栈顶元素值 |
| 异常情形 | 栈空 | 返回 NULL |

表 3.18　链栈的出栈操作函数结构设计

| 功能描述 | 输入 | 输出 |
|---|---|---|
| 出栈 PopLStack | 栈顶指针 LinkStack *<br>（栈顶元素值 datatype*） | 栈顶指针 LinkStack*<br>栈顶元素值 datatype* |
| 函数名 | 形参 | 函数类型 |

#### 2．算法伪代码描述

算法的伪代码描述见表 3.19。

表 3.19　链栈出栈操作伪代码描述

| 顶部伪代码 | 第一步细化 |
|---|---|
| 在链栈栈顶位置删除结点 | 若栈非空 |
| | 记录栈顶结点地址 p，元素值 datap |
| | 修改栈顶指针 top |
| | 释放结点 p |

### 3．程序实现

```
/*===================================================
函数功能：链栈的出栈操作
函数输入：栈顶指针、（出栈元素）
函数输出：栈顶指针
====================================================*/
LinkStack * PopLStack(LinkStack *top,   datatype *datap)
{       LinkStack *p;
        if ( top != NULL)
            {       *datap=top->data;
                     p=top;
                     top=top->next;
                     free(p);
            }
        return top;
}
```

**【思考与讨论】**

PopLStack 函数中栈空的情形可以一并处理吗？

**讨论：**栈空时返回的是 NULL，因此，栈空状态不用特别处理。

## 3.1.6　各种栈结构的比较

在时间和空间效率上对各种栈结构的比较列在图 3.36 中。

| | 时间效率 | 空间效率 |
|---|---|---|
| 顺序栈 | 所有操作都只需常数时间 | 顺序栈须长度固定 |
| 链式栈 | 链式栈在栈顶操作，效率很高 | 链式栈的长度可扩展，但增加结构性开销 |
| | 顺序栈和链式栈在时间效率上难分伯仲 | 实际应用中，顺序栈比链式栈用得更广泛些 |

图 3.36　各种栈结构的比较

顺序栈的缺点是栈满后不能再进栈，链栈不存在栈满问题（系统资源足够时）。

## 3.1.7　栈的应用举例

栈的操作具有“后进先出”的固有特性，使栈成为程序设计中的有用工具。凡应用问题求解的过程具有“后进先出”的特性，则求解的算法中必然要利用“栈”。本节将讨论栈的一些经典应用。

#### 3.1.7.1　数制转换

##### 1．问题描述

数制转换是指将一种进制的数转换为另一种进制的数，如十进制数到 $d$ 进制数的转换。十进制数 $N$ 和其他进制数 $d$ 的转换是计算机实现计算的基本问题，其解决方法很多，其中一个简单算法基于下列代码：

N=(n div d)*d + (n mod d)

其中，div 为整除运算，mod 为求余运算，n 为十进制数。

以十进制 1348 转换为 8 进制为例，转换步骤见图 3.37。

$(1348)_{10}=(2504)_8$

| 栈 | n | n div 8 | n mod 8 | |
|---|---|---|---|---|
| 2 | 1348 | 168 | 4 | ——取八进制的最低位 |
| 5 | 168 | 21 | 0 | ——取八进制的第二位 |
| 0 | 21 | 2 | 5 | ——取八进制的第三位 |
| 4 | 2 | 0 | 2 | ——取八进制的第四位 |

图 3.37　数制转换步骤

从转换步骤中可以看出，先求得的余数为结果的最低位，最后求出的余数为结果的最高位，即取结果顺序为求余数的顺序的逆序，符合栈的“先进后出”性质，故可用栈来实现数制转换。

**【思考与讨论】**

顺序栈与顺序表实现数制转换的区别是什么？

**讨论**：有人可能会说，这个题目用数组直接实现不也很简单吗？试一下利用数组重新写这个算法，就能体会到在这个算法中用栈的好处。

##### 2．代码实现

用栈实现数制转换程序如下。

```
//对于输入的任意一个非负十进制整数 n，打印输出与其等值的八进制数
/*=====================================================
函数功能：十进制转八进制
函数输入：栈结构地址、十进制数
函数输出：无
=====================================================*/
void conversion(SeqStack *S,int n)
{
    int e;
    while (n)
    {
        Push_SqStack(S,n%8);// "余数"入栈
        n = n/8;   //非零"商"继续运算
    }
```

```
        while (!StackEmpty_SqStack(S))     //栈非空，显示结果
        {
            Pop_SqStack(S,&e);
            printf("%d",e);
        }
    }
```

### 3. 测试

```
#include <stdio.h>
#define FALSE 0
#define TRUE 1
#include"stack.h"
int main()
{
    SeqStack s;
    initialize_SqStack(&s);   //构造空栈
    conversion(&s,1348);
    return 0;
}
```

程序结果：2504

## 3.1.7.2　栈实现函数递归的跟踪分析

### 1. 题目要求

对递归执行过程进行跟踪解析。

通过跟踪一个具体的递归程序，分析函数递归调用时系统栈的作用及其中元素的变化。（注：调试时 Call Stack 的查看，在调试环境 View→Debug Windows→Call Stack 中。）

### 2. 题目设计

递归实现：实现等差级数 1+2+3+…+value 的求和。

递归的两个要素如下。

（1）递归边界条件：iterate=value，　　　　　　当 value=1 时

（2）递归继续条件：iterate=value+iterate(value-1)，　　当 value>1 时

### 3. 程序实现

```
int iterate(int value);
int sum;
int main()
{
    int v;
    v= iterate(4);
    return 0;
}
int iterate(int value)
{
    if(value == 1) return TRUE;
```

```
        return sum=value + iterate(value -1);
    }
```

### 4．调试分析

iterate 函数执行过程见图 3.38。

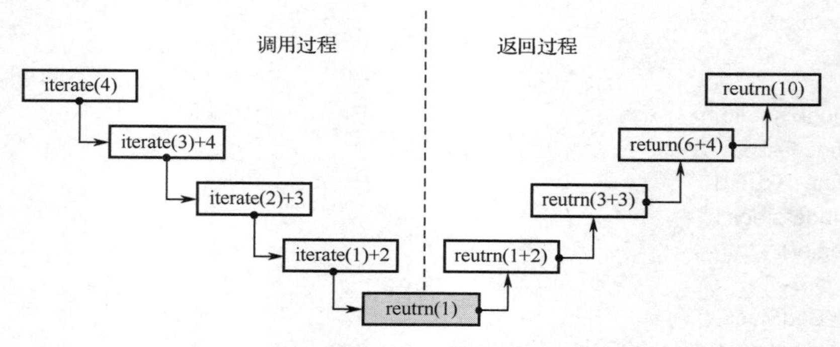


图 3.38　递归函数执行过程

iterate 调用前的状态如图 3.39 所示。

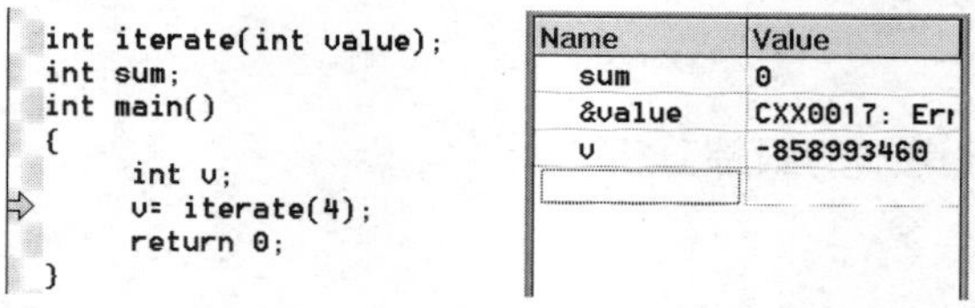

```
int iterate(int value);
int sum;
int main()
{
     int v;
     v= iterate(4);
     return 0;
}
```

| Name | Value |
| --- | --- |
| sum | 0 |
| &value | CXX0017: Err |
| v | -858993460 |

图 3.39　iterate 调用前

首次调用 iterate(4)，value=4，value 地址为 0x12ff2c，如图 3.40 所示。

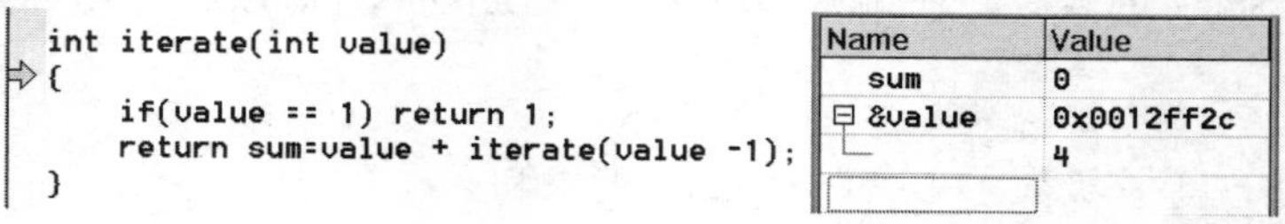

```
int iterate(int value)
{
    if(value == 1) return 1;
    return sum=value + iterate(value -1);
}
```

| Name | Value |
| --- | --- |
| sum | 0 |
| &value | 0x0012ff2c |
| | 4 |

图 3.40　value=4，value 地址为 0x12ff2c

调用 iterate(4-1)，value=3，value 地址为 0x12fed4。注意，此时 value 为 3 的地址与 value 为 4 的地址是不一样的，如图 3.41 所示。

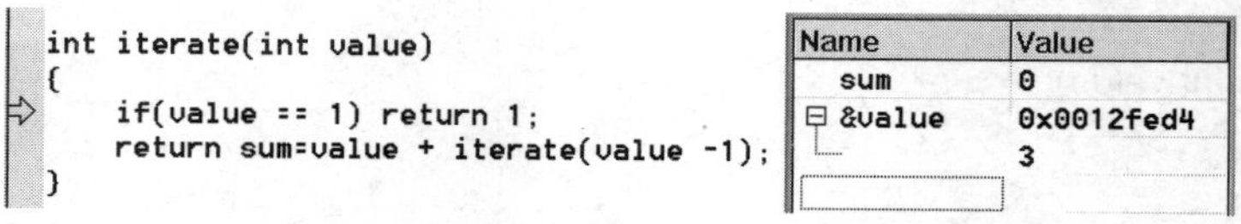

```
int iterate(int value)
{
    if(value == 1) return 1;
    return sum=value + iterate(value -1);
}
```

| Name | Value |
| --- | --- |
| sum | 0 |
| &value | 0x0012fed4 |
| | 3 |

图 3.41　value=3，value 地址为 0x12fed4

调用 iterate(3-1)，value=2，value 地址为 0x12fe7c，如图 3.42 所示。

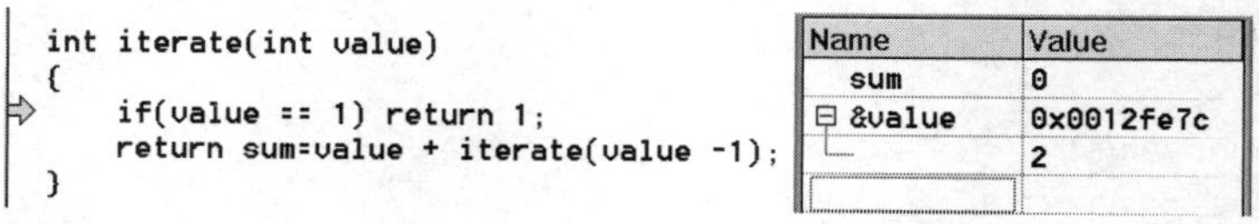

```
int iterate(int value)
{
    if(value == 1) return 1;
    return sum=value + iterate(value -1);
}
```

| Name | Value |
| --- | --- |
| sum | 0 |
| &value | 0x0012fe7c |
| | 2 |

图 3.42　value=2，value 地址为 0x12fe7c

调用 iterate(2-1)，value=1，value 地址为 0x12fe24，如图 3.43 所示。

```
  int iterate(int value)
  {
⇨     if(value == 1) return 1;
      return sum=value + iterate(value -1);
  }
```

| Name | Value |
|---|---|
| sum | 0 |
| ⊟ &value | 0x0012fe24 |
| └ | 1 |

图 3.43　value=1，value 地址为 0x12fe24

value=1，Call Stack 的情形，如图 3.44 所示。

```
⇨ iterate(int 1) line 13
  iterate(int 2) line 15 + 12 bytes
  iterate(int 3) line 15 + 12 bytes
  iterate(int 4) line 15 + 12 bytes
  main() line 8 + 7 bytes
  mainCRTStartup() line 206 + 25 bytes
  KERNEL32! 7c81776f()
```

Watch

| Name | Value |
|---|---|
| sum | 0 |
| ⊟ &value | 0x0012fe24 |
| └ | 1 |

图 3.44　value=1，Call Stack 的情形

sum=value+iterate(2-1)执行前，value=2，iterate(1)=1，如图 3.45 所示。

```
  int iterate(int value)
  {
      if(value == 1) return 1;
⇨     return sum=value + iterate(value -1);
  }
```

| Name | Value |
|---|---|
| sum | 0 |
| ⊟ &value | 0x0012fe7c |
| └ | 2 |

图 3.45　value=2，return 执行前

sum=value+iterate(2-1)执行后，sum=3，如图 3.46 所示。

```
  int iterate(int value)
  {
      if(value == 1) return 1;
      return sum=value + iterate(value -1);
⇨ }
```

| Name | Value |
|---|---|
| sum | 3 |
| ⊟ &value | 0x0012fe7c |
| └ | 2 |

图 3.46　value=2，return 执行后，iterate(2)=3

sum=value+iterate(2-1)执行后，iterate(2)退出前，Call Stack 的情形，如图 3.47 所示。

```
⇨ iterate(int 2) line 16
  iterate(int 3) line 15 + 12 bytes
  iterate(int 4) line 15 + 12 bytes
  main() line 8 + 7 bytes
  mainCRTStartup() line 206 + 25 bytes
  KERNEL32! 7c81776f()
```

Watch

| Name | Value |
|---|---|
| sum | 3 |
| ⊟ &value | 0x0012fe7c |
| └ | 2 |

图 3.47　value=2，Call Stack 的情形

sum=value+iterate(3-1)执行前，value=3，iterate(2)=3，如图 3.48 所示。

```
  int iterate(int value)
  {
      if(value == 1) return 1;
⇨     return sum=value + iterate(value -1);
  }
```

| Name | Value |
|---|---|
| sum | 3 |
| ⊟ &value | 0x0012fed4 |
| └ | 3 |

图 3.48　value=3，return 执行前

sum=value+iterate(3-1)执行后，sum=6，如图 3.49 所示。

```
int iterate(int value)
{
    if(value == 1) return 1;
    return sum=value + iterate(value -1);
}
```

| Name | Value |
| --- | --- |
| sum | 6 |
| &value | 0x0012fed4 |
| | 3 |

图 3.49　value=3，return 执行后，iterate(3)=6

sum=value+iterate(3-1)执行后，iterate(3)退出前，Call Stack 的情形，如图 3.50 所示。

```
iterate(int 3) line 16
iterate(int 4) line 15 + 12 bytes
main() line 8 + 7 bytes
mainCRTStartup() line 206 + 25 bytes
KERNEL32! 7c81776f()
```

Watch

| Name | Value |
| --- | --- |
| sum | 6 |
| &value | 0x0012fed4 |
| | 3 |

图 3.50　value=3，Call Stack 的情形

sum=value+iterate(4-1)执行前，value=4，iterate(3)=6，如图 3.51 所示。

```
int iterate(int value)
{
    if(value == 1) return 1;
    return sum=value + iterate(value -1);
}
```

| Name | Value |
| --- | --- |
| sum | 6 |
| &value | 0x0012ff2c |
| | 4 |

图 3.51　value=4，return 执行前

sum=value+iterate(4-1)执行后，sum=10，如图 3.52 所示。

```
int iterate(int value)
{
    if(value == 1) return 1;
    return sum=value + iterate(value -1);
}
```

| Name | Value |
| --- | --- |
| sum | 10 |
| &value | 0x0012ff2c |
| | 4 |

图 3.52　value=4，return 执行后，iterate(4)=10

sum=value+iterate(3-1)执行后，iterate(4)退出前，Call Stack 的情形，如图 3.53 所示。

```
iterate(int 4) line 16
main() line 8 + 7 bytes
mainCRTStartup() line 206 + 25 bytes
KERNEL32! 7c81776f()
```

Watch

| Name | Value |
| --- | --- |
| sum | 10 |
| &value | 0x0012ff2c |
| | 4 |

图 3.53　value=1，Call Stack 的情形

返回主函数的情形，见图 3.54 所示。

```
int iterate(int value);
int sum;
int main()
{
    int v;
    v= iterate(4);
    return 0;
}
```

| Name | Value |
| --- | --- |
| sum | 10 |
| &value | CXX0017: Er |
| v | 10 |

图 3.54　iterate(4)调用完毕

### 4. 结论

通过递归函数的跟踪可知，递归调用是一个逐步深入到边界条件再逐步返回的过程。系

统在每一次的函数调用中都保留了形式参数，在返回时再将对应层级的形参取回。

#### 3.1.7.3　表达式求值

在源程序编译中，若要把一个含有表达式的赋值语句翻译成正确求值的机器语言，首先应正确地解释表达式，它的实现方法是栈的一个典型的应用实例。

##### 1. 算数表达式的概念

**【知识 ABC】算术表达式的表示方法**

表达式可以有三种不同的表示方法，根据运算符的不同位置命名：前缀表达式、中缀表达式、后缀表达式。

设　Exp = <u>S1</u>　OP　<u>S2</u>

其中，Exp 意为表达式，<u>S1</u>、<u>S2</u> 为操作数，OP 为运算符，则

- OP　<u>S1</u>　<u>S2</u>　　为前缀表示法
- <u>S1</u>　OP　<u>S2</u>　　为中缀表示法
- <u>S1</u>　<u>S2</u>　OP　　为后缀表示法

例如，Exp = a*b+(c−d/e)*f 对应的三种表达式分别为

- 前缀表达式：　+*ab*−c/def
- 中缀表达式：　a*b+(c−d/e)*f
- 后缀表达式：　ab*cde/−f*+

各种表达式的特点：操作数之间的相对位置不变；运算符的相对次序不同。

前缀式的运算规则：连续出现的两个操作数和在它们之前且紧靠它们的运算符构成一个最小表达式。

后缀式的运算规则：每个运算符和在它之前出现且紧靠它的两个操作数构成一个最小表达式。

在计算机中，用前缀和后缀表达式可以简化运算过程。

##### 2. 后缀表达式的计算方法

简单起见，这里只考虑操作数为一位整数的情形。

表达式 1 + ( 5 − 6 / 2 ) * 3 对应的后缀表达式为 1 5 6 2 / − 3 * + #。

注：为运算方便，在后缀表达式最后加一个结束标志“#”。

（1）算法设计

通过表 3.20 可以看出，后缀表达式求值的运算要用到一个存放后缀表达式的数组，一个存放操作数的栈。其实现过程就是从头至尾扫描数组中的后缀表达式，先找运算符再找操作数，具体算法见图 3.55。

表 3.20　后缀表达式运算过程

| 运算符 | 操作数 | | 结果 | 后缀表达式变化 | 说明 |
|---|---|---|---|---|---|
| / | 6 | 2 | 6/2=3 | 1 5 3 − 3 * + # | 5 后面的 3 是 6/2 的结果 |
| − | 5 | 3 | 5−3=2 | 1 2 3 * + # | 1 后面的 2 是 5−3 的结果 |

续表

| 运算符 | 操作数 | | 结果 | 后缀表达式变化 | 说明 |
|---|---|---|---|---|---|
| * | 2 | 3 | 2*3=6 | 1 6 + # | 1 后面的 6 是 2*3 的结果 |
| + | 1 | 6 | 7 | 7# | 7 是 1+6 的结果 |

| 从左到右扫描后缀表达式 | 遇到操作数压栈 |
|---|---|
| | 遇到运算符，弹栈两次取数运算，结果压栈 |
| | 遇到#，弹栈取出运算结果，结束 |

图 3.55　后缀表达式运算算法

说明：弹栈两次取数，先出栈的数在运算符的右边，后出栈的放到运算符左边。

（2）函数结构设计

函数结构设计见表 3.21。

表 3.21　后缀表达式计算函数结构设计

| 功能描述 | 输入 | 输出 |
|---|---|---|
| 后缀表达式求值 value | 后缀表达式数组 char<br>（运算结果 int *） | 运算结果 int * |
| 函数名 | 形参 | 函数类型 |

（3）程序代码描述

```
/*========================================================
函数功能：后缀表达式求值
函数输入：后缀表达式数组（运算结果）
函数输出：无
========================================================*/
void value(char suffix[ ],int *c)
{
	char *p,ch,a,b;
	InitStack(S);                    //初始化栈 S
	p=suffix;
	ch=*p;                           //取表达式中的字符
	while (ch!='#')                  //表达式未结束
	{
		if (!isoperator(ch))         //判断 ch 非运算符
		{
			push(S,ch);              //将操作数压栈
		}
		else
		{	pop(S,a);                //弹栈取操作数 a
			pop(S,b);                //弹栈取操作数 b
			push(S,operate(a,ch,b))      //a 与 b 的计算结果压栈
		}
	}
```

```
        pop(S,*c);                              //计算结果赋给 c
    }
```

注：程序中的压栈（push）、弹栈（pop）等操作是一般性的表达，具体运行时可以换成顺序栈或链栈的相关函数。判断运算符函数 isoperator(char ch)和计算表达式值函数 operate(int a，char ch，int b)在此并未给出源码，感兴趣的读者可以自行实现。

在编译系统中，常把中缀表达式转换成后缀表达式，然后对后缀式表达式进行处理。后缀表达式也称为逆波兰式。

（4）结论

通过后缀表达式的计算方法，我们可以看到其优点如下：

- 没有括号。
- 不存在优先级的差别。
- 计算过程完全按照运算符出现的先后次序进行。

基于栈的操作特性，后缀表达式求值法没有括号也很容易区分运算的顺序，因此这种后缀表达式法被大量使用。

# 3.2　队列——按先进先出方式管理的线性表

队列是指排队等待的序列。当服务请求数超过最佳服务能力时，需要用到队列。日常生活中的“队列”和数据结构中的“队列”含义是一样的，“队列”示意图见图 3.56。

图 3.56　“队列”示意图

## 3.2.1　队列处理模式的引入

计算机中的数据队列一般用于数据缓存，可以用来平衡处理速率不同的两个部件，使快速部件无须等待慢速部件。下面我们看计算机队列处理模式的几个实际例子。

### 3.2.1.1　计算机中数据的异步处理

#### 1．电子商务系统中的缓冲队列

在电子商务网站的订单处理系统中，峰值订单率可能是平均订单率的 2～3 倍。订单处理系统必须具有处理峰值负载的能力，因此大数据量处理能力在很大一部分时间内都是闲置的。如果订单处理系统中的发货任务用队列缓冲（即把发货订单按先来后到的顺序存放到一个称为缓冲区的计算机存储区中，并不实时处理），则发货系统无须具有处理峰值订单负载的能力，如果在出现峰值时对异步任务进行排队并在空闲时执行（异步相对同步而言，异步任务指接收到但并不立即处理的事务），将显著提高系统的处理效率。如图 3.57 所示。

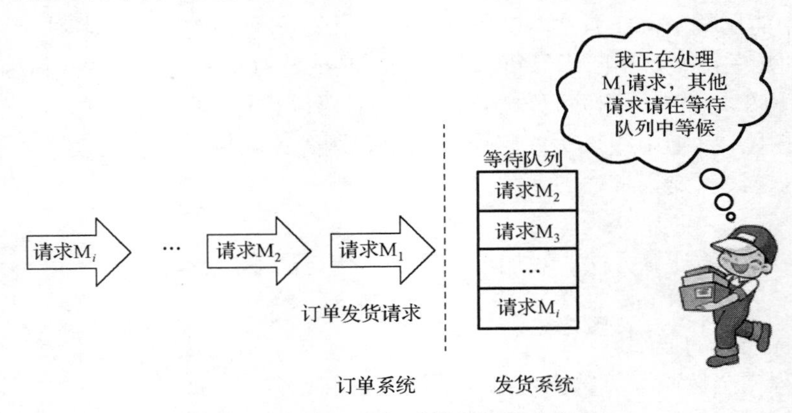


图 3.57　电子商务系统中的缓冲队列

异步处理可以理解为先受理，待有空再逐步处理。异步处理的优势是处理工作可以在资源（如 CPU 时间、内存空间等）可用时再完成。在多数大型系统中，许多处理事务都可以通过异步方式完成。

**2．邮件服务器中的邮件队列**

一般来说，邮件服务器接收到客户端提交过来的邮件会立即发送，但当出现故障，如线路中断或目的域不可达时，邮件服务器就会将该邮件转入邮件队列，等待一段时间再尝试发送。

从数据结构的角度看，队列是信息的线性表，它的访问次序是先进先出（First In First Out，FIFO），也就是说，置入队列中的第一个数据项将是从队列中第一个读出的数据项，置入的第二项将是读出的第二项，以此类推。这是队列所允许的唯一存取操作，其他随机访问是不允许的。这种数据结构保证对数据资源的请求严格按照先后顺序进行，因而可用于对事件的调度并起到 I/O（Input / Output）缓冲的作用。

### 3.2.1.2　杨辉三角形的队列解法

著名的杨辉三角形形式如下：

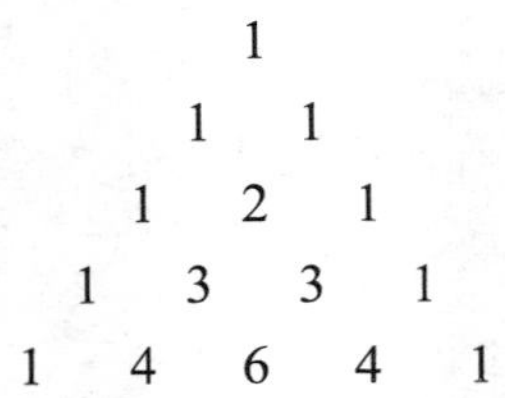


杨辉三角形是由二项式$(a+b)^n$（$n$=1,2,3,…）展开后各项的系数排成的三角形，它的特点是左右两边全是 1，从第二行起，中间的每个数是上一行中相邻两个数之和。编程输出几行杨辉三角形。

这个题目常用于程序设计的练习，解法多样，下面用队列先进先出的思路来解这道题。

### 1．算法描述

如图 3.58 所示，为运算方便，在每行之间插入一个 0 作为行的分隔标记，形成的系数序列存在数组 queue[]中。

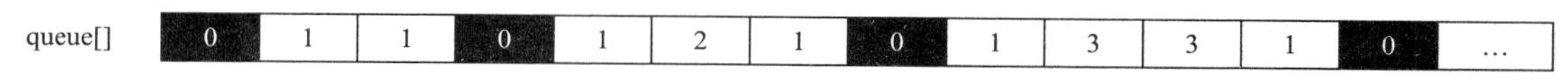


图 3.58　杨辉三角形存放在数组中

在图 3.59 中，设 front 指向要求和的两个数中后一个数的位置（图中以 f 表示），rear 指向和数放置的位置（图中以 r 表示）。

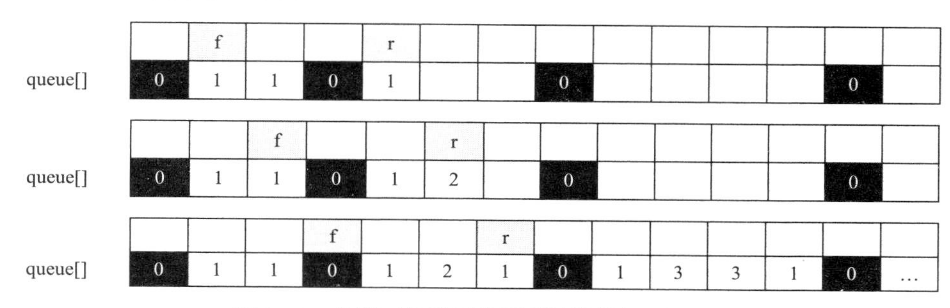


图 3.59　杨辉三角形新数据项的计算规则 1

情形处理条件如下。

一般情形：queue[rear]= queue[front-1]+ queue[front]
特殊情形：若(queue[front]==0)　则 queue[++rear]=0

一般情形中，每计算一个新的系数，序列指针 front 向后移一位；每填入一个新系数， rear 指针向后移动一位，这个过程和队列的处理过程是一样的，即在数组头部处理信息，之后结点出队，新填入的数据排在队列尾部。添加分隔符 0 是一种特殊情形，见图 3.60，此时 front 不移动，rear 后移一位。随着填入数据的不断增加，front 与 rear 的相对距离逐渐加大，即入队速度大于出队速度。

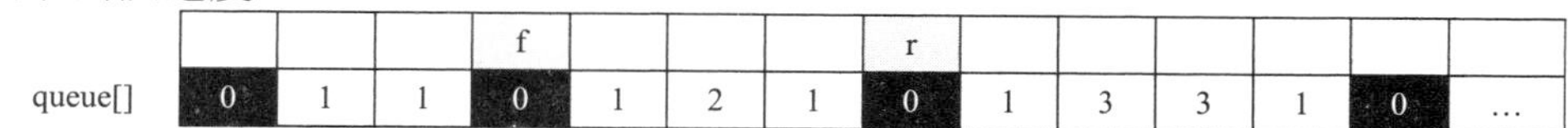


图 3.60　杨辉三角形新数据项的计算规则 2

### 2．程序实现

```
#include <stdio.h>
int main()
{
	int n=33;
	int queue[49]={0,1,1,0};			// 0 为行分隔标记
	int front=1,rear=4;				// front：当前元素所在位置；rear：将要入队元素位置

	for (int i=0; i<n; i++)
	{
		queue[rear]=queue[front-1]+queue[front];	//在队尾插入两个元素和
		printf ("%d ", queue[rear]);
```

```
            rear++;
            if (queue[front]==0)        //遇到行分隔标记
            {
                queue[rear]=0;          //添加分隔标记
                rear++;
                printf ("\n");          //输出换行符
            }
            front++;                    //队头指针后移
        }
        return 0;
    }
```

**结果**

```
1 2 1
1 3 3 1
1 4 6 4 1
1 5 10 10 5 1
1 6 15 20 15 6 1
1 7 21 35 35 21 7 1
```

在这个例子中，front 指向的是即将要处理的数据，处理后的结果放入 rear 指向的序列尾部，作为新入队的数据。整个数据处理过程模型即是一个队列的形式。

## 3.2.2　队列的逻辑结构

由前面的两个队列引例，可以总结出队列的逻辑结构。

数据结构中的队列把一个一个的结点按照某种顺序排列，其处理过程和日常生活中的队列是一样的。队列规则如下。

- 排列顺序：结点排成一队，后来结点的排在队尾。
- 处理过程：在队头处理事件；队列中存在元素则一直处理，直至队空或发生中断事件。

### 1．队列的定义

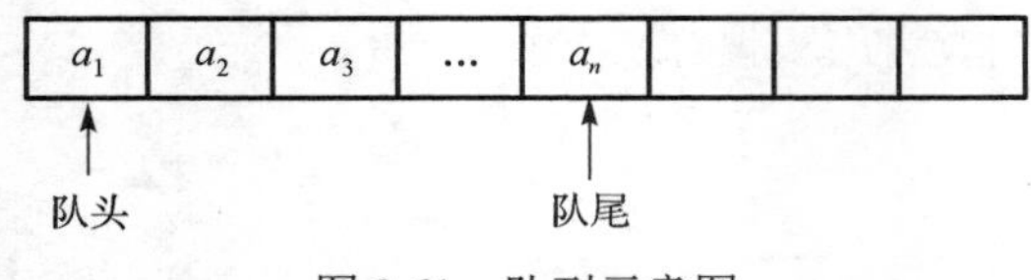


图 3.61　队列示意图

队列（Queue）是只允许在一端进行插入操作、在另一端进行删除操作的线性表。在图 3.61 中，删除端称为队头，插入端称为队尾。

与栈的不同之处在于，队列是一种先进先出（FIFO）的线性表；与栈相同的是，队列也是一种重要的线性结构。

### 2．队列的基本操作

根据队列的定义，队列的基本操作如下。

- 置空队列：将已有队列置空。
- 判空操作：若队列为空，则返回的值为 1，否则为 0。
- 出队操作：当队列非空时，返回队列头元素的值，修改队列头指针。
- 入队操作：将结点插入队尾，修改队尾指针。

● 取队头元素操作：当队列非空时，返回队列头元素的值，但不删除队列头元素。

## 3.2.3 队列的顺序存储结构

实现一个队列同样需要顺序表或链表作为基础。本节讨论队列的顺序结构。

### 3.2.3.1 顺序队列定义

队列的顺序存储结构称为顺序队列（Sequential Queue）。

顺序队列实际上是运算受限的顺序表。和顺序表一样，顺序队列必须用一个向量空间存放当前队列中的元素。

### 3.2.3.2 顺序队列结构设计方案

在设计队列结构前讨论一下队列状态的标示问题。

#### 1. 队列标示参数的设置问题

**问题：** 要对一个队列的变化状态进行标示，至少需要几个参数？见图 3.62。

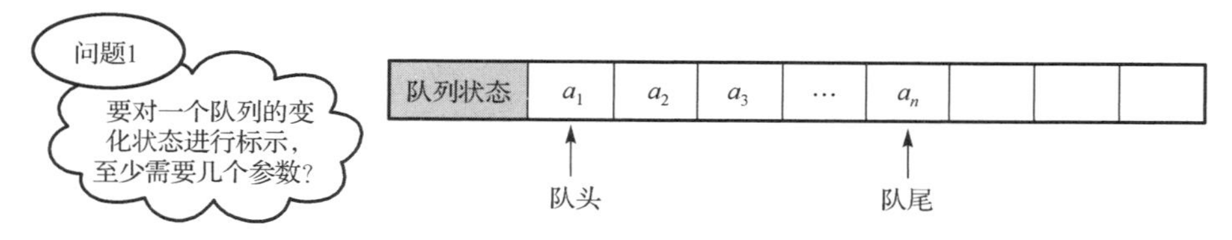


图 3.62 队列结构设计问题 1

**讨论：** 从图 3.62 中可以看到，队头和队尾元素都会发生变化，出队和入队操作是相互独立的，因此，设置队头、队尾两个指针来标示队列的变化状态是合理的。

#### 2. 队头队尾的位置问题

**问题：** 队头指针、队尾指针究竟指向什么位置合适？见图 3.63。

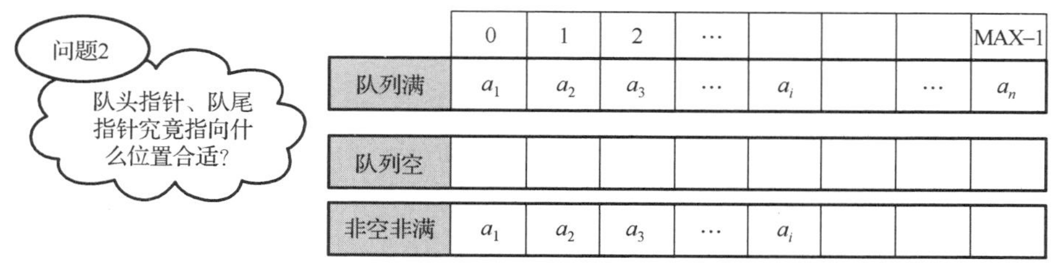


图 3.63 队列结构设计问题 2

**讨论：** 从图 3.61 中我们直观地看，队头指针指向队列的第一个元素 $a_1$，队尾指针指向最后一个元素 $a_n$ 应该是可以的，但这样的规则是否可行，要经过测试才能下结论。如何测试呢？要考虑队列所有可能的状态，队头队尾指针都能进行合理清晰的标示，这时我们才可以说这个规则是可行的。从本质上看，检验规则的可行性，和对程序做测试的思想方法是一样的。

我们首先查看队列元素出队情形，见图 3.64。头指针设为 front，尾指针为 rear。$a_1$、$a_2$ 元素先后出队，front 分别向后移动一个单元的位置，由此产生又一个问题。

### 3. 出队元素的处理问题

**问题：** 已经出队的元素是否需要删除？见图 3.64。

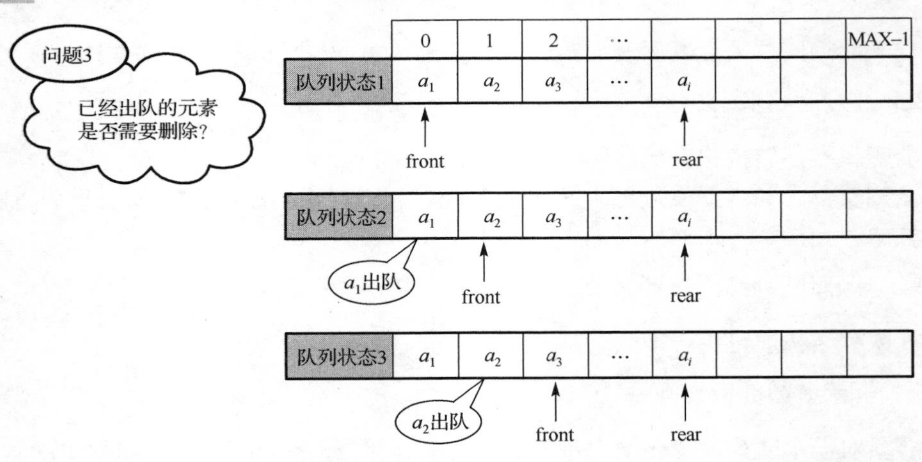


图 3.64 队列元素出队情形

**讨论：** 因为队头元素的位置是由 front 标出的，所以 $a_1$ 和 $a_2$ 的值不需要删除。由此我们得到第一个结论。

【顺序队列结论 1】顺序队列中已经出队的元素不需要删除。

图 3.65 所示的队列元素入队情形中，rear 指针指向顺序表的最后一个位置，元素值为 $a_m$，这时如果有元素 $a_{m+1}$ 入队，则产生第 4 个问题——假溢出。

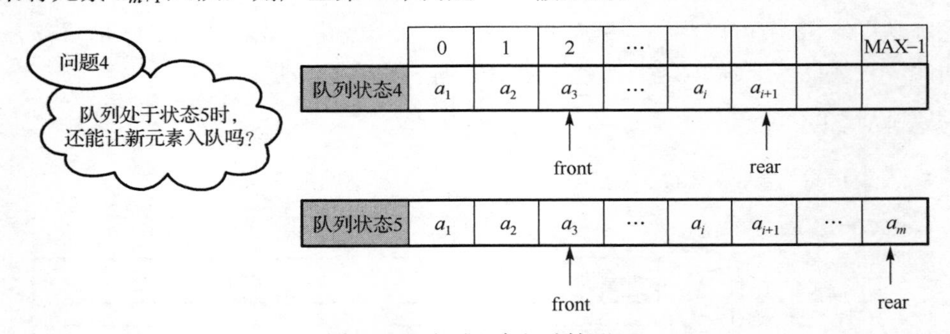


图 3.65 队列元素入队情形 1

【名词解释】假溢出

假溢出也叫假上溢，由于队列只能在一端插入、另一端删除，因此随着入队及出队运算的不断进行，就会出现一种有别于栈的情形：队列在数组中不断地向队尾方向移动，而在队首的前面产生一片不能利用的空闲存储区，导致当尾指针指向数组最后一个位置（即 rear= MAX−1）而不能再加入元素时，存储空间的前部却有一片存储区无端浪费，这种现象称为“假溢出”。

### 4. 新元素入队问题

**问题：** 假溢出时，还能让新元素入队吗？见图 3.65。

**讨论：** 假溢出时，即使队列全空，也不能有元素入队，则这样的队列只能使用一次，所以从原理上看这种队列的使用方式是不合理的，合理的设计应该是让新入队的元素 $a_{m+1}$ 可以放到空闲区域。放置的方法有两种：

- 将队列中的所有元素均向低地址区移动，显然这种方法是很浪费时间的。
- 将数组存储区看成是一个首尾相接的环形区域。当存放到 MAX−1 地址时，下一个地址“翻转”为 0，如图 3.66 所示。

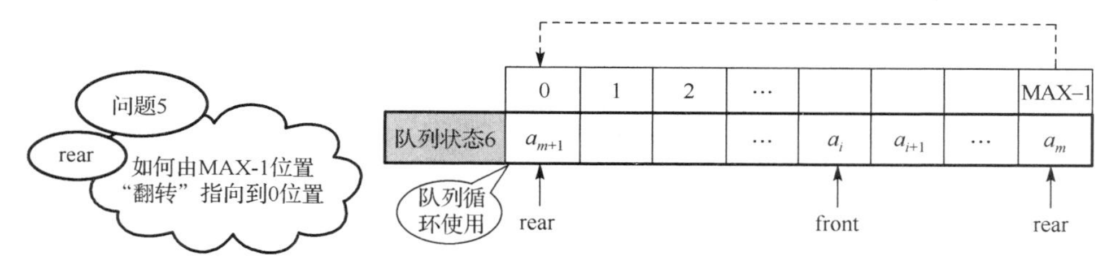


图 3.66 队列元素入队情形 2

我们采用第二种方式来处理队列空间的重复使用问题，在结构上采用这种技巧来存储的队列称为循环队列。显然，循环队列元素的空间可以被重复利用，除非向量空间真的被队列元素全部占用，否则不会上溢。因此，除一些简单的应用外，真正实用的顺序队列是循环队列。由此得到第二个结论。

【顺序队列结论 2】顺序队列的存储空间应是循环使用的。

由上面对 rear 的讨论，产生第 5 个问题。

### 5. 队列指针的翻转问题

**问题**：rear 指针如何实现“翻转”？

**讨论**：rear 指针“翻转”有两种方法来实现。

方法一：

```
if (i+1==MAX) i=0;   // i 表示 front 或 rear
else   i++;
```

方法二：利用“模运算”

```
i=(i+1) % MAX
```

利用模运算的特点，在对数组的下标进行“加”的移动时，就可以加上模数组长度的限制，而不用每次都去判断下标是否出界，这样就简化了运算。到此得到第三个结论。

【顺序队列结论 3】循环队列头尾指针的计算规则。

rear=(rear+1) mod 表长

front=(front+1) mod 表长

注：mod 表示求余运算，C 语言中的运算符为%。

我们前面讨论了队列非空非满状态时队列循环使用的问题，下面讨论队列满与空的特例情形。

假设队列元素按照头出尾进的规则变化到某一个时刻，有图 3.67 所示的情形发生，此时队列是满状态。我们可以把当前头尾指针的关系定为队列满的条件。

队满条件：rear+1=front

下面再讨论队空的情况，从队空前队列还有一个元素的状态开始查看，见图 3.68，此时头、尾指针指向同一个位置，最后一个元素出队时，front 指针将指向 rear 后一位的位置，即此时两个指针的关系为 rear+1==front，这和前面讨论的队满条件一样。这样，只通过 rear 和

front 二者的关系就无法区分是队满还是队空。

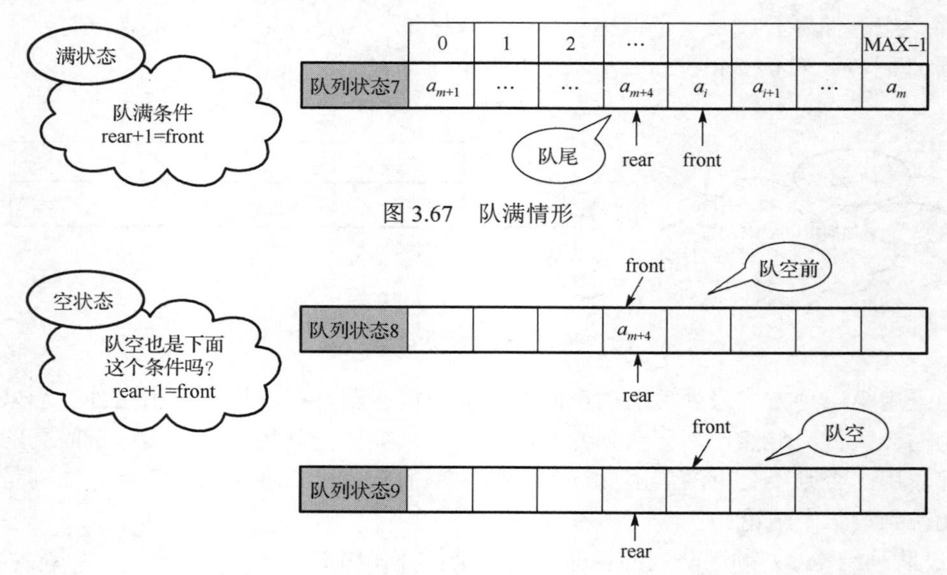


图 3.67　队满情形



图 3.68　队空情形讨论

由此可以看到，若头、尾指针分别指向队头的第一个元素和队尾的最后一个元素，则只用两个指针来描述队列状态的设计方案是不可行的。由此产生下面的问题。

### 6．队空队满条件问题

**问题：** 判断队满、队空的条件一样行不行？

**讨论：** 再加上另外的条件后也是可以的。例如，另设一个标记以区别队列的空和满，使用一个计数器记录队列中元素的总数等。但是，另加判断条件的做法会增加程序的工作量，由此提出下面的问题。

### 7．队列状态的标示问题

**问题：** 只用 front、rear 两个指针来标示队列状态可以吗？

**讨论：** 如果只用两个指针做标示，则要让队空队满条件不一样才可能实现上述要求。

在图 3.69 中，

（1）队空、队满的状态都是 rear+1=front。

（2）我们可以尝试把队空条件改为 rear=front。

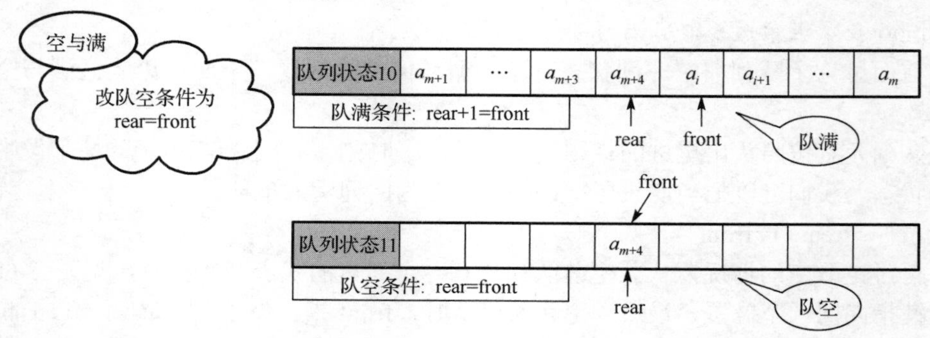


图 3.69　队空队满情形讨论 1

（3）若 rear=front 时队列即处于"清空"的状态，则在此前入队的元素 $a_{m+4}$ 就不应在队列中，即 $a_{m+4}$ 不能入队，那么在队满时 $a_{m+4}$ 也不存在，如图 3.70 所示。

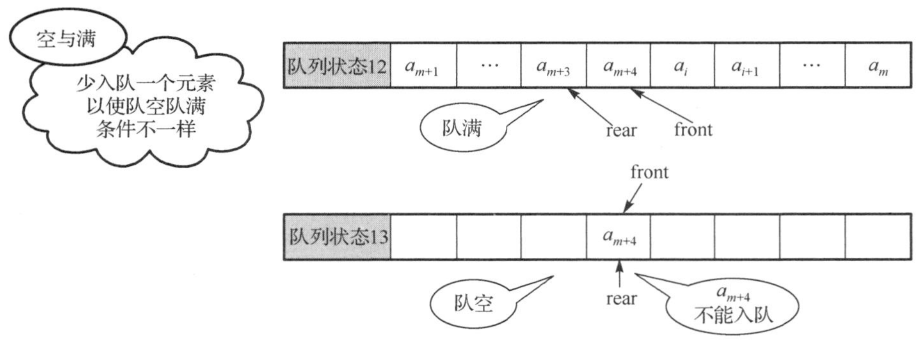


图 3.70　队空队满情形讨论 2

（4）为了让队满条件 rear+1=front 依然成立，rear 和 front 都要向前移动一位，即 rear 指针指向队尾元素，front 指向队头元素的前一个位置。这样，队满时，front 指向的单元虽空但不能用，目的是让队满、队空条件不一样。

### 8．方案测试

**问题：**规定 rear 指针指向队尾元素，front 指向队头元素的前一个位置，这样只用两个指针就可以标示队列的所有变化状态吗？

**讨论：**我们可以做一个验证测试。队满状态如图 3.70 所示，队空前情形如图 3.71 所示，队头元素 $a_{m+3}$ 出队，队空，front 指针后移一位，此时 rear=front。

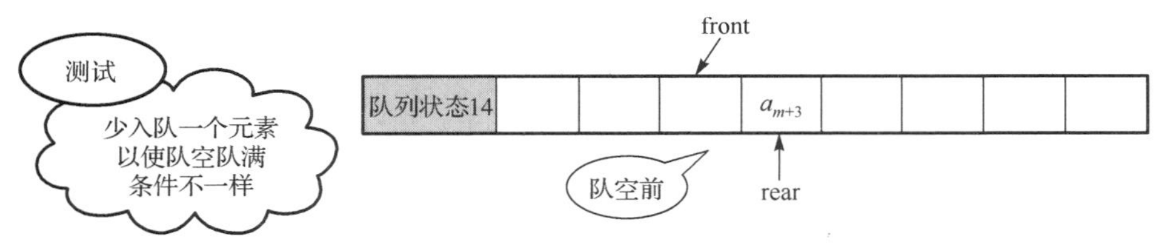


图 3.71　队空情形讨论

### 9．结论

到此，我们完整地给出了问题"队头指针、队尾指针究竟指向什么位置合适"的答案，我们可以总结出第 4 个结论。

【顺序队列结论 4】

（1）循环队列头指针指向队列第一个元素的前一个位置。

（2）尾指针指向队列的最后一个元素的位置。

（3）队列少用一个元素的空间，从而达到使队空、队满条件不一样的目的。

**【思考与讨论】**

循环队列的头指针指向队头元素，尾指针指向队尾元素的下一个位置是否也可以？

**讨论：**这种情况和结论 4 中头尾指针的位置设计是类似的，见图 3.72，队满条件是一样的，可以推出，二者的队空条件也一样，故这种头尾指针的位置设置方案也是可行的。

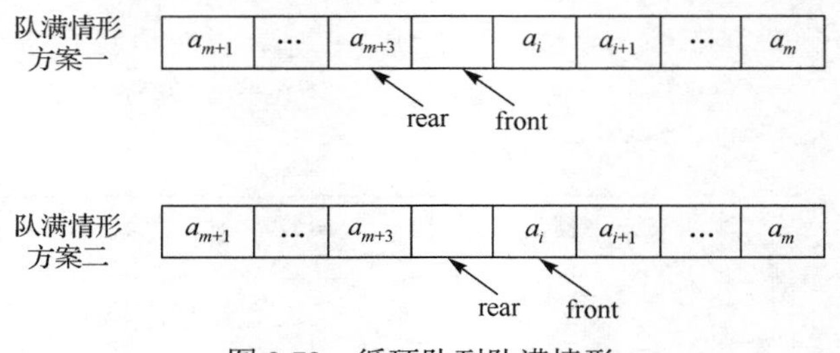


图 3.72　循环队列队满情形

### 3.2.3.3　顺序队列结构及操作规则

队列的顺序存储结构称为顺序队列，顺序队列实际上是运算受限的顺序表，和顺序表一样，顺序队列必须用一个向量空间存放当前队列中的元素。顺序队列空间是以循环的方式使用的，我们将这种队列称为循环队列。队列的顺序存储类型定义及使用规则见图 3.73。

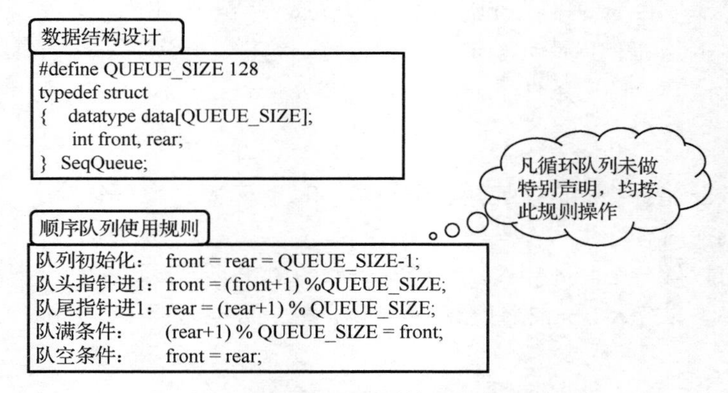


图 3.73　循环队列结构及操作规则

除了初始情形，队空、队满发生在这两种情况下：若 front 变化快于 rear ，则会产生空队列；若 rear 变化快于 front，则将产生满队列。

### 3.2.3.4　循环队列溢出情形的讨论

以杨辉三角的队列解法为例进行解析。设队列 queue 的长度为 $M$，入队元素个数为 $n$。

#### 1．非循环队列，$M$=42，$n$=50

在队列引例 2——杨辉三角形的队列解法中，队列 queue 没有循环使用，若 queue 数组的长度与入队元素个数 $n$ 之间设置不当，则数组 queue 有越界的危险。下面我们先来通过跟踪观察这种越界的情形。

在图 3.74 中，设 front 指向要求和的两个数中后一个数的位置（图中以 f 表示），rear 指向和数将放置的位置（图中以 r 表示）。

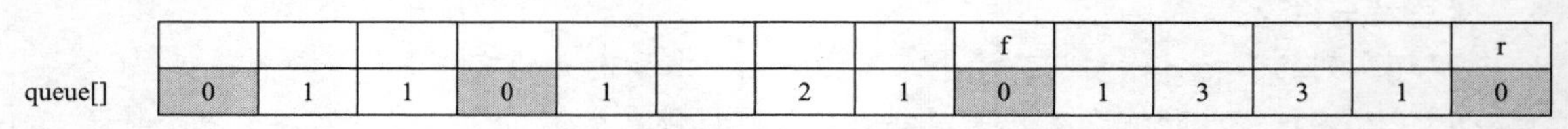


图 3.74　队列引例 2——杨辉三角形的队列解法

图 3.75 是 rear=41、queue[rear]将写入时的情形，其单元值为 0。

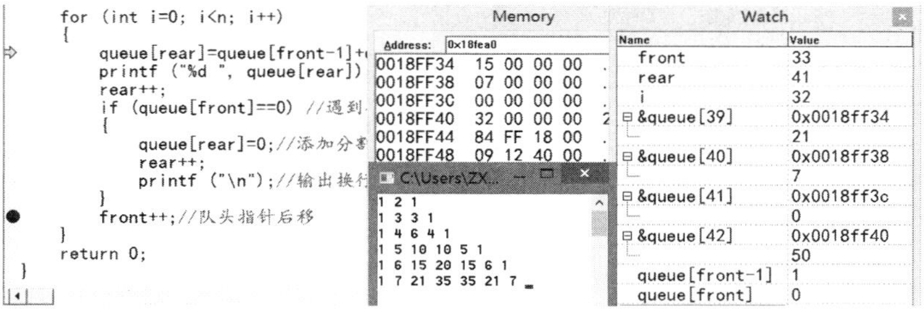

```
for (int i=0; i<n; i++)
{
    queue[rear]=queue[front-1]+
    printf ("%d ", queue[rear])
    rear++;
    if (queue[front]==0) //遇到
    {
        queue[rear]=0;//添加分割
        rear++;
        printf ("\n");//输出换行
    }
    front++;//队头指针后移
}
return 0;
}
```

Memory（Address: 0x18fea0）

```
0018FF34  15 00 00 00
0018FF38  07 00 00 00
0018FF3C  00 00 00 00
0018FF40  32 00 00 00
0018FF44  84 FF 18 00
0018FF48  09 12 40 00
```

C:\Users\ZX...

```
1 2 1
1 3 3 1
1 4 6 4 1
1 5 10 10 5 1
1 6 15 20 15 6 1
1 7 21 35 35 21 7
```

| Name | Value |
| --- | --- |
| front | 33 |
| rear | 41 |
| i | 32 |
| &queue[39] | 0x0018ff34 |
| | 21 |
| &queue[40] | 0x0018ff38 |
| | 7 |
| &queue[41] | 0x0018ff3c |
| | 0 |
| &queue[42] | 0x0018ff40 |
| | 50 |
| queue[front-1] | 1 |
| queue[front] | 0 |

图 3.75　队满情形 1

图 3.76 是 queue[41]写入值 1 时的情形。

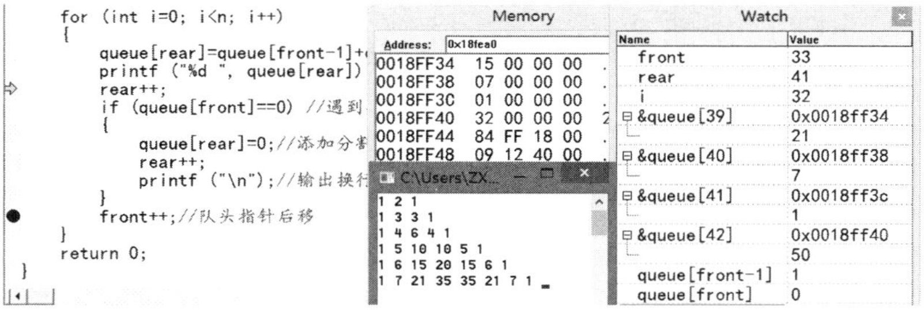

```
for (int i=0; i<n; i++)
{
    queue[rear]=queue[front-1]+
    printf ("%d ", queue[rear])
    rear++;
    if (queue[front]==0) //遇到
    {
        queue[rear]=0;//添加分割
        rear++;
        printf ("\n");//输出换行
    }
    front++;//队头指针后移
}
return 0;
}
```

Memory（Address: 0x18fea0）

```
0018FF34  15 00 00 00
0018FF38  07 00 00 00
0018FF3C  01 00 00 00
0018FF40  32 00 00 00
0018FF44  84 FF 18 00
0018FF48  09 12 40 00
```

C:\Users\ZX...

```
1 2 1
1 3 3 1
1 4 6 4 1
1 5 10 10 5 1
1 6 15 20 15 6 1
1 7 21 35 35 21 7 1
```

| Name | Value |
| --- | --- |
| front | 33 |
| rear | 41 |
| i | 32 |
| &queue[39] | 0x0018ff34 |
| | 21 |
| &queue[40] | 0x0018ff38 |
| | 7 |
| &queue[41] | 0x0018ff3c |
| | 1 |
| &queue[42] | 0x0018ff40 |
| | 50 |
| queue[front-1] | 1 |
| queue[front] | 0 |

图 3.76　队满情形 2

图 3.77 是 queue[42]将写入时的情形，其单元值为 0x32（十进制 50）。

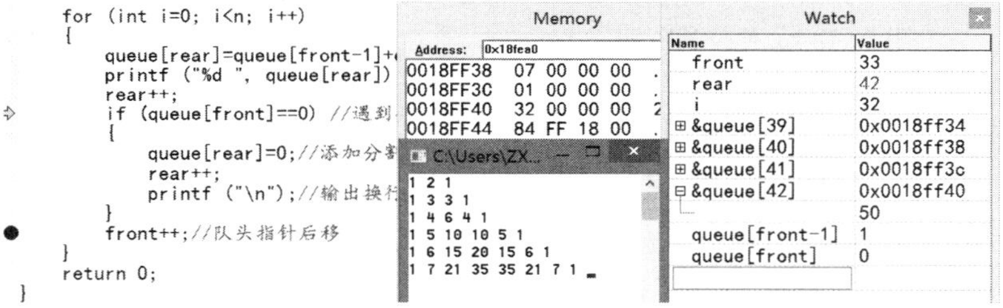

```
for (int i=0; i<n; i++)
{
    queue[rear]=queue[front-1]+
    printf ("%d ", queue[rear])
    rear++;
    if (queue[front]==0) //遇到
    {
        queue[rear]=0;//添加分割
        rear++;
        printf ("\n");//输出换行
    }
    front++;//队头指针后移
}
return 0;
}
```

Memory（Address: 0x18fea0）

```
0018FF38  07 00 00 00
0018FF3C  01 00 00 00
0018FF40  32 00 00 00
0018FF44  84 FF 18 00
```

C:\Users\ZX...

```
1 2 1
1 3 3 1
1 4 6 4 1
1 5 10 10 5 1
1 6 15 20 15 6 1
1 7 21 35 35 21 7 1
```

| Name | Value |
| --- | --- |
| front | 33 |
| rear | 42 |
| i | 32 |
| &queue[39] | 0x0018ff34 |
| &queue[40] | 0x0018ff38 |
| &queue[41] | 0x0018ff3c |
| &queue[42] | 0x0018ff40 |
| | 50 |
| queue[front-1] | 1 |
| queue[front] | 0 |

图 3.77　队列出界情形 1

图 3.78 是 queue[42]写入值 0 时的情形，rear 为 42，下标越界，但单元值依然被修改。

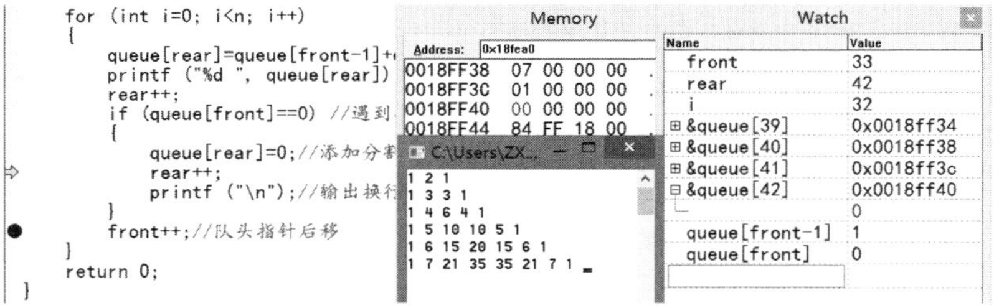

```
for (int i=0; i<n; i++)
{
    queue[rear]=queue[front-1]+
    printf ("%d ", queue[rear])
    rear++;
    if (queue[front]==0) //遇到
    {
        queue[rear]=0;//添加分割
        rear++;
        printf ("\n");//输出换行
    }
    front++;//队头指针后移
}
return 0;
}
```

Memory（Address: 0x18fea0）

```
0018FF38  07 00 00 00
0018FF3C  01 00 00 00
0018FF40  00 00 00 00
0018FF44  84 FF 18 00
```

C:\Users\ZX...

```
1 2 1
1 3 3 1
1 4 6 4 1
1 5 10 10 5 1
1 6 15 20 15 6 1
1 7 21 35 35 21 7 1
```

| Name | Value |
| --- | --- |
| front | 33 |
| rear | 42 |
| i | 32 |
| &queue[39] | 0x0018ff34 |
| &queue[40] | 0x0018ff38 |
| &queue[41] | 0x0018ff3c |
| &queue[42] | 0x0018ff40 |
| | 0 |
| queue[front-1] | 1 |
| queue[front] | 0 |

图 3.78　队列出界情形 2

继续单步执行，出现系统告警，见图 3.79。直接运行，有告警视窗弹出，见图 3.80。

改进的方案是，用循环队列来处理数据。队列在元素入队、出队时用循环队列的规则处理。

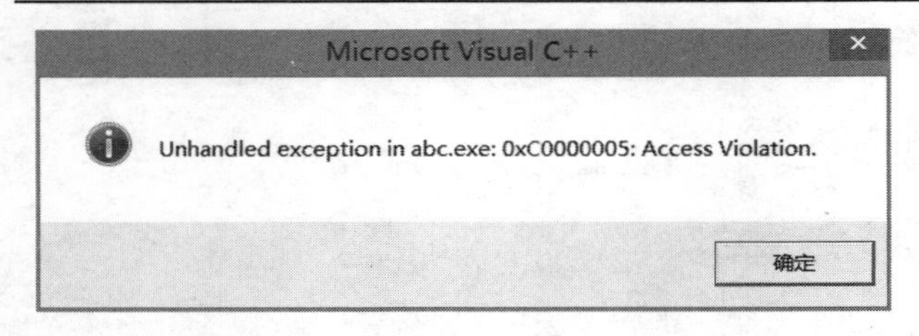


图 3.79　出界告警 1

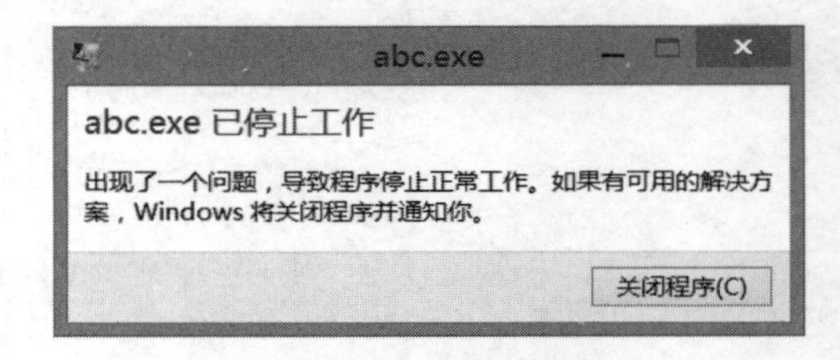


图 3.80　出界告警 2

## 2．循环队列，队列长度 *M*=32，入队元素个数 *n*=63

程序实现如下。

```
#include <stdio.h>
#define M 32
int main()
{
	int n=63;
	int queue[M]={0,1,1,0};//0 为行分隔标记
	int front=1,rear=4;//front:当前元素所在位置；rear：将要入队元素位置

	for (int i=0; i<n; i++)
	{
		//在队尾插入两个元素和
		queue[rear]=queue[(front-1+M)%M]+queue[front];
		printf ("%d ", queue[rear]);
		//rear++;
		rear=(rear+1)% M;
		if (queue[front]==0) //遇到行分隔标记
		{
			queue[rear]=0;//添加分隔标记
			//rear++;
			rear=(rear+1)% M;
			printf ("\n");//输出换行符
		}
		//front++;//队头指针后移
		front=(front+1)%M;
	}
	return FALSE;
}
```

结果正确：

```
1 2 1
1 3 3 1
1 4 6 4 1
1 5 10 10 5 1
1 6 15 20 15 6 1
1 7 21 35 35 21 7 1
1 8 28 56 70 56 28 8 1
```

1 9 36 84 126 126 84 36 9 1
1 10 45 120 210 252 210 120 45 10 1

### 3．循环队列，队列长度 *M*=8，入队元素个数 *n*=63

上面程序的测试结果如下。

1 2 1
1 3 3 1
1 4 6 4 1
1 5 10 10 5 1
1 6 15 20 15 6 1
1 7 22 42 57 63 64 64 65 72 94 136 193 256 320 384 449 521 615 751 944 1200 1520 1904 2353…

从第 6 行起，结果就不正常了，这是什么问题造成的呢？我们再跟踪观察。队列初始状态如图 3.81 所示。

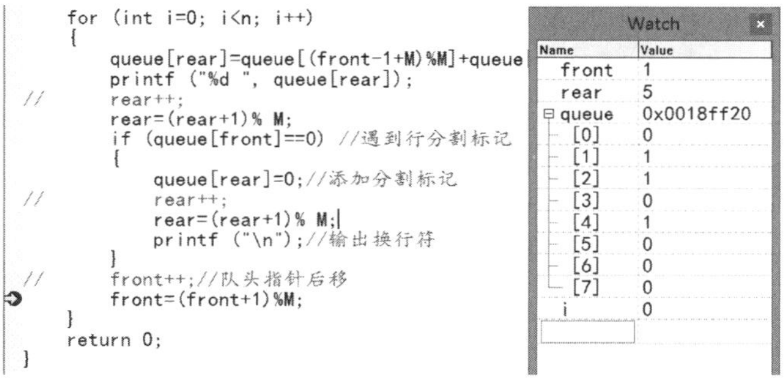

```
    for (int i=0; i<n; i++)
    {
        queue[rear]=queue[(front-1+M)%M]+queue
        printf ("%d ", queue[rear]);
//      rear++;
        rear=(rear+1)% M;
        if (queue[front]==0) //遇到行分割标记
        {
            queue[rear]=0;//添加分割标记
//          rear++;
            rear=(rear+1)% M;
            printf ("\n");//输出换行符
        }
//      front++;//队头指针后移
        front=(front+1)%M;
    }
    return 0;
}
```

| Name | Value |
| --- | --- |
| front | 1 |
| rear | 5 |
| queue | 0x0018ff20 |
| [0] | 0 |
| [1] | 1 |
| [2] | 1 |
| [3] | 0 |
| [4] | 1 |
| [5] | 0 |
| [6] | 0 |
| [7] | 0 |
| i | 0 |

图 3.81　循环队列处理杨辉三角问题调试步骤 1

i=0，队尾元素 queue[4]=queue[0]+queue[1]。首次元素入队情形：在图 3.82 中，i=1，队尾元素 queue[5]=queue[1]+queue[2]。循环队列“翻转”使用情形：在图 3.83 中，尾指针 rear“翻转”到下标为 0 的位置。循环队列非空非满的状态 1：在图 3.84 中，i=4，队尾元素 queue[1]=queue[4]+queue[5]。

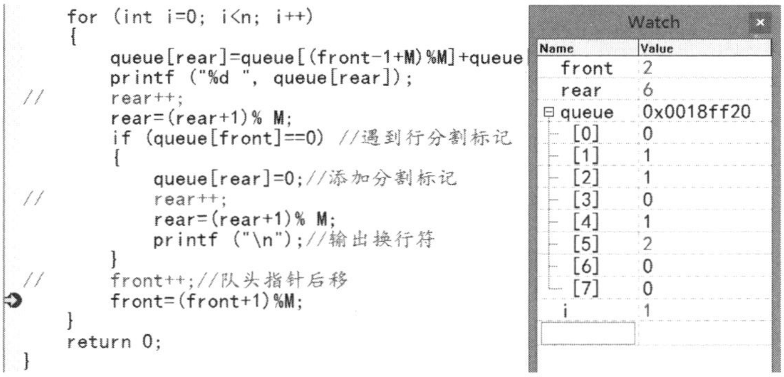

```
    for (int i=0; i<n; i++)
    {
        queue[rear]=queue[(front-1+M)%M]+queue
        printf ("%d ", queue[rear]);
//      rear++;
        rear=(rear+1)% M;
        if (queue[front]==0) //遇到行分割标记
        {
            queue[rear]=0;//添加分割标记
//          rear++;
            rear=(rear+1)% M;
            printf ("\n");//输出换行符
        }
//      front++;//队头指针后移
        front=(front+1)%M;
    }
    return 0;
}
```

| Name | Value |
| --- | --- |
| front | 2 |
| rear | 6 |
| queue | 0x0018ff20 |
| [0] | 0 |
| [1] | 1 |
| [2] | 1 |
| [3] | 0 |
| [4] | 1 |
| [5] | 2 |
| [6] | 0 |
| [7] | 0 |
| i | 1 |

图 3.82　循环队列处理杨辉三角问题调试步骤 2

```
    for (int i=0; i<n; i++)
    {
        queue[rear]=queue[(front-1+M)%M]+queue
        printf ("%d ", queue[rear]);
//      rear++;
        rear=(rear+1)% M;
        if (queue[front]==0) //遇到行分割标记
        {
            queue[rear]=0;//添加分割标记
//          rear++;
            rear=(rear+1)% M;
            printf ("\n");//输出换行符
        }
//      front++;//队头指针后移
        front=(front+1)%M;
    }
    return 0;
}
```

| Name | Value |
|---|---|
| front | 3 |
| rear | 0 |
| queue | 0x0018ff20 |
| [0] | 0 |
| [1] | 1 |
| [2] | 1 |
| [3] | 0 |
| [4] | 1 |
| [5] | 2 |
| [6] | 1 |
| [7] | 0 |
| i | 2 |

图 3.83　循环队列处理杨辉三角问题调试步骤 3

```
    for (int i=0; i<n; i++)
    {
        queue[rear]=queue[(front-1+M)%M]+queue
        printf ("%d ", queue[rear]);
//      rear++;
        rear=(rear+1)% M;
        if (queue[front]==0) //遇到行分割标记
        {
            queue[rear]=0;//添加分割标记
//          rear++;
            rear=(rear+1)% M;
            printf ("\n");//输出换行符
        }
//      front++;//队头指针后移
        front=(front+1)%M;
    }
    return 0;
}
```

| Name | Value |
|---|---|
| front | 5 |
| rear | 2 |
| queue | 0x0018ff20 |
| [0] | 1 |
| [1] | 3 |
| [2] | 1 |
| [3] | 0 |
| [4] | 1 |
| [5] | 2 |
| [6] | 1 |
| [7] | 0 |
| i | 4 |

图 3.84　循环队列处理杨辉三角问题调试步骤 4

为便于调试，把前面的部分结果列于图 3.85 所示的表中，i=27 时结果出错，所以要在跟踪至 i=26 时，开始注意查看 queue 数组与 front 与 rear 的值。

1 2 1

1 3 3 1

1 4 6 4 1

1 5 10 10 5 1

1 6 15 20 15 6 1

1 7 22

| i | 0 | 1 | 2 | 3 | 4 | 5 | 6 | 7 | 8 | 9 | 10 | 11 | 12 | 13 | 14 | 15 | 16 | 17 | 18 | 19 | 20 | 21 | 22 | 23 | 24 | 25 | 26 | 27 | 28 |
|---|---|---|---|---|---|---|---|---|---|---|---|---|---|---|---|---|---|---|---|---|---|---|---|---|---|---|---|---|---|
| 出队元素 | 1 | 2 | 1 | 1 | 3 | 3 | 1 | 1 | 4 | 6 | 4 | 1 | 1 | 5 | 10 | 10 | 5 | 1 | 1 | 6 | 15 | 20 | 15 | 6 | 1 | 1 | 7 | 22 | 42 |

图 3.85　循环队列处理杨辉三角问题调试分析表

循环队列非空非满的状态 2：在图 3.86 中，i=21，对应 rear[5]=20，结果正确。

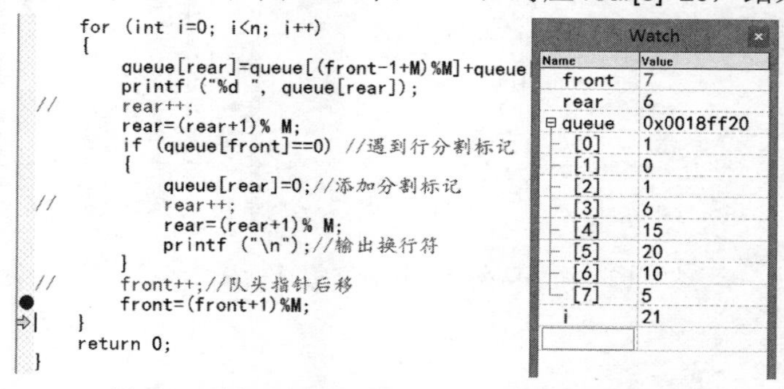


图 3.86　循环队列处理杨辉三角问题调试步骤 5

循环队列将出错前的状态 1：在图 3.87 中，i=25，对应队尾元素 queue[2]=1，结果正确。

```
    for (int i=0; i<n; i++)
    {
        queue[rear]=queue[(front-1+M)%M]+queue
        printf ("%d ", queue[rear]);
//      rear++;
        rear=(rear+1)% M;
        if (queue[front]==0) //遇到行分割标记
        {
            queue[rear]=0;//添加分割标记
//          rear++;
            rear=(rear+1)% M;
            printf ("\n");//输出换行符
        }
//      front++;//队头指针后移
        front=(front+1)%M;
    }
    return 0;
}
```

Watch

| Name | Value |
| --- | --- |
| front | 2 |
| rear | 3 |
| queue | 0x0018ff20 |
| [0] | 1 |
| [1] | 0 |
| [2] | 1 |
| [3] | 6 |
| [4] | 15 |
| [5] | 20 |
| [6] | 15 |
| [7] | 6 |
| i | 25 |

图 3.87　循环队列处理杨辉三角问题调试步骤 6

循环队列将出错前的状态 2：在图 3.88 中，i=26，对应队尾元素 queue[3]=7，结果正确。注意，此时 rear=front=4，图 3.87 中的队头元素 queue[3]为 6，现在被修改为存放当前队尾元素值 7。

```
    for (int i=0; i<n; i++)
    {
        queue[rear]=queue[(front-1+M)%M]+queue
        printf ("%d ", queue[rear]);
//      rear++;
        rear=(rear+1)% M;
        if (queue[front]==0) //遇到行分割标记
        {
            queue[rear]=0;//添加分割标记
//          rear++;
            rear=(rear+1)% M;
            printf ("\n");//输出换行符
        }
//      front++;//队头指针后移
        front=(front+1)%M;
    }
    return 0;
}
```

Watch

| Name | Value |
| --- | --- |
| front | 4 |
| rear | 4 |
| queue | 0x0018ff20 |
| [0] | 1 |
| [1] | 0 |
| [2] | 1 |
| [3] | 7 |
| [4] | 15 |
| [5] | 20 |
| [6] | 15 |
| [7] | 6 |
| i | 26 |

图 3.88　循环队列处理杨辉三角问题调试步骤 7

循环队列出错状态 1：在图 3.89 中，i=27，将要执行 queue[rear]=queue[(front-1+M)%M]+queue[front]语句。

```
    for (int i=0; i<n; i++)
    {
        queue[rear]=queue[(front-1+M)%M]+queue
        printf ("%d ", queue[rear]);
//      rear++;
        rear=(rear+1)% M;
        if (queue[front]==0) //遇到行分割标记
        {
            queue[rear]=0;//添加分割标记
//          rear++;
            rear=(rear+1)% M;
            printf ("\n");//输出换行符
        }
//      front++;//队头指针后移
        front=(front+1)%M;
    }
    return 0;
}
```

Watch

| Name | Value |
| --- | --- |
| front | 4 |
| rear | 4 |
| queue | 0x0018ff20 |
| [0] | 1 |
| [1] | 0 |
| [2] | 1 |
| [3] | 7 |
| [4] | 15 |
| [5] | 20 |
| [6] | 15 |
| [7] | 6 |
| i | 27 |

图 3.89　循环队列处理杨辉三角问题调试步骤 8

循环队列出错状态 2：在图 3.90 中，队尾元素 queue[4]=queue[3]+queue[4]的结果为 22，结果出错。

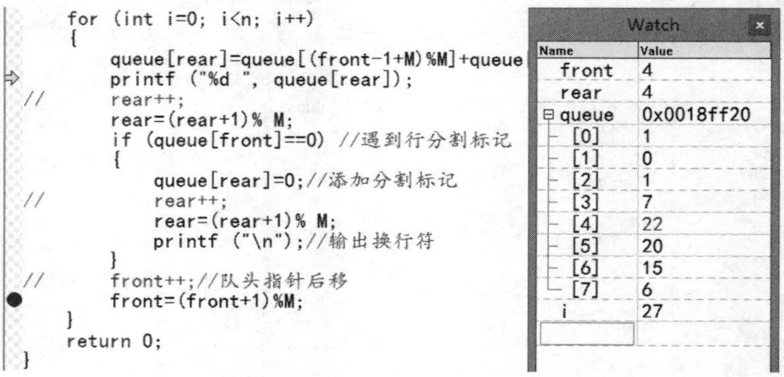

```
    for (int i=0; i<n; i++)
    {
        queue[rear]=queue[(front-1+M)%M]+queue
        printf ("%d ", queue[rear]);
//      rear++;
        rear=(rear+1)% M;
        if (queue[front]==0) //遇到行分割标记
        {
            queue[rear]=0;//添加分割标记
//          rear++;
            rear=(rear+1)% M;
            printf ("\n");//输出换行符
        }
//      front++;//队头指针后移
        front=(front+1)%M;
    }
    return 0;
}
```

Watch

| Name | Value |
|---|---|
| front | 4 |
| rear | 4 |
| ⊟ queue | 0x0018ff20 |
| [0] | 1 |
| [1] | 0 |
| [2] | 1 |
| [3] | 7 |
| [4] | 22 |
| [5] | 20 |
| [6] | 15 |
| [7] | 6 |
| i | 27 |

图 3.90　循环队列处理杨辉三角问题调试步骤 9

循环队列出错状态 3：在图 3.91 中，后续结果就都错了。

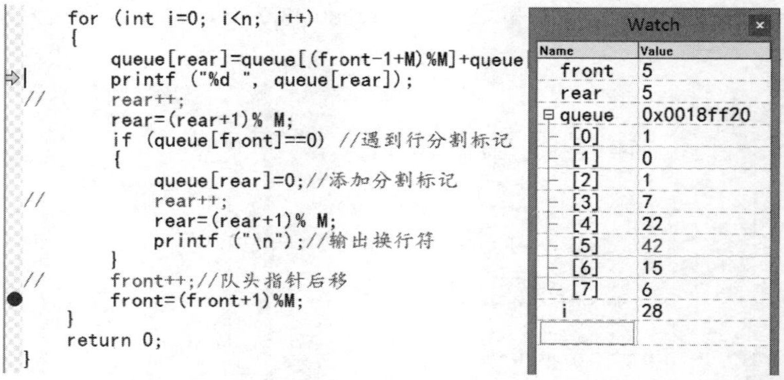

```
    for (int i=0; i<n; i++)
    {
        queue[rear]=queue[(front-1+M)%M]+queue
        printf ("%d ", queue[rear]);
//      rear++;
        rear=(rear+1)% M;
        if (queue[front]==0) //遇到行分割标记
        {
            queue[rear]=0;//添加分割标记
//          rear++;
            rear=(rear+1)% M;
            printf ("\n");//输出换行符
        }
//      front++;//队头指针后移
        front=(front+1)%M;
    }
    return 0;
}
```

Watch

| Name | Value |
|---|---|
| front | 5 |
| rear | 5 |
| ⊟ queue | 0x0018ff20 |
| [0] | 1 |
| [1] | 0 |
| [2] | 1 |
| [3] | 7 |
| [4] | 22 |
| [5] | 42 |
| [6] | 15 |
| [7] | 6 |
| i | 28 |

图 3.91　循环队列处理杨辉三角问题调试步骤 10

循环队列错状态 4：在图 3.92 中，i=48 时的结果，队尾元素 queue[2]=1904。

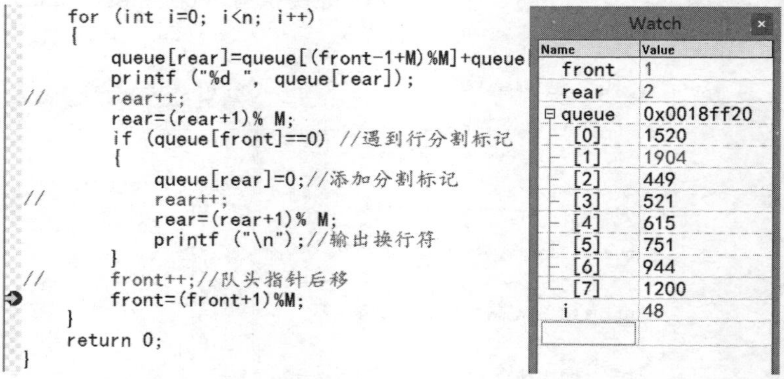

```
    for (int i=0; i<n; i++)
    {
        queue[rear]=queue[(front-1+M)%M]+queue
        printf ("%d ", queue[rear]);
//      rear++;
        rear=(rear+1)% M;
        if (queue[front]==0) //遇到行分割标记
        {
            queue[rear]=0;//添加分割标记
//          rear++;
            rear=(rear+1)% M;
            printf ("\n");//输出换行符
        }
//      front++;//队头指针后移
        front=(front+1)%M;
    }
    return 0;
}
```

Watch

| Name | Value |
|---|---|
| front | 1 |
| rear | 2 |
| ⊟ queue | 0x0018ff20 |
| [0] | 1520 |
| [1] | 1904 |
| [2] | 449 |
| [3] | 521 |
| [4] | 615 |
| [5] | 751 |
| [6] | 944 |
| [7] | 1200 |
| i | 48 |

图 3.92　循环队列处理杨辉三角问题调试步骤 11

循环队列错状态 5：在图 3.93 中，i=49，循环最后一次，队尾元素 queue[2]=2353。

问题分析：图 3.90 中循环队列处理杨辉三角问题调试步骤 9 时结果出错，原因在于，front=rear 时队列状态是“满”的，再入队则产生队尾元素覆盖队头元素的现象。改进的方法是，在 for 循环的第一条加上队满条件的判断，跳出循环即可。具体程序不再赘述。

```
    for (int i=0; i<n; i++)
    {
        queue[rear]=queue[(front-1+M)%M]+queue
        printf ("%d ", queue[rear]);
//      rear++;
        rear=(rear+1)% M;
        if (queue[front]==0) //遇到行分割标记
        {
            queue[rear]=0;//添加分割标记
//          rear++;
            rear=(rear+1)% M;
            printf ("\n");//输出换行符
        }
//      front++;//队头指针后移
        front=(front+1)%M;
    }
    return 0;
}
```

Watch

| Name | Value |
|---|---|
| front | 2 |
| rear | 3 |
| queue | 0x0018ff20 |
| [0] | 1520 |
| [1] | 1904 |
| [2] | 2353 |
| [3] | 521 |
| [4] | 615 |
| [5] | 751 |
| [6] | 944 |
| [7] | 1200 |
| i | 49 |

图 3.93　循环队列处理杨辉三角问题调试步骤 12

### 4. 结论

在使用过程中，循环队列因队长有限，入队速度大于出队速度时产生队尾元素覆盖队头元素的现象，即队列“溢出”。

## 3.2.4　顺序队列的基本操作

### 3.2.4.1　顺序队列的基本操作——置队空

#### 1. 测试用例及函数结构设计

相应内容见表 3.22 与表 3.23。

表 3.22　顺序队列的基本操作——置队空测试用例

| 测试情形 | 状态 | 预期结果 |
|---|---|---|
| 一般情况 | 队列空或非空 | 队列头尾指针置相等 |

表 3.23　顺序队列的基本操作——置队空函数结构设计

| 功能描述 | 输入 | 输出 |
|---|---|---|
| 置队空 initialize_SqQueue | 队列起始地址 SeqQueue* | 无 |
| 函数名 | 形参 | 函数类型 |

#### 2. 算法伪代码描述

按队空初始化条件 front = rear = QUEUE_SIZE−1 设置头尾指针。

#### 3. 程序实现

```
/*==========================================
函数功能：顺序队列置队空
函数输入：队列起始地址
函数输出：无
==========================================*/
void initialize_SqQueue(SeqQueue *sq)
{
    sq->front = QUEUE_SIZE-1;
```

```
        sq->rear   = QUEUE_SIZE-1;
    }
```

#### 3.2.4.2　顺序队列的基本操作——判队空

##### 1．测试用例及函数结构设计

相应内容见表 3.24 与表 3.25。

表 3.24　顺序队列的基本操作——判队空测试用例

| 测试情形 | 状态/输入 | 预期结果 |
| --- | --- | --- |
| 一般情况 | 队列空 | 输出队空标志 |
| | 队列非空 | 输出队非空标志 |

表 3.25　顺序队列的基本操作——判队空函数结构设计

| 功能描述 | 输入 | 输出 |
| --- | --- | --- |
| 判队空 Empty_SqQueue | 队列起始地址 SeqQueue* | 队列状态标志 int（队空：1；队非空：0） |
| 函数名 | 形参 | 函数类型 |

##### 2．算法伪代码描述

根据队空条件 rear= front 判断队列是否为空：队空返回 1；队非空返回 0。

##### 3．程序实现

```
/*========================================
函数功能：顺序队列判队空
函数输入：队列起始地址
函数输出：1——队空；0——队非空
========================================*/
int   Empty_SqQueue(SeqQueue *sq)
  {   if ( sq->rear == sq->front )   return TRUE;
      else return 0;
  }
```

##### 4．算法效率分析

时间复杂度为 $O(1)$。

#### 3.2.4.3　顺序队列的基本操作——取队头元素

##### 1．测试用例与函数结构设计

相应内容见表 3.26 与表 3.27。

表 3.26　顺序队列的基本操作——取队头元素测试用例

| 测试情形 | 状态 | 预期结果 |
| --- | --- | --- |
| 正常情形 | 队列非空 | 返回队头元素位置 |
| 异常情形 | 队列为空 | 返回队空标志 |

表 3.27　顺序队列的基本操作——取队头元素函数结构设计

| 功能描述 | 输入 | 输出 |
|---|---|---|
| 取队头元素 get_SqQueue | 队列起始地址 SeqQueue * | 队头元素位置 int<br>（队空：-1，队非空：队头元素位置） |
| 函数名 | 形参 | 函数类型 |

### 2．算法伪代码描述

若队列非空，返回队头元素所在位置的下标；否则返回-1。

### 3．程序实现

```
/*========================================
函数功能：顺序队列取队头元素
函数输入：队列起始地址
函数输出：-1——队空标志；其他值——队头元素位置
========================================*/
int   get_SqQueue(SeqQueue *sq )
{
   if ( ! Empty_SqQueue(sq) )//队非空
         return (sq->front+1) % QUEUE_SIZE;
   return -1;//队空
}
```

### 4．算法效率分析

时间复杂度为 $O(1)$。

## 3.2.4.4　顺序队列的基本操作——入队

### 1．测试用例及函数结构设计

相应内容见表 3.28 与表 3.29。

表 3.28　顺序队列的基本操作——入队测试用例

| 测试情形 | 状态 | 预期结果 |
|---|---|---|
| 正常情形 | 队非满 | 返回入队成功标志 |
| 异常情形 | 队满 | 返回入队失败标志 |

表 3.29　顺序队列的基本操作——入队函数结构设计

| 功能描述 | 输入 | 输出 |
|---|---|---|
| 入队 Insert_SqQueue | 队列起始地址 SeqQueue * | 入队是否成功标志 int<br>（队满：0 队非满: 1） |
|  | 入队元素值　datatype |  |
| 函数名 | 形参 | 函数类型 |

### 2．算法伪代码描述

若队满，返回 FALSE；否则，队尾指针 rear 后移一位，在 rear 指向处插入入队元素值。

### 3. 程序实现

```
/*========================================
函数功能：顺序队列元素入队
函数输入：队列起始地址，入队元素值
函数输出：0——队满，操作不成功；1——队非满，操作成功
========================================*/
int Insert_SqQueue(SeqQueue*sq, datatype x)
{
    if (sq->front == (sq->rear+1)%QUEUE_SIZE )//判队满
        return FALSE;
    else
    {
        sq->rear = (sq->rear+1) % QUEUE_SIZE;//队尾指针向后移一位
        sq->data[sq->rear] = x;     //元素 x 入队
        return TRUE;
    }
}
```

### 4. 算法效率分析

时间复杂度为 $O(1)$。

## 3.2.4.5 顺序队列的基本操作——出队

### 1. 测试用例与函数结构设计

相应内容见表 3.30 与表 3.31。

表 3.30 顺序队列的基本操作——出队测试用例

| 测试情形 | 状态 | 预期结果 |
|---|---|---|
| 正常情形 | 队列非空 | 返回新的队头元素位置 |
| 异常情形 | 队列为空 | 返回队空标志 |

表 3.31 顺序队列的基本操作——出队函数结构设计

| 功能描述 | 输入 | 输出 |
|---|---|---|
| 出队 Delete_SqQueue | 队列起始地址 SeqQueue * | 队头指针 int<br>（队空：-1；队非空：队头元素位置） |
| 函数名 | 形参 | 函数类型 |

### 2. 算法伪代码描述

算法的伪代码描述见表 3.32。

表 3.32 顺序队列的基本操作——出队伪代码

| 顶部伪代码 | 第一步细化 |
|---|---|
| 顺序队列出队 | 若队非空 |
| | 头指针 front 向后移一位 |
| | 返回 front |
| | 否则返回队空标记-1 |

#### 3. 程序实现

出队操作时应注意与取队头元素的区别。

```
/*========================================
函数功能：顺序队列出队
函数输入：队列起始地址
函数输出：-1——队空标志；其他值——队头元素位置
========================================*/
int   Delete_SqQueue(SeqQueue *sq )
{
      if ( ! Empty_SqQueue(sq) )//队非空
      {
            sq->front=(sq->front+1)% QUEUE_SIZE;
            return sq->front;
      }
  return -1;//队空
}
```

#### 4. 算法效率分析

时间复杂度为 $O(1)$。

## 3.2.5 队列的链式存储结构

前面我们用循环队列实现杨辉三角形时，若无队满的限制，将面临数组溢出问题，这使得计算结果的规模相应受限。除了循环队列，还有什么好的解决办法吗？前面学习了线性表的存储方式，除了顺序存储，还有链式存储方法，队列既然是运算特殊的线性表，应该可以用链表方式存储。下面讨论链表队列——链队列。

### 3.2.5.1 链队列定义

用链表表示的队列（队列的链式存储结构），是限制仅允许在表头删除和表尾插入的单链表。带有头结点的链队列见图 3.94。一个链队列由一个头指针和一个尾指针唯一确定。

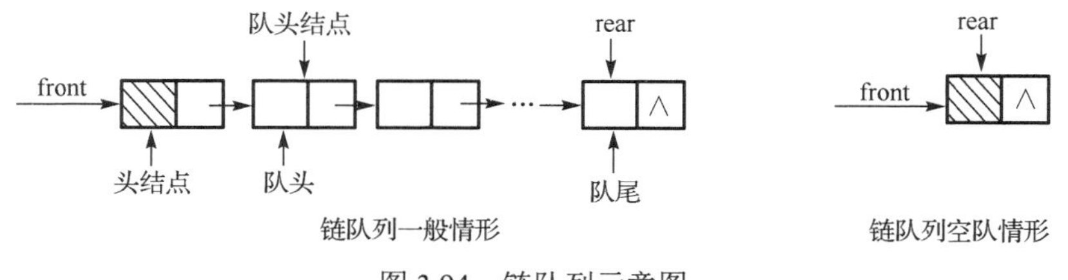


图 3.94　链队列示意图

### 3.2.5.2 链队列数据结构设计

链队列由单链表构成，其结构见图 3.95，头指针 front 指向头结点，尾指针 rear 指向尾结点，头尾指针组合在一个结构中，队列指针 lq 指向此结构。

**【思考与讨论】**

设置链队列 lq 指针的目的是什么？

**讨论：** 设置 lq 指针指向链队列头尾指针的组合结构，可方便队列信息的完整传递。

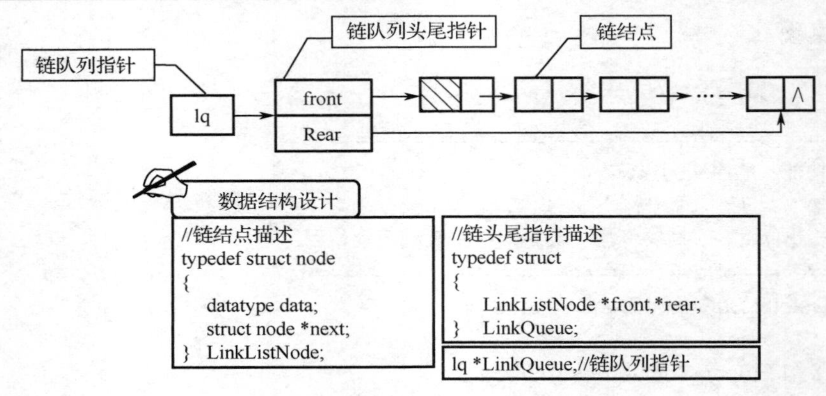


图 3.95　链队列结构描述

## 3.2.6　链队列的基本操作

### 3.2.6.1　链队列的基本操作——初始化置空队

首次建立只有一个头结点的链队列，操作示意图见图 3.96。

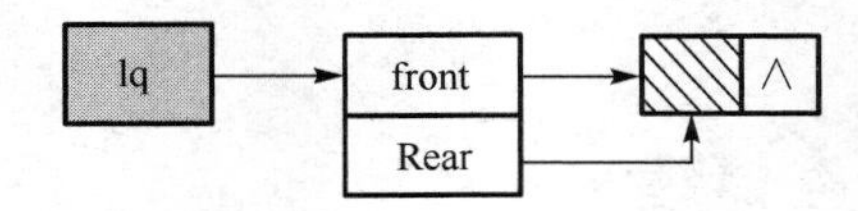


图 3.96　链队列基本操作——初始化

#### 1. 函数结构设计

相应内容见表 3.33。

表 3.33　链队列基本操作——初始化函数结构

| 功能描述 | 输入 | 输出 |
|---|---|---|
| 初始化 initialize_LkQueue | 链队列地址 LinkQueue * | 无 |
| 函数名 | 形参 | 函数类型 |

#### 2. 算法伪代码描述

算法的伪代码描述见表 3.34。

表 3.34　链队列基本操作——初始化伪代码描述

| 顶部伪代码 | 第一步细化 |
|---|---|
| 首次建立只有一个头结点的链队列 | 申请一个结点 |
| | 结点的指针域置空 |
| | 队列的头尾指针均指向此结点 |

#### 3. 程序实现

```
/*=========================================
函数功能：链队列初始化
函数输入：队列起始地址
```

```
函数输出：无
==========================================*/
void initialize_LkQueue(LinkQueue *lq)
{   lq->front=(LinkListNode *)malloc(sizeof( LinkListNode));
    lq->front->next=NULL;
    lq->rear=lq->front;
}
```

### 4. 算法效率分析

时间复杂度为 $O(1)$。

## 3.2.6.2　链队列的基本操作——判队空

### 1. 测试用例与函数结构设计

相应内容见表 3.35 与表 3.36。

表 3.35　链队列的基本操作——判队空测试用例

| 测试情形 | 状态 | 预期结果 |
|---|---|---|
| 一般情况 | 队空 | 返回队空标志 |
| | 队非空 | 返回队非空标志 |

表 3.36　链队列的基本操作——判队空函数结构设计

| 功能描述 | 输入 | 输出 |
|---|---|---|
| 判队空 Empty_LkQueue | 链队列指针 LinkQueue * | 队列状态标记 int<br>（队空：TRUE；队非空：FALSE） |
| 函数名 | 形参 | 函数类型 |

### 2. 算法伪代码描述

算法的伪代码描述见表 3.37。

表 3.37　链队列的基本操作——判队空伪代码描述

| 顶部伪代码 | 第一步细化 |
|---|---|
| 链队列判队空 | 若头尾指针相等返回队空标记 TRUE |
| | 否则返回非空标记 FALSE |

### 3. 程序实现

```
/*==========================================
函数功能：链队列判队空
函数输入：队列起始地址
函数输出：1——队空；0——队非空
==========================================*/
int Empty_LkQueue( LinkQueue *lq )
{
if  ( lq->front  ==  lq->rear)  return TRUE;
      else    return FALSE;
}
```

#### 4. 算法效率分析

时间复杂度为 $O(1)$。

### 3.2.6.3 链队列的基本操作——取队头结点

队头结点见图 3.95，注意是取头结点的值，而不是出队。

#### 1. 测试用例与函数结构设计

相应内容见表 3.38 与表 3.39。

表 3.38 链队列基本操作——取队头结点测试用例

| 测试情形 | 状态 | 预期结果 |
|---|---|---|
| 正常情形 | 队非空 | 返回操作成功标志<br>返回队头结点值 |
| 异常情形 | 队空 | 返回操作失败标志 |

表 3.39 链队列基本操作——取队头结点函数结构设计

| 功能描述 | 输入 | 输出 |
|---|---|---|
| 取队头结点 Get_LkQueue | 链队列指针 LinkQueue | 操作是否成功标志 int<br>结点值 datatype* |
| | (结点值 datatype*) | |
| 函数名 | 形参 | 函数类型 |

#### 2. 算法伪代码描述

算法的伪代码描述见表 3.40。

表 3.40 链队列基本操作——取队头结点伪代码描述

| 顶部伪代码 | 第一步细化 |
|---|---|
| 链队列取队头结点 | 若队列非空 |
| | 取队头指针指向的结点值 |
| | 返回操作成功标志 TRUE |
| | 否则返回 FALSE |

#### 3. 程序实现

```
/*==========================================
函数功能：链队列取队头结点
函数输入：队列起始地址，（队列结点值）
函数输出：0——队空；1——队非空
==========================================*/
int Get_LkQueue(LinkQueue *lq, datatype *x)
{
	if ( Empty_LkQueue(lq))   return FALSE;          //队空
	*x =lq->front->next->data;                       //取队头结点值
	return TRUE;
}
```

#### 4. 算法效率分析

时间复杂度为 $O(1)$。

### 3.2.6.4　链队列的基本操作——入队

操作示意图见图 3.97。

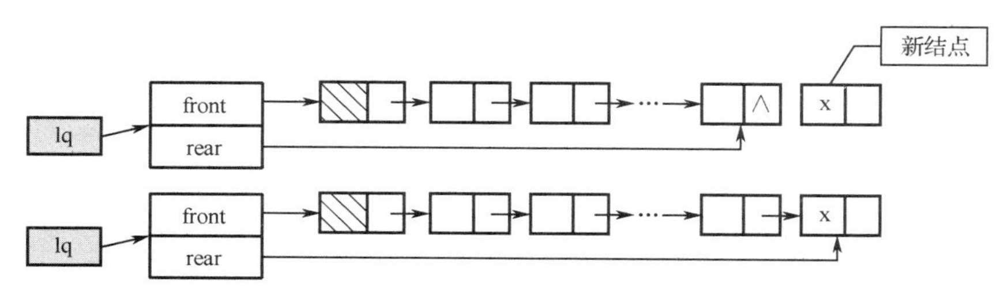


图 3.97　链队列基本操作——入队

#### 1. 测试用例与函数结构设计

相应内容见表 3.41 与表 3.42。

表 3.41　链队列基本操作——入队测试用例

| 测试情形 | 状态 | 预期结果 |
| --- | --- | --- |
| 一般情况 | 队非空 | 正常入队 |
| 特例情况 | 队空 | |

表 3.42　链队列基本操作——入队函数结构设计

| 功能描述 | 输入 | 输出 |
| --- | --- | --- |
| 入队 Insert_LkQueue | 链队列指针 LinkQueue * | 无 |
| | 入队结点值 datatype | |
| 函数名 | 形参 | 函数类型 |

#### 2. 算法伪代码描述

算法的伪代码描述见表 3.43。

表 3.43　链队列基本操作——入队伪代码描述

| 顶部伪代码 | 第一步细化 |
| --- | --- |
| 链队列入队 | 申请新结点链入队尾 |
| | 修改队列尾指针 |
| | 新结点赋值 x |

#### 3. 程序实现

```
/*========================================
函数功能：链队列入队
函数输入：队列起始地址，入队列结点值
函数输出：无
========================================*/
```

```
void Insert_LkQueue(LinkQueue *lq, datatype x)
{
    lq->rear->next=(LinkListNode *)malloc(sizeof( LinkListNode ));
    //新结点链入队尾
    lq->rear=lq->rear->next;    //修改队列尾指针
    lq->rear->data=x;           //新结点赋值
    lq->rear->next=NULL;        //尾结点指针域置结束标志 NULL
}
```

#### 4．算法效率分析

时间复杂度为 $O(1)$。

### 3.2.6.5　链队列的基本操作——出队

在图 3.98 中，s 指向队头结点，当队列有多个结点时，删除 s 结点后，只要修改 front->next 的指向即可，即 front->next=s->next；当队列只有一个结点时，还要另外处理 rear 指针，让其指向头结点，即 rear=front，队列置空。

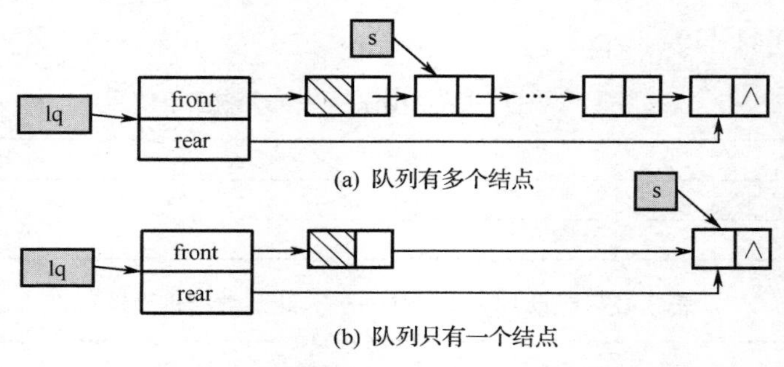


图 3.98　链队列基本操作——出队

#### 1．测试用例与函数结构设计

相应内容见表 3.44 与表 3.45。

表 3.44　链队列基本操作——出队测试用例

| 测试情形 | 状态 | 预期结果 |
|---|---|---|
| 正常情形 | 队非空，有多个结点 | 出队，返回出队结点地址 |
| 特例情形 | 队非空，只有一个结点 | 出队，队列置空 |
| 异常情形 | 队空 | 异常，返回 NULL |

表 3.45　链队列基本操作——出队函数结构设计

| 功能描述 | 输入 | 输出 |
|---|---|---|
| 出队 Delete_LkQueue | 链队列指针 LinkQueue * | 结点地址 LinkList * |
| 函数名 | 形参 | 函数类型 |

#### 2．算法伪代码描述

算法的伪代码描述见表 3.46。

表 3.46　链队列基本操作——出队伪代码描述

| 顶部伪代码 | 第一步细化 |
|---|---|
| 链队列结点出队 | 若队列非空，找到队头结点 s |
| | 若队列只有一个结点，则队列置空 |
| | 摘下队头结点 s，修改头结点指针域 |
| | 返回 s 的地址 |
| | 返回 NULL |

### 3. 问题讨论

**【思考与讨论】**

出队结点不在出队函数中释放行不行？

**讨论：**我们在建立链队列时，其中的结点都是通过 malloc 函数动态申请得到的，在对链队列进行出队操作就是做删除结点的操作，如果删除的结点不再有用，则要立即通过 free 函数释放，否则会引起内存泄漏；若出队的结点在主调函数中还有其他用途，则不能在出队函数中释放。究竟是否释放出队结点，要根据总的系统功能而定。总的原则是，动态申请的结点，一旦不再使用，必须释放，内存泄漏是一个很难查找的 bug。

内存泄漏可能导致严重后果，对比读者可以查询相关资料。

### 4. 程序实现

```
/*========================================
函数功能：链队列出队
函数输入：队列起始地址
函数输出：队头结点地址
========================================*/
LinkListNode   *Delete_LkQueue( LinkQueue *lq )
{
      LinkListNode   *s;
      if ( !Empty_LkQueue(lq) )        //队非空
      {
            s = lq->front->next;        //s 指向队头结点
            if (s->next==NULL)          //队中只有一个结点
                    lq->rear =lq->front;//队列置空
            else lq->front->next = s->next;//摘下队头结点
            return(s);                  //返回摘下的队头结点地址
      }
      return NULL;                      //队空时，返回 NULL
}
```

### 5. 算法效率分析

时间复杂度为 $O(1)$。

### 3.2.6.6　销毁链队列

考虑到程序中间某时刻之后可能永远不再使用该队列，为防止内存泄漏，要做队列的销毁处理。程序实现如下。

```
/*=======================================
函数功能：链队列的销毁
函数输入：队列起始地址
函数输出：无
=========================================*/
void Destory_LkQueue(LinkQueue *lq)
{
	LinkListNode   *s;

	while ( ! Empty_LkQueue(lq) )
	{
		s = Delete_LkQueue(lq);
		free(s);
	}
	free(lq->front);
	lq->front = NULL;
	lq->rear = NULL;
}
```

可以把前面链队列操作的子函数都放入 LinkQueue.h 中，在后面的链队列处理程序中就可以直接包含这个头文件。

#### 3.2.6.7 链队列实例

**【例 3-1】**杨辉三角的链队列解法。

前面用循环队列构造杨辉三角时，由于受队满的限制，面临数组可能溢出的问题，结果的规模相应受限。下面用链队列的方式再来实现一下。

程序实现如下。

```
#include <stdio.h>
#include <stdlib.h>
#include "LinkQueue.h"
#define N 42

int main()
{
	LinkQueue node;
	LinkQueue   *lqPtr=&node;
	LinkList   *sPtr;
	datatype value;

	Initial(lqPtr);     //初始化
	//0,1,1,0 入队
	EnQueue(lqPtr, 0);
	EnQueue(lqPtr, 1);
	EnQueue(lqPtr, 1);
	EnQueue(lqPtr, 0);
```

```
        for (int i=0 ; i<N; i++)
        {
            sPtr = DeQueue(lqPtr);                //队头元素出队
            if (sPtr!=NULL)
            {
                value=sPtr->data+lqPtr->front->next->data;
                //队头两个元素求和生成新系数
                if (sPtr->data!= 0) printf("%d ",sPtr->data);
                EnQueue (lqPtr, value);           //新系数入队
            }
            if( lqPtr->front->next->data==0 )     //队头元素为分隔符
            {
                EnQueue (lqPtr, 0);               //分隔符入队
                printf("\n");
            }
        }
        return 0;
    }
```

$N$=42 时的结果：

```
    1 1
    1 2 1
    1 3 3 1
    1 4 6 4 1
    1 5 10 10 5 1
    1 6 15 20 15 6 1
    1 7 21 35 35 21 7 1
```

$N$=188 时的结果：

```
    1 1
    1 2 1
    1 3 3 1
    1 4 6 4 1
    1 5 10 10 5 1
    1 6 15 20 15 6 1
    1 7 21 35 35 21 7 1
    1 8 28 56 70 56 28 8 1
    1 9 36 84 126 126 84 36 9 1
    1 10 45 120 210 252 210 120 45 10 1
    1 11 55 165 330 462 462 330 165 55 11 1
    1 12 66 220 495 792 924 792 495 220 66 12 1
    1 13 78 286 715 1287 1716 1716 1287 715 286 78 13 1
    1 14 91 364 1001 2002 3003 3432 3003 2002 1001 364 91 14 1
    1 15 105 455 1365 3003 5005 6435 6435 5005 3003 1365 455 105 15 1
    1 16 120 560 1820 4368 8008 11440 12870 11440 8008 4368 1820 560 120 16 1
    1 17 136 680 2380 6188 12376 19448 24310 24310 19448 12376 6188 2380 680 136 17 1
```

### 3.2.7 各种队列结构的比较

顺序队列和链队列的特点见表 3.47。对于循环队列与链队列的比较，可以从两方面来考虑：从时间上，其实它们的基本操作都是常数时间，即都为 $O(1)$，不过循环队列是事先申请好空间，使用期间不释放，而对于链队列，每次申请和释放结点也存在一些时间开销，如果入队、出队频繁，则两者仍有细微差异。

表 3.47 顺序队列和链队列的特点

| | 存储空间 | 操作效率 | 特点 |
|---|---|---|---|
| 循环队列 | 静态分配存储空间 | $O(1)$ | 存在溢出现象 |
| 链队列 | 动态分配存储空间，空间可扩充 | $O(1)$ | 无队满问题 |

对于空间，循环队列必须有固定的长度，所以有空间利用率可能不高的问题，而链队列不存在这个问题，尽管它需要一个指针域，产生一些空间开销，但也可以接受。所以在空间上，使用链队列更灵活一些。总的来说，在可以确定队列长度最大值的情况下，建议用循环队列，如果无法预估队列的长度，则用链队列。

### 3.2.8 优先队列

普通的队列是一种先进先出的数据结构，元素在队列尾追加，从队列头删除。这是按照元素处理级别一样时的处理方法。

在实际问题中，往往因为某种特殊或紧急情况，排队时有需要“加塞”的状况出现。比如，在操作系统有多个任务需要处理的时候，一般而言，解决这个问题的简单策略就是把任务放在一个队列中，先来者先服务，这是公平的，虽然每个任务都期望被立即执行而不仅仅是被执行。实际中会出现提交一个执行时间很短的任务却要等很长时间才被执行的情形，因为在它之前已经有许多执行时间很长的任务在队列中等待执行，这样用户的感受就会很不好。解决此问题的一个策略是利用优先队列（Priority Queue），按照“任务需要执行的时间越短，它的优先权越高”的原则，按任务的轻重缓急顺序执行，可以使用户的平均等待时间最短。分时操作系统运行程序的策略就是小的程序优先。再如，多媒体通信网络的服务质量很大程度上依赖于数据包的调度算法，调度算法根据一定的服务原则决定会话队列中数据包的优先级及其在输出链路上的发送顺序。

在优先队列中，每个元素都有一个优先级。具有最高优先级的元素最先出队。优先队列具有最高进先出（largest-in，first-out）的行为特征。

对优先级队列执行的操作有查找、插入新元素和删除三种。一般情况下，查找操作用来搜索优先权最大/最小的元素，删除操作用来删除该元素。对于优先权相同的元素，可按先进先出次序处理或按任意优先权进行。

优先队列和普通队列都适用在处理或服务对象需要按序逐个进行操作的场合。不过，优先队列关心对象的优先级，将队列按优先级顺序做出队处理。

### 3.2.9 队列的应用举例

凡应用问题求解的过程具有先进先出的特性，则求解算法可采用队列的方法。以下给出队列应用的一些例子。

### 3.2.9.1　扑克牌游戏

桌上有一叠扑克牌，从上往下依次编号为 1～$n$，发牌的方式为每次都从上面拿两张，先拿的一张发给客人，后拿的一张放到整叠牌的最后。输入 $n$，输出每次发给客人的牌的编号，以及最后剩下的 2 张牌。

样例输入：7

样例输出：1 3 5 7 4 2 6

#### 1．采用循环队列的方法实现

```
#include <stdio.h>
#define   MAXN   50
int queue[MAXN];
int main()
{
      int n, front, rear;
      char ch;
      printf("首次进入请输入 y\n ");
      ch=getchar();

      while (ch=='y')
      {
            printf("请输入牌的总张数\n ");
            scanf("%d",&n);
            while(n<2||n>=50)        //n 需要大于 1 且小于 50
            {
                  printf("牌的总数应该在 2 到 50 之间  \n");
                  scanf("%d",&n);
            }
            for (int i=0; i<n; ++i)//初始化队列
            {
                  queue[i]=i+1;
            }
            front=0;
            rear=n;
            while (front!=rear)
            {
                  printf("%d ",queue[front]);          //输出每次发给客人的牌的编号
                  //当队头指针未超过已用表长，后移一位
                  front==n-1 ? front%=n-1 : ++front;
                  if (rear==n) rear=0;                 //否则，使其重新指向 queue[0]
                  queue[rear]=queue[front];            //后拿的一张放到整叠牌的最后
                  rear==n-1 ? rear%=n-1 : ++rear;
                  //队头指针后移一位，所指内容为先拿的那张牌的编号
                  front==n-1 ? front%=n-1 : ++front;
             }
             fflush(stdin);                            //清屏
             printf("\n 要继续测试请输入 y\n ");
```

```
            ch=getchar();
    }
    return 0;
}
```

2. 使用链队列实现的方法

```
#include <stdio.h>
#include <stdlib.h>
#include"LinkQueue.h"

int main()
{
    char ch;
    datatype *x=(datatype *)malloc(sizeof( datatype));//x 为指向队头元素的的指针
    LinkQueue * lq= (LinkQueue *)malloc(sizeof(   LinkQueue));//lq 为队列
    int n;
    Initial(lq);

    printf("要继续输入 y\n ");
    ch=getchar();

    while (ch=='y')
    {
        printf("请输入牌的总张数\n ");
        scanf("%d",&n);
        while(n<2||n>=50)//n 须大于 1 小于 50
        {
            printf("牌的总数应该在 2 到 50 之间\n");
            scanf("%d",&n);
        }

    for (int i=0; i<n; ++i)               //初始化队列
    {
        EnQueue(lq,i+1);
    }
    while ( Front(lq,x))
    {
        printf("%d ",*x);                 //输出每次发给客人的牌的编号
        DeQueue(lq);                      //取下队头结点
        if (!Empty(lq))                   //判队空
        {
            Front(lq,x);
            EnQueue(lq,*x);               //后拿的一张放到整叠牌的最后
            DeQueue(lq);
        }

    }
    fflush(stdin);//清屏
```

```
        printf("\n 要继续测试请输入 y\n ");
        ch=getchar();
        }
        return 0;
}
```

#### 3.2.9.2　基数排序

基数排序是采用“分配”与“收集”方法实现的一种排序方法。基数排序法又称“桶子法”，它通过关键字的部分信息，将要排序的元素分配至某些“桶”中，以此达到排序的目的。下面通过具体的例子来说明。图 3.99 中有 12 个两位数，要求按递增方式对其排序。

| 0 | 1 | 2 | 3 | 4 | 5 | 6 | 7 | 8 | 9 | 10 | 11 |
|---|---|---|---|---|---|---|---|---|---|---|---|
| 78 | 09 | 63 | 30 | 74 | 89 | 94 | 25 | 05 | 69 | 18 | 83 |

图 3.99　基数排序初始状态

排序步骤一：首先根据个位数的数值，在遍历数据时将它们各自分配到编号为 0～9 的桶（个位数值与桶号一一对应）中，如图 3.100 所示。

| 0 | 1 | 2 | 3 | 4 | 5 | 6 | 7 | 8 | 9 |
|---|---|---|---|---|---|---|---|---|---|
| 30 | | | 63<br>83 | 74<br>94 | 25<br>05 | | | 78<br>18 | 09<br>89<br>69 |

图 3.100　基数排序第一趟“分配”之后的结果

排序步骤二：分配结束后，将所有桶中所盛数据按照桶号由小到大（桶中由顶至底）依次重新收集串起来，得到仍然无序的数据序列，如图 3.101 所示。

| 0 | 1 | 2 | 3 | 4 | 5 | 6 | 7 | 8 | 9 | 10 | 11 |
|---|---|---|---|---|---|---|---|---|---|---|---|
| 30 | 63 | 83 | 74 | 94 | 25 | 05 | 78 | 18 | 09 | 89 | 69 |

图 3.101　基数排序第一趟“收集”之后的结果

排序步骤三：根据十位数值再来一次分配，分配结果如图 3.102 所示。

| 0 | 1 | 2 | 3 | 4 | 5 | 6 | 7 | 8 | 9 |
|---|---|---|---|---|---|---|---|---|---|
| 05<br>09 | 18 | 25 | 30 | | | 63<br>69 | 74<br>78 | 83<br>89 | 94 |

图 3.102　基数排序第二趟“分配”之后的结果

排序步骤四：分配结束后，将所有桶中所盛的数据依次重新收集串接起来，得到图 3.103 的数据序列。

| 0 | 1 | 2 | 3 | 4 | 5 | 6 | 7 | 8 | 9 | 10 | 11 |
|---|---|---|---|---|---|---|---|---|---|---|---|
| 05 | 09 | 18 | 25 | 30 | 63 | 69 | 74 | 78 | 83 | 89 | 94 |

图 3.103　基数排序第二趟“收集”之后的结果

观察可以看到，此时原无序数据序列已经排序完毕。如果排序的数据序列有三位数以上的数据，则重复进行以上的动作直至最高位数排序完成。

### 1. 算法设计思路

以上述两位十进制数排序为例，我们可以用队列来表示这些桶。设计编号为 0～9 十个队列。0～9 号队列分别与两位数某位数值的 0～9 对应。算法相关数据结构示意图见图 3.104。

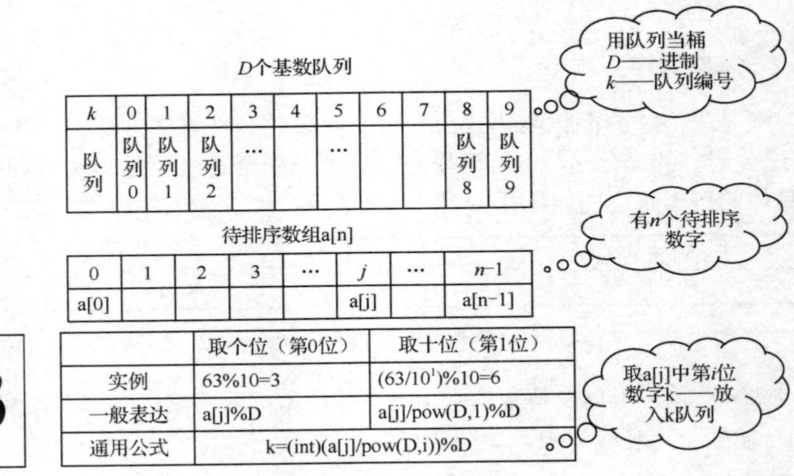


图 3.104　基数排序数据结构示意图

（1）依次扫描每个两位数，若个位数是 $k$，则插入 $k$ 号队列。

（2）依次从 0～9 号队列中取出两位数。

（3）再对十位数进行（1）、（2）的操作。

第二次取出数字后，排序完毕。

### 2. 程序实现

```
/*===============================================
函数功能：基数排序
函数输入：排序数组、排序数目 n、排序数的最大位数 m
函数输出：（排序数组）
===============================================*/
void RadixSort(int a[], int n, int m)
{
	int i, j, k, t;
	SeqQueue tub[D];//定义 D 个基数队列

	//初始化 D 个队列
	for(i = 0; i < D; i++)
	{
		initialize_SqQueue(&tub[i]);
	}
	//进行 m 次分配和收集
	for(i = 0; i < m; i++)
	{
		for(j = 0; j < n; j++)                    //对 n 个数字进行处理
		{
			k =(int)(a[j]/pow(D,i))% D;       //取 a[j]中第 i 位数字
```

```
                Insert_SqQueue(&tub[k], a[j]);  //把 a[j]放入第 k 个队列
            }
            t=0;
            //在 D 个队列中收集数字放回 a 数组中
            for(j = 0; j < D; j++)
            {
                while( ! Empty_SqQueue(&tub[j]))
                {
                    k=Delete_SqQueue(&tub[j]);
                    a[t]=tub[j].data[k];
                    t++;
                }
            }
        }
    }
```

3．程序测试

```
#include <stdio.h>
#include <stdlib.h>
#include <math.h>
#define FALSE 0
#define TRUE 1
#define D 10 //桶数
#define N 9 //排序数
#include "SeqQueue.h"   // 顺序队列操作函数
int main()
{
    int test[N]={710, 342, 45, 686, 6, 429, 134, 68，246};
    int i, m = 3;
    RadixSort(test, N, m);
    for(i = 0; i < N; i++)
    printf("%d   ", test[i]);
    return 0;
}
```

结果： 6　45　68　134　246　342　429　686　710

#### 3.2.9.3　啤酒瓶的兑换问题

有一天，布朗教授来到一间酒吧，巧遇开业大酬宾：啤酒两元 1 瓶，两个空啤酒瓶可以兑换 1 瓶啤酒，4 个啤酒瓶盖可以兑换 1 瓶啤酒，空瓶和瓶盖不可以搭配在一起兑换，也不可以赊账。布朗用 10 元钱可以喝多少瓶酒？

解析：

1．算法思路分析

10 元可以买 5 瓶酒，得到 5 个空瓶和 5 个瓶盖，按照兑换规则，4 个空瓶可以兑换 2 瓶酒，4 个瓶盖可以兑换 1 瓶酒，不断产生空瓶和瓶盖、不断兑换的过程见图 3.105。

| 满瓶处理 | 当前空瓶 | 当前瓶盖 |
|---|---|---|
| 喝 5 | 5 | 5 |
| 空瓶兑 2+瓶盖兑 1 | 1 | 1 |
| 喝 3 | 1+3 | 1+3 |
| 空瓶兑 2+瓶盖兑 1 | 0 | 0 |
| 喝 3 | 3 | 0+3 |
| 空瓶兑 1+瓶盖兑 0 | 1 | 3 |
| 喝 1 | 1+1 | 3+1 |
| 空瓶兑 1+瓶盖兑 1 | 0 | 0 |
| 喝 2 | 2 | 0+2 |
| 空瓶兑 1+瓶盖兑 0 | 0 | 2 |
| 喝 1 | 1 | 2+1 |
| 合计：喝 15，余空瓶 1，瓶盖 3 | | |

图 3.105 啤酒瓶兑换分析表

这样一个兑换过程是否可以通过编程实现呢？每次只列出产生的空瓶和瓶盖的数量，不容易发现规律，算法实现困难。

仔细分析，若将瓶酒作为一个队列，则喝掉的即为出队，空瓶和瓶盖兑换产生的新瓶酒是入队元素，具体兑换过程见图 3.106。

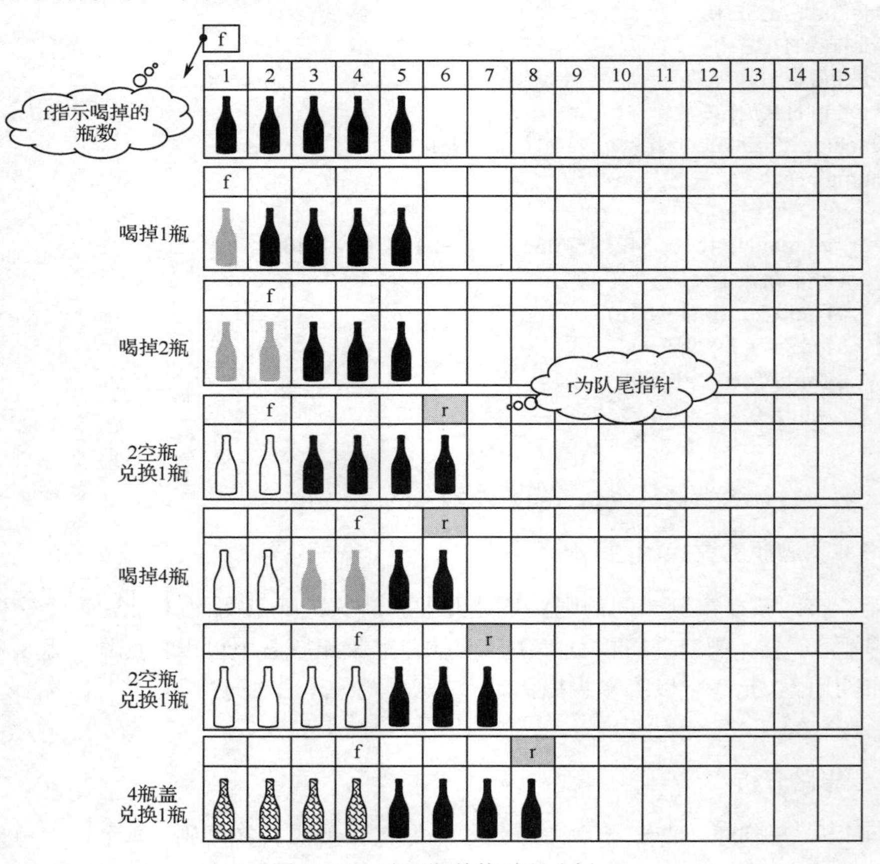


图 3.106 啤酒瓶兑换过程分析

根据算法的思路分析，不难写出实现过程。此处伪代码描述略。

### 2. 程序实现

```
//喝酒问题，啤酒 1 瓶 2 元，2 空瓶或 4 瓶盖可换 1 瓶酒，10 元可以喝几瓶酒
#include<stdio.h>
int main()
{
        int front=0,num=5;            //队列有酒 5 瓶，没喝之前队列指针 front 为 0
        while (num!=0)
        {
                front++;              //喝一瓶酒
                num--;                //酒瓶队列数目减 1
                if (front%2==0)       //有 2 个空酒瓶
                        num++;        //新空瓶入队
                if (front%4==0)       //有 4 个酒瓶盖
                        num++;        //新空瓶入队
        }
        printf("%d\n",front);
        return 0;
}
```

程序根据题目的特点，按照队列的思路进行处理，队列的控制参数是头指针和队列元素数目，实际上并没有使用尾指针。

## 3.2.9.4　多个相关广义表的输出

### 1. 问题描述

设有线性表，记为 L=($a_1,a_2,a_3,\cdots,a_n$)，其中，L 为表名，$a_i$ 为表中元素。

本例中 $a_i$ 有数值和字母两种情形（表中元素类型不同的线性表被称为广义线性表），当 $a_i$ 为数值时表示元素，$a_i$ 为大写字母时表示另一个表。例如，有下面三个线性表

L=(6,3,4,K,8,0,8)　K=(1,5,8,P,9,4)　P=(4,7,8,9)

线性表 L 包含线性表 K，若此时 K 表中又出现 L，则是循环定义。本例的测试用例不能出现循环定义的线性表。

按线性表中字母出现的先后顺序编程输出只有数值的完整线性表。按照上面给出的三个线性表 L、K、P，则输出的结果为 6,3,4,8,0,8,1,5,8,9,4,4,7,8,9。

### 2. 算法思路

（1）建立两种队列：示意图见图 3.107。

- 线性表队列 Q1：从 Q1[A]到 Q1[Z]共 26 个线性表队列，存放各线性表中的内容，如线性表 L 的内容存放在 Q1[L]中，线性表 K 的内容存放在 Q1[K]中。
- 字母队列 Q2：只存放线性表名。记录线性表输出的先后顺序。

（2）根据题目要求，字母队列 Q2 中应先放入字母 L，表示首先输出 L 表中的数据。

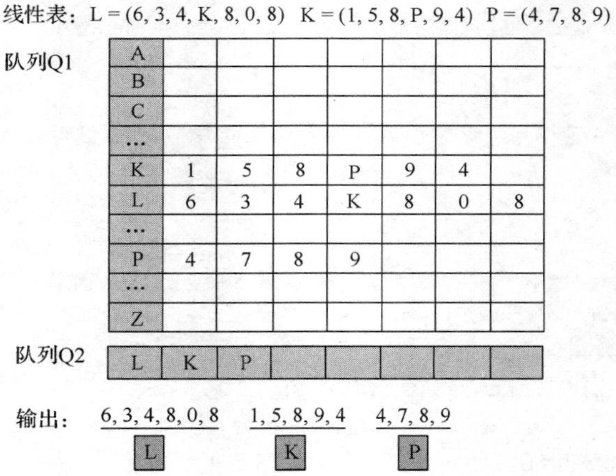

线性表：L = (6, 3, 4, K, 8, 0, 8)  K = (1, 5, 8, P, 9, 4)  P = (4, 7, 8, 9)

队列Q1

| | | | | | | | |
|---|---|---|---|---|---|---|---|
| A | | | | | | | |
| B | | | | | | | |
| C | | | | | | | |
| … | | | | | | | |
| K | 1 | 5 | 8 | P | 9 | 4 | |
| L | 6 | 3 | 4 | K | 8 | 0 | 8 |
| … | | | | | | | |
| P | 4 | 7 | 8 | 9 | | | |
| … | | | | | | | |
| Z | | | | | | | |

队列Q2

| L | K | P | | | | | |
|---|---|---|---|---|---|---|---|

输出：6, 3, 4, 8, 0, 8 [L]　1, 5, 8, 9, 4 [K]　4, 7, 8, 9 [P]

图 3.107　循环队列结构设计

（3）将 Q2 队头元素 ai 出队，找到线性表队列 Q1[ai]，将其内容全部出队并输出，如果输出的数据中包含字母，则字母入 Q2 队列。

（4）重复步骤（3），直到字母队列 Q2 为空。

### 3．数据结构设计方案 1——循环队列实现方法

循环队列实现方法见图 3.107。队列 Q1 包括 26 个队列，队列放对应线性表的数值。如 L 队列放表名为 L 的线性表。队列 Q2 存放各线性表中的大写字母。

（1）Q1 队列结构

为简化程序实现，设线性表中的数字只有一位，并且以字符形式存储，见图 3.108。

```
#define N 26          //字母队列个数
#define LEN 128       //循环队列长度
struct node
{ char  name;         //线性表名
  char  data[LEN];    //线性表内容
} LetterQueue[N];     //字母队列
```

| char name | char data[LEN] | | | | | | |
|---|---|---|---|---|---|---|---|
| A | | | | | | | |
| B | | | | | | | |
| C | | | | | | | |
| … | | | | | | | |
| K | 1 | 5 | 8 | P | 9 | 4 | |
| L | 6 | 3 | 4 | K | 8 | 0 | 8 |
| … | | | | | | | |
| P | 4 | 7 | 8 | 9 | | | |
| … | | | | | | | |
| Z | | | | | | | |

图 3.108　Q1 队列结构

（2）Q2 队列结构

```
char Q2[N];
```

### 4．数据结构设计方案 2——链队列实现方法

可以设计用链队列来处理。Q1 队列中，一个字母队列是一个链表，有 26 个链队列，链的头尾指针管理可以用结构做在一起，这样便于管理。Q2 队列是一个单独的链队列，其结构设计见图 3.109。

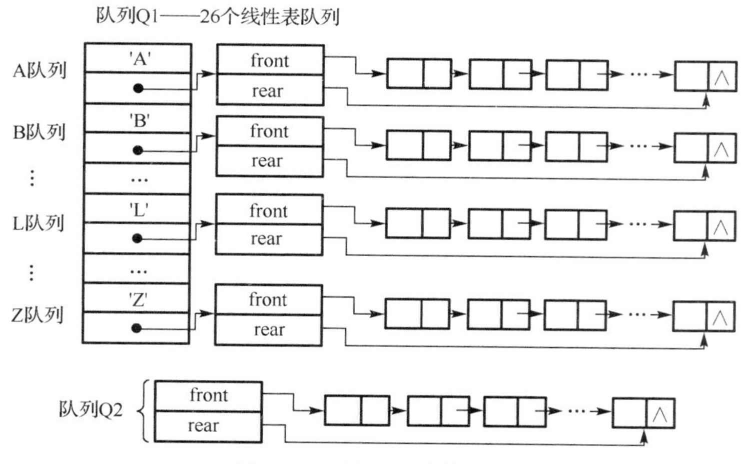


图 3.109　链队列结构设计

由图 3.109 的链队列结构设计，可以得到 Q1 链队列的数据结构，如图 3.110 所示。

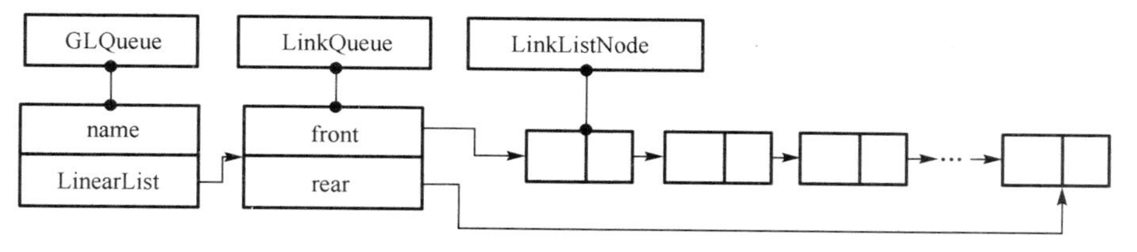


图 3.110　Q1 链队列的数据结构

（1）链表结点结构

```
struct node
{ char data;
  struct node *next;
} LinkListNode;
```

（2）链队列结构

```
typedef struct
{
      LinkListNode *front, *rear;//链队列头尾指针
} LinkQueue;
```

（3）Q1 队列结构

```
typedef struct GeneralizedLinearListQueue
{
      char name; //线性表名
      LinkQueue   *LinearList; //线性表链表头尾指针结构地址
} GLQueue; //广义表链队列结构
```

Q2 队列结构（链表结点结构）

```
struct node
{ char data;
```

```
    struct node *next;
} LinkListL
```

### 5. 伪代码描述

```
初始化 Q1 队列
建立 Q1 字母链队列（队列数据由键盘输入）
    输入线性表名 ch、线性表内容 gets(sPtr)
    根据 ch 内容，将线性表内容 sPtr 插入相应字母队列
初始化 Q2 队列，放置首个线性表名
Q2 非空，根据队头字母在 Q1 中找相应队列
    取线性表表名存放在 Name
    若 Q1 中有表名为 Name 的线性表
        将 Name 队列元素全部出队
        若 Name 队列元素 data 是大写字母（线性表名）则 data 入 Q2 队列
        data 为数字，则输出
```

### 6. 程序实现

我们给出链队列的实现方法如下。

```
#define N 26     //字母队列个数
#define LEN 128//循环队列长度
typedef struct GeneralizedLinearListQueue
{
    char name; //线性表名
    LinkQueue    *LinearList; //线性表链表头尾指针结构地址
} GLQueue; //广义表链队列结构
typedef LinkQueue *LetterQueue;

int main()
{
int i;
char Name,data;
char ch;
char a[LEN];
char *sPtr=a;
LinkListNode    *linknodePtr1,*linknodePtr2;   //Q1,Q2 队列结点指针
char FirstLinearListName ; //首次处理的线性表名

GLQueue Q1[N];//26 个广义表链队列
LetterQueue Q2;

//初始化 Q1 队列
for (i=0;i<N;i++)
{
    Q1[i].name = '\0';
    Q1[i].LinearList = (LinkQueue *)malloc(sizeof(LinkQueue));
    Initialize_LkQueue(Q1[i].LinearList);
}
```

```
//建立 Q1 字母链队列
while(1)
{
      printf("输入一个大写的线性表名,输入@停止\n");
      ch=getchar();
      fflush(stdin); //清空标准输入缓冲里多余的数据
      if(ch=='@') break;
      Q1[ch-'A'].name=ch;
      printf("输入线性表内容\n");
      gets(sPtr);
      fflush(stdin);
      while (*sPtr!='\0')
            Insert_LkQueue(Q1[ch-'A'].LinearList, *sPtr++);
}
printf("输入首次处理线性表名");
scanf("%c",&FirstLinearListName);

//初始化 Q2 队列
Q2 = (LinkQueue *)malloc(sizeof(LinkQueue));
Initialize_LkQueue(Q2);
//首次从 FirstLinearListName 线性表开始处理
Insert_LkQueue(Q2,FirstLinearListName);

//Q2 非空，根据队头字母在 Q1 中找相应队列
while ( ! Empty_LkQueue(Q2) )
{
      //Q2 元素出队，其地址记录在 linknodePtr2
      linknodePtr2 = Delete_LkQueue(Q2);
      if (linknodePtr2 != NULL)
      {
            Name = linknodePtr2->data;//取线性表表名存放在 Name 中
            free(linknodePtr2);//释放 Q2 出队元素结点
      }
      else
      {
            printf("Delete_SeqQueue Failed, Error!\n");
            return -1;//main 异常返回
      }
      //Q1 中有表名为 Name 的线性表
      if (Q1[Name-'A'].name ==Name)
      {
            //将 Name 队列元素全部出队
            while ( ! Empty_LkQueue(Q1[Name-'A'].LinearList) )
            {
                  //Name 队列元素出队，其地址记录在 linknodePtr1
                  linknodePtr1 = Delete_LkQueue(Q1[Name-'A'].LinearList);
                  data = linknodePtr1->data;
                  //若 Name 队列元素 data 是大写字母——线性表名，data 入 Q2 队列
```

```
                    if (data>='A' && data<= 'Z')
                        Insert_LkQueue(Q2,data);
                    else   printf("%c ",data);//data 为数字，则输出
                    free(linknodePtr1);//释放 Q1 出队元素结点
                }
                Q1[Name-'A'].name = '\0';//清除线性表名
            }
            else
            {
                printf("\nCan not find the %c List!\n",Name);
                return -1; //main 异常返回
            }
        }
        printf("\n");
        return 0;//main 正常返回
    }
```

# 3.3 本章小结

## 1. 本章内容的思维导图

本章主要内容间的联系见图 3.111 和图 3.112。

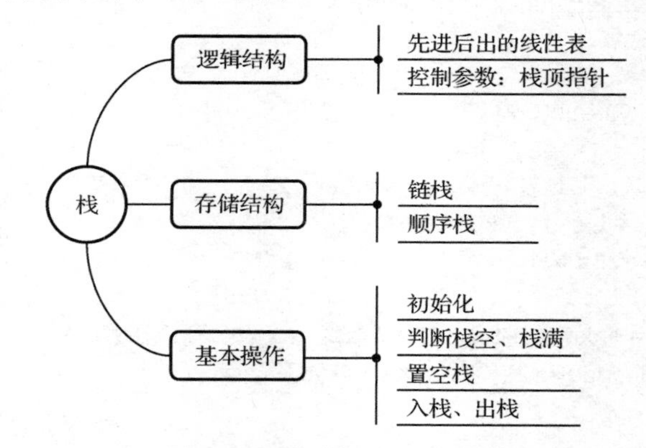


图 3.111　栈各概念间的联系

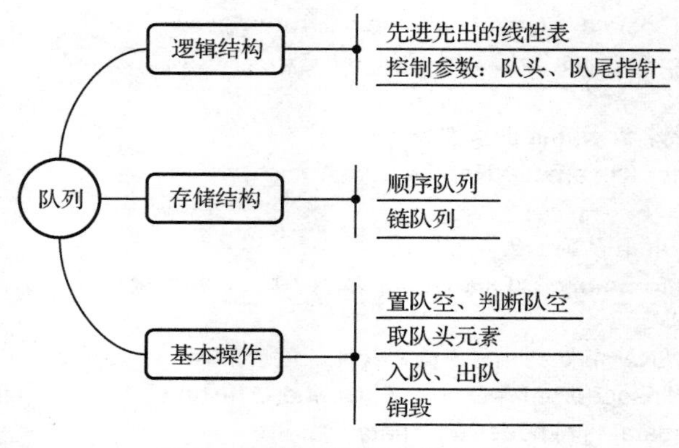


图 3.112　队列各概念间的联系

### 2．顺序栈与链式栈实现方法的比较

通过入栈和出栈时间的比较可以看出，数组实现在性能上还是有明显优势的，这是因为数组实现的栈在增加和删除元素时并不需要移动大量的元素，只在扩大数组容量时需要进行复制。然而，链表实现的栈在入栈时需要将数据包装成结点，出栈时需要从结点中取出数据，同时还要维护栈顶指针和前趋指针。

### 3．链队列和循环队列的比较

（1）时间上：循环队列事先申请好空间，使用期间不释放。链队列每次申请和释放结点存在一些时间开销，如果入队、出队操作频繁，链队列性能稍差。

（2）空间上：循环队列必须有一个固定长度，所以可能会有队列空间利用率不高的问题。链队列不存在这个问题，在空间上更为灵活。

### 4．循环队列与链队列的选用原则

（1）在可以确定队列长度最大值的情况下，建议用循环队列。

（2）若无法预估队列的长度，则用链队列。

## 习题

### 一、单项选择题

1．设 abcdef 以所给的次序进栈，若进栈操作时允许退栈操作，则下面不能得到的序列为（　　）。

（A）fedcba　　（B）bcafed　　（C）dcefba　　（D）cabdef

2．若已知一个栈的入栈序列是 $1,2,3,\cdots,n$，其输出序列为 $p_1,p_2,p_3,\cdots,p_n$，若 $p_n$ 是 $n$，则 $p_i$ 是（　　）。

（A）$i$　　（B）$n-i$　　（C）$n-i+1$　　（D）不确定

3．设计一个判别表达式中左、右括号是否配对出现的算法，采用（　　）数据结构最佳。

（A）线性表的顺序存储结构　　（B）队列

（C）线性表的链式存储结构　　（D）栈

4．用链接方式存储的队列，在进行删除运算时（　　）。

（A）仅修改头指针　　（B）仅修改尾指针

（C）头、尾指针都要修改　　（D）头、尾指针可能都要修改

5．递归过程或函数调用时，处理参数及返回地址，要用一种称为（　　）的数据结构。

（A）队列　　（B）多维数组　　（C）栈　　（D）线性表

6．假设以数组 A[m]存放循环队列的元素，其头尾指针分别为 front 和 rear，则当前队列中的元素个数为（　　）。

（A）(rear−front+m)%m　　（B）rear−front+1

（C）(front−rear+m)%m　　（D）(rear−front)%m

7．若用一个大小为 6 的数组来实现循环队列，且当前 rear 和 front 的值分别为 0 和 3，当从队列中删除一个元素，再加入两个元素后，rear 和 front 的值分别为多少？（　　）

（A）1 和 5　　（B）2 和 4　　（C）4 和 2　　（D）5 和 1

8．最大容量为 $n$ 的循环队列，队尾指针是 rear，队头是 front，则队满的条件是（　　）。

（A）(rear+1) mod n=front　　（B）rear=front

（C）rear+1=front　　（D）(rear−l) mod n=front

9．栈和队列的共同点是（　　）。

（A）都是先进先出　　（B）都是先进后出

（C）只允许在端点处插入和删除元素　　（D）没有共同点

10．设栈 S 和队列 Q 的初始状态为空，元素 $e_1$，$e_2$，$e_3$，$e_4$，$e_5$ 和 $e_6$ 依次通过栈 S，一个元素出栈后即入队列 Q，若 6 个元素出队的序列是 $e_2$，$e_4$，$e_3$，$e_6$，$e_5$，$e_1$ 则栈 S 的容量至少应该是（　　）。

（A）6　　（B）4　　（C）3　　（D）2

**二、应用题**

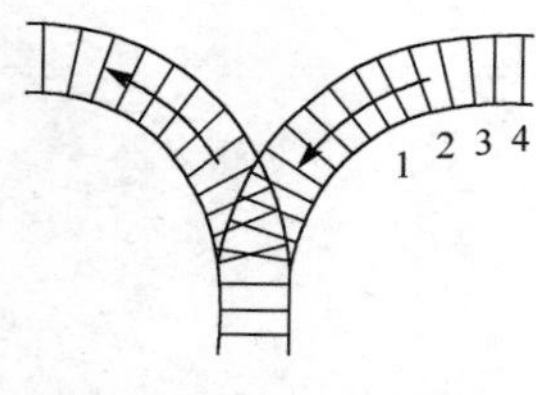

图 3.113　栈式站台

1．设有编号为 1、2、3、4 的四辆列车顺序进入一个栈式结构的站台，如图 3.113 所示。具体写出这四辆列车开出车站所有可能的顺序。设栈容量为 2。

2．设表达式的中缀表示为 a * x − b / x*x，试利用栈将它改为后缀表达式 ax*bxx*/ −。写出转换过程中栈的变化。

3．写出下列中缀表达式的后缀形式。

(1) A * B * C

(2) − A + B − C + D

(3) A && B|| ! (E > F)

**三、算法设计题**

1．设单链表中存放着 $n$ 个字符，试编写算法，判断该字符串是否有中心对称关系。例如，xyzzyx、xyzyx 都算是中心对称的字符串。要求用尽可能少的时间完成判断。（提示：将一半字符先依次进栈。）

2．将编号为 0 和 1 的两个栈存放于一个数组空间 V[m]中，栈底分别处于数组的两端。当第 0 号栈的栈顶指针 top[0]等于−1 时该栈为空，当第 1 号栈的栈顶指针 top[1]等于 m 时该栈为空。两个栈均从两端向中间增长。当向第 0 号栈插入一个新元素时，使 top[0]增 1 得到新的栈顶位置，当向第 1 号栈插入一个新元素时，使 top[1]减 1 得到新的栈顶位置。当 top[0]+1 == top[1]时或 top[0] == top[1] −1 时，栈空间满，此时不能再向任一栈加入新的元素。试定义这种双栈（Double Stack）结构的类定义，并实现判栈空、判栈满、插入、删除算法。

3．假设以数组 sequ[m]存放循环队列的元素，同时设变量 rear 和 quelen 分别指示循环队列中队尾元素的位置和内含元素的个数。试给出判别此循环队列的队满条件，并写出相应的入队列和出队列的算法（在出队的算法中要返回队头元素）。

4．假设以带头结点的循环链表表示队列，并且只设一个指针指向队尾元素结点（注意不设头指针），试编写相应的置空队、入队列和出队列的算法。

5．设用链表表示一个双端队列，要求可在表的两端插入，但限制只能在表的一端删除。试编写基于此结构的队列的插入（enqueue）和删除（dequeue）算法，并给出队列空和队列满的条件。

6．用两个栈实现一个队列的插入和删除功能。

7．用两个队列实现一个栈的功能。

# 第 4 章　内容特殊的线性表——多维数组与字符串

【主要内容】

- 使用二维数组表示矩阵及其运算
- 特殊矩阵的压缩存储方法
- 字符串的定义及存储方法
- 模式匹配方法

【学习目标】

- 掌握多维数组的存储结构，熟悉特殊矩阵、稀疏矩阵的压缩存储方法
- 了解串操作的应用方法和特点
- 理解串匹配算法

计算机中的数组是一组相关的同类型数据的集合，它们与实际应用中数据的自然组织方法直接吻合，有着广泛的用途。多维数组的概念在数值计算和图形应用方面非常有用，字符串是基于数组的一种重要数据结构，数据库也是数组概念的一种扩充和延伸。数组在计算机中的连续存储方式反映了内存中数据组织的底层机制。

前述各章讨论的各种数据结构（如线性表、栈和队列等）均是线性结构，其中的数据元素是不可再分的原子类型。本章要讨论的数组可以看成是线性表的扩展，即表中的元素本身也是一种数据结构。

## 4.1　多维数组

数组应该是我们最熟悉的数据组织形式之一。数组中各元素具有统一的类型，且数组元素的下标一般具有固定的上界和下界，因此，数组的处理比其他复杂的结构更为简单，几乎所有的高级程序设计语言都包含数组这种数据的结构形式。各种数据结构的顺序存储分配，也都借用一维数组来描述它们的存储结构。多维数组是一维数组的推广。

本节将从数据结构的角度，简单讨论数组的逻辑结构及其存储方式。

### 4.1.1　数组的概念

在程序设计中，为处理方便，把具有相同类型的若干变量按有序的形式组织起来，这些按序排列的同类型数据元素的集合称为数组。

从数据结构的角度看，数组是 $n$（$n \geq 0$）个相同数据类型的数据元素构成的有限序列，数组可以看成是一种特殊的线性表，是线性表的推广。

#### 1. 数组定义

数组（Array）是由类型相同的数据元素构成的集合，每个数据元素称为一个数组元素（简称元素）。

#### 2. 数组与线性表

一维数组是一个定长线性表。二维数组也是一个定长线性表，它的每个元素是一个一维数组。

$n$ 维数组是线性表，它的每个元素是 $n$-1 维数组。例如，一个 $m×n$ 的二维数组 $A_{m×n}$ 可以看成是 $m$ 行的一维数组，或者 $n$ 列的一维数组，见图 4.1。

$$A_{m\times n}=\begin{bmatrix} a_{1,1} & a_{1,2} & \cdots & a_{1n} \\ a_{21} & a_{22} & \cdots & a_{2n} \\ \cdots & \cdots & \cdots & \cdots \\ a_{m1} & a_{m2} & \cdots & a_{mn} \end{bmatrix}$$

(a)

$$A_{m\times n}=\left[\begin{bmatrix} a_{1,1} \\ a_{21} \\ \cdots \\ a_{m1} \end{bmatrix}\begin{bmatrix} a_{1,2} \\ a_{2,2} \\ \cdots \\ a_{m2} \end{bmatrix}\cdots\begin{bmatrix} a_{1,n} \\ a_{2n} \\ \cdots \\ a_{mn} \end{bmatrix}\right]$$

(b)

$$A_{m\times n}=[[a_{1,1}a_{1,2}\cdots a_{1n}],[a_{21}a_{22}\cdots a_{2n}],\cdots,[a_{m1}a_{m2}\cdots a_{mn}]]$$

(c)

图 4.1　数组和线性表的关系

即 $A$ 可看成一个行向量形式的线性表

$$A_{m×n}=[[a_{11}a_{12}\cdots a_{1n}], [a_{21}a_{22}\cdots a_{2n}], \ldots, [a_{m1}a_{m2}\cdots a_{mn}]]$$

或列向量形式的线性表

$$A_{m×n}=[[a_{11}a_{21}\cdots a_{m1}], [a_{12}a_{22}\cdots a_{m2}], \ldots, [a_{1n}a_{2n}\cdots a_{mn}]]$$

计算机最初就是解决数学计算问题的，所以计算机程序中有很多概念来自数学，如函数、向量。一维数组与“向量”对应，二维数组与“矩阵”对应。

### 4.1.2　数组的存储结构

有了数组这样的数据组织形式，可以用相同名字引用一系列变量，并用下标（索引）来识别它们。

#### 1. 数组在计算机中的存放顺序

程序设计语言中的数组元素一般保存在一个地址连续的内存中，它们是紧密相邻的。在此需要注意的是数组可以是多维的，而内存单元地址是一维的。

**【思考与讨论】**

计算机的存储结构是一维的，而数组一般是多维的。如何在计算机中存放数组？

**讨论**：按照数据“存得进，取得出”的存储原则，需要找到数组下标与存储地址的对应关系。计算机的内存结构是一维线性的，因此存储多维数组时，需要解决将多维关系映射到一维关系的问题，即按某种次序将数组元素排成序列，然后将这个线性序列存放在存储器中。

将数组元素排成一个线性序列，就产生了次序约定问题。因为多维数组是由较其低一维的数组来定义的，通过这种递推关系将多维数组的数据元素排成一个线性序列。而一维数组在内存中的存放则较为简单，只要顺序存放在连续的内存单元即可。二维数组如何用顺序结构表示呢？可能的方式有两种，见图 4.2。

在 C++、Pascal 等语言中，数组是按行优先方式存储的；在 Fortran 语言中，数组是按列优先方式存储的。

以上规则可以推广到多维数组的情况：行优先顺序可规定为先排最右的下标，从右到左，最后排最左的下标；列优先顺序与此相反，先排最左的下标，从左向右，最后排最右的下标。

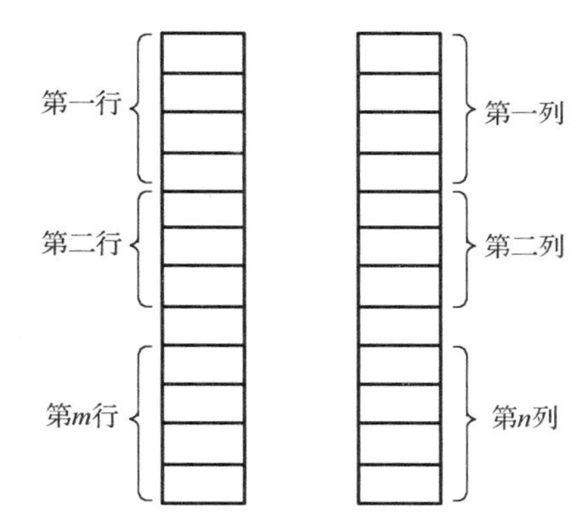


图 4.2　二维数组的两种存储结构

### 2. 数组结构的特点

（1）元素推广性：元素本身可以具有某种结构，而不限定是单个的数据元素。

（2）元素同一性：元素具有相同的数据类型。

（3）关系确定性：数据元素数目固定，一旦定义了一个数组结构，就不再有元素个数的增减变化。数据元素的下标关系具有上下界的约束且下标有序。

### 3. 数组的两个基本运算

（1）给定一组下标，存取相应的数据元素。

（2）给定一组下标，修改相应数据元素中某个数据项的值。

数组的特点决定了它适合采用顺序存储结构。下面讨论二维数组元素在内存中的位置问题，即数组下标与内存地址的映射关系。

### 4. 数组下标与内存地址的映射关系

（1）行优先存储

设二维数组每个数据元素占用 $L$ 个单元，$m$、$n$ 为数组的行数和列数，$\mathrm{Loc}(a_{1,1})$表示元素 $a_{1,1}$ 的地址，行优先存储——基本思想是按行存储，即存完第 $i$ 行再接着存储第 $i$+1 行，示意图如图 4.3 所示。

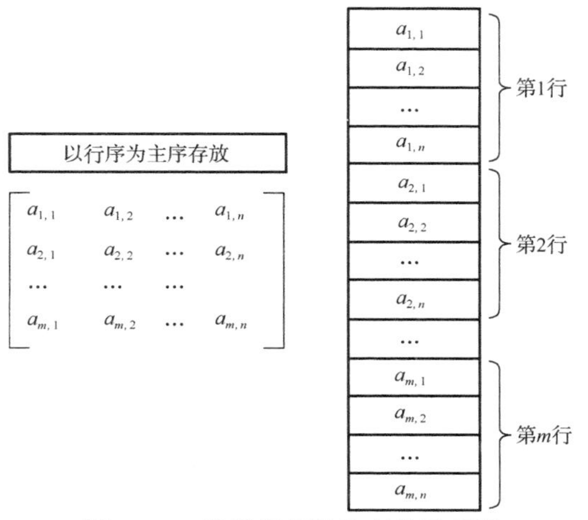


图 4.3　二维数组行优先存储示意图

根据图 4.4，可以得到以行为主序优先存储的地址计算公式为

$$\mathrm{Loc}(a_{i,j})=\mathrm{Loc}(a_{1,1})+((i-1)\times n+(j-1))\times L$$

某个元素的地址是基地址（数组的起始地址）与它前面所有行所占的单元加上它所在行前面所有列元素所占的单元数之和。

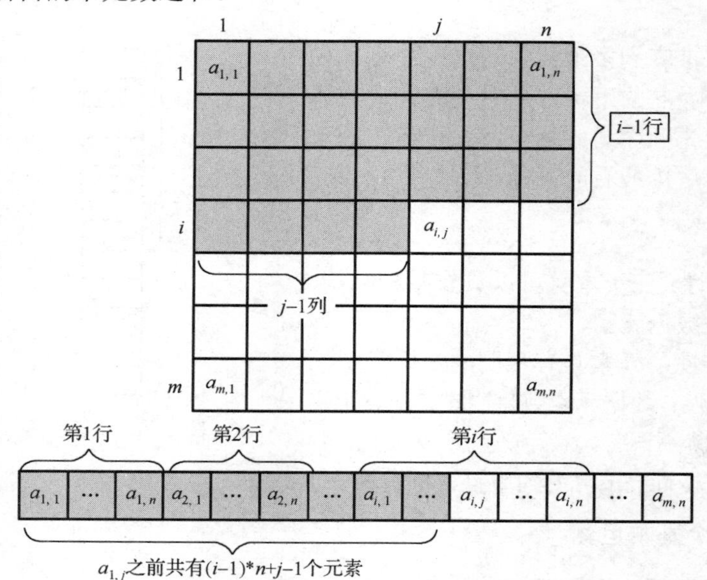


图 4.4　以行为主序优先存储的地址计算

（2）列优先存储

同理可以得到以列为主序优先存储的地址计算公式为

$$\mathrm{Loc}(a_{i,j})=\mathrm{Loc}(a_{1,1})+((j-1)\times m+(i-1))\times L$$

按上述两种方式顺序存储的数组，只要知道开始结点的存放地址（基地址）、维数和每维的上下界，以及每个数组元素所占用的单元数，就可以将数组元素的存放地址表示为其下标的线性函数。顺序存储的数组是一个随机存取结构。

在程序设计过程中，一维数组和二维数组一般使用较为普遍，超过二维以上的多维数组使用相对较少，对于高维数组的顺序存储方法，将二维的情形加以推广便能得到。

### 5．数组地址实例

**【例 4-1】**数组元素求址。

设数组 a[1…60, 1…70]的基地址为 2048，每个元素占 2 个存储单元，若以列序为主序顺序存储，求元素 a[32,58]的存储地址。

注：a[1…60, 1…70]是数组的一种表示方法，表示行优先的二维数组，行下标范围为 1～60，列下标范围为 1～70。

**解析：**

数组行数 $m$=60−1+1=60；列数 $n$=70−1+1=70；行下标 $i$=32；列下标 $j$=58；元素长度 $L$=2；由列优先元素求址公式 $\mathrm{Loc}(a_{i,j})=\mathrm{Loc}(a_{11})+[(j-1)\times m+(i-1)]\times L$，得 $\mathrm{LOC}(a_{32,58})=2048+[(58-1)\times 60+(32-1)]\times 2=8950$。

**【思考与讨论】**

若数组是 a[0…59, 0…69]，结果是否仍为 8950？

**讨论**：因为 $i$、$j$ 均从 0 开始，求址公式为 $Loc(a_{i,j})=Loc(a_{00})+[j\times m+i]\times L$（见图 4.5），则

$$LOC(a_{32,58})=2048+[58\times 60+32]\times 2=9072$$

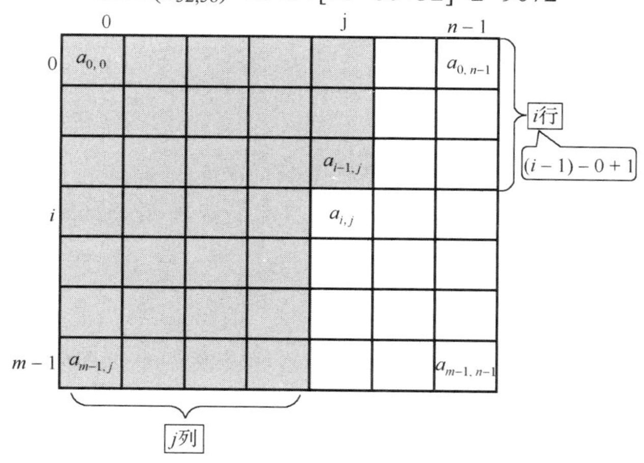


图 4.5　下标为 0 的求址

# 4.2　矩阵的压缩存储

### 1．矩阵的概念

矩阵是数值程序设计中经常用到的数学模型，由 $m$ 行、$n$ 列的数值构成。在用高级语言编写的程序中，通常用二维数组表示矩阵，它使矩阵中的每个元素都可在二维数组中找到对应的存储位置。

### 2．特殊矩阵与压缩的可能性

对于对称矩阵，没必要用 $n^2$ 个存储单元将每个元素都存储起来。如果以行序为主序来存储，那么存储映像如图 4.6(a)所示（图中∧符号代表省略标出的元素）。把矩阵元素都存储起来，只需存下三角中的矩阵元素即可，共有 $n(n+1)/2$ 个元素。

在数值分析的计算中经常出现一些有下列特性的高阶矩阵，矩阵中有很多值相同的元素或零值元素，例如，图 4. 6(b)的上三角矩阵，其下三角部分的值都相同（图中的 c 表示同一个值）。在这种情形下，用二维数组来存储整个矩阵，效率不高。可以设想，若把相同的数据只存储一次，即把数据压缩存储，这样不但可以节省存储空间，还可以节约传输时间，在矩阵规模很大时（即高阶矩阵），可获得的效率是很高的。

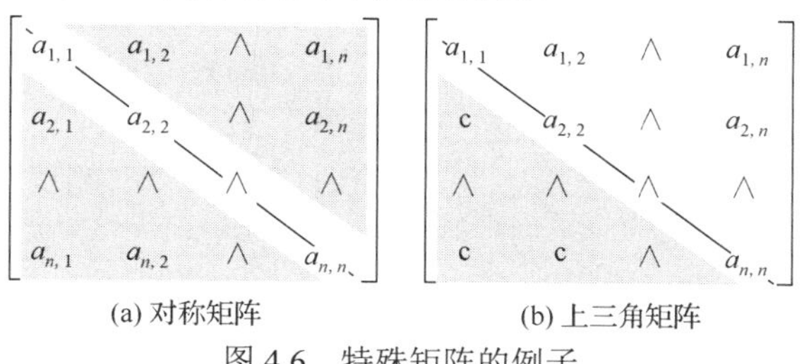


(a) 对称矩阵　　(b) 上三角矩阵

图 4.6　特殊矩阵的例子

我们把非零元素或零元素的分布具有一定规律的矩阵称为特殊矩阵。本节讨论几种特殊矩阵及稀疏矩阵的压缩存储。

**【知识 ABC】数据压缩**

数据压缩是指在不丢失信息的前提下，缩减数据量以节省存储空间，提高传输、存储和处理效率的一种技术方法。数据压缩按照一定的算法对数据进行重新组织，减少数据的冗余度和存储的空间。从信息的角度来看，压缩就是去掉信息中的冗余，即去掉确定的或可推知的信息，保留不确定的信息。

数据压缩包括有损压缩和无损压缩。若压缩后的数据可恢复完整的原始数据，则称为无损数据压缩；若为了实现更高的压缩率允许一定程度的数据损失，则称为有损数据压缩。

**3．矩阵压缩方法讨论**

**【思考与讨论】**

矩阵压缩存储时会带来什么问题？可以采用的解决方法是什么？

**讨论：**首先要明确，压缩存储要解决两个问题：一是存储什么样的数据、如何存储，二是存储的数据要能恢复原样。

第一个问题的分析与处理：

（1）相同的数据只存储一次；

（2）零元素不占存储空间。

可以把要存储的数据放到一维数组中。

第二个问题的分析与处理：这是为了解决数据“存得进，取得出”的问题，只要找到同一元素在一维数组与矩阵中的对应关系即可恢复原有的矩阵形式，恢复后矩阵中值为“空”的位置默认为第一个问题中的零元素。

根据问题的分析及讨论，可以得到矩阵压缩存储的实现方法如下：

（1）确定存放压缩后数据的向量的空间大小；

（2）确定二维数组下标 $i,j$ 与向量下标 $k$ 的关系。

## 4.2.1 对称矩阵的压缩存储

**1．对称矩阵定义**

在一个 $n$ 阶方阵 $\boldsymbol{A}$ 中，若元素满足下述性质，则称 $\boldsymbol{A}$ 为对称矩阵

$$a_{i,j}=a_{j,i} \quad (0\leqslant i,\quad j\leqslant n-1)$$

**2．对称矩阵的压缩**

对称矩阵中的元素关于主对角线对称，故只要存储矩阵中上三角或下三角中的元素，让每两个对称的元素共享一个存储空间，这样，能节约近一半的存储空间。不失一般性，我们按“行优先顺序”存储主对角线（包括对角线）以下的元素，见图 4.7，以一维数组 sa[M]作为 $n$ 阶对称矩阵 $\boldsymbol{A}$ 的存储结构，若有 sa[k] ]= $a_{i,j}$，则要找到 $i$、$j$ 与 $k$ 之间存在的对应关系。

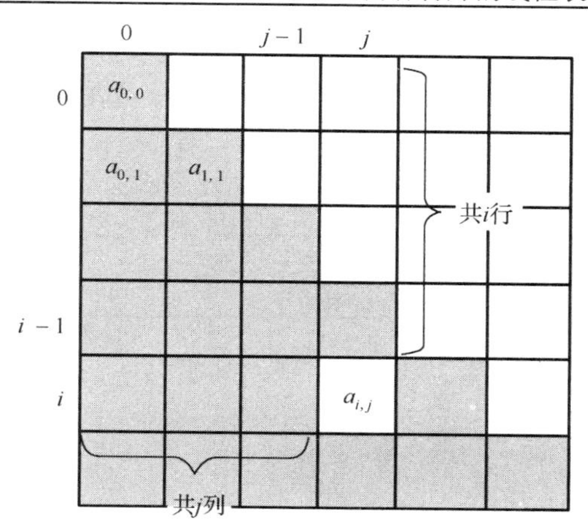


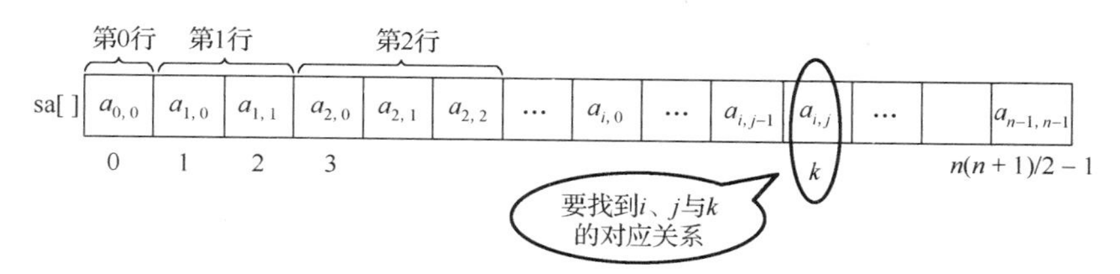


图 4.7　对称矩阵存储分析示意图

需要存储的元素数目 $M$ 共为 $n(1+n)/2$。

从图 4.8 中可知，$k$ 等于 $a_{i,j}$ 前的元素个数（注意，此处 $k$ 的值从 0 开始），所以下三角存储时的关系为 $k=1+2+3+\cdots+i+j=i(1+i)/2+j$，$i\geqslant j$。

同理，可以推得上三角存储时的关系为 $k=j\times(j+1)/2+i$，$i\leqslant j$。

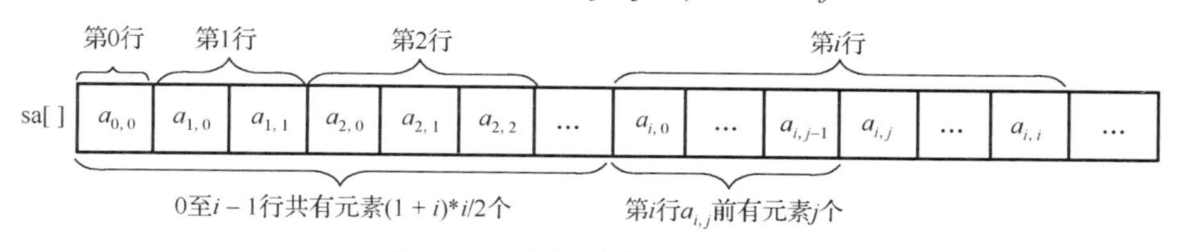


图 4.8　对称矩阵存储映射关系

## 4.2.2　三角矩阵的压缩存储

### 1．三角矩阵定义

设 $n$ 阶方阵 $\boldsymbol{A}$，若其下三角的元素除对角线外均为常数 c，即 $a_{i,j}$=c，$0\leqslant j<i<n$，则称该方阵为上三角矩阵。

三角矩阵分为上三角矩阵和下三角矩阵，如图 4.9 所示。

### 2．三角矩阵压缩存储方法

除了存储主对角线及上（下）三角中的元素，再加一个存储常数 c 的空间。

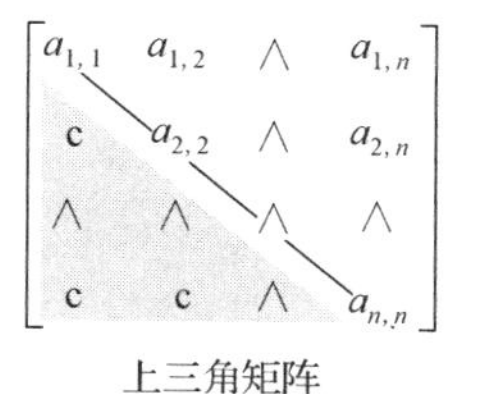


上三角矩阵

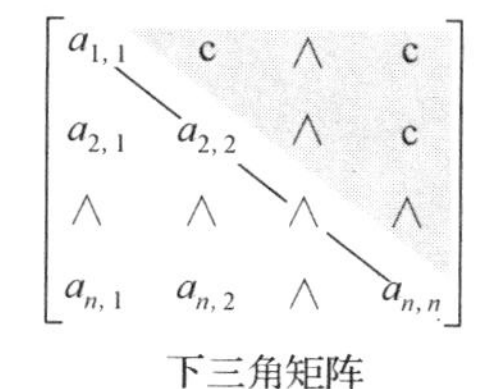


下三角矩阵

图 4.9　三角矩阵

三角矩阵中的重复元素 c 可只用一个存储单元，其余的元素有 $n(n+1)/2$ 个，因此，三角矩阵可压缩存储到长度为 $n(n+1)/2+1$ 的向量中，其中，c 存放在向量的最后位置，下三角矩阵下标与向量下标间的关系如图 4.10 所示。上三角矩阵压缩关系读者可自行推导。

| | | $k$ 值 | $i$、$j$ 关系 |
|---|---|---|---|
| a[i,j] = | sa[k] | $i(i+1)/2+j$ | 当 $a_{i,j}$ 在下三角区域，$i>=j$ |
| | c | $n(n+1)/2$ | 当 $a_{i,j}$ 在上三角区域，$i<j$ |

图 4.10　三角矩阵压缩关系

## 4.2.3　对角矩阵的压缩存储

### 1．对角矩阵定义

对角矩阵是所有非零元素都集中在以主对角线为中心的带状区域中的方阵，也称为带型矩阵。图 4.11 是三对角矩阵。

对角矩阵中除了主对角线和直接在主对角线上下方若干条对角线上的元素，其他所有元素为零。对于这种矩阵，也可以按照以行为主的原则，将其压缩存储在一维数组中。

### 2．三对角矩阵压缩方法

（1）压缩方法一

设有 $n$ 阶三对角矩阵 $\boldsymbol{A}$，将三条对角线上的元素逐行存放于数组 B[M]中，使得 B[k]=A[i][j]，给出 $i$、$j$ 与 $k$ 的对应关系。

图 4.12 中，除第 1 行和第 $n$ 行是两个元素外，每行的非零元素都是 3 个，因此，需存储的元素个数 $M=3n-2$。

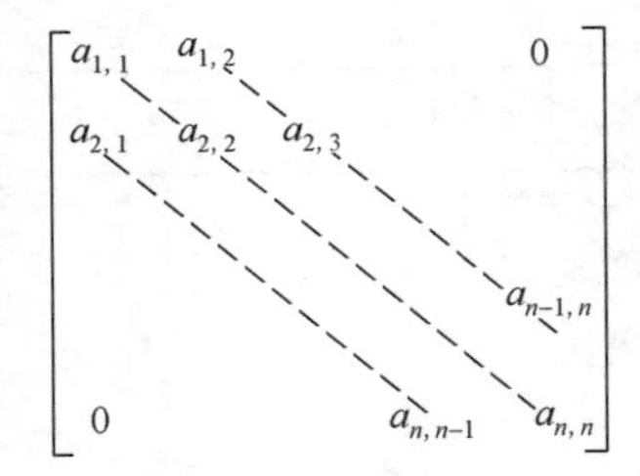

$a_{1,1}$ $a_{1,2}$ 0
$a_{2,1}$ $a_{2,2}$ $a_{2,3}$
$a_{n-1,n}$
0 $a_{n,n-1}$ $a_{n,n}$


图 4.11　三对角矩阵

| 00 | 01 | 02 | 03 | 04 |
|---|---|---|---|---|
| 10 | 11 | 12 | 13 | 14 |
| 20 | 21 | 22 | 23 | 24 |
| 30 | 31 | 32 | 33 | 34 |
| 40 | 41 | 42 | 43 | 44 |

图 4.12　对角矩阵下标关系

从图 4.13 的对应关系中，可以得到其关系为

$$k=ai+bj+c\text{（}a\text{、}b\text{、}c\text{ 分别为整数）}$$

| 元素 | $a_{0,0}$ | $a_{0,1}$ | $a_{1,0}$ | $a_{1,1}$ | $a_{1,2}$ | … | $a_{i,j}$ | … | $a_{n-1,n-2}$ | $a_{n-1,n-1}$ |
|---|---|---|---|---|---|---|---|---|---|---|
| $k$ | 0 | 1 | 2 | 3 | 4 | | | | $3n-4$ | $3n-3$ |

| $i$ | 0 | 0 | 1 | 1 | 1 | 2 | 2 | 2 | 3 | 3 | 3 | … | $n-1$ | $n-1$ |
|---|---|---|---|---|---|---|---|---|---|---|---|---|---|---|
| $j$ | 0 | 1 | 0 | 1 | 2 | 1 | 2 | 3 | 2 | 3 | 4 | | $n-2$ | $n-1$ |
| $k$ | 0 | 1 | 2 | 3 | 4 | 5 | 6 | 7 | 8 | 9 | 10 | | $3n-4$ | $3n-3$ |

图 4.13　矩阵下标 $i$、$j$ 与向量下标 $k$ 取值表

将 $i$、$j$、$k$ 的取值代入方程，可求得 $a$、$b$、$c$ 的值。

解得：$a$=2；$b$=1；$c$=0；所以，$k$=2$i$+$j$；$0 \leq i<n$；$0 \leq j<n$。

从图 4.13 中得到 $k$ 的变化规律关系，见图 4.14，根据这些值，可以得到 $i$、$j$ 与 $k$ 的关系式

$i=(k+1)/3$　　$0 \leq k<3n-2$（注意是整除）

$j=(k+1)/3+(k+1)\%3-1$

或者，$j=k-2i=k-[(k+1)/3]\times 2$（注意，除法是整除不可化简）。

| $i$ | 0 | 0 | 1 | 1 | 1 | 2 | 2 | 2 | 3 | 3 | 3 | … | $n-1$ | $n-1$ |
|---|---|---|---|---|---|---|---|---|---|---|---|---|---|---|
| $j$ | 0 | 1 | 0 | 1 | 2 | 1 | 2 | 3 | 2 | 3 | 4 | | $n-2$ | $n-1$ |
| $k$ | 0 | 1 | 2 | 3 | 4 | 5 | 6 | 7 | 8 | 9 | 10 | | $3n-4$ | $3n-3$ |
| $(k+1)/3$ | 0 | 0 | 1 | 1 | 1 | 2 | 2 | 2 | 3 | 3 | 3 | | | |
| $(k+1)\%3$ | 1 | 2 | 0 | 1 | 2 | 0 | 1 | 2 | 0 | 1 | 2 | | | |

图 4.14　三对角矩阵压缩 $i$、$j$ 与 $k$ 的关系

（2）压缩方法二

只存储带内的元素。可用等带宽存储法，在带的左上角和右下角增添若干个任意元素，把带内的元素存放在矩形数组，如图 4.15 所示。

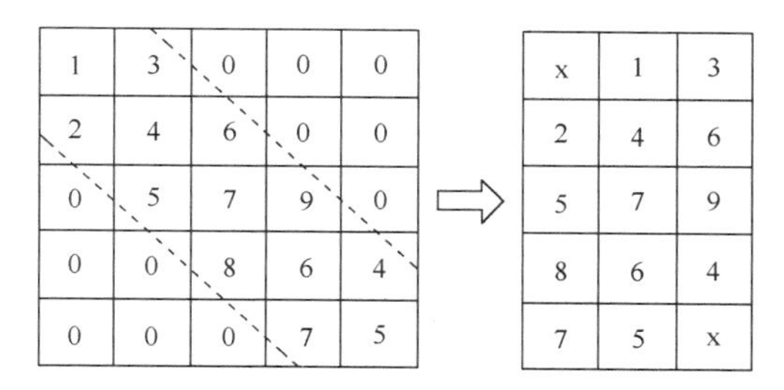


图 4.15　对角矩阵等带宽存储

## 4.2.4　稀疏矩阵的压缩存储

### 4.2.4.1　稀疏矩阵的概念

#### 1. 稀疏矩阵的定义

设矩阵 $\boldsymbol{A}_{m\times n}$ 中有 $s$ 个非零元素，若 $s$ 远远小于矩阵元素的总数（即 $s \ll m\times n$），则称 $\boldsymbol{A}$ 为稀疏矩阵（sparse matrix）。令 $e=s/(m\times n)$，称 $e$ 为矩阵的稀疏因子。通常认为 $e \leq 0.05$ 时为稀疏矩阵。

**【知识 ABC】特殊的稀疏矩阵**

有的矩阵非零元素占全部元素的百分比较大（如近 50%），但它们的分布很有规律，利用这一特点可以避免存放零元素或避免对这些零元素进行运算，这种矩阵仍可称为稀疏矩阵。图 4.16 是常见的稀疏矩阵形式，用阴影表示出一些常见的稀疏矩阵中非零元素的分布。

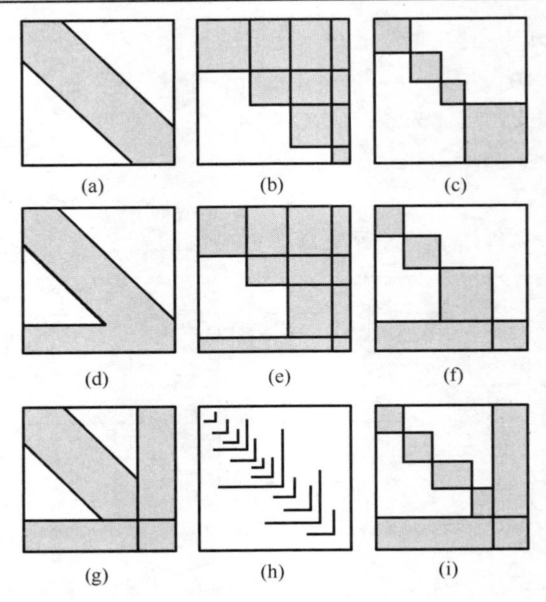


图 4.16 常见的稀疏矩阵形式

### 2. 稀疏矩阵技术背景

在工程领域，求解线性模型时经常出现大型的稀疏矩阵，如数值法求解偏微分方程时通常出现稀疏矩阵。再如，手写签名的扫描图像是一幅黑白图像，如图 4.17 所示，若以位图方式存储，则白色部分的像素远远多于黑色部分的像素，因此也是一个稀疏矩阵。

图 4.17 签名扫描图片

现代的稀疏矩阵技术主要是在20世纪60年代以后发展起来的，在结构分析、网络理论、电力配送系统、化学工程、摄影测绘学以及管理科学等方面的研究中，都出现了上千阶直至几十万阶的稀疏矩阵。

在使用计算机存储和操作稀疏矩阵时，常常因为矩阵尺寸过大而使标准矩阵算法无法应用。这时，可以通过压缩大大节省稀疏矩阵的内存代价，相应地也需要修改标准算法才能对压缩后的矩阵进行处理。

**【知识 ABC】有关稀疏矩阵的著名算法**

著名的 PageRank 算法是用于标识网页的等级或重要性的一种方法，是 Google 公司用来衡量网站好坏的标准。PageRank 算法首先要把各网页及网页间的联系存储到计算机中，存储可以用矩阵来实现（相关内容见第 6 章）。由于互联网上网页的数量巨大，这样的矩阵元素是网页数目的平方。如果我们假定有 10 亿个网页，那么这个矩阵就有 100 亿亿个元素。PageRank 算法中要用到矩阵相乘，这样的矩阵相乘，计算量是非常大的。PageRank 算法的发明者 Larry Page 和 Sergey Brin 利用稀疏矩阵计算的技巧，大大简化了计算量。

### 3. 稀疏矩阵实例

**【例 4-2】**实际问题中的稀疏矩阵。

电信总局到各支局间的通信问题。假定有 5 个支局，依次编号为 1、2、3、4、5，总局编号为 6，在平面上分别使用①、②、…、⑥这 6 个点表示，见图 4.18。

如果 $i$ 局和 $j$ 局之间有通信关系，则在点 $i$ 和 $j$ 之间用一条线连结，对应于矩阵中 $A_{i,j}$ 和 $A_{j,i}$ 非零，如果 $i$ 局本身内部也有通信关系，则对应于矩阵 $A_{i,i}$ 非零。这个问题所导出的矩阵是一个双面镶边的块对角矩阵，如图 4.19 所示，这是一个稀疏矩阵。

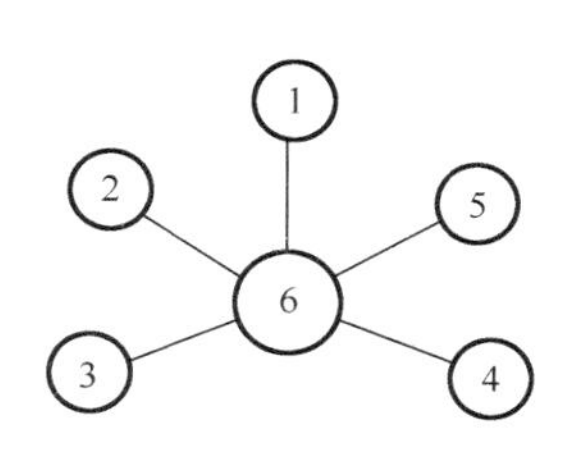


图 4.18　总局与支局通信关系图

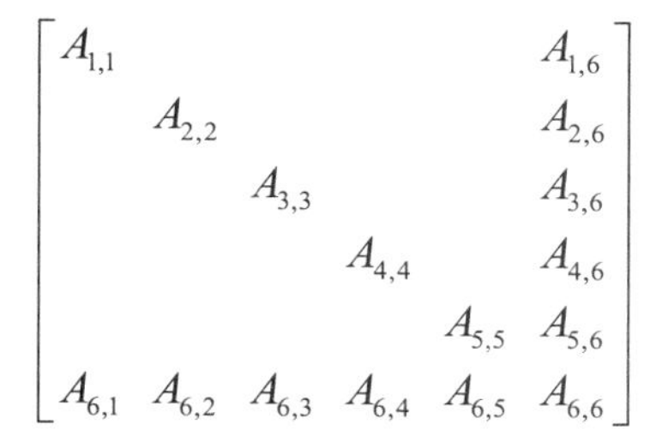

$$\begin{bmatrix} A_{1,1} & & & & & A_{1,6} \\ & A_{2,2} & & & & A_{2,6} \\ & & A_{3,3} & & & A_{3,6} \\ & & & A_{4,4} & & A_{4,6} \\ & & & & A_{5,5} & A_{5,6} \\ A_{6,1} & A_{6,2} & A_{6,3} & A_{6,4} & A_{6,5} & A_{6,6} \end{bmatrix}$$

图 4.19　双面镶边的块对角矩阵

#### 4.2.4.2　稀疏矩阵压缩存储

##### 1．稀疏矩阵压缩存储方法讨论

前面学习过的各种特殊矩阵，其非零元素的分布都是有规律的，因此总能找到一种方法将它们压缩存储到一个向量中，并且一般都能找到矩阵中的元素与该向量的对应关系，通过这个关系，仍能对矩阵的元素进行随机存取。

在存储稀疏矩阵时，为节省存储单元，自然也会想到使用压缩存储方法，但稀疏矩阵的元素分布没有规律，在具体情况中，压缩方式与稀疏矩阵的结构及用途有关。评价标准应该是矩阵的元素容易查找且存储量少，使矩阵中大量的零元素不参加运算，以减少机器的运行时间，并提高机器处理高阶矩阵问题的能力。

**【思考与讨论】**

如何进行稀疏矩阵的压缩存储？

**讨论：**由于非零元素与矩阵的规模相比，数目较小，因此可以只存储非零元素。考虑到非零元素的分布一般是没有规律的，因此在存储非零元素 $a_{i,j}$ 时，还必须同时记下它所在的行和列的位置（$i,j$），即一个三元组$(i, j, a_{i,j})$可唯一确定矩阵的一个非零元素。因此，稀疏矩阵可由表示非零元素的三元组及其矩阵总的行列数唯一确定。

根据上面的讨论，可以确定稀疏矩阵压缩存储原则是存储所有非零元素。确定了稀疏矩阵的存储内容，存储的方式可以用顺序结构或链式结构来实现。

稀疏矩阵常用的压缩存储形式有三元组表法和链式存储法。

##### 2．三元组表

若将表示稀疏矩阵的非 0 元素的三元组按行优先顺序排列，则可得到一个结点均是三元组的线性表，这个顺序存储结构就称为三元组表。

显然，要唯一确定一个稀疏矩阵，还必须存储该矩阵的行数和列数，它们与非 0 元素本身一起构成三元表。

**【例 4-3】**用三元组表的形式存储稀疏矩阵。

**解析：**设稀疏矩阵为 M[6,7]，见图 4.20。

为方便管理，可以把矩阵的行、列、非零元素个数信息，专门用三元组的第 0 行来记录，见图 4.21。

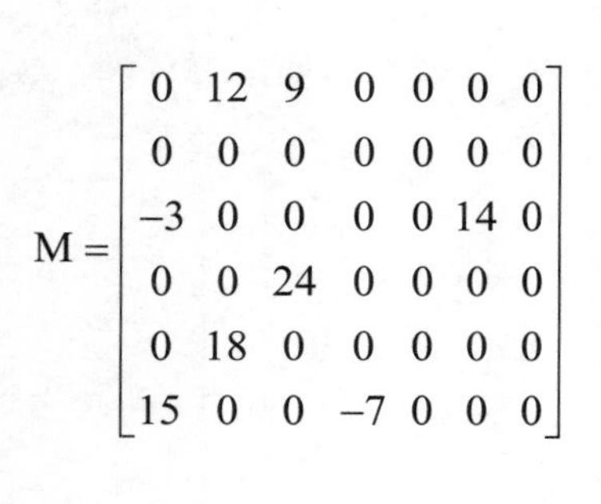


图 4.20 稀疏矩阵

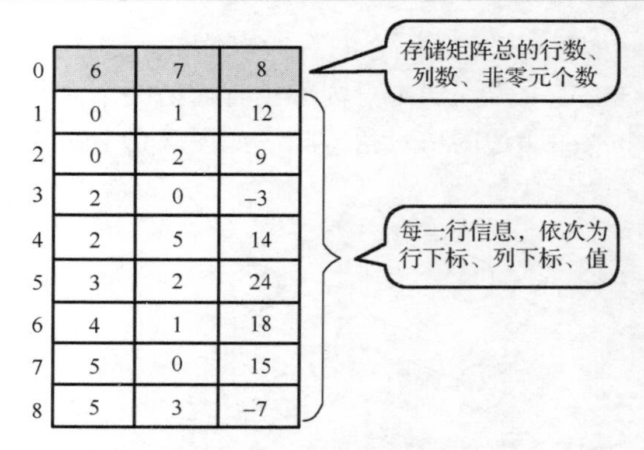


图 4.21 三元组表存储结构示意

根据图 4.21，容易给出三元组的数据结构类型描述，见图 4.22。

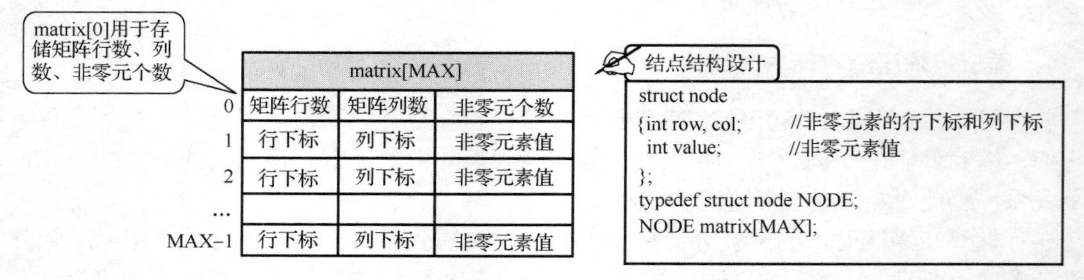


图 4.22 三元组的数据结构类型描述

### 3. 稀疏矩阵的链表存储

以三元组表示的稀疏矩阵，在运算中，非 0 元素的位置经常发生变化会引起数组元素的频繁移动，此种情形下三元组表这种静态存储结构就不合适了。为解决这个问题，可以采用链表的存储结构。链式存储根据结点间链接方式的不同有多种形式。

（1）带行指针向量的单链表表示法

结构设计与类型描述见图 4.23。每个非 0 元素用一个结点表示，矩阵每一行的非零元素用一个单链表存储，矩阵共有 ROW 行，则有 ROW 个链表。结点 struct node 成员 col 记录元素所在的列信息，value 记录元素值；所有链表的头地址信息汇集在数组 TAB[ROW]中，这样便于统一管理。

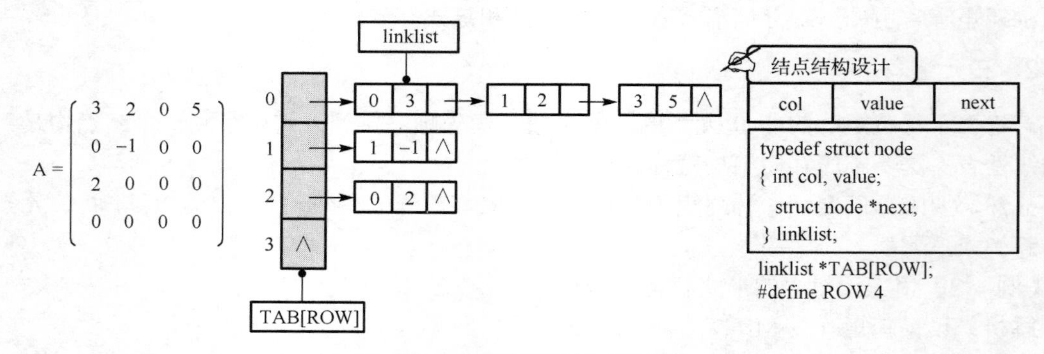


图 4.23 稀疏矩阵单链表表示法

（2）十字链表表示法

十字链表表示实例见图 4.24，其中将每一个非 0 元素用一个结点表示，结点中除了表示非 0 元素的行、列和值的三元组，还增加了两个链域：行指针域 right，用来指向本行中下一个非 0 元素；列指针域 down，用来指向本列中下一个非 0 元素，结点结构设计见图 4.25。稀疏矩阵中同一行的非 0 元素结点通过向右的行指针域，链接成一个带头结点的行循环链表；同一列的非 0 元素结点通过向下的列指针域，链接成一个带头结点的列循环链表。

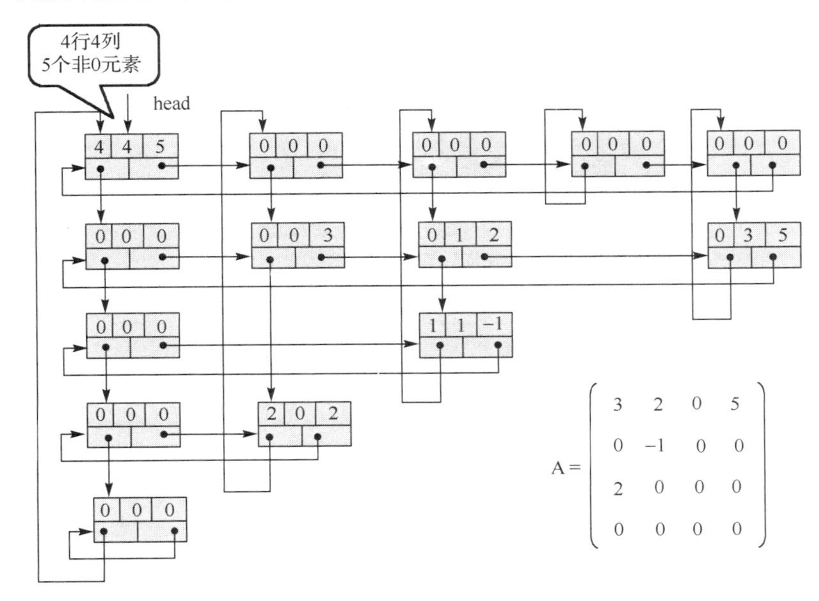


图 4.24　十字链表结构示意图

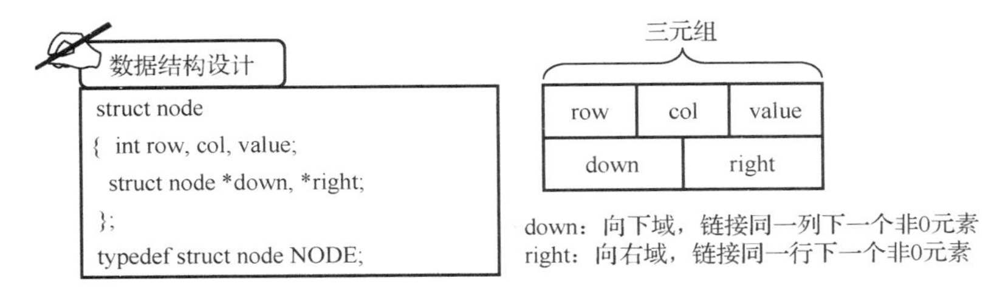


图 4.25　十字链表结点结构

# 4.3　字符串

计算机在早期主要是做一些科学计算和工程计算工作，处理的信息是数值数据，基本上就是完成计算器的工作，只不过比普通的计算器功能更强大、速度更快。后来，随着计算机功能的增强，人们设法让计算机做诸如字符编辑、机器翻译、文献查询等工作，这些都要对文字序列进行处理，要处理的信息就是字符串。字符串是字符集中的字符组成的任何有限字符序列。这类信息在数据结构中归类于非数值数据。

字符串的应用现在已经非常广泛，许多高级语言都提供串处理功能，C 语言更是如此。

从数据结构的角度看，字符串是一种内容特殊的线性表，其特殊性在于串的数据对象约束为字符集，即线性表的元素是字符，在线性表的基本操作中，大多以“单个元素”作为操作对象；在串的基本操作中，通常以“串的整体”作为操作对象。串的基本操作和线性表有较大差别，故独立讨论。

## 4.3.1 字符串的概念

### 1. 字符串

（1）字符串定义

字符串是一种特殊的线性表，它是由 $n$（≥0）个字符组成的有限序列，记为

$$s = "a_1,a_2, a_3, \cdots, a_n"$$

其中，s 是串名，$a_1,a_2, a_3, \cdots, a_n$ 是串值，$n$ 是串的长度。

注意：用双引号括起来的字符序列为串的值，双引号不是串的成分。

以上是从数据结构的角度定义的字符串，从程序语言的角度可以这样定义：字符串是由零个或多个字符顺序排列所组成的复合数据结构，简称“串”。

（2）字符串的各种情形

字符串的例子见图 4.26。

| 实　例 | 串长度 $n$ | 注　释 |
|---|---|---|
| "This is a string" | 16 | 空格也算一个字符 |
| "string" | 6 | |
| "　" | 1 | 空格串：仅由一个或多个空格组成的串 |
| "" | 0 | 空串：长度为 0 的串称为空串，它不包括任何字符 |
| "你好" | 4 | 串中所包含的字符可以是字母、数字或其他字符，这取决于具体计算机所允许的字符集 |

图 4.26　串实例

注意，值为空格的字符串不同于空串，空格串是有内容、有长度的，而且可以不止一个空格。值为单个字符的字符串不同于单个字符，在 C 语言中，字符串有结束标志。

除了字符串，串还有一些其他概念。

### 2. 子串

下面是两个有趣的英语句子：

Even friendship may come to an end.

Even believe in someone, lies may exist.

这里的 end、lie 其实可以认为是 friend、believe 这些单词字符串的子串。

【子串】

串中任意连续的字符组成的子序列称为该串的子串。

例如，C = " DATA STRUCTURE"，F="DATA"，则 f 是 c 的子串。

### 3. 子串的位置

【子串的位置】

子串 T 在主串 S 中的位置是指主串 S 中第一个与 T 相同的子串的首字母在主串中的位置。

例如，S="ab**abc**cabcac"，T="abc"，子串 T 在主串 S 中的位置为 3。

#### 3．串相等

【串相等】

当且仅当两个串长度相同且各对应位置的字符都相同时，称两个串相等。

由于在许多高级语言中都提供相应的串操作处理功能，故对串的操作不再赘述。另外，因串的匹配（字符串查找）算法的重要性与应用的广泛性，因此对它做一专门的介绍。

## 4.3.2　字符串的存储结构

由于串是一种特殊的线性表，它的每个结点仅由一个字符组成，因此存储串的方法也同样可以采用顺序存储或链式存储。

### 4.3.2.1　串的顺序存储

#### 1．顺序串定义

存储串最常用的方式是采用顺序存储，即把串中字符按序存储在内存的连续空间，这称为顺序串。

#### 2．存储方案讨论

**【思考与讨论】**

顺序表与顺序串在存储结构设计上是否不同？

**讨论：**我们先回顾一下顺序表的存储结构

```
typedef   struct
{
     ElemType   data[LIST_SIZE];
     int last;
} SequenList;
```

顺序表备用空间的设置，是为了在插入新结点时有扩充的余地。因为有备用空间，串的实际长度是串存储时其值必须已知的一个参数。可以设计如下的存储方案：

（1）用一个指针指示最后一个字符位置。

（2）直接用一个计数器记录串元素个数。

（3）在串末尾添加串结束标记：在串尾存储一个不会在串中出现的特殊字符作为串的终结符，以此表示串的结尾。C 语言中处理定长串的方法就是这样的，它用'\0'来表示串的结束，用查找串结束标志的方法可以间接求得串的长度。

#### 3．顺序串存储方案一

用一个指针来指向最后一个字符，如图 4.27 所示。

结构描述如下。

```
typedef   struct
{
      char data[MAXSIZE];
      int   curlen;        //记录最后一个字符的下标
 } SeqString;
```

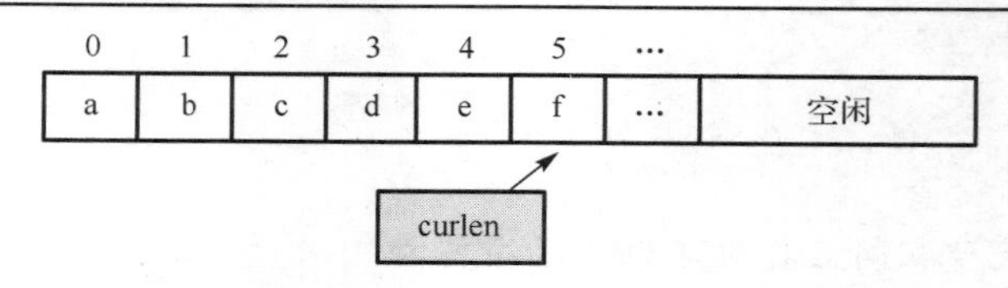


图 4.27 顺序串存储方案一

#### 4. 顺序串存储方案二

直接记录串长，如图 4.28 所示。

结构描述：char s[MAXSIZE+1];

注：用 s[0]存放串的实际长度，串值存放在 s[1]～s[MAXSIZE]，字符的序号和存储位置一致，将串长度、串值放在同一数组中，管理运算会更为方便。

#### 5. 顺序串存储方案三

在串尾存储一个特殊字符作为串结束标志。在 C 语言中编译器自动以'\0'作为串结束标志，直接利用这个功能也很方便，如图 4.29 所示。

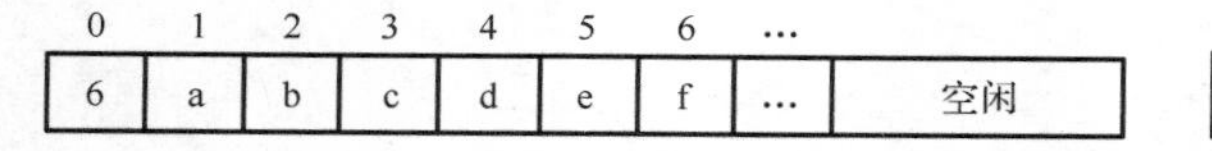


图 4.28 顺序串存储方案二

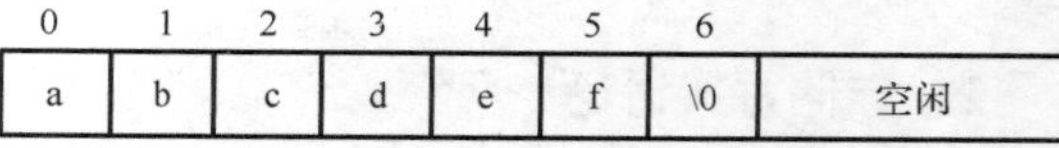


图 4.29 顺序串存储方案三

结构描述：char s[MAXSIZE+1];

注：MAXSIZE 是串长度，'\0'另外占一位置。

### 4.3.2.2 串的块链存储结构

#### 1. 链串结构

顺序串需事先预定义串的最大长度，这会使串的某些操作受限（截尾），如串的连接、插入、置换等运算；另外，顺序串上的插入和删除操作不方便，需要移动大量的字符，根据线性表链式存储的特点，可用单链表方式来存储串值。串的链式存储结构简称为链串。链串与单链表的差异只是它的结点数据域为字符。图 4.30 所示是结点数据域大小为 1 个字符的链表及数据结构设计。

#### 2. 存储结构评价

**【思考与讨论】**

单字符链串存储结构设计的优缺点是什么？

**讨论：**每个链结点中只放一个字符，插入、删除、求长度等运算非常方便，但存储效率低。

改进的方法是，可以在一个链结点中存储多个字符，这样就可以改善存储效率，在处理不定长的大字符串时很有效。这是顺序串和链串的综合折中，称为块链结构。示意图见图 4.31。

实际应用时，可以根据问题的需要来设置结点的大小。例如，在编辑系统中，整个文本编辑区可以看成一个串，每一行是一个子串，构成一个结点。即同一行的串用定长结构（80 个字符）、行和行之间用指针相连接。

由于串长不一定是结点大小的整倍数，链表中的最后一个结点不一定全被串内容占满，此时可以用'\0'填充。

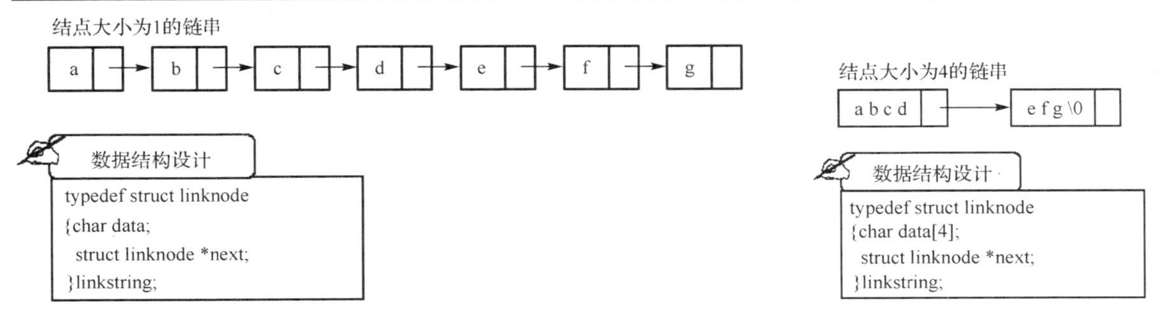


图 4.30　单字符结点链串存储结构　　　图 4.31　多字符结点链串存储结构

### 3. 链串实例

**【例 4-4】**链串的插入。

结点大小为 4 的链串"abcdefg"，在第 *n* 个字符后插入"xyz"。例如，若 *n*=3，则对应链串中的字符 c。设计插入方案。

**解析：**插入的方案主要有两类——“无缝隙插入”和“有缝隙插入”，见图 4.32。

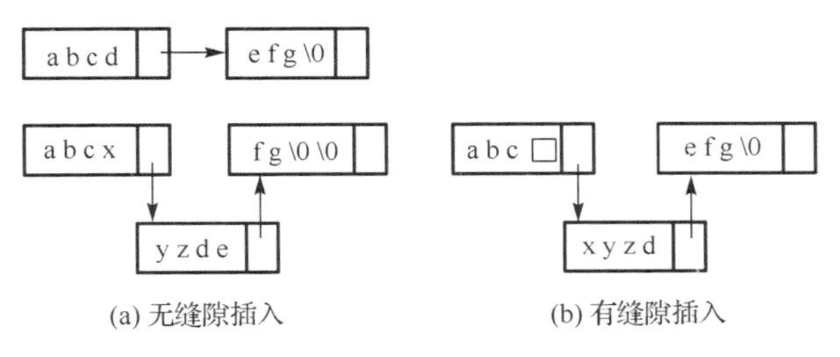


图 4.32　链串的插入

在方案(a)中，把串 xyz“无缝隙插入”要求的位置 *n*=3，即插入后的链表除了最后一个结点，其他结点中的数据都是 4 个字符。不失一般性，要考虑适应各种插入位置，运算并不方便。

在方案(b)中，我们可以用特殊符号（图中为□）如空格来填满未充分利用的结点，这样处理就比较简单。

### 4.2.3.3　串的索引存储方法

用串变量的名字作为关键字组织起来的索引表，表中串名与串值之间一一对应。可以有多种索引存储方式。

### 1. 带长度的串索引表

设：s1="please"，s2= "seek"，存储示意图见图 4.33，把每个串的首地址和长度记录下来，存放在索引表——结构数组中，便于管理。

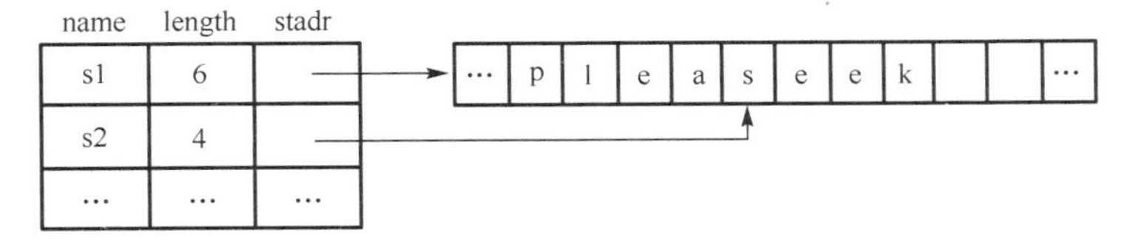


图 4.33　带长度的串索引表

结构描述如下。

```
typedef struct
{
        char name[maxsize];//串名
        int length; //串长度
        char *stadr; //串起始地址
} lnode;
```

## 2．带头尾指针的串索引表

设：s1="abcdefg"，s2= "bcd"，一个串设置两个指针，一个指向串开头，一个指向串末尾，存储示意图见图 4.34。

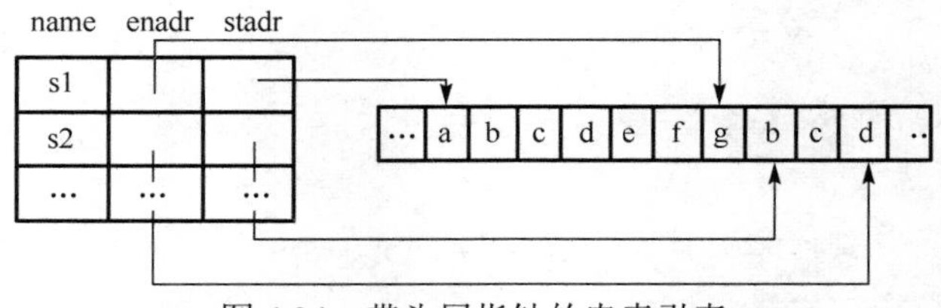


图 4.34　带头尾指针的串索引表

结构描述如下。

```
typedef struct
{
        char name[maxsize];              //  串名
        char *stadr;                     //  串头地址
        char *enadr;                     //  串尾地址
} enode;
```

## 3．带特征位的串索引表

设：s1="abcdefg"，s2= "bcd"，存储示意图见图 4.35。在索引表中设置一个标志量 tag，标明存储的是串地址还是串内容，这样设计可以让较短的串存取便捷一些。

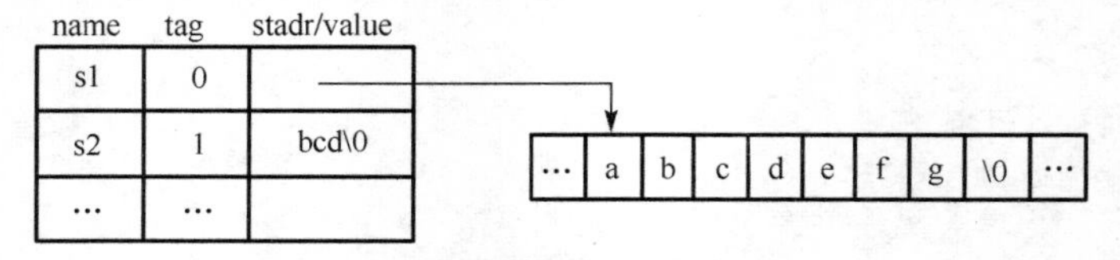


图 4.35　带特征位的串索引表

```
typedef struct
{
        char   name[maxsize];
        int   tag；//特征位
        union
        {
                char *stadr;     //特征位为 0，放串首地址
                char value[4];   //特征位为 1，放串值
        } uval;
} tagnode;
```

#### 4. 链式串索引表

设：s1="GOOD"，s2= "DAY"，存储示意图见图 4.36。

```
//串链结点定义
typedef struct linknode
{
        char data;
        struct linknode *next;
} linkstring;
//串链数组定义
typedef struct
{
        char name[maxsize]; //串名
        linkstring *link;
}   linkstru;
linkstru aStr [N];
```

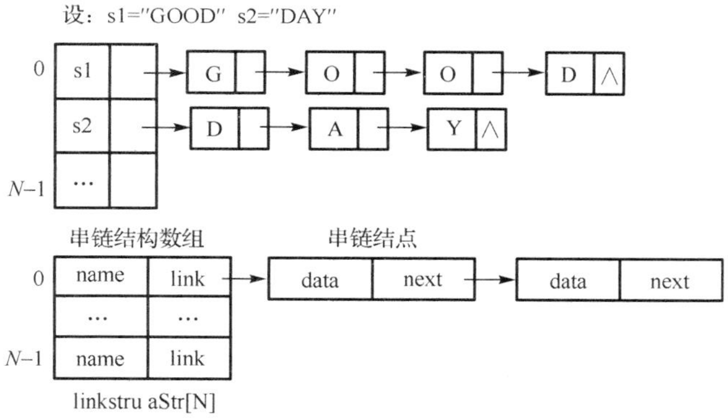

图 4.36　链式串索引表

### 4.3.3 字符串的查找——模式匹配

上网时一个常用的操作是搜寻我们感兴趣的信息，这就要用到搜索引擎。在查找文本框中输入“数据结构　串”关键词，网页会把包含关键词的信息列出来，见图 4.37。在此网站进行了一个字符串查找匹配的工作。模式匹配算法是搜索引擎的关键，它直接影响系统的实时性能。

【名词解释】模式匹配

模式匹配（Pattern Matching）指的是子串（模式串）在主串（目标串）中的定位运算，又称为串匹配（String Matching）。

假设有两个串 S 和 T。子串定位就是要在主串 S 中找出一个与子串 T 相同的子串。

通常，我们把主串 S 称为目标串，把子串 T 称为模式串，把从目标串 S 中查找子串 T 的定位过程称为串的“模式匹配”。

模式匹配有两种结果：匹配成功，匹配失败。若从主串 S 中找到模式为 T 的子串，则返回子串 T 在 S 中的起始位置。当 S 中有多个模式为 T 的子串时，通常只找出第一个子串的起始位置。

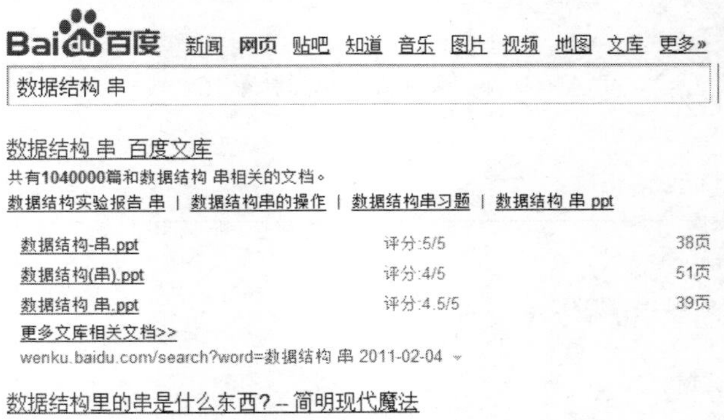

Baidu百度　新闻　网页　贴吧　知道　音乐　图片　视频　地图　文库　更多»

数据结构 串

数据结构 串_百度文库
共有1040000篇和数据结构 串相关的文档。
数据结构实验报告 串 | 数据结构串的操作 | 数据结构串习题 | 数据结构 串 ppt

数据结构-串.ppt　评分:5/5　38页
数据结构(串).ppt　评分:4/5　51页
数据结构 串.ppt　评分:4.5/5　39页
更多文库相关文档>>
wenku.baidu.com/search?word=数据结构 串 2011-02-04

数据结构里的串是什么东西? -- 简明现代魔法

图 4.37　搜索引擎的搜索结果

**【知识 ABC】匹配算法**

匹配算法的用途非常广泛，如搜索文件中的病毒字符串，在网络数据包中搜索入侵特征，在数据库中搜索关键字或数据，文本编辑程序时查找某一特定单词在文本中出现的位置，计算生物学上的 DNA 配对等，这些查找操作往往数据量非常大，实时性要求非常高。

在许多应用系统中，特征串的匹配所占的时间比重相当大（高达 60%～70%），因此串匹配算法的速度很大程度上影响着整个系统的性能。

对串匹配算法的研究已经有三十多年的历史，著名的匹配算法有 BF 算法、KMP 算法、BM 算法、BMH 算法、RK 算法和 Sunday 算法等。计算机科学家提出了很多优秀的算法，如 Aho-Corasick（AC）算法、Wu-Manber 算法等，其中，AC 算法就是 KMP 算法在多模式匹配情况下的扩展。

串匹配问题是一个非常经典的问题，当前却面临着对实时性要求越来越高的挑战，经典算法已经远远不能满足需求。如何改进字符串匹配算法、提高查询速度，是目前研究的重要领域之一。

串的匹配运算是一个比较复杂的串运算，实现的方案有很多，效率各不相同。这里仅介绍 BF 模式匹配算法及基于 BF 算法的一种改进算法——KMP 模式匹配算法。

## 4.3.4　BF 算法

我们先讨论一种最简单的串匹配算法——Brute-Force（布鲁特-福斯）算法，简称 BF 算法。BF 算法又称为朴素匹配算法或蛮力算法，效率较低。

### 4.3.4.1　BF 算法思路

将目标串 S 的第一个字符与模式串 T 的第一个字符进行匹配，若相等，则继续比较 S 的第二个字符和 T 的第二个字符；若不相等，则比较 S 的第二个字符和 T 的第一个字符，依次比较下去，直到得出最后的匹配结果。

### 4.3.4.2　BF 算法实例

下面以实际例子来演示 BF 算法的匹配过程，见图 4.38。设 S="ababcabcacbab", T="abcac"。

| 子串T | a | b | c | a | c |
|---|---|---|---|---|---|

| | 0 | 1 | 2 | 3 | 4 | 5 | 6 | 7 | 8 | 9 | 10 | 11 | 12 |
|---|---|---|---|---|---|---|---|---|---|---|---|---|---|
| 主串S | a | b | a | b | c | a | b | c | a | c | b | a | b |
| Step1 | a | b | c | | | | | | | | | | |
| Step2 | | a | | | | | | | | | | | |
| Step3 | | | a | b | c | a | c | | | | | | |
| Step4 | | | | a | | | | | | | | | |
| Step5 | | | | | a | | | | | | | | |
| Step6 | | | | | | a | b | c | a | c | | | |

图 4.38 BF 算法字符串匹配过程

## 1. 算法描述

S 与 T 各自从头部开始，各对应位置字符顺序比较，若不等，记录不等字符所在下标位置，重新开始比较；若全部相等，则匹配，算法结束。若直至 S 串全部扫描完毕都没有全部相等的情形，则不匹配。

Step1：S 与 T 各对应位置字符顺序比较，在下标位置 2，T 中字符 c 与 S 中的 a 不等，字符 c 所在的格以灰色标示，记录 S 与 T 的结束位置后（见图 4.39），进入 Step2。

| | | Step1 | Step2 | Step3 | Step4 | Step5 | Step6 |
|---|---|---|---|---|---|---|---|
| 开始位置 | 主串下标 *i* | 0 | 1 | 2 | 3 | 4 | 5 |
| | 子串下标 *j* | 0 | 0 | 0 | 0 | 0 | 0 |
| 结束位置 | *i* | 2 | 1 | 6 | 3 | 4 | 9 |
| | *j* | 2 | 0 | 4 | 0 | 0 | 4 |

图 4.39 BF 匹配过程结束位置记录

Step2：T 后移一位，S 与 T 再各自从头部比较，处理方法同 Step1。

从图 4.40 中可以看到主串下标 *i* 在匹配过程中的变化轨迹。

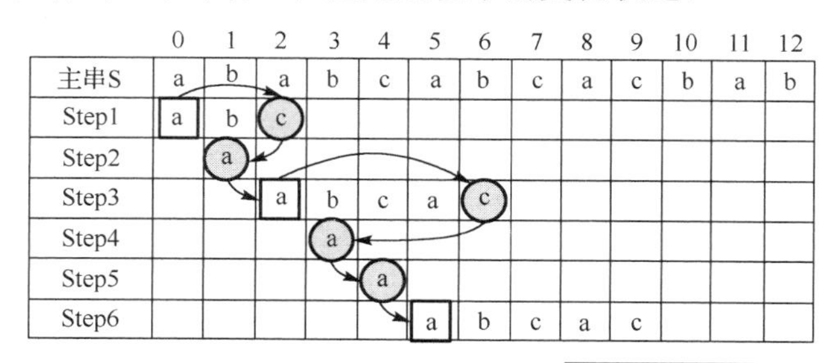

| | 0 | 1 | 2 | 3 | 4 | 5 | 6 | 7 | 8 | 9 | 10 | 11 | 12 |
|---|---|---|---|---|---|---|---|---|---|---|---|---|---|
| 主串S | a | b | a | b | c | a | b | c | a | c | b | a | b |
| Step1 | a | b | c | | | | | | | | | | |
| Step2 | | a | | | | | | | | | | | |
| Step3 | | | a | b | c | a | c | | | | | | |
| Step4 | | | | a | | | | | | | | | |
| Step5 | | | | | a | | | | | | | | |
| Step6 | | | | | | a | b | c | a | c | | | |

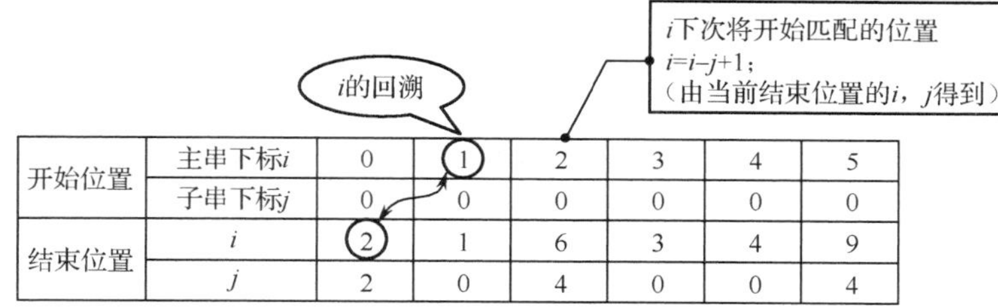



| | | | | | | | |
|---|---|---|---|---|---|---|---|
| 开始位置 | 主串下标i | 0 | 1 | 2 | 3 | 4 | 5 |
| | 子串下标j | 0 | 0 | 0 | 0 | 0 | 0 |
| 结束位置 | i | 2 | 1 | 6 | 3 | 4 | 9 |
| | j | 2 | 0 | 4 | 0 | 0 | 4 |

图 4.40 BF 匹配过程位置分析

每次新的比较，子串都从 0 开始，主串将重新开始比较的位置与上次结束的位置的关系，在某些时刻要“回溯”，即在上次比较结束的位置要向前移动，“回溯”到前面的位置。如 Step1 结束位置为 2，Step2 开始位置为 1；Step3 结束位置为 6，Step4 开始位置为 3。当然，也有不回溯的时候，如 Step2 结束位置为 1，Step3 开始位置为 2；Step4 结束位置为 3，Step5 开始位置为 4；根据 $i$、$j$ 当前结束值，我们可以推得新的一次匹配时 $i$ 的位置公式为 $i$=$i$−$j$+1。

### 2．函数结构设计

BF 算法的函数结构设计见表 4.1。

表 4.1　BF 算法函数结构设计 1

| 功能描述 | 输入 | 输出 | |
|---|---|---|---|
| index<br>BF 模式匹配 | 主串 S 的内容 | int | 不匹配：−1 |
| | 子串 T 的内容 | | 匹配：子串在主串中的位置 |
| 函数名 | 形参 | 函数类型 | |

### 3．算法伪代码描述

BF 算法的伪代码描述见表 4.2。

表 4.2　BF 算法伪代码描述 1

| 第一步细化 | 第二步细化 |
|---|---|
| 初始化 | 设主串 S 的下标 i=0；子串 T 的下标 j=0 |
| 从主串 S 的第 1 个字符起和模式 T 的第一个字符比较之 | 当 i、j 分别小于 S、T 的串长时 |
| 若相同，则继续比较后续字符 | 若 $S_i$ 与 $T_j$ 匹配，则 i++，j++; |
| 否则从主串 S 的下一个字符起再重新和模式 T 的字符比较之 | 否则将 i、j 设置为下次将开始匹配的位置<br>主串：i=i-j+1;　　子串：j=0 |
| 直到整个 T 串扫描完毕 | 若已经扫描完 T 串，则返回“匹配” |
| 给出结果 | 否则，返回“不匹配” |

### 4．数据结构描述

```
#define MaxSize 100
typedef struct
{       char ch[ MaxSize ];
        int len;
} SqString;
```

### 5．程序实现

```
/*=================================================
函数功能：BF 算法——求模式 T 在目标串 S 中是否匹配
函数输入：目标串 S、模式串 T
函数输出：匹配成功：返回模式串 t 首次在 S 中出现的位置
          匹配不成功：返回-1
=================================================*/
int index( SqString s, SqString t )
{       int i=0,   j=0,   k;
        while ( i< s.len   && j < t.len )                //i、j 在正常范围?
        {
```

```
            if ( s.ch[i] ==   t.ch [j] )              //字符相等则继续
            {
                i++;   j++;                           //主串和子串依次匹配下一个字符
            }
            else                                      //主串、子串指针重置
            {
                i=i-j+1;                              //主串从下一个位置开始匹配
                j=0;                                  //子串从头开始匹配
            }
        }
        if ( j >= t.len)     k=i - t.len;             //返回匹配的第一个字符的下标
        else   k = -1;                                //模式匹配不成功
        return k;
    }
```

#### 4.3.4.3　BF 算法效率分析

设 $N$ 为 S 串的长度，$M$ 为 T 串的长度。

**1．最好情形**

我们通过一个实例来分析最好情形。

**【例 4-5】**最好情形下统计匹配次数。

分析给定字符串 S 和 T 时，BF 算法的执行次数。两个字符串 S 和 T 分别为

S ="abcdgggkh"　　　（N=9）
T ="gggk"　　　　　（M=4）

最好情形的一般情况的讨论：见图 4.41，每趟不成功的匹配都是在模式 T 的第一个字符与串 S 中相应的字符比较时就不相等。

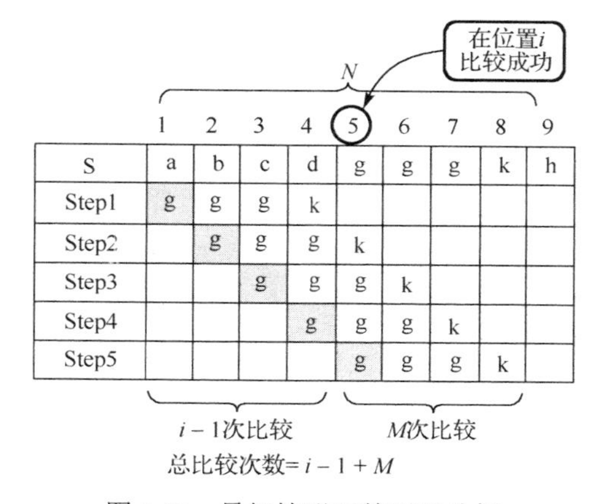


图 4.41　最好情形下的匹配分析

假设 S 从第 $i$ 个位置开始与 T 串匹配成功，那么在前面 $i$-1 趟匹配中字符比较次数共计 $i$-1 次，第 $i$ 趟匹配成功时，字符的比较次数为 $M$ 次，因此，总的比较次数是 $i$-1+$M$。由于匹配成功时，S 的开始位置只能是 1 至 $N$−$M$+1。若对这 $N$−$M$+1 个开始位置，匹配成功的概率为 $p_i$ 且都是相等的，则在最好情形下，匹配成功的平均比较次数 $C_{\min}$ 为

$$C_{\min} = \sum_{i=1}^{n-m+1} p_i \times (i-1+m) = \frac{1}{n-m+1} \sum_{i=1}^{n-m+1} (i-1+m) = \frac{n+m}{2}$$

故最好情形下算法的平均时间复杂度是 $O(N+M)$。（注：此处 $N$ 和 $M$ 的大小写含义相同。）

**2．最差情形**

我们再通过一个实例来分析最差情形。

**【例 4-6】**最坏情形下统计匹配次数。

分析给定字符串 S 和 T 时，BF 算法的执行次数。字符串 S 和 T 分别为

S ="gggggggggk"　　（N=9）
T ="gggk"　　　　　（M=4）

在图 4.42 中，由于 T 的前 3 个字符可在 S 中找到匹配者，而 T 的第 4 个字符在 S 中找不到匹配者，因此，每一趟匹配失败时都要比较 4 次（$M$=4），然后再将指针 $i$ 移到 S 的第 2 个字符，结果是 T 的前 3 个字符在 S 中找到匹配者，而第 4 个字符在 S 中找不到匹配者。继续比较，比较的总趟数为 $N-M+1=9-4+1=6$，而每一趟都要比较 4 次（$M$=4），因此，总的比较次数为 $4\times(9-4+1)=24$。

最差情形一般情况的讨论：在图 4.42 中，每趟匹配失败都是在模式串 T 的最后一个字符与 S 中相应的字符比较后不相等时发生的，新的一趟匹配开始前，指针 $i$ 要回溯到 $i-M+2$ 的位置上。

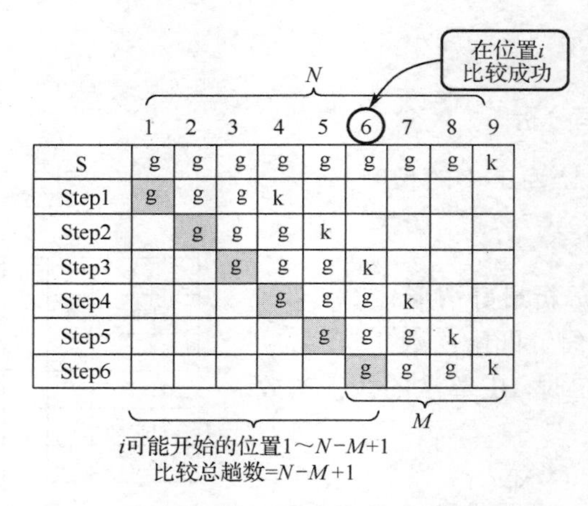


图 4.42　最差情形下的匹配分析

在这种情况下，若第 $k$ 趟匹配成功，在前面 $k-1$ 趟不成功的匹配中，每一趟匹配失败时都要比较 $M$ 次，因此，字符比较次数总共是$(k-1)\times M$ 次，第 $k$ 趟匹配成功时也比较了 $M$ 次，所以总共要比较 $M\times k$ 次。

若对这 $N-M+1$ 个开始位置，匹配成功的概率为 $p_k$ 且都相等，则在最差情形下，匹配成功的平均比较次数 $C_{\max}$ 为

$$C_{\max}=\sum_{k=1}^{n-m+1}p_k\times(m\times k)=\frac{m}{n-m+1}\sum_{k=1}^{n-m+1}k=\frac{m(n-m+2)}{2}$$

若 $N$ 远大于 $M$，则在最差情形下该算法的时间复杂度是 $O(M\times N)$，即等于两串长度乘积的数量级。（注：此处 $N$ 和 $M$ 大小写含义相同。）

#### 4.3.4.4　BF 算法在链串上的实现

**【例 4-7】** BF 算法在链串上的实现。

用结点大小为 1 的单链表作为串的存储结构，实现朴素的匹配算法。若匹配成功，则返回有效位移所指的结点地址，否则返回空指针，如图 4.43 所示。

**分析**：用结点大小为 1 的单链表做串的存储结构时，实现朴素的匹配算法很简单。只是现在的位移是结点地址而非整数，且单链表中没有存储长度信息。若匹配成功，则返回有效位移所指的结点地址，否则返回空指针。

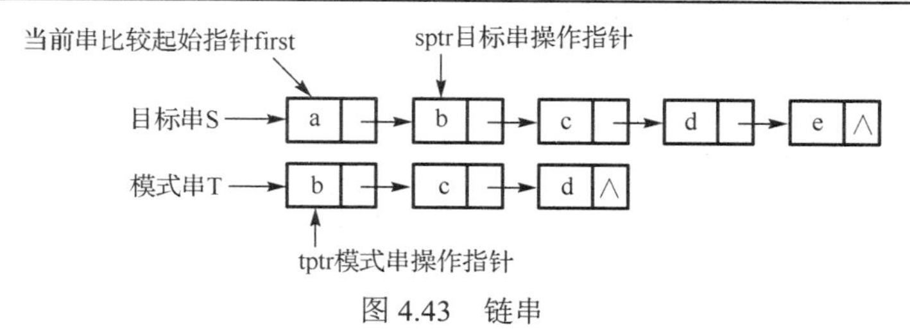


图 4.43　链串

### 1. 函数结构设计

BF 算法的函数结构设计见表 4.3。

表 4.3　BF 算法函数结构设计 2

| 功能描述 | 输入 | 输出 |
|---|---|---|
| BF 模式匹配<br>IndexL | 主串 S 的地址<br>子串 T 的地址 | 子串在主串中的位置 |
| 函数名 | 形参 | 函数类型 |

### 2. 数据结构描述

```
typedef struct node
{       char ch;
        struct node *next;
} LinkString;
```

### 3. 伪代码描述

BF 算法的伪代码描述见表 4.4。

表 4.4　BF 算法伪代码描述 2

| 伪代码细化描述 |
|---|
| 设 sptr 指向主串 S 开始比较地址 sptr，tptr 指向子串起始地址 |
| 当（两串均未处理到末尾） |
| 　　若（sptr 结点值 ＝tptr 结点值） |
| 　　sptr 与 tptr 移动指向下一个结点 |
| 　　否则 first 移动指向下一个开始比较的结点 |
| 　　sptr 指向主串 S 开始比较地址 sptr |
| 　　tptr 指向子串起始地址 |
| 若 tptr 已指向链尾，即查找完毕，“匹配”返回 first |
| 否则“不匹配”返回 NULL |

### 4. 程序实现

```
/*=================================================
函数功能：BF 算法在链串上的实现
函数输入：目标串链表起始地址，模式串链表起始地址
函数输出：匹配点地址
=================================================*/
linkstring *IndexL(linkstring *S,   linkstring *T)   //S：目标串   T：模式串
```

```
{
    linkstring *first, *sptr, *tptr;

    first=S;   sptr = first;   tptr=T;           //设置比较地址
    while (sptr && tptr)                         //两串均未处理到末尾
    {
            if (sptr->data==tptr->data)  //两串中字符相等
            {     sptr=sptr->next;
                  tptr=tptr->next;
            }
            else                                 //两串中字符不等，重新设置比较地址
            {      first=first->next;
                   sptr=first;
                   tptr=T;
            }
      }
    if (tptr==NULL) return(first);               //匹配
    else return(NULL);                           //不匹配
}
```

## 4.3.5 KMP 算法

BF 算法简单且易于理解，但效率不高，主要原因是主串指针 $i$ 在若干个字符序列比较相等后，若有一个字符比较不相等，仍需回溯，即 $i=i+1-j$，有一个 $j$ 的回溯，存在字符重复比较的问题。KMP 算法对回溯问题做了改进。

### 4.3.5.1 KMP 算法思路

下面以实际例子来演示 KMP 算法的匹配过程，观察一下改进的方法究竟是什么，匹配过程见图 4.44。其中，S="ababcabcacbab"，T="abcac"。

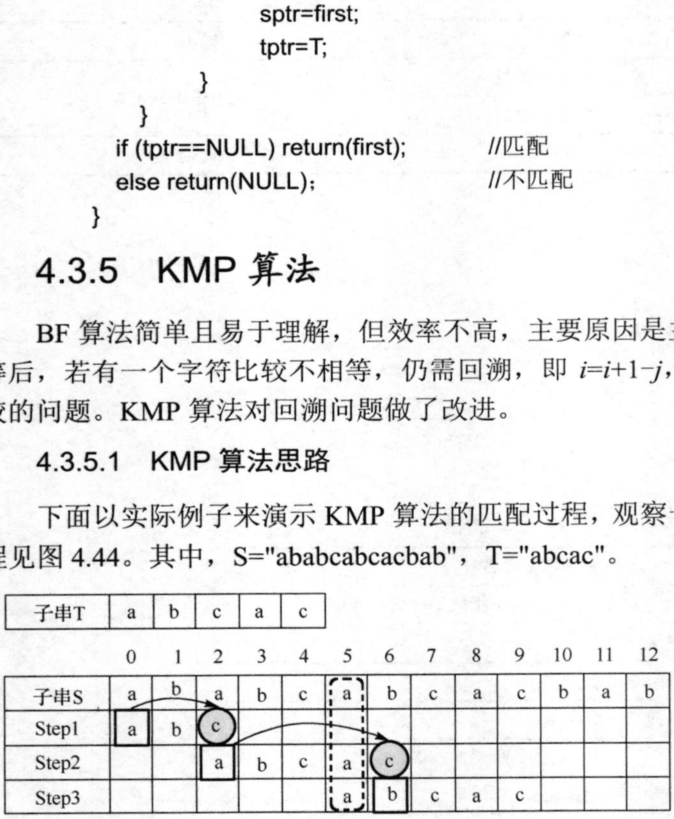

| 子串T | a | b | c | a | c |
|---|---|---|---|---|---|

|  | 0 | 1 | 2 | 3 | 4 | 5 | 6 | 7 | 8 | 9 | 10 | 11 | 12 |
|---|---|---|---|---|---|---|---|---|---|---|---|---|---|
| 子串S | a | b | a | b | c | a | b | c | a | c | b | a | b |
| Step1 | a | b | c |  |  |  |  |  |  |  |  |  |  |
| Step2 |  |  | a | b | c | a | c |  |  |  |  |  |  |
| Step3 |  |  |  |  |  | a | b | c | a | c |  |  |  |

|  |  | Step1 | Step2 | Step3 |
|---|---|---|---|---|
| 开始位置 | 主串下标$i$ | 0 | 2 | 6 |
|  | 子串下标$j$ | 0 | 0 | 1 |
| 结束位置 | $i$ | 2 | 6 | 9 |
|  | $j$ | 2 | 4 | 4 |

图 4.44　KMP 算法字符串匹配过程

注意，图 4.44 右边的表格，在 Step 列中，列出的是每一次比较前后主串和子串下标的下标位置，其中各步的含义如下。

Step1：在 $i=2$ 时比较结束。

Step2：注意，S 串在 $i=2$ 处开始比较，这点与 BF 算法不同，BF 算法是上一步不论在什么位置结束，$i$ 新开始的位置都是上一步开始位置后移一位，在 KMP 算法中，此时 $i$ 后移了 2 位。为什么 $i$ 的第二次比较的开始位置是 2，不是只位移一格，而是向后“跳”二格？因为在 Step1 的比较中已经知道 S[1]='b'，而 T[0]='a'，故二者不必再

进行比较，$i$ 可以再后移一位。开始位 $i$=2——上一次的结束位，$j$=0；结束位 $i$=6，$j$=4。

Step3：开始位 $i$=6——上一次的结束位，$j$=1。注意，此时 T 串不是从 0 开始而是从 1 开始比较，为什么是这样呢？因为在 Step2 中，S[5]已经比较过了，我们知道它为'a'，与 T 位置 3 的值相等，如果按 $i$ 的上一次的结束位即是当前的开始位的规律，则 S 的开始位是 6，在 T 串中，位置 0 的字符也为'a'，故不用再与 S[5]比较，而直接从 T 的位置 1 开始比较即可。

#### 4.3.5.2　KMP 算法的关键点分析

KMP 算法的想法是：设法利用已经得到的“部分匹配”结果，不再把主串的“搜索位置”移回已经比较过的位置，而是在此基础上继续向后移，即不回溯主串 S 的位置指针 $i$。对已比较的字符不再做比较，这样就提高了搜索效率。

由此引起的问题是模式串 T 位置指针 $j$ 不能每次都从头开始，而是要根据“失配”时的位置决定下一次的开始位置，这是 KMP 算法的关键点。

**【讨论与思考】**

*用上面一组 S 和 T 做匹配，可以看到 KMP 算法的效率比 BF 提高了不少，这是否与本例的 S 与 T 的排列有关，即存在巧合的因素呢？*

**讨论**：可以用其他样例再做些测试。请看下面的例子。

**【例 4-8】**匹配测试。

用 KMP 算法思路做串的匹配测试。

设：T="abcabcacab"，S="babcbabcabcaabcabcabcacabc"，KMP 算法的字符匹配过程见图 4.45。

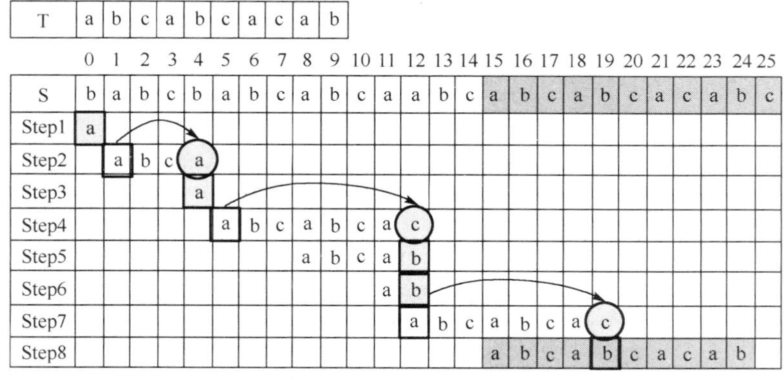


| | | Step1 | Step2 | Step3 | Step4 | Step5 | Step6 | Step7 | Step8 |
|---|---|---|---|---|---|---|---|---|---|
| 开始位置 | 主串$i$ | 0 | 1 | 4 | 5 | 12 | 12 | 12 | 19 |
| | 子串$j$ | 0 | 0 | 0 | 0 | 4 | 1 | 0 | 4 |
| 结束位置 | $i$ | 0 | 4 | 4 | 12 | 12 | 12 | 19 | 24 |
| | $j$ | 0 | 3 | 0 | 7 | 4 | 1 | 7 | 9 |

图 4.45　KMP 匹配样例测试 1

匹配步骤分析如下。

Step4：$i$ 开始位为 4，结束位依然是 4，若 $j$=0，则下一步开始时，$i$ 的开始位要加 1。

Step5：$i$ 开始位为 12，$j$ 开始位为 4，因为 Step4 中 $i$ 结束位为 12，其前的 4 个字符为"abca"，与 T 串开始的 4 个字符一样，故 Step5 时，$j$ 的开始位为 4 即可。可以说，在 T 串结束位为 7 时，下一次 T 的开始位就是 4。

Step6：与 Step5 类似，在 T 串结束位为 4 时，前面的串为"a"，与 T 开始的前缀"a"相同，故下一次 T 的开始位就可以从此"a"后的"b"开始比较，因此开始位是 1。

Step7：重复了 Step4 的过程。

观察结果：每次比较结束时，已比较子串中前缀与后缀相同的部分，在下一次就可以跳过不再比较。

**【知识 ABC】字符串的前缀与字符串的后缀**

字符串的前缀是指字符串的任意首部（最后一个字符除外）。如字符串"abbc"的前缀有"a"、"ab"、"abb"，字符串的任意尾部是字符串的后缀（第一个字符除外），"abbc"的后缀有"c"、"bc"、"bbc"。

“前缀”指除了最后一个字符，一个字符串的全部头部组合；“后缀”指除了第一个字符，一个字符串的全部尾部组合。

### 4.3.5.3　确定下一次查找位置的 next 函数

#### 1．确定子串 T 的比较开始位 $k$ 的一般情形

通过上面的分析，可以总结出确定 T 串下一个用来比较的开始位的规则如下：T 串在某位结束的状况，影响其下一次的开始位，具体说就是和 T 前面重复相等的字符数相关，即结束位 $j$ 前的串内容其前缀与后缀有 $k$ 位相等（$0<k<j$），则下一次的开始位为 $k$。

在图 4.46 的 Step4 中，T 结束位 $j$=7，对应字符"c"，其前的串内容为"abcabca"，其后缀"abca"也可以在前缀中找到同样的串，所以 $k$=4。注意，此处虽然还有后缀"a"与前缀相同，但此时 $k'$=1，$k'$< k，显然取 $k$ 大的值匹配效率更高。模式串 T 中子串的前后缀关系分析见图 4.46。

| 子串长度 $j$ | 2 | 3 | | 4 | | | 5 | | | | 6 | | | | | … |
|---|---|---|---|---|---|---|---|---|---|---|---|---|---|---|---|---|
| 前后缀长度 | 1 | 1 | 2 | 1 | 2 | 3 | 1 | 2 | 3 | 4 | 1 | 2 | 3 | 4 | 5 | |
| 子串前缀 | a | a | ab | a | ab | abc | a | ab | abc | abca | a | ab | abc | abca | abcab | |
| 子串后缀 | b | c | bc | a | ca | bca | b | ab | cab | bcab | c | bc | abc | cabc | bcabc | |
| 相同串长k | | | | 1 | | | | 2 | | | | | 3 | | | |

图 4.46　模式串中子串前后缀关系分析

我们可以给出 T 串每一个字符作为结束位时下一次的开始位的值，见图 4.47，其中，$j$ 值为当前比较的结束位，next[j]值为下一个开始位。

| $j$ | 0 | 1 | 2 | 3 | 4 | 5 | 6 | 7 | 8 | 9 |
|---|---|---|---|---|---|---|---|---|---|---|
| T[j] | a | b | c | a | b | c | a | c | a | b |
| next[j] | −1 | 0 | 0 | 0 | 1 | 2 | 3 | 4 | 0 | 1 |

图 4.47　T 串的 next 位置

#### 2．确定子串 T 的比较开始位 $k$ 的特殊情形

最后再讨论特殊情形：

（1）$j$=0，$k$=−1——next[j]=−1

表示结束位 $j$=0 时，下一个开始位 $j$=0，$i$=$i$+1；对应情形可以参看图 4.45 中的 Step2 和 Step4 开始比较的状态。

（2）$j$=1，$k$=0——next[j]=0

因为有 0<$k$<$j$ 条件限制，故此时 $k$=0 是特例情形的规定。表示结束位 $j$=1 时，下一个开始位 $j$=0。

### 3．确定子串 T 的比较开始位 $k$ 的函数 next

不失一般性，下面给出 next[j]函数的定义

$$\text{next}[j]=\begin{cases}\max\{k \mid 0<k<j, \text{且}"T_0T_1\cdots T_{k-1}"="T_{j-k}T_{j-k+1}\cdots T_{j-1}"\}, & \text{当此集合为非空时}\\ 0, & \text{其他情况}\\ -1, & \text{当 } j=0 \text{ 时}\end{cases}$$

说明：

- $j$ 表示子串 T 的比较结束位，此时对应 T 中前 $j$ 个字符相等，我们称之为 $j$ 串，$i$ 表示主串 S 结束位。
- "$T_0T_1T_2\ldots T_{k-1}$"表示 $j$ 串的 $k$ 位前缀，用 jPre 表示。
- "$T_{j-k}T_{j-k+1}\ldots T_{j-1}$"表示 $j$ 串的 $k$ 位后缀，用 jSuf 表示。

### 4．next 的含义

在各种情形下，next 的含义见表 4.5。

表 4.5　next 的含义

| 情形 | $j$ 值 | next[j]取值 | 含义 |
|---|---|---|---|
| jPre=jSuf | 非 0 | $k$ | 下一次比较从 $S_i$ 和 $T_k$ 开始 |
| jPre 和 jSuf 不存在 | 非 0 | 0 | 下一次比较从 $S_i$ 和 $T_0$ 开始 |
| S 与 T 当前比较第一个字符即不等 | 0 | −1 | 下一次比较从 $S_{i+1}$ 和 $T_0$ 开始 |

注意，关于 next[j]的取值方式有两种。

- 方式一：$j$=0 时 next[j]=0，其他情况为 1——适合数组下标从 1 开始的系统；
- 方式二：$j$=0 时 next[j]=−1，其他情况为 0——适合数组下标从 0 开始的系统。

### 5．当前比较结束位置与下一个比较开始位置的关系

在 next 函数定义中，当集合为非空情形的公式，可以通过列表的方式，给出其各种可能的情形，见图 4.48，其中，$T_0$ 代表 T[0]，其余类推。

当前比较结束位置 $j$ 与下一个比较开始位置 $k$ 的取值，按照 0<$k$<$j$ 的关系给出，包括如下两类情形。

（1）特例情形

如果 $j$=1，由于 0<$k$<$j$，因此 $k$ 不能取值 0，在 next 函数中属于“其他情况”。在图 4.48 中 $j$=1，$k$ 对应的值为 0，其含义应该是 next[j]的取值，而非 $k$ 的值。

（2）一般情形

如果 $j$=4，$k$ 可能的取值为 1、2、3。

当 $j$=4、$k$=1 时，jPre= $T_0T_1T_2\cdots T_{k-1}=T_0$，jSuf= $T_{j-k}T_{j-k+1}\cdots T_{j-1}=T_3$。

当 $k$=2 和 $k$=3 时，jPtr 与 jSuf 的情形见图 4.48。

| $j$ | 0 | 1 | 2 | 3 | | 4 | | | 5 | | | | … |
|---|---|---|---|---|---|---|---|---|---|---|---|---|---|
| 0<$k$<$j$ | −1 | 0 | 1 | 1 | 2 | 1 | 2 | 3 | 1 | 2 | 3 | 4 | |
| jPtr | / | $T_0$ | $T_0$ | $T_0$ | $T_0T_1$ | $T_0$ | $T_0T_1$ | $T_0T_1T_2$ | $T_0$ | $T_0T_1$ | $T_0T_1T_2$ | $T_0T_1T_2T_3$ | |
| jStu | / | $T_0$ | $T_1$ | $T_2$ | $T_1T_2$ | $T_3$ | $T_2T_3$ | $T_1T_2T_3$ | $T_4$ | $T_3T_4$ | $T_2T_3T_4$ | $T_1T_2T_3T_4$ | |

图 4.48　next[j]列表分析

### 6．求 next 实例

**【例 4-9】**求 next 值。

给出模式串 T="abcac"的 next 数组值。

**解析：**根据 next 函数定义，可以给出图 4.49 的 next 分析表，汇总得到图 4.50。

| | 0 | 1 | 2 | 3 | 4 |
|---|---|---|---|---|---|
| 模式串T[ ] | a | b | c | a | c |

| $j$ | 0 | 1 | 2 | 3 | | 4 | | |
|---|---|---|---|---|---|---|---|---|
| 0<$k$<$j$ | −1 | 0 | 1 | 1 | 2 | 1 | 2 | 3 |
| jPre | / | $T_0$ | $T_0$ | $T_0$ | $T_0T_1$ | $T_0$ | $T_0T_1$ | $T_0T_1T_2$ |
| | | a | a | a | ab | a | ab | abc |
| jSuf | / | $T_0$ | $T_1$ | $T_2$ | $T_1T_2$ | $T_3$ | $T_2T_3$ | $T_1T_2T_3$ |
| | | a | b | c | bc | a | ca | bca |
| 比较结果 | | n | n | n | n | y | n | n |
| next[ j ] | −1 | 0 | 0 | 0 | 0 | 1 | 0 | 0 |

图 4.49　例 4-9 的 next 位分析表

| $j$ | 0 | 1 | 2 | 3 | 4 |
|---|---|---|---|---|---|
| 模式串 T[ j ] | a | b | c | a | c |
| next[ j ] | −1 | 0 | 0 | 0 | 1 |

图 4.50　模式串 T 的 next 位

## 4.3.5.4　KMP 算法实现

### 1．KMP 算法伪代码描述

KMP 算法的伪代码描述见图 4.51。

| 第一步细化 | 第二步细化 |
|---|---|
| | 设主串 S 的下标 i=0；子串 T 的下标 j=0 |
| 从主串 S 的第 1 个字符起和模式串 T 的第一个字符比较 | 当 i、j 分别小于 S、T 的串长时 |
| 若相同，则继续比较后续字符 | 若 $S_i$ 与 $T_j$ 匹配，则 i++，j++ |
| 否则，从主串 S 的当前字符起，和模式串 T 的 next 字符比较 | 否则将 i、j 设置为下次将开始匹配的位置<br>主串：i 不变；　子串：j=next[j] |
| 给出结果 | 若已经扫描完 T 串　则返回“匹配” |
| | 否则返回“不匹配” |

图 4.51　KMP 伪代码描述

### 2．求 next 算法

前面我们总结了求 next 的规则是——$j$ 串内容其前缀与后缀有 $k$ 位相等（0<$k$<$j$），则下一次的开始位为 $k$。

观察图 4.48，对于每一个 $j$ 位，$k$ 都要从 $0<k<j$ 变化一遍。例如，$j=4$ 时，$k$ 从 1～3 变化，$T_0$ 依次要和 $T_1$、$T_2$、$T_3$ 进行比较：

- 若 $T_0=T_3$，则 $k=1$。
- 若 $T_0T_1=T_2T_3$，则 $k=2$。
- 若 $T_0T_1T_2=T_1T_2T_3$，则 $k=3$。

故求 next[j]的过程，就是一个在 T 串中匹配 T 前缀的过程，具体例子见图 4.52。此时目标串 S=T，它是从 $S_1$ 开始进行比较，模式串 T 从 $T_0$ 开始进行比较。$S_0$ 不做比较，则 $k$ 直接置为 1。

| T | a | b | c | a | b | c | a | c | a | b |
|---|---|---|---|---|---|---|---|---|---|---|
| | 0 | 1 | 2 | 3 | 4 | 5 | 6 | 7 | 8 | 9 |

| S | a | b | c | a | b | c | a | c | a | b |
|---|---|---|---|---|---|---|---|---|---|---|
| | | | | | | | | | | |
| Step1 | | a | | | | | | | | |
| Step2 | | | a | | | | | | | |
| Step3 | | | | a | b | c | a | b | | |
| Step4 | | | | | | | a | b | | |
| Step5 | | | | | | | | a | | |
| Step6 | | | | | | | | | a | b |

| | Step0 | Step1 | Step2 | Step3 | | | | | Step4 | Step5 |
|---|---|---|---|---|---|---|---|---|---|---|
| 子串S下标$j$ | 0 | 1 | 2 | 3 | 4 | 5 | 6 | 7 | 8 | 9 |
| S[j] | a | b | c | a | b | c | a | c | a | b |
| 子串T下标$k$ | −1 | 0 | 0 | 0 | 1 | 2 | 3 | 4 | 0 | 1 |
| T[k] | / | a | a | a | b | c | a | b | a | b |
| 前后缀相等 | / | n | n | y | y | y | y | n | y | y |
| 子串下次开始比较位 | 0 | 0 | 0 | 1 | 2 | 3 | 4 | 0 | 1 | 1 |

图 4.52　next 求解过程

比较步骤分析如下。

Step0：$k=-1$，标志下一次开始位：T 串从 0 开始，S 串从 $j$++开始。

Step1：S[j]与 T[k]不等，则下一次开始位：T 串从 0 开始，S 串从 $j$++开始。

Step2：同 Step1。

Step3：S[j]与 T[k]相等，则下一次开始位：T 串从 $k$ 开始，S 串从 $j$++开始。

可以仿照 KMP 算法给出计算 next 数组伪代码，见图 4.53。

| 求 next 算法描述 |
|---|
| 初始化起始位 k = −1，j = 0；（k = −1，标志下一次开始位：T 串从 0 开始，S 串从 j++开始） |
| 在 S 串的有效范围内 |
| 　S[j]与 T[k]相等或 k = −1 |
| 　　j、k 后移一位 |
| 　　下一次子串开始比较位 next[j]=k； |
| 　否则，设置重新比较位置：j 串不变，k 串从 next 表中取得下一次开始的位置 |

图 4.53　计算 next 伪代码描述

### 3．数据结构描述

```
#define MaxSize 30
//串结构
typedef struct
{     char ch[MaxSize];    //用数组存储串值
      int len;             //串长度
} SqString;
```

### 4．函数结构设计

KMP 算法与求 next 值函数结构设计见表 4.6 与表 4.7。

表 4.6　KMP 算法函数结构设计

| 功能描述 | 输入 | 输出 | |
|---|---|---|---|
| KMP 匹配算法<br>KMPIndex | 目标串结构 SqString<br>模式串结构 SqString | int | 1：不匹配 |
| | | | int 值：匹配位置 |
| 函数名 | 形参 | 函数类型 | |

表 4.7　求 next 值函数框架设计

| 功能描述 | 输入 | 输出 |
|---|---|---|
| 求 next 值<br>GetNext | 模式串结构 SqString<br>（next 数组地址） | （next 数组地址） |
| 函数名 | 形参 | 函数类型 |

### 5．程序实现

```
/*=========================================
函数功能：由模式串 T 求出 next 的值
函数输入：模式串 T，（next 数组）
函数输出：无
=========================================*/
void GetNext( SqString t, int next[ ] )
{     int j=0,   k= -1;
      next[0] = -1;       //置初值
      while ( j< t.len )  //在子串的有效范围内
      {
          //从 t 的起始位置开始处理或 顺次比较主串与子串
          if ( k== -1   ||   t.ch[j] == t.ch[k])
          {
                  j++;   k++;
                  next[j]=k;
          }
          //设置重新比较位置：j 串不变，k 串从 next[k]位置起
          else   k = next[k];
      }
}
/*==================================================
函数功能：KMP 算法——求模式串 T 在目标串 S 是否匹配
函数输入：目标串 S、模式串 T
函数输出：匹配成功：返回模式串 T 首次在 S 中出现的位置
```

```
            匹配不成功：返回-1
=====================================================*/
int KMPIndex(SqString s,SqString t)
{       int next[MaxSize], i=0, j=0, v;
        GetNext(t,next);                          // 求 next 数组
        while ( i<s.len   &&   j< t.len)
        {       if ( j==-1   ||   s.ch[i] == t.ch[j]   ) // j=-1 表示首次比较
                {     i++;j++;   }                // i, j 各增 1
                else j=next[j];                   // i 不变, j 后退
        }
        if ( j >= t.len )   v = i-t.len;          // 返回匹配模式串的首字符下标
        else   v = -1;                            // 返回不匹配标志
        return v;
 }
```

### 6．测试程序

```
#include <stdio.h>
#define MaxSize 60
typedef struct
{     char ch[MaxSize];
      int len;
} SqString;
int main()
{
      SqString S={"ababcabcacbab",13};
      SqString T={"abcac",5};
      int k;

      freopen("data.in", "r",stdin);
      freopen("data.out","w",stdout);   // 结果写入 data.out 文件

      k=KMPIndex(S,T);
      printf("\n 匹配位置：%d\n",k);
      fclose(stdin);
      fclose(stdout);
      return 0;
}
```

### 7．算法效率分析

BF 算法最差情形下的时间复杂度为 $O(m\times n)$，但在一般情况下，其算法的实际执行时间近似为 $O(m+n)$，因此至今仍然被采用。

KMP 算法的时间复杂度为 $O(m+n)$，仅当模式串与主串之间存在许多“部分匹配”的情况下，KMP 算法才明显比 BF 算法快得多。KMP 算法的最大特点是指向主串的指针不需要回溯，在整个匹配过程中，对主串仅需从头至尾扫描一遍，这对处理从外部设备输入的庞大文件很有效，可以边读入边匹配，而无须回头重读入。

**【知识 ABC】 模式匹配的各种算法**

KMP 算法其实并不是效率最高的字符串匹配算法，各种文本编辑器的“查找”功能大多

采用的是 BM（Boyer Moore）算法。BM 算法效率更高，更容易理解。

BF 与 KMP 算法移动模式串时是从左到右，进行比较的时候也是从左到右。BM 算法移动模式串时是从左到右，而进行比较的时候是从右到左。

从算法效率上看，BM 算法 ＞KMP 算法 ＞BF 算法。

前面介绍的匹配算法都属于单模式匹配，另外还有多模式匹配算法，AC 算法属于一个经典的多模式匹配算法，感兴趣的读者可以深入了解。

## 4.4 本章小结

### 1. 本章内容的思维导图

本章多维数组主要内容间的联系见图 4.54。

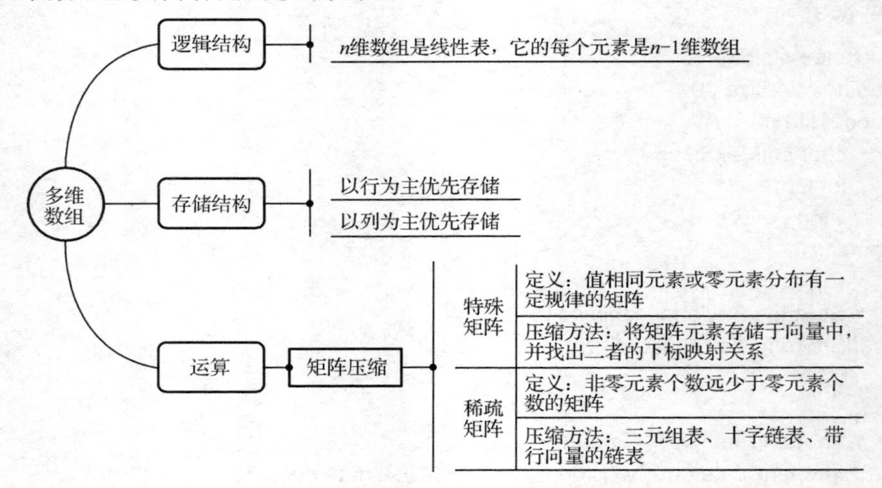


图 4.54　多维数组各概念间的联系

本章字符串主要内容间的联系见图 4.55。

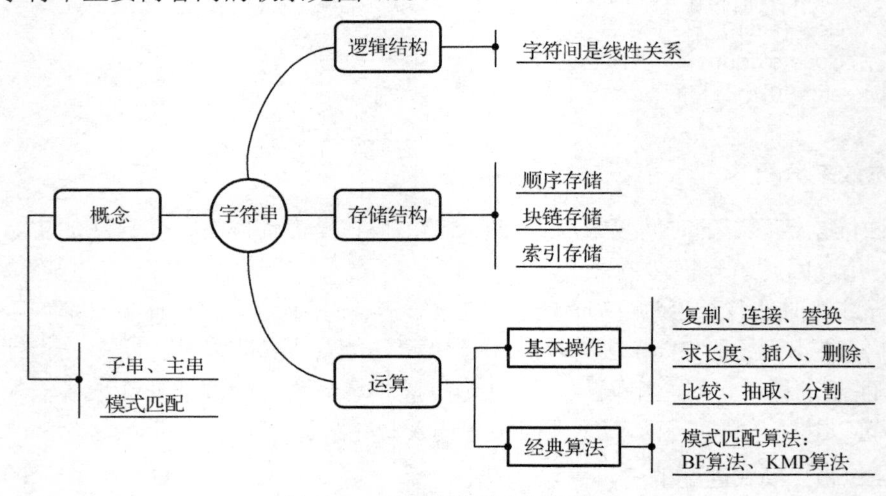


图 4.55　字符串各概念间的联系

### 2. 数组求址三要素

- 开始结点的存放地址（即基地址）。
- 维数和每维的上、下界。
- 每个数组元素占用的单元数。

### 3. 特殊矩阵及其压缩

矩阵可看作是二维数组。对于一些数据元素具有特殊规律的矩阵，常采用一些特殊的存储方法以减少存储空间。

如果非零元素的分布存在规律，则称该矩阵为特殊矩阵；矩阵中非零元素的个数远小于矩阵元素的总数，并且非零元素的分布没有规律，则称该矩阵为稀疏矩阵。

矩阵压缩存储是指给多个值相同的元素分配一个存储空间，对零元素不分配存储空间。压缩要点见表 4.8。

表 4.8　矩阵压缩要点

| 压缩对象 | 高阶矩阵 |
| --- | --- |
| 压缩条件 | 矩阵中非零元素呈某种规律分布，或矩阵中出现大量的零元素 |
| 压缩目的 | 使用高效的存储方法，减少数据的存储量 |
| 压缩方法 | 对原矩阵的二维数组存储，根据数据分布特征进行压缩，存储至向量等结构；稀疏矩阵的压缩存储除了要保存非零元素的值，还要保存其在矩阵中的位置 |

# 习题

## 一、单项选择题

1. 串是一种特殊的线性表，其特殊性体现在（　　）。
   （A）可以顺序存储　　（B）可以用链表存储
   （C）数据元素是一个字符　　（D）数据元素可以是多个字符
2. 串是（　　）。
   （A）少于一个字母的序列　　（B）任意个字母的序列
   （C）不少于一个字符的序列　　（D）有限个字符的序列
3. 串的长度是（　　）。
   （A）串中不同字母的个数　　（B）串中不同字符的个数
   （C）串中所含字符的个数，且大于 0　　（D）串中所含字符的个数
4. 设有两个串 P 和 Q，求 Q 在 P 中首次出现的位置的运算是（　　）。
   （A）连接　　（B）模式匹配
   （C）求子串　　（D）求串长
5. 若某串的长度小于一个常数，则采用（　　）存储方式最节省空间。
   （A）链式　　（B）堆结构　　（C）顺序
6. 串中任意多个连续字符组成的子序列称为该串的子串（　　）。
   （A）正确　　（B）不正确
7. 如果两个串含有相同的字符集，那么称两者相等。（　　）

（A）正确　　（B）不正确

8．存取数组中任一元素的时间都是相等的，这种存取方式为（　　）存取方式。

（A）顺序　　（B）随机　　（C）线性　　（D）非线性

9．设一个一维数组第一个元素的存储单元的地址是 100，每个元素的长度是 6，则它的第 5 个元素的地址是（　　）。

（A）130　　（B）105　　（C）106　　（D）124

10．设 $n$ 阶方阵是一个上三角矩阵，则需要存储的元素个数是（　　）。

（A）$n^2/2$　　（B）$n(n+1)/2$　　（C）$n$　　（D）$n^2$

11．对一些特殊矩阵采用压缩存储的目的主要是（　　）。

（A）表达变得简单　　（B）减少不必要的存储空间开销

（C）去掉矩阵中的多余元素　　（D）对矩阵元素的存取变得简单

12．三元组表不包括（　　）。

（A）行数　　（B）列数　　（C）元素值　　（D）元素总数

13．设已知一个稀疏矩阵的三元组如下：(1,2,3)，(1,6,1)，(3,1,5)，(3,2,-1)，(4,5,4)，(5,1,-3)，则其转置矩阵的三元组表中第 3 个三元组为（　　）。

（A）(2,1,3)　　（B）(3,1,5)

（C）(3,2,−1)　　（D）(2,3,−1)

14．若采用三元组压缩技术存储稀疏矩阵，只要把每个元素的行下标和列下标互换，就完成了对该矩阵的转置运算。这种观点（　　）。

（A）正确　　（B）不正确

15．数组 A 三维的长度分别为 $b_3,b_2,b_1$；每个数组元素占一个存储单元；LOC[0,0,0]为基址。若以行序为主序，则元素 A[i][j][k]的地址为（　　）（其中 $0<=i<b_3$，$0<=j<b_2$，$0<=k<b_1$）。

（A）LOC[0,0,0]+$i\times b_2\times b_1+j\times b_1+k$

（B）LOC[0,0,0]+$i\times b_3\times b_2+j\times b_1+k$

（C）LOC[0,0,0]+$b_3\times i+b_2\times j+k$

（D）LOC[0,0,0]+$b_3\times i\times j+b_2\times j+k$

## 二、应用题

1．设三对角矩阵 A[n×n]按行优先顺序压缩存储在数组 B[3*n−2]中，完成以下问题：

（1）用 $i, j$ 表示 $k$ 的下标变换公式。

（2）用 $k$ 表示 $i, j$ 的下标变换公式。

2．已知三维数组 M[2…3,−4…2,−1…4]，且每个元素占用两个存储单元，起始地址为 100，按列下标优先顺序存储，求：

（1）M 所含的数据元素个数；

（2）M[2,2,2]，M[3,−3,3]的存储地址。

3．令 S="aaab"，T="abcabaa"，试分别求出它们的 next 函数值。

## 三、算法设计题

1．现在有一数组，已知一个数出现的次数超过一半，请用复杂度为 $O(n)$的算法找出这个数。

2．一个文件中有 40 亿个整数，每个整数为 4 字节，内存为 1GB。写出一个算法，用此算法求出这个文件的整数中未包含的一个整数。

3．数字 1～1000 放在一个含有 1001 个元素的数组中，只有一个元素值是重复的，其他均只出现一次。每个数组元素只能访问一次，设计一个算法，将重复的那个元素值找出来。不用辅助存储空间，能否设计一个算法实现这一要求？

4．编写一个程序，生成大于 10000 的随机整数。输出该整数，然后以英文单词的形式输出整数中的各个数字位。例如，如果生成的整数是 345678，那么输出是

```
The value is 345678
three four five six seven eight
```

5．输入 5×5 阶的矩阵，编程实现：

（1）求两条对角线上的各元素之和。

（2）求两条对角线上行、列下标均为偶数的各元素之积。

# 第 5 章　结点逻辑关系分层次的非线性结构——树

【主要内容】

- 树的定义和基本术语
- 二叉树的概念、存储结构
- 遍历二叉树
- 哈夫曼树及其应用
- 广义表的概念、存储结构、基本运算

【学习目标】

- 了解数据的逻辑结构从线性结构到非线性结构的过渡
- 了解包含子结构的线性结构
- 理解链式存储结构在表达非线性数据结构中的作用
- 掌握树的概念、存储方法、基本运算
- 了解广义表的概念、结构特点及其存储表示方法

## 5.1　实际问题中的树形结构

### 5.1.1　日常生活中的树形结构

我们进入一个偌大的图书馆，想在其中寻找一本数据结构方面的参考书。面对好几层的楼、好多的书库、一排排的书架、成千上万册的书籍，如何寻找呢？查找前的第一件事，应该是了解图书馆书籍的分类排放规则，知道图书分类的表示方法，这样就可以很容易地在图书馆找到需要的图书，而图书管理者统一管理图书也会变得非常方便。图 5.1 显示了中国图书馆分类法中关于计算机图书的部分分类。

观察图 5.1 的分类结构，很像自然界中一棵倒垂的树，即最顶端的点是“根”，下端末梢的点是“叶子”，因此称之为树形结构，简称为树。

树形结构在日常生活中很常见，如人类社会的族谱、各种社会组织的机构设置、赛事日程安排等，这些都是信息分类管理后产生的结构。

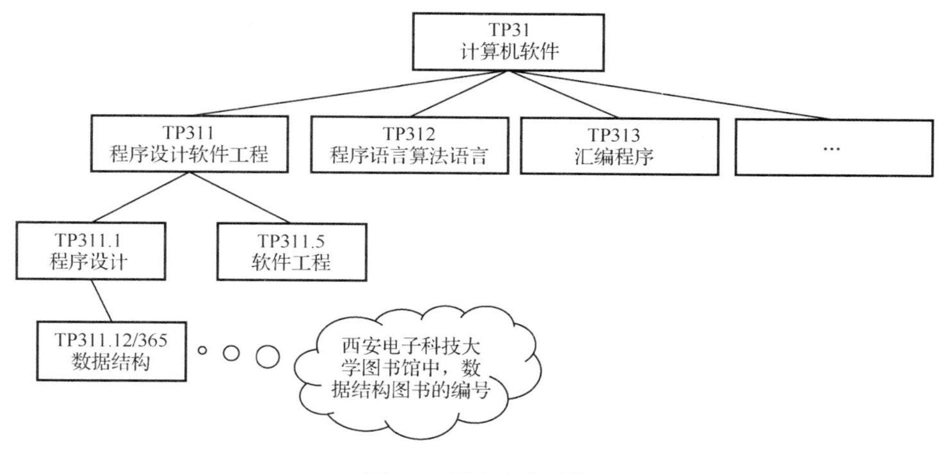


图 5.1　图书分类结构

## 5.1.2　计算机中的目录结构

使用计算机的人大都熟悉文件目录结构，这也是一个分类管理的结构，如图 5.2 所示。在这个计算机目录中可以看出，它是一个分级（层）结构。计算机要对这样的目录进行管理，涉及的问题有哪些呢？

按照我们对于计算机目录管理的一般概念，可以进行的操作有查找文件、新建文件、删除文件夹等，要实现这些操作，首先要做的事情是把这个结构中的文件夹信息及层级间的联系存储到机器中，然后按功能要求进行处理。存储之前，要对其结构进行进一步的抽象，将文件夹抽象为统一结构的结点，结点与结点间的关系如图 5.3 所示。

各结点间的关系不单纯是只有一个前趋和只有一个后继的关系，因此树形结构属于非线性结构。

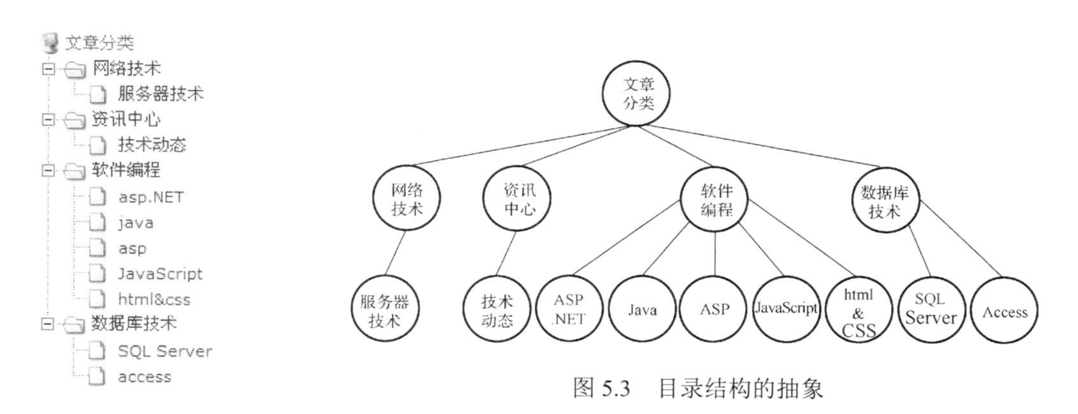


图 5.3　目录结构的抽象

图 5.2　计算机文件目录

## 5.1.3　网站的树形结构

网站内各页面间的联系形成的是网状结构，这种网状结构可以有多种形式。层级分明的树形网状结构是其中之一，见图 5.4。较理想的、从搜索引擎优化（Search Engine Optimization，

SEO）角度考虑的网站部署结构，是每个页面只与其上层页面有链接关联的这种树形结构，这样可以帮助用户快速定位到感兴趣的频道、正文，也有利于搜索引擎理解网站结构层次，更好地抓取网页内容，从而提高网站排名、增加访问量，最终提升网站的销售能力或宣传能力。

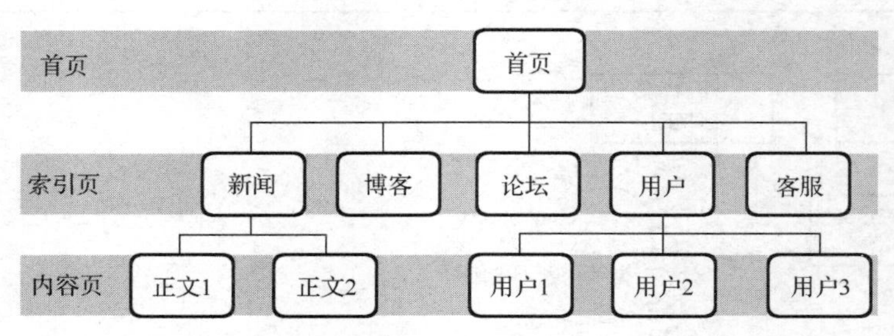


图 5.4　树形结构的网站

## 5.1.4　表达式树

在编译源程序时，主要的工作就是对程序进行语法分析，其中，对数学表达式的分析是一个重要的步骤，结果可构成如图 5.5 所示的表达式树，通过对树的不同查找策略可以得到各种相应的表达式。

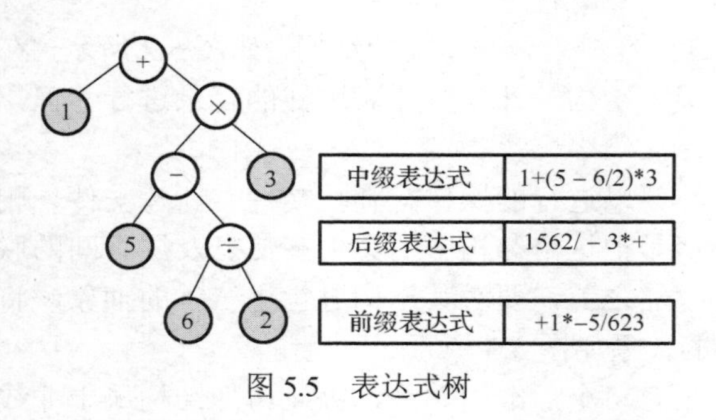


图 5.5　表达式树

树在计算机领域中有非常广泛的应用。在数据库系统中，树形结构是信息的重要组织形式之一。另外，有数据挖掘分类与预测方法中的决策树等，一切具有层次关系的问题都可用树来描述。

# 5.2　树的逻辑结构

从 5.1 节的例子可以看出，当数据元素之间呈现的关系并非一一对应，而是一多对应时，对应关系复杂化，线性结构便不足以方便地描述这样的复杂情形，我们需要用符合树形结构特点的其他方式来描述这种呈层次关系的非线性结构。

## 5.2.1　树的定义和基本术语

### 1. 树的定义

树（Tree）是包含 $n$ 个结点的有限集合，其中，

（1）一个特定的结点称为根结点或根（Root），它只有直接后继，而没有直接前趋。

（2）除根结点外的其余数据元素被分为 $m$（$m\geqslant 0$）个互不相交的集合 $T_1$，$T_2$，…，$T_m$，其中，每一个集合 $T_i$（$1<=i<=m$）本身也是一棵树，称为根的子树（Subtree）。

当树的集合为空时，$n=0$，此时称为空树，空树中没有结点。

树是递归结构——在树的定义中用到了树的定义本身：一棵非空树是由若干棵子树构成

的，而子树又可由若干棵更小的子树构成。

### 2. 树的特点

树具有以下特点，树的示意图见图 5.6。

- 每个结点有零个或多个子结点，无子结点的结点称为叶子结点。
- 没有父结点的结点称为根结点，规定它所在的层为第一层。
- 每一个非根结点有且只有一个父结点。

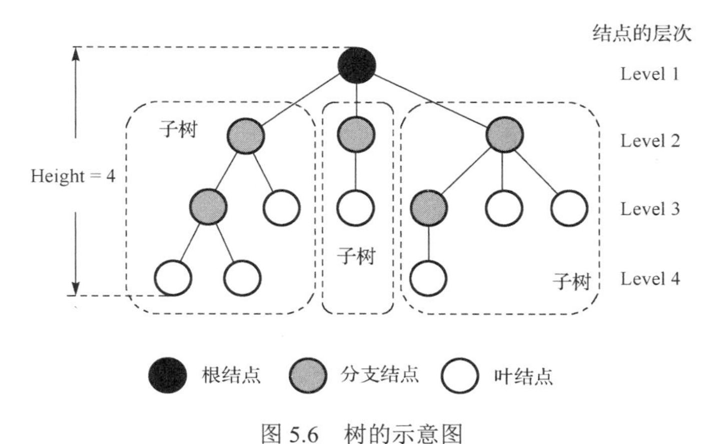


图 5.6　树的示意图

### 3. 树的图形表示方法

树的逻辑结构表示法有多种，除了常见的树形表示法，还有文氏图表示法、凹入表示法和广义表表示法等，图 5.7 是用不同表示法表示的同一棵树。

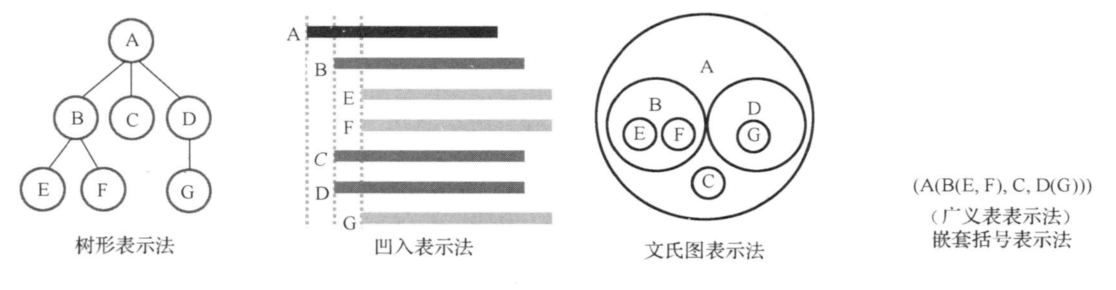


图 5.7　树的表示法

- 树形表示法是树的最基本的表示法，使用一棵倒置的树表示树结构。
- 文氏表示法使用集合以及集合的包含关系描述树结构。
- 凹入表示法使用线段的伸缩关系描述树的结构。如图 5.2 所示的计算机文件目录就是用这种形式来表示树形结构。
- 广义表表示法也称为括号表示法，将树的根结点写在括号的左边，除根结点外的其余结点写在括号内，并用逗号间隔来描述树的结构。

### 4. 树的相关术语

下面结合图 5.7 中的树形表示法介绍树的各种术语。树形结构的见图 5.8。

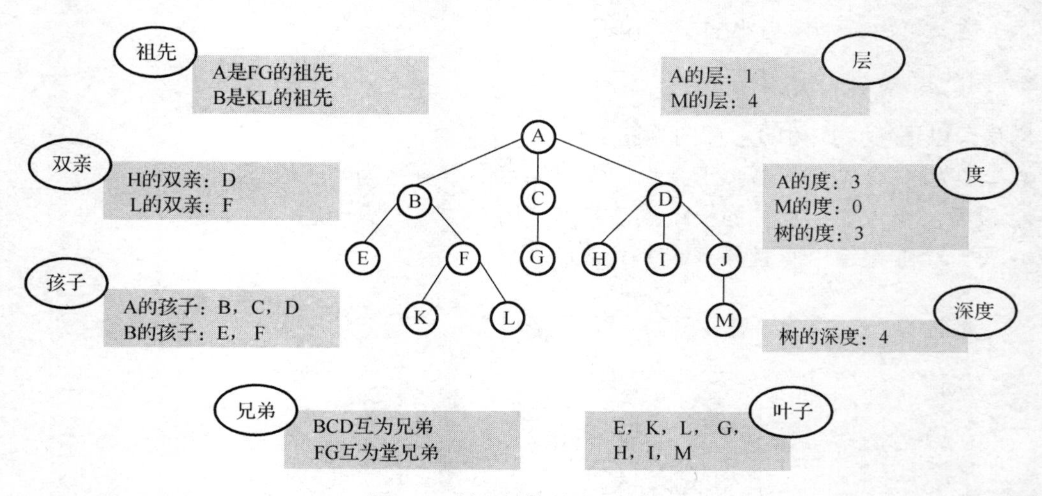


图5.8 树形结构的术语描述

（1）树的结点

包含一个数据元素，可以同时记录若干指向子树的分支信息。

（2）孩子（Child）和双亲（Parent）

树中某个结点的子树之根称为该结点的孩子或儿子，相应地，该结点称为孩子的双亲或父亲。同一个双亲的孩子称为兄弟（Sibling）。

（3）路径（Path）

若树中存在一个结点序列 $k_1$，$k_2$，…，$k_i$，…，$k_j$，使得 $k_i$ 是 $k_{i+1}$ 的双亲（$1 \leqslant i < j$），则称该结点序列及其上的分支是从 $k_1$ 到 $k_j$ 的一条路径或道路。

路径的长度指路径所经过的边（即连接两个结点的线段）的数目，等于 $j-1$。

注意：若一个结点序列是路径，则在树的树形图表示中，该结点序列“自上而下”地通过路径上的每条边。

从树的根结点到树中其余结点均存在一条唯一的路径。

（4）祖先（Ancestor）和子孙（Descendant）

若树中结点 $k$ 到 $k_s$ 存在一条路径，则称 $k$ 是 $k_s$ 的祖先，$k_s$ 是 $k$ 的子孙。

一个结点的祖先是从根结点到该结点的路径经过的所有结点，而一个结点的子孙则是以该结点为根的子树中的所有结点。

约定：结点 $k$ 的祖先和子孙不包含结点 $k$ 本身。

（5）结点的层数（Level）和树的高度（Height）

结点的层数从根起算：根的层数为1。其余结点的层数等于其双亲结点的层数加1。双亲在同一层的结点互为堂兄弟。

树中结点的最大层数称为树的高度或深度（Depth）。

注意：也有文献将树根的层数定义为0。

（6）结点的度（Degree）

树中的一个结点拥有的子树个数称为该结点的度。一棵树的度是指该树中结点的最大度数。如图5.8所示树的度为3。度为零的结点称为叶子（Leaf）或终端结点。度不为零的结点称为分支结点或非终端结点。除根结点外的分支结点统称为内部结点。根结点又称为开始结点。

（7）有序树（Ordered Tree）和无序树（Unordered Tree）

若将树中每个结点的各子树看成是从左到右有次序的（即不能互换），则称该树为有序树；否则称为无序树。

注意：若非特别指明，一般讨论的树都是有序树。

（8）森林（Forest）

森林是 $m$（$m \geqslant 0$）棵互不相交的树的集合。

树和森林是相关的，删去一棵树的根，就得到一个森林；反之，加上一个结点作为树根，森林就变为一棵树。

**【思考与讨论】**

我们熟悉的树形结构中，无序树、有序树有哪些？

**讨论**：有序树与无序树的区别在于子树是否有顺序要求，有顺序要求的如家谱、书的目录等，无序的是计算机中的文件夹目录等。

#### 5．树形结构的逻辑特征

树形结构的逻辑特征可用树中结点之间的父子关系来描述：

- 树中任一结点都可以有零个或多个直接后继（即孩子）结点，但至多只能有一个直接前趋（即双亲）结点。
- 树中只有根结点无前趋，它是开始结点；叶结点无后继，是终端结点。
- 祖先与子孙的关系是对父子关系的延伸，定义了树中结点之间的纵向次序。
- 有序树中，同一组兄弟结点从左到右有长幼之分。对这一关系加以延伸，规定若 $k_1$ 和 $k_2$ 是兄弟，且 $k_1$ 在 $k_2$ 的左边，则 $k_1$ 的任一子孙都在 $k_2$ 的任一子孙的左边，这样就定义了树中结点之间的横向次序。

### 5.2.2　树的操作定义

基于树的逻辑结构的基本操作一般有下列几种。

- 构造：建立一棵树，初始化。
- 查找：查找根结点、双亲结点、孩子结点、叶子结点、指定值的结点等。
- 插入：在指定位置插入结点。
- 删除：在指定位置删除结点。
- 遍历：沿着某条搜索路线，依次对树中所有结点做一次且仅做一次访问。访问结点所做的操作依赖于具体的应用。
- 求深度：计算树的高度。

## 5.3　树的存储结构

树形结构的存储依然要遵循存储的两大原则：“存数值，存联系”和“存得进，取得出”。由于树是非线性结构，结点间联系的存储要比线性关系复杂得多，因此它成为存储树形结构问题的关键与重点。

**【思考与讨论】**

树形结构存储结点间联系的原则是什么？

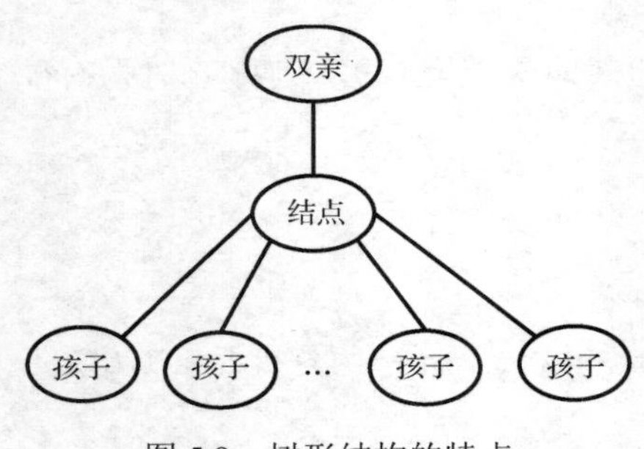

图 5.9 树形结构的特点

**讨论**：根据树形结构的特点，每个结点与其直接相连的结点的关系只有两类，一是双亲，二是孩子，见图 5.9，对一个结点而言，其双亲只有一个，孩子可以有 0 到 $n$ 个。树形结构的存储结构设计原则，就是要实现双亲、孩子关系如何直接或间接存储。对于设计好的存储结构，检验的标准则是只要在存储结构中能找到一个结点的这两种关系，那么这样的存储结构设计就是可行的。我们可以称之为“双亲孩子检验原则”。

人们设计了多种形式的存储结构来表示树，主要的存储方式有两大类：数组连续存储与链式离散存储。

在本节中，数据结构描述里的 $n$ 表示树的结点数，$d$ 表示树的度。

## 5.3.1 树的连续存储方式

### 1. 树连续存储——双亲孩子表示法

按照“存数值，存联系”的原则，用数组存储树中结点值，对应有下标，即结点的编号，则每个结点的双亲与孩子通过这个编号就可以标示出来，见图 5.10，其中“-1”表示相关联系不存在。数据结构描述见图 5.11。

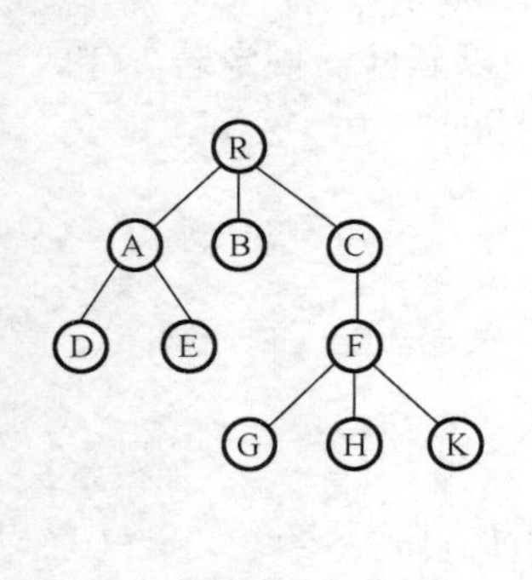


| 下标 | 结点数据 | 双亲位置 | 孩子位置 | | |
|---|---|---|---|---|---|
| 0 | R | −1 | 1 | 2 | 3 |
| 1 | A | 0 | 4 | 5 | −1 |
| 2 | B | 0 | −1 | −1 | −1 |
| 3 | C | 0 | 6 | −1 | −1 |
| 4 | D | 1 | −1 | −1 | −1 |
| 5 | E | 1 | −1 | −1 | −1 |
| 6 | F | 3 | 7 | 8 | 9 |
| 7 | G | 6 | −1 | −1 | −1 |
| 8 | H | 6 | −1 | −1 | −1 |
| 9 | K | 6 | −1 | −1 | −1 |

图 5.10 树连续存储——双亲孩子表示法

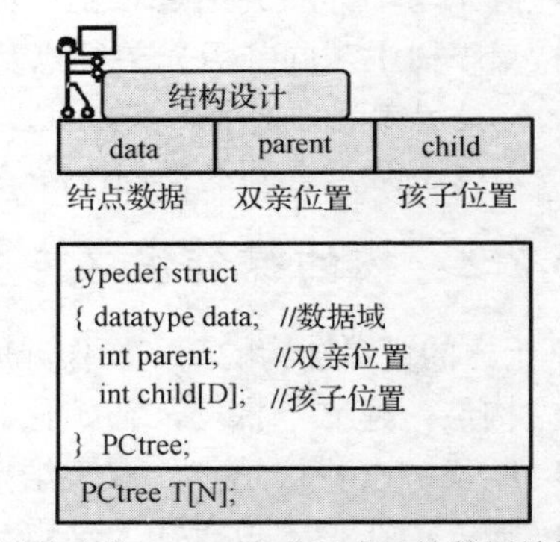

图 5.11 树连续存储——双亲孩子表示法数据结构描述

### 2. 树连续存储——双亲表示法

树形结构的特点是每个结点的双亲是唯一的，我们可以从结点的双亲关系间接得到孩子的信息，如图 5.10 所示 D、E 的双亲是 A，则 A 的孩子是 D、E，因此，只存储双亲位置就可以得到结点的双亲及孩子信息，所以树的连续存储方式可以简化为如图 5.12 所示。

### 3. 树连续存储——孩子表示法

我们还可以从结点的孩子关系间接得到双亲的信息，如图 5.10 所示树的连续存储方式可以简化为如图 5.13 所示。

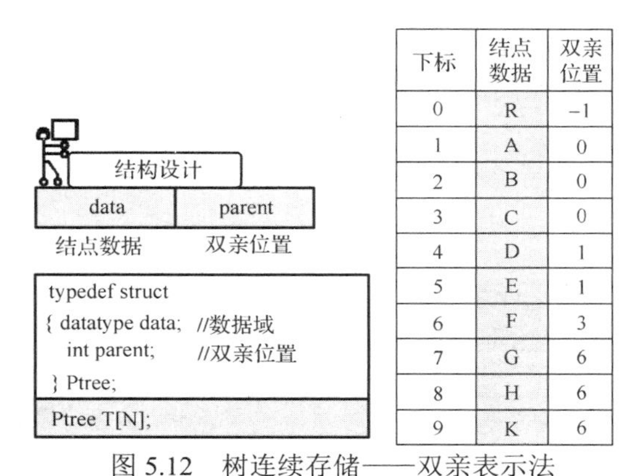


```
typedef struct
{ datatype data;  //数据域
  int parent;     //双亲位置
} Ptree;
Ptree T[N];
```

| 下标 | 结点数据 | 双亲位置 |
|---|---|---|
| 0 | R | −1 |
| 1 | A | 0 |
| 2 | B | 0 |
| 3 | C | 0 |
| 4 | D | 1 |
| 5 | E | 1 |
| 6 | F | 3 |
| 7 | G | 6 |
| 8 | H | 6 |
| 9 | K | 6 |

图 5.12　树连续存储——双亲表示法

结构设计

| data | child |
|---|---|
| 结点数据 | 孩子位置 |

```
typedef struct
{ datatype data; //数据域
  int child[D]; //孩子位置
} Ctree;
Ctree T[N];
```

| 下标 | 结点数据 | 孩子位置 | | |
|---|---|---|---|---|
| 0 | R | 1 | 2 | 3 |
| 1 | A | 4 | 5 | −1 |
| 2 | B | −1 | −1 | −1 |
| 3 | C | 6 | −1 | −1 |
| 4 | D | −1 | −1 | −1 |
| 5 | E | −1 | −1 | −1 |
| 6 | F | 7 | 8 | 9 |
| 7 | G | −1 | −1 | −1 |
| 8 | H | −1 | −1 | −1 |
| 9 | K | −1 | −1 | −1 |

图 5.13　树连续存储——孩子表示法

## 5.3.2　树的链式存储方式

可以仿照线性链表的方式来存储树形结构的信息。在线性表中，一个结点的前趋后继都各有一个。因此，线性表的链式存储形成的链也是一条直的链，而树形结构是一个结点有一个前趋多个后继，则后继部分会有多个链，下面我们来讨论这种多后继的链接结构。

### 5.3.2.1　树的一般链式存储方案

#### 1. 构造及分析树形链接结构

按照一个后继建立一个指针域、存储链地址的方法，构造树形结构如图 5.14 所示。

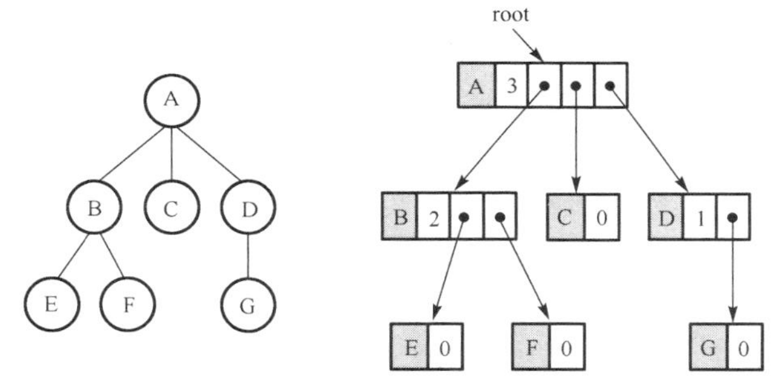


图 5.14　树链式存储分析

按照“双亲孩子检验原则”，通过指针域的指示可以方便地找到每个结点的孩子，但对于其双亲，则需要从根结点开始查找。

树链的结点结构设计见图 5.15。每个结点指针域的数目等于每个结点的度数，若结点的度不一样，则结构相异，我们称之为“异构型”。

图 5.15　树链结点结构——异构型

虽然“异构型”的指针域是按需分配的，但其缺陷也是显而易见的。首先，它的结构描述是困难的。再者，对它做某些操作是困难的，如结点的查找，不能以同一策略遍历结点的子树；再如，由于没有预留的指针域空间，结点的插入操作难以进行。

对于“异构型”的改进，可以把它改成“同构型”，如图 5.16 所示。在同构型结构中，指针域的数目为树的度数。同构型数据结构描述见图 5.17。

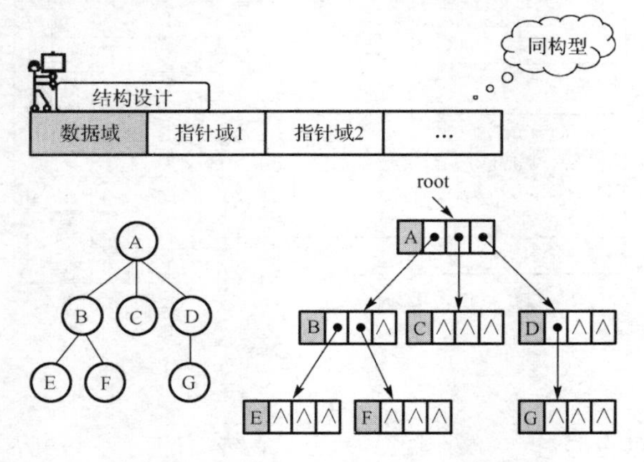


图 5.16　树链结点结构——同构型

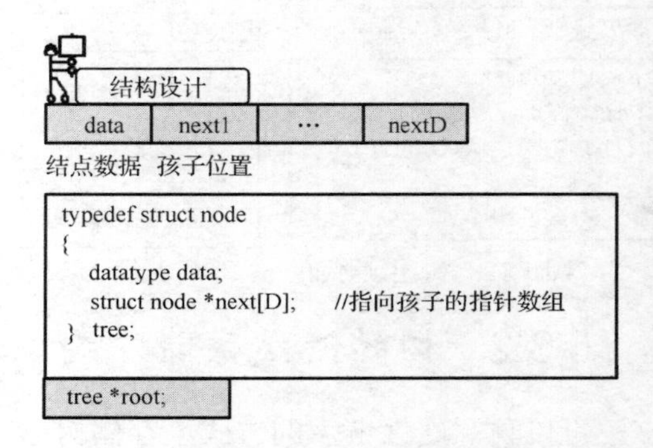


图 5.17　树链结构——同构型数据结构描述

## 2．同构形树形链接结构

**【思考与讨论】**

1. 同构型结构的特点有哪些？

**讨论：** 同构型结构消除了异构型的缺陷，结构的统一化使管理变得容易。但是，若多数结点的度小于树的度，则部分指针域为空，造成存储空间的浪费。

2. 什么样的树在用同构型结构时空的指针域最少？

**讨论：** 指针域的个数与结点的度相关，空指针域的数量与树的总结点数相关，设树有 $n$ 个结点，度为 $d$ 的树，用同构型结点存储，则：

- 整个链表共有指针域数为 $n \times d$ 个。
- 有用的指针域数为 $n-1$ 个（根结点的地址不占指针域）。
- 空的指针域数为

$$n \times d-(n-1)=n(d-1)+1 \tag{5-1}$$

通过上面的分析可以看到，空指针域数量与结点数 $n$、树的度 $d$ 相关，$n$ 是与具体的树相关的量，$d$ 是与树的结构相关的量，我们关注的是 $d$ 而非 $n$，因此，应设法去除式（5-1）中的 $n$，可以转换一种表达方式，求空指针域与整个指针域的比率 $R$，见式（5-2），再求 $R$ 的极限，见式（5-3），这样就消除了 $n$ 的影响。

$$R=\frac{\text{空的指针域数}}{\text{整个链表共有指针域数}}=\frac{n(d-1)+1}{nd}\text{、} \tag{5-2}$$

$$\lim_{n \to \infty} R=\lim_{n \to \infty}\frac{n(d-1)+1}{nd}=1-\frac{1}{d} \tag{5-3}$$

在式（5-3）中可以看出，$d$ 越小，$R$ 越小；$d$ 不能为 0，因为树的度不能为 0；$d$=1 即树的度为 1，树结构蜕化为线性结构，与问题要求不符；所以，最后的结论是，$d$ =2 时，空链域最少。

度为 2 的树，我们称之为二叉树。

### 5.3.2.2　树的其他链式存储结构

关于树的链式存储，我们还可以采用以下方法。

#### 1. 树链式存储——孩子兄弟表示法

见图 5.18，此存储法是一种链式存储结构。在存储树中的每个结点时，除了包含该结点的值域，还设置两个指针域分别指向该结点的第一个孩子结点及其右兄弟，即最多只记录两个孩子的信息，这样就可以用一种统一的二叉链表的方式加以存储，因此该方法也常称为二叉树表示法。

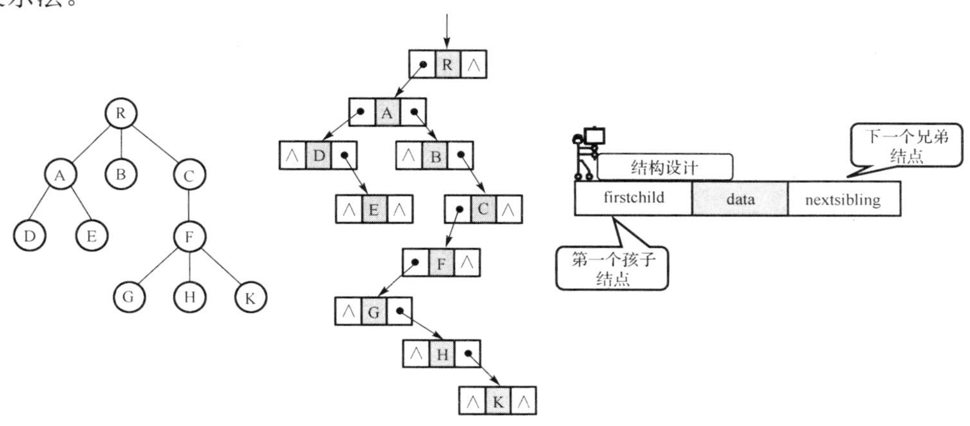


图 5.18　树存储——孩子兄弟表示法

这种存储结构易于实现找结点孩子等的操作，而找结点的双亲不易。例如，若要访问结点 F 的第 3 个孩子 K，只要从 firstchild 域找到第 1 个孩子结点 G，然后沿着孩子结点的 nextsibling 同属域连续走 2 步，便可找到 F 的第 3 个孩子。

#### 2. 树链式存储——孩子链表表示法

此存储法是树的连续存储与链式存储的组合，把每个结点的孩子结点排列起来，看成是一个线性表，且以单链表作为存储结构，则 $n$ 个结点有 $n$ 个孩子链表（叶子的孩子链表为空表）。而 $n$ 个头指针又组成一个线性表，为了便于查找，可采用顺序存储结构，见图 5.19。这种“带行指针向量的单链表表示法”我们已经见过多次了，如第4 章中稀疏矩阵中出现的链式存储。这种存储方法找一个结点的孩子十分方便，但要找一个结点的双亲则要遍历整个结构。结构的数据类型描述如图 5.20 所示。

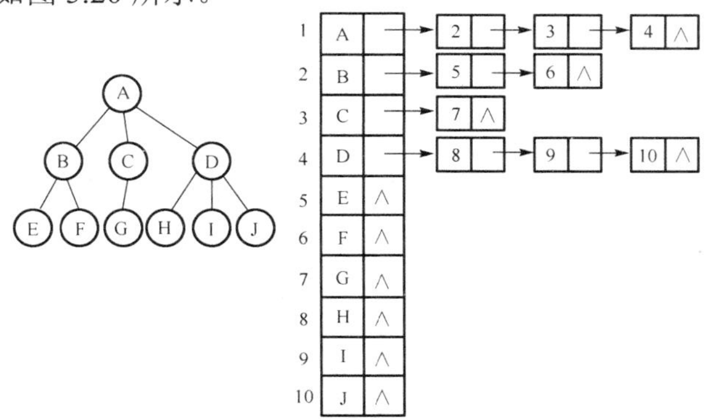

图 5.19　树存储——孩子链表表示法

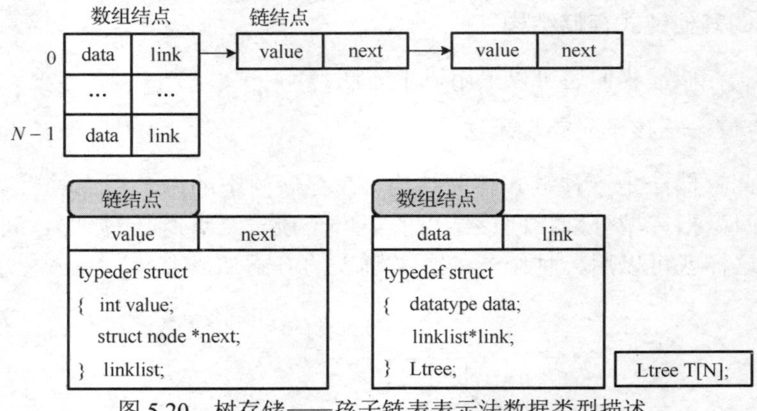


图 5.20 树存储——孩子链表表示法数据类型描述

## 5.4 二叉树的逻辑结构

根据前面对同构型树结构的讨论，二叉树在采用链式存储方式时是一种存储效率较高的结构。二叉树也是一种最简单的树的形式，下面重点讨论的是二叉树的特性、存储及运算。

**【思考与讨论】**

把二叉树作为典型的结构加以研究讨论，相应的结果能用到普通的树吗?

**讨论：**若能找到普通树转换为二叉树、二叉树还原成原普通树的方法，就完美地解决了这个问题。

### 5.4.1 二叉树与普通树的转换

#### 1．树转换为二叉树

树转换为二叉树的过程如图 5.21 所示。

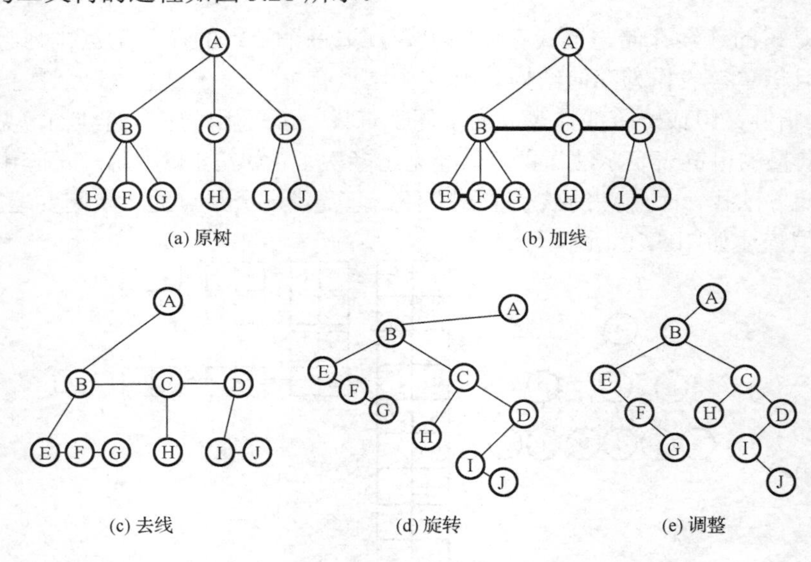


图 5.21 树转换为二叉树

加线：在所有相邻兄弟结点之间加一条连线。

去线：对每个非终端结点，除了其最左孩子，删去该结点与其他孩子结点的连线。

旋转：以根结点为轴心，向右旋转 45°。

调整：整理成二叉树。

**【思考与讨论】**

树转换为二叉树的过程中，各结点的联系有什么变化？

**讨论**：加线的过程增加了结点和兄弟的直接关联；去线的操作去掉了除长子外的联系，但是可以通过长子的兄弟关系，间接得到所有孩子的信息。这和前面介绍的“树链式存储——孩子兄弟表示法”是一样的原理。

### 2．森林转换为二叉树

森林转换为二叉树的过程见图 5.22。

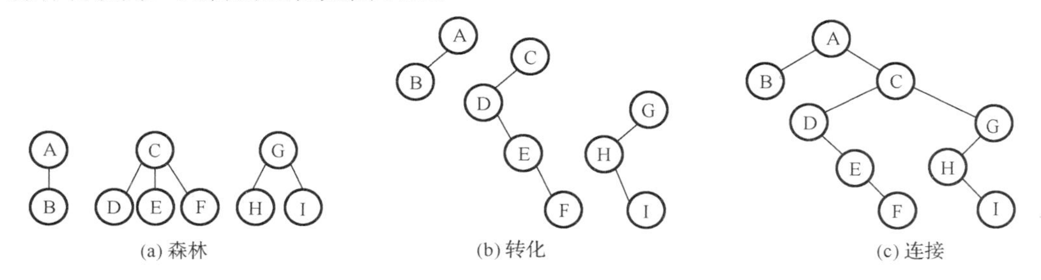


图 5.22　森林转换为二叉树

转化：分别将森林中的每棵树转化为二叉树。

连接：从最后那棵二叉树开始，依次把后一棵二叉树的根结点作为前一棵二叉树的根结点的右孩子，直到所有二叉树都被连接，然后整理成二叉树。

### 3．二叉树还原为树

二叉树还原为树的过程见图 5.23。

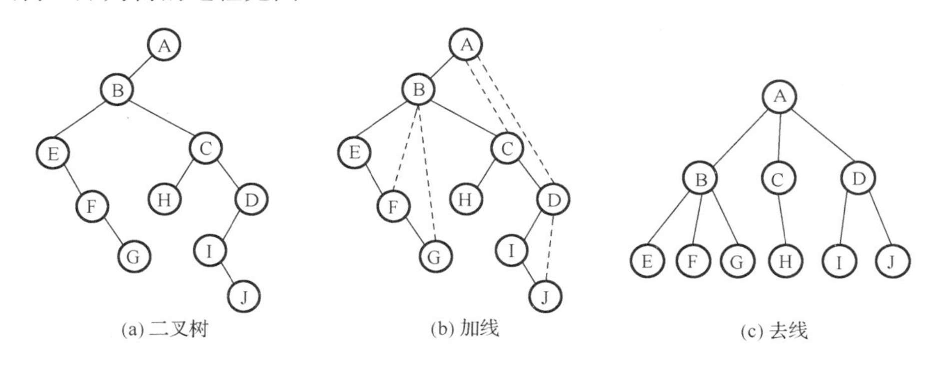


图 5.23　二叉树还原为树

加线：若某结点 $x$ 是其双亲 $y$ 的左孩子，则把结点 $x$ 的右子孙都与结点 $y$ 用线连起来。

去线：删去原二叉树中所有双亲结点与其右孩子结点的连线。

然后整理由以上两步得到的树或森林，使之层次分明。

**【思考与讨论】**

树还原为二叉树的过程中各结点的联系有什么变化？

**讨论：**一个结点 $x$ 的左孩子及其右支子孙，从来历上看，都是这个左孩子的兄弟，如图 5.23 所示中的 FG 点，都是 E 的子孙，E、F、G 都是 B 的孩子，故加线是恢复结点与孩子的关系；去线是去掉兄弟间的连线，这样就可以恢复成原来的树结构了。

#### 4. 树与二叉树的存储关系

事实上，一棵树采用孩子兄弟表示法建立的存储结构，与它所对应的二叉树的二叉链表存储结构完全相同，只是两个指针域的名称及解释不同。图 5.24 直观地表示了树与二叉树之间的对应关系和相互转换方法。图 5.24(a)所示的树形结构对应图 5.24(b)，相应的二叉链表的形式为图 5.24(d)，图 5.24(c)与图 5.24(e)是图 5.24(d)的不同解释，比如，在图 5.24(c)中，结点 C 是结点 B 的右兄弟，而在图 5.24(e)中，结点 C 是结点 B 的右孩子。因此，二叉链表的有关处理算法可以很方便地转换为树的孩子兄弟链表的处理算法。

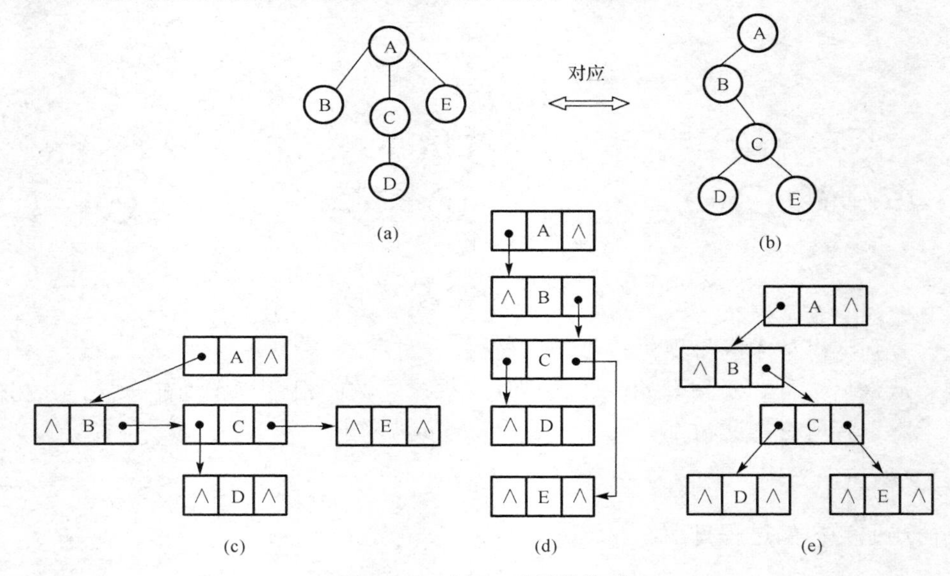


图 5.24　树与二叉树的关系

## 5.4.2　二叉树的概念

### 5.4.2.1　二叉树的定义

二叉树是 $n$（$n \geqslant 0$）个结点的有限集，它或为空树（$n=0$），或由一个根结点和两棵分别称为左子树和右子树的互不相交的二叉树构成。

说明：二叉树是每个结点最多有两个子树的有序树。二叉树的子树通常称为左子树（Left Subtree）和右子树（Right Subtree）。左、右子树的顺序不能互换。

**【思考与讨论】**

二叉树与树的区别是什么？

**讨论：**尽管二叉树与树有许多相似之处，树和二叉树还是有区别的，两个主要区别如下：

- 树中结点的最大度数没有限制，而二叉树结点的最大度数为 2。
- 树的结点无左、右之分，而二叉树的结点有左、右之分，见图 5.25。

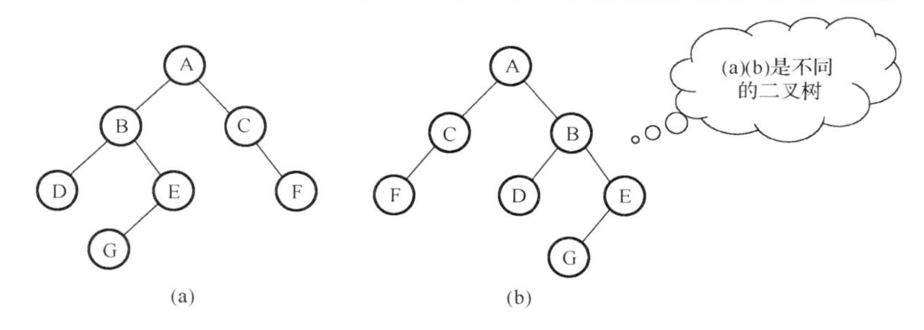


图 5.25　有左右之分的二叉树

### 5.4.2.2　二叉树的各种形态

二叉树有不同的形态，按照对问题处理的一般情形和特例情形的分类处理原则，可归纳出二叉树的基本形态和两种特殊形态，这样方便对二叉树讨论。

#### 1. 二叉树的基本形态

逻辑上二叉树有 5 种基本形态，二叉树可以是空集，根可以仅有左子树或右子树，或者左、右子树皆为空。二叉树的基本形态见图 5.26。

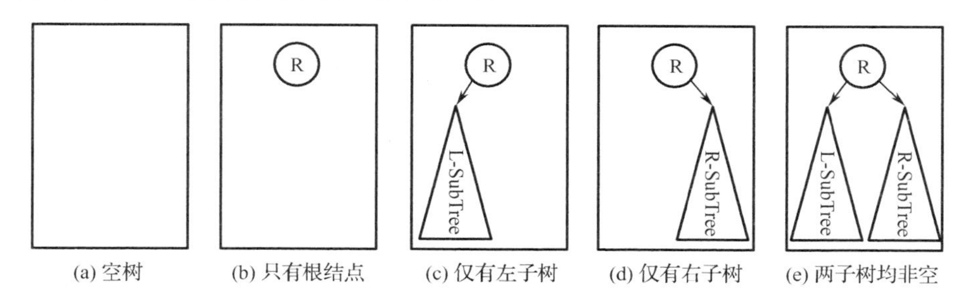


图 5.26　二叉树的基本形态

#### 2. 二叉树的特殊形态

（1）满二叉树（Full Binary Tree）

一棵深度为 $k$ 且有 $2^k-1$ 个结点的二叉树称为满二叉树。满二叉树的特点是每一层的结点数都达到该层可具有的最大结点数。不存在度数为 1 的结点。样例见图 5.27(a)。

（2）完全二叉树（Complete Binary Tree）

如果一个深度为 $k$ 的二叉树，它的结点按照从根结点开始，自上而下，从左至右进行连续编号后，若得到的顺序与满二叉树相应结点编号顺序一致，则称此二叉树为完全二叉树，否则为非完全二叉树。样例分别见图 5.27(b)和图 5.27(c)。

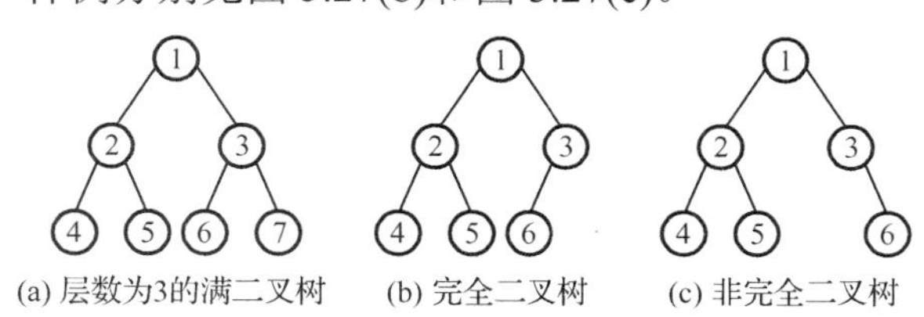


图 5.27　二叉树样例

## 5.4.3 二叉树的基本性质

### 1. 二叉树的基本性质

二叉树的结点数、层数、深度、叶子数、结点编号等有如下性质，证明略。

【性质 1】二叉树的第 $i$ 层至多有 $2^{i-1}$ 个结点（$i\geqslant 1$）。

【性质 2】深度为 $h$ 的二叉树至多有 $2^h-1$ 个结点（$h\geqslant 1$）。

【性质 3】对任何一棵二叉树，若它含有 $n_0$ 个叶子结点、$n_2$ 个度为 2 的结点，则必存在关系式：$n_0 = n_2+1$。

【性质 4】具有 $n$ 个结点的完全二叉树的深度为$[\log_2 n]+1$。（方括号表示取整）

【性质 5】若对含 $n$ 个结点的完全二叉树从上到下且从左至右进行 1 至 $n$ 的编号，则对完全二叉树中任意一个编号为 $i$ 的结点：

① 若 $i$=1，则该结点是二叉树的根，无双亲，否则，编号为 $\lfloor i/2 \rfloor$ 的结点为其双亲结点；

② 若 $2i>n$，则该结点无左孩子，否则，编号为 $2i$ 的结点为其左孩子结点；

③ 若 $2i+1>n$，则该结点无右孩子结点，否则，编号为 $2i+1$ 的结点为其右孩子结点。

### 2. 二叉树的计算题

【例 5-1】二叉树各种结点数目的计算。

若一个完全二叉树有 $n$=1450 个结点，则度为 1 的结点、度为 2 的结点、叶子结点个数分别是多少？有多少左孩子，多少右孩子？该树的高度是多少？

**解析：**

树的高度 $h=[\log_2 n]+1=11$

因为树是完全二叉树，所以 1～10 层全满，$k$=10。

最下层叶子结点的个数=$n$-（$2^k-1$）=1450−1023=427。

$k$ 层带叶子的结点数=[(427+1)/2]=214，$k$ 层结点数=$2^{k-1}$=512，$k$ 层带的叶子数=512−214=298，所以总叶子数 $n_0$=427+298=725。

度为 2 的结点 $n_2= n_0-1$=724，度为 1 的结点 $n_1= n-1-2n_2$=1450−1−2×724=1，有左孩子结点数=度为 2 的结点数+度为 1 的结点数=725，有右孩子结点数=度为 2 的结点数= 724。

## 5.4.4 二叉树的操作定义

根据二叉树的逻辑结构定义，二叉树具有如下基本操作。

- 构造：建立一棵二叉树。
- 查找：查找根结点、双亲结点、孩子结点、叶子结点等。
- 插入：在指定位置插入结点。
- 删除：在指定位置删除结点。
- 遍历：沿着某条搜索路线，依次对二叉树中每个结点均做一次且仅做一次访问。
- 求深度：计算二叉树的高度。

# 5.5　二叉树的存储结构及实现

前面讨论过一般形式树的存储方案。二叉树的形态比一般形态的树简单，因此，它的存储形式有相应的特点。下面就树的一般形式来讨论二叉树的存储方案。

## 5.5.1　二叉树的顺序结构

用双亲孩子表示法来表示一棵完全二叉树，见图 5.28(a)。根据二叉树的性质 5，完全二叉树按照编号方法，各结点间的联系见图 5.28(b)。对照两个图，讨论一下是否能做存储方案上的改进。

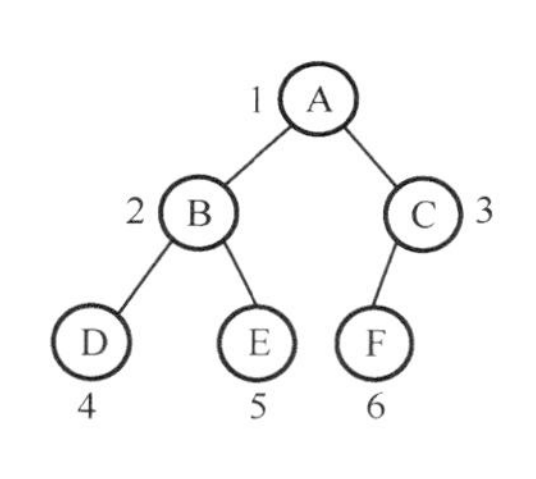


| 下标 | 结点数据 | 双亲位置 | 孩子位置 | |
|---|---|---|---|---|
| 0 | A | −1 | 1 | 2 |
| 1 | B | 0 | 3 | 4 |
| 2 | C | 0 | 5 | −1 |
| 3 | D | 1 | −1 | −1 |
| 4 | E | 1 | −1 | −1 |
| 5 | F | 2 | −1 | −1 |

(a) 连续存储——双亲孩子表示法

| 结点编号 | 结点数据 | 双亲编号 | 左孩子号 | 右孩子号 |
|---|---|---|---|---|
| 1 | A | −1 | 2 | 3 |
| 2 | B | 1 | 4 | 5 |
| 3 | C | 1 | 6 | −1 |
| 4 | D | 2 | −1 | −1 |
| 5 | E | 2 | −1 | −1 |
| 6 | F | 3 | −1 | −1 |

(b) 二叉树结点编号关系表示

图 5.28　完全二叉树连续存储方法讨论

### 1．完全二叉树结点间关系分析

因为已知一个结点的编号，那么其相关结点的编号都能推算出来，因此，只要存储结点编号即可，不用存双亲与孩子的位置，比双亲孩子表示法节省了一半多的空间。

### 2．完全二叉树结点位置分析

结点编号具有连续性，因此可以用它作为存储向量的下标。C 语言规定数组下标必须从 0 开始，不使用此单元，而让根结点存储在下标为 1 的位置，这样树的编号与下标位置就一一对应起来了。

满二叉树或完全二叉树的顺序结构用一组连续的内存单元，按编号顺序依次存储完全二叉树的结点，存储位置隐含了树中结点的关系，满足二叉树的性质 5，见图 5.29。若某结点的单元序号为 $i$，那么，双亲的位置为 $i/2$，左孩子的位置为 $2\times i$，右孩子的位置为 $2\times i+1$，左兄弟的位置为 $i-1$；右兄弟的位置为 $i+1$。

如果 $i=3$ 是结点 C 的位置，则 C 的双亲 A 的位置为[3/2]=1（注意，除法结果要取整）。

### 3．一般二叉树的顺序存储方法

**【思考与讨论】**

完全二叉树存储方案是否适用一般二叉树存储?

**讨论：**对于一棵一般二叉树，如果补齐构成完全二叉树缺少的那些结点，便可以按照完全二叉树的编号方法进行编号。树中“空”的结点将其值标记为 Φ，见图 5.30，这样树的结点就可以按序存储到一片连续的存储单元中，结点的顺序反映出结点之间的逻辑关系。

二叉树的特例情形之一是只有右分支的退化的二叉树，其形式及存储方法见图 5.31。

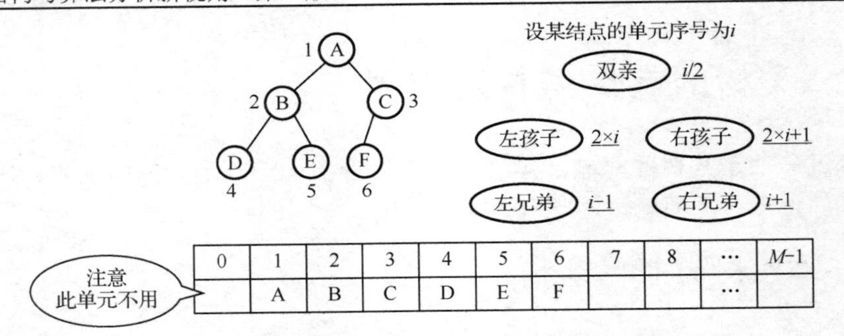


图 5.29　完全二叉树连续存储

若二叉树不是完全二叉树形式，则为了保持结点之间的关系，不得不空出许多元素来，这就造成了空间上的浪费。要依据实际结点数来分配存储空间，可以采用链表结构。

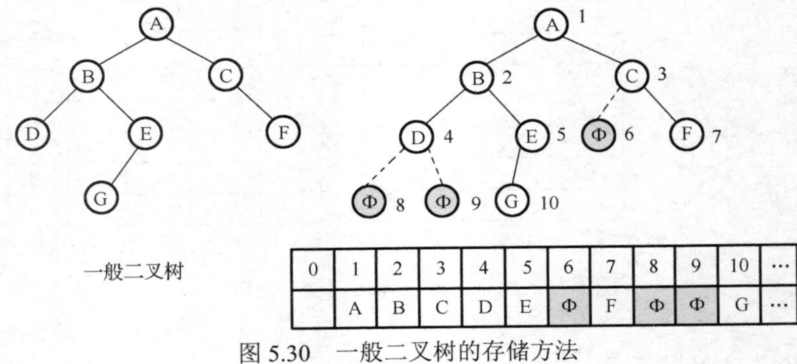


图 5.30　一般二叉树的存储方法

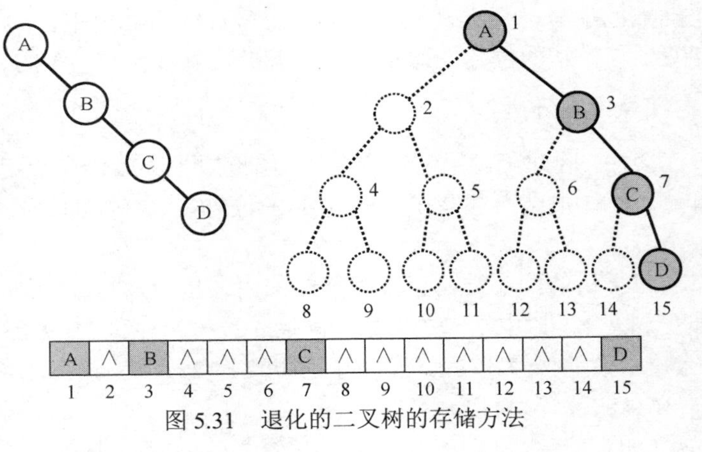


图 5.31　退化的二叉树的存储方法

## 5.5.2　二叉树的链式存储结构

### 1. 二叉链表

二叉树的每个结点含有两个指针域来分别指向相应的分支，称其为二叉链表，见图 5.32。

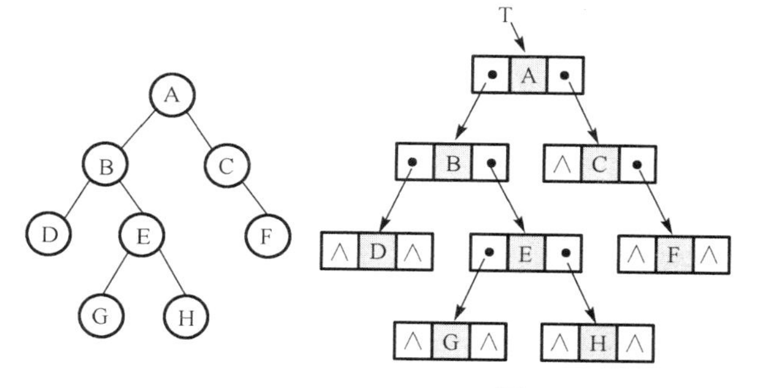

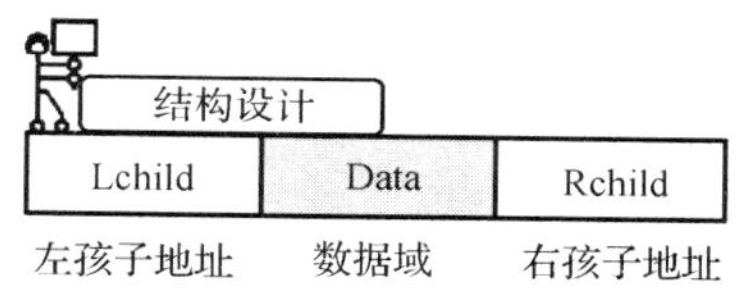


图 5.32　二叉链表示

二叉链表数据结构描述如下。

```
typedef struct node
{
        datatype    data;
        struct node *lchild,*rchild;
} BinTreeNode;
```

## 2．二叉树的三叉链存储

二叉树的链式存储，左右孩子再加上双亲的地址，就构成了二叉树的三叉链存储，见图 5.33。

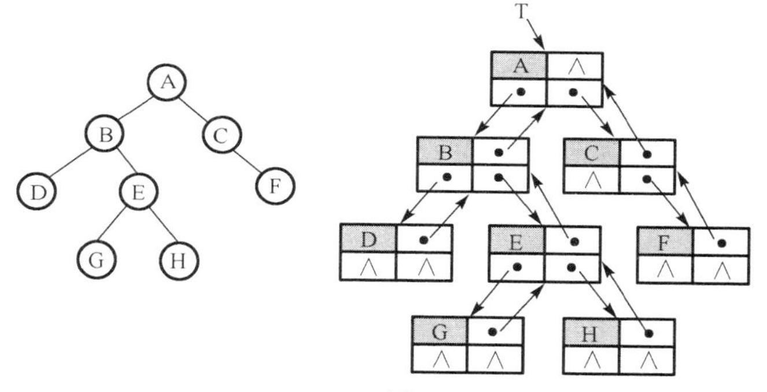

数据域　　双亲地址

| Data | Parent |
|---|---|
| Lchild | Rchild |

左孩子地址　　右孩子地址

图 5.33　二叉树的三叉链存储

## 3．树的三重链表存储

二叉树的链式存储也可以采用记录左孩子、双亲、右兄弟的方式，见图 5.34。

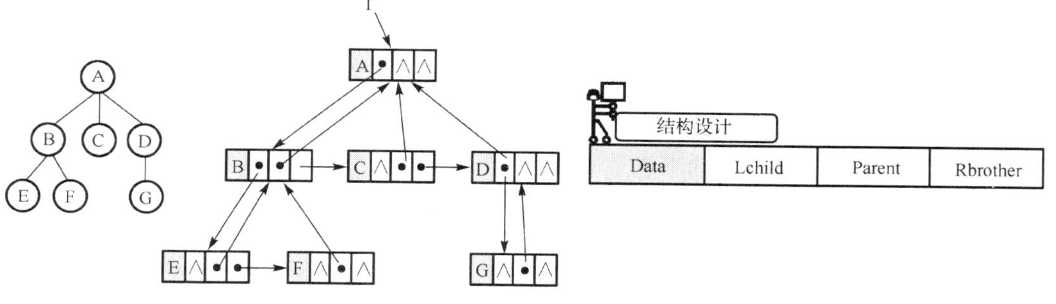


图 5.34　树的三重链表存储

**4．静态二叉链表**

用数组存储链表结点之间的联系，见图 5.35，表中的“-1”表示无左孩子或右孩子。

| root = 0 | | Lchild | Data | Rchild |
|---|---|---|---|---|
| | 0 | 1 | A | 2 |
| | 1 | -1 | B | 3 |
| | 2 | -1 | C | 4 |
| | 3 | -1 | D | -1 |
| | 4 | 5 | E | -1 |
| | 5 | -1 | F | -1 |

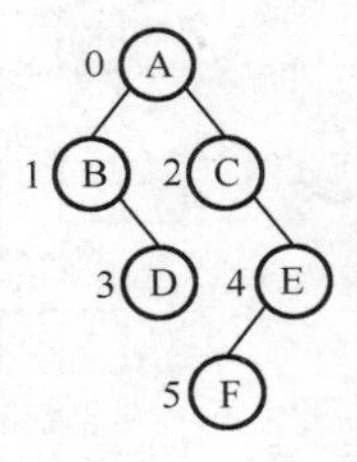


图 5.35　静态二叉链表

## 5.5.3　建立动态二叉链表

建立二叉链表，可以按照完全二叉树的层次顺序给结点编号，依次输入结点信息来建立二叉链表。对于一般二叉树，需要通过添加若干虚结点使其成为完全二叉树。按照二叉树逻辑结构信息输入形式的不同，二叉树链式存储结构的建立算法也有多种。

### 5.5.3.1　层次输入法创建二叉链表方法一

**1．算法思路**

动态创建树的所有结点，将结点地址按结点编号顺序填入数组 Q 中，依次将各结点的左右孩子指针域填上即可。对应图 5.36，如 A 结点（下标 $i$=1）的左孩子是 B（位置=$2i$），右孩子是 C（位置=$2i$+1），见图 5.37。因为 Q 中结点的处理是一个从头到尾顺次进行的过程，故我们将数组 Q 称为队列。

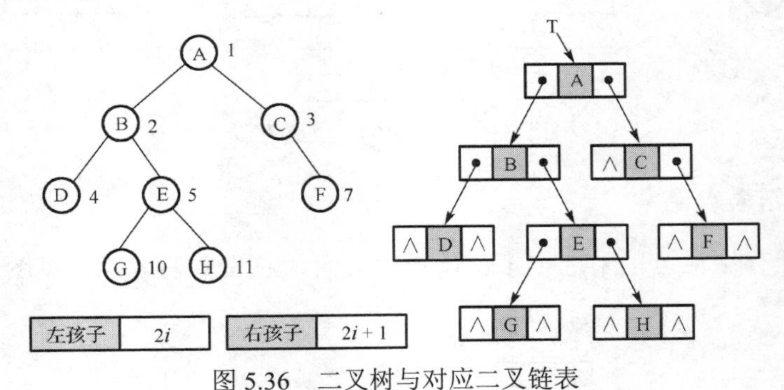


图 5.36　二叉树与对应二叉链表

具体建立二叉链表的方法，我们以图 5.37 中的步骤来说明。

- Q 队列元素 A 出列，A 的下标 $i$=1。
- 将 A 的左孩子结点地址（在下标为 $2i$ 处）填入 A 结点的左指针域。
- 将 A 的右孩子结点地址（在下标为 $2i$+1 处）填入 A 结点的右指针域。
- 重复上述出队步骤直至队空，就可以把二叉链表建立起来。

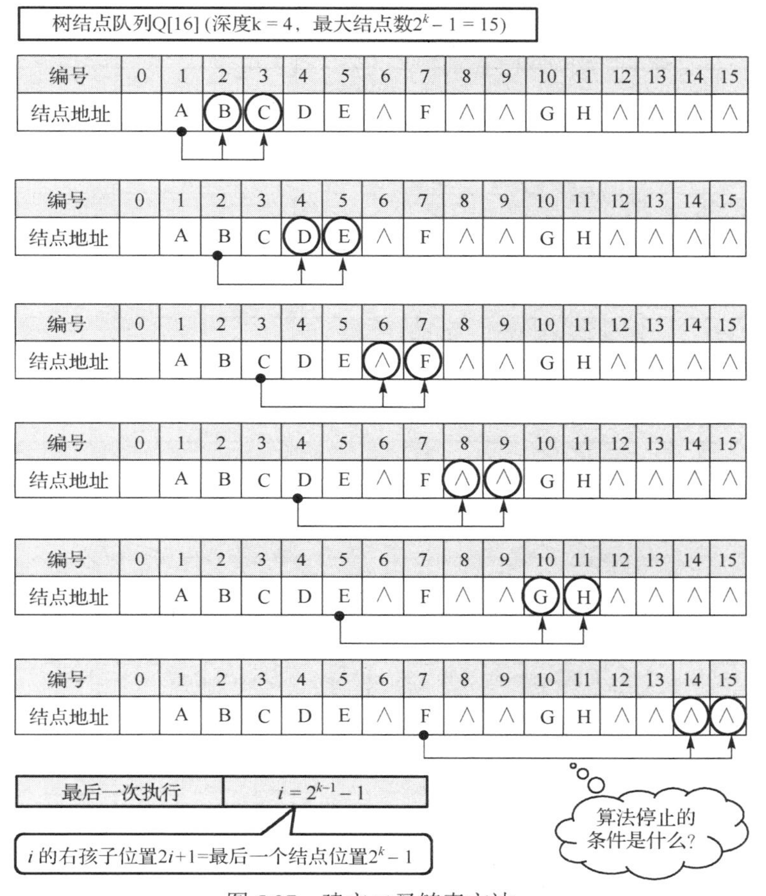


图 5.37　建立二叉链表方法一

### 2．问题讨论

**【思考与讨论】**

本算法的停止条件是什么？

**讨论：** 对于叶子结点而言，其左右孩子均为空是确定的，故不必再做查找左、右孩子的工作。设二叉树的深度为 $k$，则第 $k$ 层必定都是叶子，所以只要处理处于第 $k$−1 层的结点的左、右孩子即可，第 $k$−1 层的最后一个结点在 Q 队列中的下标为从根到 $k$−1 层的结点个数，$2^{k-1}-1$，故是否停止的条件为队列元素下标 $i< 2^{k-1}$。

### 3．算法描述

算法的伪代码描述见表 5.1。

## 5.5.3.2　层次输入法创建二叉链表方法二

### 1．算法思路

输入结点信息，若输入的结点不是虚结点，则建立一个新结点；若新结点是第 1 个结点，则令其为根结点，否则将新结点作为孩子链接到它的双亲结点上。如此反复进行，直到输入结束标志“#”为止。

表 5.1　层次输入法创建二叉链表方法一

| 伪代码细化描述 |
|---|
| 设二叉树的深度为 $k$，则队列 Q 的长度至少为 $2^k-1+1$（队列的 0 下标位不用） |
| 生成树的所有结点，结点地址按结点编号顺序填入队列数组 Q[ ]中 |
| 队头元素下标 $i$=1 |
| 当 Q 队列 $i< 2^{k-1}$ 时 |
| 　　Q 队列元素 $i$ 出列 |
| 　　将 $i$ 的左孩子结点地址（下标 $2i$）填入 $i$ 的左指针域 |
| 　　将 $i$ 的右孩子结点地址（下标 $2i$+1 的结点）填入 $i$ 的右指针域 |
| 返回根结点地址 |

对应图 5.36，建立二叉链表的第二种方法见图 5.38。

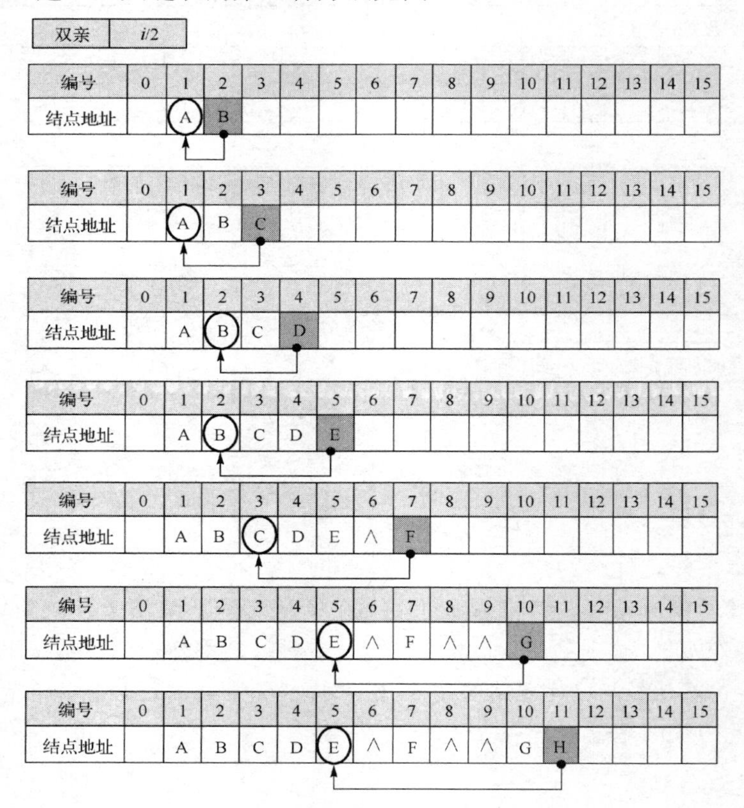


图 5.38　建立二叉链表方法二

在图 5.38 步骤 1 中，A 是根结点，B 入队，找到自己的双亲为 A，根据 B 结点的下标判断出它是 A 的左孩子，把 B 结点链到 A 的左孩子域中。在步骤 2 中，C 结点入队，找到自己的双亲 A，根据 C 结点的下标判断出它是 A 的左孩子，把 C 结点链到 A 的右孩子域中。A 结点的左右孩子均处理完毕，A 出队。

### 2．算法伪代码描述

伪代码描述见表 5.2。

表 5.2　层次输入法创建二叉链表方法二

| 伪代码描述 |
| --- |
| 设二叉树的深度为 $k$，则队列 Q 的长度设置按完全二叉树编号至树的最后一个结点 |
| 当输入结点信息不是结束标志'#' |
| 　　若输入的结点不是虚结点，则建立一个新结点并入队 |
| 　　若新结点是第 1 个结点，则令其为根结点 |
| 　　否则将新结点作为孩子链接到它的双亲结点上 |
| 　　若新结点是双亲结点的右孩子，则双亲结点出队 |
| 返回根结点地址 |

### 3．函数结构设计

函数结构及功能见表 5.3。

表 5.3　层次输入法创建二叉链表函数结构

| 功能描述 | 输入 | 输出 |
| --- | --- | --- |
| 创建二叉树 CreatTree | 无 | 根地址 |
| 函数名 | 形参 | 函数类型 |

### 4．程序实现

按完全二叉树结点编号规则顺序输入结点值，建立二叉链表。

```
/*==================================================
函数功能：层次输入法创建二叉链表
函数输入：无
函数输出：二叉链表根结点
键盘输入：按完全二叉树结点编号规则顺序输入结点值，空结点为@
====================================================*/
BinTreeNode *Q[16]; //队列 Q 放树结点地址
BinTreeNode *CreatBTree()
{
    char ch;
    int front=1,rear=0;
    BinTreeNode *root = NULL, *s;
    ch=getchar();
    while(ch!='#')    //结束标志
    {
        s=NULL;
        if (ch!='@')  //空结点
        {
            s=(BinTreeNode *)malloc(sizeof(BinTreeNode)); //生成新结点
            s->data=ch;
            s->lchild=NULL;
            s->rchild=NULL;
```

```
            }
            Q[++rear]=s;   //结点入队
            if (rear==1) root=s; //记录根结点
            else
            {
                if (s && Q[front])  //结点与队头元素非空
                {
                    if (rear%2==0) Q[front]->lchild=s; //左孩子入队
                    else Q[front]->rchild=s;   //右孩子入队
                }
                if (rear%2==1)   front++; //新结点是双亲的右孩子，则双亲结点出队
            }
          ch=getchar();
        }
        return root;
    }
```

## 5.6　二叉树结点的查找问题——树的遍历

在二叉树的一些应用中，常常要求在树中查找具有某种特征的结点，或者对树中全部结点逐一进行某种处理。

### 5.6.1　问题引例

#### 1．机电设备通电自检的简单模型

机电设备一般是由若干零部件组成的。例如，计算机硬件由板卡、非板卡等一系列器件组成。可以按照计算机这样的组成分类建立一个由计算机硬件组成的二叉树，如图 5.39 所示。毫无疑问，设备正常工作的前提是每个部件都正常工作，对于各部件及其组成构件乃至整个设备的状态是否正常，显然从底层开始检测才是合理的。

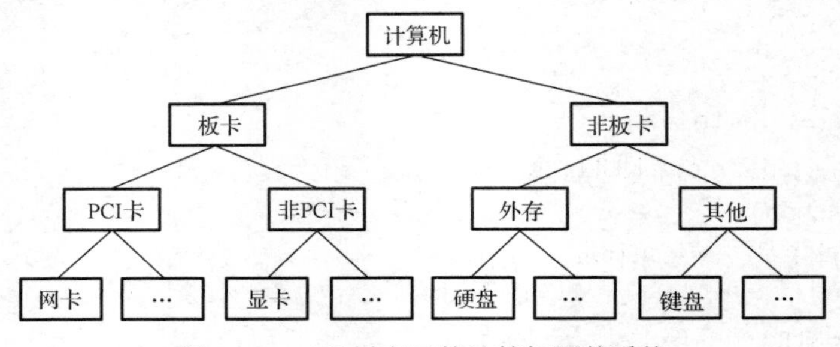


图 5.39　二叉树表示的计算机硬件系统

设备通电自检模型检测步骤如下。

（1）左子树：网卡等正常→PCI 卡正常→显卡等正常→非 PCI 卡正常→板卡正常。

（2）右子树：硬盘等正常→外存正常→键盘等正常→其他正常→非板卡正常。

（3）整棵树：板卡正常→非板卡正常→计算机正常。

检测时，若有错误信息则报错，否则显示设备正常。在上述检测过程中，树的根结点是

最后被访问到的，无论是整棵树还是左右子树，通常称这样的访问顺序为后序遍历。

### 2. 网购商品的管理

某线上食品店通过类别、颜色和品种来分类组织食品，其分类图是树形结构，见图 5.40。

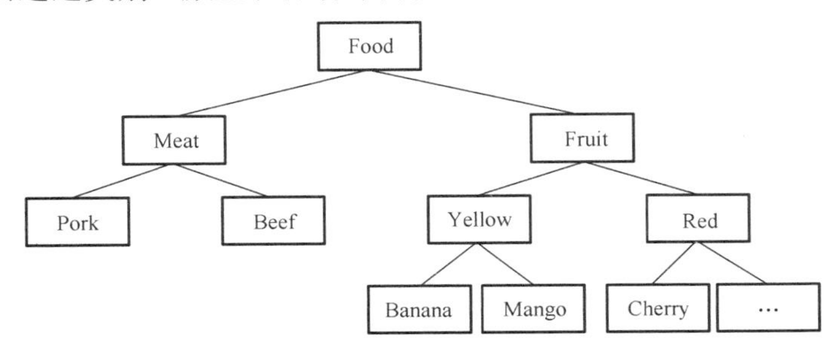


图 5.40　食品店商品管理

要通过程序自动读出树形结构中的信息并把所有商品名称打印出来，怎么做才能既清晰又没有遗漏呢？我们可以先列表来分析一下数据的规律，如图 5.41 所示。

| Food | | | |
|---|---|---|---|
| Meat | Pork | Beef | |
| Fruit | Yellow | Banana | Mango |
| | Red | Cherry | |

图 5.41　商品表格

由树到表格中每个结点的打印顺序规律是什么呢？由商品表格从上到下的顺序为

① 根结点：Food。

② 左子树：Meat→Pork/Beef。

③ 右子树：Fruit→（左子树）Yellow→Banana/Mango；

　　Fruit→（右子树）Red→Cherry。

打印的顺序是树的根结点最先被访问到，无论是整棵树还是左右子树。以这样的规律来访问树的结点，我们可以用一个词来称呼它——先序遍历。

【名词解释】遍历（Traversal）

*树的遍历（也称为树的搜索）是图的遍历（Graph Traversal）的一种，指的是按照某种规则，不重复地访问某种树形数据结构（Tree Data Structure）所有结点的过程。具体的访问操作可能是检查结点的值、更新结点的值等。不同的遍历方式，访问结点的顺序不同。*

### 3. 树中结点的快速查找策略

在一组数据中，要查找关键字 key，有一种“二分查找”策略是快速而有效的，其特点是每次把一组有序的数据均分成两部分，对中间的数进行比较，不断重复这个过程直到获得结果。这是一个递归的过程，与树形结构的特点相符，因此可以试着用树的方法来描述这样的数据存放与查找过程。

设有 1～11 共 11 个整数，数序列每次各分区与中间点的对应关系见图 5.42。把每次对应的中心点数据作为树的根，画出图 5.43 的二叉查找树结构。根结点的左子树的值均比根小，而右子树的值均比根大。

| 下标 | 0 | 1 | 2 | 3 | 4 | 5 | 6 | 7 | 8 | 9 | 10 |
|---|---|---|---|---|---|---|---|---|---|---|---|
| 数值 | 1 | 2 | 3 | 4 | 5 | 6 | 7 | 8 | 9 | 10 | 11 |
| 中心点 | 3 | 4 | 2 | 3 | 4 | ① | 3 | 4 | 2 | 3 | 4 |

图 5.42　二分查找中间点

设查找的值为 $x$，则查找结点进行比较可能的情形见图 5.44。

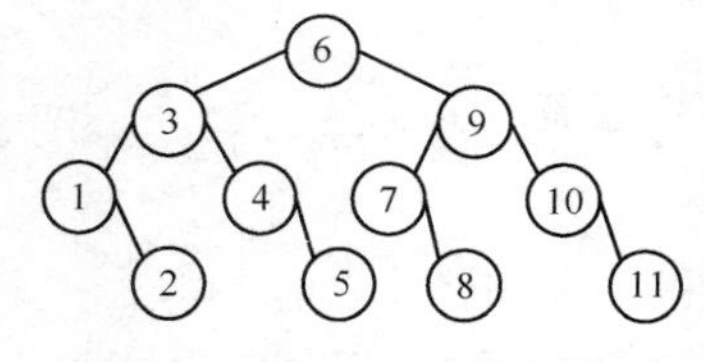


图 5.43　二叉查找树

| 结点非空 | $x$=key | 查找成功 |
|---|---|---|
| | $x$<key | 继续在左子树上进行查找 |
| | $x$>key | 继续在右子树上进行查找 |

图 5.44　二叉树查找方法

**【思考与讨论】**

二叉查找树如何体现数列的递增有序？

**讨论：**按照图 5.43 中树结点值的大小递增排序，可以观察到，对任意子树的排序都是按照“先左子树，再根结点，最后右子树”这样的规律进行的，如下所示。

根为 1 的树：左子树（空）→根 1→右子树（2）→结果为 1、2。

根为 3 的树：左子树（1、2）→根 3→右子树（4、5）→结果为 1、2、3、4、5。

根为 9 的树：左子树（7、8）→根 9→右子树（10、11）→结果为 7、8、9、10、11。

以这样规律来访问树的结点，可以用一个词来称呼它——中序遍历，此处的“中”是指根处在访问顺序的中间。

### 4．树的遍历问题小结

从上面三个引例可以看出，结点的查找对线性结构来说是很容易的问题，对二叉树则不然，如图 5.45 所示。由于二叉树是非线性结构，每个结点都可能有两棵子树，即一个结点的后继不止一个，这就有一个如何有效访问树这样的非线性结构的问题，即如何按某种搜索路径巡访树中每个结点，使得每个结点均被访问一次且仅被访问一次，这种有效访问非线性结构的问题，在数据结构中被称为“遍历”。

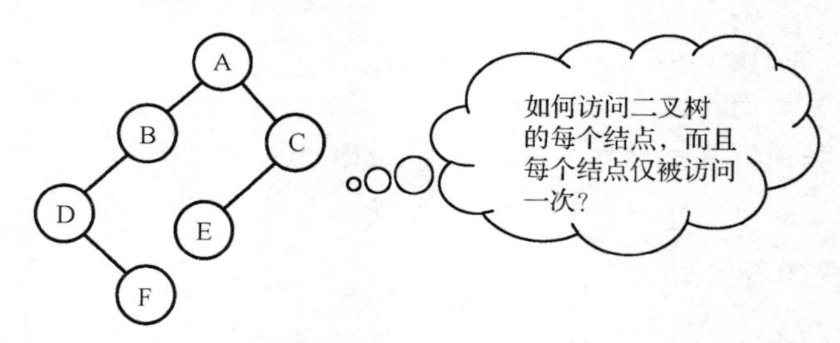


图 5.45　二叉树的遍历

对于二叉树的遍历，需要寻找一种规律，以使二叉树上的结点能按被访问顺序的先后，排列在一个线性序列上，即遍历的结果是一个线性序列。可以说遍历操作是从非线性结构中得到相应的线性序列，是非线性结构的线性化操作。

遍历中，“访问”的含义很广，可以是对结点进行各种处理，如修改或输出结点的信息等。遍历是各种数据结构最基本的操作，许多操作如插入、删除、修改、查找、排序等都是在遍历基础上实现的。

按照搜索策略的不同，二叉树的遍历可分为按广度优先遍历（Breadth-First Search，BFS）和按深度优先遍历（Depth-First Search，DFS）两种方式。下面分别讨论它们的实现方法。

## 5.6.2　树的广度优先遍历

广度优先遍历是连通图的一种遍历策略。因为它的思想是从一个顶点开始，辐射状地优先遍历其周围直接相邻的广泛结点区域，故得名广度优先遍历。

二叉树的广度优先遍历又称为按层次遍历，从二叉树的第一层（根结点）开始，自上而下逐层遍历；在同一层中，按照从左到右的顺序对结点进行逐一访问。

遍历的实现与存储结构相关。下面分别讨论树的顺序存储和链式存储结构中树的广度优先遍历方法。

**【知识 ABC】连通图**

连通图是各结点都有路径相连的结构，树也是一种连通图。

### 5.6.2.1　基于顺序存储结构的树的广度优先遍历

树的顺序存储结构及遍历如图 5.46 所示，因为顺序存储以一种线性序列表示树的非线性结构信息，所以树在顺序存储结构上遍历的结果就是结点存储的顺序。

| 下标 | 0 | 1 | 2 | 3 | 4 | 5 | 6 | 7 | 8 | 9 |
|---|---|---|---|---|---|---|---|---|---|---|
| 结点 |  | A | B | C | D | ∧ | E | ∧ | ∧ | F |

图 5.46　树的顺序存储结构上的遍历

### 5.6.2.2　基于链式存储结构的二叉树广度优先遍历

树的广度优先遍历操作，是从根结点开始访问，然后以这个结点为线索，顺序访问与之直接相连的结点（孩子）序列，然后，再下一步的广度遍历以什么样的结点作为开始的线索呢？

在图 5.47 中，首次的搜索线索为结点 A，在链式存储结构上搜索 A 的直接相邻点，有 B、C 两个结点，则可以访问到的结点序列为 ABC；下一次新的搜寻线索从 B 结点开始，即以已访问结点序列中第一个未做过线索的结点为线索，重复操作，直至所有结点访问完毕。

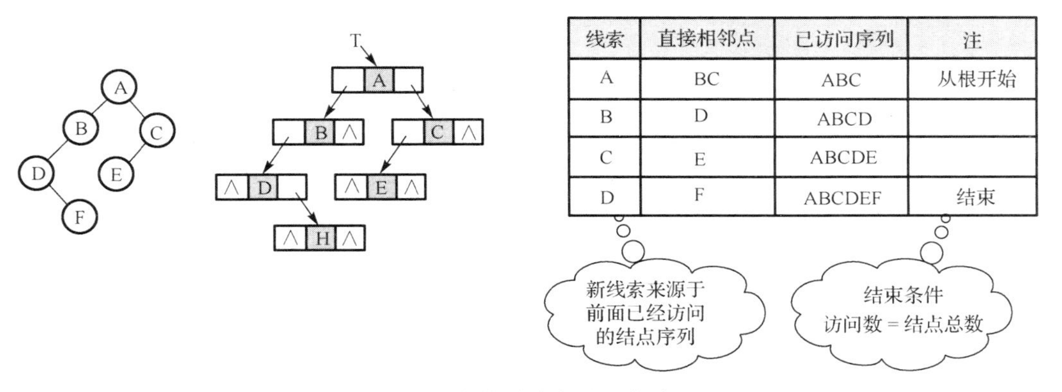


| 线索 | 直接相邻点 | 已访问序列 | 注 |
|---|---|---|---|
| A | BC | ABC | 从根开始 |
| B | D | ABCD |  |
| C | E | ABCDE |  |
| D | F | ABCDEF | 结束 |

图 5.47　树的链式存储上的遍历

上述操作过程是一个线索结点不断在“已访问序列”中被后移、新访问结点不断在“已访问序列”被添加的过程，因此，对“已访问序列”的操作模式就是一个队列的处理方法。分析了广度遍历的数据处理模式后，就可以直接套用队列的运算来实现它。

### 1．算法描述

① 初始化一个队列，并把根结点入列队；
② 队列元素出队，取得一个结点，访问该结点；
③ 若该结点的左孩子非空，则将该结点的左孩子入队列；
④ 若该结点的右孩子非空，则将该结点的右孩子入队列；
⑤ 循环执行步骤②到④，直至队列为空。

### 2．数据结构描述

二叉树结点结构描述如下。

```
typedef struct node
{
    datatype   data;
    struct node *lchild,*rchild;
} BinTreeNode;
BinTreeNode *Q[MAXSIZE]; //设数组 Q 做队列，队列元素类型为二叉链表结点类型
```

### 3．函数结构设计

函数结构见表 5.4。

表 5.4　基于链式存储结构的树的广度优先遍历函数结构

| 功能 | 输入 | 输出 |
| --- | --- | --- |
| 层次遍历二叉树 LevelOrder | 二叉链表根结点地址 | 无 |
| 函数名 | 形参 | 函数类型 |

### 4．程序实现

```
/*========================================
函数功能：层次遍历二叉树，打印遍历序列
函数输入：二叉链表根结点地址 BinTreeNode *Ptr
函数输出：无
========================================*/
void LevelOrder (BinTreeNode *Ptr)
{
    BinTreeNode *s;

    rear=1; front=0;                    //循环队列初始化
    Q[rear]= Ptr;                       //根结点入队
    if ( Ptr!=NULL )                    //根结点非空
    {
        while ( front != rear )         //队列非空，执行以下操作
        {
            front= (front+1)% MAXSIZE;
```

```
                    Ptr=Q[front];                        //队头元素出队
                    printf (" %c ", Ptr→data);           //访问出队结点
                    if (Ptr→lchild!=NULL)                //Ptr 的左孩子入队
                    {
                        rear=(rear+1) % MAXSIZE;
                        Q[rear]= Ptr→lchild;
                    }
                    if (Ptr→rchild!=NULL)                //Ptr 的右孩子入队
                    {
                        rear=(rear+1) % MAXSIZE;
                        Q[rear]= Ptr→rchild;
                    }
                }
            }
        }
```

## 5.6.3　树的深度优先遍历

### 5.6.3.1　深度优先遍历方法

#### 1．二叉树可能的遍历方案讨论

由二叉树定义可知，一棵二叉树由根结点、根结点的左子树和根结点的右子树三部分组成，见图 5.48，因此，对二叉树的遍历也可相应地分解成三项“子任务”。

- 子任务一：访问根结点；
- 子任务二：遍历左子树（即依次访问左子树上的全部结点）；
- 子任务三：遍历右子树（即依次访问右子树上的全部结点）。

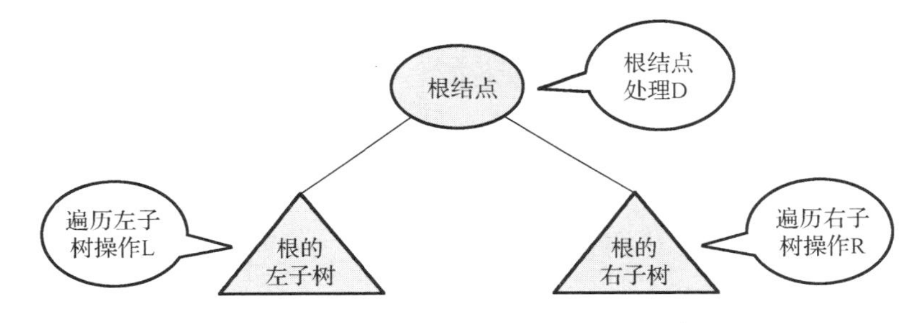


图 5.48　二叉树的基本组成及遍历操作

因为左、右子树都是二叉树（可以是空二叉树），对它们的遍历可以按上述方法继续分解，直到每棵子树均为空二叉树。由此可见，上述三项子任务之间的次序决定了遍历的次序。若以 D、L、R 分别表示这三项子任务，则有 6 种可能的次序：DLR、LDR、LRD、DRL、RDL 和 RLD。通常限定“先左后右”，即子任务二在子任务三之前完成，这样就只剩下前三种次序，按这三种次序进行的遍历分别称为：

- DLR——先根遍历（或先序遍历）；
- LDR——中根遍历（或中序遍历）；
- LRD——后根遍历（或后序遍历）。

### 2．二叉树遍历方法的定义

（1）先序遍历

先访问根结点D，然后按照先序遍历的策略分别遍历D的左子树和右子树。根结点最先访问，即每次遇到要遍历的子树，都是先访问子树的根结点。

（2）中序遍历

先按照中序遍历的策略遍历根D的左子树，然后访问根结点D，最后按照中序遍历的策略遍历根D的右子树。根在中间访问。

（3）后序遍历

后序遍历根D的左、右子树，然后访问根结点D。根在最后访问。

注："先、中、后"的意思是指访问根结点D的相对时刻，是针对D的子树而言的。若需遍历的二叉树为空，则执行空操作。

## 5.6.3.2 二叉树遍历实例

### 1．DLR先序遍历的例子

如图5.49所示，每个遇到的结点都按照DLR策略进行处理。

在编号为1的DLR遍历中：

- D表示根结点，此时的根为a，s用D(a)表示。
- L表示根结点D的左子树，a的左子树结点有b和d两个，用L(bd)表示。
- R表示根结点D的右子树，a的右子树结点为c，用R(c)表示。

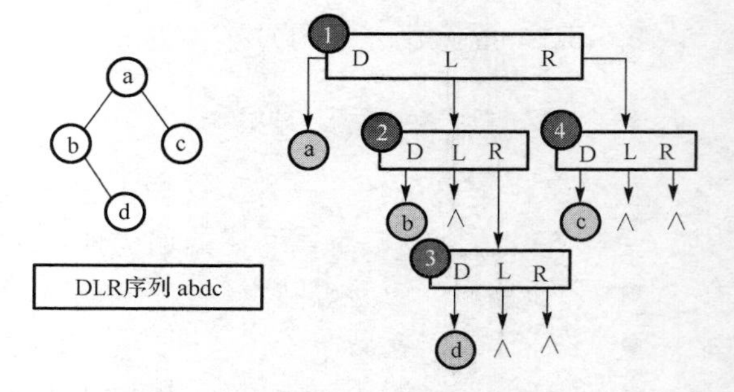


图5.49 DLR先序遍历

在编号为2的DLR遍历框中，D(b)、L（空）、R(d)表示b为根结点时，其左子树为空，右子树有结点d。

在编号为3的DLR遍历框中，D(d)、L（空）、R（空）表示d为根结点时，其左子树为空，右子树为空。

在编号为4的DLR遍历框中，D(c)、L（空）、R（空）表示c为根结点时，其左子树为空，右子树为空。

从以上遍历过程可以看出，根结点是一个结点，根的左右子树可能有多个结点或没有结点，每次遍历L子树或R子树时，都是按照DLR策略进行的，在图中即对应一个"DLR遍历框"。

### 2．LDR中序遍历的例子

如图5.50所示，每个遇到的结点都按照LDR策略进行处理。

### 3．LRD后序遍历的例子

如图5.51所示，每个遇到的结点都按照LRD策略进行处理。

显然，上述三种遍历方法的区别在于执行子任务"访问根结点"的时刻不同；最先执行此子任务，则为先根遍历。按某种遍历方法遍历一棵二叉树，将得到该二叉树上所有结点的访问序列。

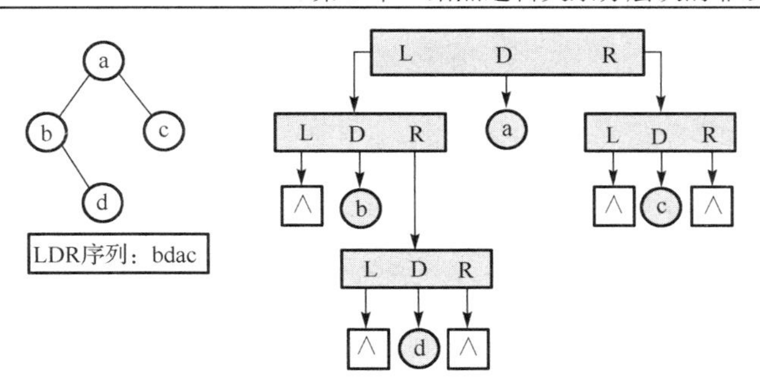


图 5.50　LDR 中序遍历

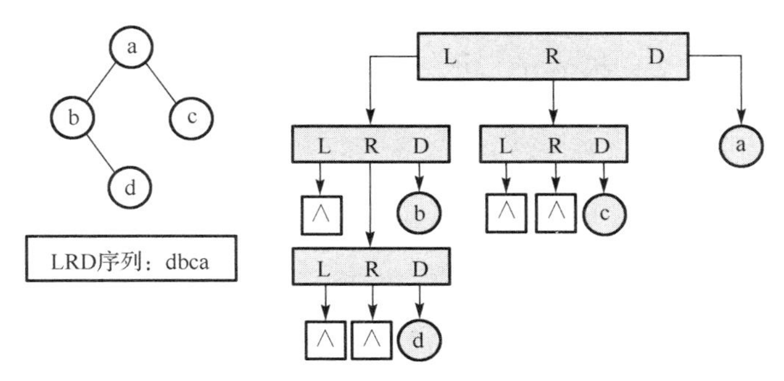


图 5.51　LRD 后序遍历

【例 5-2】遍历的例子。

给出图 5.52 树形结构的先序、中序和后序遍历序列。

**解析：**

先序遍历过程见图 5.53，圈出的部分为每一步要遍历的部分，虚线圈表示圈中的部分无法直接得到遍历的结果，以下中序、后序遍历示意图虚线圈含义相同。说明见图 5.54。

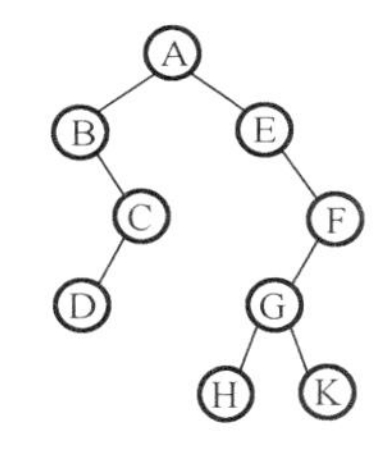


图 5.52　树形结构 1

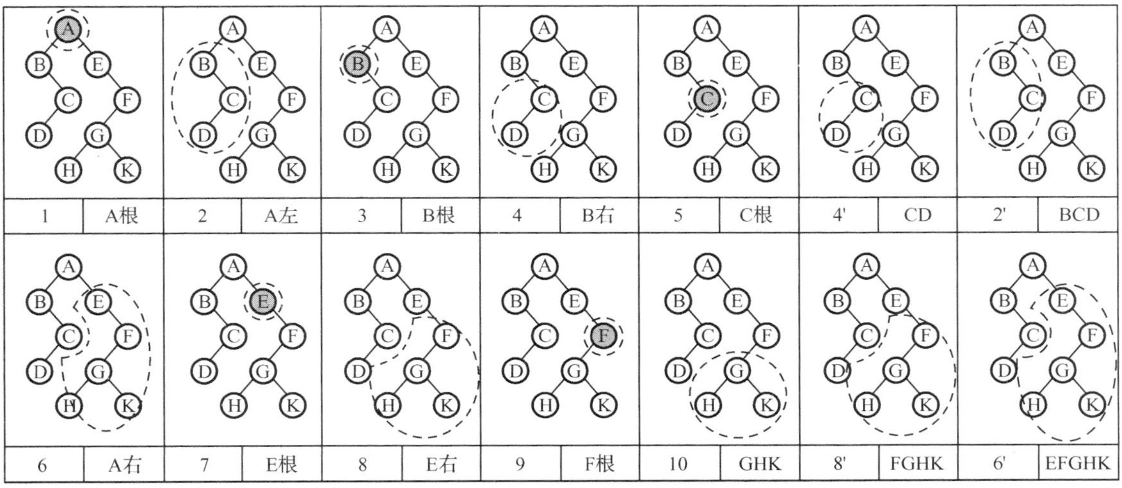

| 1 | A根 | 2 | A左 | 3 | B根 | 4 | B右 | 5 | C根 | 4' | CD | 2' | BCD |
|---|---|---|---|---|---|---|---|---|---|---|---|---|---|
| 6 | A右 | 7 | E根 | 8 | E右 | 9 | F根 | 10 | GHK | 8' | FGHK | 6' | EFGHK |

图 5.53　先序遍历过程

| 情形 | 圈中表示 | DLR 序列 | 情形 | 圈中表示 | DLR 序列 |
|---|---|---|---|---|---|
| 1 | 树的根 | A | 6 | A 的右子树 | 继续细化 |
| 2 | A 的左子树 | 继续细化 | 7 | A 右子树的根 | E |
| 3 | A 左子树的根 | B | 8 | E 的右子树 | 继续细化 |
| 4 | B 的右子树 | 继续细化 | 9 | E 的右子树的根 | F |
| 5 | B 的右子树的根 | C | 10 | F 的左子树 | GHK |
| 4' | B 的右子树 | CD | 8' | E 的右子树 | FGHK |
| 2' | A 的左子树 | BCD | 6' | A 的右子树 | EFGHK |

图 5.54　先序遍历过程说明

步骤 1：先序遍历，先访问树的根 A；

步骤 2：要访问步骤 1 中的根 A 的左子树 L，图中虚线圈中的内容，无法直接得到结果；

步骤 3：访问 L 的根，为 B；

步骤 4：访问 L 的左子树，为空；再访问 L 的右子树，图中虚线圈中的内容。

以后的步骤以此类推，均按 DLR 的顺序即先访问当前树的根结点 D，再访问 D 的左子树 L，接着访问 D 的右子树 R。

先序遍历序列由情形 1、情形 2'、情形 6'三部分组成，见图 5.54 中的灰色框格部分。

[树的根]　[A 的左子树]　[A 的右子树]：A　BCD　EFGHK。

由先序遍历的分析过程不难得出中序和后序遍历序列，此处给出相应结果，具体分析略。

中序遍历序列：　[A 的左子树] [树的根] [A 的右子树]：BDC　A　EHGKF

后序遍历序列：　[A 的左子树] [A 的右子树] [树的根]：DCB　HKGFE　A

总结：从一棵树的各种遍历过程的分析图可以看到，遍历是一个递归的过程，当一个大的树无法直接得到遍历结果时，按照遍历顺序，把它分解为根与左右子树，让遍历在小一级的树上进行，直至得到遍历的结果，然后返回上一层，得到对应层级的树的遍历结果，这样逐级返回，就可以得到最终结果。

#### 5.6.3.3　深度优先先序遍历递归算法

**1．函数结构设计**

函数结构见表 5.5。

**2．算法伪代码描述**

伪代码描述见表 5.6。

表 5.5　先序遍历算法函数结构

| 功能描述 | 输入 | 输出 |
|---|---|---|
| 输出 DLR 遍历序列 PreOrder | 根地址 | 无 |
| 函数名 | 形参 | 函数类型 |

表 5.6　先序遍历算法伪代码

| 伪代码描述 |
|---|
| 输入：树的当前根结点 t<br>设树的结点指针 BinTreeNode *t |
| 递归的边界条件：t 为空结点，返回 |
| 递归继续的条件：访问 t 结点<br>前序遍历 t 的左子树<br>前序遍历 t 的右子树 |

**3．数据结构描述**

二叉链表数据结构描述如下。

```
typedef struct node
{
```

```
        datatype    data;
        struct node *lchild, *rchild;
} BinTreeNode;
```

### 4. 程序实现

```
/*==================================
函数功能：先序遍历树的递归算法
函数输入：树的根结点
函数输出：无
屏幕输出：树的先序遍历序列
====================================*/
void PreOrder(BinTreeNode    *t)
{
        if( t )
        {
                putchar(t->data);
                PreOrder (t->lchild);
                PreOrder (t->rchild);
        }
}       //先序遍历
```

DLR 递归遍历程序的执行过程见图 5.55。为简便表示，图中将先序遍历函数名表示为 pre。根表示为 T，左右子树分别表示为 L 和 R。

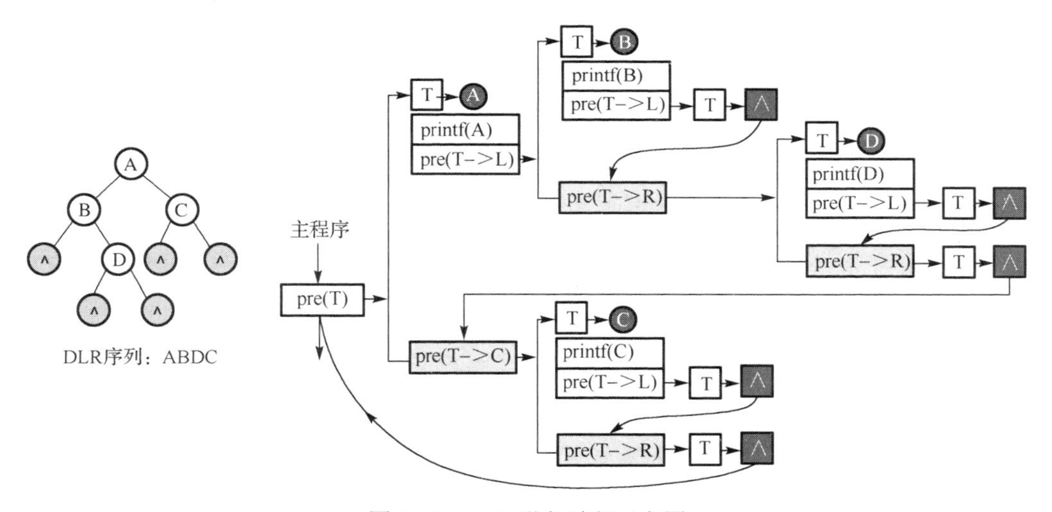


图 5.55　DLR 递归过程示意图

按照给出的树结构，递归过程按箭头指向顺序执行。DLR 递归过程每次都先访问根结点，再走树的左分支，直到左子树为空，返回，再访问右子树。

### 5.6.3.4　中序与后序遍历的递归算法

```
/*================================
函数功能：中序遍历树的递归算法
函数输入：树的根结点
函数输出：无
```

```
    屏幕输出：树的中序遍历序列
=================================*/
void   inorder(BinTreeNode *t)
{
     if ( t )
     {
            inorder(t->lchild);
            putchar(t->data);
            inorder(t->rchild);
     }
}
/*=====================================
     函数功能：后序遍历树的递归算法
     函数输入：树的根结点
     函数输出：无
     屏幕输出：树的后序遍历序列
=====================================*/
void   postorder (BinTreeNode *t)
{
     if ( t )
     {
            postorder(t->lchild);
            postorder(t->rchild);
            putchar(t->data);
     }
}
```

#### 5.6.3.5 深度优先递归遍历方法分析

观察前面三种递归遍历算法，如果将 print 语句去掉，则这三种算法的访问路径是相同的，只是访问根结点的时刻不同。对图中结点的遍历见图 5.56，从根结点出发到终点的路径上，每个结点经过 3 次，用带编号的结点表示，如 A 结点对应的 $A_1$、$A_2$、$A_3$。图中的“(1)”表示子树为空，只经过一次。

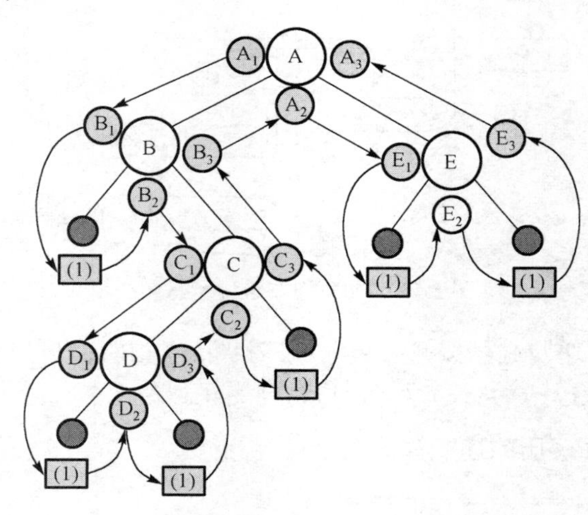


图 5.56　二叉树遍历路径图

第一次经过时的访问，是先序遍历；第二次经过时的访问，是中序遍历；第三次经过时的访问，是后序遍历。先序遍历序列为 $A_1B_1C_1D_1E_1$，即 ABCDE；中序遍历序列为 $B_2D_2C_2A_2E_2$ 即 BDCAE；后序遍历序列为 $D_3C_3B_3E_3A_3$ 即，DCBEA。

二叉树遍历的时间效率，因为每个结点只访问一次，所以为 $O(n)$；空间效率为栈占用的最大辅助空间 $O(n)$。

#### 5.6.3.6　深度优先非递归算法

栈是实现递归时最常用的辅助结构，利用栈来记录尚待遍历的结点，以备以后访问，我们可以将递归的深度优先遍历改为非递归的算法。

**1. 非递归先序遍历**

对二叉树各结点的访问顺序是沿其左链一路访问下来，在访问结点的同时将其入栈，直到左链为空。然后结点出栈，对于每个出栈结点，出栈即表示该结点和其左子树已被访问，下一步应该访问该结点的右子树。具体步骤如下：

① 当前指针指向根结点；

② 打印当前结点，当前指针指向其左孩子并进栈，重复步骤②，直到左孩子为 NULL；

③ 依次退栈，将当前指针指向右孩子；

④ 若栈非空或当前指针非 NULL，执行步骤②，否则结束。

遇到一个结点，就访问该结点，并把此结点推入栈中，然后去遍历它的左子树。遍历完它的左子树后，从栈顶弹出这个结点，并按照它的右链接指示的地址再去遍历该结点的右子树结构。

程序如下。

```
/*==========================================
函数功能：先序遍历树的非递归算法
函数输入：树的根结点
函数输出：无
屏幕输出：树的先序遍历序列
==========================================*/
#define MAX 20
void PreOrder_NR(BinTreeNode *root)
{
    BinTreeNode *Ptr;
    BinTreeNode *Stack[MAX];            //栈定义
    int top=0;                          //栈顶指针

    Ptr=root;
    do
    {
        while( Ptr!=NULL)               //树结点非空，遍历其左子树
        {
            printf("%c", Ptr->data) ;   //打印结点值
            Stack[top]=Ptr;             //树结点进栈
            top++;
            Ptr=Ptr->lchild;            //查看左子树
        }
```

```
            if (top>0)                          //栈非空，出栈
            {
                top--;
                Ptr=Stack[top];
                Ptr=Ptr->rchild;                //取栈顶结点右子树
            }
        }   while( top>0 || Ptr!=NULL);
    }
```

**2．非递归中序遍历**

遇到一个结点，就把它压入栈中，并去遍历它的左子树。遍历完左子树后，结点出栈并访问之，然后按照它的右链接指示的地址再去遍历该结点的右子树。

**3．非递归后序遍历**

遇到一个结点，压栈并遍历它的左子树。遍历结束后，还不能马上访问处于栈顶的该结点，而要按照它的右链接结构指示的地址去遍历该结点的右子树。遍历右子树后才能出栈该结点并访问之。另外，需要给栈中的每个元素加上一个特征位，以便结点出栈时能判断出结点属于左子树（则要继续遍历右子树）还是右子树（该结点的左、右子树均已周游）。特征为 Left，表示已进入该结点的左子树，将从左子树返回；特征为 Right，表示已进入该结点的右子树，将从右子树返回。

### 5.6.3.7 树的遍历程序的测试

**1．测试功能**

对树的各种遍历算法进行测试。

**2．测试函数**

（1）用先序遍历的方法建立二叉链表 CreatBTree_DLR
（2）非递归先序遍历序列 PreOrder_NR
（3）递归先序遍历序列 PreOrder
（4）递归中序遍历序列 inorder
（5）递归后序遍历序列 postorder

**3．测试程序**

```
#include "stdio.h"
#include <stdio.h>
#include <stdlib.h>
typedef struct node
{ char data;
  struct node *lchild,*rchild;
} BinTreeNode;

int main()
{
    BinTreeNode *RPtr;
    printf("建立树，输入树的先序遍历序列\n");
```

```
        RPtr=CreatBTree_DLR(RPtr);
        printf("\n 非递归先序遍历序列结果");
        PreOrder_NR(RPtr);
        printf("\n 递归先序遍历序列结果");
        PreOrder(RPtr);
        printf("\n 递归中序遍历序列结果");
        inorder(RPtr);
        printf("\n 递归后序遍历序列结果");
        postorder(RPtr);
        printf("\n");
        reture;
}
```

### 4. 测试数据

对应树形的结构见图 5.57。

输入：ABD@F@@@CE@@@（树的先序遍历序列）

结果：

- 建立树，输入树的先序遍历序列
- ABD@F@@@CE@@@
- 非递归先序遍历序列结果：ABDFCE
- 递归先序遍历序列结果：ABDFCE
- 递归中序遍历序列结果：DFBAEC
- 递归后序遍历序列结果：FDBECA

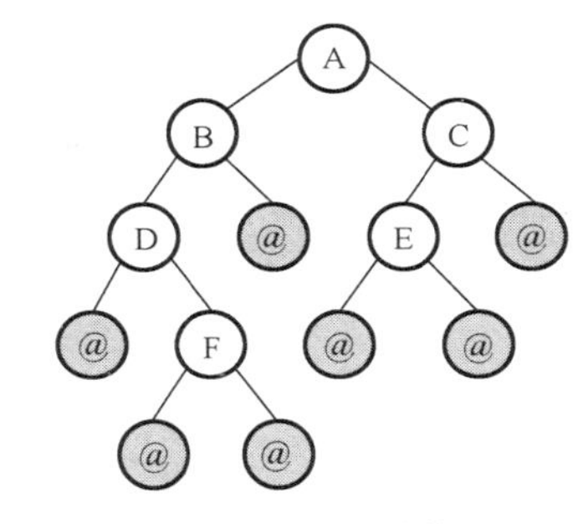

图 5.57　树形结构 2

## 5.6.4 树的遍历的应用

### 5.6.4.1 用遍历的方法建立二叉链表

### 1. 算法的基本思想

按先序遍历的顺序，建立二叉链表的所有结点并完成相应结点的链接。以图 5.57 为样例，树的先序遍历序列为 ABD@F@@@CE@@@。

### 2. 程序实现

```
/*==========================================
函数功能：用先序遍历的方法建立二叉链表
函数输入：（二叉链表根结点）
函数输出：二叉链表根结点
键盘输入：树的先序遍历序列，子树为空时输入@
==========================================*/
BinTreeNode *CreatBTree_DLR(BinTreeNode *root )
{
    char ch;
    scanf("%c",&ch);
    if (ch=='@')   root=NULL; //ch=='@'子树为空，则 root=NULL 返回
    else
    {
        root=( BinTreeNode * )malloc(sizeof(BinTreeNode));//建立结点
```

```
            root->data = ch;
            //构造左子树链表，并将左子树根结点指针赋给（根）结点的左孩子域
            root->lchild=CreatBTree_DLR(root->lchild);
            //构造右子树链表，并将右子树根结点指针赋给（根）结点的右孩子域
            root->rchild=CreatBTree_DLR(root->rchild);
        }
        return (root);
    }
```

#### 5.6.4.2 先序遍历法求二叉树深度

##### 1．问题分析

二叉树的深度是二叉树中结点层次的最大值。可通过先序遍历来计算二叉树中每个结点的层次，其中的最大值即为二叉树的深度。递归过程见图 5.58，每访问一个结点，层数 level 增 1，h 取左右子树中 level 的大者。设 level 初始值为 0。

图 5.58 所示树的先序遍历序列为 ABDEGHCF，每个结点相应层数（level）与高度（h）的对应关系见表 5.7。

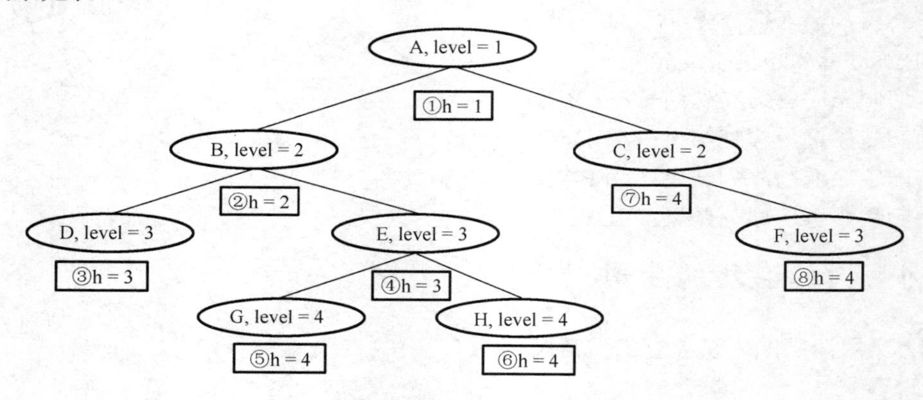


图 5.58　先序遍历求二叉树深度

表 5.7　二叉树层数与高度的关系

| DLR 序列 | A | B | D | E | G | H | C | F |
|---|---|---|---|---|---|---|---|---|
| 层数（level） | 1 | 2 | 3 | 3 | 4 | 4 | 2 | 3 |
| 最大高度（h） | 1 | 2 | 3 | 3 | 4 | 4 | 4 | 4 |

##### 2．算法伪代码描述

伪代码描述见表 5.8。

表 5.8　先序遍历求二叉树深度伪代码

| 按先序遍历的方式求二叉树深度 |
|---|
| 输入：树的当前根结点；树的当前根结点所处的层数 level<br>设树的结点指针 BinTreeNode *p，树的高度 h，树的层数 level |
| 递归的边界条件：　p 为空结点，返回 h； |
| 递归继续的条件：　level 增 1，h 取左右子树中 level 的大者<br>　　　　　　　　　p 的左孩子非空，先序遍历 p 的左孩子<br>　　　　　　　　　p 的右孩子非空，先序遍历 p 的右孩子 |

#### 3. 程序实现

```
/*==================================================
函数功能：按先序遍历的方式求二叉树深度
函数输入：根结点
函数输出：树的深度
屏幕输出：（层数、树的当前高度）——方便调试用
==================================================*/
int   h=0; //全局量累计树的深度
int    TreeDepth_DLR(BinTreeNode *p, int level )
{
      if ( p!= NULL)
      {
            level++;
            if( level>h )   h=level;
            putchar(p->data);
            printf(" level=%d，h=%d\n",level,h);
            h=TreeDepth_DLR( p->lchild, level );   //计算左子树的深度
            h=TreeDepth_DLR( p->rchild, level );   //计算右子树的深度
      }
      return   h;
}
```

### 5.6.4.3　后序遍历法求二叉树深度

#### 1. 问题分析

可以通过分别计算每个结点左右子树的高度，取其中的大者为树的高度。递归过程可以参考图 5.59。

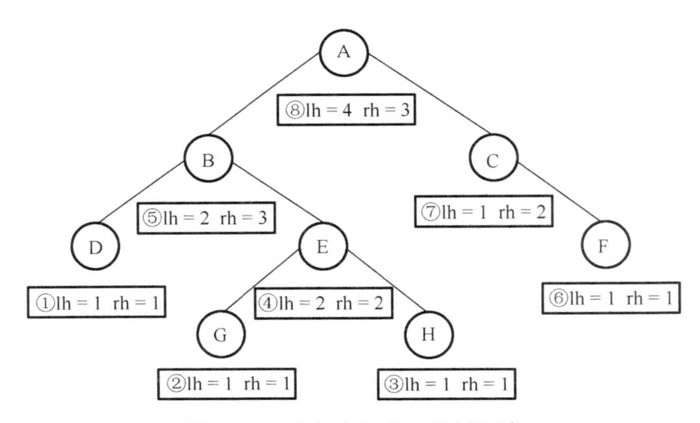


图 5.59　后序遍历求二叉树深度

树的后序遍历序列为 DGHEBFCA，从最下层的结点开始计算左右子树的高度，设左右子树的高度分别为 lh 和 rh，则每个结点左右子树的高度参见表 5.9。

表 5.9　二叉树左右子树高度

| LRD 序列 | D | G | H | E | B | F | C | A |
|---|---|---|---|---|---|---|---|---|
| 左子树高（lh） | 1 | 1 | 1 | 2 | 2 | 1 | 1 | 4 |
| 右子树高（rh） | 1 | 1 | 1 | 2 | 3 | 1 | 2 | 3 |

### 2. 算法伪代码描述

伪代码描述见表 5.10。

表 5.10 后序遍历求二叉树深度伪代码

| 按后序遍历的方式求二叉树深度 | |
|---|---|
| 输入：树的当前根结点；<br>设树的结点指针 BinTreeNode *p，左子树的高度 lh，右子树的高度 rh | |
| 递归的边界条件： | p 为空结点，返回 0； |
| 递归继续的条件： | p 的左孩子非空，后序遍历递归求 lh；<br>p 的右孩子非空，后序遍历递归求 rh；<br>返回左右子树中高度值大者 |

把左右子树的高度分别记录在 lh、rh 两个变量中，这样，即使它们都是局部变量，但在每一层二者都是可比较的。

### 3. 程序实现

```
/*=================================================
函数功能：按后序遍历的方式求二叉树深度
函数输入：根结点
函数输出：树的深度
屏幕输出：（叶子结点值、左右子树高度）——方便调试用
=================================================*/
int   TreeDepth_LRD(BinTreeNode *p )
{
    if (p!=NULL)
      {
            int lh = TreeDepth_LRD( p->lchild );
            int rh = TreeDepth_LRD( p->rchild );
            putchar(p->data);
            printf(":lh=%d    rh=%d\n",lh+1,rh+1);
            return lh<rh?   rh+1:   lh+1;
      }
    return 0;
}
```

### 5.6.4.4 统计叶子数目

用遍历的方式来统计树的叶子结点。

### 1. 问题分析

由于叶子结点的特殊性，可以根据叶子结点的判断条件，统计出一棵树中叶子的数目。

若结点 root 的左右指针均空，则为叶子。叶子结点具体判断条件：root ->lchild==NULL && root ->rchild==NULL 或!root->lchild && !root->rchild。

可选用任何一种遍历算法查找叶子结点，将其统计并打印出来。

### 2. 叶子结点统计方法一

```
/*=================================================
```

```
函数功能：用先序遍历递归法求树的叶子结点的数目
函数输入：二叉树根结点
函数输出：无（通过全局量传递叶子结点的数目）
屏幕输出：叶子结点值
=============================================*/
int sum=0;                                    //通过全局量传递叶子结点的数目
void LeafNum_DLR(BinTreeNode *root)
{   if ( root!=NULL )                         //非空二叉树条件，等效于 if(root)
    {   if(!root->lchild && !root->rchild)   //是叶子结点则统计并打印
        {
            sum++;
            printf("%c  ",root->data);
        }
        LeafNum_DLR(root->lchild);     //递归遍历左子树，直到叶子处
        LeafNum_DLR(root->rchild);     //递归遍历右子树，直到叶子处
    }
}
```

### 3．叶子结点统计方法二

```
/*=====================================
函数功能：递归求树的叶子结点的数目
函数输入：根结点地址
函数输出：叶子结点数目
=====================================*/
int LeafNum(BinTreeNode *root )
{   if (root ==NULL) return(0);
    else if (root ->lchild==NULL && root ->rchild==NULL)
        return(1);
    else return(LeafNum(root->lchild)+LeafNum(root->rchild));
}
```

### 4．程序测试

```
/*=============================================
测试功能：求叶子结点的数目的测试
测试函数：
1．递归求树的叶子结点的数目 LeafNum
2．用先序遍历递归法求树的叶子结点的数目 LeafNum_DLR
=============================================*/
int main()
{
    BinTreeNode *RPtr;
    int i;
    RPtr=CreatBtree_DLR(RPtr);
    LeafNum_DLR(RPtr);
    printf("LeafNum_DLR:%d\n ",sum);
    i=LeafNum(RPtr);
```

```
        printf("LeafNum:%d \n",i);
        return 0;
    }
```

树形结构见图 5.57。测试样例如下所示。

```
输入：ABD@F@@@CE@@@
输出：
F E
LeafNum_DLR:2
LeafNum:2
```

# 5.7 树的应用

树的应用，可以说是在树的结构及基本操作基础上增加各种扩展或限定条件后形成的特定使用方法。本节介绍树一些经典应用，重点介绍哈夫曼树。树的查找的相关内容将在后续章节介绍。

## 5.7.1 表达式树

### 5.7.1.1 表达式树的问题

表达式树将一个数学表达式用一棵二叉树表示，其中，运算对象作为树的叶子结点，运算符作为非叶子结点。

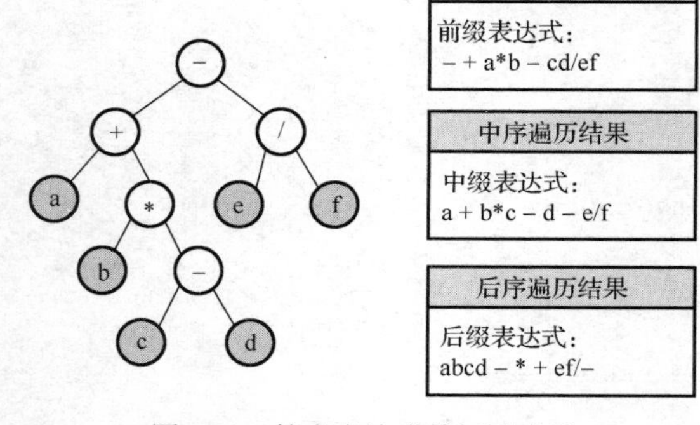


图 5.60　算术表达式的树形表示

最早提出的遍历问题是对存储在计算机中的表达式求值，例如，(a+b×(c−d))−e/f。表达式用树形来表示，如图 5.60 所示。运算符在树中放在非终端结点的位置上，操作数放在叶子结点处。若按前序、中序、后序对该二叉树进行遍历，则得到的遍历序列分别称为前缀表达式（或称波兰式）、中缀表达式、后缀表达式（递波兰式）。其中，中缀形式是算术表达式的通常形式，只是没有括号。在计算机中，使用后缀表达式易于求值。

### 5.7.1.2 根据表达式构造表达式树的方法

#### 1. 问题讨论

【思考与讨论】

由一个表达式得到其相应的表达式树的关键问题是什么？

**讨论**：将数学表达式表示为表达式树，关键问题是要将最后进行运算的运算符作为二叉树的树根，以该运算符作为分界，在其前面的部分（这里称为表达式 1）为二叉树的左子树的表达式，在其后面的部分（这里称为表达式 2）为右子树的表达式，再分别对子表达式 1 和子表达式 2 递归使用以上规则构建左右子树。

### 2. 测试用例设计

表达式不合法有三种情况：

- 左右括号不匹配；
- 变量名不合法；
- 运算符两边无参与运算的变量或数。

### 3. 算法思路分析

分析图 5.61 可以看到，表达式的根结点及其子树的根结点为运算符，其在树中的顺序是按运算的先后从后到前，表达树的叶子为参与运算的变量或数。

例如，表达式 a+(b−c)/d 的运算顺序为：首先找到运算级别最低的运算符“+”作为根结点，继而确定该根结点的左、右子树结点在表达式串中的范围为 a 和(b−c)/d，在对应的范围内寻找运算级别最低的运算符作为子树的根结点，直到范围内无运算符，则剩余的变量或数为表达式树的叶子。

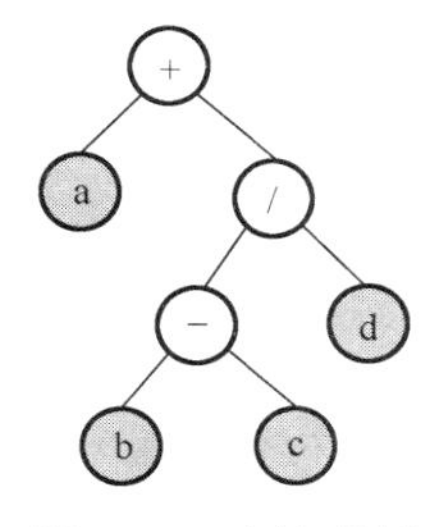

图 5.61　表达式树

### 4. 算法描述

① 设数组 ex 存放表达式的各字符，lt、rt 作为结点的左右指针，变量 left、right 用于存放每次取字符范围的左、右界。

② 设置左界初值为 1；右界初值为串长度。

③ 判断左右括号是否匹配，不匹配则认为输入有错误。

④ 在表达式的左右界范围内寻找运算级别最低的运算符，同时判断运算符两边有否参与运算的变量或数。若无，则输入表达式不合法；若有，则将其作为当前子树的根结点，设置左子树指针及其左右界值，设置右子树指针及其左右界值。

⑤ 若表达式在左右界范围内无运算符，则为叶子结点，判断变量名或数是否合法。

⑥ 转到④，直到表达式字符取完为止。

## 5.7.2　线索二叉树

前面介绍的实现二叉树的前序、中序、后序遍历方法，一是递归，二是借助栈进行非递归实现，这两种方法都是根据树本身的递归特点而采用的经典处理方式。无论是递归本身占用栈空间还是用户自定义的栈，都需要 $O(n)$的空间复杂度。前面介绍的树的其他各种运算基本都是基于递归或栈的。

在实际应用中，有些时间、空间受限的系统如嵌入式系统或片上系统（System-on-Chip，SoC），对算法的要求是“少跳转、无堆栈、非递归”，相比递归模式的二叉树运算，非递归模式具有更广泛的应用面。下面分析能否用“非递归不用栈”的方法实现二叉树的运算。

### 5.7.2.1　从二叉链表搜索中前趋后继结点的查找问题开始

我们知道，遍历二叉树以一定规则将二叉树中的结点排列成一个线性序列，得到二叉树中结点的先序、中序或后序序列，这实质上是对一个非线性结构进行线性化操作。对于树中的一般结点而言，每个结点与其他结点的关系有双亲和孩子两种，结点的前趋与后继关系是

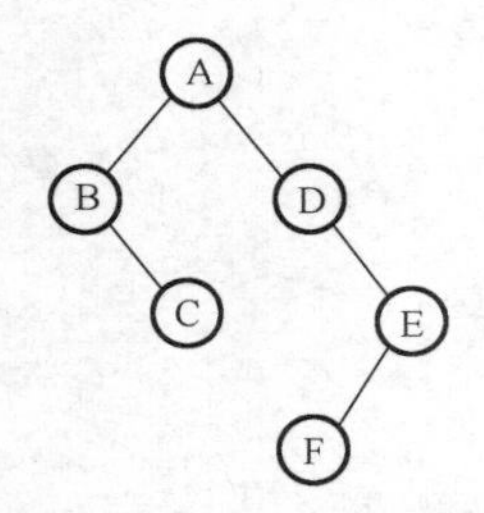


图 5.62　二叉树及其各种遍历序列

基于线性表而言的。在树形结构中讨论某一结点的前趋和后继，是在二叉树遍历后得到的序列上进行的。例如，在图 5.62 中，二叉树的先序遍历序列 ABCDEF，C 的前趋是 B，后继是 D。

**【思考与讨论】**

1. 在二叉链表中查找结点的前趋和后继方便吗？

**讨论**：二叉树的存储结构中只能找到结点的左、右孩子信息，而不能直接得到结点在任一序列中的前趋和后继信息，这种信息只有在遍历的动态过程中才能得到。当二叉树的操作经常要涉及结点的前趋或后继的查找，用二叉链表作为存储结构时查找会很麻烦，且速度不快。

2. 采用树的线性存储方式解决结点的前趋或后继的查找，有什么问题？

**讨论**：顺序表的查找效率比较低，时间复杂度为 $O(n)$，而树的查找属于“范围查找”，查找效率一般比顺序查找要高。

**【思考与讨论】**

二叉链表查找结点的前趋后继，如何简化操作？

**讨论**：对二叉树以某种遍历顺序进行扫描，在扫描的同时，我们可以通过给每个结点添加数据项来记录前趋与后继的线索，以达到后续操作中方便查找前趋和后继结点的目的。具体实现方法见二叉链表线索化的实现。

#### 5.7.2.2　二叉链表线索化的实现

**1. 方案一：增加前趋和后继指针域**

我们可以增加二叉链表结点中的指针域来存放前趋和后继结点信息，见图 5.63，其中 Lthread 表示前趋结点的地址，Rthread 表示后继结点的地址。

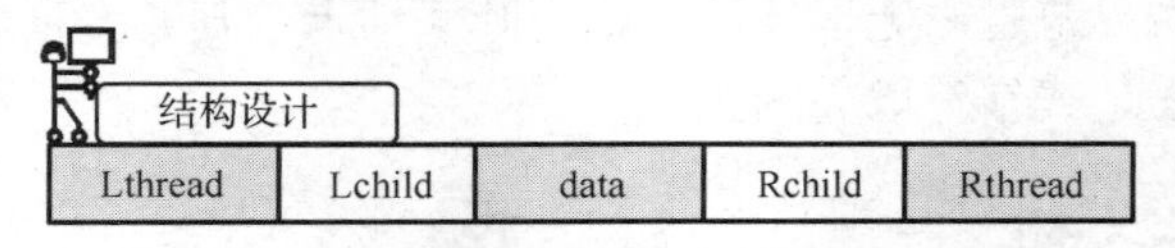


图 5.63　线索二叉树方案的结点设计

对应图 5.64 的树形结构，按照图 5.63 中的结点设计方案，给出这个树形结构先序遍历的实际存储形式，见图 5.65。

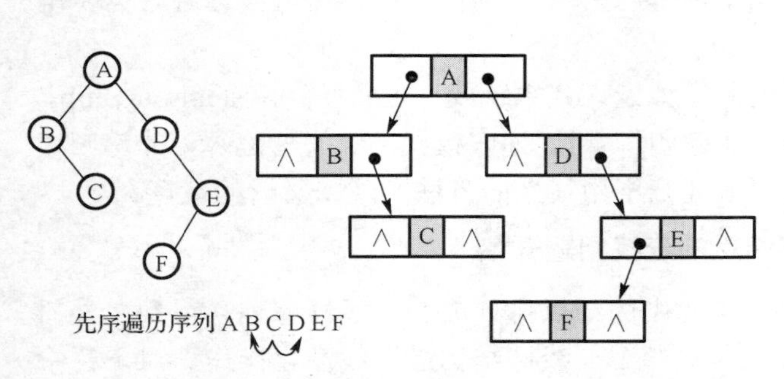


图 5.64　树的二叉链表存储

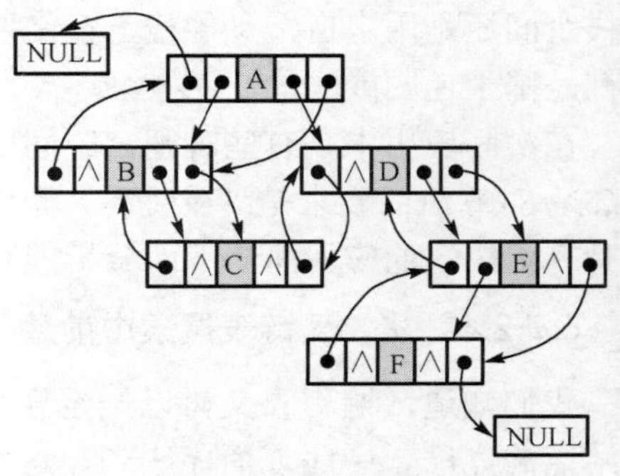


图 5.65　前趋、后继存储方法 1

**【思考与讨论】**

1. 前趋、后继线索与孩子指针的信息是否有重复的地方？

**讨论：** 根据图 5.65，将所有结点的前趋、后继及孩子结点列在一张表中，再来分析。

由表 5.11 可以观察到前趋结点与左右孩子信息无重复。而结点的孩子或者没有，或者与后继是一样的，这部分内容有重复。对树的先序遍历而言，结点的孩子与后继的关系是：任一结点的后继是其左孩子；若左孩子为空，则为右孩子；若右孩子也为空，则为后继。

**表 5.11　先序遍历中前趋、后继及孩子的关系**

| 结点 | 前趋 | 左孩子 | 右孩子 | 后继 |
| --- | --- | --- | --- | --- |
| A | 空 | B | D | B |
| B | A | 空 | C | C |
| C | B | 空 | 空 | D |
| D | C | 空 | E | E |
| E | D | F | 空 | F |
| F | E | 空 | 空 | 空 |

先序遍历中结点的孩子与后继是一样的，由此引起下一个问题。

2. 增加前趋、后继指针域的方法是否可以改进？

**讨论：** 由于结点的孩子与后继是一样的，因此只用一个孩子结点的指针域即可，可以考虑利用原结点的指针域来存储前趋、后继的线索，见下面的方案二。

### 2．方案二：利用原结点的指针域

方案一通过增加指针域来存放前趋和后继结点信息，降低了存储空间的利用率。

在图 5.65 中，相应树的先序遍历序列是 ABCDEF，以结点 C 为例，其左右子树都不存在，相应的指针域均为空，C 的前趋为 B，后继为 D。要记录 C 结点的前趋、后继结点位置这两个信息，可以利用这个空链域来放置 B 和 D 的地址，即添加前趋和后继的线索。对于结点 B，lchild 域为空，可以用来记录其前趋结点 A 的地址，由于 C 是其右孩子，也就是它的后继结点，所以不用再另外记录其后继的位置。按照这样的思路，在树中任一结点中都能方便地找到其相应的后继，见图 5.66。

**【思考与讨论】**

1. 上述利用原结点的指针域的方案能否区分是孩子还是线索？

**讨论：** 按照图 5.66 记录结点前趋后继的方法，无法分得清指针域中放的是左右孩子的地址还是前趋后继的位置。为解决这个问题，可以设置相应的标志位来标明指针域中数据的属性，如 0 代表孩子，1 代表线索，见图 5.67。

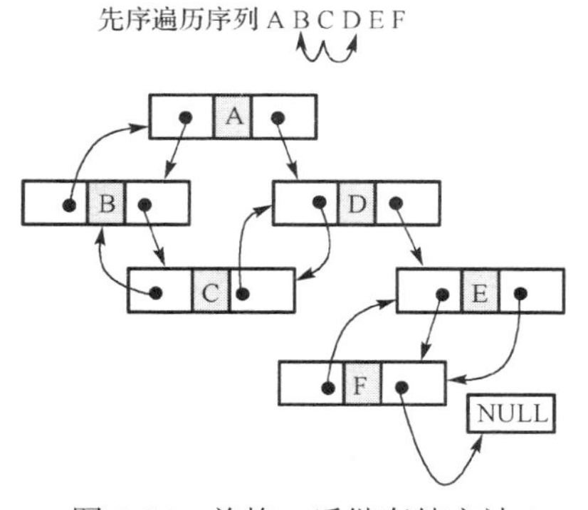

图 5.66　前趋、后继存储方法 2

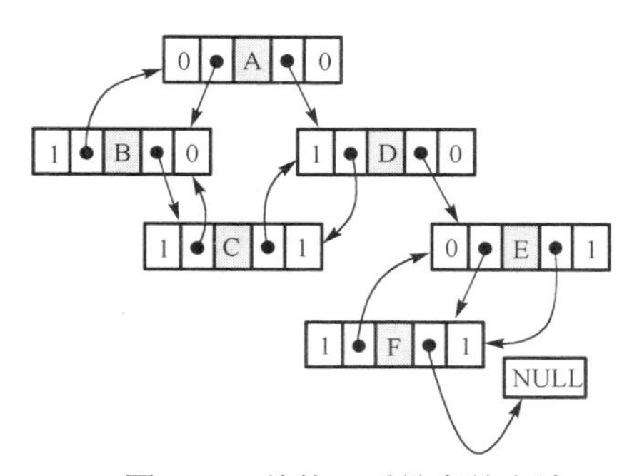

图 5.67　前趋、后继存储方法 3

2. 利用原结点的指针域的方案能否保证所有前趋的线索都被记录？

**讨论：** 存在结点有左孩子而无法记录其前趋的情形，如图 5.67 所示的结点 E，其前趋 D 的地址没有指针域记录，但对于先序遍历而言，只要有结点的后继线索即可，因此，前趋线索的“中断”不影响先序遍历的操作。

对二叉树以某种遍历顺序进行扫描，为每个结点添加前趋或后继线索的过程称为二叉树的线索化，加了线索的二叉树称为线索二叉树。进行线索化的目的是简化并加快查找二叉树中结点的前趋和后继的速度，而且线索化后的二叉树遍历比较方便，不需要递归，程序运行效率高。

结构设计

| Ltag | Lchild | Data | Rchild | Rtag |
| --- | --- | --- | --- | --- |

| | | |
| --- | --- | --- |
| Ltag | 0 | Lchild 域指示结点的左孩子 |
| | 1 | Lchild 域指示结点的前趋 |
| Rtag | 0 | Rchild 域指示结点的右孩子 |
| | 1 | Rchild 域指示结点的后继 |

图 5.68　线索二叉树方案二的结点设计

【名词解释】线索二叉树

添加了直接指向结点的前趋、后继指针的二叉树称为线索二叉树。

根据线索内容的不同，线索二叉树可分为前序线索二叉树、中序线索二叉树和后序线索二叉树三种。线索二叉树结点结构设计见图 5.68。结点的标志 Ltag 与 Rtag 用来标示相应的指针域中存储的是线索或孩子。

【例 5-3】画出图 5.64 中二叉树的中序二叉链表和中序线索二叉树。

**解析：** 求出二叉树的中序遍历序列为 BCADFE。

（1）按照二叉树的形状，画出二叉链表。

（2）按照线索二叉树结点定义，画出线索域的指向。

结果见图 5.69。

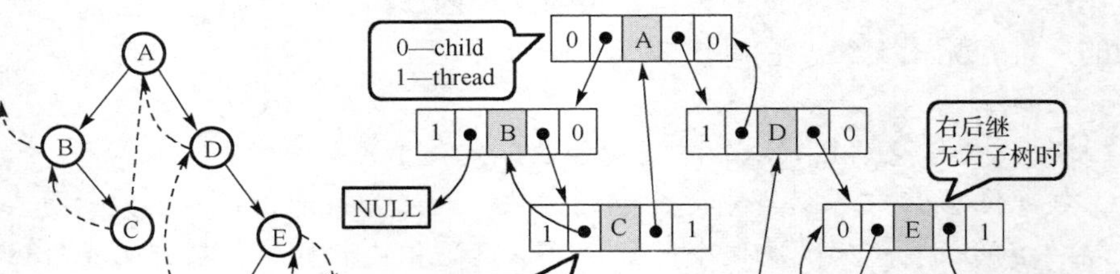


图 5.69　中序线索二叉树和中序二叉链表

**【思考与讨论】**

如何在线索二叉树的遍历序列中找结点的前趋和后继结点？

**讨论：** 以图 5.69 的中序线索二叉树为例。树中所有叶结点的右链是线索，因此叶结点的 RightChild 指向该结点的后继结点，如图 5.69 所示的结点 C 的后继为结点 A，结点 F 的后继为 E。

当一个内部结点右线索标志为 0 时，其 RightChild 指针指向其右儿子，因此无法由 RightChild 得到其后继结点，如结点 D。

然而，由中序遍历的定义可知，D 结点的后继 F 应是遍历 D 的右子树时访问的第一个结点，即 D 的右子树中最左下的结点。

类似地，在中序线索树中找结点的前趋结点的规律是：若该结点的左线索标志为 1，则 LeftChild 为线索，直接指向其前趋结点，否则遍历左子树时最后访问的那个结点，即左子树中最右下的结点为其前趋结点。图 5.69 中各点的前趋和后继见表 5.12。

表 5.12　中序遍历序列中的前趋后继

| | 结点 B | 结点 C | 结点 A | 结点 D | 结点 F | 结点 E |
|---|---|---|---|---|---|---|
| 前趋标志 | 1 | 1 | 0 | 1 | 1 | 0 |
| 前趋 | 空 | B | 左子树最后结点 C | A | D | 左子树最后结点 F |
| 后继标志 | 0 | 1 | 0 | 0 | 1 | 1 |
| 后继 | 右子树最左结点 C | A | 右子树最左结点 D | 右子树最左结点 F | E | 空 |

右线索标志为 1：右孩子为后继。

右线索标志为 0：右子树最左结点为后继。

右子树最左结点：中序遍历右子树时访问的第一个结点。

左线索标志为 1，左孩子为前趋。

左线索标志为 0，左子树最右结点为前趋。

左子树最右结点：中序遍历左子树时访问的最后一个结点。

由此可知，若线索二叉树的高度为 $h$，则在最差情形下，可在 $O(h)$时间内找到一个结点的前趋或后继结点。在对中序线索二叉树进行遍历时，无须像非线索树的遍历那样，利用递归引入栈来保存待访问的子树信息。

由中序遍历线索二叉树得到中序遍历序列的方法：

- 访问根结点。
- 找根的前趋序列。
- 找根的后继序列。

由先序遍历线索二叉树得到先序遍历序列的方法：

- 访问根结点。
- 找根的后继序列。

由后序遍历线索二叉树得到后序遍历序列的方法：

- 访问根结点。
- 找根的前趋序列。

#### 5.7.2.3　线索化方法的总结

由于线索化的实质是将二叉链表中的空指针改为指向结点前趋或后继的线索，而一个结点的前趋或后继结点的信息只有在遍历时才能得到，因此线索化的过程就是在遍历过程中修改空指针的过程。为了记下遍历过程中访问结点的先后次序，可附设一个指针 pre 始终指向刚刚访问过的结点。当指针 p 指向当前访问的结点时，pre 指向它的前趋。由此也可推知 pre 所指结点的后继为 p 所指的当前结点。这样就可在遍历过程中将二叉树线索化。对于找前趋和后继结点这两种运算而言，线索树优于非线索树。但线索树也有缺点。在进行插入和删除操作时，线索树比非线索树的时间开销大。原因在于，在线索树中进行插入和删除时，除了修改相应的指针，还要修改相应的线索。

## 5.7.3 哈夫曼树及哈夫曼编码

哈夫曼（Huffman）树是带权路径长度最短的树，又称最优树，用途之一是构造通信中的压缩编码。在介绍哈夫曼树及哈夫曼编码概念之前，先了解一下通信与编码的关系。

### 5.7.3.1 问题引入

#### 1．通信中的编码问题

**【知识 ABC】通信中的编码问题**

通信是自然界和人类社会普遍存在的信息传递过程。信息传播过程简单地描述为信源→信道→信宿，如图 5.70 所示。信源就是信息的来源，信号的接收方称为信宿。信源是信息的发布者，信宿是信息的接收者。信道是信息传播的通道，由信号从发射端传输到接收端所经过的传输媒质构成。

信源发出的消息符号往往不适合信道的传输，这时就要通过信源编码将信源发出的消息符号转换为适合信道传输的符号。接收方收到信道传输过来的符号，按照编码的逆过程，将信息还原为原来的形式，过程见图 5.71（这是 1949 年香农和韦弗提出的数字通信模型的简化版）。

最常用的信道是二元信道，即可传输两个基本符号的信道。二元信道基本符号常用 0，1 表示。

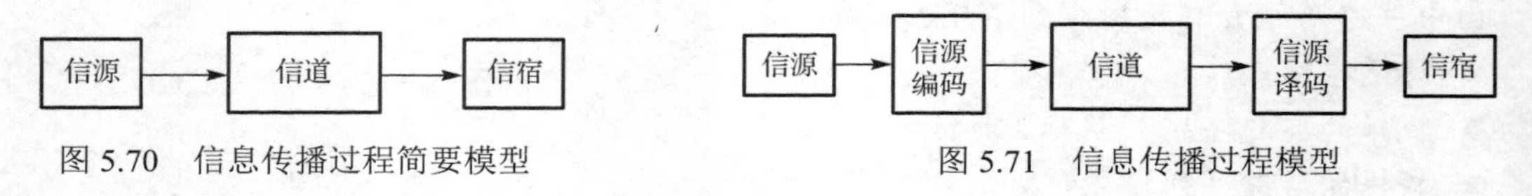


图 5.70 信息传播过程简要模型　　图 5.71 信息传播过程模型

下面通过例子来看数据结构在编码设计中的应用。

#### 2．等长编码设计

**【例 5-4】**等长二元编码设计。

设一个信源符号集只有 A、B、C、D 四个字符，为区分不同的字符，设每个字符需要的二进制编码位数为 $n$，那么 $n$=2（因为 $2^n$=4）。

设定 ABCD 的编码分别为 00、01、10 和 11。若要传送的报文为“ABACCD”，见图 5.72，则发送方按字符约定的编码方案进行编码传输，接收方收到二进制字符串，可按二位一分进行译码，即得到原文。若报文中可能出现 26 个不同字符，则每个字符的编码长度为 5（$2^4$< 26 <$2^5$ ）。我们把这种每个字符编码长度都一样的编码方式称为等长编码。

| 等长编码方案 | | | |
|---|---|---|---|
| A | 00 | B | 01 |
| C | 10 | D | 11 |

电文

发送方编码

| A | B | A | C | C | D | A |
|---|---|---|---|---|---|---|
| 00 | 01 | 00 | 10 | 10 | 11 | 00 |

接收方译码

二进制字符串

图 5.72 等长编码

### 3. 问题讨论

**【思考与讨论】**

等长编码的效率如何?

**讨论:** 在实际应用中，有些字母（如 e、s、t）出现频率很高，有些字母出现频率很低，如图 5.73 所示。如果对所有字母重新编码，用较少的位（bit）表示出现次数高的字母，用较多的位表示出现次数低的字母，这样就应该可以用较小的储存空间存相同的信息，使得总的报文码长缩短，提高通信效率。

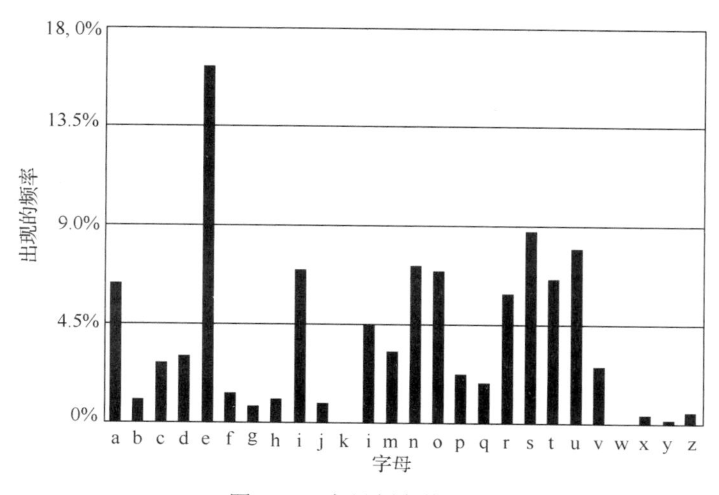


图 5.73　字母频率统计表

例如，表 5.13 列出了一份文档中各字符的出现频率（设文件中共有 100000 个字符，其中只有 a、b、c、e、d 共 5 种字母），则对其进行定长编码和变长编码，得到的文件编码总长度有明显差异，分别为定长 300000 位和变长 224000 位。

定长码: 3×(17+12+12+27+32) = 3000Kbit

变长码: 2×(17+27+32)+3*(12+12)=224Kbit

表 5.13　文件编码示例

| | 字母 a | 字母 b | 字母 c | 字母 d | 字母 e |
|---|---|---|---|---|---|
| 频率（千次） | 17 | 12 | 12 | 27 | 32 |
| 定长码 | 000 | 001 | 010 | 011 | 100 |
| 变长码 | 00 | 010 | 011 | 10 | 11 |

上述问题可以归结描述为：已知电文中出现的一组字符及其出现频率，试为该组字符编码，使得电文总长最短。

### 4. 不等长编码设计

我们通过下面的例子来讨论不等长编码问题。

**【例 5-5】** 不等长二元编码设计。

以例 5-4 中信源符号集只有 A、B、C、D 四种字符的情形为例，设计不等长编码。

根据字符出现的频率是按 A、C、B、D 的顺序依次降低的状况，若设计 A、B、C、D 的编码为 0、00、1、01，则上述电文 ABACCDA 变为 000011010，这样的电文可有多种译法，见图 5.74 所示。

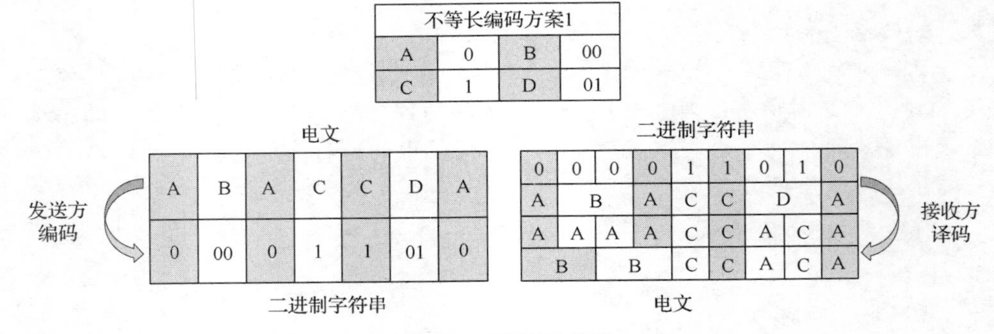


图 5.74　不等长编码

译码结果不唯一，则这样的编码方案是不可用的。

**【思考与讨论】**

1. 不等长编码设计例子中译码结果不唯一的原因是什么？

**讨论：** 分析这个问题之前，可以先分析一下等长编码译码的方法，译码过程的路径可以用一个树形来描述，见图 5.75。如果接收端收到的信息为 00011011，则可以从树根开始，从待译码电文中逐位取码。若编码是"0"，则向左走；若编码是"1"，则向右走，一旦到达叶子结点，则译出一个字符；重复上述过程，直到电文结束，最后得到译码结果为 ABCD。

由以上分析可以看出，译码问题是一个字符串的查找问题，即串的多模式匹配问题。

下面再来看不等长编码方案 1 的译码情形，见图 5.76。A 的编码为 0，B 的编码为 00，A 的编码和 B 的开始部分是相同的，故出现 B 时，无法区分其第一位码是 A 还是 B 的前缀。

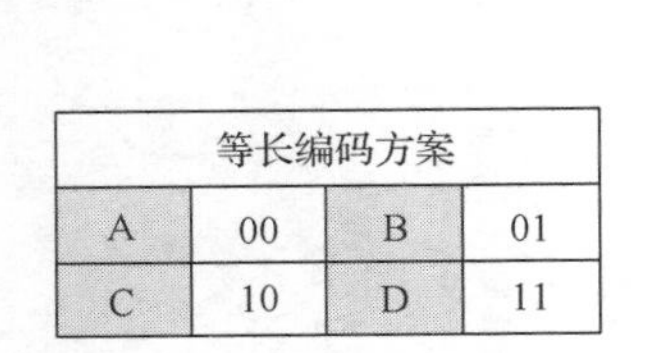

| 等长编码方案 | | | |
|---|---|---|---|
| A | 00 | B | 01 |
| C | 10 | D | 11 |

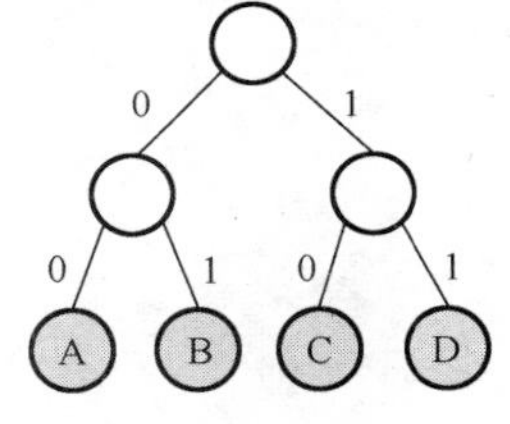


图 5.75　等长编码之译码树

| 不等长编码方案1 | | | |
|---|---|---|---|
| A | 0 | B | 00 |
| C | 1 | D | 01 |

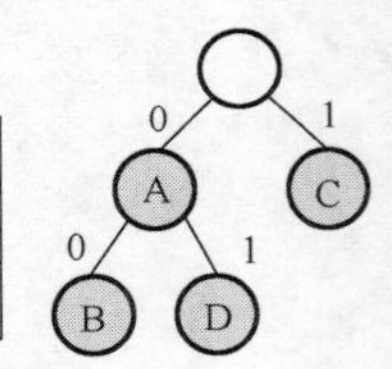


图 5.76　不等长编码方案 1 之译码树

比较图 5.75 与图 5.76 可以看出，要让译码结果具有唯一性，译码树中每条到达字符结点的路径不能完全相同，即字符结点不能出现在分支结点上。

故设计长度不等的编码，必须保证任一个字符的编码都不是另一个字符的编码的前缀，即前缀相异，这样才能保证译码的唯一性。这种编码在信息编码中称为异前缀编码，也称异字头码。

2. 如何设计出可以保证译码结果唯一的异前缀编码？

**讨论：** 我们依然用前例数据来讨论。

根据前面"字符结点不能出现在分支结点上"的规则，让电文中出现次数（即字符的频率）最多的字符尽可能靠近根结点，可以得到图 5.77 所示的译码树。

在方案 2 的编码中，虽然字符 A 的码长缩短了，字符 B 和 D 的码长却增加了，总的编码长度会减小吗？按照方案 2 编码得到的电文如图 5.78 所示，而同样电文的等长编码的总码长是

14。结论是不等长编码可以使总码长减小。

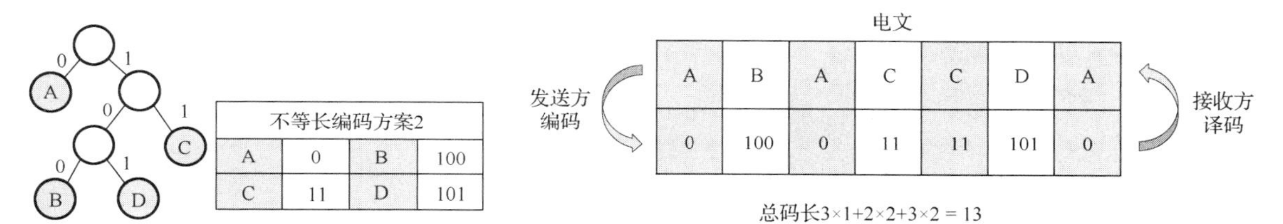


图 5.77　不等长编码方案 2 之译码树　　　　图 5.78　不等长编码方案 2 的测试

1952 年，哈夫曼（David A. Huffman）在 *Proceedings of the I. R. E* 上发表了“A Method for the Construction of Minimum-Redundancy Codes”《一种构建极小冗余编码的方法》一文，提出一种编码方法，使用自底向上的方法构建二叉树，依据字符出现概率来构造异字头的平均长度最短的编码，避免了次优算法“香农-范诺编码”的最大弊端——自顶向下构建树，因此哈夫曼编码也称为最佳编码。

### 5.7.3.2　哈夫曼树的概念

#### 1．相关概念

定义哈夫曼树之前说明几个与哈夫曼树有关的概念。

- 路径：从一个结点到另一个结点之间的若干个分支；
- 路径长度：路径上的分支数目；
- 结点的路径长度：从根到该结点的路径长度；
- 结点的权：具有一定含义的比例系数；
- 结点的带权路径长度：从根到该结点的路径长度与该结点权的乘积。

说明：权的“含义”与相应的问题相关。

#### 2．哈夫曼树的概念

哈夫曼树又称为最优二叉树，是一种带权路径长度最短的二叉树。

树的带权路径长度（Weighted Path Length，WPL），是树中所有叶结点的权值乘以其到根结点的路径长度，记为

$$\text{WPL}=\sum_{i=1}^{n} W_i \times L_i$$

其中：

$N$ ——叶子结点的数目。

$W_i$——第 $i$ 个叶结点的权值，$i$=1, 2, ⋯, $N$。

$L_i$——第 $i$ 个叶结点的路径长度，$i$=1,2, ⋯, $N$。

可以证明，哈夫曼树的 WPL 是最小的。

图 5.79 给出了几种权值 $W$=（7，5，4，2）的 4 个叶子结点构造的二叉树形式，以及它们对应的 WPL 值。

一般来说，用 $n$（$n$>0）个带权值的叶子来构造二叉树，限定二叉树中，除了这 $n$ 个叶子，只能出现度为 2 的结点，那么符合这样条件的二叉树往往可构造出许多棵，其中带权路径长

度最小的二叉树，就是哈夫曼树或最优二叉树。

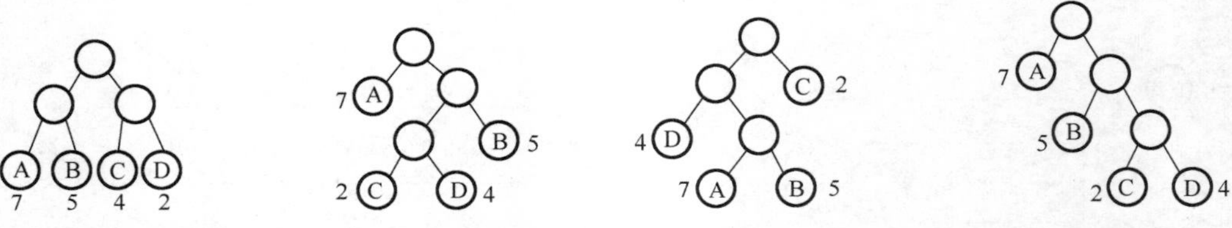


图 5.79　4 个叶子结点构造的几种二叉树

**【思考与讨论】**

哈夫曼树是如何构造出来的？

**讨论：**参考 5.7.3.3 节。

#### 5.7.3.3　哈夫曼树构造方法

根据哈夫曼树的定义，一棵二叉树要使其 WPL 值最小，必须使权值越大的叶子结点尽量靠近根结点，而使权值越小的叶子结点尽量远离根结点。 哈夫曼依据这一特点提出了一种构造最优二叉树的方法，其基本思想如下：

（1）根据给定的 $n$ 个叶子权值，可以看成是 $n$ 棵只有一个根结点的二叉树，设 F 是由这 $n$ 棵二叉树构成的集合；

（2）在 F 中选取两棵根结点树值最小的树作为左、右子树，构造一棵新的二叉树，将新二叉树根的权值置为等于左、右子树根结点权值之和；

（3）从 F 中删除这两棵树，并将新树加入 F；

（4）重复（2）、（3），直到 F 中只含一棵树为止。

哈夫曼算法以自底向上的方式构造表示最优前缀码的二叉树。

**【例 5-6】**构造哈夫曼树。

分别构造 $W$=（6，5，3，4）和 $W$=（7，2，4，5）的哈夫曼树。

**解析：**按照哈夫曼树构造算法，构造过程见图 5.80。

| 步骤 | $W$ = (6, 5, 3, 4) | $W$ = (7, 2, 4, 5) |
| --- | --- | --- |
| 1 | 6 5 3 4 | 7 2 4 5 |
| 2 | 6 5 7(3, 4) | 6(7, 2) 4 5 |
| 3 | 11(6, 5) 7(3, 4) | 11(6(7, 2, 4), 5) |
| 4 | 18(11(6, 5), 7(3, 4)) | 18(7, 11(6(2, 4), 5)) |

图 5.80　哈夫曼树的构造

**【思考与讨论】**

哈夫曼树样式是唯一的吗？

**讨论：**在图 5.80 中可以看到，在构造过程中，各叶子结点的左右顺序并没有特别的规定。因此，因为顺序的不同，构造出的哈夫曼树也就有多种样式。一般地，权值大的结点靠近根。

#### 5.7.3.4　哈夫曼构造算法 1——优先队列法

使用优先队列（Priority Queue）来完成哈夫曼树的构造过程。设结点的权值是它的优先级（Priority），构造步骤如下。

（1）把 $N$ 个叶子结点加入优先队列，则 $n$ 个结点都有一个优先权 $p_i$，$1 \leqslant i \leqslant N$。

（2）如果队列内的结点数>1，那么

① 从队列中移除两个 $p_i$ 值最小的结点；

② 产生一个新结点，此结点为步骤①中移除结点之父结点，而此结点的权重值为这两结点之权值和；

③ 把步骤②产生之结点加入优先队列中。

（3）最后在优先队列里的点为树的根结点。

（4）将上述步骤中的出队结点序列顺序存入一个向量，即构成一棵哈夫曼树。

#### 5.7.3.5　哈夫曼构造算法 2——用结构数组构造哈夫曼树

实现哈夫曼编码的方式是创建一个二叉树，这些树的结点可以存储在结构数组中，见图 5.81。

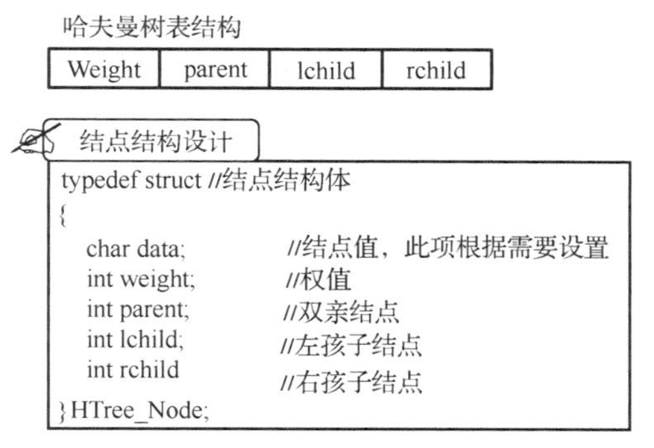


图 5.81　哈夫曼树结构设计

##### 1．数据结构描述

存放哈夫曼编码的数据结构定义如下：

```
#define  N  4                     //叶结点数，也作为哈夫曼编码最大位数
#define  M  2*N-1                 //树的结点总数
#define MAXSIZE 128               //要译码的字符串或哈夫曼编码串长度

typedef struct                    //结点结构体
{
    char data;                    //结点值
    int weight;                   //权值
    int parent;                   //双亲结点
    int lchild;                   //左孩子结点
    int rchild;                   //右孩子结点
```

```
} HTree_Node;

typedef struct                              //编码结构体
{
```

2．函数结构设计

函数结构设计见表 5.14。

表 5.14　哈夫曼编码函数结构

| 功能描述 | 输入 | 输出 |
|---|---|---|
| 构造哈夫曼树 | *n* 个权值 | 哈夫曼树 |
| 函数名 | 形参 | 函数类型 |

3．算法描述

以权值分别为 7、5、2、4 的 4 个叶子为例，构造哈夫曼树的步骤如图 5.82 所示。

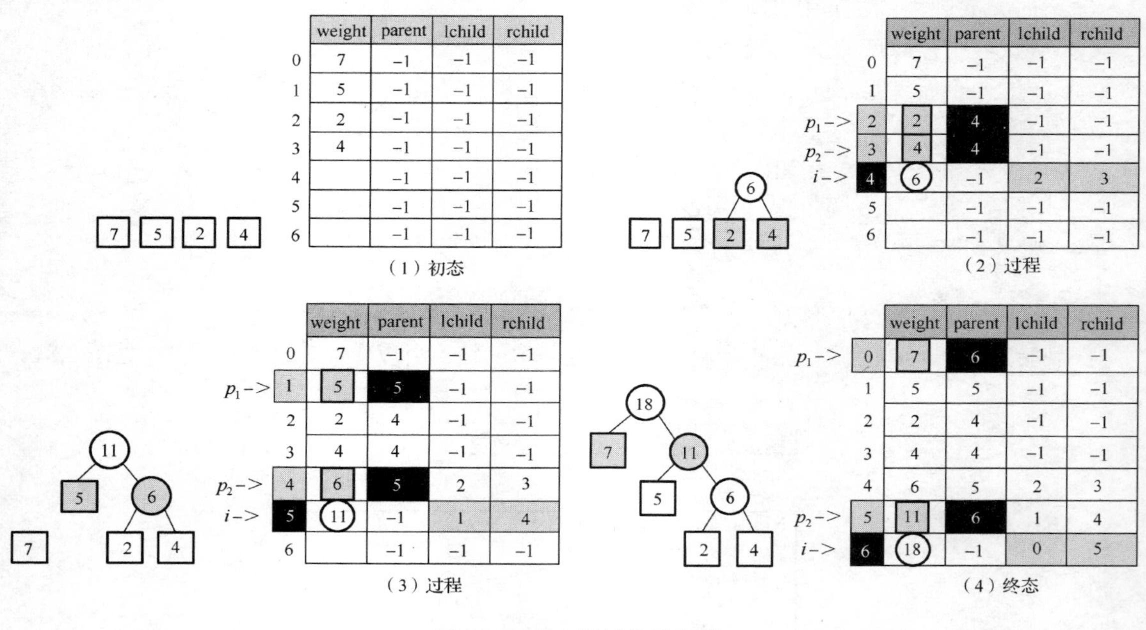


图 5.82　哈夫曼树构造步骤

（1）初态

初始化：将双亲、左右孩子三个指针均置为−1。

输入：读入 $n$=4 个叶子的权值存储于向量的前 4 个分量中，它们是初始森林中 4 个孤立的根结点上的权值。

（2）合并过程

对森林中的树共进行 $n$−1 次合并，所产生的新结点依次放入向量 tree 的第 $i$ 个分量中（$n \leq i<2n-1$）。每次合并分两步：

① 在当前森林 tree[n]的所有结点中，选取权最小和次小的两个根结点 tree[p1]. weight 和 tree[p2].weight 作为合并对象，其中，$0 \leqslant p_1, p_2 \leqslant i-1$。

② 将根为 tree[p1].weight 和 tree[p2].weight 的两棵树作为左右子树合并为一棵新的树。

双亲：新树的根是新结点 tree[i].weight。因此，应将 tree[p1]. weight 和 tree[p2]. weight 的 parent 置为 $i$。

孩子：将 tree[i]的 lchild 和 rchild 分别置为 $p_1$ 和 $p_2$。

权值：新结点 tree[i]的权值应置为 tree[p]和 tree[p2]的权值之和。

注意，合并后 tree[p1].weight 和 tree[p2].weight 在当前森林中已不再是根，因为它们的双亲指针均已指向 tree[i]，所以下一次合并时不会被选中为合并对象。

## 4. 程序实现

```
/*==========================================
函数功能：创建哈夫曼树
函数输入：（哈夫曼树）
函数输出：（哈夫曼树）
==========================================*/
void create_HuffmanTree(HTree_Node hTree[])
{
       int i,k,lnode,rnode;
       int min1,min2;
       printf("data weight parent lchild   rchild\n");
       for (i=0;i<M;i++)
           hTree[i].parent=hTree[i].lchild=hTree[i].rchild=-1; //置初值
       for (i=N;i<M;i++)                              //构造哈夫曼树
       {
           min1=min2=32767;                           //当 int 的范围是-32768～32767 时
           lnode=rnode=-1;                            //lnode 和 rnode 记录最小权值的两个结点位置
           for (k=0;k<=i-1;k++)
           {
                   if (hTree[k].parent==-1)           //只在尚未构造二叉树的结点中查找
                   {
                          if (hTree[k].weight<min1)   //若权值小于最小的左结点的权值
                          {
                                 min2=min1;   rnode=lnode;
                                 min1=hTree[k].weight;lnode=k;
                          }
                          else if (hTree[k].weight<min2)
                          {
                                 min2=hTree[k].weight;rnode=k;
                          }
                   }
           }
           //两个最小结点的父结点是 i
           hTree[lnode].parent=i;   hTree[rnode].parent=i;
           //两个最小结点的父结点权值为两个最小结点权值之和
           hTree[i].weight=hTree[lnode].weight+hTree[rnode].weight;
           //父结点的左结点和右结点赋值
           hTree[i].lchild=lnode;   hTree[i].rchild=rnode;
       }
       for (i=0;i<M;i++)
       {
       printf("%4c%6d%6d%6d%6d\n",hTree[i].data,hTree[i].weight,
                  hTree[i].parent,hTree[i].lchild,hTree[i].rchild);
       }
 }
```

### 5.7.3.5　哈夫曼编码

在前面译码结果是否唯一的讨论中可以看到，为了避免出现前缀编码，字符编码的设计应该从叶结点开始，哈夫曼编码实质就是在已建立的哈夫曼树中，沿叶结点的双亲路径回退到根结点，每回退一步，就走过哈夫曼树的一个分支，从而得到一位哈夫曼码值，由于一个字符的哈夫曼编码是从根结点到相应叶结点所经路径上各分支组成的 01 序列，因此先得到的分支代码为所求编码的低位码，后得到的分支代码为所求编码的高位码。

若规定哈夫曼树中的左分支代表 0、右分支代表 1，则从根结点到每个叶结点经过的路径分支组成的 0 和 1 的序列便为该结点对应字符的编码，见图 5.83。

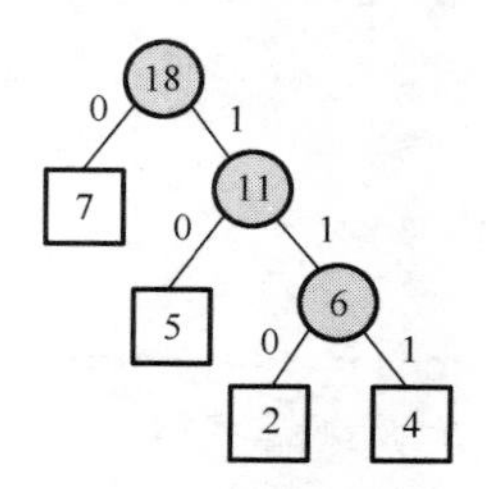


| weight | bit | | |
|---|---|---|---|
| 7 | | | 0 |
| 5 | | 1 | 0 |
| 2 | 1 | 1 | 0 |
| 4 | 1 | 1 | 1 |

编码规则：左0右1从根到叶

图 5.83　哈夫曼编码

#### 1．算法描述

（1）在已建立的哈夫曼树结构中，从叶结点 L 开始找其双亲 F，根据 F 判断 L 是 F 的左孩子还是右孩子：左孩子则编码为 0，右孩子则编码为 1。

（2）设 L=F，重复上述过程，直到 L 为根结点，得到的编码是从低位到高位。

#### 2．算法执行过程分析

以图 5.83 中权值 5 的叶结点为例，说明一下编码过程，见图 5.84。

① 叶结点 L 的 weight=5，对应双亲 F=5（下标）

② 找到下标为 5 的行，在 Left 和 Right 列查看 L 是其左孩子，故 bit 表中相应位填 0

③ L=F

④ 叶结点 L 的 weight=11，对应双亲 F=6（下标）

⑤ 找到下标为 6 的行，在 Left 和 Right 列查看 L 是其右孩子，故 bit 表中相应位填 1

⑥ L=F

⑦ 叶结点 L 的 weight=18，对应双亲 F= −1（下标），是根结点。此次编码过程结束。

| 下标 | weight | parent | lchild(0) | rchild(1) | bit | | |
|---|---|---|---|---|---|---|---|
| 1 | 5 | 5 | | | | | 0 |
| 5 | 11 | 6 | 1 | 4 | | | |

| 下标 | weight | parent | lchild(0) | rchild(1) | bit | | |
|---|---|---|---|---|---|---|---|
| 1 | 5 | 5 | | | | 1 | 0 |
| 5 | 11 | 6 | | 4 | | | |
| 6 | 18 | −1 | 0 | 5 | | | |

图 5.84　哈夫曼编码过程

最后编码完成的结果见图 5.85，其中 start 是 bit 数组相应字符编码的起始下标位，为方便译码而设。

| 下标 | data | weight | parent | lchild(0) | rchild(1) | bit | | | | start |
|---|---|---|---|---|---|---|---|---|---|---|
| 0 | s | 7 | 6 | −1 | −1 | | | | 0 | 3 |
| 1 | t | 5 | 5 | −1 | −1 | | | 1 | 0 | 2 |
| 2 | n | 2 | 4 | −1 | −1 | | 1 | 1 | 0 | 1 |
| 3 | d | 4 | 4 | −1 | −1 | | 1 | 1 | 1 | 1 |
| 4 | | 6 | 5 | 2 | 3 | | | | | |
| 5 | | 11 | 6 | 1 | 4 | | | | | |
| 6 | | 18 | −1 | 0 | 5 | | | | | |

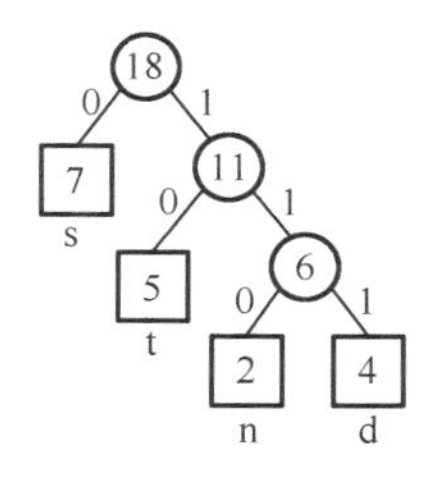


图 5.85　哈夫曼编码结果

### 3．数据结构描述

```
typedef struct                          //编码结构体
{
    char bit[N];                        //存放哈夫曼编码
    int start;                          //从 start 位开始读 bit 中的哈夫曼码
} HCode_Node;
```

### 4．程序实现

```
/*==============================================
函数功能：哈夫曼符号集编码（根据哈夫曼树求哈夫曼编码）
函数输入：哈夫曼树、（哈夫曼码编码表）
函数输出：（哈夫曼编码表）
==============================================*/
void create_HuffmanCode(HTree_Node hTree[], HCode_Node hCode[])
{
    int i,F,L;                          //F：双亲下标，L：叶结点下标
    HCode_Node hc;
    for (i=0;i<N;i++)                   //N：叶结点数
    {
        hc.start=N;    L=i;
        F=hTree[i].parent;
        while (F != -1)                 //循序直到树根结点结束循环
        {
            if (hTree[f].lchild==L)             //处理左孩子结点
                hc.bit[--hc.start]='0';
            else                                //处理右孩子结点
                hc.bit[--hc.start]='1';
            L=F;
            F=hTree[f].parent;
        }
        hCode[i]=hc;
```

```
        }
    }
```

#### 5.7.3.6 哈夫曼树的译码

哈夫曼编码的解码可以采用不同的方法。

##### 1. 译码方法一

从哈夫曼树根开始，从待译码电文中逐位取码，若编码是“0”，则向左走；若编码是“1”，则向右走，一旦到达叶结点则译出一个字符；再重新从根出发，直到电文结束。

以图 5.86 为例，若收到的电文为 110100，则按照前述的译码过程，步骤如下。

步骤 1：从根结点 F=6 开始（对应图 5.86 的哈夫曼编码下标为 6 的那一行，此处用下标代表结点），电文第一位为“1”，对应右孩子，非叶结点，改 F=5。

步骤 2：F=5，电文第二位为“1”，对应右孩子，非叶结点，改 F=4。

步骤 3：F=4，电文第三位为“0”，对应左孩子，为叶结点，相应字符为'n'。

字符的译码过程结束，若还有剩余的电文，则置 F=6，重复上面的步骤。完整的译码过程见图 5.86，得到的译文为 nts。

| 步骤 | 电文 | 左(0) | 左(1) | 下标 | 叶结点 | 译码 |
|---|---|---|---|---|---|---|
| 1 | 1 |  | √ | 5 | no |  |
| 2 | 1 |  | √ | 4 | no |  |
| 3 | 0 | √ |  | 2 | yes | n |
| 4 | 1 |  | √ | 5 | no |  |
| 5 | 0 | √ |  | 1 | yes | t |
| 6 | 0 | √ |  | 0 | yes | s |

电文：110100

译文：nts

图 5.86 哈夫曼译码步骤

哈夫曼译码在静态存储结构上的实现步骤如下：

① 从根结点 F 开始，根据电文找其孩子结点 Ch。

② 若编码为 0，Ch 为左孩子结点。

③ 编码为 1，Ch 为右孩子结点。

④ 设 F=Ch 重复以上过程，直到 Ch 为叶结点。

此译码方法的程序实现读者可自行完成。

##### 2. 译码方法二

在图 5.85 中，在哈夫曼编码表的 bit 数组中从 start 位开始按位比对待译电文，若码串相等，则能找到对应的字符。实现程序如下。

```
/*======================================
函数功能：将哈夫曼码翻译为字符
函数输入：哈夫曼树、哈夫曼编码
函数输出：无
======================================*/
void decode_HuffmanCode(HTree_Node hTree[ ], HCode_Node hCode[ ])
{
    char code[MAXSIZE];
```

```
    int i,j,k,m,x;

    scanf("%s",code);              //把要进行译码的 01 字符串存入 code 数组中
    while(code[0]!='#')            // '#'为结束标志
    {
      for (i=0;i<N;i++)
      {
          m=0;                     //m 为编码个数的计数器
          j=0;                     //j 记录对应字符的编码个数
          for (k=hCode[i].start;  k<N;  k++, j++)  //从 start 开始比对字符的编码
         {
              if(code[j]==hCode[i].bit[k]) m++;     //当与输入字串相同时 m 值加 1
         }
         if(m==j )  //当输入的字符串与所存储的编码字符串个数相等
         {
              printf("%c",hTree[i].data);
              for(x=0;code[x-1]!='#';x++)            //code 数组用过的字符串删除
              {
                   code[x]=code[x+j];
              }
         }
      }
    }
}
```

### 3. 程序测试

为测试方便，增加一些函数。

```
    /*========================================
    函数功能：输出哈夫曼编码表
    函数输入：哈夫曼树、哈夫曼码编码表
    函数输出：(哈夫曼码编码表)
    屏幕输出：哈夫曼树、哈夫曼码编码表
    ========================================*/
    void display_HuffmanCode(HTree_Node hTree[ ],HCode_Node hCode[ ])
    {
         int i,k;
         printf("   输出哈夫曼编码:\n");
         for (i=0;i<N;i++)                         //输出 data 中的所有数据
         {
             printf("         %c:\t",hTree[i].data);
             for (k=hCode[i].start; k<N; k++)    //输出所有 data 中数据的编码
             {
                 printf("%c",hCode[i].bit[k]);
             }
```

```
            printf("\n");
        }
}

/*==============================================
    函数功能：对给定字符串进行编码
    函数输入：哈夫曼树、哈夫曼码编码表
    函数输出：无
    键盘输入：要编码的字符串
    屏幕输出：输入字符串的哈夫曼编码串
==============================================*/
void edit_HuffmanCode(HTree_Node hTree[],HCode_Node hCode[])
{
    char string[MAXSIZE];
    int i,j,k;
    scanf("%s",string);                        //把要进行编码的字符串存入 string 数组中
    printf("输出编码结果:\n");
    for (i=0;string[i]!='#';i++)               //#为终止标志
    {
        for (j=0;j<N;j++)
        {
            if(string[i]==hTree[j].data)  //查找与输入字符相同的编号
            {
                for (k=hCode[j].start; k<N; k++)
                {
                    printf("%c",hCode[j].bit[k]);
                }
            }
        }
    }
}
测试主函数
int main()
{
    int i;
    char str[]={'s','t','n','d'};
    int fnum[]={7,5,2,4};
    HTree_Node hTree[M];                       //建立哈夫曼树结构体
    HCode_Node hCode[N];                       //建立编码表结构体
    for (i=0;i<N;i++)                          //把初始化的数据存入 HTree_Node 结构体中
    {
        hTree[i].data=str[i];
        hTree[i].weight=fnum[i];
    }

    create_HuffmanTree(hTree);                 //建立哈夫曼树
```

```
        create_HuffmanCode(hTree,hCode);        //建立哈夫曼编码表
        display_HuffmanCode(hTree,hCode);       //建立哈夫曼编码表
        printf("请输入要进行编码的字符串(以#结束):\n");
        edit_HuffmanCode(hTree,hCode);          //对输入的字符串进行编码
        printf("\n 请输入编码(以#结束):\n");
        decode_HuffmanCode(hTree,hCode);        //对输入的哈夫曼编码串进行译码
    }
```

### 5.7.3.7　哈夫曼树的应用

在很多问题的处理过程中，需要进行大量的条件判断，判断结构的设计直接影响程序的执行效率。利用哈夫曼树可以优化算法、提高效率。

**【例 5-7】** 哈夫曼树的应用——最佳判定算法。

编制一个程序，将百分制转换成优秀、良好、中等、及格、不及格 5 个等级输出。

**解析：** 将百分制转换成五分制，最直观的程序实现方法是利用 if 语句来处理。可用二叉树描述判定过程，如图 5.87 所示。

在实际中，学生的成绩分布是不均匀的，其分布在数学上可近似地用正态分布来描述。学生成绩在 5 个等级上的分布情况见图 5.88。

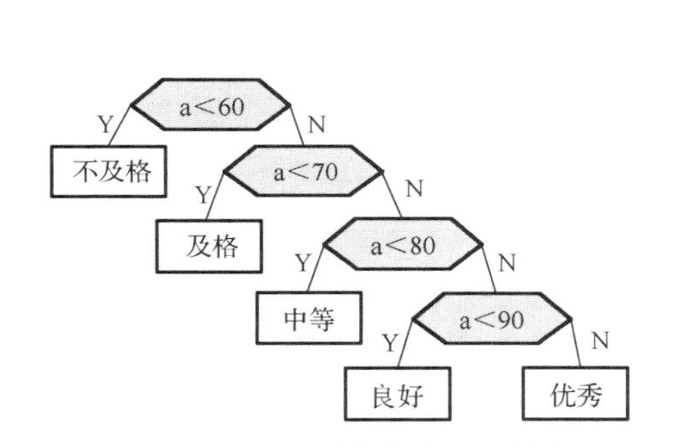


图 5.87　百分制转换成五分制流程

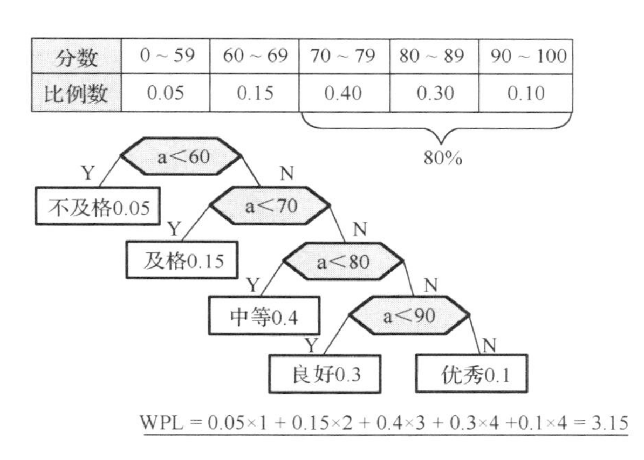

| 分数 | 0～59 | 60～69 | 70～79 | 80～89 | 90～100 |
|---|---|---|---|---|---|
| 比例数 | 0.05 | 0.15 | 0.40 | 0.30 | 0.10 |



图 5.88　学生成绩分布及处理流程

**【思考与讨论】**

按数据从小到大分布顺序的转换效率高不高？

**讨论：** 有 80%的数据需要进行三次或三次以上的比较才能得出结果。

按图 5.88 的判定过程，可以得到如下关系

转换一个分数所需的比较次数 = 从根结点到对应结点的路径长度

考虑每个分数在五个等级上出现的概率，则

一个分数所需的平均比较次数 ＝ 二叉树的带权路径长度

即

$$WPL=0.05\times1+0.15\times2+0.4\times3+0.3\times4+0.1\times4=3.15$$

若把成绩分布概率看成权值，则成绩处理流程就是一棵带权的二叉树。按哈夫曼树的构造方法应该可获得最佳效率的判定算法，改进的流程图如图 5.89 所示，此时的 WPL 值为 2.05。

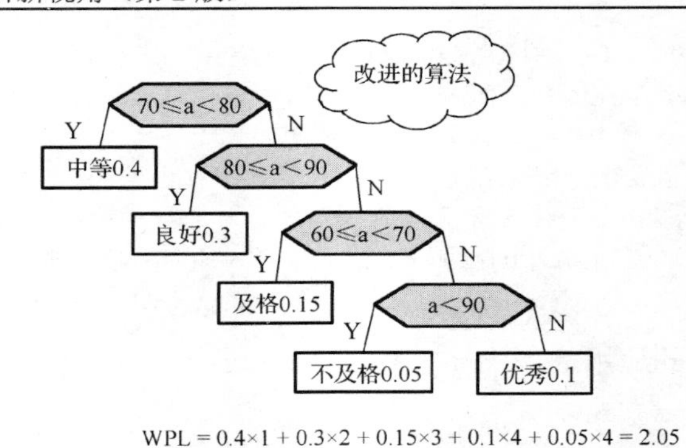


图 5.89　改进的处理流程

**【思考与讨论】**

按概率分布改进的处理流程效率真的提高了吗？

**讨论：**虽然这棵树的 WPL 值为 2.05，比图 5.88 中的 WPL 值 3.15 减小了，但是每个结点的比较次数增加了，因此，还不能确认效率是真的提高了。

可以将每个结点的比较次数依然处理成一次，如图 5.90 所示，此时的 WPL 值为 2.2，与图 5.88 具有完全可比性，用最优二叉树的方法的确可以提高算法效率。

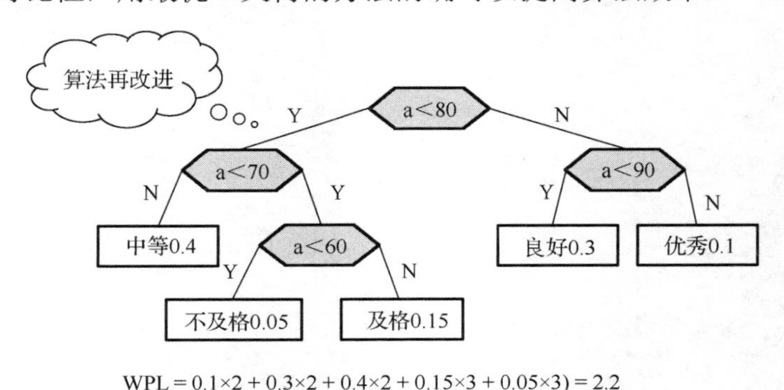


图 5.90　算法再改进的处理流程

# 5.8　线性与非线性结构的集合——广义表

先来看一个实际的例子。如果有人说他去过国内外一些地方旅游，国内的要按省来分类叙述的话可以这样说，比如，去过北京、上海，江苏的南京、苏州，浙江的杭州、宁波，陕西的西安、咸阳、宝鸡等；国外去过欧洲的法国巴黎、英国伦敦等，我们可以用下面这种把同类信息加括号的方式，简洁地列出信息并加以分类：

中国（北京，上海，江苏（南京，苏州），浙江（杭州，宁波），陕西（西安，咸阳，宝鸡））

欧洲（荷兰（阿姆斯特丹，埃因霍温），比利时（布鲁塞尔），法国（巴黎），英国（伦敦））

即一般形式为

形式 1：国家（直辖市，省（城市 1，城市 2……城市 $n$））

形式 2：洲名（国家（城市 1，城市 2……城市 $n$））

我们要把上面的信息存储到计算机中，首先要分析它们的特点。以上各种信息有不同的类，存在组合或者包含的形式。比如，省可以看作是一类结点，市是另一类结点，各种结点的“层级”是不一样的，如省包含市，这与我们前面学习过的线性表中的结点均为同类型数据是不一样的，它的不同在于放宽了对表中元素的限制，允许元素是线性表等结构，而且不要求数据元素具有相同数据类型。这种包含子结构的线性结构，是线性表的推广，被称为广义表。

前面我们学习过栈、队列、数组、串等内容，它们都是线性表相应内容变化后，衍生出的各种形态及结构，如图 5.91 所示。

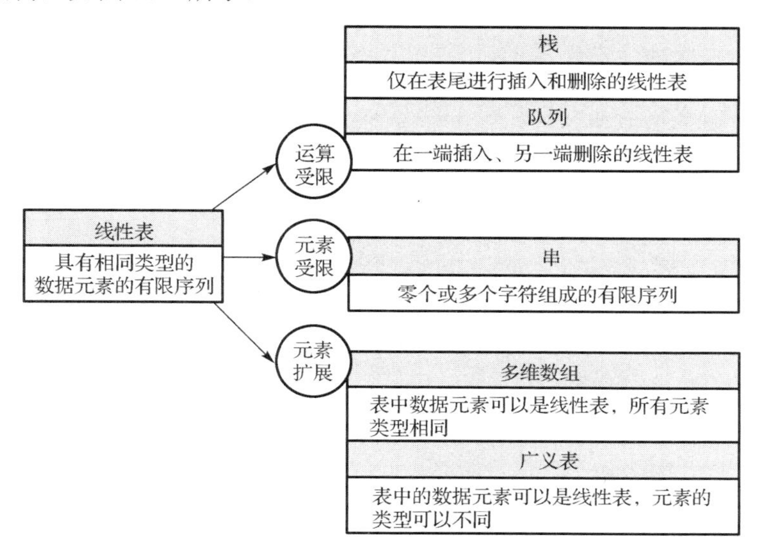


图 5.91　线性表及相关形式

线性表是 $n$ 个元素 $a_1, a_2, \cdots, a_n$ 的有穷序列，该序列中的所有元素具有相同的数据类型且只能是原子项（Atom）。原子项可以是一个数或一个结构，其在结构上不可再分。若放松对元素的这种限制，允许它们具有自身的结构，就是广义表的概念。

下面讨论广义表的递归定义、存储结构、基本运算以及典型应用。

## 5.8.1　广义表的定义

广义表是线性表的推广，也有人称其为列表（Lists，用复数形式以与统称的表 List 相区别）。

### 1. 广义表定义

广义表是 $n$（$n \geqslant 0$）个数据元素的有限序列，记为

$$LS=(a_1,\ a_2,\ \cdots,\ a_n)$$

对广义表说明如下：

- 表名——LS。
- 表头——广义表 LS 非空时，称第一个元素为表 LS 的表头。
- 表尾——广义表 LS 中除表头外其余元素组成的广义表。
- 长度——广义表 LS 中直接元素的个数。
- 深度——广义表 LS 中括号的最大嵌套层数。原子的深度为 0，空表的深度为 1。
- 单元素——$a_i$ 可以是单个的数据元素。单元素也称为原子，是指结构上不可再分的一

个数或一个结构。

- 子表——$a_i$ 可以是一个广义表。

约定：为了区分原子和子表，书写时用大写字母表示子表，用小写字母表示原子。

### 2．广义表的特性

（1）广义表是一个多层次的结构。因为广义表的元素可以是一个子表，而子表的元素还可以是子表。

（2）一个广义表可以为其他广义表所共享，这种共享广义表称为再入表。

（3）广义表可以是一个递归的表。一个广义表可以是自己的子表，这种广义表称为递归表。递归表的深度是无穷值，长度是有限值。

（4）广义表与树形结构相对应，这个广义表就是纯表。

广义表是对线性表和树的推广。各种表的关系如下：

线性表∈纯表（树）∈再入表∈递归表

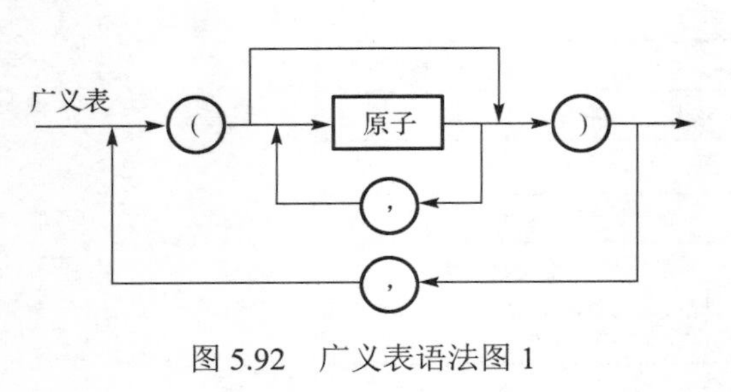

图 5.92　广义表语法图 1

### 3．广义表表示方法

（1）广义表常用表示

广义表常用表示有两种，不带名字的和带名字的，表示的一般规则可以用语法图的方式来描述。

方法一：不带名字的广义表语法见图 5.92。

方法二：带名字的广义表表示。如果规定任何表都是有名字的，为了既表明每个表的名字又说明它的组成，则可以在每个表的前面冠以该表的名字，见图 5.93。相应的示例见表 5.15。

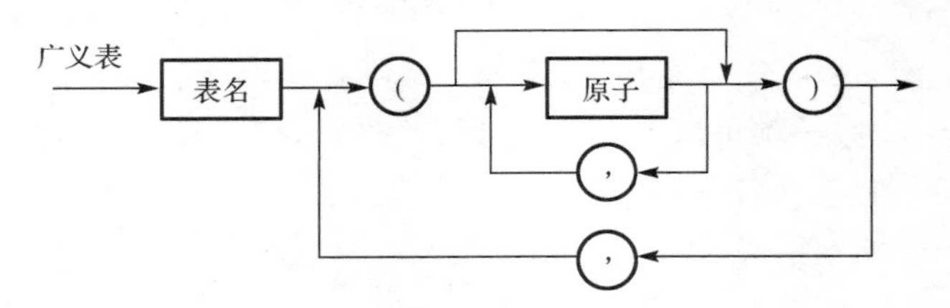

图 5.93　广义表语法图 2

**表 5.15　广义表表示示例**

| 常用表示 | 等价写法 | 带名字的表示法 | 表长 | 原子 | 子表 |
|---|---|---|---|---|---|
| E=() | | E() | 0 | 无 | 无 |
| L=(a，b) | | L(a，b) | 2 | a，b | 无 |
| A=(x，L) | A=(x，(a，b)) | A(x，L(a，b)) | 2 | x | L |
| B=(A，y) | B=((x，(a，b))，y) | B(A(x，L(a，b))，y) | 2 | y | A |
| C=(A，B) | C= ((x,(a,b)),((x,(a,b)),y)) | C(A(x,L(a,b))，B(A(x,L(a,b)),y)) | 2 | 无 | A,B |
| D=(a，D) | D=(a，(a，(a，(...)))) | D(a，D(a，D(...))) | 2 | a | D |

说明：E 为空表，表中元素个数为 0。L 是线性表，表中元素均为原子。C 是共享表，广义表 A、B 为 C 的子表，则在 C 中不必列出子表的值，通过子表的名称来引用。实际应用中，可以利用广义表的共享特性减少存储结构中的数据冗余，节省存储空间。

D 是递归表，D 是自己的子表，表长为 2，深度为∞，相当于一个无限的广义表。

（2）广义表的图形表示

若用圆圈和方框分别表示表和单元素，并用线段把表和它的元素（元素结点应在其表结点的下方）连接起来。按照这种方法画出图，我们可以看到广义表的图形表示一般为树形结构，树根结点代表整个广义表，各层树枝结点代表相应的子表，树叶结点代表单元素或空表。广义表的图形表示的例子如图 5.94 所示，本节未讨论其中的(d)、(e)两种情形。

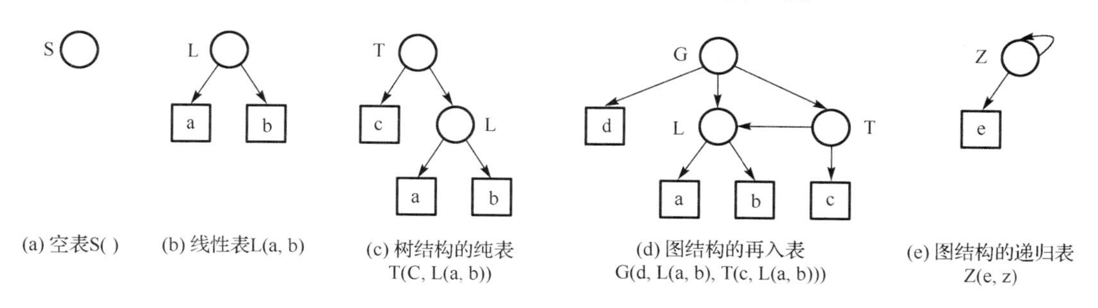


图 5.94　广义表的图形表示

广义表是一种递归定义的线性结构，在表描述中又用到表，这与线性表有着明显区别。广义表又是一个多层次的线性结构，也可以说它是非线性结构，因此适合描述与处理有层次特点的线性结构问题。这种递归定义能够很简洁地描述庞大而复杂的结构。总之，广义表的结构相当灵活，在某种前提下，它可以兼容线性表、数组、树和图等各种常用的数据结构。

### 4．广义表与其他数据结构的关系

（1）与线性表的关系

当限定广义表的每一项只能是基本元素而非子表时，广义表就退化为线性表$(a_1,a_2,\cdots,a_n)$。

（2）与二维数组的关系

当将数组的每行（或每列）看作为子表时，数组即为一个广义表：

$$((a_{11},a_{12},\cdots,a_{1n}),(a_{21},a_{22},\cdots,a_{2n}),\ldots(a_{n1},a_{n2},\cdots,a_{nn}))$$

（3）与树的关系

树也可以用广义表来表示。

### 5．广义表的运算定义

广义表的基本运算包括创建广义表、输出广义表、求广义表的长度和深度、从广义表中查找或删除元素等。

## 5.8.2　广义表的存储

### 5.8.2.1　广义表存储结构可行性分析

广义表中的数据元素可以具有不同的结构，邻接关系可以是线性的也可以是非线性的，在这种复杂情形下，其存储结构应如何设计呢？我们熟悉的存储的一般结构有顺序存储、链式存储方法等，究竟选用什么存储方式合适呢？

### 1．顺序结构与链式结构上的存储

【思考与讨论】

1．广义表采用顺序存储结构的可行性如何？

**讨论：** 前面我们讨论树的存储中有顺序存储方式，这是因为它只是一种有规则的单一的非线性结构，即每个结点不再包含子结构；而广义表中的元素还可以包含子结构，这使得结点的邻接关系可以是线性的也可以是非线性的，而且一个广义表中往往线性与非线性结构同时存在，用顺序的存储结构表示其中的特例情形是可以的（如纯表、线性表），但作为一种广义表，通用的存储方法是非常困难的。

2．广义表采用链式存储结构的可行性如何？

**讨论：** 链式存储方式的特点，一是结点分配灵活，二是在存储非线性结构时，只要增加结点指针域就可将线性结构扩展为非线性结构，这样的特性刚好符合广义表这种复杂结构的描述要求，易于解决广义表的共享与递归问题，所以通常采用链式的存储结构存储广义表。

3．广义表中的结点有两类，存储时如何处理？

**讨论：** 广义表中的结点一类是原子，一类是子表，按照存储原则之一的“存数值，存联系”，我们首先要明确的是结点本身的信息及其相互联系有哪些，原子的构成要素是数值，子表的构成应该有多个指针域，见图 5.95 的方案 1。

基于 C 语言对指针类型的要求，要在一个链表中实现这两类结点的链接，则原子结点与子表结点应该以一种统一的“规格”打包，即只能用一种同样的结构才能完成设想的存储结构。（逻辑结构的存储实现与语言的特点密切相关，语言数据类型的特点决定了存储的结构。）

从图 5.95 所示的方案 1 可以看到，这两种结点的数据项类型、个数都不一样，如何把如此不同的数据整合成同一结构呢？在 C 语言中有“共用体”这种类型，可以完成我们要求的这一功能，增加一个标志位 tag，通过 tag 取值的不同来区分共用体中的数据含义，故结点结构可设计为图 5.95 所示的方案 2。

<table>
<tr><td rowspan="2">表结点</td><td>指针域1</td><td>指针域2</td><td>…</td></tr>
<tr><td>Ptr1</td><td>Ptr2</td><td></td></tr>
<tr><td rowspan="2">原子结点</td><td colspan="3">元素值</td></tr>
<tr><td colspan="3">data</td></tr>
</table>

（方案 1）

<table>
<tr><td rowspan="2">表结点</td><td>标志</td><td>指针域1</td><td>指针域2</td><td>…</td></tr>
<tr><td>tag = 1</td><td>Ptr1</td><td>Ptr2</td><td></td></tr>
<tr><td rowspan="2">原子结点</td><td>标志</td><td colspan="3">元素值</td></tr>
<tr><td>tag = 0</td><td colspan="3">data</td></tr>
<tr><td>结构设计</td><td>整型</td><td colspan="3">共用体</td></tr>
</table>

（方案 2）

图 5.95　广义表链式存储结点结构设计方案

由上述的思考与讨论，广义表的存储方式采用链式方法，要把子表结点与原子结点构造成统一的结点形式。接下来的问题，就是按照结点间的联系来构造链表了。

#### 5.8.2.2　广义表结点间的联系特点分析

下面对广义表不同的结点联系法进行分析。

### 1．广义表头尾表示法

（1）广义表头尾表示法中结点关系分析

根据广义表的定义，若广义表不空，则可分解为表头和表尾；反之，一对确定的表头和表尾可唯一地确定一个广义表：广义表 ＝ 表头 ＋ 表尾。

我们可以将广义表头尾表示法递归使用，使广义表最终分解为原子。例如，E = (a,(b,c,d)) 用头尾表示法递归分解，得

① Head(E) = a　　Tail(E)=E1(b,c,d)

② Head(E1) = b　　Tail(E1)=E2(c,d)

③ Head(E2) = c　　Tail(E2)=E3(d)

相应的分解图如图 5.96 所示。

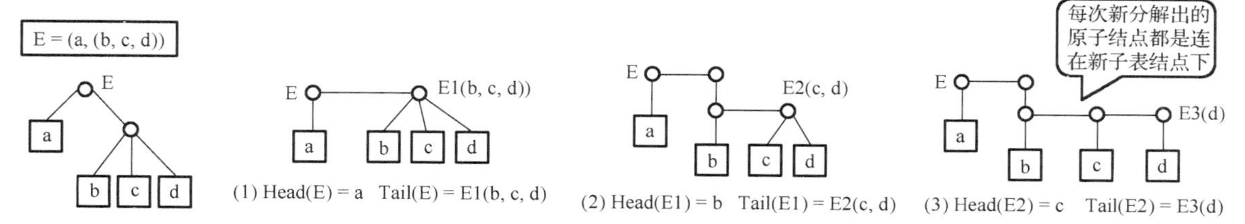


图 5.96　广义表头尾表示法分解图

（2）子表结点分析法中结点关系分析

子表分析方法是将一个非空广义表分解为 *n* 个并列子表，直至分解到原子：

广义表 ＝ 子表 1 ＋ 子表 2 ＋ … ＋ 子表 *n*

图 5.97 给出了广义表 E =(a,(b,c,d))与 L =(a,(x,y ),((z)))的分解图。

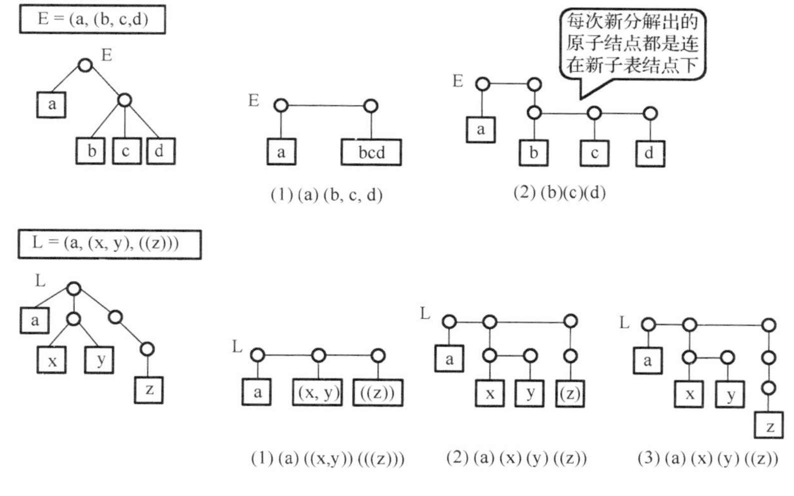


图 5.97　广义表子表分析法分解图

从分解图可以看出，头尾表示法的两种分解方式的结果是一样的。

## 2．广义表图形表示法

我们可以先分析线性表与纯表两种简单形态，因为这两种形态对应的图形是树的一般形式。我们可以直接用树的存储方案，然后测试再入表和递归表的存储是否可以用同一方案实现。

对于一般形态的树，若用同构型存储，则涉及树的度这个量，它决定了表结点的指针域个数，因此不是一种通用的方法。若把一般形态的树转换为二叉树再存储，则其链表存储就是二叉链表，成为一种通用的解决方案。

在 5.2.4 节树与二叉树存储关系的描述中我们知道，一棵树采用孩子兄弟表示法建立的存储结构与它对应的二叉树的二叉链表存储结构完全相同，在广义表链式存储中，通常把此种存储方式称为“孩子兄弟表示法”。实例见图 5.98。

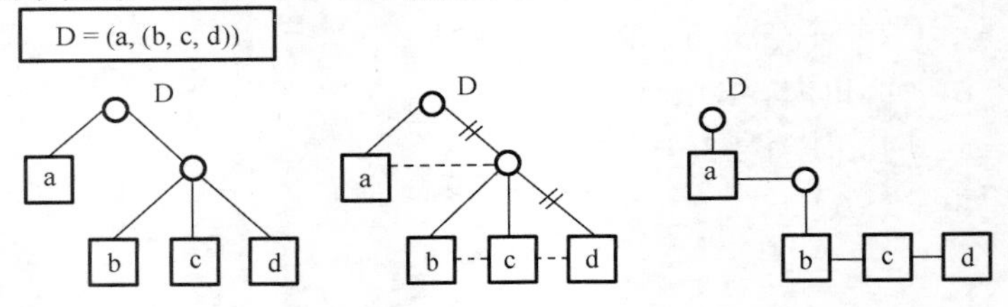


图 5.98　广义表孩子兄弟表示法

两种存储结构各有特点。第一种存储结构除空表的表头指针为空外，对任何非空列表，其表头指针均指向一个表结点。从这种存储结构中容易分清广义表中原子和子表所在层次，最高层的表结点个数即为广义表的长度，因此，广义表的某些运算较为方便，如求广义表的长度和深度，求表头、表尾等。然而，其缺点也很明显，存储结构中表结点多、占用存储空间多，且与广义表中的括号对数不匹配。

第二种存储结构的特点正相反，子表结点个数少且和列表中的括号对数一致，但这种结构写递归算法不方便。

通过上面的讨论我们看到，广义表的链式存储结构可以分为两种不同的存储方式，一种称为头尾表示法，其中包括“头尾分解法”与“子表分解法”，另一种称为孩子兄弟表示法。

#### 5.8.2.3　广义表的头尾表示法数据结构设计

通过前面广义表结构分析可以看到，无论是“头尾分解法”还是“子表分解法”，表结点结构是一样的，都最多需要两个指针域来指向其表头结点与后继表结点。如图 5.99 所示，如表结点 1，其表头结点为原子 a，后继结点为表结点 2；表结点 2 的表头结点为结点 4，后继为结点 3。

因此，图 5.96 所示的方案 2 中指针域个数可以确定为 2，其形式定义说明见图 5.100，其中：

- 表头指针 hPtr——子表首结点的地址。
- 后继指针 tPtr——存放同层后继结点链接地址（同层末结点后继指针为空）。
- 标志 tag——区分表结点和元素结点的标志。
- 元素值 data——存放原子的值。

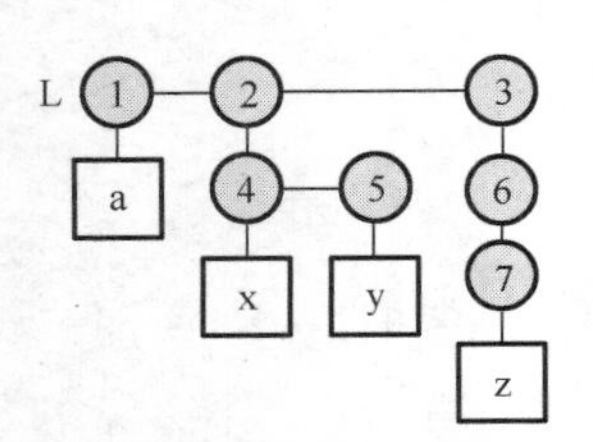


图 5.99　头尾表示法表结点指针域分析

| 表结点 | 标志 | 表头指针 | 后继指针 |
|---|---|---|---|
| | tag = 1 | hPtr | tPtr |
| 原子结点 | 标志 | 元素值 | |
| | tag = 0 | data | |
| 结构设计 | 整型 | 共用体 | |

图 5.100　头尾表示法结点结构

结点类型描述如下。

```
typedef enum {ATOM,LIST} ElemTag; //ATOM==0:原子, LIST==1:子表
Typedef struct GLNode
```

```
{
        ElemTag   tag; //标志域
        union
       {
           AtomType data;
           struct {struct GLNode *hPtr, *tPtr;} ptr;
       };
} Glist;
```

（1）头尾分解法

**【例 5-8】** 用头尾分解法给出广义表 E = (a,(b,c,d))的链表存储形式图。

**解析：** 分解过程见图 5.96，最后的链接形式如图 5.101 所示。

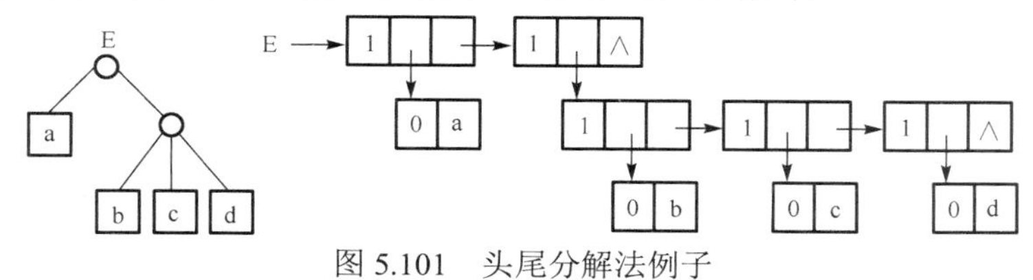


图 5.101　头尾分解法例子

（2）子表分解法

**【例 5-9】** 子表分解法给出广义表 L = ( a, ( x, y ), ((z))) 的链表存储形式图。

**解析：** 分解过程见图 5.97，最后的链接形式见图 5.102。

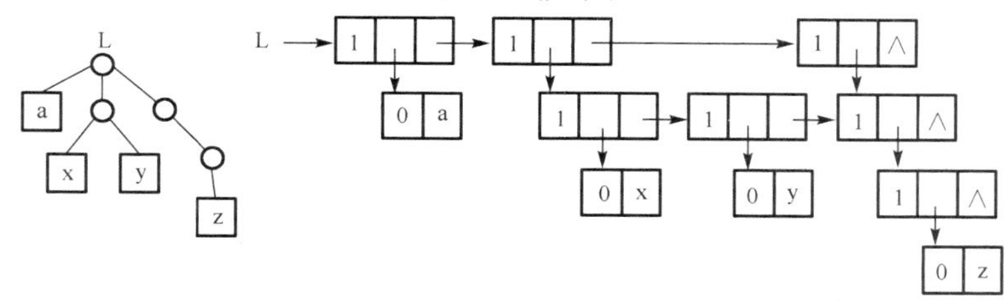


图 5.102　子表分解法例子

### 5.8.2.4　广义表的孩子兄弟表示法数据结构设计

广义表的另一种表示法称为孩子兄弟表示法。在孩子兄弟表示法中，有两种结点形式：

- 表结点——用来表示列表，一个指向第一个孩子的指针和一个指向兄弟的指针。
- 原子结点—— 一个指向兄弟的指针和该元素的元素值。

为区分这两类结点，在结点中设置一个标志域。如果标志为 1，则表示该结点有孩子结点；如果标志为 0，则表示该结点无孩子结点。其结构形式如图 5.103 所示。

| 表结点 | 标志 | 左孩子指针 | 兄弟指针 |
| --- | --- | --- | --- |
| | tag = 1 | firstchild | sibling |
| 原子结点 | 标志 | 元素值 | 兄弟指针 |
| | tag = 0 | data | sibling |
| 结构设计 | 整型 | 共用体 | 结点类型指针 |

图 5.103　孩子兄弟表示法结点结构

```
typedef   enum {ATOM, LIST} ElemTag;     //ATOM=0：单元素；LIST=1：子表
typedef   struct   GLENode
{
    ElemTag   tag;                        //标志域，用于区分原子结点和表结点
```

```
    union
   {                                              //原子结点和表结点的联合部分
      AtomType    data;                           //原子结点的值域
      struct GLENode    *firstchildPtr;           //表结点的表头指针
   } val;
    struct GLENode    *siblingPtr;                //指向下一个结点
} GList                                           //广义表类型
```

**【例 5-10】**用孩子兄弟表示法表示下列各广义表的存储。

空表：　　A=()

线性表：　L=(a,b,c,d)

纯表：　　D=(a,(b,c))

纯表：　　D=(A,B,C)=(( ),(e),(a, (b, c)))

再入表：　G(d,L(a,b),T(c,L(a,b)))

递归表：　E=(a, E)

**解析：**各表相应的存储结构见图 5.104。

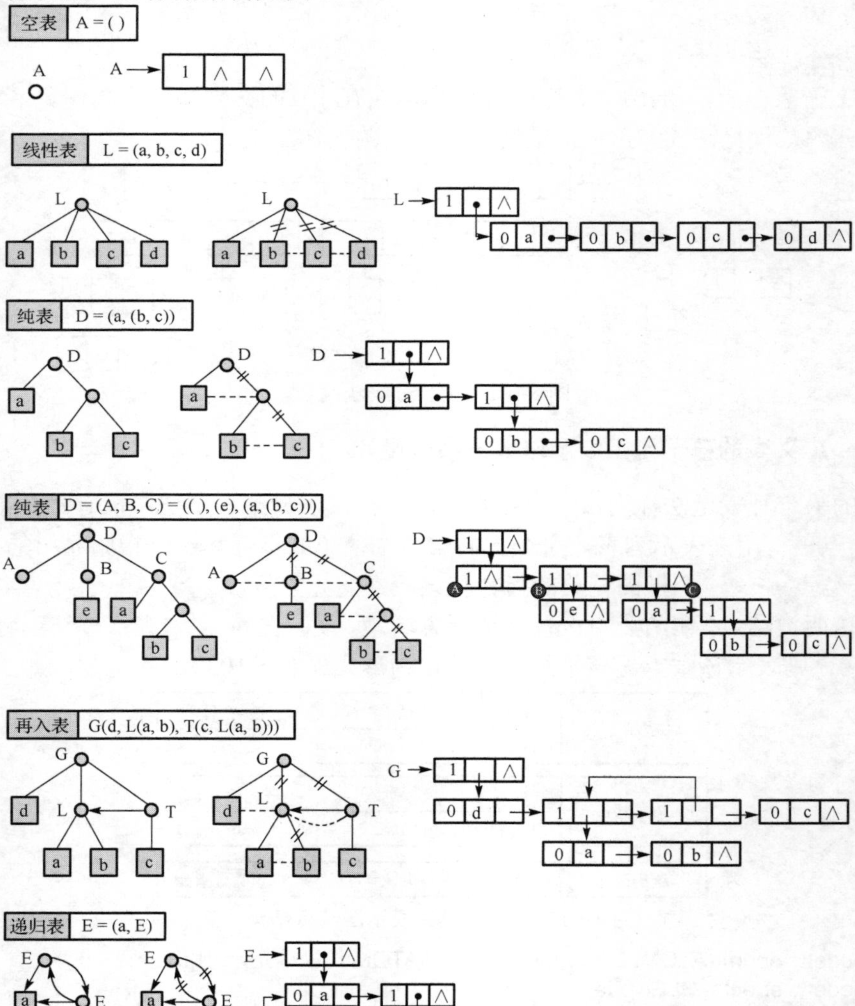

图 5.104　广义表的孩子兄弟存储的例子

从图 5.104 的存储结构示例中可以看出，采用孩子兄弟表示法时，表达式中的左括号“(”对应存储表示中的 tag=1 的结点，且最高层结点的 tp 域必为 NULL。

与树对应的广义表为纯表，它限制了表中成分的共享和递归；允许结点共享的表称为再入表；允许递归的表称为递归表。

各表间的相互关系：线性表∈纯表∈再入表∈递归表。

## 5.8.3　广义表的基本运算

由于广义表是一种递归的数据结构，所以对广义表的运算一般采用递归算法。下面讨论广义表的几种典型操作。首先约定，讨论的广义表都是非递归表且无共享子表，存储结构采用二叉链表方式（孩子兄弟存储）。

### 5.8.3.1　建立广义表的链式存储结构

假定广义表中的元素类型 ElemType 为 char 类型，每个原子的值被限定为英文字母。并假定广义表是一个表达式，其格式为：元素之间用一个逗号分隔，表元素的起止符号分别为左、右圆括号，空表在其圆括号内不包含任何字符。例如，“(a,(b,c,d))”就是一个符合上述规定的广义表格式。

#### 1．树的括号表示到树的链表表示的转换算法——用栈实现

从左到右扫描树的括号表示：

（1）遇到左括号，其前一个结点出栈 1 至 prePtr；
　　创建子表结点；
　　子表结点入栈 1；
　　若为一级子表则入栈 2；
　　将子表结点链入 prePtr 的右兄弟域。

（2）遇到原子，其前一个结点出栈 1 至 prePtr。
　　创建原子结点；
　　原子结点入栈 1；
　　若 prePtr 为 LIST 结点，则将原子结点链入 prePtr 的首孩子域；
　　若 prePtr 为 ATOM 结点，则将原子结点链入 prePtr 的右兄弟域。

（3）遇到逗号或右括号时跳过。

注：一级子表对应逗号后的左括号。

```
/*==========================================
      功能：生成广义表链式存储结构
      输入：char *s——树的括号表示字符串
      输出：GLNode *head——链式广义表头地址
============================================*/
```

此处只给出函数原型 GLNode *CreatGL(char *s)，感兴趣的读者可自行完成代码。

### 5.8.3.2　输出广义表

以 h 作为带表头附加结点的广义表的表头指针，打印输出该广义表时，需要对子表进行

递归调用。输出一个广义表的代码如下。

```
/*==========================================
函数功能：打印括号表示形式的广义表
函数输入：链式广义表头指针 GLNode *gPtr
函数输出：无
==========================================*/
void DispGL(GLNode *gPtr)
{
        if (gPtr!=NULL)    //表非空
        {
            if (gPtr->tag==LIST)                    //为表结点时
            {
                printf("(");                        //输出'('
                //输出空子表
                if (gPtr->val.firstchildPtr==NULL) printf("");
                //递归输出子表
                else   DispGL(gPtr->val.firstchildPtr);
            }
            else printf("%c", gPtr->val.data);      //为原子时输出元素值
            if (gPtr->tag==LIST)   printf(")");     //为子表结点时输出')'
            if (gPtr->siblingPtr!=NULL)
            {
                printf(",");
                DispGL(gPtr->siblingPtr);           //递归输出逗号后续表的内容
            }
        }
}
```

#### 5.8.3.3 测试

**1．测试要求**

广义表建立及输出程序测试：根据测试用例给出广义表的图形结构，用孩子兄弟法画出链表的图形，建立广义表链表存储结构，标出各结点的内存地址并输出其中的内容。

说明：广义表生成函数 CreatGL 在样例测试中未全部通过，故未放源码，但下面给出的样例测试是通过编译的。为给出完整的代码设计过程，仍把测试过程列出来供参考。

**2．测试程序**

```
#include <stdio.h>
#include <stdlib.h>
#include "Lists.h"

int main()
{
    GLNode *LPtr;
    char *str="(a,(b,c,d))";            //测试用例
```

```
        LPtr=CreatGL(str);
        DispGL(LPtr);
        return 0;
    }
```

注：Lists.h 头文件包括以下内容。

```
#include <stdio.h>
#include <stdlib.h>
#define MAXSIZE 20
typedef char ElemType;
typedef enum                          //枚举结点类型
{
    ATOM,                             //ATOM=0——原子
    LIST                              //LIST=1——子表
} ElemTag;
//广义表结点类型定义
typedef struct Lnode
{
    ElemTag tag;                      //结点类型标识
    union
    {
        ElemType data;                //原子结点数据域
        struct Lnode *firstchildPtr; //第一个孩子域
    } val;
    struct Lnode *siblingPtr;         //右兄弟域
} GLNode;
```

生成广义表链式存储结构函数定义为 GLNode *CreatGL(char *s)；打印广义表链式存储结构函数定义 void DispGL(GLNode *g)。

### 3．测试用例及结果

样例：char *str="(a,(b,c,d))"

测试用例的图形结构、二叉树转图、对应链表形式及结点的地址标示见图 5.105。

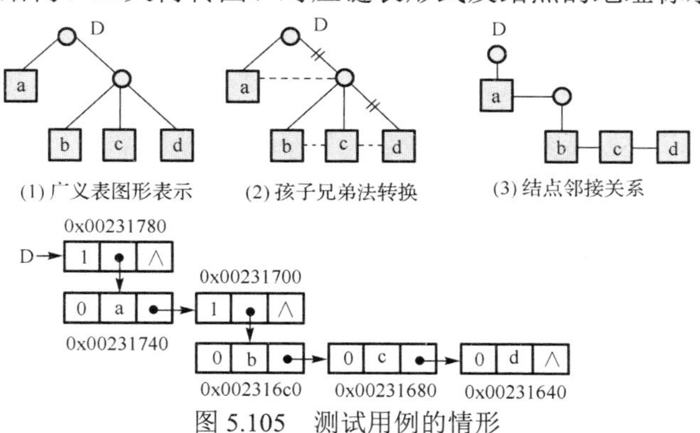


图 5.105　测试用例的情形

# 5.9 本章小结

## 1. 本章内容的思维导图

本章主要内容间的联系见图 5.106 和图 5.107。

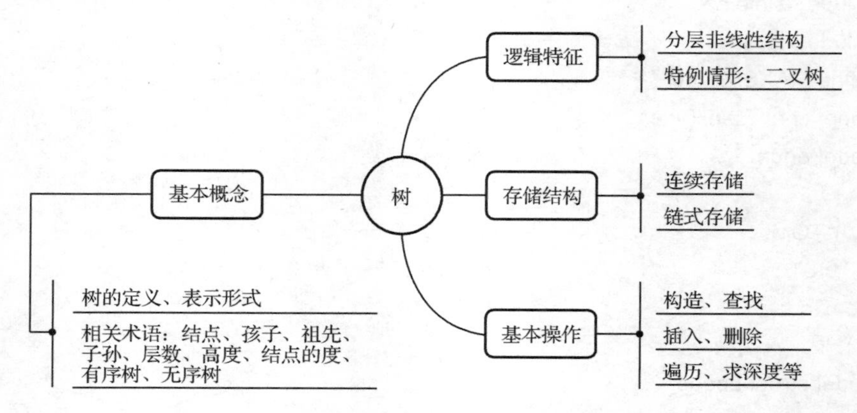


图 5.106　树各概念间的联系

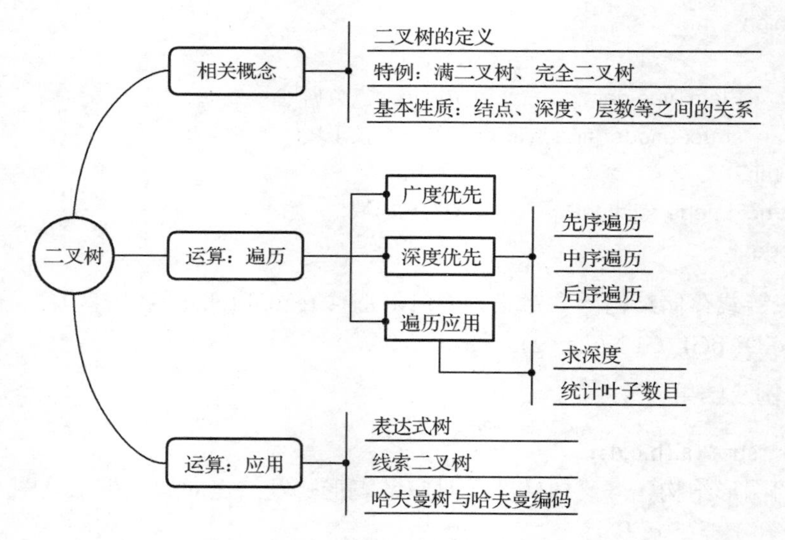


图 5.107　二叉树各概念间的联系

二叉树的顺序存储结构就是把二叉树的所有结点按照层次顺序存储到连续的存储单元中（存储前先将其画成完全二叉树）。树的存储结构用的多是链式存储。

在非线性数据结构中，要解决大多数问题，需从遍历入手。遍历算法是所有算法的核心思想和基础。先序、后序、中序三种遍历方法及其变型可以求解绝大多数二叉树形问题。

深度优先遍历根据访问结点的次序不同可得三种遍历：先序遍历（前序遍历或先根遍历）、中序遍历（或中根遍历）、后序遍历（或后根遍历）。它们的时间复杂度为 $O(n)$。

经典的树的遍历算法采用递归实现。二叉树深度优先遍历的非递归的通用做法是采用栈。

广度优先遍历的非递归的通用做法是采用队列。

# 习题

## 一、单项选择题

1．树最适合用来表示（　　）。

（A）有序数据元素　（B）无序数据元素

（C）元素之间具有分支层次关系的数据　（D）元素之间无联系的数据

2．二叉树是非线性数据结构，所以（　　）。

（A）它不能用顺序存储结构存储　（B）它不能用链式存储结构存储

（C）顺序和链式存储结构都能存储　（D）顺序和链式存储结构都不能使用

3．在下列情况中，可称为二叉树的是（　　）。

（A）每个结点至多有两棵子树的树　（B）哈夫曼树

（C）每个结点有两棵子树的有序树　（D）每个结点只有一棵子树

4．不含任何结点的空树（　　）。

（A）是一棵树　（B）是一棵二叉树

（C）是一棵树也是一棵二叉树　（D）既不是树也不是二叉树

5．把一棵树转换为二叉树后，这棵二叉树的形态是（　　）。

（A）唯一的　（B）有多种

（C）有多种，但根结点都没有左孩子　（D）有多种，但根结点都没有右孩子

6．二叉树的深度为 $k$，则二叉树最多有（　　）个结点。

（A）$2k$　（B）$2^{k-1}$　（C）$2^k-1$　（D）$2k-1$

7．在一棵具有 5 层的满二叉树中，结点总数为（　　）。

（A）31　（B）32　（C）33　（D）16

8．将完全二叉树中所有结点按层逐个从左到右的顺序存放在一维数组 R[1…N]中，若结点 R[i]有右孩子，则其右孩子是（　　）。

（A）R[2i−1]　（B）R[2i+1]

（C）R[2i]　（D）R[2/i]

9．设 a、b 为一棵二叉树上的两个结点，在中序遍历时，a 在 b 前面的条件是（　　）。

（A）a 在 b 的右方　（B）a 在 b 的左方

（C）a 是 b 的祖先　（D）a 是 b 的子孙

10．由二叉树的前序和后序遍历序列（　　）唯一确定这棵二叉树。

（A）能　（B）不能

11．某二叉树的中序序列为 ABCDEFG，后序序列为 BDCAFGE，则其左子树中结点数目为（　　）。

（A）3　（B）2　（C）4　（D）5

12．若以{4,5,6,7,8}作为权值构造哈夫曼树，则该树的带权路径长度为（　　）。

（A）67　（B）68　（C）69　（D）70

13．按照二叉树的定义，具有 3 个结点的二叉树有（　　）种。

（A）3　　（B）4　　（C）5　　（D）6

14．将一棵有 100 个结点的完全二叉树从根这一层开始，每一层上从左到右依次对结点进行编号，根结点的编号为 1，则编号为 49 的结点的左孩子编号为（　　）。

（A）98　　（B）99　　（C）50　　（D）48

15．对某二叉树进行先序遍历的结果为 ABDEFC，中序遍历的结果为 DBFEAC，则后序遍历的结果为（　　）。

（A）DBFEAC　　（B）DFEBCA　　（C）BDFECA　　（D）BDEFAC

## 二、应用题

1．一个深度为 $L$ 的满 $k$ 叉树有如下性质：第 $L$ 层上的结点均为叶子，其余各层上每个结点均有 $k$ 棵非空子树。如果按层次顺序从 1 开始对全部结点编号，问：

（1）各层的结点数是多少？

（2）编号为 $n$ 的结点的双亲结点（若存在）的编号是多少？

（3）编号为 $n$ 的结点的第 $i$ 个孩子结点（若存在）的编号是多少？

（4）编号为 $n$ 的结点有右兄弟的条件是什么？右兄弟的编号是多少？

2．已知一棵度为 $m$ 的树中有 $n_1$ 个度为 1 的结点，$n_2$ 个度为 2 的结点……$n_m$ 个度为 $m$ 的结点，问该树中有多少个叶子结点？

3．写出图 5.108 所示二叉树的先序、中序和后序遍历序列。

4．试找出分别满足下面条件的所有二叉树：

（1）先序序列和中序序列相同。

（2）中序序列和后序序列相同。

（3）先序序列和后序序列相同。

5．对于图 5.109 给出的树，回答下列问题：

（1）写出它的二元组表示。

（2）根结点、叶结点和分支结点分别都为哪些？

（3）结点 F 的度数和层数分别为多少？

（4）结点 B 的兄弟和孩子分别为哪些？

（5）从结点 B 到结点 N 是否存在路径？若存在请写出具体路径。

（6）从结点 C 到结点 L 是否存在路径？若存在请写出具体路径。

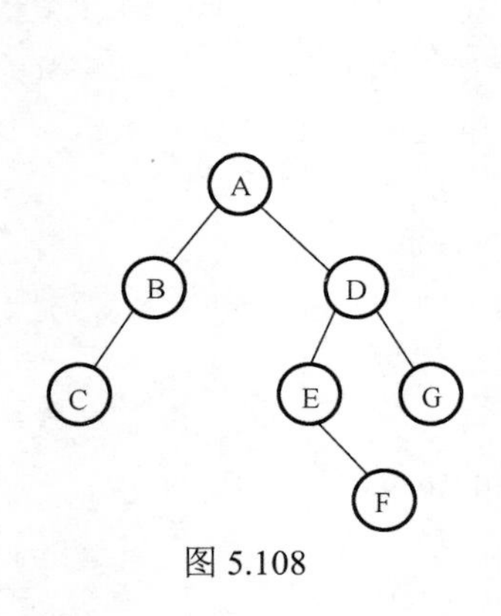


图 5.108

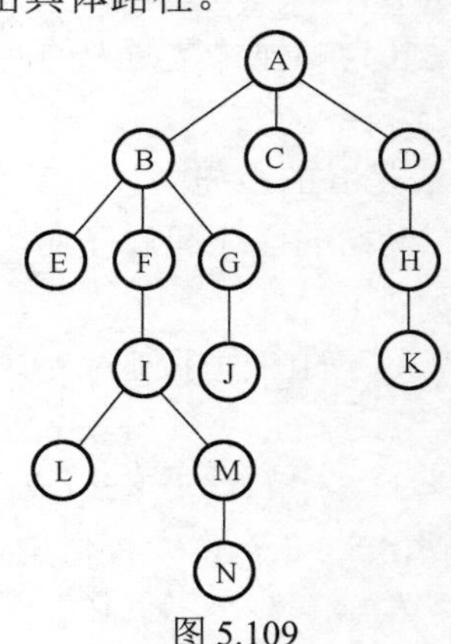


图 5.109

6．设二叉树的存储结构如图 5.110 所示。

| | 1 | 2 | 3 | 4 | 5 | 6 | 7 | 8 | 9 | 10 |
|---|---|---|---|---|---|---|---|---|---|---|
| left | 0 | 0 | 2 | 3 | 7 | 5 | 8 | 0 | 10 | 1 |
| data | j | h | f | d | b | a | c | e | g | i |
| right | 0 | 0 | 0 | 9 | 4 | 0 | 0 | 0 | 0 | 0 |

图 5.110

其中，t 为根结点指针，left、right 分别为结点的左右孩子指针域，data 为数据域。请完成下列各题：

（1）画出二叉树的逻辑结构。

（2）画出二叉树的后序线索树。

7．已知一棵二叉树的中序序列和后序序列分别为 DGBAECHF 和 GDBEHFCA，画出这棵二叉树。

8．假设用于通信的电文由 10 种不同的符号组成，这些符号在电文中出现的频率为 8, 21, 37, 24, 6, 18, 23, 41, 56, 14，试为这 10 个符号设计相应的哈夫曼编码。

9．表 5.16 中 M、N 分别是一棵二叉树中的两个结点，表中行号 $i$=1、2、3、4 分别表示 M、N 的四种相对关系，列号 $j$=1、2、3 分别表示在前序、中序、后序遍历中 M、N 之间的先后次序关系。要求在 $i$，$j$ 有关系的方格内打上对号。例如，如果你认为 N 是 M 的祖先，并且在中序遍历中 N 比 M 先被访问，则在（3，2）格内打上对号。

表 5.16

| | 先序遍历时 N 先被访问 | 中序遍历时 N 先被访问 | 后序遍历时 N 先被访问 |
|---|---|---|---|
| N 在 M 的右边 | | | |
| N 是 M 的祖先 | | | |
| N 是 M 的子孙 | | | |

10．分别画出图 5.111 中的二叉树的顺序存储结构和二叉链表存储结构的图示。并写出该二叉树的前序、中序和后序遍历序列。

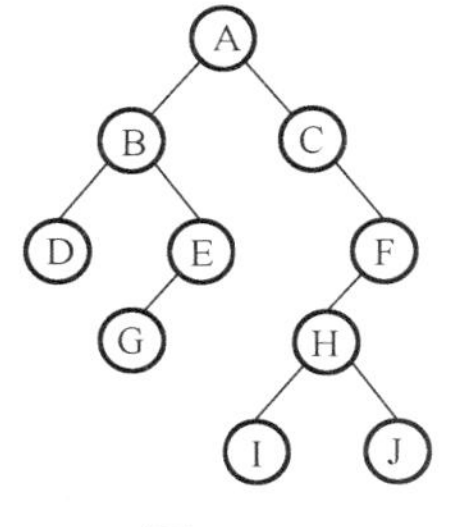

图 5.111

11．设森林 F 对应的二叉树为 B，它有 $m$ 个结点，B 的根为 P，P 的右子树结点个数为 $n$，森林 F 中第一棵树的结点个数是多少？

12．假设用于通信的电文由字符集{a、b、c、d、e、f、g、h}中的字母构成，这 8 个字母在电文中出现的概率分别为{0.07、0.19、0.02、0.06、0.32、0.03、0.21、0.10}。

（1）为这 8 个字母设计哈夫曼编码。

（2）求出哈夫曼树的带权路径长度 WPL。

（3）若用三位二进制数对这 8 个字母进行等长编码，则哈夫曼编码的平均码长是等长编码的百分之几？

## 三、算法设计题

1．已知二叉树采用二叉链表存储结构，指向根结点存储地址的指针为 t。试编写一算法，判断该二叉树是否为完全二叉树。

2．已知二叉树采用二叉链表存储结构，试编写一算法交换二叉树所有左、右子树的位置，即结点的左子树变成结点的右子树，右子树变为左子树。

3．设一棵二叉树的中序、后序遍历序列分别为 GLDHBEIACJFK 和 LGHDIEBJKFCA，完成下列操作。

（1）画出二叉树逻辑结构的图示。

（2）画出上题中二叉树的中序线索二叉树。

（3）画出中序线索二叉链表存储结构图示并给出 C 语言描述。

（4）给出利用中序线索求结点中序后继的算法。

4．试编写一个算法，把一个新结点 $x$ 作为结点 $s$ 的左孩子插入到一棵中序线索化二叉树中，$s$ 原来的左孩子变成 $x$ 的左孩子。

5．本科生导师制问题。在高校的教学改革中，有很多学校实行了本科生导师制。一个班级的学生被分给几个老师，每个老师带 $n$ 个学生，如果该老师还带研究生，那么研究生也可直接带本科生。本科生导师制问题中的数据元素具有如下形式：

（1）导师带研究生

(老师,((研究生 1,(本科生 1,…,本科生 *m*1)),(研究生 2,(本科生 1,…,本科生 *m*2))…))

（2）导师不带研究生

(老师,(本科生 1,…,本科生 *m*))

导师的自然情况只包括姓名、职称；研究生的自然情况只包括姓名、班级；本科生的自然情况只包括姓名、班级。统计某导师带了多少个研究生和本科生。

# 第 6 章　结点逻辑关系任意的非线性结构——图

【主要内容】

- 图的逻辑结构定义
- 图的存储结构
- 图的遍历
- 图的应用——最小生成树、最短路径、拓扑排序与关键路径

【学习目标】

- 熟练掌握图的逻辑结构特点
- 掌握图的存储结构
- 掌握图的遍历
- 熟悉图的相关应用

数据结构中的图，结点间的对应关系是多多对应的，这也是一种经典的结构。从广义上说，所有的结点及其间的联系都可以看作是图。

## 6.1　实际问题中的图及抽象

在很多问题中，信息对象及对象间的联系在抽象后可以用图形表示，如第 1 章中的交通灯问题。需要注意的是，数据结构中的图不是几何平面中图的概念，而是拓扑意义上的图。例如，地铁线路图就应用了拓扑学的原理。我们乘车查线路图，只要找到上车站和下车站、具体可以走哪条线路、中间有几站即可，地铁图上的具体路径则不必理会。在查图的这个问题中，我们只关心点与点相互之间是否有连接，而完全忽略它们作为一个实体的大小、形状和空间距离。

在拓扑学中，无论图的大小或形状怎么变化，只要其中点和线的数量不变，它们就是等价图。如图 6.1 所示，尽管圆和不规则方形、三角形的形状、大小不同，在拓扑变换下，它们都是等价图形。在拓扑学里没有不能弯曲的元素，每一个图形的大小、形状都可以改变，见图 6.2。

图 6.1　拓扑等价图

我们先来看一些图的实际例子。

### 6.1.1 地图着色问题

1852年，毕业于伦敦大学的弗南西斯·格思里来到一家科研单位搞地图着色工作时发现一种有趣的现象：“看来，每幅地图最多用四种颜色着色，就可以使有共同边界的国家被着上不同的颜色”，如图6.3所示。

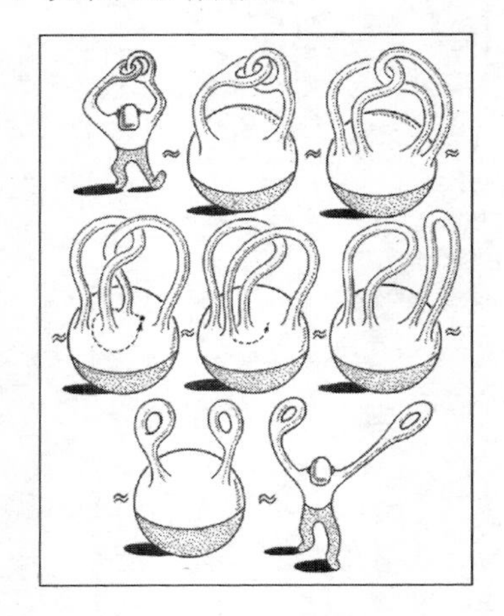

图6.2 拓扑变换魔术

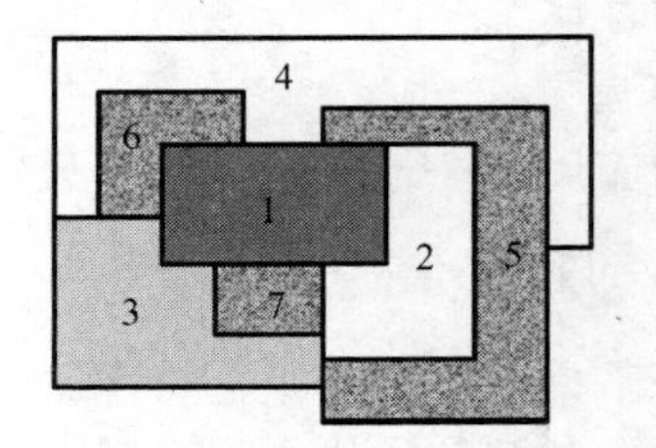


图6.3 地图着色问题

这个结论能不能从数学上加以严格证明呢？这被称为“四色猜想”。当时的著名数学家德·摩尔根、哈密尔顿都没有解决这个问题。在其后的一百多年里，大量的数学家试图证明这个问题，但都没有成功。电子计算机问世以后，演算速度迅速提高，大大加快了对四色猜想证明的进程。1976年，美国数学家阿佩尔（Kenneth Appel）与哈肯（Wolfgang Haken）在美国伊利诺宜大学两台不同的电子计算机上，用了1200小时、做了100亿次判断，终于完成了问题的证明，四色猜想终成四色定理，轰动了世界。

要让计算机证明四色猜想问题，应该怎么做呢？我们可以先通过手工着色来验证一下四色猜想的确是可行的，图6.4所示为我国部分相邻省区的区域示意图，实践证明，的确只需用四种颜色就可以区分不同的相邻区域了。

图6.4 地域分区示意图

用计算机解题，首先要把问题中的已知条件，即信息与信息间的联系抽象后存储到计算机中。具体到地图着色，这个问题的抽象、模型的建立应该如何进行呢？我们可以把地图中的每一个区域收缩为一个顶点，把相邻两个区域用一条边相连接，这样就可以把一个区域图抽象为一个拓扑图，着色处理变成给图中一条边两端的两个顶点标记不同颜色。图 6.4 可抽象为图 6.5 所示的区域相邻关系图。

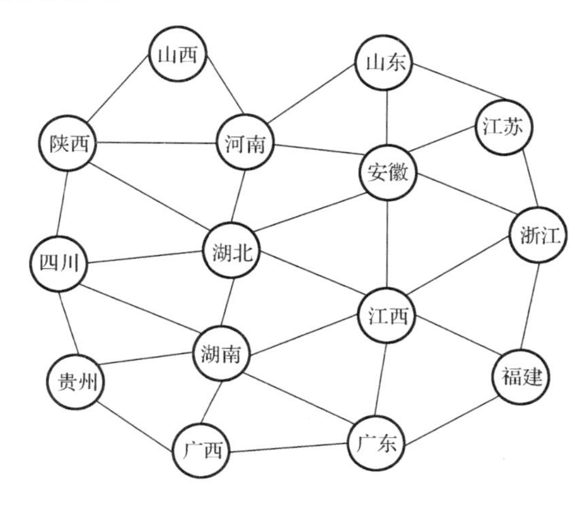


图 6.5　区域相邻关系图

### 6.1.2　搜索引擎与网站的结构

当今互联网发展非常迅速，我们利用搜索引擎（Search Engine）如 Yahoo!、Google、百度等来查询所需的各种信息，非常快捷方便，但对搜索引擎的开发者而言，面对网络的海量信息，如何有效提取并组织这些信息是一个巨大的挑战。

搜索引擎的工作原理是按照一定的搜索策略搜索网络并搜集信息，对信息进行组织和处理后存储在庞大的数据库中。当用户在搜索引擎的页面输入关键词进行查询时，搜索引擎从自己的数据库中找到符合该关键词的所有相关网页的索引，并按一定的排名规则呈现出来。不同的搜索引擎，网页索引数据库不同，排名规则也不尽相同。

完成网络信息搜索任务的软件俗称“网络蜘蛛”或“网络爬虫”，网络蜘蛛是通过网站的站内链接来遍历网站内容的。网站内的链接结构是指页面之间相互链接的拓扑结构，如图 6.6 所示，它建立在目录结构基础之上，可以把每个页面都看成一个固定点，链接则是在两个固定点之间的连线。一个点可以和一个点连接，也可以和多个点连接。

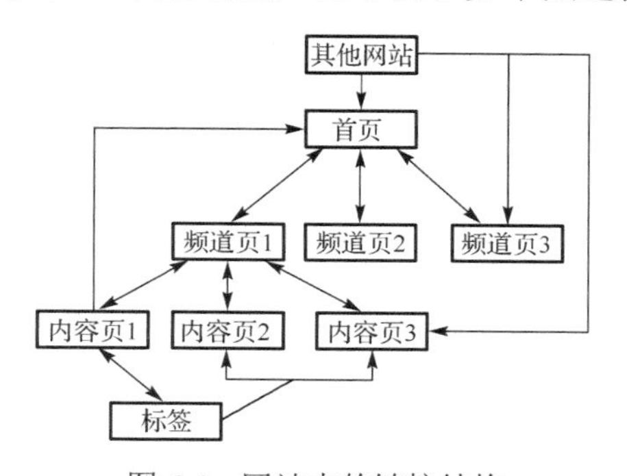


图 6.6　网站内的链接结构

一般网站都会给出有相应关系的其他网站的链接地址，如图 6.7(a)所示，各站点间的相互链接关系可以抽象成图 6.7(b)。

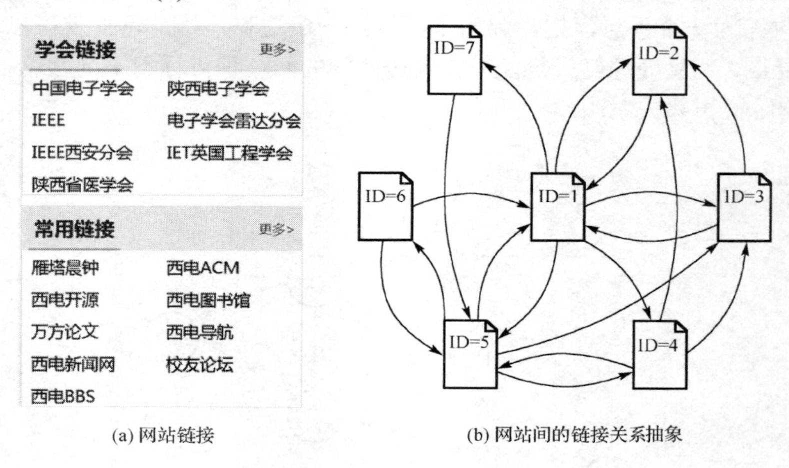


(a) 网站链接　　(b) 网站间的链接关系抽象

图 6.7　网站间的链接示例

【知识 ABC】计算机网络拓扑结构

计算机网络的拓扑结构是引用拓扑学中研究与大小、形状无关的点、线关系的方法。把网络中的计算机和通信设备抽象为一个点，把传输介质抽象为一条线，由点和线组成的几何图形就是计算机网络的拓扑结构。网络的拓扑结构反映出网中各实体的结构关系，是建设计算机网络的第一步，是实现各种网络协议（网络协议，是在计算机网络中为进行数据交换而建立的规则、标准或约定的集合）的基础，它对网络的性能、系统的可靠性与通信的资源开销都有重大影响。

### 6.1.3　最短航线问题

要乘飞机去某个城市却没有直达的航班时，可以经过其他城市“中转”到达目的地。问题就成为——已知某些城市间有航线，求出某两个城市间的最短航线。首先要抽象出问题的模型。可以用点表示城市，当两城市有直达航线时，用线将两点连接起来，并在线的旁边注明距离值。例如，在图 6.8 中，将每个城市作为一个顶点，顶点间连线代表城市间的直达航线，连线的数字表示两城之间以千米为单位的航程。

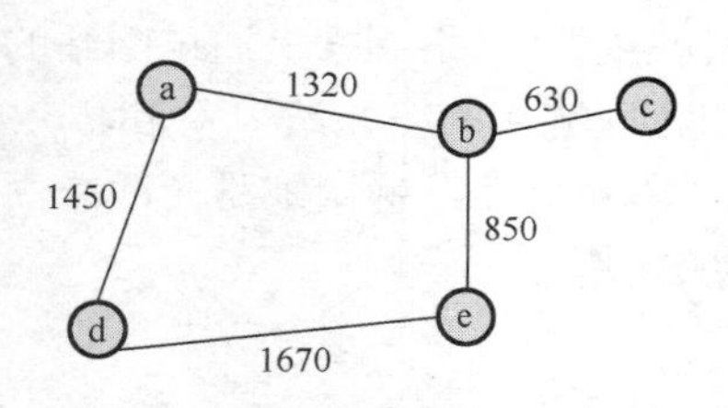


图 6.8　城市间的航线图

城市：顶点={a, b, c, d, e}。

航线：顶点间连线={ab, ad, bc , be, de}。

问题描述：求出从 d 到 c 的最短航线。

### 6.1.4　电路图的表示方法

在物理学的电路中，基尔霍夫电流定律、电压定律与元件性质无关，因此可以把电路中每一条支路画成抽象的线段形成的结点和支路的集合，见图 6.9。其中，没有考虑电流方向的图为无向图，有向图的方向一般为该支路电流的参考方向。用电路的图可以方便地讨论如何列出求解电路的方程组。

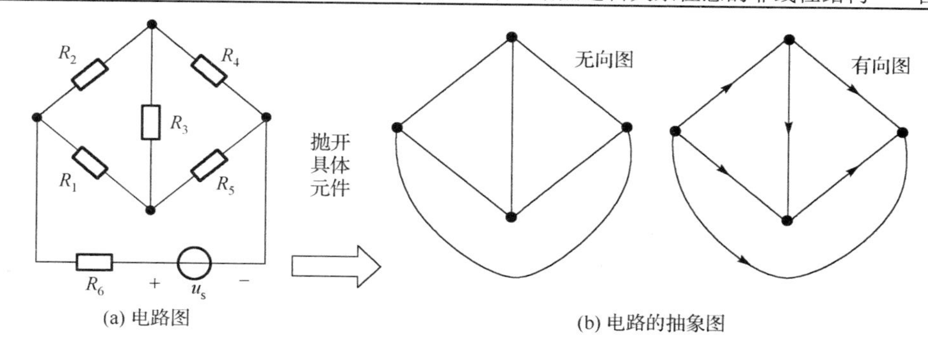


图 6.9　电路图及其抽象

【思考与讨论】

从实际问题中抽象出来的数据结构的“图”有什么特点？

**讨论：**数据结构中的图是拓扑意义上的图，其特点如下。

- 用点表示对象，有直接联系的对象用线连接起来。
- 图形中连线的长短曲直和结点的位置无关紧要，每一条线两端都有结点。

## 6.2　图的逻辑结构

### 6.2.1　图的定义和基本术语

图是一种比线性表和树形结构更复杂的非线性数据结构。图对结点的前趋和后继个数不加限制，各数据元素之间的关系可以是任意的，描述的是“多对多”的关系。

有关图的理论，在“离散数学”的图论中有详细论述和证明。在数据结构中，我们主要讨论图在计算机中的存储和操作。

#### 1．图的定义

在图形结构中，任意两个数据元素之间都可能相关。因此，描述这样的关系，无法用线性结构中直接前趋和直接后继的方式，也不方便用树形结构中的层次关系来描述。对于图中结点与结点间“多对多”的关系，采用集合的方式来描述。图的定义如下。

图（Graph）是一个序偶<V, E>，记为 G = <V, E>，其中：

（1）$V = \{v_1, v_2, \cdots, v_n\}$是有限非空集合，$v_i$称为结点，V 称为结点集（Nodal Set）。

（2）E 是有限集合，称为边集（Frontier Set）。E 中的每个元素都是 V 中的顶点偶对，称之为边（Edge）。

**【知识 ABC】有序偶（Ordered Pair）**

有序偶，指有先后顺序的一对数，与无序偶的概念相对。

两个有序偶相同的条件是构成有序偶的元素分别相同且顺序相同。例如，有序偶<a,b>和<b,a>的元素相同，但元素的顺序不同，因此是两个不同的有序偶。

【思考与讨论】

当图的边集为空时，图 G 是否还存在？

**讨论：**存在。但此时图 G 只有顶点，即图有无边、只有点的情形，这个可以看作是图的特例情况。

### 2．图的表示形式

图的表示可以用文字符号表述，也可以用图形描述。有下面两种形式。

（1）集合表示：对于一个图 G，如果将其记为 G = <V, E>，并写出 V 和 E 的集合表示，则称为图的集合表示。

（2）图形表示：用小圆圈表示 V 中的结点，用由 u 指向 v 的有向线段表示有向边<u, v>；无向线段表示无向边（u, v），称为图的图形表示。

## 6.2.2 图的基本术语

### 1．无向图与有向图

图分为有向图和无向图两种。

无向图：若顶点 $v_i$ 到 $v_j$ 的边没有方向，则称这条边为无向边（Edge），用无序偶对（$v_i$，$v_j$）来表示。如果图中任意两个顶点之间的边都是无向边，则称该图为无向图。

例如，对于图 6.10 来说，$G_1=(V_1, E_1)$，其中：

顶点集合 $V_1=\{v_0 , v_1, v_2, v_3, v_4\}$；

边集合 $E_1=\{(v_0, v_1), (v_0, v_3), (v_1, v_2), (v_1, v_4), (v_2, v_3)(v_2, v_4)\}$；

有向图：若从顶点 $v_i$ 到 $v_j$ 的边是有方向的，则称这条边为有向边，也称为弧（Arc），用有序偶对$<v_i，v_j>$表示。有序偶对的第一个结点 $v_i$ 称为始点（或弧尾），在图中是不带箭头的一端；有序偶对的第二个结点 $v_j$ 称为终点（或弧头），在图中是带箭头的一端。在图中若所有边是有向边，则是有向图。

例如，对于图 6.11 中的有向图 $G_2$ 来说，$G_2=(V_2, E_2)$，其中：

- 顶点集合 $V_2=\{v_0, v_1, v_2, v_3\}$；
- 弧集合 $E_2=\{<v_0, v_1 > , <v_0, v_2 >, <v_2, v_3 >, <v_3, v_0 >\}$。

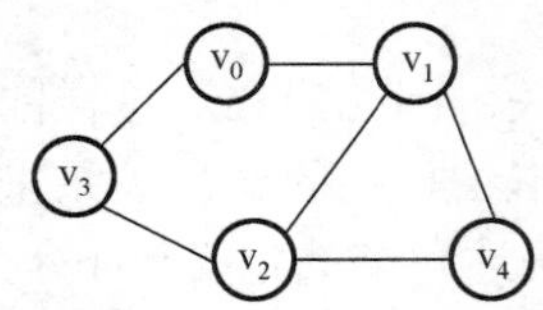


图 6.10　$G_1$ 的图示

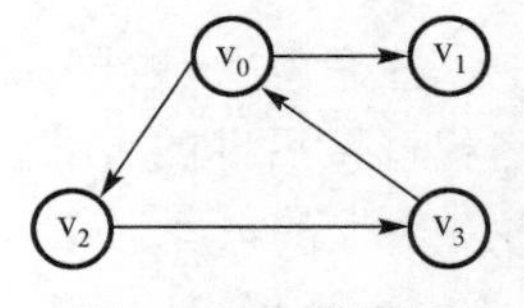


图 6.11　$G_2$ 的图示

注意：有序对通常用尖括号表示，无序对通常用圆括号表示。

稀疏图与稠密图：有很少条边或弧（如 $e<n\log_2 n$，$n$ 是图的顶点数，$e$ 是弧数）的图称为稀疏图，有很多条边或弧的图则称为稠密图。

### 2．顶点与边

邻接点：边的两个顶点。

关联边：若边 e= (v, u)，则称顶点 v、u 关联边 e。

### 3．权与网

边的权：图的边（或弧）带有与该边相关的数据信息。

网（network）：边（或弧）上带权的图称为网。

例如，图 6.8 所示航线图就是一个网，图中每条边上的航程数即是权值。

### 4．顶点的度、入度、出度

在无向图中，

顶点 v 的度 ＝ 与 v 关联的边的数目

在有向图中，

顶点 v 的出度 ＝ 以 v 为起点的有向边数

顶点 v 的入度 ＝ 以 v 为终点的有向边数

顶点 v 的度 ＝v 的出度+v 的入度

### 5．路径与回路

路径：在一个图中，若从顶点 $v_1$ 出发，沿着一些边（或弧）经过顶点 $v_1, v_2, \cdots, v_{n-1}$ 到达顶点 $v_n$，则称顶点序列（$v_1, v_2, v_3, \cdots, v_{n-1}, v_n$）为从 $v_1$ 到 $v_n$ 的一条路径。

回路：若路径上第一个顶点 $v_1$ 与最后一个顶点 $v_m$ 重合，则称这样的路径为回路或环。

例如，在图 6.10 中，$v_0, v_1, v_2, v_3$ 是 $v_0$ 到 $v_3$ 的路径；$v_0, v_1, v_2, v_3, v_0$ 是回路。在图 6.11 中，$v_0, v_2, v_3$ 是 $v_0$ 到 $v_3$ 的路径；$v_0, v_2, v_3, v_0$ 是回路。

### 6．子图

设有两个图 G=(V, E)、$G_1=(V_1, E_1)$，若 $V_1 \subseteq V$，$E_1 \subseteq E$，且 $E_1$ 关联的顶点都在 $V_1$ 中，则称 $G_1$ 是 G 的子图。例如，在图 6.12 中，(b)、(c)是(a)的子图。

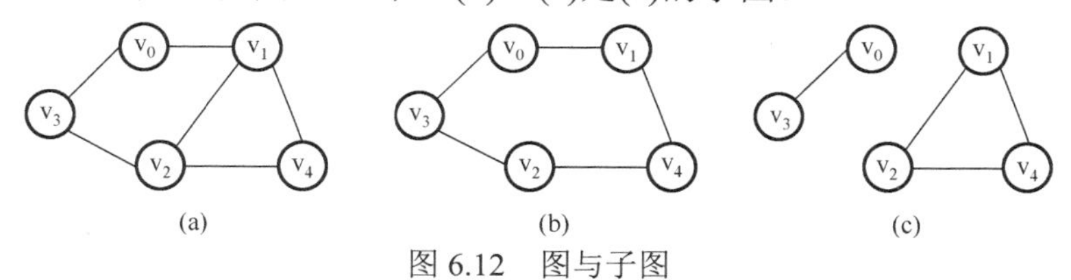


图 6.12　图与子图

### 7．连通图与强连通图

（1）连通图与非连通图

在无向图中，如果从顶点 $v_i$ 到顶点 $v_j$ 有路径，则称 $v_i$ 和 $v_j$ 连通。如果图中任意两个顶点之间都连通，则称该图为连通图，否则，称该图为非连通图。例如，图 6.13 中，(a)、(b)为无向图，其中(a)为连通图，(b)为非连通图。

（2）连通分量

无向图G 的一个极大连通子图称为 G 的一个连通分量（或连通分支）。连通图只有一个连通分量，即其自身；非连通的无向图有多个连通分量。例如，图 6.13(b)中，有顶点分别为($v_0$, $v_1, v_2, v_3$)和($v_4, v_5$)的子图是两个连通分量。

（3）强连通图

在有向图中，若对于每一对顶点 $v_i$ 和 $v_j$，都存在一条从 $v_i$ 到 $v_j$ 和从 $v_j$ 到 $v_i$ 的路径，则称此图是强连通图。

（4）强连通分量

非强连通图中的极大强连通子图。强连通图只有一个强连通分量，即是其自身；非强连通的有向图有多个强连通分量。例如，图 6.13 中，(c)(d)为有向图，其中(c)为强连通图，(d)为非强连通图，顶点为($v_0$, $v_2$, $v_3$)的子图是其中的一个强连通分量。

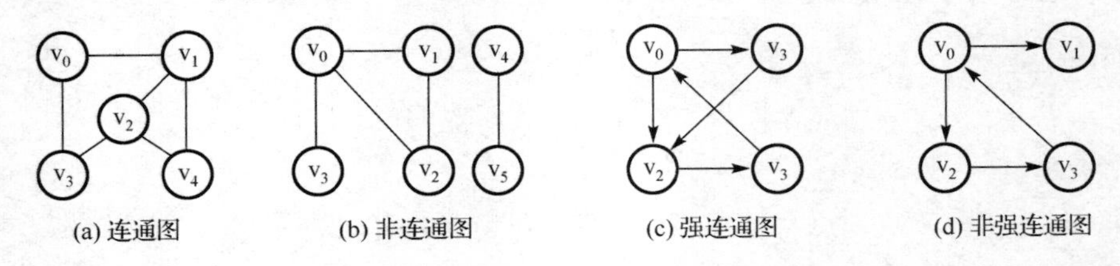


图 6.13　连通图与强连通图

### 8. 生成树

包含无向图 G 所有顶点的极小连通子图称为 G 的生成树。所谓极小连通子图是指在包含所有顶点且保证连通的前提下包含原图中最少的边。若 T 是 G 的生成树当且仅当 T 满足如下条件：

- T 是 G 的连通子图。
- T 包含 G 的所有顶点。
- T 中无回路。

例如，在图 6.14 中，一个图的生成树可以有多种形态。

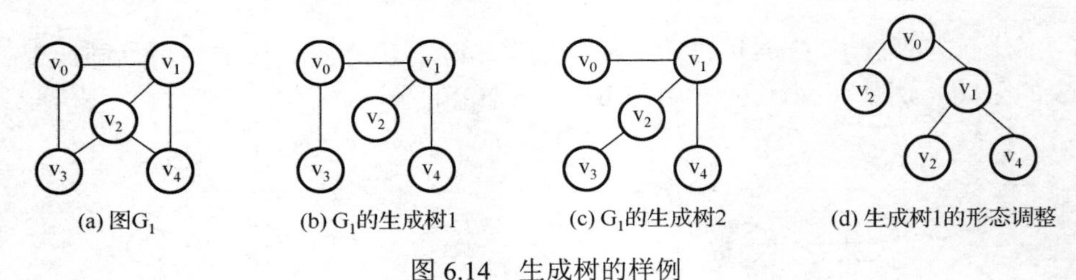


图 6.14　生成树的样例

## 6.2.3　图的操作定义

根据图的结构特点，图的基本操作包括如下。

- 创建图结构。
- 遍历图。
- 对顶点的操作：查找、取值、赋值、插入、删除等。
- 对边的操作：插入、删除、存取或修改权值等。

# 6.3　图的存储结构及实现

前面在讨论树和线性表的存储结构时，用到的存储方式有连续存储和离散存储两类，具体是用顺序表和链表实现的。对于图的存储应该采用什么样的方案，可以先偿式用已有的存储方法，看是否合适。

**【思考与讨论】**

1. 图是否也可以采用顺序存储结构？

**讨论**：图结构中的结点间没有确定的关系（无根，无开始结点、终端结点），任意两点之间都可能存在联系，因此无法像树结构那样，用顺序结构既存放结点数据，同时又存放结点间的关系，但如果把顶点和边的信息分开存放在顺序结构中，则应该是可以的。

2．图的存储需要保存哪些信息？

**讨论**：根据“存数据，存联系”的存储原则，由图的定义，图是由顶点和边组成的，因此除了要存储结点的信息，还要存储边的信息。

由于图结构的任意性特征，相应的存储表示方法有很多，只要符合存储原则的方法都是可以的。常用的图的存储结构有邻接矩阵、邻接表、十字链表和邻接多重表。

对于图的各种存储方法，书中有一些常用的量在此做统一说明。相关类型及常用变量见表 6.1。

```
#define   VERTEX_NUM   6              //图的顶点数
#define   VERTEX_MAX_NUM 64           //图的最大顶点数
#define   EDGE_MAX_NUM   20           //图的最大边数
typedef   char   VexType;             //顶点的数据类型
typedef   int   InfoType;             //弧(边)的类型
```

**表 6.1　图的相关类型及常用变量**

| | 类型 | 变量名 | 数量 | 最大数量 |
|---|---|---|---|---|
| 顶点 | VexType | vertex | VERTEX_NUM | VERTEX_MAX_NUM |
| 邻接点 | VexType | adjvex | | |
| 边 | InfoType | edge | | EDGE_MAX_NUM |
| 弧 | InfoType | arc | | |

## 6.3.1　图的数组表示法 1——邻接矩阵

由图的定义可知，图的逻辑结构分为顶点的集合和边的集合两部分，一个顶点是一个元素，因此可以用一个一维数组存放顶点数据；一条边是用其关联的两个顶点表示的，即一个边元素有两个数据域，因此可以用一个矩阵存放顶点间的邻接关系（即边或弧），这个二维数组也被称为邻接矩阵。如果两个顶点是关联的，即有边存在，那么矩阵的值可以记为 1，无关联则记为 0。

邻接矩阵又分为有向图邻接矩阵和无向图邻接矩阵。

### 1．邻接矩阵的定义

假设图 G=(V, E)有 $n$ 个顶点，则邻接矩阵 AdjMatrix 是一个 $n\times n$ 的方阵，定义为

$$\text{AdjMatrix}[i,j]=\begin{cases}1, & \text{若}(v_i,v_j)\in E\text{（或}\langle v_i,v_j\rangle\in E\text{）}\\ 0, & \text{其他情况}\end{cases}$$

当图带权值时，可以直接在二维数组中存放权值

$$\text{AdjMatrix}[i,j]=\begin{cases}w_{i,j}, & \text{若}(v_i,v_j)\in E\\ \infty, & \text{其他情况}\end{cases}$$

（1）无向图邻接矩阵

在图 6.15 中，矩阵元素 AdjMatrix[i, j]=1 表示图中存在一条边$(v_i, v_j)$，而 AdjMatrix[i, j]=0

表示图中不存在边($v_i$, $v_j$)。

无向图邻接矩阵的特点：

- 无向图的邻接矩阵对称，可压缩存储。
- 无向图中顶点 $v_i$ 的度是邻接矩阵中第 $i$ 行 1 的个数。

（2）有向图邻接矩阵

在图 6.16 中，矩阵 AdjMatrix [i, j]=1 表示图中存在一条弧<$v_i$, $v_j$>，而 AdjMatrix[i, j]=0 表示图中不存在弧<$v_i$, $v_j$>。

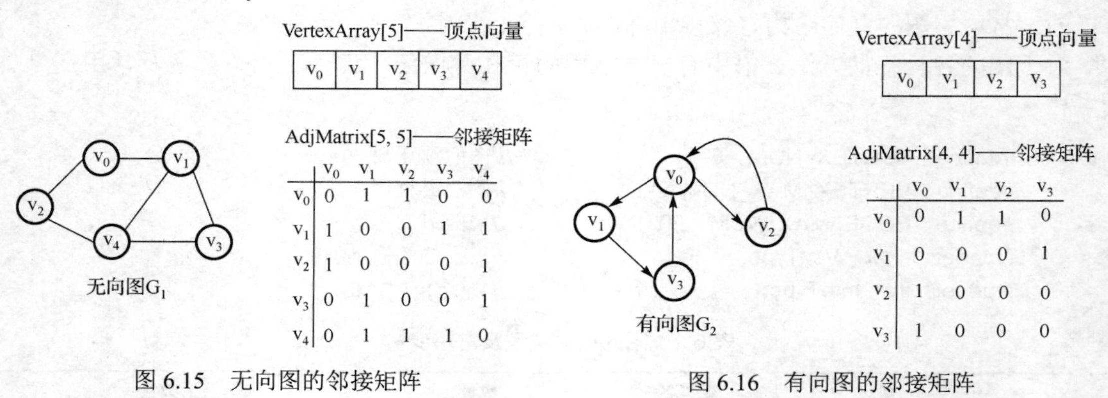


| | $v_0$ | $v_1$ | $v_2$ | $v_3$ | $v_4$ |
|---|---|---|---|---|---|
| $v_0$ | 0 | 1 | 1 | 0 | 0 |
| $v_1$ | 1 | 0 | 0 | 1 | 1 |
| $v_2$ | 1 | 0 | 0 | 0 | 1 |
| $v_3$ | 0 | 1 | 0 | 0 | 1 |
| $v_4$ | 0 | 1 | 1 | 1 | 0 |

| | $v_0$ | $v_1$ | $v_2$ | $v_3$ |
|---|---|---|---|---|
| $v_0$ | 0 | 1 | 1 | 0 |
| $v_1$ | 0 | 0 | 0 | 1 |
| $v_2$ | 1 | 0 | 0 | 0 |
| $v_3$ | 1 | 0 | 0 | 0 |

图 6.15　无向图的邻接矩阵　　　图 6.16　有向图的邻接矩阵

有向图邻接矩阵的特点：

- 有向图邻接矩阵不一定对称。
- 有向图中，顶点 $v_i$ 的出度是邻接矩阵中第 $i$ 行 1 的个数，顶点 $v_i$ 的入度是邻接矩阵中第 $i$ 列 1 的个数。

（3）网的邻接矩阵

在图 6.17 中，邻接矩阵有弧的位置存放权值。符号“∞”表示无路径。

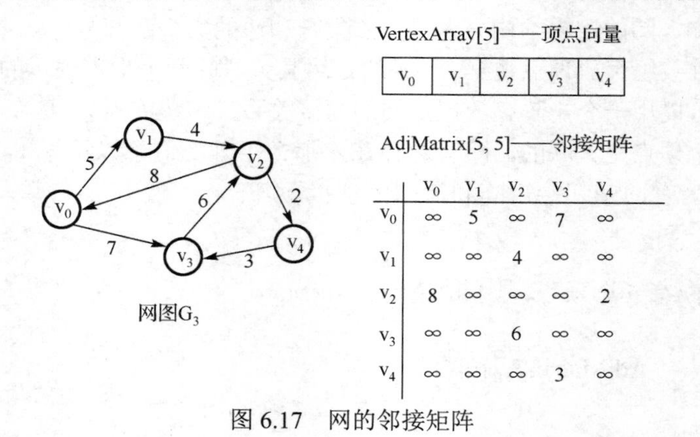


| | $v_0$ | $v_1$ | $v_2$ | $v_3$ | $v_4$ |
|---|---|---|---|---|---|
| $v_0$ | ∞ | 5 | ∞ | 7 | ∞ |
| $v_1$ | ∞ | ∞ | 4 | ∞ | ∞ |
| $v_2$ | 8 | ∞ | ∞ | ∞ | 2 |
| $v_3$ | ∞ | ∞ | 6 | ∞ | ∞ |
| $v_4$ | ∞ | ∞ | ∞ | 3 | ∞ |

图 6.17　网的邻接矩阵

### 2. 邻接矩阵数据结构描述

```
//邻接矩阵 Adjacency Matrix——AM
typedef struct
{   VexType    VertexArray[VERTEX_NUM];                          //顶点数组
    InfoType   AdjMatrix [VERTEX_NUM][ VERTEX_NUM];               //邻接矩阵
} AM_Graph;
```

### 3. 邻接矩阵复杂度分析

采用邻接矩阵表示图，直观方便，运算简单。

（1）时间复杂度

边查找：对于查找图中任意两个顶点 $v_i$ 和 $v_j$ 之间有无边，以及边上的权值，可根据 $v_i,v_j$ 的值随机查找，时间复杂度为 $O(1)$。

顶点度计算：计算一个顶点的度（或入度、出度）和邻接点，其时间复杂度为 $O(n)$。

（2）空间复杂度

其空间复杂度为 $O(n^2)$。如果用来表示稀疏图，会造成较大的空间浪费。

## 6.3.2 图的数组表示法 2——边集数组

### 1. 边集数组的设计

边集数组只存储图中所有边（或弧）的信息，存储一条边的起点、终点（对于无向图，可选定边的任一端点为起点或终点）和边的相关信息（如权值），各边在数组中的次序可任意安排，也可根据具体要求而定。边集数组的例子见图 6.18，其中，为了相应算法运算的方便，无向图 $G_5$ 将边集数组内容按权值从小到大进行了排序。若需存储顶点信息，还需一个含有 VERTEX_NUM 个元素的一维数组。

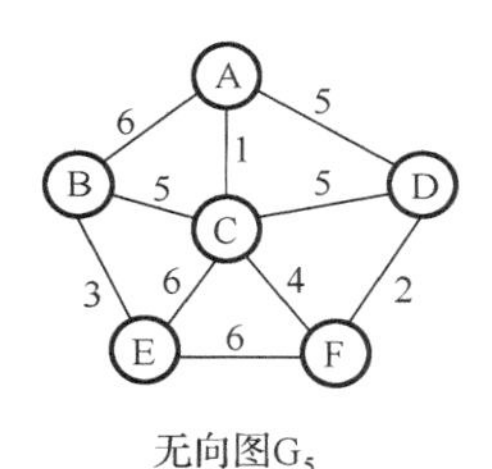


无向图$G_5$

顶点数组VertexArray[6]

| A | B | C | D | E | F |
|---|---|---|---|---|---|

边集数组EdgeSet[ ]

| 起点 | A | D | B | C | A | B | C | A | C | E |
|---|---|---|---|---|---|---|---|---|---|---|
| 终点 | C | F | E | F | D | C | D | B | E | F |
| 权值 | 1 | 2 | 3 | 4 | 5 | 5 | 5 | 6 | 6 | 6 |

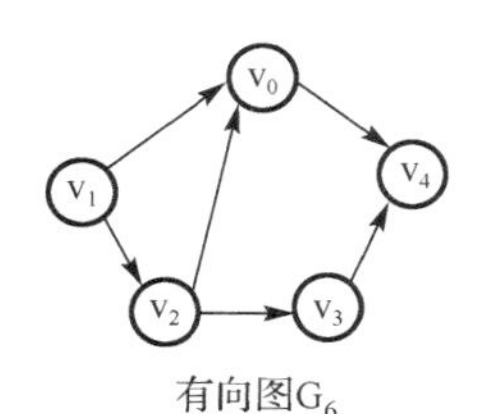


有向图$G_6$

顶点数组VertexArray[5]

| $v_0$ | $v_1$ | $v_2$ | $v_3$ | $v_4$ |
|---|---|---|---|---|

边集数组EdgeSet[ ]

| 起点 | $v_0$ | $v_1$ | $v_1$ | $v_2$ | $v_3$ | $v_2$ |
|---|---|---|---|---|---|---|
| 终点 | $v_4$ | $v_0$ | $v_2$ | $v_3$ | $v_4$ | $v_0$ |

图 6.18　图的边集数组

### 2. 边集数组的数据结构描述

```
边集数组 Edgeset Array
typedef   struct                                  //边集数组单元结构
{    VexType   start_vex;                         //起点
     VexType   end_vex;                           //终点
     InfoType   weight;                           //权值项可以根据需要设置
} EdgeStruct;
EdgeStruct   EdgeSet[EDGE_MAX_NUM];               //边集数组
```

### 3. 边集数组的复杂度分析

边集数组中所含元素的个数要大于等于图中边的条数。

（1）时间复杂度

顶点度计算：若一个图中有 $e$ 条边、$n$ 个顶点，在边集数组中查找一条边或一个顶点的度都需要扫描整个数组，所以其时间复杂度为 $O(e)$。

顶点或边的查找：在边集数组中查找一条边或一个顶点的度都需要扫描整个数组，所以其时间复杂度为 $O(e)$。

（2）空间复杂度

边集数组表示一个图需要一个边数组和一个顶点数组，所以其空间复杂度为 $O(n+e)$。从空间复杂度上讲，边集数组也适于表示稀疏图。

## 6.3.3 图的链表表示法 1——邻接表

### 6.3.3.1 邻接表的存储结构设计

邻接矩阵排列直观容易理解，若图结构本身需要在解决问题的过程中动态产生，则每增加或删除一个顶点都需要改变邻接矩阵的大小，这样做效率显然是很低的。除此之外，邻接矩阵占用的存储单元数目只与图中顶点的个数有关，而与边（弧）的数目无关，对于边数相对顶点较少的稀疏图，这种存储结构空间浪费较大。

**【思考与讨论】**

稀疏图采用什么样的存储方式可以节省存储空间？

**讨论：**图中的边是由每个顶点 $v_i$ 与其邻接点构成，每个顶点 $v_i$ 的所有邻接点构成一个线性表，考虑图的一般情形，对任一顶点 $v_i$ 来说，邻接点的个数不确定，因此选择用单链表来存储，即对图的每个顶点建立一个单链表（$n$ 个顶点建立 $n$ 个单链表），第 $i$ 个单链表中的结点包含顶点 $v_i$ 的所有邻接结点。

余下的问题是如何把这 $n$ 个链表组织在一起，便于管理。

在已有的经验中，对 $n$ 个同类单链表并行管理，是采用“带行向量的链表表示方法”，这种存储结构对图的存储也适用，称为邻接表。

除了邻接表，图的链表表示法还有十字链表和邻接多重表的表示形式，由于这两种表示法比较复杂，在此不再赘述。

邻接表是图的一种链式存储结构。邻接表由头结点表和邻接结点链表两部分组成。

### 1. 无向图邻接表

如图 6.19 所示，邻接结点存放的是顶点在数组中的索引。

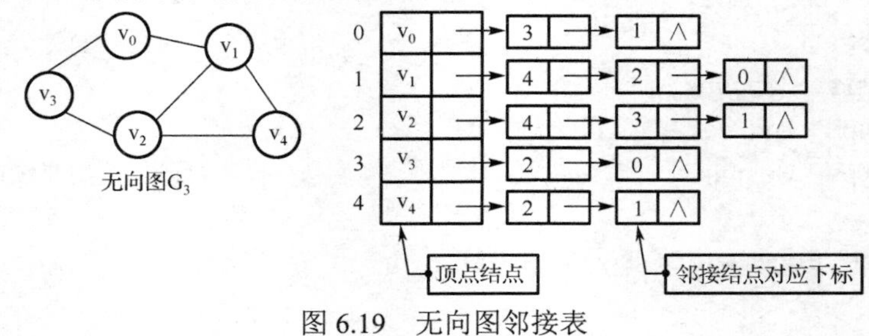


图 6.19　无向图邻接表

无向图邻接表特点如下。

- 若无向图中有 $n$ 个顶点、$e$ 条边，则其邻接表需 $n$ 个头结点和 $2e$ 个邻接表结点。适于存储稀疏图。
- 无向图中顶点 $v_i$ 的度为第 $i$ 个单链表中的结点数。

对于无向图来说，使用邻接表进行存储也会出现数据冗余，头结点 $v_1$ 所指链表中存在一个指向 $v_4$ 的邻接结点的同时，头结点 $v_4$ 所指链表也会存在一个指向 $v_1$ 的邻接结点。

### 2. 有向图邻接表（出边表）

图 6.20(a)是有向图邻接表。有向图邻接表特点如下。

- 顶点 $v_i$ 的出度为第 $i$ 个单链表中的结点个数。
- 顶点 $v_i$ 的入度为整个单链表中邻接点域值是 $i$ 的结点个数。
- 找出度易，找入度难。

### 3. 逆邻接表（入边表）

有时为了便于确定顶点的入度或以顶点为弧头的弧，可以建立一个有向图的逆邻接表，见图 6.20(b)，此时很容易算出某个顶点的入度是多少，判断两顶点是否存在弧也很容易实现。

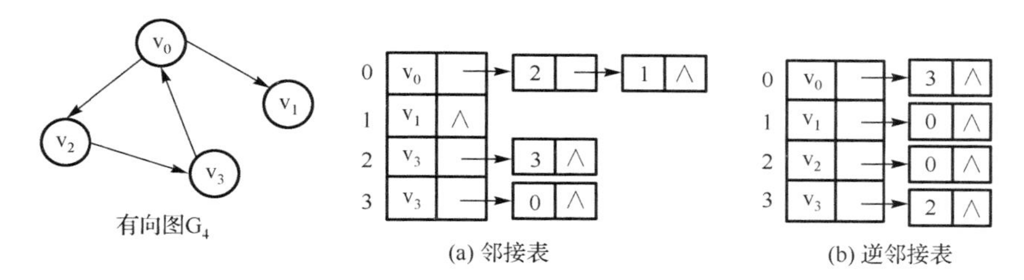


图 6.20　有向图邻接表与逆邻接表

逆邻接表的特点如下。

- 顶点 $v_i$ 的入度等于第 $i$ 个单链表中的结点个数。
- 顶点 $v_i$ 的出度等于整个单链表中邻接点域值是 $i$ 的结点个数。
- 找入度易，找出度难。

### 4. 带权邻接表

带权邻接表的数据结构与普通邻接表基本一致，见图 6.21，只在邻接结点中增加一个记录边的权值的数据域。

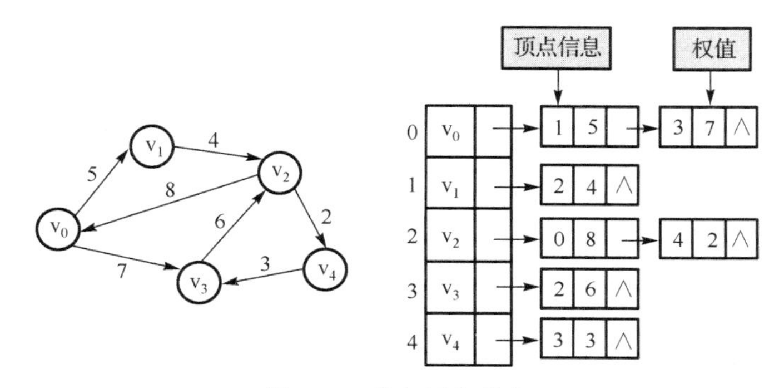


图 6.21　带权图邻接表

#### 6.3.3.2 邻接表数据结构描述及建立

##### 1. 数据结构定义

根据图 6.22，可以写出邻接表的数据结构定义。带星号的表示相应量为指针。

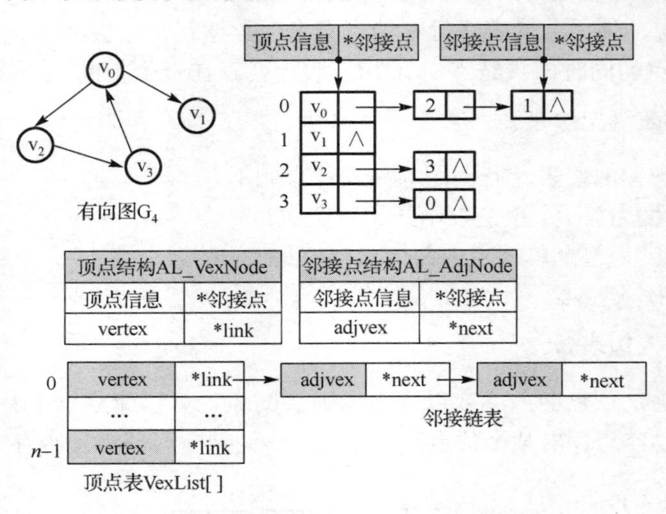


图 6.22 邻接表存储结构示意图

```
//邻接表 Adjacency List——AL
//邻接结点结构类型定义
typedef struct AdjNode
{
    int adjvex;                                  //邻接点
    AdjNode *next;                               //邻接点指针
} AL_AdjNode;

//邻接表顶点结点结构类型定义
typedef struct
{
    VexType   vertex;                            //顶点
    AdjNode *link;                               //邻接点头指针
} AL_VexNode;

//总的邻接表结构类型定义
typedef struct
{
    AL_VexNode   VexList[VERTEX_MAX_NUM];        //顶点表
    int VexNum, ArcNum;                          //顶点数，弧（边）数
} AL_Graph;
```

##### 2. 建立邻接表

```
#include <stdio.h>
#include <stdlib.h>
```

```
#define TRUE 1
#define FALSE 0
#define N 8                  //顶点数
typedef int VexType;
int AdjMatrix[N][N]=         //邻接矩阵，对应图形见图 6.23
{{0,1,1,0,0,0,0,0},
{1,0,0,1,1,0,0,0},
{1,0,0,0,0,1,1,0},
{0,1,0,0,0,0,0,1},
{0,1,0,0,0,0,0,1},
{0,0,1,0,0,0,1,0},
{0,0,1,0,0,1,0,0},
{0,0,0,1,1,0,0,0}};

typedef struct AdjNode       //邻接结点结构类型定义
{
   int adjvex;               //邻接点
   AdjNode *next;            //邻接点指针
} AL_AdjNode;

typedef struct               //邻接表顶点结点结构类型定义
{
   VexType   vertex;         //顶点
   AdjNode *link;            //邻接点头指针
} AL_VexNode;
/*==============================================
函数功能：建立邻接表
函数输入：无
函数输出：无
共享数据：图的邻接矩阵
==============================================*/
void Create_AdjList()
{
     AL_VexNode VexList[N]={0,NULL};              //顶点表
     int j;
     AL_AdjNode *Ptr,*nextPtr;

     for(int i=0; i<N; i++)
     {
          VexList[i].vertex=i;
          VexList[i].link=NULL;
          j=0;
          while(j<N)
          {
               if (AdjMatrix[i][j]!=0)            //有邻接点
               {
```

```
                        Ptr=(AL_AdjNode*)malloc(sizeof(AL_AdjNode));
                        Ptr->adjvex=j;
                        Ptr->next=NULL;
                        if (VexList[i].link==NULL)          //首次加入邻接点
                        {
                              VexList[i].link=Ptr;
                             nextPtr=Ptr;
                        }
                        else
                        {
                              nextPtr->next=Ptr;
                              nextPtr=Ptr;
                        }
                  }
                  j++;
            }
      }
}
int main()
{
      Create_AdjList();
       return 0;
}
```

3．测试

以图 6.23 为测试用例，测试结果如图 6.24 所示。注意，图中结点编号与测试结果中的下标相差 1。

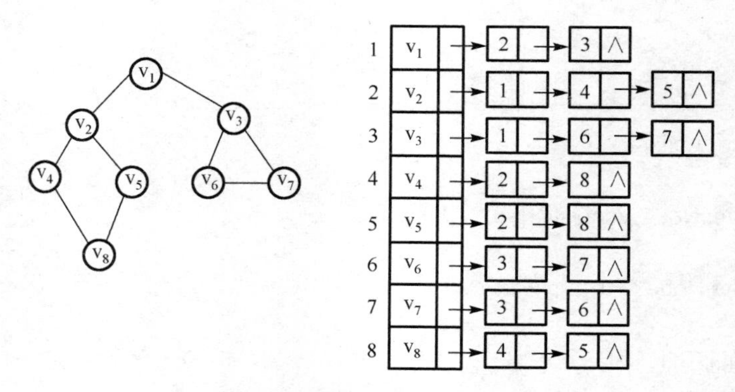


图 6.23　邻接表的测试用例

### 6.3.3.3　邻接表的空间复杂度分析

在图的邻接表和逆邻接表表示中，表头向量需要占用 $n$ 个头结点的存储空间，所有边结点需要占用 $2e$（对于无向图）或 $e$（对于有向图）个边结点空间，所以其空间复杂度为 $O(n+e)$。

邻接表用于表示稀疏图比较节省存储空间，因为只需要很少的边结点，若用于表示稠密图，则将占用较多的存储空间，同时也将增加顶点的查找结点时间。

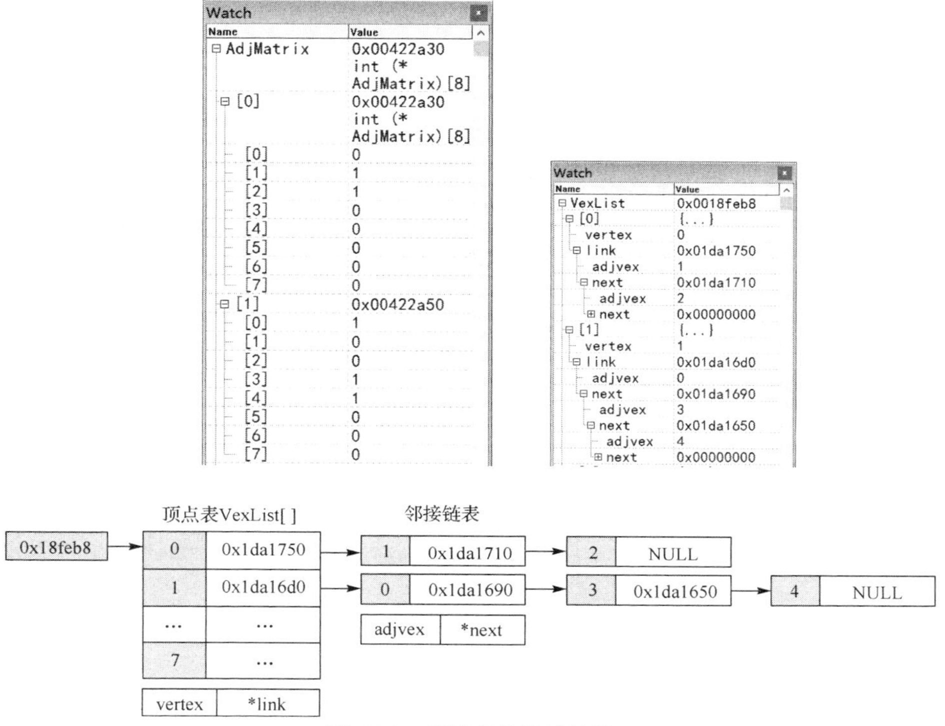


图 6.24　邻接表的测试结果

## 6.3.4　图的链表表示法 2——十字链表

当我们在有向图中既要找以顶点 $v_i$ 为尾的弧，又要找以 $v_i$ 为头的弧时，或者要同时求得顶点 $v_i$ 的出度和入度，若有把邻接表和逆邻接表整合在一起的结构就会方便许多，可以借鉴第 4 章中介绍的“十字链表”存储方式，同时存储邻接表与逆邻接表。

### 1．十字链表存储结构设计

图的十字链表是有向图的另一种链式存储结构。该结构以入弧和出弧为线索，将有向图的邻接表和逆邻接表结合起来得到的，由顶点表和边表组成，如图 6.25 所示，如 $v_0$ 的入弧为 $v_2$、$v_3$，出弧为 $v_1$、$v_2$。十字链表结构也可以理解为将行的单链表和列的单链表结合起来存储稀疏矩阵，每个结点表示一个非零元素。

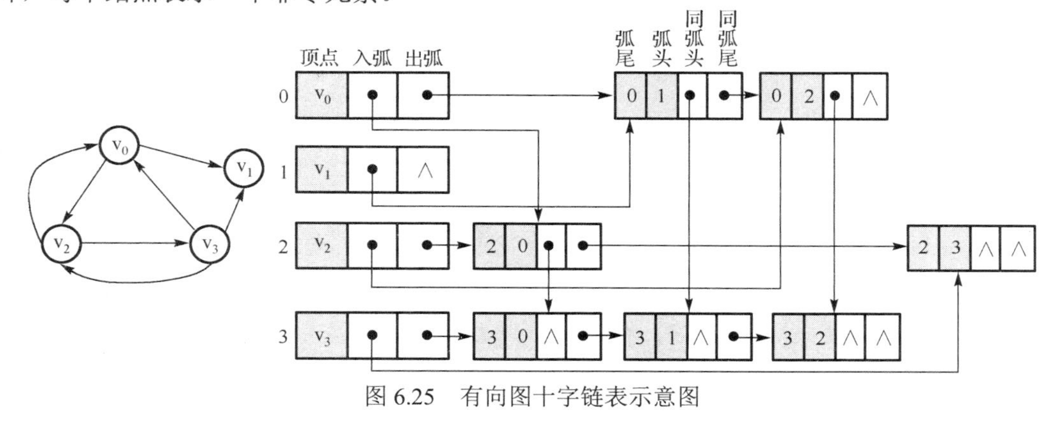


图 6.25　有向图十字链表示意图

在十字链表中，对应于有向图中每一条弧都有一个弧结点，对应于每个顶点也有一个顶点结点。

#### 2. 十字链表数据结构描述

十字链表顶点结构与弧结构示意图见图 6.26。

| 顶点结构 | | |
|---|---|---|
| 结点信息 | *入弧 | *出弧 |
| data | *firstin | *firstout |

| 弧结构 | | | |
|---|---|---|---|
| 弧尾顶点 | 弧头顶点 | *同弧头 | *同弧尾 |
| tailvex | headvex | *hlink | *tlink |

图 6.26　十字链表数据结构

```
十字链表 Orthogonal List——OL
//十字链表的顶点结构
typedef struct vnode
 {    VexType   data;                    //存放顶点的有关信息(如顶点的名称或位置)
      EdgeNode   *firstin;               //指向顶点第一个入弧结点
      EdgeNode   *firstout;              //指向顶点第一个出弧结点
 } OL_VertexNode;

//十字链表的弧结点结构
typedef struct node
{     int tailvex;                       //弧尾顶点
      int headvex;                       //弧头顶点
      struct node   *hlink;              //指向弧头相同的下一条弧
      struct node   *tlink;              //指向弧尾相同的下一条弧
} OL_ArcNode;
```

#### 3. 十字链表复杂度分析

十字链表除了结构复杂一点，其创建图的时间复杂度和邻接表相同，用十字链表存储稀疏有向图可以达到高效存取的效果。因此，在有向图的应用中，十字链表也是非常好的数据结构模型。

### 6.3.5　图的链表表示法 3——邻接多重表

如果在无向图的应用中关注的重点是顶点，那么邻接表是不错的选择。但是，如果更关注的是边的操作，如对已访问的边做标记，或者删除某一条边等操作，因为用邻接表存储无向图，每条边的两个边结点分别在以该边所依附的两个顶点为头结点的链表中，对边操作时，每次都需要找到表示同一条边的两个结点，因此邻接表就显得不那么方便了。

**【思考与讨论】**

对无向图，如何设计每条边只出现一次的链表存储形式？

**讨论：**可以借鉴边集数组对边的描述方式，一条边为一个边结点，再将边结点之间的联系通过同顶点的线索链接起来即可。由于一条边关联两个顶点，所以一个边结点要设置两个指针域。

#### 1. 邻接多重表结构设计

邻接多重表的存储结构和十字链表类似，也是由顶点表和边表组成的。在邻接多重表中，每条边的信息用一个结点描述，一条边对应一个边结点。边结点中除了边关联的两个顶点 ivex 和 jvex，再加上与 ivex 连接的边结点位置、与 jvex 连接的边结点位置。

在图 6.27 中，无向图的边集数组给出了每条边的信息（可以按照起点 $v_i$ 在外循环、终点 $v_j$ 在内循环，从小到大的顺序排列）。根据边信息，再确定 $v_i$ 连接边、$v_j$ 连接边的结点对应位置，如对应边 $a(v_0, v_1)$，起点 $v_0$（边集数组中值为 0）的连接边为边 $b(v_0, v_3)$，终点 $v_1$（边集数组中值为 1）的连接边为 $c(v_1, v_2)$。

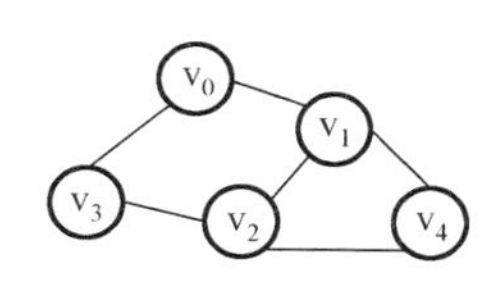


| 边编号 | a | b | c | d | e | f |
|---|---|---|---|---|---|---|
| 起点 $i$ | 0 | 0 | 1 | 1 | 2 | 2 |
| $i$ 连接边 | b | ∧ | d | ∧ | f | ∧ |
| 终点 $j$ | 1 | 3 | 2 | 4 | 3 | 4 |
| $j$ 连接边 | c | e | e | f | ∧ | ∧ |

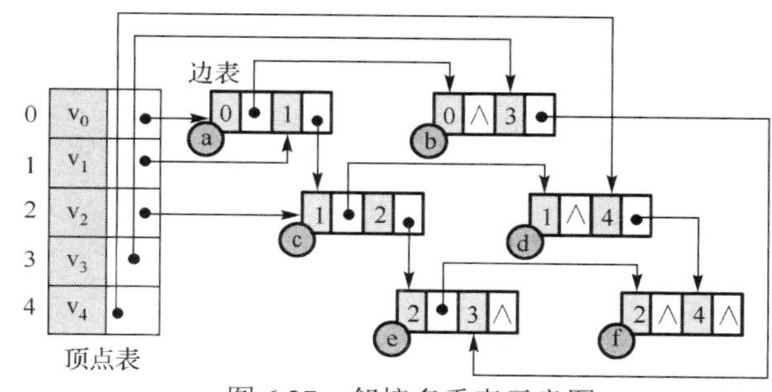


图 6.27　邻接多重表示意图

从头依次扫描边集数组中的 ivex_jvex，若与顶点表中的顶点 $v_k$ 相等，则边结点（ivex, jvex）为 $v_k$ 的连接点。

在邻接多重表中，所有依附于同一顶点的边串联在同一链表中，由于每条边依附于两个顶点，因此每个边结点同时链接在两个链表中。

为标记一条边是否被搜索过，也可以在边结点中增加一个标志域。

### 2. 邻接多重表结构数据结构描述

顶点表结点结构和边表结点结构示意图如图 6.28 所示。

```
邻接多重表 Adjacency Multilists——AML
//邻接多重表的顶点结构
typedef    struct vnode
{       VexType     vertex;                          //顶点信息
        struct node *firstedge;                      //指向第一条依附于该顶点的边
}AML_VertexNode;

//邻接多重表的顶点表
AML_VertexNode    G[VERTEX_NUM];

//邻接多重表的边结点结构
typedef    struct node
{    int    ivex, jvex;                              //边的两个关联点
     struct node    *ilink, *jlink;                  //分别指向依附于 ivex 和 jvex 的下一条边
}    AML_EdgeNode;
```

| 顶点结构 | | 边结点结构 | | | |
|---|---|---|---|---|---|
| 结点信息 | *连接边 | 顶点 $i$ | *$i$连接边 | 顶点 $j$ | *$j$连接边 |
| data | *firstedge | ivex | *ilink | jvex | *jlink |

图 6.28　邻接多重表数据结构

### 3．邻接多重表复杂度分析

邻接多重表容易操作，如求顶点的度等。建立邻接多重表的空间复杂度与时间复杂度都与邻接表相同。

## 6.3.6　图各种存储结构的归结比较

### 1．关注顶点的存储结构

图的邻接表表示及邻接矩阵表示，虽然方法不同，但存在对应关系：

- 邻接表中每个顶点 $v_i$ 的单链表对应邻接矩阵中的第 $i$ 行。
- 整个邻接表可看作是邻接矩阵的带行指针向量的链接存储。
- 整个逆邻接表可看成邻接矩阵的带列指针向量的链接存储。

邻接矩阵和邻接链表既适用于无向图，也适用于有向图。

### 2．关注边的存储结构

十字链表存储：用于有向图。每条弧的结点只出现一次，顶点的出弧、入弧用两个链表存储。

邻接多重表：用于无向图，顶点关联边（u, v）分别连接 u 为起点和 v 为起点的两个边链表。能够方便地处理无向图的边信息。

### 3．图存储结构选择原则

图的邻接矩阵、边集数组、邻接表、十字链表、邻接多重表，各种存储表示各有利弊，具体应用时，要根据图的稠密和稀疏程度以及运算的要求进行选择。

邻接矩阵是一种不错的图存储结构，但对于边数相对顶点数较少的图，这种存储方式空间浪费较大，此时可以采用邻接表的形式存储，邻接表是数组与链表相结合的存储方法。边集数组、邻接表适合表示稀疏图。邻接矩阵适合表示稠密图。

对于有向图来说，邻接表只关心出度问题，想了解入度就必须遍历整个图。反之，逆邻接表解决了入度却不了解出度情况，十字链表是把邻接表和逆邻接表结合起来的存储形式。图的存储方法总结见表 6.2，其中，$n$ 为顶点数，$e$ 为边数。

表 6.2　图的存储方法

| 存储方法 | 实现方法 | 优点 | 缺点 | 空间复杂度 |
|---|---|---|---|---|
| 邻接矩阵 | 二维数组 | 易判断两点间的关系<br>容易求得顶点的度 | 占用空间大 | $O(n^2)$ |
| 边集数组 | 二维数组 | 空间要求较小 | 不易判断两点间的关系，不易得到顶点的度 | $O(n+e)$ |
| 邻接表 | 链表 | 节省空间<br>易得到顶点的出度 | 易判断两点间的关系，不易得到顶点的入度 | $O(n+e)$ |
| 十字链表 | 链表 | 空间要求较小<br>易求得顶点的出度和入度 | 结构较复杂 | $O(n+e)$ |

续表

| 存储方法 | 实现方法 | 优点 | 缺点 | 空间复杂度 |
| --- | --- | --- | --- | --- |
| 邻接多重表 | 链表 | 节省空间<br>易判断两点间的关系 | 结构较复杂 | $O(n+e)$ |

# 6.4　图的基本操作

## 6.4.1　邻接矩阵的操作

### 1．数据结构描述

```
#include<stdio.h>
#include<stdlib.h>
#define VERTEX_NUM 64
typedef struct
{       char   VertexArray[VERTEX_NUM];                          //顶点数组
int     AdjMatrix[VERTEX_NUM][ VERTEX_NUM];                      //邻接矩阵
int     VexNum, EdgeNum;
} AM_Graph;
```

### 2．建立无向图邻接矩阵

```
/*==========================================
函数功能：无向图邻接矩阵的建立
函数输入：邻接矩阵空间地址
函数输出：无
键盘输入：顶点值、边的关联顶点
==========================================*/
void creat_AdjMatrix(AM_Graph *gPtr)
{
      int i,j,k;
      getchar();
      printf("请输入%d 个顶点:",gPtr->VexNum);
      for(i=0;i<gPtr->VexNum;i++)
            scanf("%c",&gPtr->VertexArray[i]);
      for(i=0;i<gPtr->VexNum;i++)
            for(j=0;j<gPtr->VexNum;j++)
                  gPtr->AdjMatrix[i][j]=0;
      printf("输入邻接的两个顶点下标:\n");
      for(k=0;k<gPtr->EdgeNum;k++)
      {
            scanf("%d%d",&i,&j);
            gPtr->AdjMatrix[i][j]=1;
            gPtr->AdjMatrix[j][i]=1;
      }
}
```

### 3．输出无向图邻接矩阵

```
/*=========================================
函数功能：无向图邻接矩阵的输出
函数输入：邻接矩阵空间地址
函数输出：无
屏幕输出：邻接矩阵
=========================================*/
void print_AdjMatrix(AM_Graph *gPtr)
{
	int i,j;
	printf("建立好后的无向图的邻接矩阵为:\n");
	for(i=0;i<gPtr->VexNum;i++)
	{
		printf("%c    ",gPtr->VertexArray[i]);
		for(j=0;j<gPtr->VexNum;j++)
		printf("%d    ",gPtr->AdjMatrix[i][j]);
		printf("\n");
	}
}
```

### 4．测试

```
int main()
{
	AM_Graph Graph;

	printf("请输入顶点数和边数:");
	scanf("%d%d",&Graph.VexNum, &Graph.EdgeNum);
	creat_AdjMatrix(&Graph);
	print_AdjMatrix(&Graph);
	return 0;
}
```

输入顶点数和边数：5　6；输入 5 个顶点：abcde。

输入邻接的两个顶点下标：

```
0 1
0 2
0 4
1 2
2 3
3 4
```

建立好后的无向图的邻接矩阵为

```
a   0   1   1   0   1
b   1   0   1   0   0
c   1   1   0   1   0
d   0   0   1   0   1
e   1   0   0   1   0
```

## 6.4.2　邻接表的操作

### 1．数据结构描述

建立图的邻接表，需要的信息包括图的顶点数、边数以及各条边的起点与终点序号。

有向图与无向图处理方法不同。对于无向图，一条边的两个顶点 $v_1$、$v_2$ 互为邻接点。存储时，向起点 $v_1$ 的单链表表头插入一边结点，即终点 $v_2$，然后将终点 $v_2$ 的单链表表头插入一边结点，即起点 $v_1$。对于有向图，向起点 $v_1$ 的单链表的表头插入一个边结点，即终点 $v_2$。

```
#include<stdio.h>
#include<stdlib.h>
#define   VERTEX_NUM   6               //图的顶点数
#define   VERTEX_MAX_NUM 10            //图的最大顶点数
#define   EDGE_MAX_NUM   20            //图的最大边数
typedef char VexType;                  //顶点的数据类型
typedef int InfoType;                  //弧(边)的相关信息类型

typedef struct AdjNode                 //邻接结点结构
{
    int adjvex;                        //邻接点
    AdjNode *next;                     //邻接点指针
} AL_AdjNode;

typedef struct                         //邻接表顶点结点结构
{
    VexType   vertex;                  //顶点
    AdjNode *link;                     //邻接点头指针
} AL_VexNode;

typedef struct                         //总的邻接表结构
{
    AL_VexNode   VexList[VERTEX_MAX_NUM]; //顶点表
    int VexNum, ArcNum;                //顶点数，弧（边）数
} AL_Graph;
```

### 2．建立有向图的邻接表

```
/*==========================================
函数功能：建立有向图的邻接表结构
函数输入：无
函数输出：邻接表
键盘输入：图的顶点数、边数、边信息
==========================================*/
AL_Graph *Create_AdjList()
{
    int n,e,i,v1,v2;
    AL_AdjNode * AdjPtr;               //定义邻接结点指针
    AL_Graph *alPtr;                   //定义邻接表指针
```

```
    alPtr=(AL_Graph *)malloc(sizeof(AL_Graph));      //申请总的邻接表空间
    printf("请输入图的顶点数：\n");
    scanf("%d",&n);                                  //输入顶点数
    for(i=0;i<=n;i++)                                //初始化邻接表空间
    {
        alPtr->VexList[i].vertex=(char)i;            //给头结点赋值
        alPtr->VexList[i].link=NULL;                 //初始化头结点
    }
     printf("请输入边数：\n");
     scanf("%d",&e);                                 //输入边的数目
     printf("请输入弧的信息：\n");
     for(i=0;i<e;i++)
      {
         printf("请输入弧的两个端点，第一个为弧头；第二个为弧尾\n");
         scanf("%d%d",&v1,&v2);                      //输入边的两个结点
         AdjPtr =(AL_AdjNode *)malloc(sizeof(AL_AdjNode));   //申请新邻接结点
         AdjPtr->adjvex=v2;                          //v2 做新邻接点编号
         AdjPtr->next=alPtr->VexList[v1].link;   //新邻接点链入 v1 为顶点的邻接链表表头
         alPtr->VexList[v1].link=AdjPtr;             //使头结点指向新结点
     }
     alPtr->VexNum=n;                                //将顶点数 n 给 alPtr->VexNum
     alPtr->ArcNum=e;                                //将边数 e 给 alPtr->ArcNum
     return alPtr;                                   //返回该邻接表
}
```

### 3. 输出邻接表

```
/*===================================
函数功能：输出邻接表到屏幕
函数输入：邻接表地址
函数输出：无
=====================================*/
void Print_AdjList(AL_Graph *algPtr)
{
     int i;
     AL_AdjNode *AdjPtr;
     printf("图的邻接表\n");
     for(i=1;i<=algPtr->VexNum;i++)              //当在结点个数范围内时
      {
         //输出顶点表中第 i 个顶点的值
         printf("%d-",algPtr->VexList[i].vertex);
                                                 //取第 i 个邻接链表的首地址
         AdjPtr=algPtr->VexList[i].link;
          while(AdjPtr!=NULL)                    //邻接链表非空
           {
              printf("%d-",AdjPtr->adjvex); //输出邻接结点
              AdjPtr=AdjPtr->next;               //取下一个邻接结点地址
           }
```

```
            printf("--\n");
        }
    }
    int main()
    {
        AL_Graph *gPtr;
        gPtr=Create_AdjList();
        Print_AdjList(gPtr);
        return 0;
    }
```

## 6.4.3 图的运算实例

**【例 6-1】**考试安排问题。

某大学通信工程学院有 9 门课要进行期中考试，不能同时进行考试的课程在集合 R 中表示，其中括号里的一对数表示相应的课程考试有冲突。如何安排，可以使考试无冲突且考试的天数最少？

课程编号={1, 2, 3, 4, 5, 6, 7, 8, 9}

冲突课程 R={(2, 8), (9, 4), (2, 9), (2, 1), (2, 5), (6, 2), (5, 9), (5, 6), (5, 4), (7, 5), (7, 6), (3, 7), (6, 3)}

本例题的解析如下。

### 1．问题分析

从课程与课程间的冲突关系可以观察出，课程对应图的顶点的集合，课程间的关系对应图的边的集合。因此，可以把问题中的信息及其联系用图表示出来，如图 6.29 所示。一条边两端的顶点有冲突，可以用不同的颜色标出，这样考试安排问题就转换为图的着色问题——用尽可能少的颜色给图的每个顶点着色，使相邻顶点着上不同的颜色。

试着对图 6.29 中的结点进行着色，从其中任一点开始着色，可以发现这样不能保证颜色数最小。若依照 degree 由大到小排序，相同度数的结点排列随意，然后一一涂色，每个点都先尝试涂第一种颜色，若与已涂色的点有冲突，则换另一种颜色，直到颜色不冲突为止，这样的方式是有效的。这种图的着色算法就是著名的 Welsh-Powell（韦尔奇 • 鲍威尔）算法。在图 6.30 中，度数递减结点序列为{2, 5, 6, 7, 9, 3, 4, 1, 8}，着色结果为{2, 7, 4}，{5, 3, 1, 8}，{6, 9}。

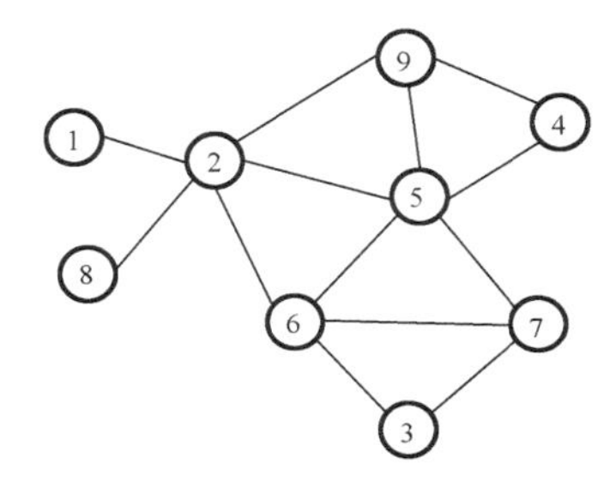

图 6.29　考试安排问题

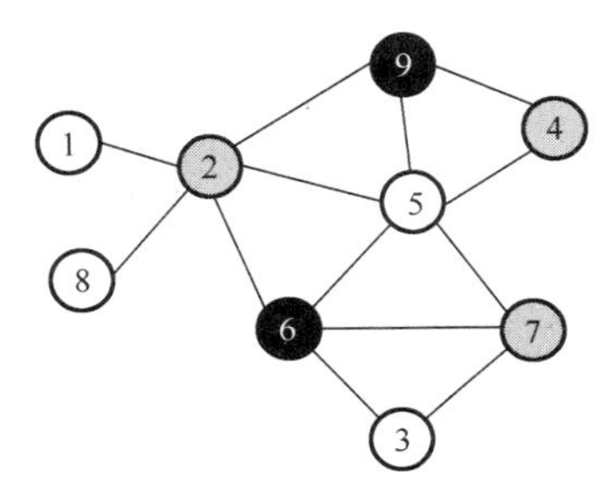

图 6.30　图的着色

### 2．算法伪代码描述

图的着色算法伪代码描述见表 6.3。

表 6.3　图的着色算法伪代码描述

| 顶部伪代码 | 伪代码细化描述一 | 伪代码细化描述二 |
| --- | --- | --- |
| 将图的结点按照结点度数递减的次序排列 | （1）计算图中各顶点的度 | （1）计算图中各顶点的度，放至数组 degree[]中 |
| 用第一种颜色对第一个结点着色，并按照结点排列的次序，对与前面着色点不邻接的每一点着以相同颜色 | （2）找当前度最大结点 k；<br>（3）颜色集的第 colorPtr 项颜色已经使用过？<br>{若 k 不能用 colorPtr 项颜色，则 colorPtr 换一种颜色}<br>（4）将 k 加入 colorPtr 项颜色结点集 | （2）在 degree[]中找当前度最大结点信息并记录在 k 中，清除 degree[]此项结点信息；<br>（3）颜色集 ColorSet[]的第 colorPtr 项颜色已经使用过？<br>{!(k 与 ColorSet[colorPtr].node[]中的结点都不相邻)，则 colorPtr++}<br>（4）将 k 加入 colorPtr 项颜色结点集 ColorSet[colorPtr].node[] |
| 用第二种颜色对尚未着色的点重复步骤 2，直到所有点着色完为止 | （5）重复步骤（2）至（4），直到所有结点处理完为止 | |
| 输出结果 | （6）输出各同色结点集合 | |

### 3．数据结构设计

相同颜色的顶点放在一个数组 node 中，数组长度最大为 $N$，数组已有顶点的最后位置由尾指针 rear 记录，见图 6.31。颜色集 ColorSet 中颜色数最多也为 $N$，即每个顶点的颜色不一样。每种颜色是否已经被使用由 used 标记，设 0 表未使用，1 表已使用。

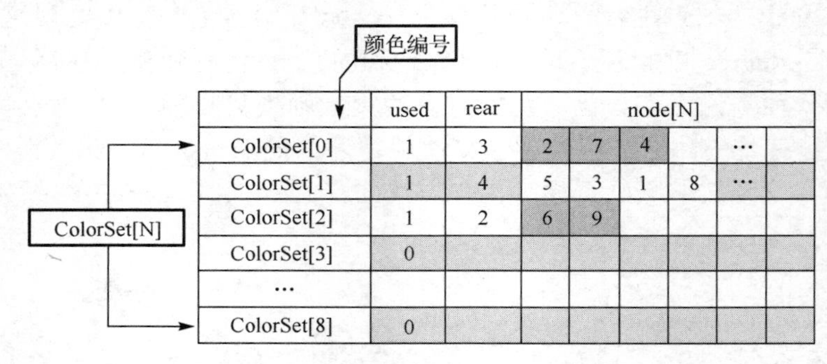


图 6.31　图着色数据结构设计

### 4．程序实现

```
#include <stdio.h>
#define TRUE 1
#define FALSE 0
#define N 9                                    //顶点数
int AdjMatrix[N][N]=                           //邻接矩阵
```

```
	{{0,1,0,0,0,0,0,0,0},
	{1,0,0,0,1,1,0,1,1},
	{0,0,0,0,0,1,1,0,0},
	{0,0,0,0,1,0,0,0,1},
	{0,1,0,1,0,1,1,0,1},
	{0,1,1,0,1,0,1,0,0},
	{0,0,1,0,1,1,0,0,0},
	{0,1,0,0,0,0,0,0,0},
	{0,1,0,1,1,0,0,0,0}};
int degree[N]={0};                          //记录顶点的 degree 数目
char *color[N]={"红","橙","黄","绿","青","蓝","紫","黑","白"};

struct ColorNode
{
	int used;                           //标记颜色是否被用，0 代表未用
	int rear;                           //顶点集合尾指针
	int node[N];                        //同色顶点集合
} ColorSet[N]={{0,0,0,0}};                  //颜色集
/*============================
函数功能：找度最大的结点下标
函数输入：顶点度数组
函数输出：度最大的结点下标
============================*/
int FindMax(int *a)
{
	int i,value,index;
	value=-1;
	index=0;
	for(i=0;i<N;i++)
	{
		if(value < a[i])
		{
			value=a[i];
			index=i;
		}
	}
	a[index]=-1;                        //清除当前最大值
	return index;
}
/*==========================================
函数功能：判断 k 点是否能加入颜色集中第 i 种颜色顶点集
函数输入：第 i 种颜色，k 结点
函数输出：1——可以加入
          0——不能加入
==========================================*/
int judge(int i,int k)
{
```

```
    int p,q,m;

     p=0;
     q=ColorSet[i].rear;
     m=ColorSet[i].node[p];                    //颜色集中下标为 p 的结点
     //k、p 不是邻接点且 p 不是颜色集中的最后一个结点
     while (AdjMatrix[k][m]==0 && p!=ColorSet[i].rear)
      {
         p++;
         m=ColorSet[i].node[p];
      }
     if (p==q)return 1;                        //k 可以加入颜色集
     return 0;                                 //k 不能加入颜色集
}
/*=============================================
函数功能：Welsh_Powell 图结点着色法
函数输入：无
函数输出：无
屏幕输出：同色结点集合
=============================================*/
void Welsh_Powell()
{
     int i,k;
     int colorPtr;

    //计算顶点的 degree
     for (i=0; i<N; ++i)
     {
          for (int j=0; j<N; ++j)
           {
               if (i != j && AdjMatrix[i][j])
                    degree[i]++;
           }
     }

     for (int j=0; j<N; ++j)
     {
          k=FindMax(degree);//找度最大结点 k
          colorPtr=0;
          //colorPtr 项颜色已经使用过
          if(     ColorSet[colorPtr].used==1)
          {
               while(!judge(colorPtr,k))//若 k 不能加入 colorPtr 项的颜色集
                         colorPtr++;
          }
          //将 k 加入 colorPtr 项颜色集
          ColorSet[colorPtr].node[ColorSet[colorPtr].rear++]=k;
          if(     ColorSet[colorPtr].used==0) ColorSet[colorPtr].used=1;
     }
     //输出同色结点集合
```

```
        for (j=0; j<N; ++j)
        {
            if (ColorSet[j].used==1)
            {
                printf("%s:",color[j]);
                for (i=0; i<ColorSet[j].rear; ++i)
                    printf("%d ",ColorSet[j].node[i]+1);
                printf("\n");
            }
        }
    }
    int main()
    {
        Welsh_Powell();
        return 0;
    }
```

结果

红：2　7　4

橙：5　3　1　8

黄：6　9

时间复杂度：$O(n^2)$

**【知识 ABC】** 图的着色问题

图结点着色问题是组合最优化中典型的非确定多项式（NP）完全问题，也是图论中研究时间最长的一类问题。目前，解决该问题的算法很多，如回溯算法、分支限界法、Welsh-Powell 算法、布尔代数法、蚁群算法、贪婪算法、禁忌搜索算法、神经网络、遗传算法以及模拟退火算法等。蛮力法、深度优先或广度优先等算法可以得到最优解，但时间复杂度较大。回溯法的时间复杂度为指数级的。有的在多项式时间内能得到可行解，但不是最优解，如 Welsh-Powell 算法和贪婪算法。遗传算法和神经网络属于复杂的启发式算法，算法复杂度较大，最终得到的也是近似解。

## 6.5　图的顶点查找问题——图的遍历

### 6.5.1　问题的引入

“网络爬虫”是搜索引擎抓取系统软件的重要组成部分，它遍历 Web 空间，能够扫描一定 IP 地址范围内的网站，并沿着网络上的链接从一个网页到另一个网页、从一个网站到另一个网站采集网页资料。面对数量众多的网站，无遗漏且不重复地高效访问所有网页，要求用好的策略实现图的遍历。

我们已经熟悉了树的遍历方法。遍历图是否能采用树的遍历策略呢？首先要比较图与树的结构，分析图的特点，然后才能采取相应的处理方法。

**【思考与讨论】**

1. 图的遍历和树的遍历有什么不同？

**讨论：**我们可以先回顾一下树的遍历，树分为“左子树”“右子树”“根”三部分，只要分别递归遍历这三部分，即可完成对树的遍历。

图不能像树那样把结点分类为相应的区域或部分，因此不能采用分区域遍历的方法。图的特点是任一顶点都可能和其余的顶点相邻，所以在访问了某个顶点之后，可能沿着某条路径搜索之后，又回到该顶点上。只要识别出每个顶点在遍历过程中是否被访问过，即可达到“只访问一次”的要求。

2. 如何避免图的同一顶点在遍历时被访问多次？

**讨论：**为了避免同一顶点被访问多次，可以在遍历图的过程中设置一个向量来标记每个顶点的被访问状态，以区分一个顶点是否被访问过。

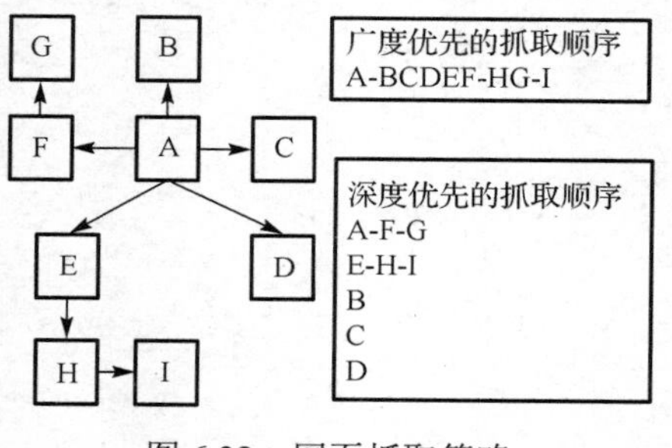


图 6.32 网页抓取策略

在实际应用中，爬虫对网页的抓取策略有深度优先、广度优先和最佳优先等，图 6.32 所示的是某网站起点为 A 的广度优先与深度优先遍历的结果。

和树的遍历类似，图的遍历是从图的某顶点出发访问图中所有顶点，并且每个顶点仅访问一次。

对图进行的很多操作，如添加、修改或删除顶点、边，求解图的连通性问题、拓扑排序和求关键路径等算法，都需要以图的遍历为基础。

## 6.5.2 图的广度优先遍历——BFS

广度优先搜索算法（Breadth-First Search，BFS），又称宽度优先搜索算法，是连通图的一种遍历策略，也是最简单的图的搜索算法之一。这一算法是很多重要的图的算法原型，后面将要介绍的 Dijkstra 单源最短路径算法和 Prim 最小生成树算法都采用了与广度优先搜索类似的思想。

### 6.5.2.1 走迷宫的策略

大家一般都比较熟悉走迷宫的游戏。图 6.33 所示是一个简单的迷宫图形，要让计算机完成从入口点 v0 到出口点 v6 的路径探索，找到最短路径（假设走过一个结点算一个步长），算法应该如何设计呢？

**1. 建立模型**

把图 6.33 中各结点间的关系抽象后用图表示出来，见图 6.34。

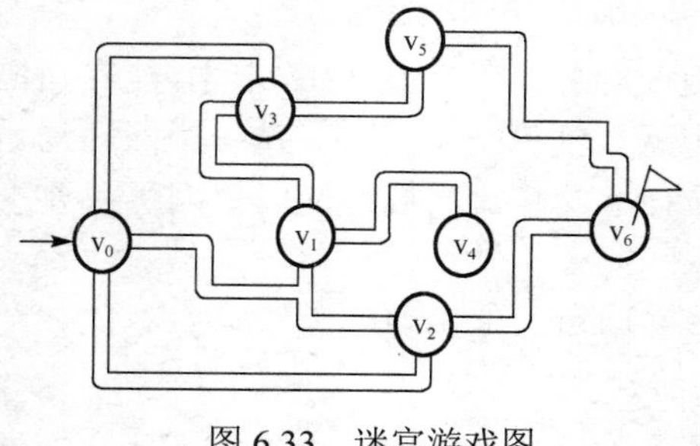


图 6.33 迷宫游戏图

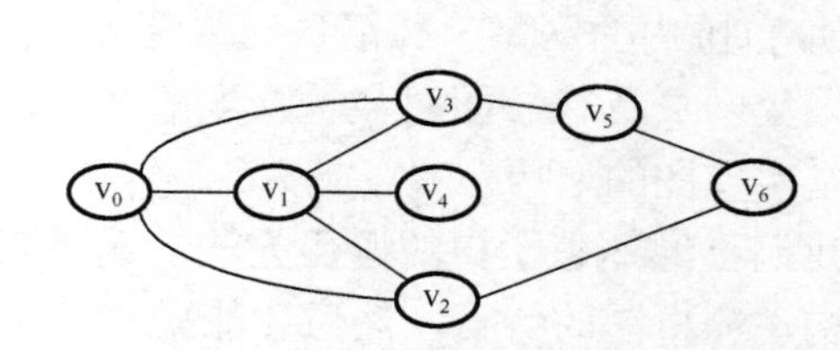


图 6.34 迷宫游戏图抽象

### 2. 算法思路分析

容易观察出这条最短路径就是 $v_0 \to v_2 \to v_6$，而不是 $v_0 \to v_3 \to v_5 \to v_6$。找到这条路径的方法可以是：首先查看与 $v_0$ 直接连接的结点 $v_1$、$v_2$、$v_3$，发现没有 $v_6$，再查看 $v_1$、$v_2$、$v_3$ 的直接连接结点分别是{$v_0$、$v_2$、$v_3$、$v_4$}，{$v_0$、$v_1$、$v_6$}，{$v_0$、$v_1$、$v_5$}。此时从 $v_2$ 的连通结点集中可找到 $v_6$，说明我们找到了这条 $v_0$ 到 $v_6$ 的最短路径：$v_0 \to v_2 \to v_6$，虽然再进一步搜索 $v_5$ 的连接结点集合后会找到另一条路径 $v_0 \to v_3 \to v_5 \to v_6$，但显然这个不是最短路径。

我们采用示例图 6.35 来说明这个过程，步骤如下。

步骤 a：起点 $v_0$ 标记成灰色，表示即将访问 $v_0$。

步骤 b：$v_0$ 标为黑色，表示已经访问过，$v_0$ 所能直达的结点 $v_1$、$v_2$、$v_3$ 标成灰色。

步骤 c：访问 $v_1$、$v_2$、$v_3$，对应的直达点分别为 $v_0$、$v_4$、$v_6$、$v_5$，由于 $v_0$ 已经访问过，故只将 $v_4$、$v_6$ 与 $v_5$ 标为灰色即可。

步骤 d：访问到目标点 $v_6$，搜索结束。

步骤 e：最短路径结果。

上述搜索过程是辐射状的搜索，从一个结点向其所有直接的结点辐射，如此一层一层地传递辐射下去，直到目标结点被辐射中，就找到了从起点到终点的路径。

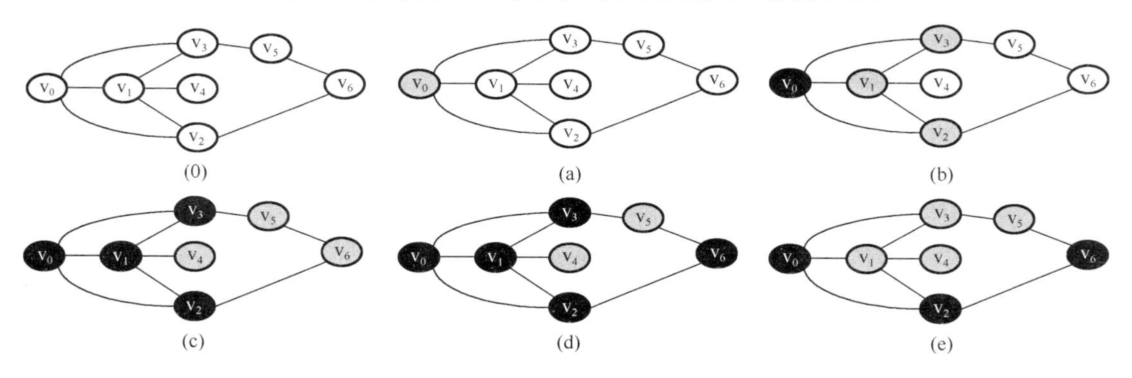


图 6.35　走迷宫的策略

## 6.5.2.2　广度优先遍历算法

### 1. 基本思想

前述走迷宫的方法，因其思想是从一个顶点开始、辐射状地优先遍历其周围较广的区域，故称之为广度优先遍历。图的广度优先遍历（BFS）算法是一个分层搜索的过程，和树的层序遍历算法类同，它也需要一个队列来保存遍历过的顶点顺序，以便按出队的顺序访问这些顶点的邻接顶点。

### 2. BFS 算法描述

广度优先遍历图以图的一个顶点 v 为起始点，由近至远，依次访问和 v 有路径相通的顶点。在搜索过程中，如何从现有的结点生成新的待搜索结点，可以按照问题的要求确定，同一层结点求解问题的价值是相同的。这里采用的原则是先生成的结点先搜索，因此将存储结点的表设计成队列结构。具体算法见表 6.4。

表 6.4　图的 BFS 算法

| 伪代码描述 | 细化描述 |
| --- | --- |
| （1）初始化 | ● 设立访问标志数组 visited[N]=0，某顶点被访问后，则相应下标元素置 1<br>● 初始化队列 Q；输入要访问的顶点 v |
| （2）顶点 v 入队列 | 访问顶点 v；visited[v]=1；顶点 v 入队列 Q |
| （3）当队列非空时则继续执行，否则算法结束 | while（队列 Q 非空）<br>v = 队列 Q 的队头元素出队；<br>w = 顶点 v 的第一个邻接点；<br>while (w 存在)<br>如果 w 未访问，则访问顶点 w；<br>visited[w]=1；<br>顶点 w 入队列 Q；<br>w=顶点 v 的下一个邻接点 |
| （4）出队列取得队头顶点 v；访问顶点 v 并标记顶点 v 已被访问 | |
| （5）查找顶点 v 的第一个邻接顶点 w | |
| （6）若 v 的邻接顶点 w 未被访问过的，则 w 入队列 | |
| （7）继续查找顶点 v 的另一个新的邻接顶点 w，转到步骤（6）直到顶点 v 的所有未被访问过的邻接点处理完。转到步骤（3） | |

### 3．BFS 程序实现

（1）基于邻接矩阵的 BFS 实现。

```
#include <stdio.h>
#define TRUE 1
#define FALSE 0
#define N 9              //顶点数
int Visited[N];
int AdjMatrix[N][N]=     //邻接矩阵
    {{0,1,0,0,0,0,0,0,0},
    {1,0,0,0,1,1,0,1,1},
    {0,0,0,0,0,1,1,0,0},
    {0,0,0,0,1,0,0,0,1},
    {0,1,0,1,0,1,1,0,1},
    {0,1,1,0,1,0,1,0,0},
    {0,0,1,0,1,1,0,0,0},
    {0,1,0,0,0,0,0,0,0},
    {0,1,0,1,1,0,0,0,0}};
/*=============================================
函数功能：找顶点 v 相邻点 i 的后一个相邻点
函数输入：顶点 v，v 的相邻点 i
函数输出：i 的后一个相邻点下标,无相邻点时返回-1
=============================================*/
int FindVex(int v,int i)
{
    while (AdjMatrix[v][i]==0) i++;
    if (i<N) return i;
    else return -1;
}
```

```
/*=============================================
函数功能：基于邻接矩阵的 BFS 遍历
函数输入：图的遍历起始顶点 v
函数输出：无
屏幕输出：图的 BFS 序列
=============================================*/
void GraphBFS(int v)
{
    int flag;
    SeqQueue struc;
    SeqQueue *sq;
    sq=&struc;
    int w,k;
    int count=0;

    initialize_SqQueue(sq);
    printf("BFS 序列：");
    printf("%d ",v);
    Visited[v]=1;
    count++;
    flag=Insert_SqQueue(sq,v);              //首结点入队
    while (!Empty_SqQueue(sq))              //队列 Q 非空
    {
        if (count==N) break;
        k=Delete_SqQueue(sq);               //队列 Q 的队头元素出队,返回元素下标位
        v=sq->data[k];
        w=FindVex(v,0);                     //w=顶点 v 的第一个邻接点
        while(w!=-1)
        {
          if( Visited[w]!=1)                //如果 w 未访问过
          {
              Visited[w]=1;                 //置 w 访问标记
              printf("%d ",w);
              count++;
          }
              flag=Insert_SqQueue(sq,w);    //顶点 w 入队列 Q
              w=FindVex(v,w+1);             //w=顶点 v 的下一个邻接点
        }
    }
    printf("\n");
}

int main()
{
    GraphBFS(0);                            //从顶点 1 开始遍历，对应下标为 0
```

```
    return 0;
}
```

测试图依然是着色问题中的图 6.29，测试结果如下。

```
BFS 序列：1 2 5 6 8 9 4 7 3
```

（2）基于邻接表的 BFS 实现

这里只给出函数框架描述，具体程序请读者自行完成。

```
/*============================================
函数功能：基于邻接表的 BFS 遍历
函数输入：图的遍历起始顶点 v
函数输出：无
屏幕输出：图的 BFS 序列
==============================================*/
```

#### 6.5.2.3 BFS 算法讨论

采用广度优先搜索算法解答问题时，根据问题的给定条件，从一个结点出发，可以生成一个或多个新的结点，这是一个扩展过程。扩展是按它们接近起始结点的程度依次进行的，首先生成第一层结点，同时检查目标结点是否在生成的结点中，如果不在，则将所有的第一层结点逐一扩展，得到第二层结点，并检查第二层结点是否包含目标结点，如此反复，在对 $n$+1 层结点进行扩展之前，必须先考虑 $n$ 层结点的每种可能的状态。

搜索结果中的结点关系呈现为一棵树的形态，通常称这样的树为解答树。

在扩展过程中，随着层次的增加，解答树的结点越来越多，搜索的量也就迅速扩大。假设一个结点衍生出来的相邻结点的平均个数是 $M$，开始搜索时，队列中只有一个起始结点，当起始点出队后，把它相邻的结点入队，那么队列就有 $M$ 个结点，当下一层的搜索中再加入元素到队列的时候，结点数达到了 $M$ 的平方，见图 6.36。一旦 $M$ 较大、解答树的层次又比较深，队列就需要很大的内存空间，否则很容易产生数据溢出，导致搜索失败。因此，广度优先搜索适用于结点的子结点数量不多且解答树的层次不太深的情况。

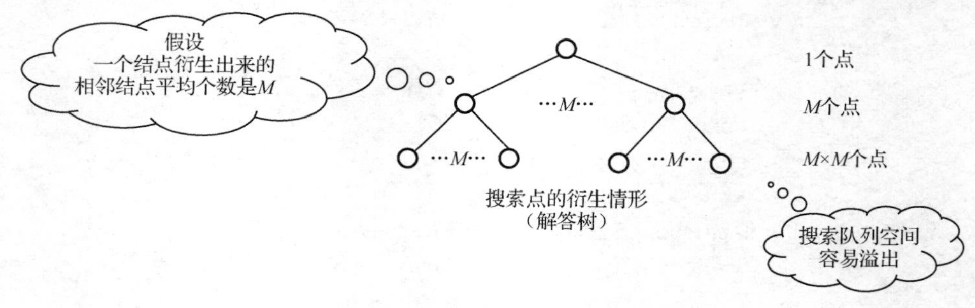


图 6.36　广度优先搜索点的衍生情形

BFS 算法扩展起来就是双向广度搜索算法，顾名思义，就是分别从起点与终点同时做广度优先搜索。一旦双向搜索过程中有一个结点相同，就找到了起点与终点的一条路径。

### 6.5.3 图的深度优先遍历——DFS

图的深度优先搜索（Depth-First Search，DFS）类似于树的先序遍历，遵循的搜索策略是尽可能“深”地搜索图。

**【知识 ABC】DFS 算法背后的故事**

因发明“深度优先搜索算法”，1986 年的图灵奖由美国康奈尔大学机器人实验室主任霍普克洛夫特（John Edward Hopcroft）和普林斯顿大学计算机科学系教授陶尔扬（Robert Endre Tarjan）共享。

霍普克洛夫特和陶尔扬的研究成果在《ACM 学报》（*Journal of ACM*）上公布以后，引起学术界的很大轰动，而他们创造的深度优先算法则被推广到信息检索、人工智能等领域。深度优先搜索也是在开发爬虫软件早期使用较多的方法。

在向霍普克洛夫特和陶尔扬授予图灵奖的仪式上，当年的国际象棋程序比赛的优胜者说，他的程序在搜索可能的棋步时使用的就是深度优先算法，这是程序出奇制胜的关键。

### 6.5.3.1　深度优先搜索遍历方法分析

以一个实际的图形为例来分析 DFS 遍历的搜索过程，示意图见图 6.37。设开始访问的顶点 v=1。搜索过程说明见表 6.5。

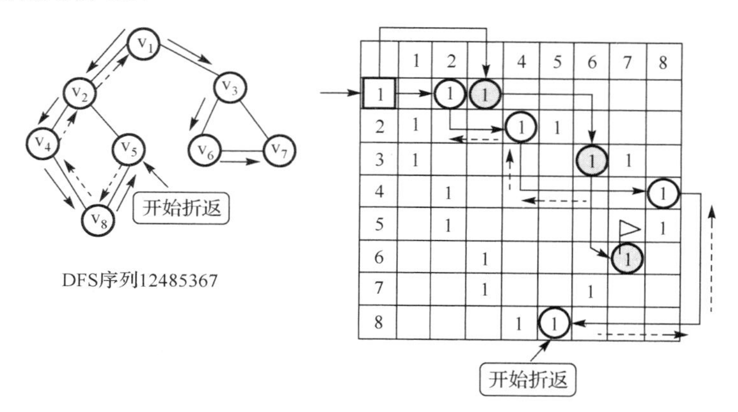


图 6.37　DFS 搜索路径

表 6.5 中的“折返点”是 v 无访问邻接点时的回溯点。“访问顶点”项中方括号表示折返到此点，亦即递归的返回点。步骤 6～9 的访问结点顺序与步骤 1 至 4 是一个镜像对称的过程。最后的结点 DFS 序列是表中的“访问顶点”项中的顺序：1-2-4-8-5-3-6-7。

由以上分析可以看出，DFS 遍历的搜索过程具有不断深入，在某种条件满足后再原路返回的特征，因此 DFS 算法可以用递归实现，也可以用栈实现。

**表 6.5　DFS 搜索过程**

| 步骤 | 访问顶点 | 未访问的邻接点序列 | 已访问的邻接点序列 | 无访问邻接点时的折返点 |
|---|---|---|---|---|
| 1 | 1 | 2　3 | | |
| 2 | 2 | 4　5 | 1 | |
| 3 | 4 | 8 | 2 | |
| 4 | 8 | 5 | 4 | |
| 5 | 5 | 无 | 2　8 | 8 |
| 6 | [8] | 无 | 4　5 | 4 |
| 7 | [4] | 无 | 2　8 | 2 |

续表

| 步骤 | 访问顶点 | 未访问的邻接点序列 | 已访问的邻接点序列 | 无访问邻接点时的折返点 |
|---|---|---|---|---|
| 8 | [2] | 无 | 1　4　5 | 1 |
| 9 | [1] | 3 | 2 | |
| 10 | 3 | 6　7 | 1 | |
| 11 | 6 | 7 | 3 | |
| 12 | 7 | 无 | 3　6 | |

### 6.5.3.2　深度优先搜索遍历算法

#### 1．DFS 算法思路

前面分析了广度优先搜索的特点，当结点的子结点数量较多时，解答树的层次太深，需要队列空间较大，深度优先搜索就可以克服这个缺点，因为在每次搜索的过程中，每一层只需维护一个结点。

广度优先能够找到最短路径，深度优先能否找到呢？深度优先的方法是一条路走到黑，显然无法知道当前搜索的路径是不是最短的，所以还要继续走别的路去判断是不是最短路径，于是深度优先搜索的缺点由此显现：难以寻找最优解，只能寻找有解。其优点就是内存消耗小，克服了广度优先搜索的缺点。

DFS 算法常在只要求解、解答树中的重复结点较多且较难判断重复的场合使用。

**【思考与讨论】**

深度优先序列是否唯一？

讨论：由于未规定访问邻接点的顺序，所以深度优先序列不唯一。

#### 2．DFS 算法描述

图的 DFS 算法描述见表 6.6。

表 6.6　图的 DFS 算法描述

<table>
<tr><th>顶部伪代码</th><th>递归法细化</th><th>非递归法细化</th></tr>
<tr><td>初始化</td><td colspan="2">设立一个访问标志数组 visited[N]，初值为 0，某点被访问，则相应下标变量置 1</td></tr>
<tr><td rowspan="2">（1）访问顶点 v，并将其标记为已访问</td><td>（1）输入要访问的结点 $v_i$</td><td>（1）栈 S 初始化；输入要访问的结点 v</td></tr>
<tr><td>（2）访问顶点 $v_i$；visited[vi]=1</td><td>（2）访问顶点 v；visited[v]=1；顶点 v 入栈 S</td></tr>
<tr><td>（2）从 v 的未被访问的邻接点中选取一个顶点 w，从 w 出发进行深度优先遍历</td><td>（3）在邻接矩阵的第 $i$ 行中查找，若 $v_i$ 有邻接点 $v_j$，且 $v_j$ 未被访问过，则设 $i=j$</td><td rowspan="2">（3）do<br>if（v 有未被访问的邻接点 w）<br>{ 访问 w；visited[w]=1；w 进栈; }<br>else　v 出栈<br>while（栈 S 非空）</td></tr>
<tr><td>（3）重复步骤 1 至 2 直至图中所有和 v 有路径相通的顶点都被访问到</td><td>重复步骤 1 至 3，直到所有结点均被访问到</td></tr>
</table>

注：以上为连通图的 DFS 算法。非连通图的 DFS 算法在上述连通图的算法基础上再检查是否有剩余顶点，如果仍有未访问的顶点，则另选一个尚未访问的顶点作为新的源点重复 DFS 过程，直至图中所有顶点均被访问为止。

### 3．基于邻接矩阵的 DFS 递归方法程序实现

```
/*=============================================
函数功能：基于邻接矩阵的图 DFS 遍历递归算法
函数输入：图的遍历起始顶点 v
函数输出：无
屏幕输出：图的 DFS 序列
=============================================*/
void GraphDFS(int i)
{   int j;
    printf("%d ",i+1);                //i+1 是因为图中顶点编号从 1 开始，存储从 0 开始
    Visited[i]=1;
    for (j=0; j<N; j++)
            if ((AdjMatrix[i][j]==1) && (!Visited[j]) )
                GraphDFS(j);          //被调用 n 次
}
```

程序测试图形如图 6.37 所示，DFS 序列为 1-2-4-8-5-3-6-7。

```
#include <stdio.h>
#define TRUE 1
#define FALSE 0
#define N 9                           //顶点数
int Visited[N]={0};
int AdjMatrix[N][N]=                  //邻接矩阵
{{0,1,1,0,0,0,0,0},
{1,0,0,1,1,0,0,0},
{1,0,0,0,0,1,1,0},
{0,1,0,0,0,0,0,1},
{0,1,0,0,0,0,0,1},
{0,0,1,0,0,0,1,0},
{0,0,1,0,0,1,0,0},
{0,0,0,1,1,0,0,0}};
int main()
{
      printf("DFS 序列：");
      GraphDFS(0);
      return 0;
}
```

### 4．基于邻接表的 DFS 递归方法程序实现

程序中与邻接表相关的各变量间的联系见图 6.38。

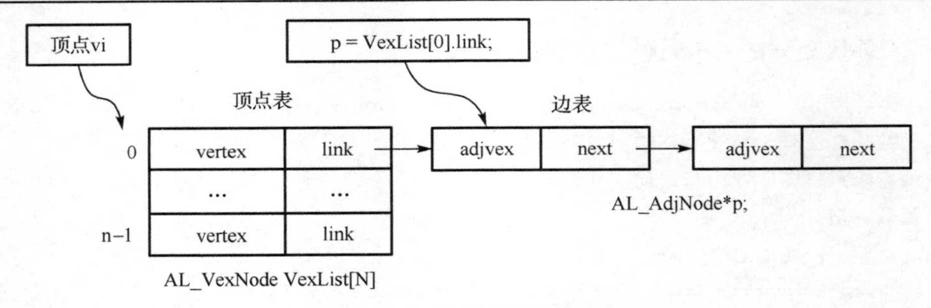


图 6.38　与邻接表相关的变量

```
#include <stdio.h>
#include <stdlib.h>

#define TRUE 1
#define FALSE 0
#define N 8 //顶点数
typedef int VexType;
typedef struct AdjNode                         //邻接结点结构
{
    int adjvex;                                //邻接点
    AdjNode *next;                             //邻接点指针
} AL_AdjNode;
typedef struct                                 //邻接表顶点结点结构
{
    VexType   vertex;                          //顶点
    AdjNode *link;                             //邻接点头指针
} AL_VexNode;
AL_VexNode VexList[N]={0,NULL};                //顶点表

int Visited[N];
int AdjMatrix[N][N]=                           //邻接矩阵
{{0,1,1,0,0,0,0,0},
{1,0,0,1,1,0,0,0},
{1,0,0,0,0,1,1,0},
{0,1,0,0,0,0,0,1},
{0,1,0,0,0,0,0,1},
{0,0,1,0,0,0,1,0},
{0,0,1,0,0,1,0,0},
{0,0,0,1,1,0,0,0}};
/*============================================
函数功能：基于邻接表的 DFS 遍历递归算法
函数输入：图的遍历起始顶点 v
函数输出：无
屏幕输出：图的 DFS 序列
==============================================*/
void GraphDFS_L(int vi)                        //从 vi 出发深度优先搜索遍历图,图用邻接表表示
{      AL_AdjNode *p;
```

```
        printf("%d ",VexList[vi].vertex+1);        //访问顶点 vi
        Visited[vi]=1;                             //标记 vi 已被访问
        p=VexList[vi].link;                        //取 vi 的边表头指针
        while( p!=NULL )                           //依次搜索 vi 的邻接点
        {
            //从 vi 的未曾访问过的邻接点出发进行深度优先搜索遍历
            if (Visited[p->adjvex]==0)
              GraphDFS_L(p->adjvex);
           p=p->next;
        }
}
int main()
{
        Create_AdjList();                          //建立邻接表
        printf("DFS 序列：");
        DFSL(0);
        return 0;
}
```

测试结果：测试用例见图 6.39，DFS 序列为 1-2-4-8-5-3-6-7。

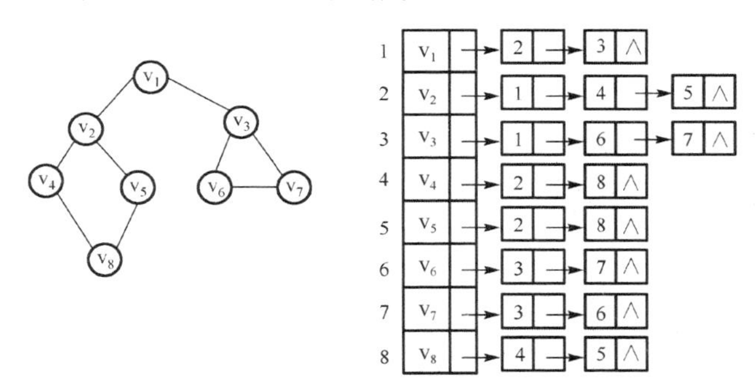

图 6.39 基于邻接表的 DFS 测试用例

## 5. 基于邻接矩阵的 DFS 非递归方法程序实现

```
/*============================================
函数功能：基于邻接矩阵的 DFS 遍历非递归算法
函数输入：图的遍历起始顶点 vi
函数输出：无
屏幕输出：图的 DFS 序列
============================================*/
void DFS(int vi)
{
        SeqStack struc;
        SeqStack *s;
        int vj;
        int flag;

        s=&struc;
```

```
        initialize_SqStack( s );                    //栈初始化
        Visited[vi]=1;                              //访问顶点 vi
         printf("%d ",vi+1);
        flag=Push_SqStack(s,vi);                    //顶点 vi 入栈
        do
        {
            vj=0;
            flag=Get_SqStack(s, &vi);               //vi=栈顶元素(不出栈)
            //存在未被访问的 vi 的邻接点 vj
            while(!(AdjMatrix[vi][vj]==1 && Visited[vj]==0)) vj++;
            if (vj<N) //访问 vj
            {
                printf("%d ",vj+1);
                Visited[vj]=1;
                flag=Push_SqStack(s,vj);            //vj 进栈;
             }
            else
            {
                flag=Pop_SqStack(s, &vi);           //vi 出栈;
            }
        } while(!StackEmpty_SqStack(s))                 //栈非空
    }
```

**【知识 ABC】图遍历问题分类**

（1）遍历完所有的边而不能有重复，即所谓“一笔画问题”或“欧拉路径”。

（2）遍历完所有的顶点而没有重复，即所谓“哈密尔顿问题”。

（3）遍历完所有的边而可以有重复，即所谓“中国邮递员问题”。

（4）遍历完所有的顶点而可以重复，即所谓“旅行推销员问题”。

第一和第三类问题已经得到完满的解决，而第二和第四类问题则只得到部分解决。第一类问题就是研究所谓欧拉图的性质，而第二类问题则是研究所谓哈密尔顿图的性质。

## 6.6 图的经典应用——图中的树问题

### 6.6.1 引例

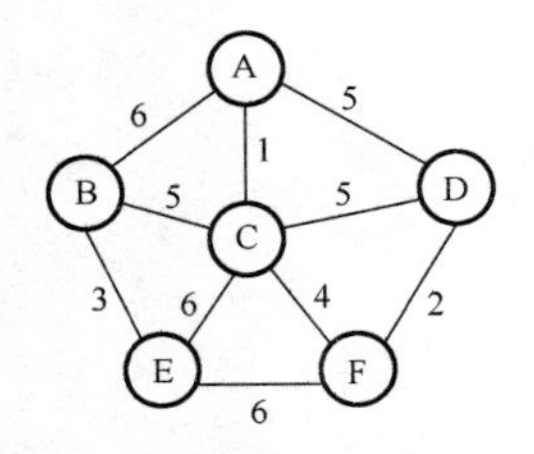


图 6.40 具有成本的通信网络

**1．架设通信网络的最小成本问题**

为了实现 $n$ 个城市间的高速通信，需要在这 $n$ 个城市之间铺设通信光缆。每个城市之间都可以铺设一条线路，线路的成本与其线路长度成正比，部分城市间的距离见图 6.40。光纤的成本及铺设费用很高，我们自然会考虑这样一个问题，如何让每个城市间都能通信，又能使总的成本最少呢？

### 2. 网络中信息传输的问题

互联网的迅速发展给人们提供了快速便捷的信息交流方式，人们越来越依赖于计算机网络进行工作，一旦网络出现故障，就有可能带来巨大的商业损失。在图 6.41 的拓扑图中，交换机主要起到线路连通的功用，如果交换机坏了，几个模块之间就无法进行正常的工作，客户机不能访问服务器，不能连接 Internet，不能访问打印机。交换机就成了一个单点的故障，也就是一个点发生故障，整个网络无法正常工作。所以在局域网中，为了提供可靠的网络连接，需要网络具有冗余链路。所谓冗余链路，就是为同一路径准备两条以上的通路，即使有一条通路发生了故障，信息依然可以通过另外一条通路进行传输。

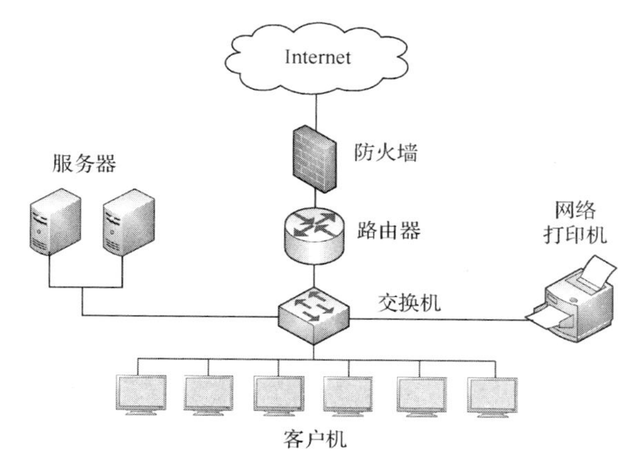


图 6.41　无冗余网络结构

网络冗余链路的目的是消除单点故障引起的网络中断，但它会引起另外的问题。最初的交换机没有学习机制，只要收到数据帧就毫不犹豫地转发，这种方式是否有问题完全取决于如何连线，如果连接线缆出现环，那么数据帧便会永远在网络里面环绕，进而引发广播风暴（见图 6.42）。如果没有环，数据帧就会在到达线缆的终点时自动消失。冗余链路中环的存在会造成整个网络处于阻塞状态，导致网络瘫痪。

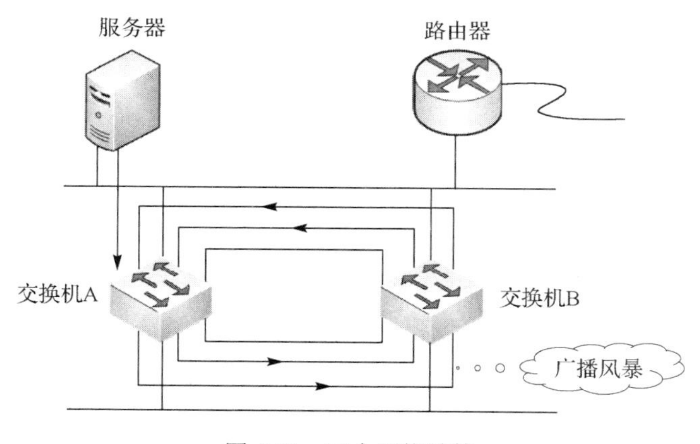


图 6.42　冗余网络结构

为避免网络阻塞，人们在冗余布线的环路中，通过软件设置来避免环路的出现，即断开某条可以形成环路的链路从而切断环，并在链路出现问题时，自动生成另一条无环的链路。

例如，在图 6.43(a)所示的网络中，A 点到 C 点有两条路可以走，当 ABC 的路径不通时，可以走 ADC。如果某一时刻的网络能通过软件阻塞 D 到 C 的端口，那么网络拓扑就会变成图 6.43(b)。如果有数据帧，一定会终结于 D 点或者 C 点，不会循环转发。

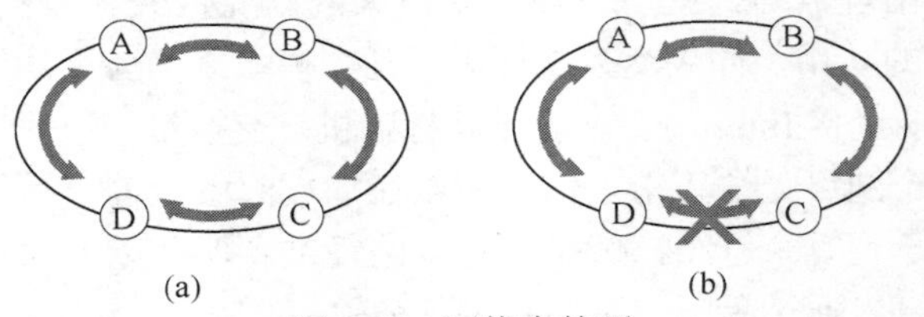


图 6.43　网络中的环

通过上面的讨论可以看出，只要网络的拓扑结构中不存在环路，就可保障网络通信的有效地进行。

**【思考与讨论】**

如何由一个图得到其无环路的结构？

**讨论**：一个连通图任意两个顶点都有通路而没有环路，符合这样描述的图在图论中就是树的概念。下面我们从图的角度来讨论树的问题。

**【知识 ABC】STP 协议**

STP（Spanning Tree Protocol）是生成树协议，可应用于环路网络，通过一定的算法实现路径冗余，将环路网络修剪成无环路的树型网络，从而避免报文在环路网络中的增生和无限循环。

STP 的基本思想就是生成“一棵树”，树的根是一个称为根桥的交换机，根据设置不同，不同的交换机会被选为根桥，但任意时刻只能有一个根桥。由根桥开始，逐级形成一棵树，根桥定时发送配置报文，非根桥接收配置报文并转发，如果某台交换机能够从两个以上的端口接收到配置报文，则说明从该交换机到根有不止一条路径，便构成了循环回路，此时交换机根据端口的配置选出一个端口并把其他的端口阻塞，消除循环。当某个端口长时间不能接收到配置报文时，交换机认为端口的配置超时，网络拓扑可能已经改变，此时重新计算网络拓扑，重新生成一棵树。

生成树协议是由 Sun 微系统公司工程师 Radia Perlman 发明的。

## 6.6.2　生成树

若连通图 G 的一个子图是一棵包含 G 的所有顶点的树，则该子图称为 G 的生成树。

生成树是连通图的极小连通子图。所谓极小是指，若在树中任意增加一条边，则将出现一个回路；若去掉一条边，将会使之变成非连通图。

生成树没有确定的根，通常称之为自由树。在自由树中选定一顶点作为根，则成为一棵通常的树。从根开始，为每个顶点的孩子规定从左到右的次序，则它就成为一棵有序树。

**【思考与讨论】**

如何得到一个图的生成树？

**讨论**：图的生成树包含了图中的所有结点，我们可以回顾一下图的遍历方法，遍历时的搜索路径是一个不重复访问图顶点的过程，即是无环路的一个路径。因此，用不同的遍历图的方法，可以得到不同的生成树；从不同的顶点出发，也可得到不同的生成树。生成树的实例如图 6.44 所示，其中图 G 为原图，深度优先生成树按照深度优先的结点搜索顺序，将所有结点连接起来形成的树形结构，同样，广度优先生成树按照广度优先的结点搜索顺序，将所有结点连接起来形成的树形结构。

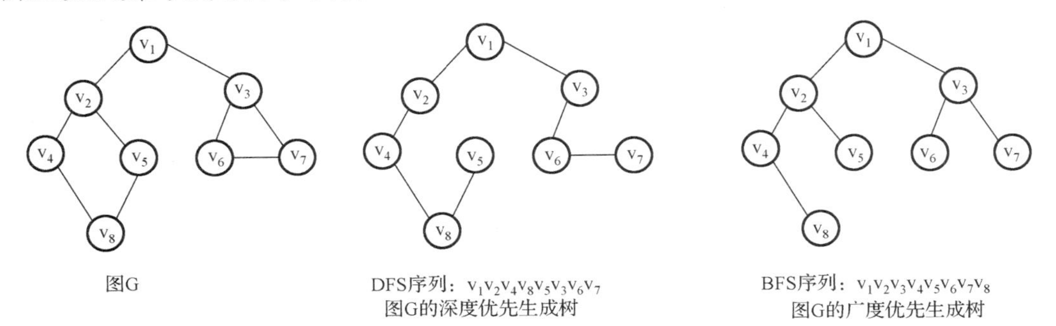


图 6.44　生成树实例

## 6.6.3　最小生成树

在架设通信网络的最小成本问题中，在每两个城市之间都可以设置一条线路，则 $n$ 个城市之间（见图 6.45(a)）最多可以设置 $n(n-1)/2$ 条线路（见图 6.45(b)），那么，如何在这些线路中选择 $n-1$ 条（见图 6.45(c)），以使总的代价最少呢?

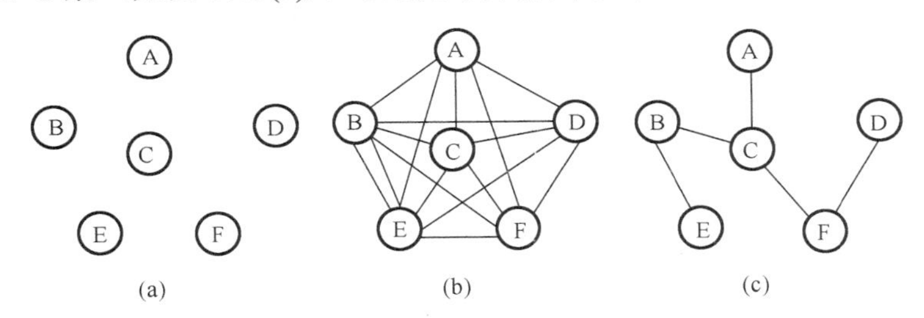


图 6.45　$n$ 个城市间的通信网

### 1. 问题分析

可以用连通网表示 $n$ 个城市以及 $n$ 个城市间可能设置的通信线路，其中网的顶点表示城市，边表示两城市之间的线路，赋予边的权值表示相应的成本。对于 $n$ 个顶点的连通网可以建立许多不同的生成树，每一棵生成树都可以是一个通信网。现在，我们要选择这样一棵生成树，使总的成本最少，这个问题就是构造连通网的最小成本生成树（Minimum Cost Spanning Tree，MST，简称最小生成树）的问题。一棵生成树的成本就是树上各边的成本之和。

### 2. 最小生成树的概念

生成树各边的权值总和称为生成树的权。权最小的生成树称为最小生成树。

【最小生成树的性质】

$n$ 个顶点的连通网络的生成树有 $n$ 个顶点、$n-1$ 条边。

### 3. 最小生成树算法

构造最小生成树，要解决以下两个问题：

- 尽可能选取权值小的边，但不能构成回路（也就是环）。
- 选取 $n-1$ 条恰当的边以连接网的 $n$ 个顶点。

经典的最小生成树算法有 Prim 算法和 Kruskal 算法等。这两个算法有相似的思维，即一次“生成”一条不会产生回路的“安全边”，两算法的区别仅在于求安全边的方法不同。伪代码如下：

```
设 T 为最小生成树集合，最小生成树集合应该包括 n 个顶点与 n-1 条边。
（1） 初始 T= 空集合
（2）  while  （ T 还不是生成树）
（3）      找出对 T 来说不会形成回路且权值最小的边(u, v)
（4）      将边(u, v)加入 T 中
（5）  return  T
```

**【知识 ABC】Prim 算法**

普里姆算法（Prim 算法）是图论中的一种算法，可在加权连通图里搜索最小生成树。该算法最早于 1930 年由捷克数学家沃伊捷赫·亚尔尼克发现，并在 1957 年由美国计算机科学家罗伯特·普里姆独立发现；1959 年，艾兹格·迪科斯彻再次发现了该算法。因此，在某些场合，普里姆算法又称为 DJP 算法、亚尔尼克算法或普里姆-亚尔尼克算法。

## 6.6.4 求最小生成树算法 1——Prim 算法

### 1. Prim 算法的基本思想

从连通网络 N = { V, E }中的某一顶点 $u_0$ 出发，选择与它关联的具有最小权值的边（$u_0$, v），将其顶点加到生成树顶点集合 U 中。

以后每一步从一个顶点在 U 中，而另一个顶点不在 U 中的各条边中选择权值最小的边（u, v），把它的顶点加到集合 U 中。如此继续下去，直到网络中的所有顶点都加到生成树顶点集合 U 中为止。

### 2. 伪代码细化描述

建立候选边集表，把从起始点 $u_0$ 出发到其余各点的权值记录在其中，开始 u= $u_0$。

① 在候选边集中选择结点 u；

② 在候选边集中选出最短边（u, v）；

③ 以 v 为起点，调整候选边集。

调整方法：当(u, x)>(v, x)时，用(v, x)替换(u, x)，x 为除 u、v 外的其他点；

重复①～③直到所有结点都处理完毕。

### 3. Prim 算法执行步骤分析

下面以引例 1 中具有成本的通信网络为例，来说明 Prim 算法的执行步骤。

设开始点 $u_0$=A，见图 6.46，与 A 相关联的边有（A, B）（A, C）和（A, D），其中权值最小的边为（A, C）。

（1）Prim 算法步骤 1，见图 6.47。∞表示无路径，没有权值。

$u_0$=A，在候选边集表中列出 A 到其余各点（终点）的权值。

① u=A；

② 候选边集表中找到最短边（u, v）=（A, C），v=C；

③ 在候选边集表中列出 v 到各终点的权值；

④ 比较 u 到终点与 v 到终点 x 的权值，取值小的那条边。

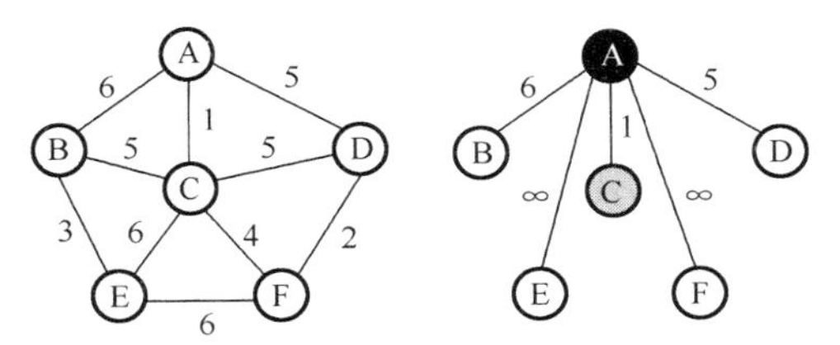


候选边集

| 起点u | A | A | A | A | A |
|---|---|---|---|---|---|
| 终点 | B | C | D | E | F |
| u到终点的权值 | 6 | 1 | 5 | ∞ | ∞ |

初始确定起始点u='A'

图 6.46 Prim 算法确定起始点

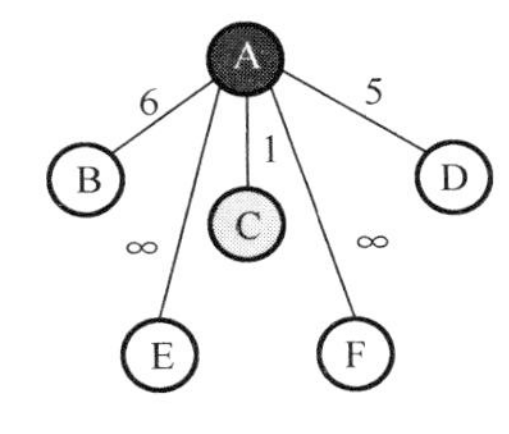


候选边集

| 起点u | A | A | A | A | A |
|---|---|---|---|---|---|
| 终点 | B | C | D | E | F |
| u到终点的权值 | 6 | ① | 5 | ∞ | ∞ |
| v到终点的权值 | 5 | ∞ | 5 | 6 | 4 |

u到终点最小边(A, C) v = 'C'

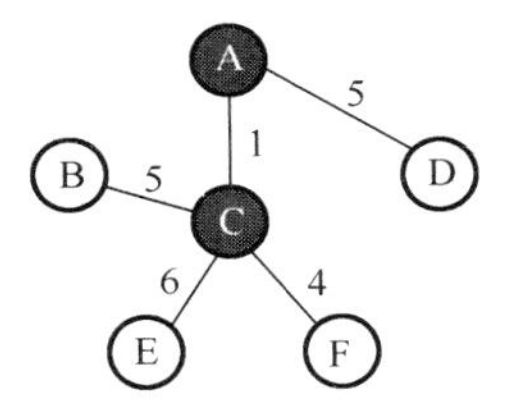


替换(A, B)线　替换(A, E)线

| 起点u | C | A | A | C | C |
|---|---|---|---|---|---|
| 终点 | B | C | D | E | F |
| u到终点的权值 | 5 | 1 | 5 | 6 | 4 |

边(A, C)加入

图 6.47 Prim 算法步骤 1

如果终点 x=B，(A, B)=6>(C, B)=5，则选择边（C, B）替代（A, B），其他的替换还有（C, E）替换（A, E）与（C, F）替换（A, F），注意相等的边则不调整。在调整了整个候选边集后，确定（A, C）边加入，图中用网格线标出。替换掉的边在图中有直接连线的则去掉，如替换（A, B）线。

（2）Prim 算法步骤 2，见图 6.48。表格中“/”表示起点到终点的这条边已经确定，后面不再考虑。

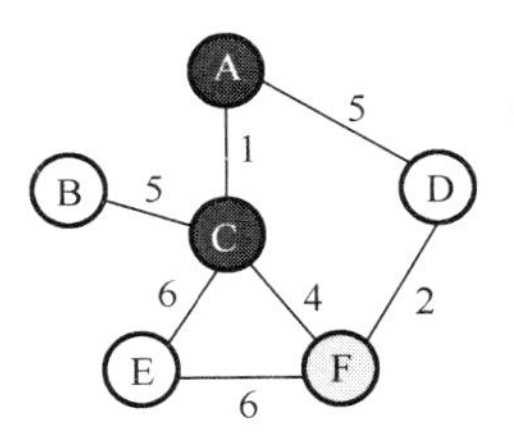


候选边集

| 起点u | C | A | A | C | C |
|---|---|---|---|---|---|
| 终点 | B | C | D | E | F |
| u到终点点权值 | 5 | 1 | 5 | 6 | ④ |
| v到终点点权值 | ∞ | / | 2 | 6 | ∞ |

u到终点最小边(C, F) v = 'F'

替换(A, D)线

| 起点u | C | A | F | C | C |
|---|---|---|---|---|---|
| 终点 | B | C | D | E | F |
| u到终点点权值 | 5 | 1 | 2 | 6 | 4 |

边(C, F)加入

图 6.48 Prim 算法步骤 2

① 候选边集表中找到最短边（u, v）=（C, F），v=F。注意，前面已经加入的边（A, C）不再考虑，以后的算法步骤中均按此原则处理。

② 在候选边集表中列出 v 到各终点的权值，调整的边为（F, D），用它替换（A, D）线，确定（C, F）边加入。

（3）Prim 算法步骤 3，见图 6.49。

① 候选边集表中找到最短边（u, v）=（F, D），v=D。

② 在候选边集表中列出 v 到各终点的权值，确定（F, D）边加入。

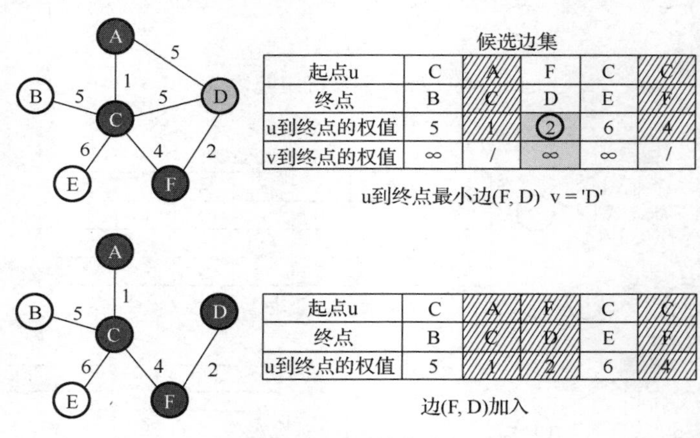

候选边集

| 起点u | C | A | F | C | C |
|---|---|---|---|---|---|
| 终点 | B | C | D | E | F |
| u到终点的权值 | 5 | 1 | 2 | 6 | 4 |
| v到终点的权值 | ∞ | / | ∞ | ∞ | / |

u到终点最小边(F, D)  v = 'D'

| 起点u | C | A | F | C | C |
|---|---|---|---|---|---|
| 终点 | B | C | D | E | F |
| u到终点的权值 | 5 | 1 | 2 | 6 | 4 |

边(F, D)加入

图 6.49　Prim 算法步骤 3

（4）Prim 算法步骤 4，见图 6.50。

① 候选边集表中找到最短边（u, v）=（C, B），v=B。

② 在候选边集表中列出 v 到各终点的权值，调整的边为（B, E），用它替换（C, E）线，确定（C, B）边加入。

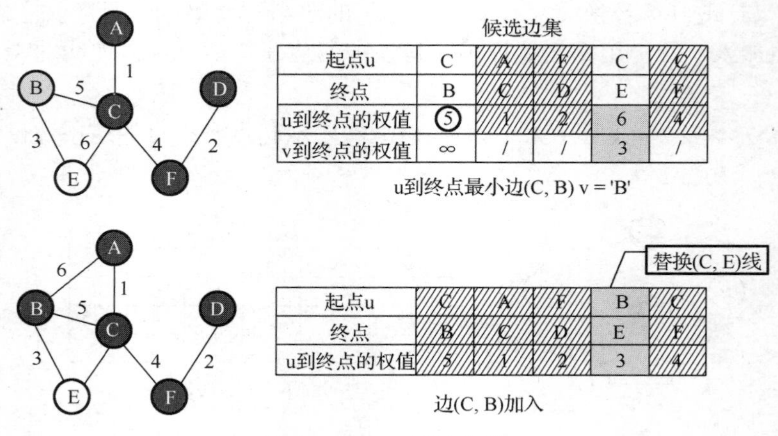

候选边集

| 起点u | C | A | F | C | C |
|---|---|---|---|---|---|
| 终点 | B | C | D | E | F |
| u到终点的权值 | 5 | 1 | 2 | 6 | 4 |
| v到终点的权值 | ∞ | / | / | 3 | / |

u到终点最小边(C, B) v = 'B'



| 起点u | C | A | F | B | C |
|---|---|---|---|---|---|
| 终点 | B | C | D | E | F |
| u到终点的权值 | 5 | 1 | 2 | 3 | 4 |

边(C, B)加入

图 6.50　Prim 算法步骤 4

（5）Prim 算法步骤 5，见图 6.51。

① 候选边集表中找到最短边（u, v）=（B, E），v=E。

② 在候选边集表中列出 v 到各终点的权值，确定（B, E）边加入。

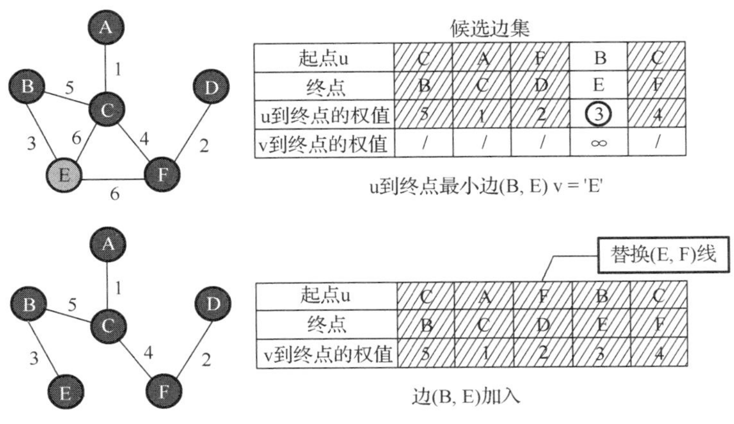


图 6.51　Prim 算法步骤 5

## 4. 程序实现

```
#include <stdio.h>
#define VERTEX_NUM   6                                      //图的顶点数
#define INF 32767                                           //INF 表示∞
typedef int InfoType;

InfoType   AdjMatrix [VERTEX_NUM][ VERTEX_NUM];             //邻接矩阵

void DispMat(InfoType AdjMatrix[][VERTEX_NUM]);             //输出邻接矩阵
void prim(InfoType AdjMatrix[][VERTEX_NUM],int v);
int main()
{
    int A[VERTEX_NUM][VERTEX_NUM]=
        {{INF,6,1,5,INF,INF},
        {6,INF,5,INF,3,INF},
        {1,5,INF,5,6,4},
        {5,INF,5,INF,INF,2},
        {INF,3,6,INF,INF,6},
        {INF,INF,4,2,6,INF}};                               //初始化邻接矩阵

    printf("图的邻接矩阵:\n");
    DispMat(A);
    printf("\n");
    printf("prim 算法求解结果:\n");
    prim(A,0);
    printf("\n");
    return 0;
}
/*==========================================
函数功能：Prim 方法构造最小生成树
函数输入：邻接矩阵、起始顶点编号
```

```
函数输出：无
屏幕输出：邻接矩阵、最小生成树的各边
=============================================*/
 // U---生成树顶点集合
void prim(int AdjMatrix[][VERTEX_NUM] ,int v)
{
        int i,j,k;
        struct set
        {
                int starNode[VERTEX_NUM];                    //起点
                int endNode[VERTEX_NUM];                     //终点
                int value[VERTEX_NUM];                       //权值
        } edgeSet;                                           //候选边集

        int Visited[VERTEX_NUM]={0};                         //访问数组，记录已加入 U 的结点

        int min;                                             //记录候选边集中的最小权值
        for (i=0;i<VERTEX_NUM;i++)                           //初始化候选边集
        {
                if (i!=v)
                {
                        edgeSet.starNode[i]=v;               //初始时 v 为起始点
                        edgeSet.endNode[i]=i;                //终点赋值
                        edgeSet.value[i]=AdjMatrix[v][i];    //赋权值
                }
        }
        //起始顶点 v 加入候选边集
        edgeSet.starNode[v]=v;
        edgeSet.endNode[v]=v;
        edgeSet.value[v]=INF;

      for (i=1;i<VERTEX_NUM;i++)
      {
              min=INF;
              //在候选边集中查找未加入 U 中且 value 最小的点 k
              for (j=0;j<VERTEX_NUM;j++)
              {
                  if (edgeSet.value[j]<min && Visited[j]==0)
                  {
                        min=edgeSet.value[j];
                        k=j;                         //k 记录 value 值最小的顶点
                  }
              }
              Visited[k]=1;                          //k 加入 U 中
              if(min!=INF)
                printf("边(%c,%c)权为:%d\n",edgeSet.starNode[k]+'A',k+'A',min);
```

```
            //由于顶点 k 的新加入而调整候选边集的 value 和 startNode
            for (j=0;j<VERTEX_NUM;j++)
            {
                if (AdjMatrix[j][k]<edgeSet.value[j]&& j!=v)
                {
                    edgeSet.value[j]=AdjMatrix[j][k];
                    edgeSet.starNode[j]=k;
                }
            }
        }
}
/*============================================
函数功能：打印邻接矩阵
函数输入：邻接矩阵
函数输出：无
屏幕输出：邻接矩阵
============================================*/
void DispMat(InfoType AdjMatrix[][VERTEX_NUM])
{
    int i,j;
    for (i=0;i<VERTEX_NUM;i++)
    {
        for (j=0;j<VERTEX_NUM;j++)
            if (AdjMatrix[i][j]==INF)
                printf("%3s","∞");
            else
                printf("%3d",AdjMatrix[i][j]);
        printf("\n");
    }
}
```

5．测试

图的邻接矩阵：

```
∞  6  1  5  ∞  ∞
6  ∞  5  ∞  3  ∞
1  5  ∞  5  6  4
5  ∞  5  ∞  ∞  2
∞  3  6  ∞  ∞  6
∞  ∞  4  2  6  ∞
```

Prim 算法求解结果：

边(A, C)权为：1　　边(C, F)权为：4　　边(F, D)权为：2

边(C, B)权为：5　　边(B, E)权为：3

## 6.6.5 求最小生成树算法 2——Kruskal 算法

### 6.6.5.1 Kruskal 算法思想

#### 1．问题分析

Prim 算法以某顶点为起点，逐步找各顶点上最小权值的边来构建最小生成树。现在我们换一种思考方式，可以从边出发，因为权值是在边上，直接去找最小权值的边来构建生成树是自然的想法，这个就是 Kruskal 算法的精髓。

设图 G 的生成树集合 T 中开始只有图的全部的顶点而没有边，每次选择图 G 的边集 E 中权值最小且不产生循环的边加入 T 集合，直至覆盖全部结点，见图 6.52。

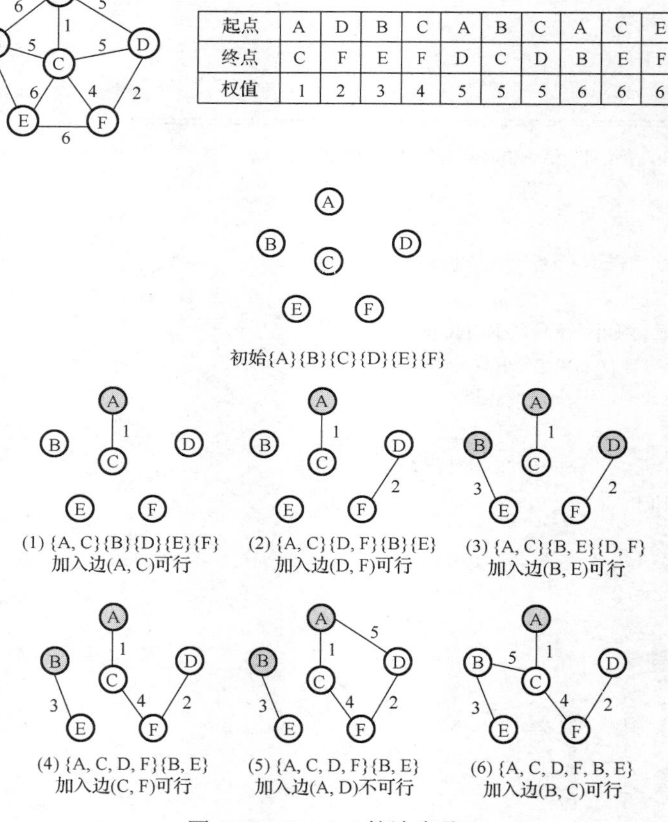


| 起点 | A | D | B | C | A | B | C | A | C | E |
|---|---|---|---|---|---|---|---|---|---|---|
| 终点 | C | F | E | F | D | C | D | B | E | F |
| 权值 | 1 | 2 | 3 | 4 | 5 | 5 | 5 | 6 | 6 | 6 |

图 6.52 Kruskal 算法步骤

在图 6.52 的 Kruskal 算法步骤中，初始状态生成树 T 是只有 $N$ 个结点的森林，从图的边集 E 中选取一条权值最小的边，若该条边的两个顶点分属不同的树（连通分量），则将这两个顶点分别所在的两棵树合成一棵树；反之，若该条边的两个顶点已落在同一棵树上，则不可取，而应该取下一条权值最小的边再试之。依次类推，直至合并成只有一棵树，也即子图中含有 $N-1$ 条边为止。如步骤 1 中，边(A, C)的两个顶点分别在两棵树{A}与{C}中，则这两棵树可以合并为一棵树{A, C}。在步骤 5 中，对于边(A, D)，由于顶点 A 与 D 都在连通分量{A, C, D, F}中，即在同一棵树中，所以加入此边会产生回路，故应舍弃此边。

### 2．Kruskal 算法描述

设无向连通网络 G = (V, E)中，V 为图的顶点集，E 为图的边集，生成树集为 T，顶点数目为 $N$。

① 对边集 E 按每个边的权值大小进行升序排列。

② 初始化最小生成树集 T=(V, ϕ)——即只有顶点，没有边。

③ 取出当前边集 E 中最小权值的边，假设边 e = (u, v)，如果当前边连接的两个结点 u 和结点 v 不在同一棵树中，则把两个结点所在的树合并在一起，成为同一棵树。同时从边集 E 中删除边 e 并且把边 e 加到最小生成树集 T 中。

④ 重复步骤③，直到生成树集 T 中的边数为 $N$−1。

### 3．算法关键问题讨论

**【思考与讨论】**

Kruskal 算法实现的关键问题是什么？

**讨论**：Kruskal 算法的关键应该有下面两点：

- 如何判断边 e 所连接的两个结点 u 和 v 不在同一棵树上。
- 如何把两个结点 u 和 v 所在的树合并为一棵树。

两个顶点是否属于同一棵树，关键点应该是找到这棵树的标志与顶点的关系，树的一个明显的标志应该是树的根结点，两个顶点如果同属于一棵树，则它们应该有共同的根结点。所以解决第一个问题的办法可以是分别查找结点 u 和 v 的根结点，如果它们的根结点相同，则认为它们在同一棵树上。

解决第二个问题的办法是把结点 u 和 v 的根结点分别作为父、子结点而连接在一起。这样就把两个分离的树组成了同一棵树。

## 6.6.5.2　数据结构设计

### 1．顶点与双亲的关系记录结构

每个子树是一个连通分量，即一个子集。按照上述讨论的思路，在子树的每一步合并中应标出它们的根，即子集中的每个结点都应记录其根结点的域，若用连续的存储方式，则可以设计成一个指向其根结点的静态链（下标）；而根结点的双亲链中则可存储该树子集中的成员个数，为了和普通结点有所区别，可以把根结点双亲域中的成员数设为负值。生成树各顶点双亲信息的记录结构见图 6.53。

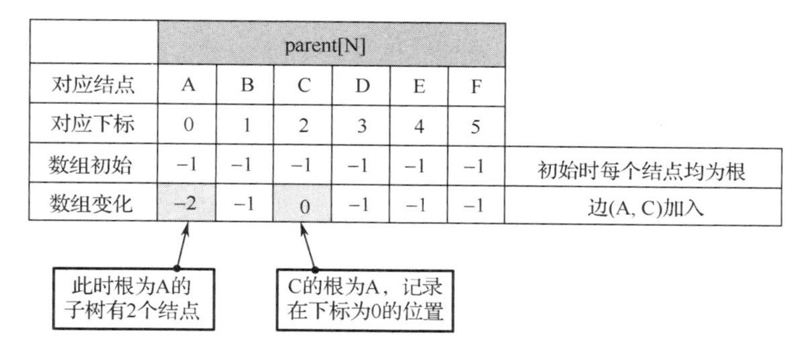

| | parent[N] | | | | | | |
|---|---|---|---|---|---|---|---|
| 对应结点 | A | B | C | D | E | F | |
| 对应下标 | 0 | 1 | 2 | 3 | 4 | 5 | |
| 数组初始 | −1 | −1 | −1 | −1 | −1 | −1 | 初始时每个结点均为根 |
| 数组变化 | −2 | −1 | 0 | −1 | −1 | −1 | 边(A, C)加入 |

此时根为A的
子树有2个结点
C的根为A，记录
在下标为0的位置

图 6.53　顶点双亲记录结构

初始时，每个结点均为根，则数组中的初值都是-1，表示当前的结点为根，以此根为树的子树中只有一个结点。当有边（A, C）加入时，A、C 两个子树的根不同，故可以合并这两个子树（或子集），此时若选 A 为子树的根，则 C 变为树的普通结点，它的根的状态记录由原来的-1 改为在下标为 0 的结点 A 处。

### 2．基于顶点双亲记录结构的 Kruskal 算法步骤推演

图 6.54 给出了图 6.52 中 Kruskal 算法步骤对应的子树中各结点间的关系，其中“L 根”表示结点数多的子集的根，“S 根”表示结点数少的子集的根。

| | | parent[N] | | | | | | 加入边 $u_1 v_1$ | L 根 | S 根 |
|---|---|---|---|---|---|---|---|---|---|---|
| 结点 | | A | B | C | D | E | F | | | |
| 下标 | | 0 | 1 | 2 | 3 | 4 | 5 | | | |
| 步骤 | 初始 | −1 | −1 | −1 | −1 | −1 | −1 | 无 | 无 | 无 |
| | 1 | −2 | −1 | 0 | −1 | −1 | −1 | A-C | A | C |
| | 2 | −2 | −1 | 0 | −2 | −1 | 3 | D-F | D | F |
| | 3 | −2 | −2 | 0 | −2 | 1 | 3 | B-E | B | E |
| | 4 | −4 | −2 | 0 | 0 | 1 | 3 | C-F | A | D |
| | 5 | −4 | −2 | 0 | 0 | 1 | 3 | A-D | A | A |
| | 6 | −6 | 0 | 0 | 0 | 1 | 3 | B-C | A | B |
| | 7 | −6 | 0 | 0 | 0 | 1 | 3 | C-D | A | A |
| | 8 | −6 | 0 | 0 | 0 | 1 | 3 | A-B | A | A |
| | 9 | −6 | 0 | 0 | 0 | 1 | 3 | C-E | A | A |
| | 10 | −6 | 0 | 0 | 0 | 1 | 3 | E-F | A | A |

图 6.54  Kruskal 算法中结点关系

初始时每个结点都是一棵子树，它们的根即是自己。在步骤 4 中，加入边（C, F），在步骤 3 结束时，可以查到顶点 C 与 F 的双亲分别为 A 与 D，故边（C, F）可以加入，现在 C 亦可作为 D 的双亲，现在的问题是，F 的根应该选哪个结点作为它的根？如果依然是 D 为根，则分量{A, C}与{D, F}没有变化；如果选 C 作为根，由于 C 的根为 A，则 F 的根与 C 的根应该合并为 A，这样子树{A, C}与{D, F}由于边（C, F）的加入而合并为一棵子树，见图 6.52 中的第 3 步到第 4 步，故图 6.54 的步骤 4 中，D 的双亲改为下标 0，A 的双亲域由于子树{D, F}的加入而增加了两个结点，值变为-4。

### 【知识 ABC】树的合并问题与并查集

树的合并问题属于子集归并的并查集（Union-find Set）问题。并查集上的子集合并运算，即，要合并两个元素所属的子集，首先要确定两个元素所属子集所对应的树的根结点，然后将其中一棵树的根结点作为另一个棵树的子树即可。为避免在合并过程中出现畸形树（近似单链树），通常将成员较少的子集对应的树作为成员较多的子集对应的树的子树。

并查集是一种树型的数据结构，用于处理一些不相交集合（Disjoint Set）的合并及查询问题。常常在使用中以森林来表示。集就是让每个元素构成一个单元素的集合，也就是按一定顺序将属于同一组的元素所在的集合合并。

并查集的主要操作如下。

（1）初始化：把每个点所在集合初始化为其自身。

（2）查找：查找元素所在的集合，即根结点。

（3）合并：将两个元素所在的集合合并为一个集合。通常，合并之前应判断两个元素是否属于同一集合，这可用查找操作来实现。

**【知识 ABC】Kruskal 算法**

Kruskal 算法是一种用来寻找最小生成树的算法。1956 年，约瑟夫·伯纳德·克鲁斯卡尔（Joseph Bernard Kruskal）提出了产生最小成本生成树（Minimum-cost Spanning Tree，MST）的 Kruskal 算法，发表在当年的美国数学学会的学报上。

### 6.6.5.3　Kruskal 算法实现

#### 1．数据结构描述

将结点数多的集合设为 L，结点数少的集合设为 S。

（1）边集数组

权值按递增有序放在边集数组 EdgeSet[]中。

```
边集数组结构
typedef   struct                              //边集数组单元结构
{     VexType   start_vex;                    //起点
      VexType   end_vex;                      //终点
      InfoType  weight;                       //权值项可以根据需要设置
      int sigle;                              //当前边是否加入标志，0 为初值，1 为加入
} EdgeStruct;
```

（2）顶点与双亲关系数组

```
记录各顶点的根，负值为子集合的结点个数
int   parent[VERTEX_NUM];
```

#### 2．伪代码描述

算法的伪代码描述见表 6.7 和表 6.8。

表 6.7　Kruskal 算法伪代码描述

| Kruskal 算法描述 |
| --- |
| 将图的边集结构值按权值大小升序排列 |
| 顺次逐条检测边集中的边 e = (u, v) |
| 　若将此边加到生成树中形成回路，则舍弃 |
| 　否则将此边加到生成树中 |
| 直到选中 *N*-1 条边 |

表 6.8　回路判断算法伪代码描述

| 回路判断算法描述 | 回路判断算法细化描述 |
| --- | --- |
| parent[N]初始化 | parent[N]初始值置为-1 |
| 若有边(u, v) | 若有边(u, v)，查找结点 u 和 v 的根 |
| 判断 u、v 的根是否相同 | 判断 u、v 的根是否相同 |
| 是，存在回路，舍弃边(u, v) | 是，存在回路，舍弃边(u, v) |

续表

| 回路判断算法描述 | 回路判断算法细化描述 |
|---|---|
| 否，不存在回路，将 u、v 所在集合合并 | 否则 |
| | （1）选中(u,v)作为生成树的一条边 |
| | （2）当 v 所属子集结点数多于 u 的，将 v 的根当作 u 所在子集的根；否则将 u 的根当作 v 所在子集的根 |

### 3．程序实现

```
/*=====================================================
函数功能：求图的最小生成树 Kruskal 算法
函数输入：图的边集、图的边数、结点数
函数输出：无
=====================================================*/
void Kruskal(EdgeStruct EdgeSet[],int edge_num, int vertex_num )
{
        int   parent[VERTEX_NUM];     //记录各顶点的根，负值为本集合的结点个数
        int   i,k;
        int   num=0;
        int   v1Root,v2Root;
        int   LRoot, SRoot;                //LRoot：大集合的根；SRoot：小集合的根
        char LVertex,SVertex;

        for (i=0;i<vertex_num;i++)   parent[i]=-1;
        i=0; k=0;
        while ( k<edge_num && num<vertex_num )
        {
                //查找 start_vexd 的根 v1Root
                v1Root=(EdgeSet[k].start_vex-'A');
                while (parent[v1Root]>=0) v1Root=parent[v1Root];
                //查找 end_vexd 的根 v2Root
                v2Root=(EdgeSet[k].end_vex-'A');
                while (parent[v2Root]>=0) v2Root=parent[v2Root];
                //将 S 集合合并到 L 集合
                if (parent[v1Root]<=parent[v2Root])
                {
                        LRoot=v1Root;
                        SRoot=v2Root;
                        LVertex= EdgeSet[k].start_vex;
                        SVertex= EdgeSet[k].end_vex;
                }
                else
                {
                        LRoot=v2Root;
                        SRoot=v1Root;
                        LVertex= EdgeSet[k].end_vex;
                        SVertex= EdgeSet[k].start_vex;
```

```
            }
            printf("%c--%c ",EdgeSet[k].start_vex,EdgeSet[k].end_vex);
            printf("v1Root=%c    v2Root=%c\n",LRoot+'A',SRoot+'A');
            //start_vex 与 end_vex 的根不同，则 S 集合归并到 L 集合中
            if (v1Root!=v2Root)
            {
                parent[LRoot]+=parent[SRoot]; //L 子集与 S 子集成员数合并
                parent[SRoot]=LRoot; //S 结点的根改为 L 的根
                EdgeSet[k].sigle=1;
                num++;
            }
              for (i=0;i<vertex_num;i++) printf("%4d",parent[i]);
              printf("\n");
              k++;
        }
    }
```

### 4．程序测试

测试用例见图 6.55。

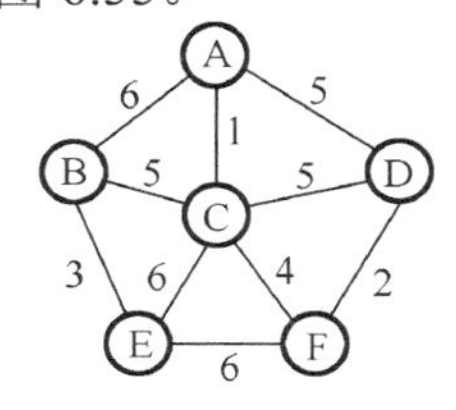


测试用例一

| 起点 | A | D | B | C | A | B | C | A | C | E |
|---|---|---|---|---|---|---|---|---|---|---|
| 终点 | C | F | E | F | D | C | D | B | E | F |
| 权值 | 1 | 2 | 3 | 4 | 5 | 5 | 5 | 6 | 6 | 6 |

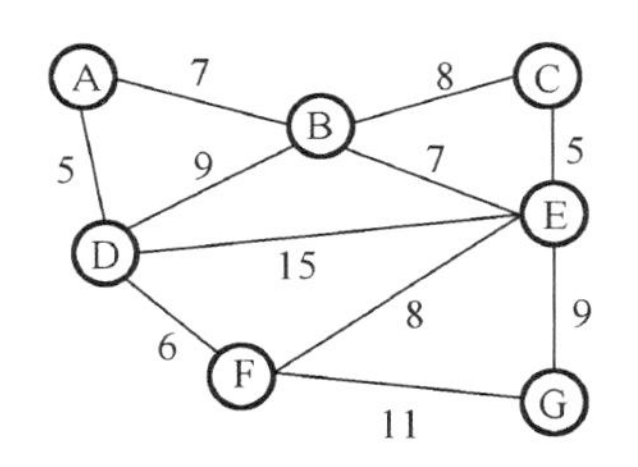


测试用例二

| 起点 | A | C | D | A | B | B | F | D | E | F | D |
|---|---|---|---|---|---|---|---|---|---|---|---|
| 终点 | D | E | F | B | E | C | E | B | G | G | E |
| 权值 | 5 | 5 | 6 | 7 | 7 | 8 | 8 | 9 | 9 | 11 | 15 |

图 6.55　Kruskal 算法测试用例

```
#include <stdio.h>
#define   VERTEX_NUM   6                //测试数据一的顶点数
#define   EDGE_NUM 10                   //测试数据一的边的数目
//#define   VERTEX_NUM   7              //测试数据二的图顶点数
//#define   EDGE_NUM 11                 //测试数据一的边的数目

typedef char VexType;
typedef int InfoType;

typedef   struct                        //边集数组单元结构
{     VexType   start_vex;              //起点
      VexType   end_vex;                //终点
```

```
    InfoType   weight;                      //权值项可以根据需要设置
    int sigle;
} EdgeStruct;
EdgeStruct   EdgeSet[EDGE_NUM];          //边集数组

void   Kruskal(EdgeStruct EdgeSet[],int edge_num, int vertex_num);
int   main()
{
    EdgeStruct   EdgeSet[EDGE_NUM]
    //==========测试数据一==============
    ={{'A','C',1,0},{'D','F',2,0},{'B','E',3,0},{'C','F',4,0},
    {'A','D',5,0},{'B','C',5,0},{'C','D',5,0},{'A','B',6,0},
    {'C','E',6,0},{'E','F',6,0}};
    //=========测试数据二=============
    //={{'A','D',5,0},{'C','E',5,0},{'D','F',6,0},{'A','B',7,0},
    //{'B','E',7,0},{'B','C',8,0},{'F','E',8,0},{'D','B',9,0},
    //{'E','G',9,0},{'F','G',11,0},{'D','E',15,0}};
    Kruskal(EdgeSet,EDGE_NUM,VERTEX_NUM);
    for (int i=0; i<EDGE_NUM; i++)
    if (EdgeSet[i].sigle==1)
      printf("%c--%c %d\n",EdgeSet[i].start_vex,EdgeSet[i].end_vex,
                                   EdgeSet[i].weight);

    return 0;
}
```

### 5．测试结果

测试用例一的测试结果

```
A----C   v1Root=A   v2Root=C
  −2  −1   0  −1  −1  −1
D----F   v1Root=D   v2Root=F
  −2  −1   0  −2  −1   3
B----E   v1Root=B   v2Root=E
  −2  −2   0  −2   1   3
C----F   v1Root=A   v2Root=D
  −4  −2   0   0   1   3
A----D   v1Root=A   v2Root=A
  −4  −2   0   0   1   3
B----C   v1Root=A   v2Root=B
  −6   0   0   0   1   3
C----D   v1Root=A   v2Root=A
  −6   0   0   0   1   3
A----B   v1Root=A   v2Root=A
  −6   0   0   0   1   3
C----E   v1Root=A   v2Root=A
  −6   0   0   0   1   3
E----F   v1Root=A   v2Root=A
  −6   0   0   0   1   3
A--C 1
D--F 2
B--E 3
C--F 4
B--C 5
```

测试用例二的测试结果

```
A----D   v1Root=A   v2Root=D
  −2  −1  −1   0  −1  −1  −1
C----E   v1Root=C   v2Root=E
  −2  −1  −2   0   2  −1  −1
D----F   v1Root=A   v2Root=F
  −3  −1  −2   0   2   0  −1
A----B   v1Root=A   v2Root=B
  −4   0  −2   0   2   0  −1
B----E   v1Root=A   v2Root=C
  −6   0   0   0   2   0  −1
```

```
B----C   v1Root=A   v2Root=A
  -6   0   0   0   2   0   -1
F----E   v1Root=A   v2Root=A
  -6   0   0   0   2   0   -1
D----B   v1Root=A   v2Root=A
  -6   0   0   0   2   0   -1
E----G   v1Root=A   v2Root=G
  -7   0   0   0   2   0   0
F----G   v1Root=A   v2Root=A
  -7   0   0   0   2   0   0
D----E   v1Root=A   v2Root=A
  -7   0   0   0   2   0   0
A--D 5
C--E 5
D--F 6
A--B 7
B--E 7
E--G 9
```

### 6.6.6 生成树算法小结

Prim 算法和 Kruskal 算法的想法基本相同，Prim 从点入手，Kruskal 从边入手，考虑问题的出发点都是使生成树边的权值之和达到最小，则应使生成树中每一条边的权值尽可能小。

Kruskal 算法在效率上要比 Prim 算法快，因为 Kruskal 只需要对权重边做一次排序，而 Prim 算法则需要做多次排序。尽管 Prim 算法每次做的算法涉及的权重边不一定涵盖连通图中的所有边。

Prim 和 Kruskal 算法分别适用于稠密图和稀疏图。

## 6.7 图的经典应用——最短路径问题

### 6.7.1 最短路径问题的引入

#### 1. 网络中有效传输数据的问题

网络的作用是传输数据，数据从源端传送到目的端往往要通过不止一个中间点，可能会有多条传输路径，采用何种机制传输数据以及如何选择最佳的传输路径，是网络通信中要解决的问题。

**【知识 ABC】数据包交换技术**

大多数计算机网络都不能连续地传送任意长的数据，所以实际上网络系统是把要传输的数据（也称为报文）分割成小块，然后逐块地发送，这种小块就称为数据包（或分组）。报文通常被划分为数千个包，这些包的传输彼此独立，互不影响，并且可以沿着不同的路径（亦称路由）到达目的地，正如两地间有多条交通线路一般，到达目的地后重新装配原始报文。为保障传输和装配的正确，每个数据包要包含源、目的地、数据包序号、数据内容块等信息。

在数据包传输时，通信双方间至少要存在一条数据传输通路，这些通路可能要经过多个中间结点设备——路由器（Router）。路由器的作用相当于“交通警察”，它根据信道的情况自动选择和设定路由，以最佳路径、按先来后到顺序发送收到的数据包，见图 6.56。

每个结点的路由器收到数据包后，根据数据包中的目的地址（Destination），从路由表查到对应的下一个站点（Next Hop），将其发出，数据包经过这样若干次传递后，最终到达目的地。为数据包从出发端到目的端选择路径的过程称为“路由”，相应的算法为“路由算法”。

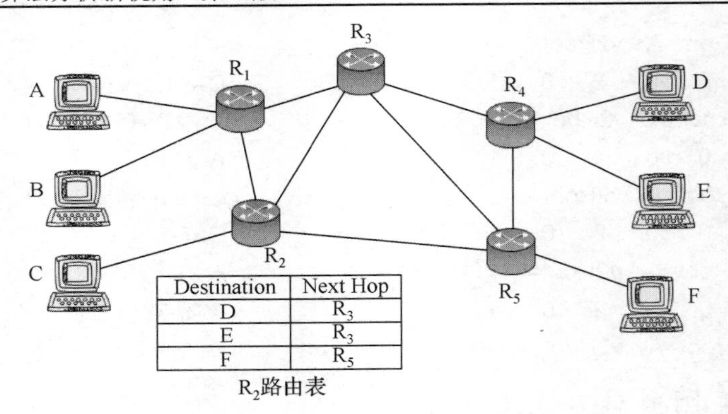


| Destination | Next Hop |
|---|---|
| D | $R_3$ |
| E | $R_3$ |
| F | $R_5$ |

$R_2$路由表

图 6.56　因特网中的数据包传输

在网络中要把数据包高效地传输到目的地，就需要从源端到目的端选择长度最短的路径（对于路径长度测量有多种方式，如距离、信道带宽、通信流量、通信开销、队列长度、传播时延等）。对应实际的网络，其拓扑结构是一个网络图，图中每个结点代表一台路由器，每条弧线代表路由器之间的连接关系（链路），弧上的数字（即权值）表示链路的代价（如时延），如图 6.57 所示。

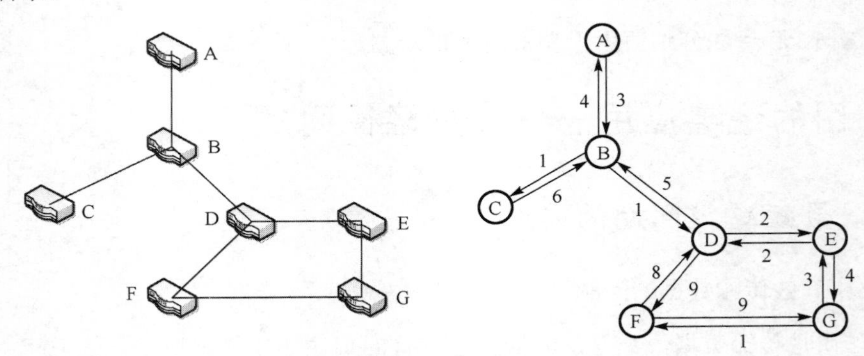


图 6.57　网络拓扑模型

在一对给定的路由器之间选择一条最佳路由路径的问题，转换为只需在图中找到这对结点之间的最短路径。

路由算法是提高路由协议功能、尽量减少路由时带来的开销的算法。当实现路由算法的软件必须在物理资源有限的计算机上运行时，保证算法的高效性尤为重要。

### 2. 最短路径问题的相关算法、相关应用

最短路径问题是图论研究中的一个经典问题，旨在寻找图中两结点之间的最短路径，即从某顶点出发，沿图的边到达另一顶点所经过的路径中，各边上权值之和最小的一条路径——最短路径。

最短路径算法根据源点的数量可以分为单源点最短路径和全源最短路径。单源点的最短路径问题，是在带权有向图中求指定的一个顶点到其余各点的最短路径；全源最短路径是在有向或无向带权图中，求出所有顶点对之间的最短路径。求单源点最短路径经典算法有 Dijkstra 算法和 Bellman-Ford 算法，其中，Dijkstra 算法主要解决所有边的权为非负的单源点最短路径，Bellman-Ford 算法可以用于权值有负值的问题。全源最短路径算法主要有

Floyd-Warshall 算法和 Johnson 算法。

最短路径算法根据运算数据是否变化可分为静态最短路径计算和动态最短路径计算。静态最短路径算法是外界环境不变，计算最短路径，主要有 Dijkstra 算法、A*（A Star）算法。动态最短路径计算，是在外界环境不断发生变化，即不能预测的情况下计算最短路径，如在游戏中敌人或障碍物不断移动的情况下，典型的有 D*（D star）算法。

最短路径问题作为图论与网络技术研究中的一个经典问题，一直在地理信息、计算机网络、交通查询等领域广泛应用，现在重要的应用有网络路由算法、机器人探路、交通路线导航、人工智能、游戏设计等。美国火星探测器核心的寻路算法就是采用的 D*算法。

本章介绍经典的 Dijkstra 算法与 Floyd-Warshall 算法。

## 6.7.2　单源最短路径算法——Dijkstra 算法

Dijkstra 算法是典型的最短路径路由算法，用于计算有向图中一个顶点到其他所有顶点的最短路径。算法使用广度优先搜索策略，解决非负权值有向图的单源最短路径问题，最终得到一个最短路径树。虽然今天我们已经有寻找最短路径的更好解决方案，但出于稳定性的考虑，Dijkstra 算法仍然被很多系统使用。

Dijkstra 算法由图灵奖获得者、荷兰计算机科学家迪杰斯特拉（Edsger Wybe Dijkstra）于 1959 年提出。

### 1．问题描述

给定带权有向图 G 和源点 v，求从 v 到 G 中其余各顶点的最短路径。图中权值非负。

### 2．问题分析

求从源点 v 到 G 中其余各顶点的最短路径，一种可能的方法是枚举出所有路径，并计算出每条路径的长度，然后选择最短的一条。下面我们将阐明如何有效解决这类问题。

在一个网络中，任意两顶点间是否有路径，可能的情形有：

- 没有路径。
- 只有一条路径。
- 有 *n* 条路径。

从一个顶点 v 到任一顶点 $v_i$ 的最短路径不外乎两种可能，一是从 v 到 $v_i$ 只有一条路径，则它就是最短路径；二是从 v 到 $v_i$ 有多条路径，则需要在这 *n* 条路径中确定哪一条最短。

在图 6.58 中，设源点为 $v_0$，枚举 $v_0$ 到其余各点的路径情形，可列出一个路径表。

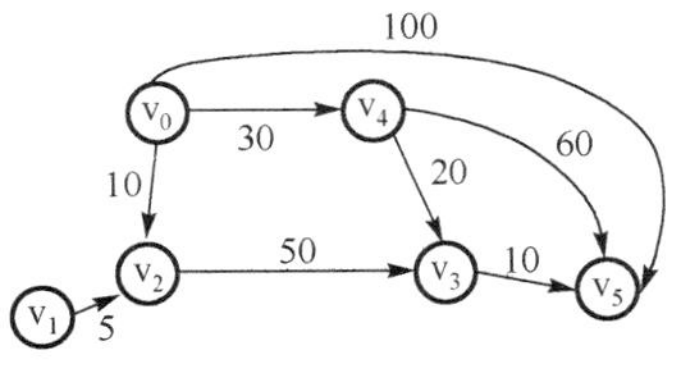

从 $v_0$ 到其余各点的路径表

| 起点 | 中间点 | 终点 | 路径长度 |
|---|---|---|---|
| $v_0$ | 无 | $v_1$ | ∞ |
| | 无 | $v_2$ | 10 |
| | 无 | $v_4$ | 30 |
| | $v_2$ | $v_3$ | 60 |
| | $v_4$ | | 50 |
| | 无 | $v_5$ | 100 |
| | ($v_2$, $v_3$) | | 70 |
| | $v_4$ | | 90 |
| | ($v_4$, $v_3$) | | 60 |

图 6.58　单源最短路径分析

从表中观察分析，可以发现下面两点：

- 求源点到各顶点的最短路径，是从离源点最近的顶点开始（即无中间点），逐一确定各点的最短路径。如最先列出的是 $v_0$ 分别到无中间点的 $v_1$、$v_2$、$v_4$ 的路径，这些路径即为最短路径。
- 若原点到一顶点有多条路径，且其最短路径上有中间点，则源点到这些中间点的最短路径在此之前应该均已找到。如 $v_0$ 到 $v_3$，分别可以通过中间点 $v_2$ 和 $v_4$ 到达，最短路径为 50，在确定 $v_0$ 到 $v_3$ 的最短路径之前，$v_0$ 到 $v_2$ 和 $v_4$ 的最短路径已经是确定的了。再如，$v_0$ 到 $v_5$ 的最短路径是 60，$v_0$ 到 $v_5$ 的中间点有 $v_4$、$v_3$ 和 $v_2$、$v_3$，则如果 $v_0$ 到 $v_5$ 的最短路径要经过 $v_3$ 点，那么 $v_0$ 到 $v_3$ 点的最短路径应该是在此之前就已经确认。

### 3. Dijkstra 算法思路描述

Dijkstra 的最短距离计算方法，是从源点 $v_0$ 出发，列出其所有的相邻点，从中找到一个距离最短的点作为新的扩展点 u，更新 $v_0$ 与 u 相邻的所有顶点的距离。

下面以图 6.59 为例看一下具体的计算过程。

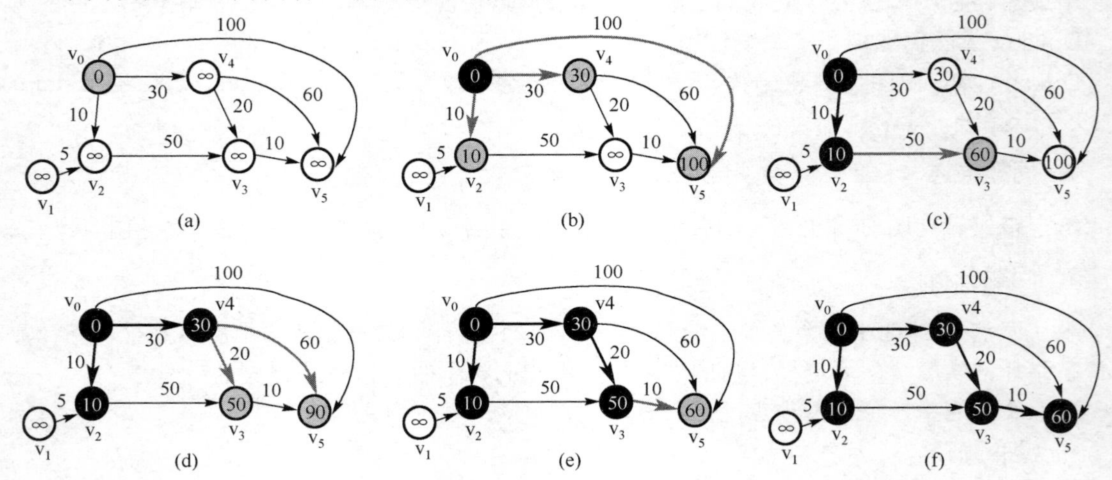


图 6.59　Dijkstra 求解过程图

图 6.59(a)：设源点为 $v_0$，源点 $v_0$ 的值为 0，$v_0$ 到其余点的最短路径均为∞，路径值记录在各顶点圆圈中。

图 6.59(b)：首次从 $v_0$ 出发有 3 条直接的路径，分别到顶点 $v_2$、$v_4$、$v_5$，长度分别为 10、30、100，修改相应顶点圈中的值，其中最短路径对应的顶点为 $v_2$。

图 6.59(c)：确定新的扩展点 u=$v_2$（$v_2$ 点变深色），以 u 作为中间点，Dist($v_0$, $v_3$)= Dist($v_0$, $v_2$)+ Dist($v_2$, $v_3$)=60，比原先的值∞小，修改之。此时，$v_0$ 到 $v_3$、$v_4$、$v_5$ 的路径中（$v_0$ 到 $v_2$ 的最短距离已经确认，就不再考虑 $v_2$ 点），最短的路径对应顶点为 $v_4$，距离为 30。

图 6.59(d)：u=$v_4$，可以修改 $v_3$、$v_5$ 点的值。

图 6.59(e)：u=$v_3$，修改 $v_5$。

图 6.59(f)：u=$v_5$，与 $v_0$ 有通路的顶点均已处理完毕。

把上面的计算过程的中间结果，记录下来，见图 6.60。其中，S 为已求出最短路径的顶点集合；Dist[]为最短路径数组，Dist[x]表示 v0 到顶点 x 的路径长度；Path[]为中间点路径数组，

Path[x]记录 $v_0$ 到达顶点 x 的中间点 u。

说明：（1）x 为结点编号。（2）若 $v_0$ 与顶点 x 之间有多个中间点，则 Path[x]中记录的是最近一次修改的中间点值。

| 循环 | 最短路径点集 | 源点到各点的长度 Dist[] | | | | | | 中间点路径 Path[] | | | | | |
|---|---|---|---|---|---|---|---|---|---|---|---|---|---|
| | S | 0 | 1 | 2 | 3 | 4 | 5 | 0 | 1 | 2 | 3 | 4 | 5 |
| 1 | {0} | 0 | ∞ | 10 | ∞ | 30 | 100 | 0 | −1 | 0 | −1 | 0 | 0 |
| 2 | {0,2} | 0 | ∞ | 10 | 60 | 30 | 100 | 0 | −1 | 0 | 2 | 0 | 0 |
| 3 | {0,2,4} | 0 | ∞ | 10 | 50 | 30 | 90 | 0 | −1 | 0 | 4 | 0 | 4 |
| 4 | {0,2,4,3} | 0 | ∞ | 10 | 50 | 30 | 60 | 0 | −1 | 0 | 4 | 0 | 3 |
| 5 | {0,2,4,3,5} | 0 | ∞ | 10 | 50 | 30 | 60 | 0 | −1 | 0 | 4 | 0 | 3 |

图 6.60　Dijkstra 求解过程表

### 4．Dijkstra 算法具体步骤

① 在 Dist 中找最小值对应的点 u；将 u 加入 s。

② 以 u 作为中间点，分别计算源点 $v_0$ 到其他各顶点的距离；若小于原来的距离，则修改 Dist 和 Path 数组。具体到数据结构，则可表述为

如果 Dist[x]>Dist[u]+AdjMatrix[u][x]，那么 Dist[x]=Dist[u]+AdjMatrix[u][x]。

（注：AdjMatrix[][]是邻接矩阵。）

③ 重复步骤①②直到所有与 $v_0$ 有路径的顶点全部加入到 s 中。

**【思考与讨论】** 为什么 Dijkstra 算法的限定条件为非负权值？

**讨论：** 当所有边权都为正时，由于不会存在一个距离更短的没扩展过的点 u，所以 $v_0$ 到这个 u 点的距离一旦确认就不会被改变；若存在负权边，则会在扩展时产生更短的距离，有可能破坏了已更新点的距离不会改变的性质。所以，只有当所有边权都非负时才能保证算法的正确性，故用 Dijkstra 求最短路的图不能有负权边。

### 5．算法代码实现

```
#include <stdio.h>
#define N 20                                    //图的最大顶点数
#define MAX 32767
typedef struct                                  //图的邻接矩阵类型
{
    int AdjMatrix[N][N];                        //邻接矩阵 AdjMatrix
    int VexNum,ArcNum;                          //顶点数，弧数
    //int vexs[N];                              //存放顶点信息---如该顶点的下一个顶点
} AM_Graph;

void DisplayAM(AM_Graph g);                     //输出邻接矩阵
void Dijkstra(AM_Graph g,int v0);               //Dijkstra 算法从顶点 v0 到其余各顶点的最短路径
void DisplayPath(int dist[],int path[],int s[],int n,int v0);    //由 path 计算最短路径
void PPath(int path[],int i,int v0);

/*=======================================
Dijkstra 算法
函数功能：从源点到其余各顶点的最短路径
函数输入：图的邻接矩阵、源点 v0
```

```
函数输出：无
============================================*/
void Dijkstra(AM_Graph g,int v0)
{
     int i,j;
     int Dist[N];                    //最短距离数组,记录 v0 到顶点 j 的最短距离
     int Path[N];                    //中间点路径数组，记录顶点 j 的前一个顶点(j 的前趋)
     int S[N];                       //最短路径顶点集，值 1：顶点入集，值 0：顶点未入集
     int MinDis;                     //距 v0 的最小距离
     int u;                          //距 v0 最小距离的顶点

     for (i=0;i<g.VexNum;i++)
     {
          Dist[i]=g.AdjMatrix[v0][i];           //距离初始化
          if (g.AdjMatrix[v0][i]<MAX)           //若 v0 到 i 有路径
               Path[i]=v0;                      //i 的前趋为 v0
          else Path[i]=-1;                      //i 无前趋，标记为-1
               S[i]=0;                          //S[]=0，表示顶点 i 不在 S 集中
     }

     S[v0]=1;                                   //首次，源点 v0 入 S 集
     for (i=0;i<g.VexNum;i++)
     {
          MinDis=MAX;                           //初始时设置到 v0 的最小距离为 MAX
          u=-1;                                 //u 为-1 表示无对应顶点

           //在 Dist 中找最小值及对应顶点 u
           for (j=0; j<g.VexNum; j++)
                if (S[j]==0 && Dist[j]<MinDis)
                {
                     MinDis=Dist[j];
                     u=j;
                }

          if(MinDis!=MAX)     S[u]=1;//顶点 u 加入 S 集中
          else break;

           //以 u 做中间点，查看 v0 到其他各点的距离
           for (j=0;j<g.VexNum;j++)
           {//选取不在 S 集中且与 u 连通的点 j
                if (S[j]==0 && g.AdjMatrix[u][j]<MAX)
                  { //若[v0 到 j 的距离]>[v0 到 u 的距离+u 到 j 的距离]
                     if (Dist[j]>Dist[u]+g.AdjMatrix[u][j])
                     {
                          //修改 v0 到 j 的距离
                          Dist[j]=Dist[u]+g.AdjMatrix[u][j];
                          Path[j]=u;//修改 j 的前趋点
                     }
                  }
           }
     }
     printf("输出最短路径:\n");
     DisplayPath(Dist,Path,S,g.VexNum,v0);            //输出最短路径
}
```

```
/*============================================
函数功能：输出源点到其余各点的最短路径
函数输入：最短距离数组、路径数组、最短路径顶点集、顶点数、源点
函数输出：无
============================================*/
void DisplayPath(int Dist[],int Path[],int S[],int n,int v0)
{
    int i;
    for (i=0;i<n;i++)
        if (S[i]==1 && i!=v0)                        //在 S 集中的顶点才有路径输出
        {
            printf("从%d 到%d 的最短路径长度为:%d",v0,i,Dist[i]);
            printf("\t 路径为:%d—",v0);
            PPath(Path,i,v0);
            printf("%d\n",i);
        }
        else
            printf("从%d 到%d 不存在路径\n",v0,i);
}
/*====================================
函数功能：打印源点到指定顶点的最短路径
函数输入：路径数组、终点、源点
函数输出：无
屏幕输出：最短路径
====================================*/
void PPath(int Path[],int i,int v0)
{
    int k=Path[i];
    if (k==v0)   return;
    else PPath(Path,k,v0);
    printf("%d—",k);
}

/*====================================
函数功能：输出邻接矩阵
函数输入：邻接矩阵
函数输出：无
屏幕输出：邻接矩阵
====================================*/
void DisplayAM(AM_Graph g)
{
    int i,j;
    for (i=0;i<g.VexNum;i++)
    {
        for (j=0; j<g.VexNum; j++)
         {
            if (g.AdjMatrix[i][j]==MAX) printf("%4s","∞");
            else   printf("%4d",g.AdjMatrix[i][j]);
         }
        printf("\n");
    }
}
```

```
int main()
{
    int A[N][6]={{MAX,MAX,10 ,MAX,30 ,100},
                 {MAX,MAX,5  ,MAX,MAX,MAX},
                 {MAX,MAX,MAX,50 ,MAX,MAX},
                 {MAX,MAX,MAX,MAX,MAX,10 },
                 {MAX,MAX,MAX,20 ,MAX,60 },
                 {MAX,MAX,MAX,MAX,MAX,MAX}
                  };
    AM_Graph g;                                     //定义邻接矩阵 g
    g.VexNum=6;
    g.ArcNum=8;
    for (int i=0;i<g.VexNum;i++)                    //给邻接矩阵赋值
        for (int j=0;j<g.VexNum;j++)
            g.AdjMatrix[i][j]=A[i][j];

    printf("有向图 G 的邻接矩阵:\n");
    DisplayAM(g);                                   //输出邻接矩阵
    int v0=1;                                       //设置起始点
    Dijkstra(g,v0);
    return 0;
}
```

**6．测试**

测试用例图如图 6.58 所示。

有向图 G 的邻接矩阵:

```
∞   ∞   10   ∞   30  100
∞   ∞    5   ∞   ∞   ∞
∞   ∞   ∞   50   ∞   ∞
∞   ∞   ∞   ∞   ∞   10
∞   ∞   ∞   20   ∞   60
∞   ∞   ∞   ∞   ∞   ∞
```

输出最短路径：

从 1 到 0 不存在路径

从 1 到 1 不存在路径

从 1 到 2 的最短路径长度为：5　　　　路径为：1-2

从 1 到 3 的最短路径长度为：55　　　路径为：1-2-3

从 1 到 4 不存在路径

从 1 到 5 的最短路径长度为：65　　　路径为：1-2-3-5

### 6.7.3 各顶点对间最短路径算法——Floyd 算法

求带权图中各顶点对间的最短距离时，根据前面介绍的 Dijkstra 算法思路，我们可以每次以一个顶点为源点，重复执行 Dijkstra 算法 $n$ 次，这样便可求得每对顶点之间的最短路径。除了直接用 Dijkstra 算法，1962 年 Robert W. Floyd 提出了另外一种求解方法，其思路是逐一以图中顶点 w 为中间点，查看所有顶点对 u、v 之间的距离，若比原先的更短，则更新之。Floyd 算法又称为插点法，通常可以在任何图中使用，包括有向图、带负权边的图。

### 1．Floyd 算法思路分析

下面以具体的图例来说明各顶点间距离更新的思路，如图 6.61 所示。首先设置 Dist 矩阵和 Path 矩阵来记录顶点间的距离和对应的中间点。

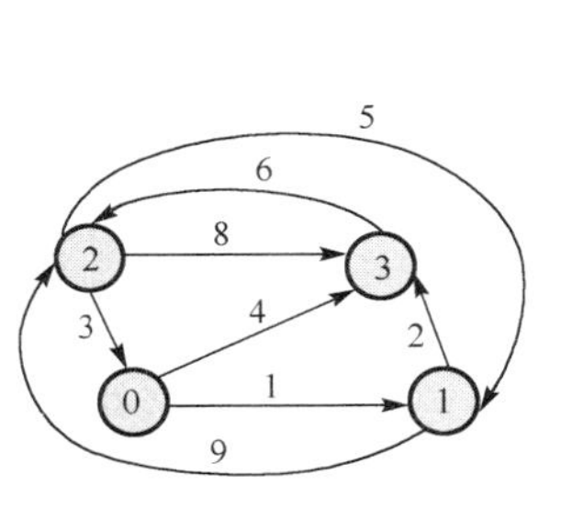


(1) 初始化矩阵

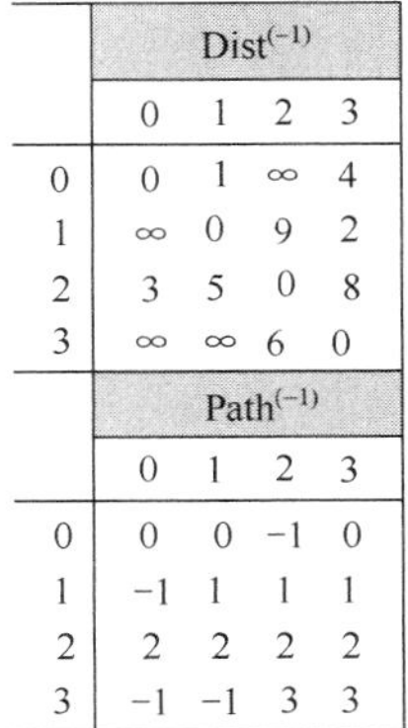

| | $Dist^{(-1)}$ | | | |
|---|---|---|---|---|
| | 0 | 1 | 2 | 3 |
| 0 | 0 | 1 | ∞ | 4 |
| 1 | ∞ | 0 | 9 | 2 |
| 2 | 3 | 5 | 0 | 8 |
| 3 | ∞ | ∞ | 6 | 0 |
| | $Path^{(-1)}$ | | | |
| | 0 | 1 | 2 | 3 |
| 0 | 0 | 0 | −1 | 0 |
| 1 | −1 | 1 | 1 | 1 |
| 2 | 2 | 2 | 2 | 2 |
| 3 | −1 | −1 | 3 | 3 |

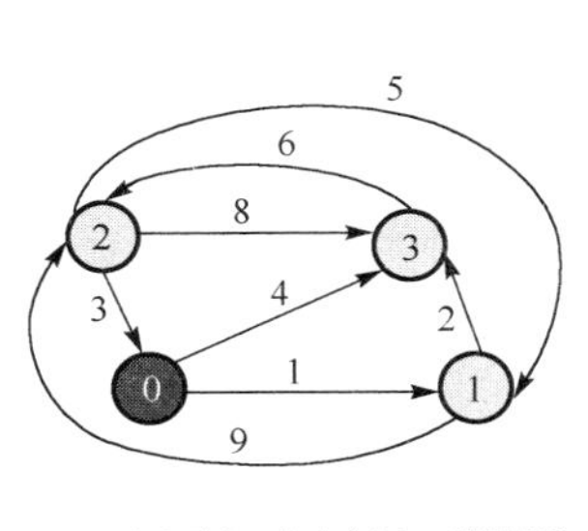


(2) 以顶点0为中间点更新矩阵

| | $Dist^{(0)}$ | | | |
|---|---|---|---|---|
| | 0 | 1 | 2 | 3 |
| 0 | 0 | 1 | ∞ | 4 |
| 1 | ∞ | 0 | 9 | 2 |
| 2 | 3 | 4 | 0 | 7 |
| 3 | ∞ | ∞ | 6 | 0 |
| | $Path^{(0)}$ | | | |
| | 0 | 1 | 2 | 3 |
| 0 | 0 | 0 | −1 | 0 |
| 1 | −1 | 1 | 1 | 1 |
| 2 | 2 | 0 | 2 | 0 |
| 3 | −1 | −1 | 3 | 3 |

(3) 以顶点1为中间点更新矩阵

| | $Dist^{(1)}$ | | | |
|---|---|---|---|---|
| | 0 | 1 | 2 | 3 |
| 0 | 0 | 1 | 10 | 3 |
| 1 | ∞ | 0 | 9 | 2 |
| 2 | 3 | 4 | 0 | 6 |
| 3 | ∞ | ∞ | 6 | 0 |
| | $Path^{(1)}$ | | | |
| | 0 | 1 | 2 | 3 |
| 0 | 0 | 0 | 1 | 1 |
| 1 | −1 | 1 | 1 | 1 |
| 2 | 2 | 0 | 2 | 1 |
| 3 | −1 | −1 | 3 | 3 |

(4) 以顶点2为中间点更新矩阵

| | $Dist^{(2)}$ | | | |
|---|---|---|---|---|
| | 0 | 1 | 2 | 3 |
| 0 | 0 | 1 | 10 | 3 |
| 1 | 12 | 0 | 9 | 2 |
| 2 | 3 | 4 | 0 | 6 |
| 3 | 9 | 10 | 6 | 0 |
| | $Path^{(2)}$ | | | |
| | 0 | 1 | 2 | 3 |
| 0 | 0 | 0 | 1 | 1 |
| 1 | 2 | 1 | 1 | 1 |
| 2 | 2 | 0 | 2 | 1 |
| 2 | 2 | 0 | 3 | 3 |

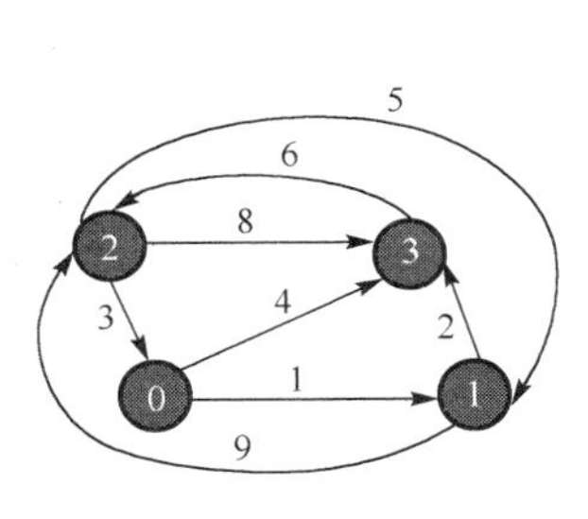


(5) 以顶点3为中间点更新矩阵

| | $Dist^{(3)}$ | | | |
|---|---|---|---|---|
| | 0 | 1 | 2 | 3 |
| 0 | 0 | 1 | 9 | 3 |
| 1 | 11 | 0 | 8 | 2 |
| 2 | 3 | 4 | 0 | 6 |
| 3 | 9 | 10 | 6 | 0 |
| | $Path^{(3)}$ | | | |
| | 0 | 1 | 2 | 3 |
| 0 | 0 | 0 | 3 | 1 |
| 1 | 2 | 1 | 3 | 1 |
| 2 | 2 | 0 | 2 | 1 |
| 3 | 2 | 0 | 3 | 3 |

| 长度 | 终点→起点 | 长度 | 终点→起点 |
|---|---|---|---|
| 0 | 0→0 | 3 | 2→0 |
| 1 | 0→1 | 4 | 2→0→1 |
| 9 | 0→1→3→2 | 0 | 2→2 |
| 3 | 0→1→3 | 6 | 2→0→1→3 |
| 11 | 1→3→2→0 | 9 | 3→2→0 |
| 0 | 1→1 | 10 | 3→2→0→1 |
| 8 | 1→3→2 | 6 | 3→2 |
| 2 | 1→3 | 0 | 3→3 |

图 6.61　Floyd 算法思路分析

（1）初始化

顶点 0 到顶点 2，无中间点，记为 Path(0, 2)= −1；顶点 0 到 2 路径长度为∞，记为 Dist(0, 2) =∞。

顶点 2 到顶点 1，经过中间点 2，记为 Path(2, 1)=2；顶点 2 到 1 路径长度为 5，记为 Dist(2, 1) =5。

（2）以顶点 0 为中间点更新矩阵

因为 Dist(2, 1)=Dist(2, 0)+Dist(0, 1)=3+1=4 <5，所以，

在 Dist(0)矩阵中：Dist(2, 1)=4；

在 Path(0)矩阵中：Path(2, 1)=0；

同理，Dist(2, 3)=7；Path(2, 3)=0。

图中步骤（3）至（5）Dist 和 Path 矩阵的变化原理一样，不再赘述。最后将各顶点间的最短路径值以及经过的顶点路径列表给出。

### 2. Floyd 算法描述

（1）设 Dist(u, v)为结点 u 到结点 v 的距离，中间点是 w；

（2）若有 Dist(u, w) + Dis(w, v) < Dis(u, v)，则 Dis(u, v) = Dis(u, w) + Dis(w, v)；

（3）遍历所有顶点 w，Dis(u, v)中记录的便是 u 到 v 的最短路径的距离。

### 3. 程序实现

```
#include<stdio.h>
#define N 100                          //图最大顶点个数
#define MAX 32767
typedef struct                         //图的邻接矩阵类型
{
    int AdjMatrix[N][N];               //邻接矩阵
    int VexNum,ArcNum;                 //顶点数，弧数
    //int vexs[N];                     //存放顶点信息——如该顶点的下一个顶点
} AM_Graph;
void DisplayAM(AM_Graph g);            //输出邻接矩阵
void Floyd(AM_Graph g);                //Floyd 算法——计算每对顶点之间的最短路径
void DisplayPath(int A[][N],int Path[][N],int n);          //输出路径
void PPath(int Path[][N],int i,int j);

int main()
{
    int A[N][4]={ {0,1,MAX,4},
                  {MAX,0,9,2},
                  {3,5,0,8},
                  {MAX,MAX,6,0 },
                };

    AM_Graph g;                        //定义邻接矩阵
    g.VexNum=4;
    g.ArcNum=8;                        //4 个顶点，8 条边

    //给邻接矩阵赋值
    for (int i=0;i<g.VexNum;i++)
        for (int j=0;j<g.VexNum;j++)
            g.AdjMatrix[i][j]=A[i][j];

    printf("有向图 G 的邻接矩阵:\n");
```

```
    DisplayAM(g);                    //输出邻接矩阵
    Floyd(g);                        //调用算法并输出每两点之间的距离
    return 0;
}

/*========================================
Floyd 算法
函数功能：求出图中每对顶点之间的最短路径
函数输入：邻接矩阵
函数输出：无
==========================================*/
void Floyd(AM_Graph g)
{
    int i,j,k;
    int Dist[N][N],Path[N][N];//Dist 矩阵记录各点间的最小距离，Path 矩阵记录路径的中间结点

    //Dist 和 Path 矩阵初始化
    for (i=0;i<g.VexNum;i++)
    {
        for (j=0;j<g.VexNum;j++)
        {
            Dist[i][j]=g.AdjMatrix[i][j];          //Dist 矩阵初始状态为邻接矩阵
            Path[i][j]=-1;                         //无中间点时为-1
        }
    }

    //分别以图中各点做中间点 k，遍历 Dist 矩阵
    for (k=0; k<g.VexNum; k++)
    {
        //在 Dist 矩阵中查看经过 k 点到其他结点的距离有无改善（变小）
        for (i=0;i<g.VexNum;i++)
        for (j=0;j<g.VexNum;j++)
        {
            //经过 k 点的 ij 距离比原先小
            if (Dist[i][j]>(Dist[i][k]+Dist[k][j]))
            {
                Dist[i][j]=Dist[i][k]+Dist[k][j];          //修改顶点 i、j 间的距离
                Path[i][j]=k;//记录中间点 k
            }
        }
    }
    printf("\n 输出最短路径:\n");
    DisplayPath(Dist,Path,g.VexNum);                   //输出最短路径
}
/*========================================
函数功能：输出各点的最短路径
函数输入：邻接矩阵、路径数组、顶点数
```

```
函数输出：无
========================================*/
void DisplayPath(int A[][N],int Path[][N],int n)
{
    int i,j;
    for (i=0;i<n;i++)
        for (j=0;j<n;j++)
            if(A[i][j]==MAX)
            {
                if(i!=j)  //交通路径中——到达自身结点本就是 0 距离
                    printf("从%d 到%d 没有路径\n",i,j);
            }
            else
            {
                printf("从%d 到%d 路径长度为:%d",i,j,A[i][j]);
                printf("\t 路径为:");printf("%d-",i);PPath(Path,i,j);
                printf("%d\n",j);
            }
}
/*========================================
函数功能：打印指定两个顶点间的路径
函数输入：路径数组、顶点 1、顶点 2
函数输出：无
屏幕输出：顶点间路径
========================================*/
void PPath(int Path[][N],int i,int j)
{
    int k=Path[i][j];
    if (k==-1)   return;
    PPath(Path,i,k);
    printf("%d-",k);
    PPath(Path,k,j);
}

/*========================================
函数功能：输出邻接矩阵
函数输入：邻接矩阵
函数输出：无
屏幕输出：邻接矩阵
========================================*/
void DisplayAM(AM_Graph g)   //输出邻接矩阵
{
    int i,j;
    for (i=0;i<g.VexNum;i++)
    {
        for (j=0;j<g.VexNum;j++)
            if (g.AdjMatrix[i][j]==MAX)
```

```
                    printf("%4s","∞");
                else    printf("%4d",g.AdjMatrix[i][j]);
            printf("\n");
        }
    }
```

**4．测试**

测试用例为图 6.61 所示的图形。

有向图 G 的邻接矩阵：

```
0   1   ∞   4
∞   0   9   2
3   5   0   8
∞   ∞   6   0
```

输出最短路径如下。

从 0 到 0 路径长度为：0　　路径为：0-0
从 0 到 1 路径长度为：1　　路径为：0-1
从 0 到 2 路径长度为：9　　路径为：0-1-3-2
从 0 到 3 路径长度为：3　　路径为：0-1-3
从 1 到 0 路径长度为：11　　路径为：1-3-2-0
从 1 到 1 路径长度为：0　　路径为：1-1
从 1 到 2 路径长度为：8　　路径为：1-3-2
从 1 到 3 路径长度为：2　　路径为：1-3
从 2 到 0 路径长度为：3　　路径为：2-0
从 2 到 1 路径长度为：4　　路径为：2-0-1
从 2 到 2 路径长度为：0　　路径为：2-2
从 2 到 3 路径长度为：6　　路径为：2-0-1-3
从 3 到 0 路径长度为：9　　路径为：3-2-0
从 3 到 1 路径长度为：10　　路径为：3-2-0-1
从 3 到 2 路径长度为：6　　路径为：3-2
从 3 到 3 路径长度为：0　　路径为：3-3

**5．时间复杂度分析**

每一个顶点分别要与其他 $n-1$ 个顶点作边的长度比较，因此其时间复杂度为 $O(n^3)$。

## 6.7.4　最短路径问题小结

最短路径问题有多种算法，适用于不同场景。Dijkstra 算法用于求解没有负边的单源最短路径的情况，其时间复杂度是 $O(n^2)$（$n$ 为顶点数）。Floyd 算法是一种动态规划算法，稠密图效果最佳，边权可正可负。此算法简单有效，由于三重循环结构紧凑，对于稠密图，效率要高于执行 $n$ 次的 Dijkstra 算法。优点是容易理解，可以算出任意两个结点之间的最短距离，代码编写简单。缺点是时间复杂度比较高，不适合计算大量数据。Floyd 算法不能直观反映出各顶点之间最短路径序列的先后关系。

# 6.8　图的经典应用——活动顶点与活动边的问题

## 6.8.1　图的活动顶点排序问题的引入

一般的复杂工程可以划分为多个工序/步骤/子工程，这些工序有的可独立进行，但大多数和其他工序关联，即某工序的进行，要等到其他一些工序的完成之后才能开始。只有按一定的顺序完成了这些工序，才能正确完成整个工程。这样的实例在日常生活中有很多，下面来看一些实际的例子。

### 1．装配顺序问题

我们从网上购买的一些物品，往往需要自己装配，如板式家具、自行车等。其实我们日常的不少活动也是组装的过程，如穿衣过程。

Brown 教授早晨起床，他必须先穿好某些衣物，才能再穿其他衣服（如先穿袜子后穿鞋），另外一些衣服则可以按任意次序穿戴（如袜子和裤子），如图 6.62 所示。若把各衣物穿戴活动当作顶点，先后顺序做有向边，则可以画出图 6.62(a)所示的“衣着装配”顺序。图 6.62(b)将图 6.62(a)做了一个整理，在水平线方向形成一个顶点序列，使得图中所有有向边均从左指向右。“装配顺序问题”即转换为有向图的顶点排序问题。

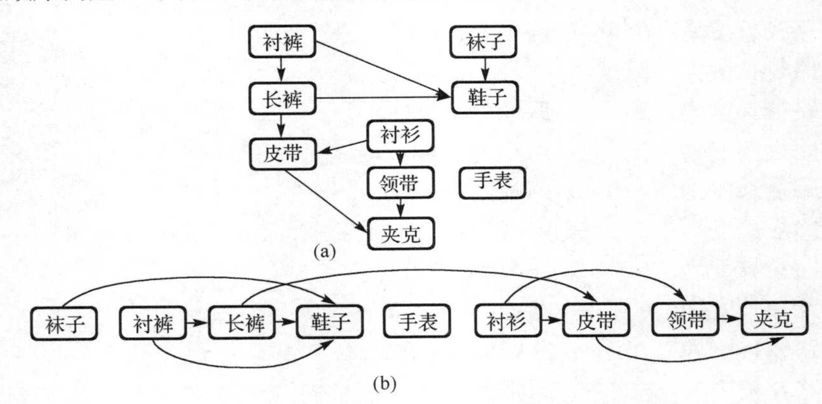


图 6.62　Brown 教授的“衣着装配”问题

### 2．先修课问题

有些同学看了 MOOC（Massive Open Online Courses，大型开放在线课程）中“机器学习”这门课程的介绍，觉得有兴趣准备学习，但不知道自己的基础知识是否够用。这时，就要查一下这门课程的先修课程包括哪些。对于相关专业的课程，要按照相应的知识体系先后顺序来进行学习，有些课程是基础课，它们可独立于其他课程先学习，有些课要有先修课程做基础。学习计划的制定，就需要确定选修课程的顺序。图 6.63 所示的是计算机专业部分课程及相关关系。

我们可以把课程抽象为一个顶点，而课程学习的先后关系或制约关系就是连接顶点之间的有向边。这样，课程及相关关系即可用一个有向图来表示，确定各课程学习的先后顺序问题，即转换为对有向图的顶点进行排序的问题。由于是基于拓扑结构中顶点的排序，因此称为拓扑排序。

| 课程代号 | 课程名称 | 先修课程 |
|---|---|---|
| $C_1$ | 计算机导论 | 无 |
| $C_2$ | 微机原理 | $C_1$, $C_3$ |
| $C_3$ | 计算机组成原理 | $C_1$ |
| $C_4$ | 程序设计 | $C_1$, $C_6$ |
| $C_5$ | 数据结构 | $C_3$, $C_4$, $C_6$ |
| $C_6$ | 高等数学 | 无 |

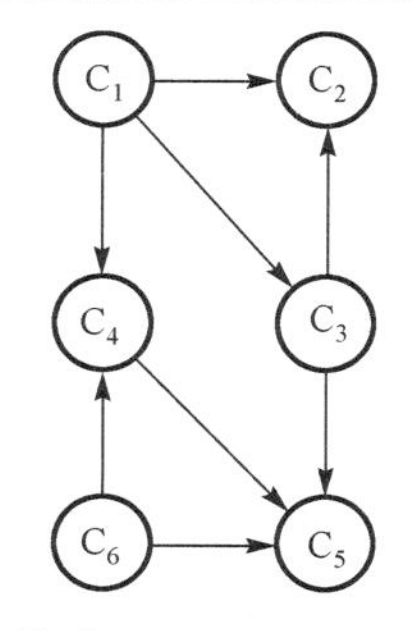


图 6.63　计算机专业部分课程及相关关系

**【思考与讨论】**

有向图都能够被拓扑排序吗？

**讨论：**在课程关系描述的有向图中，如果告诉你在选修计算机导论（$C_1$）这门课之前需要先学习数据结构（$C_5$），是不是逻辑不通？在这种情况下，就无法进行拓扑排序，因为如果 $C_1$ 与 $C_5$ 之间存在这种依赖关系，就无法确定二者的先后顺序了。在有向图中，这种情况被描述为存在环路，见图 6.64。

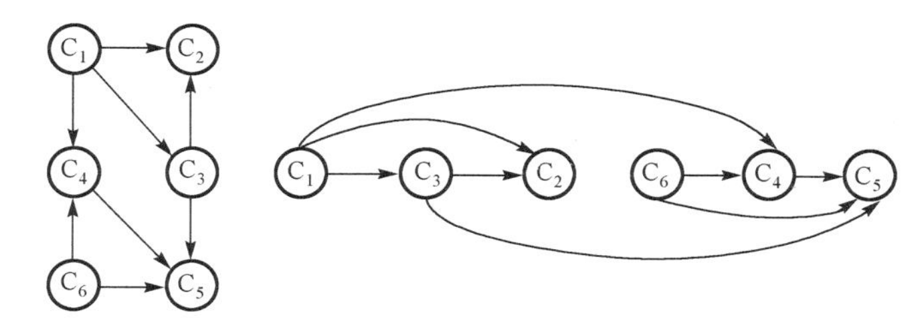


图 6.64　选课问题

一个有向图能进行拓扑排序的充要条件是它是一个有向无环图（Directed Acyclic Graph，DAG），这样的图的特点是不能有环路存在。

### 3．源代码分析问题

我们平常使用的主流编译器都具有多源代码文件支持功能。例如，把一些函数定义放在相应的文件中，要使用这些函数时，需要包含定义这些函数的文件（如 C 语言），或引用类所在的名字空间（如 Java 语言），或将这个文件作为单元引用（如 Object Pascal 语言）。

支持多源代码文件的编译器，需要在编译某个源代码文件之前先编译这个源代码引用到的文件。例如，有两个头文件 A.h 和 B.h，内容如下：

```
//头文件 A.h
int next(void)
{
...
}
int last(void)
{
...
}
int news( int i)
```

```
{
...
}
//头文件 B.h
int reset(void)
{
...
}
```

源文件 D.cpp 里面用到了 A.h 和 B.h 中定义的函数，内容如下：

```
int main()
{
    ...
    i=reset();
    for (j=1;  j<4;  j++)
    {
        printf("%d\t",next());
        printf("%d\t",last());
        printf("%d\n",news(i+j));
    }
    return 0;
}
```

在编译 D.cpp 时，如果 A.h 和 B.h 中的文件未被预先编译，编译器将无法识别 reset 等函数，以及对 reset 的调用参数列表是否正确等。这时就需要先分析 D.cpp 引用了哪些文件，这些文件是否又引用到了其他文件，应优先编译处于引用列表顶端的文件，并以此类推。

要分析计算源代码依赖关系，可以先把所有源代码文件看成一个个的顶点，一个顶点（源代码文件）如果引用了另一个顶点，就增加一条从当前顶点到被引用顶点的出边，当增加完所有顶点的出边后，正常情况下这些顶点就形成了一个有向无环图，如果出现了环，说明源代码文件中产生了错误的循环引用，这样会导致无法编译。

例如，存在下面几个源代码文件 A，B，C，D，E。引用关系如下：

- A 引用：B，C
- B 引用：D，E
- C 引用：B，E
- D 引用：E
- E 没引用其他文件

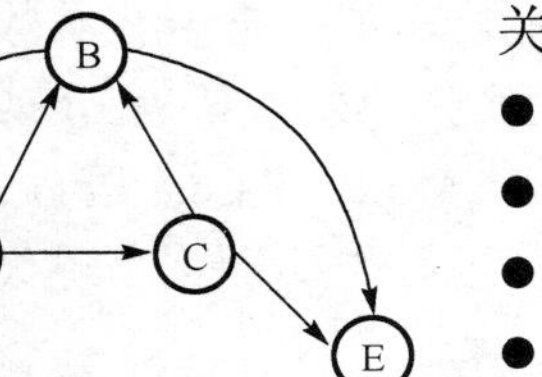

图 6.65　源文件引用关系

由以上的引用关系可以画出图 6.65，这里需要的编译顺序应该为 E-D-B-C-A。

## 6.8.2　AOV 网与拓扑排序——活动顶点排序问题

### 6.8.2.1　AOV 网模型与拓扑排序

顶点表示活动、边表示各活动之间先后关系的有向图称为顶点活动（Activity On Vertex）网，简称 AOV 网。

使 AOV 网中的各顶点排成一个线性序列，该序列保持各顶点原有的优先关系，而对于原先没有先后关系的顶点则建立起人为的先后关系，这个排序过程称为拓扑排序。

AOV 网络在产品装配顺序规划、软件开发任务分配、源代码分析等领域都有着重要的应用。近些年来，AOV 网络的应用也逐渐拓展到网格工作流调度、地理信息系统应用、知识本体组织等新兴领域。

### 6.8.2.2　拓扑排序

#### 1. 拓扑排序的定义

拓扑排序（Topological Sort）：由某个集合上的一个偏序关系得到该集合上的一个全序关系的操作称为拓扑排序。

拓扑序列：在 AOV 网中，若不存在回路，则所有活动可排列成一个线性序列，使得每个活动的所有前趋活动都排在该活动的前面，我们把此序列叫作拓扑序列。

偏序和全序是离散数学中的概念。直观地看，偏序指集合中仅有部分成员之间可比较，而全序指集合中全体成员之间均可比较。此处的“比较”，含义可以是大小的比较，也可以是顺序先后的比较。例如，图 6.66 中的两个有向图，若图中弧(x, y)表示 $x \leq y$，符号“≤”表示 x 在排序的顺序中先于 y，则(a)表示偏序，因为 $v_2$ 和 $v_3$ 的先后顺序不确定。(b)表示全序，因为所有顶点的顺序是确定的。若在(a)的有向图上人为地加一个表示 $v_2 \leq v_3$ 的弧，则(a)也成为全序的，且这个全序称为拓扑有序（Topological Order），由偏序得到拓扑有序的操作就是拓扑排序。

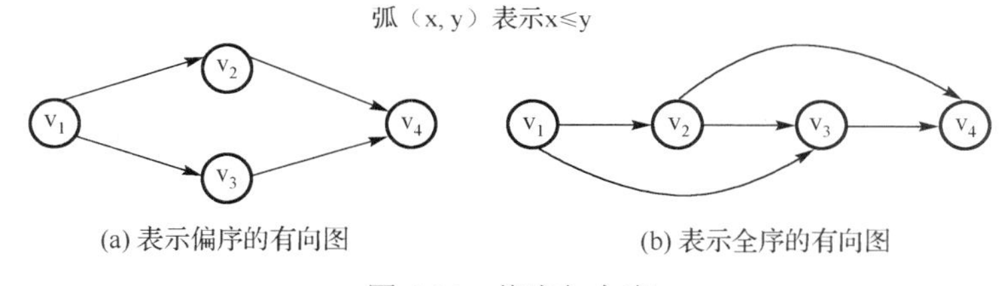


图 6.66　偏序与全序

以上面先修课的例子来描述偏序和全序这两个概念。假设在学习“计算机导论”这门课后，可以学习“高等数学”或“计算机组成原理”，这两门课之间没有特定的先后顺序，先选哪一个都可以。而“数据结构”课就必须在完成“程序设计基础”后才能学习。在所有可以选择的课程中，任意两门课程之间的关系要么是确定的（即拥有先后关系），要么是不确定的（即没有先后关系），在“课程”这个集合中，只有部分课程有确定的先后关系，则这个“课程”集合就是偏序集合。

如果规定先选“高等数学”后选“计算机组成原理”，那么它们之间也就存在了确定的先后顺序，若将“课程”集合中所有不确定的关系都进行一个确定的先后排序，则原本的偏序关系就变成了全序关系。可见，全序是偏序的一种特殊情形。

#### 2. 拓扑排序的结果讨论

**【思考与讨论】**

拓扑排序的结果唯一吗？

**讨论：**以存储于数组中的若干整数排序问题为例。

若数组中所有整数均不同，则各元素之间的大小关系是确定的，即这个序列是满足全序关系的。对于拥有全序关系的结构，其线性化（排序）之后的结果必然是唯一的。如数组中存在相同的整数，相同值的元素之间的关系无法确定，因此它们在最终的排序结果中的出现顺序可以是任意的。

对于值相同的元素，若规定靠前出现的元素大于靠后出现的元素，则偏序关系转换为全序关系的排序后，结果也是唯一的。

拓展到拓扑排序中，结果具有唯一性的条件也是其所有顶点之间都具有全序关系。如果没有全序关系，则拓扑排序的结果也就不是唯一的了。

对于图 6.63，有多种拓扑排序序列，我们这里列出其中的两种：（$C_1$，$C_3$，$C_2$，$C_6$，$C_4$，$C_5$）和（$C_6$，$C_1$，$C_3$，$C_2$，$C_4$，$C_5$）。

**3．拓扑排序的特点**

- 若将图中的顶点按拓扑次序排成一行，则图中所有的有向边均是从左指向右的。
- 若图中存在有向环，则不可能使顶点满足拓扑次序。
- 一个 DAG 的拓扑序列通常表示某种方案切实可行。

### 6.8.2.3 拓扑排序算法

要对有向无环图进行拓扑排序，入手点在哪里呢？

**1．算法思路分析**

我们以选课问题为例，在图 6.64 中，最先选择学习的课程不需要有先修课程，例如，可以首先选择“计算机导论”$C_1$ 或“高等数学”$C_6$ 作为开始的顶点，若先选 $C_1$，则后续可以选 $C_3$ 和 $C_6$。观察被选的顶点，其特征是入度为 0。选择 $C_3$ 的原因是去掉 $C_1$ 后，其入度由原先的 1 变为 0，逐步排序的过程见图 6.67。

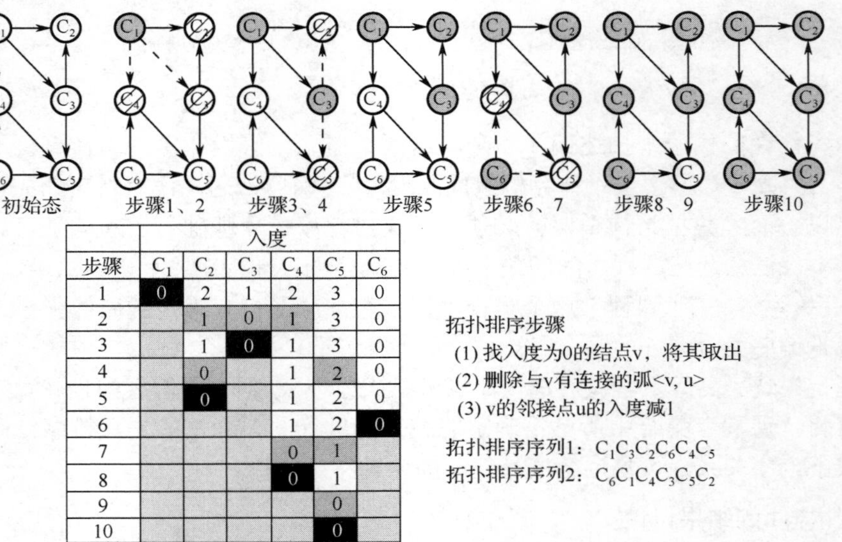


| 步骤 | 入度 | | | | | |
|---|---|---|---|---|---|---|
| | $C_1$ | $C_2$ | $C_3$ | $C_4$ | $C_5$ | $C_6$ |
| 1 | 0 | 2 | 1 | 2 | 3 | 0 |
| 2 | | 1 | 0 | 1 | 3 | 0 |
| 3 | | 1 | 0 | 1 | 3 | 0 |
| 4 | | 0 | | 1 | 2 | 0 |
| 5 | | 0 | | 1 | 2 | 0 |
| 6 | | | | 1 | 2 | 0 |
| 7 | | | | 0 | 1 | |
| 8 | | | | 0 | 1 | |
| 9 | | | | | 0 | |
| 10 | | | | | 0 | |

图 6.67　拓扑排序算法分析

由于此种拓扑排序方法每一步总是输出当前无前趋（即入度为零）的顶点，因此也称为无前趋的、顶点优先的拓扑排序算法。

## 2．算法伪代码描述

伪代码描述见表 6.9，细化步骤二中采用邻接表作为图的存储结构。

表 6.9　拓扑排序算法伪代码描述

<table>
<tr><th>顶部伪代码</th><th>细化步骤一</th><th>细化步骤二</th></tr>
<tr><td rowspan="3">(1) 从有向图中选取一个没有前趋的顶点 v，并输出；<br>(2) 从有向图中删去顶点 v 及其所有出边；<br>重复上述两步，直至顶点全部处理完毕，若找不到无前趋的顶点，则说明有向图中存在环</td><td>找出当前图中各顶点的度</td><td>找出当前图中各顶点的度<br>把邻接表中所有入度为零的顶点进栈</td></tr>
<tr><td>当(图中有入度为 0 的顶点 v)<br>输出 v;<br>从图中删去 v 及其所有出边</td><td>当栈非空<br>退栈并输出栈顶的顶点；<br>在邻接表的第 $i$ 行单链表中，查找 $i$ 的所有直接后继顶点 k，将 k 的入度减 1。若顶点 k 的入度为零，则顶点 k 进栈</td></tr>
<tr><td>若（输出的顶点数目<图中结点数），则图中存在有向环排序失败"</td><td>若栈空时输出的顶点个数不是 $n$，则有向图中有环路，否则拓扑排序完毕</td></tr>
</table>

## 3．数据结构描述

（1）邻接表结构：见图 6.68。

（2）入度数组 int indegree[]——存放每个顶点的入度；
　　拓扑排序序列数组 int v[]——存放拓扑排序结果（顶点编号）；
　　顶点栈 SeqStack S——存放入度为 0 的顶点。

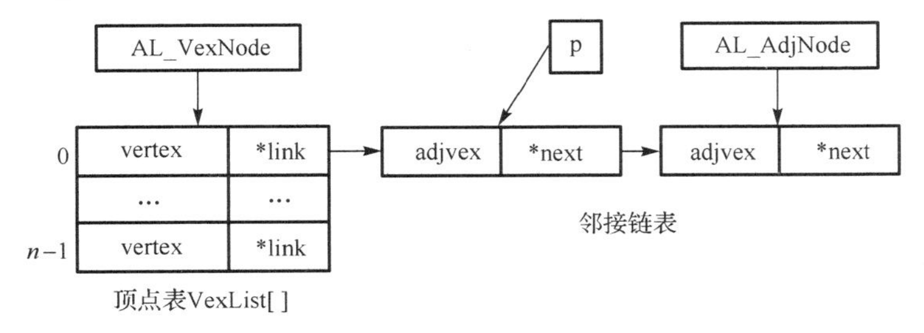


图 6.68　基于邻接表的拓扑排序数据结构

## 4．算法实现

```
/*==========================================
函数功能：无前趋的顶点优先的拓扑排序
函数输入：邻接表 G、(拓扑排序序列数组 v[])
函数输出：TURE——G 无回路，   FALSE——G 有回路
          拓扑排序序列数组 v[]
============================================*/
int TopologicalSort(AL_Graph G,int v[])
{
    int i,k,count=0;
```

```
        int indegree[VERTEX_NUM];              //入度数组
        SeqStack S;                            //顶点栈
        AL_AdjNode *p;                         //邻接结点指针
        FindInDegree(G,indegree);              //求顶点求入度
        initialize_SqStack(&S);                //初始化栈
        //入度为 0 的顶点进栈 S
        for(i=0;i<G.VexNum; ++i)
//      for(i=G.VexNum-1;i>=0; i--)            //从 indegree 相反方向扫描，得到另一组拓扑排序结果
            if(!indegree[i]) Push_SqStack(&S,i);
        //S 栈非空
        while(!StackEmpty_SqStack(&S))
        {   Pop_SqStack(&S,&i);
            v[count]=i;   ++count;             //记录度为 0 顶点编号 i
            //扫描邻接链表中编号为 i 的那行链表
            for(p=G.VexList[i].link; p; p=p->next)
            {   k=p->adjvex;      //找到 i 的后继点 k
                if(!(--indegree[k])) Push_SqStack(&S,k); //k 的度数减 1，入度为 0 的顶点进栈
            }
        }
        if(count<G.VexNum)   return FALSE;
        else   return TRUE;
}

#include <stdio.h>
#include <stdlib.h>
#include "SqStack.h"                //顺序栈操作函数
#include "AdjList.h"                //邻接表建立函数
/*================================================
函数功能：求图的入度
函数输入：邻接表 G、（入度数组 indegree[]）
函数输出：入度数组 indegree[]
================================================*/
void FindInDegree(AL_Graph G, int indegree[])
{
    int i;
    AL_AdjNode *p;
    for(i=0;i<G.VexNum;i++)
        indegree[i]=0;
    for(i=0;i<G.VexNum;i++)
    {
        p=G.VexList[i].link;
        while(p)
        {
            indegree[p->adjvex]++;
            p=p->next;
```

```
            }
        }
}
int main()
{
        AL_Graph G;
        int a[VERTEX_NUM];
        G=Create_AdjList();
        TopologicalSort(G,a);
        printf("拓扑排序序列：\n");
        for (int i=0; i<VERTEX_NUM; i++)
                printf("c%d ",a[i]+1);
        printf("\n ");

return 0;
}
```

### 5．测试

测试用例图见图 6.67，测试结果如下。

拓扑排序序列 1：$C_1$ $C_3$ $C_2$ $C_6$ $C_4$ $C_5$

拓扑排序序列 2：$C_6$ $C_1$ $C_4$ $C_3$ $C_5$ $C_2$

### 6．算法复杂度分析

对有 $n$ 个顶点和 $e$ 条弧的有向图而言，建立求各顶点的入度的时间复杂度为 $O(e)$；建零入度顶点栈的时间复杂度为 $O(n)$；在拓扑排序过程中，若有向图无环，则每个顶点进一次栈，出一次栈，入度减 1 的操作在 while 语句中总共执行 $e$ 次，所以，总的时间复杂度为 $O(n+e)$。

### 7．其他拓扑排序算法

拓扑排序方法除了前面介绍的无前趋的顶点优先的方法，还有无后继的顶点优先拓扑排序方法和利用深度优先遍历对 DAG 拓扑排序，下面介绍一下算法思路。

（1）无后继的顶点优先拓扑排序方法

该方法的每一步均是输出当前无后继（即出度为 0）的顶点。对于一个 DAG，按此方法输出的序列是逆拓扑次序。因此，设置一个栈 T 来保存输出的顶点序列，即可得到拓扑序列。每当输出顶点时，只需做入栈操作，排序完成时将栈中顶点依次出栈即可得拓扑序列。

算法描述：

```
NonSuccFirstTopSort(G)
{//优先输出无后继的顶点
    while(G 中有出度为 0 的顶点)
    {
            从 G 中选一出度为 0 的顶点 v 且输出 v;
            从 G 中删去 v 及 v 的所有人边
    }
    if(输出的顶点数目<图的顶点数目)
        Error("G 中存在有向环，排序失败!");
  }
```

说明：可用逆邻接表作为 G 的存储结构。设置一个出度向量或在逆邻接表的顶点表结点中增加 1 个出度域来保存各顶点当前的出度；设置一个栈或队列来暂存所有出度为零的顶点。除了增加一个栈或向量 T 来保存输出的顶点序列，该算法完全类似于 NonPreFirstTopSort。

（2）利用深度优先遍历对 DAG 拓扑排序

当从某顶点 v 出发的 DFS 搜索完成时，v 的所有后继必定均已被访问过（想象它们均已被删除），此时的 v 相当于是无后继的顶点，因此在 DFS 算法返回之前输出顶点 v 即可得到 DAG 的逆拓扑序列。

算法描述：

```
void DFSTopSort(G，i，T)
{
    //在 DisTraverse 中调用此算法，i 是搜索的出发点，T 是栈
   int j;
   visited[i]=TRUE;                              //访问 i
   for(所有 i 的邻接点 j)                          //即<i，j>∈E(G)
       if(!visited[j]) DFSTopSort(G，j，T);       //类似于 DFS 算法
       Push(&T，i);                               //从 i 出发的搜索已完成，输出 i
}
```

其中第一个输出的顶点必是无后继（出度为 0）的顶点，它应是拓扑序列的最后一个顶点。若希望得到的不是逆拓扑序列，同样可增加 T 来保存输出的顶点。若假设 T 是栈，并在 DFSTraverse 算法的开始处将 T 初始化。

只要将深度优先遍历算法 DFSTraverse 中对 DFS 的调用改为对 DFSTopSort 的调用，即可求得拓扑序列 T。其具体算法不难从上述伪代码细化后得到。

若 G 是一个 DAG，则用 DFS 遍历实现的拓扑排序与 NonSuccFirstTopSort 算法完全类似；但若 C 中存在有向环，则前者不能正常工作。

### 6.8.3 AOE 网与关键路径——活动边最长问题

AOE（Activity On Edge）网是带权有向图，其中顶点表示事件，边表示活动，权值表示活动的持续时间。

关键路径法（Critical Path Method，CPM）是基于 AOE 网络的最长路径分析方法。

#### 6.8.3.1 问题的背景

##### 1. AOV 网需要增加活动的权值时的情形

用拓扑排序主要是为解决一个工程能否顺序进行的问题，除此之外，人们往往还关心工程的进度，如想知道完成整项工程至少需要多少时间、哪些活动是影响工程进度的关键等。

例如，在拓扑排序中给出的选课问题，通过拓扑排序可以得知各门课程的先后顺序，若还想知道至少在多长时间内能学完这些课程，则要加上一个参数——每门课的学时数，如图 6.69 所示，这样，问题就变成了对一个流程图获得最短时间的问题，即完成整个工程至少需要多少时间。

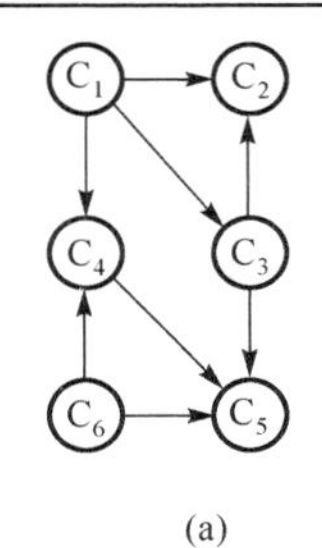


| 课程代号 | 课程名称 | 先修课程 | 学时 |
|---|---|---|---|
| $C_1$ | 计算机导论 | | 32 |
| $C_2$ | 微机原理 | $C_1$, $C_3$ | 54 |
| $C_3$ | 计算机组成原理 | | 42 |
| $C_4$ | 程序设计 | $C_1$, $C_3$ | 46 |
| $C_5$ | 数据结构 | $C_3$, $C_4$, $C_6$ | 52 |
| $C_6$ | 高等数学 | 无 | 96 |

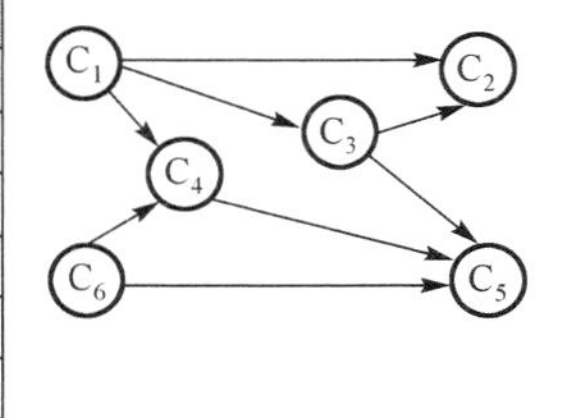


(a)　　　　(b)

图 6.69　选课的最短时间问题

为方便问题的描述，将图 6.69(a)拓扑变形为图 6.69(b)。AOV 网是顶点表示活动的网，它只描述活动之间的制约关系，课程学时这个参数是活动的持续时间，可以看成是活动的权值，新加入信息后，在图中如何表示出来呢？

### 2．AOV 网增加活动权值的描述方法讨论

**【思考与讨论】**

AOV 网增加了活动的权值后如何描述？

**讨论：**回顾图的概念，权值的标记一般是在图的边上，这样比较直观易于理解。因此，在本问题中，AOV 网中表示活动的顶点就要转变成“活动边”。图的顶点转换为边，这一步是容易实现的。接下来的问题是，这样的“活动边”的关联顶点应该是什么呢？

从“活动边”实质的含义看，其关联顶点应该分别是这个活动的开始和结束，如图 6.70 所示。

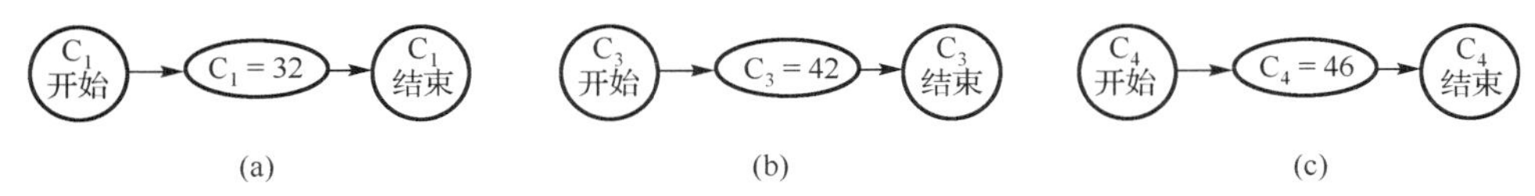


(a)　　　　(b)　　　　(c)

图 6.70　顶点与边的转换中信息的描述

我们把一个“活动”的顶点到边的转换分析清楚后，下一步的工作应该是将这些“活动边”联系起来。我们可以通过一个活动的结束就是另一个活动的开始，这样的线索来链接它们，如从逻辑关系上看，“$C_1$ 结束”点即是“$C_3$ 开始”点，故这两个点可以合并为一个顶点，为方便描述，给它一个顶点的编号 $v_2$，见图 6.71。每个顶点的编号只要不同即可。

按照上面的思路，对应图 6.71，以“课程学时”做活动边的权，完整的网络构造如图 6.72 所示，其中“源点”和“汇点”分别表示整个工程的开始和结束。观察这个图，可以发现中间有些活动边依然与顶点相仿，如 $C_2$、$C_4$ 和 $C_5$，我们可以根据边与顶点的逻辑关系和连接情形，将之分开成多条边，如图 6.73 所示。

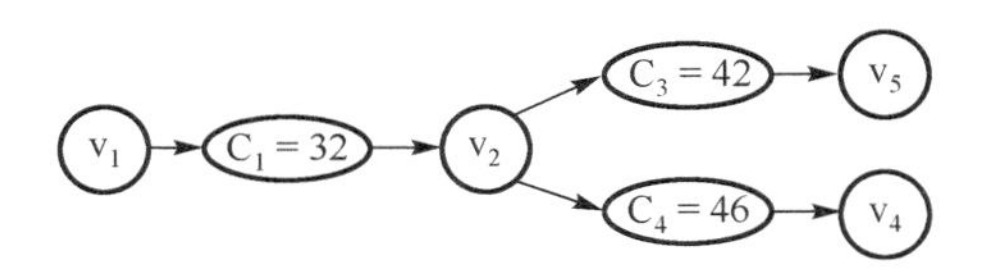


图 6.71　“活动边”的关系

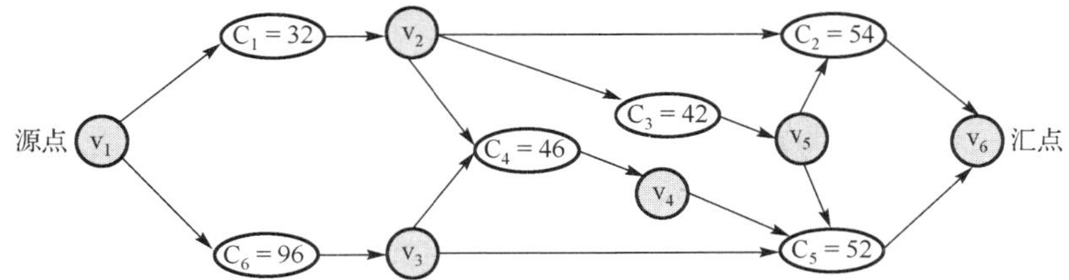


图 6.72　活动边表示的网络初步形态

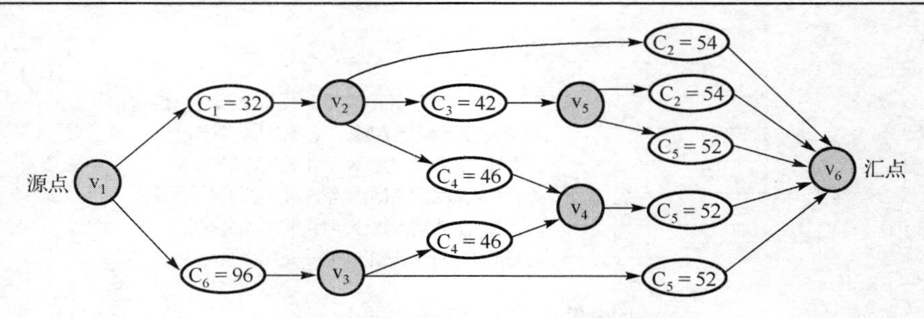


图 6.73 活动边表示的网络最终形态

根据这个网络最终形态图，我们就可以清晰地观察出，整个课程网络中，最长的路径为 $C_6$、$C_4$、$C_5$，在多门课程可以并行学习的情况下，至少需要 96+46+52=194 个学时才能完成表中课程的学习，这给教学计划的合理制定提供了可靠的数据依据。

#### 6.8.3.2 AOE 网的概念

**1．AOE 网的概念**

AOE 网是表示工程流程的带权有向图，其中，顶点表示事件，有向边表示活动，边上的权值表示活动的持续时间。AOE 网中的活动（也称工序或作业）指任何消耗时间或资源的活动，如新产品设计中的初步设计、技术设计、工装制造等。根据需要，工序可以划分得粗一些，也可以划分得细一些。AOE 网中的事件是工序开始或结束的标志。

**2．AOE 网的性质**

AOE 网的性质有两个：

（1）只有在某顶点所代表的事件发生后，从该顶点出发的各有向边所代表的活动才能开始。

（2）只有在进入某点的各有向边所代表的活动都已结束时，该顶点所代表的时事件才能发生。

由于一个工程总有一个开始点、一个结束点，在正常情况下，AOE 网只有一个源点和一个汇点。

**【知识 ABC】项目管理与关键路径法**

关键路径法（CPM）是一种基于数学计算的项目计划管理方法，是网络图计划方法的一种，属于肯定型的网络图。关键路径法将项目分解为多个独立的活动并确定每个活动的工期，然后用逻辑关系（结束—开始、结束—结束、开始—开始和开始—结束）将活动连接起来，从而能够计算项目的工期、各个活动时间特点（最早最晚时间、时差）等。在关键路径法的活动上加载资源后，还能够对项目的资源需求和分配进行分析。关键路径法是现代项目管理中最重要的一种分析工具。

#### 6.8.3.3 关键活动计算方法

AOE 网用来对工程建模，在活动之间制约关系没有矛盾的基础上，我们再来分析完成整个工程需要多少时间，或者为缩短完成工程所需时间，应当加快哪些活动等问题。

【名词解释】关键路径与关键活动

在 AOE 网络中，有些活动顺序进行，有些活动并行进行。从源点到各顶点，以至从源点到汇点的有向路径可能不止一条。这些路径的长度也可能不同。完成不同路径的活动所需的时间虽然不同，但只有各条路径上的所有活动都完成了，整个工程才算完成。因此，完成整个工程所需的时间取决于从源点到汇点的最长路径长度，即在这条路径上所有活动的持续时间之和。这条路径长度最长的路径就叫作关键路径。由于 AOE 网中的某些活动能够同时进行，故完成整个工程所必须花费的时间应该为源点到汇点的最大路径长度，我们称之为关键路径，关键路径长度是整个工程所需的最短工期。关键路径上的活动即为关键活动。

### 1. AOE 网最长路径确定方法

我们由一个 AOE 网的实例来分析关键路径的求解方法。例如，某调研项目 10 项活动组成，活动明细表如图 6.74 所示，根据表中各活动的制约关系，可以画出项目网络图（见图 6.75）。从源点到汇点，计算最长路径，观察顶点的情形，可以分为两类，一类是入度为 1，另一类是入度大于 1。

| 活动 | 内容 | 工作量 | 前趋活动 |
|---|---|---|---|
| $a_1$ | 准备资料 | 3 | / |
| $a_2$ | 初步研究 | 2 | / |
| $a_3$ | 初步选点 | 1 | $a_1$ |
| $a_4$ | 设计调研方案 | 8 | $a_1$ |
| $a_5$ | 联系调研点 | 3 | $a_2$ |
| $a_6$ | 培训人员 | 7 | $a_2$ |
| $a_7$ | 准备表格 | 4 | $a_3$, $a_5$ |
| $a_8$ | 实地调研 | 2 | $a_3$, $a_5$ |
| $a_9$ | 写调研报告 | 9 | $a_4$, $a_7$ |
| $a_{10}$ | 开会汇总 | 6 | $a_6$, $a_8$ |

图 6.74　调研项目活动明细表

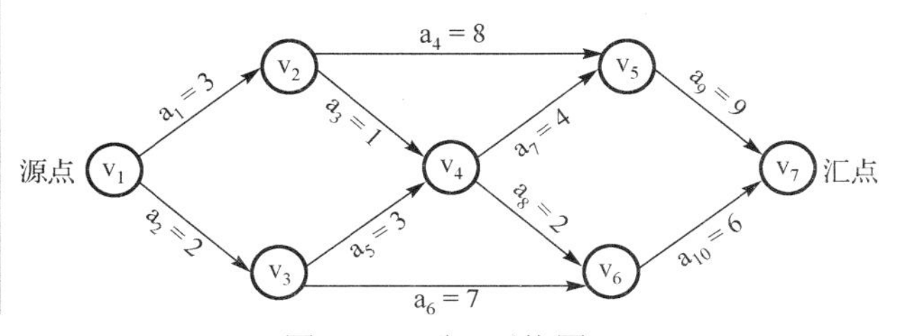


图 6.75　项目网络图

（1）入度为 1 的顶点：该顶点出边活动开始的时刻，是该点入边活动结束的时刻。如顶点 $v_2$，活动 $a_3$ 开始是在 $a_1$ 结束的时间。

（2）入度大于 1 的顶点：该顶点出边活动开始的时刻，是该点所有入边活动结束的时刻。取所有入边路径中的最大值。

如顶点 $v_4$，活动 $a_7$ 是必须在其之前两条路径 $a_1$、$a_3$ 和 $a_2$、$a_5$ 都要结束之后才能开始。故 $v_4$ 开始的时刻，要在路径值 4 和 5 中选最大值 5。按照各顶点事件的开始时间计算值，见图 6.76，得到汇点的值为 20，它的含义为整个 AOE 网的最长路径。

### 2. 事件最早与最迟开始的时间分析

**【思考与讨论】**

仅知道最长路径值，能否确定关键事件？

**讨论**：根据图 6.76 中最长路径值为 20，可以观察出，最长路径为 $v_1$-$v_2$-$v_5$-$v_7$，但这只是一个观察结果，仅从此表各点的信息中无法“计算”出关键事件对应的顶点。我们需要进一步更多的信息来确定关键事件的特征数据。

我们可以来试着逆推一下。以 $v_6$ 点为例，因为 $v_7$ 点的值为 20，故 $v_6$ 点在 $20-a_{10}=14$ 时刻开始，也不会影响总的进度，所以，图 6.76 中 $v_6$ 点的开始时刻 9，是最早可以开始的时间，而由汇点逆推的时刻 14，是最迟必须开始的时间。

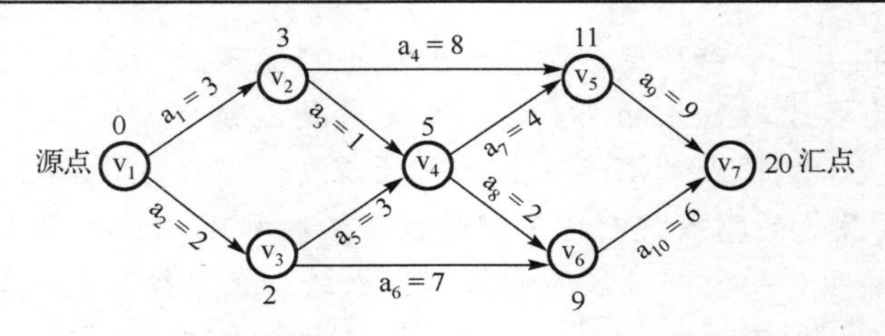


| $a_1$ | $a_2$ | $a_3$ | $a_4$ | $a_5$ | $a_6$ | $a_7$ | $a_8$ | $a_9$ | $a_{10}$ |
|---|---|---|---|---|---|---|---|---|---|
| 3 | 2 | 1 | 8 | 3 | 7 | 4 | 2 | 9 | 6 |

| 事件 | $v_1$ | $v_2$ | $v_3$ | $v_4$ | $v_5$ | $v_6$ | $v_7$ |
|---|---|---|---|---|---|---|---|
| 开始时间 | 0 | $v_1+a_1$ | $v_1+a_2$ | $v_2+a_3$ | $v_4+a_7$ | $v_4+a_8$ | $v_6+a_{10}$ |
| | | | | 4 | 9 | 7 | 15 |
| | 0 | 3 | 2 | $v_3+a_5$ | $v_2+a_4$ | $v_3+a_6$ | $v_5+a_9$ |
| | | | | 5 | 9 | 9 | 20 |

图 6.76　源点到汇点各顶点事件开始时间

再看 $v_5$ 点的最迟开始时间=20−$a_9$=11，这个时刻与其最早开始的时间是一致的。我们用逆推的方式计算出所有事件的最迟开始时间，再进行分析。

从汇点到源点逆推各事件的最迟开始时间，见图 6.77，其中，ee[k]表示事件可能发生的最早时间（Earliest Event），le[k]表示事件可能发生的最晚时间（Latest Event）。

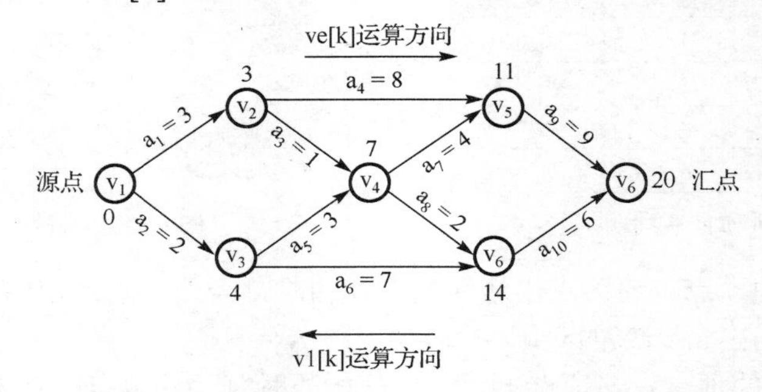


| 事件 | $v_1$ | $v_2$ | $v_3$ | $v_4$ | $v_5$ | $v_6$ | $v_7$ |
|---|---|---|---|---|---|---|---|
| ve[k] | 0 | v1 + a1 | v1 + a2 | $v_2+a_3$ | $v_4+a_7$ | $v_4+a_8$ | $v_6+a_{10}$ |
| | | | | 4 | 9 | 7 | 15 |
| | 0 | 3 | 2 | $v_3+a_5$ | $v_2+a_4$ | $v_3+a_6$ | $v_5+a_9$ |
| | | | | 5 | 11 | 9 | 20 |
| vl[k] | $v_3-a_2$ | $v_4-a_3$ | $v_6-a_6$ | $v_6-a_8$ | $v_7-a_9$ | $v_7-a_{10}$ | 20 |
| | 2 | 6 | 7 | 12 | | | |
| | $v_2-a_1$ | $v_5-a_4$ | $v_4-a_5$ | $v_5-a_7$ | 11 | 14 | 20 |
| | 0 | 3 | 4 | 7 | | | |

ve[k]为事件可能发生的最早时间　　　vl[k]为事件可能发生的最晚时间

图 6.77　各顶点事件的最早与最迟开始时间

观察顶点的情形，仍然可以分为两类，一类是出度等于 1，另一类是出度大于 1。

（1）出度为 1 的顶点：该顶点出边活动最晚开始的时刻，是其弧头结点时间减去边的活动时间。如顶点 $v_6$，活动 $a_{10}$ 最晚开始时刻=$v_7$−$a_{10}$=20−6=14。

（2）出度大于 1 的点：所有出边活动最晚开始的时刻，是各弧头结点时间减活动时间中最小的。如顶点 $v_4$，有两条出边 $a_7$ 和 $a_8$，对应弧尾结点分别为 $v_5$ 和 $v_6$，所以 $v_4$ 点对应的最晚开始时间有 7 和 12 两个值，若取值 12，则 $v_4$ 到汇点两条路径中，经过最长的那条路径 $v_4$、$v_5$、$v_7$ 到汇点的时间为 25，超过了前面推算出的最长路径；若取值 7，则其值为 20，与最长路径值一致，故出度大于 1 的点，最晚开始时刻要选最小值。

### 3. 计算规则

源点→汇点：入度大于 1 的顶点，最早开始时刻取最大值。
汇点→源点：出度大于 1 的顶点，最晚开始时刻取最小值。

### 4. 关键事件的确定

**【思考与讨论】**

如何确定关键事件？

**讨论：** 我们已经知道图 6.77 的最长路径经过 $v_1$、$v_2$、$v_5$、$v_7$ 各点，观察同一顶点的 ee[k] 和 le[k]，发现二者的差为 0，而非最长路径上的点，其差值均不为 0，所以，这个“最晚和最早开始时间差值为 0”就可以作为判断顶点是否为关键事件的条件，见图 6.78。

| 事件 | $v_1$ | $v_2$ | $v_3$ | $v_4$ | $v_5$ | $v_6$ | $v_7$ |
|---|---|---|---|---|---|---|---|
| ve[k] | 0 | 3 | 2 | 5 | 11 | 9 | 20 |
| vl[k] | 0 | 3 | 4 | 7 | 11 | 14 | 20 |
| vl[k]−ve[k] | 0 | 0 | 2 | 2 | 0 | 5 | 0 |

图 6.78　事件分析表

从这个差值的实际意义上看，最晚和最早开始时间一致的情形表示此事件不能早也不能晚，只能在那一时刻开始工作；而不一致的情形，说明此事件开始的时间可以是介于二者之间的任一时间。

下面可以按同样的方法分析和确定关键活动，见图 6.79，其中，ee[i]为活动的最早开始时间，与对应事件相同；el[i]为活动的最晚开始时间，是弧尾顶点最晚开始时间减去对应活动时间。el[i]与 ee[i]差值为 0 的活动即是关键活动 $a_1$、$a_4$、$a_9$。

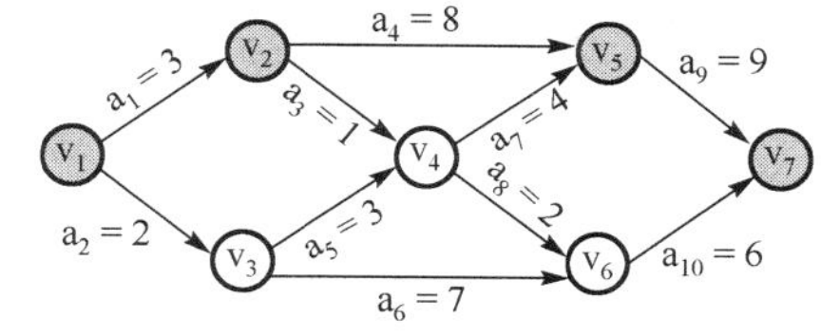


| 活动 | $a_1$ | $a_2$ | $a_3$ | $a_4$ | $a_5$ | $a_6$ | $a_7$ | $a_8$ | $a_9$ | $a_{10}$ |
|---|---|---|---|---|---|---|---|---|---|---|
| ee[i] | $v_1$ | $v_1$ | $v_2$ | $v_2$ | $v_3$ | $v_3$ | $v_4$ | $v_4$ | $v_5$ | $v_6$ |
| | 0 | 0 | 3 | 3 | 2 | 2 | 5 | 5 | 11 | 9 |
| el[i] | $v_2-a_1$ | $v_3-a_2$ | $v_4-a_3$ | $v_5-a_4$ | $v_4-a_5$ | $v_6-a_6$ | $v_5-a_7$ | $v_6-a_8$ | $v_7-a_9$ | $v_7-a_{10}$ |
| | 0 | 2 | 6 | 3 | 4 | 7 | 7 | 12 | 11 | 14 |
| el[i]−ee[i] | 0 | 2 | 3 | 0 | 2 | 5 | 2 | 7 | 0 | 5 |

活动的最早开始时间ee[i]　　活动的最晚开始时间el[i]

图 6.79　活动分析表

最后的结果如下。

关键活动：$a_1, a_4, a_9$

关键路径：$v_1 \to v_2 \to v_5 \to v_7$

最短工期：$a_1 + a_4 + a_9 = 20$

**5．关键路径的特点**

（1）关键路径上的活动持续时间决定了项目的工期，关键路径上所有活动的持续时间总和就是项目的工期。

（2）关键路径上的任何一个活动都是关键活动，其中任何一个活动的延迟都会导致整个项目完工时间的延迟。

（3）关键路径上的耗时是可以完工的最短时间量，缩短关键路径的总耗时可以缩短项目工期；反之，则会延长整个项目的总工期。但是，如果在一定限度内缩短非关键路径上的各个活动所需要的时间，也不至于影响工程的完工时间。

（4）关键路径上活动是总时差最小的活动，改变其中某个活动的耗时，可能使关键路径发生变化。

（5）可以存在多条关键路径，它们各自的时间总量肯定相等，即可完工的总工期。

**6．关键路径计算的一般性方法**

（1）设：事件 $v_i$ 开始的最早时间 ve[i]；事件 $v_i$ 开始的最晚时间 vl[i]。

（2）设：活动 $a_i$ 开始的最早时间为 ee[i]；活动 $a_i$ 开始的最晚时间 el[i]。

定义 ee[i]=el[i]的活动叫关键活动。

（3）设活动 $a_i$ 由弧<j,k>表示，其持续时间记为 dut(<j,k>)，如图 6.80 所示为事件活动间的关系。

则　ee[i]=ve[j]

　　el[i]= vl[k]-dut[<j,k>]

（4）求事件最早开始时间 ve[j]和事件最迟开始时间 vl[i]方法，事件各开始时间之间的关系见图 6.81。

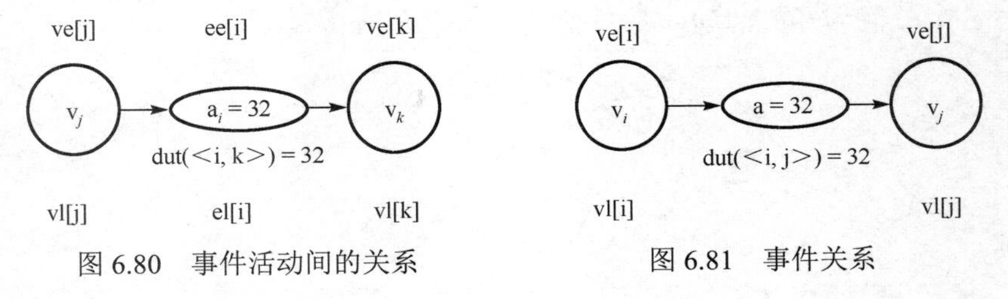


图 6.80　事件活动间的关系　　　　图 6.81　事件关系

① 从 ve[1]=0 源点开始向汇点递推

源点→汇点：入度大于 1 的点值取最大，ve[j]= Max{ ve[i]+dut[<i, j>] }

其中，T 是所有以 $v_j$ 为弧头的弧的集合，$<i, j> \in T, 2<=j<=n$

② 从 vl[n]=ve[n]汇点开始向源点递推

汇点→源点：出度>1 的点值取最小，vl[i]=Min{ vl[j]−dut[<i, j>] }

其中，S 是所有以 $v_i$ 为弧尾的弧的集合，$<i, j> \in S, 1<=i<=n-1$

以上两个递推公式在拓扑有序和逆拓扑有序的前提下进行。

#### 6.8.3.4 求关键路径算法

##### 1. 伪代码描述

1）伪代码描述

（1）对图进行拓扑排序，若不能进行拓扑排序，则退出。

（2）按拓扑序列顺序，从前向后搜索寻找活动边，计算相应事件的最早开始时间。

（3）按拓扑序列顺序，从后向前搜索寻找活动边，计算相应事件的最迟开始时间。

（4）计算各活动的最早开始时间和最迟开始时间。

（5）求出关键事件和关键活动。

2）伪代码细化描述一

（1）对图进行拓扑排序，形成拓扑序列 S 与逆序列 T，若不能进行拓扑排序，则退出。

（2）以拓扑排序 S 的次序，计算各个顶点（事件）最早发生的时刻。计算公式为

$$ve[j]= Max\{ ve[i]+dut[<i, j>] \}$$

（3）以逆拓扑排序 T 的次序，计算各个顶点（事件）最晚发生的时刻。计算公式为

$$vl[i]=Min\{ vl[j]-dut[<i, j>] \}$$

（4）计算每个活动$<i, j>$发生的最早时间 ee[i, j]和最晚时间 el[i, j]。

如果满足 ee[i, j]=el[i, j]，则是关键路径并输出。

3）伪代码细化描述二

TopoSort 函数：对图进行拓扑排序并求出事件的最早发生时间。

（1）以邻接表作存储结构。

（2）把邻接表中所有入度为 0 的顶点进栈 S。

（3）S 栈非空时，栈顶元素 $v_i$ 出栈，另外将 $v_i$ 压栈至 T。

（4）在邻接表中查找 $v_i$ 的直接后继 $v_k$，把 $v_k$ 的入度减 1，若 $v_k$ 的入度为 0 则进栈 S。

（5）算出 $v_i$ 的邻接点 k 的最早发生时间。

若(ve[i]+dut > ve[k])，则 ve[k]=ve[i]+dut。

（6）重复上述步骤（3）至（5），直至 S 栈空为止。

（7）若栈空时输出的顶点个数不是图的顶点数，则有向图有环；否则，拓扑排序完毕。

CriticalPath 函数：求关键路径和关键活动拓扑排序，排序逆序结果放在栈 T 中。

① 初始化顶点事件的最迟发生时间 $v_l$ 为汇点的最早发生时间 ve。

② 按 T 栈顺序求出每个顶点的最迟发生时间。

③ 依次遍历每一个活动。

活动$<i, k>$的最早开始时间 ee=顶点 $v_i$ 的最早开始时间 ve[i]。

活动$<i, k>$的最晚开始时间 el=顶点 $v_R$ 的最迟开始时间 vl[k]-dut。

若(ee==el)，则$<i, k>$ 为关键活动。

##### 2. 数据结构设计

（1）图用邻接表表示，见图 6.82。在邻接表的顶点结构中增加一个记录顶点入度的数据项 indegree，保存 AOV 网中每个顶点的入度值，在邻接点结构中增加一个记录权值 weight 的数据项，保存边的权值。建立邻接表数据结构与函数在 AdjList.h 中。

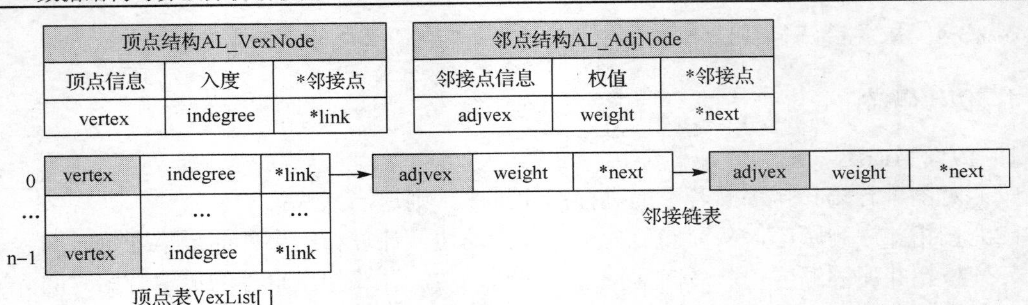


图 6.82　关键路径算法图的邻接表存储

（2）建立顺序栈 S 和 T，分别放置拓扑排序序列和拓扑排序逆序列，顺序栈数据结构与操作函数放置在 SqStack.h 中。

（3）事件最早发生时间数组为 int ve[VERTEX_NUM]；事件最迟发生时间数组为 int vl[VERTEX_NUM]。

**3．程序实现**

```
#include <stdio.h>
#include <stdlib.h>
#define TRUE 1
#define FALSE 0
#include "AdjList.h"
#include "SqStack.h"

/*=================================================================
函数功能：拓扑排序与逆排序、求各顶点事件的最早发生时间
函数输入：图的邻接表、(顺序栈 S)、(事件最早发生时间数组)
函数输出：顺序栈（内容为拓扑逆序列)、事件最早发生时间数组
=================================================================*/
void TopoSort(AL_Graph &G, SeqStack &T,int ve[])
{
    SeqStack S;
    initialize_SqStack(&S);
    AL_AdjNode *p;

    int count=0;
    int i;
    int k;
    int dut;

    for(i=0;i<G.VexNum;i++)
        G.VexList[i].indegree=0;            //结点的度初始化为 0
    //计算各个顶点的入度
    for(i=0;i<G.VexNum;i++)
    {
        p=G.VexList[i].link;
        while(p)
```

```
            {
                G.VexList[p->adjvex].indegree++;
                p=p->next;
            }
        }
        //将入度为 0 的顶点入栈
        for(i=0;i<G.VexNum;i++)
        {
            //入度为 0 的顶点在 VexList 数组中的位置 i 进栈
            if(G.VexList[i].indegree==0)
                Push_SqStack(&S,i);
        }
    //初始化顶点事件的最早发生时间为 0
        for(i=0;i<G.VexNum;i++) ve[i]=0;
        printf("拓扑排序序列：");
        while(S.top!=-1)
        {
            Pop_SqStack(&S, &i); //入度为 0 的元素出栈
            printf("%d ",G.VexList[i]); //输出入度为 0 的顶点
            //将 S 中的拓扑排序序列出栈后再依次进入 T 栈就得到了拓扑逆序列
            Push_SqStack(&T,i);
            count++;//顶点计数器加 1
            p=G.VexList[i].link;//让 p 指向入度为 0 的顶点的第一个边表结点
            while(p)
            {
                dut=p->weight;
                k=p->adjvex;
                //将入度为 0 的顶点的邻接点的入度减 1
                G.VexList[k].indegree--;
                //入度减 1 后的顶点如果其入度为 0，则将其入栈
                if(G.VexList[k].indegree==0) Push_SqStack(&S,k);
                //经过 while 循环，将顶点事件的所有邻接点的最早发生时间算出来
                if(ve[i]+dut>ve[k]) ve[k]=ve[i]+dut;
                p=p->next;
            }
        }
        printf("\n");
        if(count<G.VexNum)
            printf("Network G has citcuits!\n");
}
/*================================
函数功能：求关键路径和关键活动
函数输入：图的邻接表
函数输出：无
屏幕输出：关键路径和关键活动
==================================*/
void CriticalPath(AL_Graph &G)
{
```

```
int i,j,k,dut;
int ee,el;                          //活动最早发生时间与最迟发生时间
int ve[VERTEX_NUM];                 //事件最早发生时间
int vl[VERTEX_NUM];                 //事件最迟发生时间
AL_AdjNode *p;
SeqStack T;

initialize_SqStack(&T);
TopoSort(G,T,ve);                   //拓扑排序，排序逆序结果放在栈 T 中
//初始化顶点事件的最迟发生时间为汇点的最早发生时间
for(i=0;i<G.VexNum;i++) vl[i]=ve[G.VexNum-1];
//while 循环，按 T 栈顺序求出每个顶点的最迟发生时间
while(T.top!=-1)
{
    //按栈 T 中事件的顺序，将各顶点事件的最迟发生时间循环算出
    for(Pop_SqStack(&T,&j),p=G.VexList[j].link; p ;  p=p->next)
    {
        k=p->adjvex;
        dut=p->weight;
        if(vl[k]-dut<vl[j])
            vl[j]=vl[k]-dut;        //算出顶点事件的最迟发生时间
    }
}

printf("起点 终点 最早开始时间 最迟开始时间 关键活动\n");
int totaltime=0;
//依次遍历每一个活动<i,k>
for(i=0;i<G.VexNum;i++)
{
    for(p=G.VexList[i].link;p;p=p->next)
    {
        k=p->adjvex;
        dut=p->weight;
        ee=ve[i];                   //活动<i,k>的最早开始时间
        el=vl[k]-dut;               //活动<i,k>的最迟开始时间
        //为配合测试用例中顶点编号从 1 开始，故输出顶点编号加 1
        printf("%4d %4d",i+1,k+1);
        printf("%12d %12d",ee,el);
        if(ee==el)                  //关键活动
        {
            printf("   (%2d,%2d)",G.VexList[i].vertex+1,G.VexList[k].vertex+1);
            totaltime+=dut;
        }
        printf("\n");
    }
}
printf("关键路径长度为：%d\n",totaltime);
```

```
}
int main()
{
    AL_Graph G;
    G=Create_AdjList();
    CriticalPath(G);
    return 0;
}
```

#### 4. 测试

测试用例图见图 6.75。

拓扑排序序列：0-2-1-3-5-4-6

| 起点 | 终点 | 最早开始时间 | 最迟开始时间 | 关键活动 |
|---|---|---|---|---|
| 1 | 2 | 0 | 0 | ( 1, 2) |
| 2 | 4 | 3 | 6 | |
| 2 | 5 | 3 | 3 | ( 2, 5) |
| 3 | 4 | 2 | 4 | |
| 3 | 6 | 2 | 7 | |
| 4 | 5 | 5 | 7 | |
| 4 | 6 | 5 | 12 | |
| 5 | 7 | 11 | 11 | ( 5, 7) |
| 6 | 7 | 9 | 14 | |

关键路径长度为 20。

### 6.8.4 活动顶点与活动边问题小结

AOV 网要解决的问题：（1）它里面有回环吗？即工程的流程是否合理；（2）如果该网没有回环，那么各子过程的安排顺序是什么。这两个问题可由拓扑排序的方法来解决。

AOV 网是顶点表示活动的网，它只描述活动之间的制约关系，而 AOE 网是用边表示活动的网，边上的权值表示活动持续的时间。用正推法和逆推法计算出各个活动的最早开始时间、最晚开始时间、最早完工时间和最迟完工时间，并计算出各个活动的时差；找出所有时差为零的活动所组成的路线，即为关键路径。

## 6.9 本章小结

#### 1. 本章内容的思维导图

本章主要内容间的联系见图 6.83。

#### 2. 图的存储方法

- 相邻关系矩阵。
- 相邻关系链表。

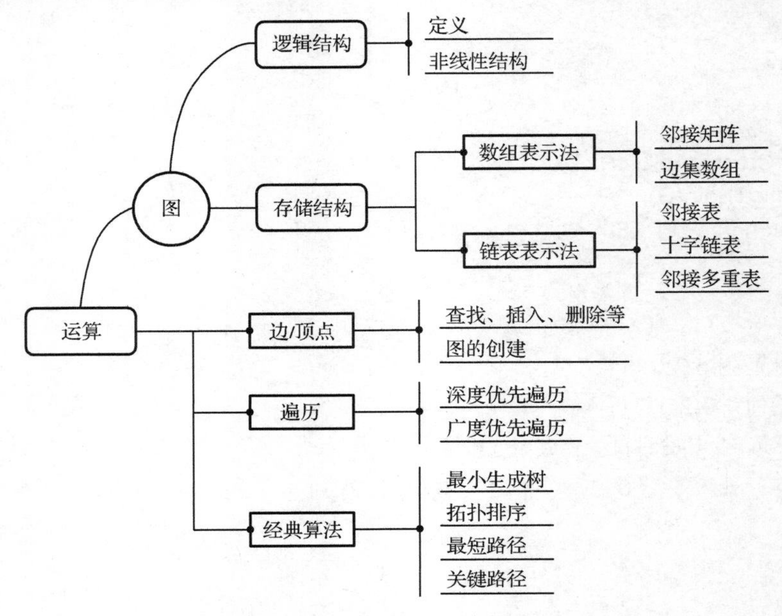


图 6.83　图的各概念间的联系

### 3．图的遍历

图的遍历是树的遍历的推广，是按照某种规则访问图中各顶点一次且仅一次的操作，也是将网络结构按某种规则线性化的过程。

由于图存在回路，为区别一顶点是否被访问过、避免顶点被多次访问，在遍历过程中，应记下每个访问过的顶点。

图的深度优先遍历类似与树的前序遍历。按访问顶点次序得到的序列称为 DFS 序列。

图的广度优先遍历类似与树的层次遍历。按访问顶点次序得到的序列称为 BFS 序列。

### 4．图的应用

- 最小生成树：权最小的生成树（无向图）。相应算法有 Prim 算法和 Kruskal 算法。
- 最短路径（带权有向图）。单源最短路径问题：求从某个源点出发到其余各顶点的最短路径；所有顶点对间最短路径问题：分别对图中不同顶点对转换为单源最短路径问题；相关算法为 Dijkstra 算法、Floyd 算法。
- 拓扑排序（有向无环图）：将图中所有顶点排成一个线性序列，满足弧尾在弧头之前。
- 关键路径（带权有向图）：边上的权表示完成该活动所需的时间。关键路径是图中最长的一条路径。

## 习题

### 一、单项选择题

1．在一个图中，所有顶点的度数之和等于所有边数的（　　）倍。

（A）1/2　　（B）1　　（C）2　　（D）4

2．在一个有向图中，所有顶点的入度之和等于所有顶点的出度之和的（　　）倍。

（A）1/2　　（B）1　　（C）2　　（D）4

3．一个有 $n$ 个顶点的无向图最多有（　　）条边。

（A）$n$　　（B）$n(n-1)$　　（C）$n(n-1)/2$　　（D）$2n$

4．有 8 个结点的无向连通图最少有（　　）条边。

（A）5　　（B）6　　（C）7　　（D）8

5．对于一个具有 $n$ 个顶点的无向图，若采用邻接矩阵表示，则该矩阵的大小是（　　）

（A）$n$　　（B）$(n-1)^2$　　（C）$n-1$　　（D）$n^2$

6．用邻接表表示图进行广度优先遍历时，通常采用（　　）来实现算法。

（A）栈　　（B）队列　　（C）排序　　（D）查找

7．用邻接表表示图进行深度优先遍历时，通常采用（　　）来实现算法。

（A）栈　　（B）队列　　（C）排序　　（D）查找

8．如果从无向图的任一顶点出发进行一次深度优先搜索即可访问所有顶点，则该图一定是（　　）。

（A）完全图　　（B）连通图　　（C）有回路　　（D）一棵树

9．带权有向图 G 用邻接矩阵 A 存储，则顶点 i 的入度等于 A 中（　　）。

（A）第 $i$ 行非无穷的元素之和　　（B）第 $i$ 列非无穷的元素个数之和

（C）第 $i$ 行非无穷且非 0 的元素个数　　（D）第 $i$ 行与第 $i$ 列非无穷且非 0 的元素之和

10．采用邻接表存储的图，其深度优先遍历类似于二叉树的（　　）。

（A）中序遍历　　（B）先序遍历　　（C）后序遍历　　（D）按层次遍历

11．无向图的邻接矩阵是一个（　　）。

（A）对称矩阵　　（B）零矩阵　　（C）上三角矩阵　　（D）对角矩阵

12．邻接表是图的一种（　　）。

（A）顺序存储结构　　（B）链式存储结构

（C）索引存储结构　　（D）散列存储结构

13．在无向图中定义顶点 $v_i$ 与 $v_j$ 之间的路径为从 $v_i$ 到 $v_j$ 的一个（　　）。

（A）顶点序列　　（B）边序列　　（C）权值总和　　（D）边的条数

14．在有向图的逆邻接表中，每个顶点邻接表链接着该顶点所有（　　）邻接点。

（A）入边　　（B）出边　　（C）入边和出边　　（D）不是出边也不是入边

15．设 $G_1=(V_1,E_1)$ 和 $G_2=(V_2,E_2)$ 为两个图，如果 $V_1 \subseteq V_2$，$E_1 \subseteq E_2$，则称（　　）。

（A）$G_1$ 是 $G_2$ 的子图　　（B）$G_2$ 是 $G_1$ 的子图

（C）$G_1$ 是 $G_2$ 的连通分量　　（D）$G_2$ 是 $G_1$ 的连通分量

16．已知一个有向图的邻接矩阵表示，要删除所有从第 $i$ 个结点发出的边，应（　　）。

（A）将邻接矩阵的第 $i$ 行删除　　（B）将邻接矩阵的第 $i$ 行元素全部置为 0

（C）将邻接矩阵的第 $i$ 列删除　　（D）将邻接矩阵的第 $i$ 列元素全部置为 0

17．任一个有向图的拓扑序列（　　）。

（A）可能不存在　　（B）有一个

（C）一定有多个　　（D）有一个或多个

18．下列关于图遍历的说法不正确的是（　　）。

（A）连通图的深度优先搜索是一个递归过程

（B）图的广度优先搜索中邻接点的寻找具有“先进先出”的特征

（C）非连通图不能用深度优先搜索法

（D）图的遍历要求每一顶点仅被访问一次

19．采用邻接表存储的图的广度优先遍历算法类似于二叉树的（　　）。

（A）先序遍历　　（B）中序遍历　　（C）后序遍历　　（D）按层次遍历

20．关键路径是事件结点网络中（　　）。

（A）从源点到汇点的最长路径　　（B）从源点到汇点的最短路径

（C）最长的回路　　（D）最短的回路

21．下面（　　）可以判断出一个有向图中是否有环（回路）。

（A）广度优先遍历　　（B）拓扑排序

（C）求最短路径　　（D）求关键路径

22．图 6.84 所示的拓扑排序的结果序列是（　　）。

（A）125634　　（B）516234　　（C）123456　　（D）521643

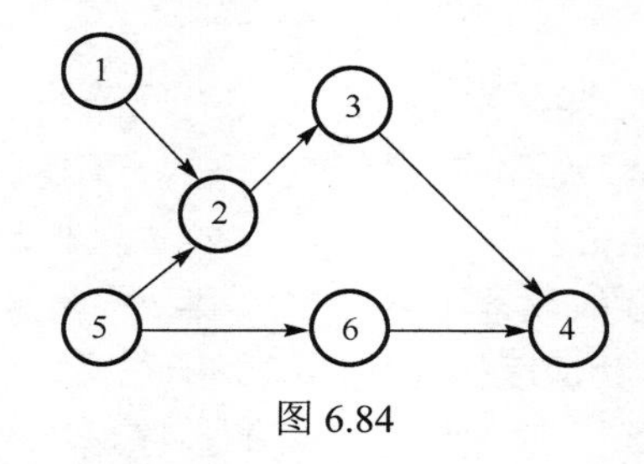


图 6.84

23．任何一个无向连通图的最小生成树（　　）。

（A）只有一棵　　（B）有一棵或多棵

（C）一定有多棵　　（D）可能不存在

## 二、应用题

1．某田径赛中各选手的参赛项目表在表 6.10 中。设项目 A 至 F 各表示一个数据元素，若两项目不能同时举行，则将其连线（约束条件）。

（1）根据此表及约束条件画出相应的图状结构模型，并画出此图的邻接表结构。

（2）写出从元素 A 出发按“广度优先搜索”算法遍历此图的元素序列。

2．图 6.85 中的强连通分量的个数为______。

表 6.10

| 姓名 | 参赛项 |
|---|---|
| ZHAO | A、B、C |
| QIAN | C、D |
| SUN | C、E、F |
| LI | D、F、A |
| ZHOU | B、F |

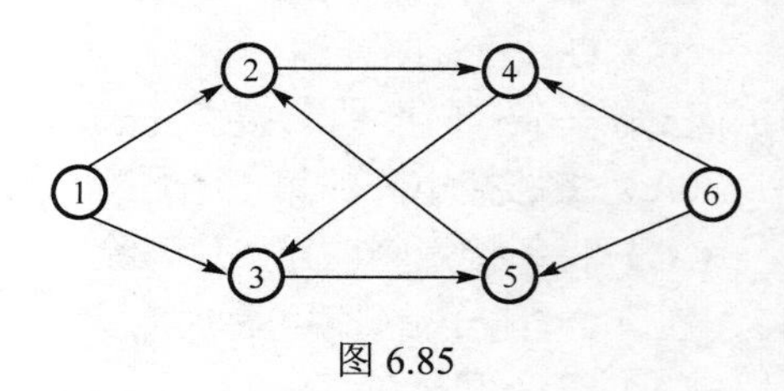


图 6.85

3．给定一无向图如图 6.86 示，画出它的邻接表，写出用深度优先搜索和广度优先搜索遍历该图时，从顶点 1 出发所经过的顶点和边序列。

4．对图 6.87 所示的连通网络，请分别用 Prim 算法和 Kruskal 算法构造该网络的最小生成树。

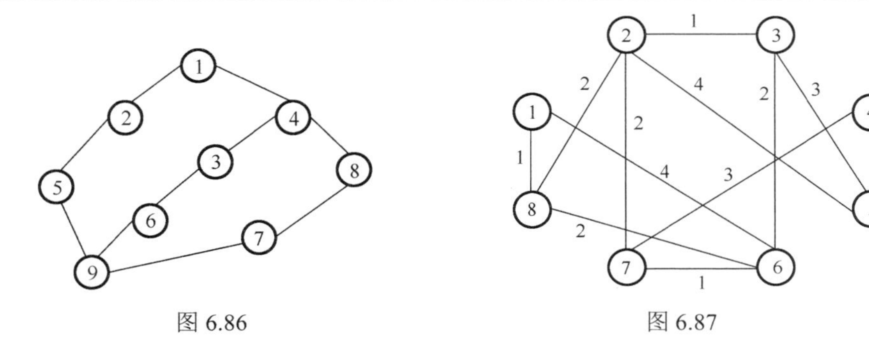


图 6.86　　　　图 6.87

5．按照深度优先遍历和广度优先遍历的搜索路径，给出图的生成树构造算法。试用链表的形式实现并查集。

6．对图 6.88 所示的有向图，试利用 Dijkstra 算法求从顶点 $v_1$ 到其他各顶点的最短路径，并写出执行算法过程中每次循环的状态。

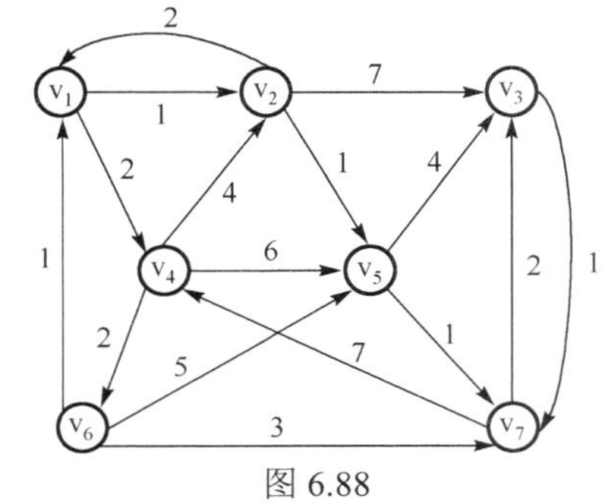


图 6.88

7．图 6.89 是带权的有向图 G 的邻接表表示法，要求：

（1）以图形方式绘出该图；

（2）以结点 $v_1$ 出发深度遍历图 G 所得的结点序列；

（3）以结点 $v_1$ 出发广度遍历图 G 所得的结点序列；

（4）从结点 $v_1$ 到结点 $v_8$ 的关键路径。

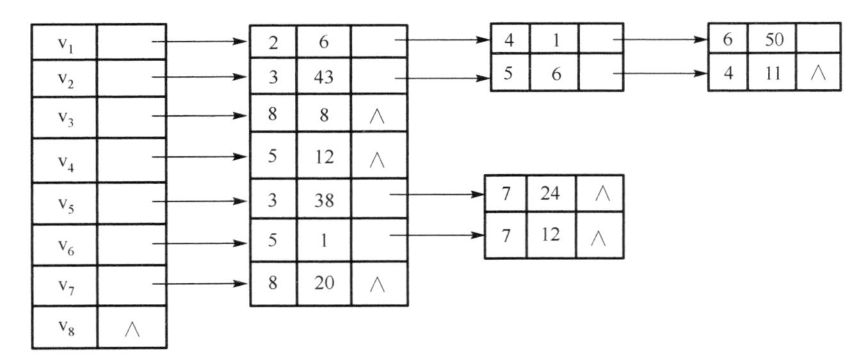


图 6.89

8．对图 6.90 所示的 AOV 网，按无前趋顶点优先的拓扑排序算法，求拓扑排序时的入度域的变化过程，给出所有可能的拓扑排序序列。

9．试用拓扑排序的方式来解决 DAG（Directed Acylic Graph，有向非循环图）的单源最短路径问题。

10．对图 6.91 所示的 AOE 网，求：

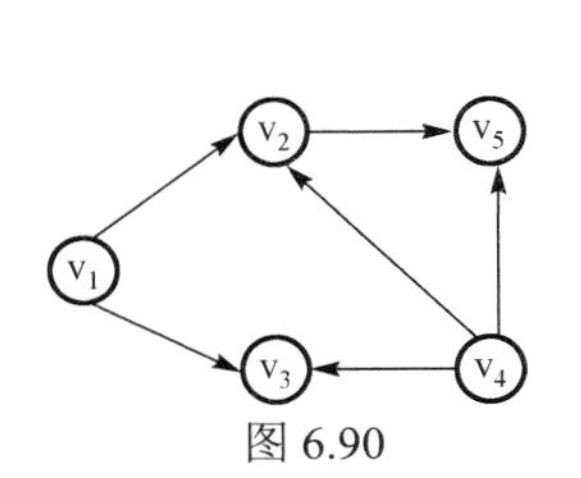


图 6.90

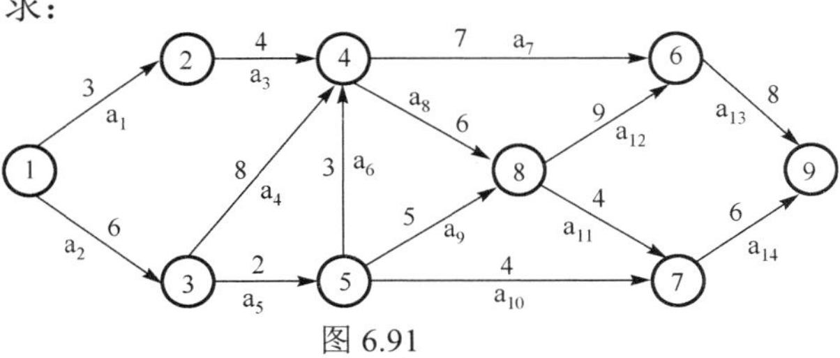


图 6.91

（1）各活动的最早开始时间与最迟开始时间；

（2）所有的关键路径；

（3）该工程完成的最短时间；

（4）是否可通过提高某些活动的速度来加快工程的进度?

11．已知一有向网的邻接矩阵如下，如需在其中一个结点建立娱乐中心，要求该结点距其他各结点的最长往返路程最短，相同条件下总的往返路程越短越好，问娱乐中心应选址何处？给出解题过程。

$$\begin{matrix} v_1 \\ v_2 \\ v_3 \\ v_4 \\ v_5 \\ v_6 \end{matrix}\begin{bmatrix} 0 & 2 & \infty & \infty & \infty & 3 \\ \infty & 0 & 3 & 2 & \infty & \infty \\ 4 & \infty & 0 & \infty & 4 & \infty \\ 1 & \infty & \infty & 0 & 1 & \infty \\ \infty & 1 & \infty & \infty & 0 & 3 \\ \infty & \infty & 2 & 5 & \infty & 0 \end{bmatrix}$$

12．表 6.11 列出了某工程之间的优先关系和各工程所需时间，要求：

（1）画出 AOE 网；

（2）列出各事件中的最早、最迟发生时间；

（3）找出该 AOE 网中的关键路径，并回答完成该工程需要的最短时间。

表 6.11

| 工程代号 | 所需时间 | 前序工程 | 工程代号 | 所需时间 | 前序工程 |
|---|---|---|---|---|---|
| A | 15 | 无 | H | 15 | G, I |
| B | 10 | 无 | I | 120 | E |
| C | 50 | A | J | 60 | I |
| D | 8 | B | K | 15 | F, I |
| E | 15 | C, D | L | 30 | H, J, K |
| F | 40 | B | M | 20 | L |
| G | 300 | E | | | |

13．已知顶点 1～6 和输入边与权值的序列（如表 6.12 所示）：每行三个数表示一条边的两个端点和其权值，共 11 行。采用邻接多重表表示该无向网，用类 C 语言描述该数据结构，画出存储结构示意图，要求符合在边结点链表头部插入的算法和输入序列的次序。分别写出从顶点 1 出发的深度优先和广度优先遍历顶点序列，以及相应的生成树。按 Prim 算法列表计算，从顶点 1 开始求最小生成树，并图示该树。

表 6.12

| 编号 | 端点 | 端点 | 权值 |
|---|---|---|---|
| 1 | 1 | 2 | 5 |
| 2 | 1 | 3 | 8 |
| 3 | 1 | 4 | 3 |
| 4 | 2 | 4 | 6 |
| 5 | 2 | 3 | 2 |
| 6 | 3 | 4 | 4 |
| 7 | 3 | 5 | 1 |

续表

| 编号 | 端点 | 端点 | 权值 |
|---|---|---|---|
| 8 | 3 | 6 | 10 |
| 9 | 4 | 5 | 7 |
| 10 | 4 | 6 | 11 |
| 11 | 5 | 6 | 15 |

## 三、算法设计题

1. 图的基本编程练习，在图的不同存储方式中：

（1）添加一个顶点；

（2）添加一条边（弧）；

（3）查找图中是否包含某项；

（4）查找指定项并返回；

（5）打印每个结点和它的邻接点。

2. 设计一个算法，判断无向图是否连通。若连通返回 1，否则返回 0。

3. 采用邻接表存储结构，编写一个判别无向图中任意给定的两个顶点之间是否存在一条长度为 $k$ 的简单路径的算法。

4. 假设每个人平均有 25 个好友。根据六维理论，对于任意一个人，你一定可以最多通过 6 个人而间接认识，间接通过 $N$ 个人认识的，那他就是你的 $N$ 度好友。请编程验证这个六维理论。

5. 设田径比赛项目有 A（跳高）、B（跳远）、C（标枪）、D（铅球）、E（100m 跑）、F（200m 跑）。表 6.13 为参赛选手的项目表。问如何安排比赛时间，才能使得每个比赛项目都能顺利进行（无冲突）；并尽可能缩短比赛时间。

表 6.13

| 姓名 | 项目 1 | 项目 2 | 项目 3 |
|---|---|---|---|
| 丁一 | A | B | E |
| 马二 | C | D | |
| 张三 | C | E | F |
| 李四 | D | F | A |
| 王五 | B | F | |

# 第 7 章　数据的处理方法——排序技术

【主要内容】

- 排序的概念
- 常见的排序方法

【学习目标】

- 熟悉各种排序方法的特点
- 熟悉各种排序过程及其依据原则

## 7.1　概述

现在，人们在手机中存储了大量的联系人信息。如果这些信息是杂乱无章、没有顺序的，如图 7.1 所示，那么要找到某个人就不得不一个一个地去比对，十分不便，需要花费较多的查找时间。

因此，目前的手机操作系统都会自动把联系人按照特定顺序排列好（汉字、英文、数字各有排序顺序），如图 7.2 所示，如此可以节约许多整理和查找时间。如何有效地将杂乱无章的记录排列成有顺序的记录呢？这就引入了一个重要问题，即排序问题。

| 姓名 | 电话 |
|---|---|
| 张东东 | 135XXXXXXXX |
| 安小红 | 136XXXXXXXX |
| 李小明 | 138XXXXXXXX |

图 7.1　未排序的联系人信息

| 姓名 | 电话 |
|---|---|
| 安小红 | 136XXXXXXXX |
| 李小明 | 138XXXXXXXX |
| 张东东 | 135XXXXXXXX |

图 7.2　排序的联系人信息

### 7.1.1　排序的基本概念

排序是计算机程序设计中的一种重要操作，就是将一个无序的序列排列成一个按照关键字有序的序列。此外，计算机程序中的一些基本操作，如建造二叉排序树，其本身就是一个排序过程，因此，学习和研究排序算法是计算机工作者的重要工作之一。

首先借助一个实例对排序操作进行确切定义。假设手机中现在有无序存储的 5 个联系人

{安小红、张东东、李小明、王小华、李大明}

将这 5 个记录的序列记为

R = {R1=安小红, R2=张东东, R3=李小明, R4=王小华, R5=李大明}

这样就确定了一个无序序列 R，其中序列中的每个人名 R$i$ 称为一个**记录**。

接下来需要确定依据什么**关键字**进行排序。关键字是用于排序的依据，关键字选择的不

同会导致排序结果有差异。在这个例子中，我们选择联系人姓的拼音首字母作为排序的依据，此时的关键字序列是：

$$K=\{K1=A,K2=Z,K3=L,K4=W,K5=L\}$$

在有了关键字序列之后，最后需要确定的是**排序顺序**（非递增、非递减、递增、递减），在这里如果选择非递减排序方式，则最终能够得到一个有序序列

$$\overline{K}=\{K1,K3,K5,K4,K2\}$$

其中，$\overline{K}$（带上标）表示排序后的关键字序列。在确定了顺序的关键字序列之后，就可以最终得到一个非递减有序的联系人列表

$$\overline{R}=\{R1,R3,R5,R4,R2\}$$

$\overline{R}$ 代表排序后的有序序列。对应到具体的手机中，显示为{安小红、李小明、李大明、王小华、张东东}，实现了对顺序的要求。

从上述实例可以看出，排序就是对一个无序序列 R 按其关键字 K 以指定的顺序进行调整，最终得到有序序列 $\overline{R}$ 的过程。

**【知识 ABC】**记录的顺序

一般而言，一系列记录之间的顺序关系包括非递增（A≥B≥C）与非递减（A≤B≤C）、递增（A<B<C）与递减（A>B>C）。在本书中为叙述方便，所有的例子和程序均使用非递减的关系作为编程实例，其他几种排序关系在算法中读者可以自行修改。

排序中的相关问题说明如下。

### 1．关键字 K 的确定依据

在排序过程中关键字 K 可以是某一确定的依据（例如，可以采用联系人姓氏拼音首字母为依据，也可以采用联系人姓氏笔画数目为依据），也可以是若干依据的组合，在使用上非常灵活。

### 2．关键字相同情形的处理原则

在排序过程中，可能出现若干记录关键字 K$i$ 相同的情况，如上例中的记录{李小明}、{李大明}，其关键字 K3 和关键字 K5 相等。当这种情况发生时，要对排序算法稳定性进行判别，如果存在关键字相等的两个记录，如 R3 和 R5，在没有进行排序之前 R3 在 R5 的前面，在排序后 R3 依然在 R5 的前面，则称所采用的**排序算法是稳定的**；否则，若可能使 R5 在 R3 的前面，则称所采用的**排序算法是不稳定的**。

### 3．排序记录的存放

从是否涉及外部存储器角度，可以将分类算法分为**内部排序**和**外部排序**两大类。内部排序指将待排序记录放在计算机随机存储器中进行排序的过程，整个过程中不涉及外部存储操作；而外部排序指待排序的记录数量十分巨大，内存无法一次容纳全部记录，在排序过程中必须借助外部存储操作的排序算法。

本章主要介绍内部排序算法，对外部排序算法感兴趣的读者可以参考相应的书目。

### 7.1.2 排序算法的分类

在内部排序中，主要进行两种操作：比较和移动。比较指关键字之间的比较，是进行排序的基础操作；移动指记录从一个位置移动到另一个位置。排序算法的方法有很多，如果按照排序过程中依据的主要操作来进行分类，可以分为插入排序、交换排序、选择排序、归并排序和分配排序五大类；如果按照算法的复杂度来进行分类，可以分为三类：

- 简单的排序算法，其复杂度为$O(n^2)$。
- 先进的排序算法，其复杂度为$O(n\log_2 n)$。
- 基数排序，其复杂度为$O(d(n+k))$。

其中，$n$是排序元素个数，$d$是数字位数，$k$为每一数位可能的取值。

对于每一类算法，本书都会介绍若干个经典算法。大家在学习排序算法时，除了掌握算法本身的思想，更重要的是要了解该算法在进行排序时依据的原则，以利于发展和创造更优秀的算法。为讨论方便，本书所有记录都设为整数，且采用数组的形式进行存储。

## 7.2 插入排序

有一个已经有序的数据序列，在这个已排好的数据序列中插入一个数，要求插入此数后数据序列仍然有序，这时就要用到一种排序方法——插入排序法。插入排序的基本操作就是将一个数据插入到已排好序的有序数据中，得到一个新的、个数加一的有序数据，由于复杂度较高，一般而言插入排序算法适用于少量数据的排序。本节介绍两种主要的插入排序算法：直接插入排序算法和希尔排序算法。

### 7.2.1 直接插入排序

#### 1. 基本思想

直接插入排序（Straight Insertion Sort）是一种最简单的排序方法，其基本的想法是，每次从数列中取一个未取出过的数，按照大小关系插入到已取出的数中，使已取出的数依然有序。比如，打扑克牌时我们希望抓完牌后手上的牌是有序的，三个 8 挨在一起，后面紧接着两个 9。这时，我们会使用插入排序，拿到一张牌后把它插入到手上的牌中适当的位置。

#### 2. 算法描述

利用插入排序的思路，我们对一组无序的记录进行递增排序操作。

$$\mathrm{R}=\{49,38,65,97,76,13,27,49,55,04\}$$

按照直接插入排序的算法思想，首先将记录$\{49\}$视为有序序列，即初始的有序序列$\overline{\mathrm{R}}=\{49\}$，随后将其他所有记录依次插入该有序序列$\overline{\mathrm{R}}$中，并保证$\overline{\mathrm{R}}$的有序性。因此，可以按照如下步骤实行算法：

① 构建有序序列$\overline{\mathrm{R}}$，并让$\overline{\mathrm{R}}=\{49\}$。

② 将第二个记录 38 插入有序序列$\overline{\mathrm{R}}$中。由于关键字 38<49，因此记录 38 需插入在记录 49 的前面，即$\overline{\mathrm{R}}=\{38,49\}$。

③ 将第三个记录 65 插入有序序列$\overline{\mathrm{R}}$。由于此时关键字 65>49，因此记录 65 插入在记录

49 的后面，即 $\overline{\mathrm{R}}=\{38,49,65\}$。

④ 重复步骤②～③。

⑤ 最终，输出有序序列 $\overline{\mathrm{R}}=\{04,13,27,38,49,49,55,65,76,97\}$。

图 7.3 描述了上述直接插入排序的过程。

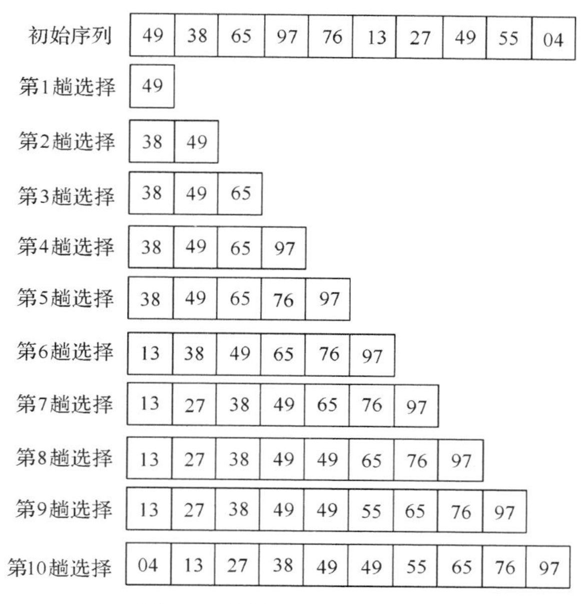


图 7.3　直接插入排序示意图

从算法流程可以看出，其中的插入步骤是直接插入排序算法的关键，每趟执行插入步骤的过程即为一趟直接插入排序。在理解了算法思路之后，我们可以得到正式的算法描述：

第 $i$ 趟直接插入排序的操作是，在含有 $i-1$ 个记录的有序序列[1,2,…,$i-1$]中，插入一个记录 $i$ 之后，变成了含有 $i$ 个记录的有序序列[1,2,…,$i$]；同时，采用顺序查找算法依次查找记录 $i$ 的合适位置，并执行记录插入操作。

为了能够较好地理解 C 语言代码，我们首先给出该算法的伪代码描述。

```
for（从第二个数据开始对所有数据循环处理）
    if（第 i 个数据小于它之前的第 i-1 个数据）
        {
            将第 i 个数据复制到一个空闲空间临时存储，这个空间为“哨兵”
            在前 i-1 个数据中寻找合适的位置，将从该位置开始的元素全部后移
            将哨兵数据插入到合适位置
        }
```

按照该伪代码的编码思路，我们来分析一下{18,15,16}三个数的排序过程，如图 7.4 所示。

经过两趟排序，就完成了待排序序列的排序过程。在整个排序过程中，利用了一个额外的存储空间（temp）用于存储排序过程中的变量内容。

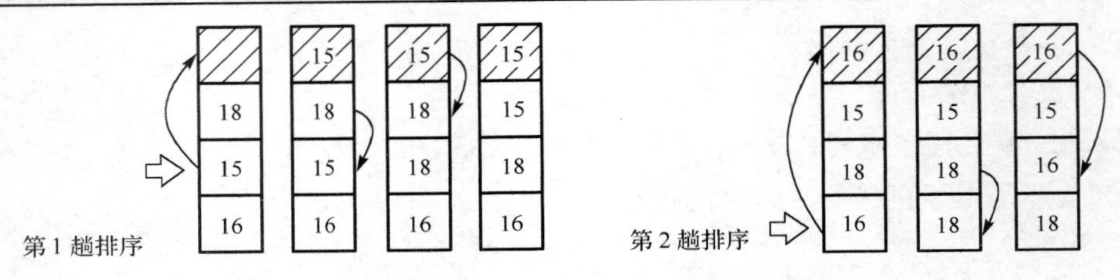


图 7.4　直接插入排序实现思路图

### 3. 程序实现

C 语言描述如下。

```
/*=============================================================
函数功能：直接插入排序
函数输入：数组首地址*a，数组长度 n
函数输出：无
=============================================================*/
void InsertSort(int *a, int n)
{
int i,j;
	int temp;				//temp 作为哨兵，一个额外存储空间
	for(i=1;i<n;++i)
	{
		if(a[i]<a[i-1])
		{
			temp=a[i];			//哨兵
			for(j=i-1; temp<a[j] && j>=0; --j)
				a[j+1]=a[j];
			a[j+1]=temp;		//L.r[j+1]即 L.r[i-1]
		}
	}
}
```

### 4. 算法分析

算法效率为 $O(n^2)$。

直接插入排序思路清晰、程序简洁、易于实现，具备很多的优点，那么在算法效率方面呢？从空间来看，由于需要进行两个记录的交换操作，因此只需要能够存储一个记录的辅助空间即可，空间复杂度较低；从时间效率来考察，直接插入排序的基本操作是：比较两个记录的关键字的大小和移动记录。先考察一趟直接插入排序算法，其中最主要的循环次数花费为如何在[1,$i$−1]的有序序列中查找记录 $i$ 的位置。顺序查找采用逐个比较的方法来遍历查找，因此会存在两个极端情况。以将某一序列排序为递增有序序列为例进行说明。

（1）当原始序列完全递增有序时，将其重排序为递增有序。

**【例 7-1】**将序列 R={4,6,8,10,11,15,18}排序为非递减序列。

序列是递增有序序列，因此顺序查找时每个新增记录只需要与有序记录的第一个记录相比较，即 1 次比较就能立刻确定新增记录的位置在整个序列的最前方，此时的比较次数是最小值

$$\sum_{i=2}^{n} 1 = n - 1$$

（2）当原始序列完全递减有序时，将其重排序为递增有序。

**【例 7-2】** 将序列 R={18,15,11,10,8,6,4}排序为非递减序列。

**解：** 此时的序列是递减有序序列，因此顺序查找时，每个新增记录必须与有序序列中的所有元素进行比较，第一个记录 4 不需要比较，比较次数为 0；第二个记录 6 需要比较 1 次，第三个记录 8 需要比较 2 次，依此类推，最终确定其位置在整个序列的最后方。因此，此时的比较次数达到最大值

$$\sum_{i=2}^{n} i = \frac{(n+2)(n-1)}{2}$$

若待排序序列为随机的，此时的比较次数应介于两种极端情况之间，因此可以用上述最小值和最大值的平均值作为直接插入排序时关键字比较的次数，约为 $n^2/4$，因此直接插入排序的时间复杂度是 $O(n^2)$。在排序数据较大的情况下，直接插入排序算法的时间复杂度较高、花费时间较长，可以考虑改用较快的折半查找或快速查找算法，提升程序的运行效率。

## 7.2.2　希尔排序

### 1. 基本思想

对直接插入排序进行分析可以发现，如果原始序列是“基本有序”的，那么执行直接插入排序的效率就会大大提高；另一方面，如果原始序列的待排序记录个数较少，需要比较的记录少，直接插入排序的效率也会非常高。所以，为提高直接插入排序的时间效率，一方面可以考虑把一个长序列分割为几个短序列进行高效的直接插入排序；另一方面，将原始序列排成一种“基本有序”的顺序，再调用直接插入排序算法，对全体记录进行高效的排序。

基于以上思想，人们提出了希尔排序算法。希尔排序又称为缩小增量排序法，它也属于直接插入排序，但在时间效率上有明显提高。

用一个例子对希尔排序的思路进行说明。假设要对数列{49,38,65,97,76, 13,27,49,55,04}进行排序，按照希尔排序的思想，第一步应将这个长序列分割为若干短的序列分别排序，我们按照每间隔 5 个数的规则来划分短序列，此时的长序列会划分为{49,13}，{38,27}，{65,49}，{97,55}，{76,04}，针对每个短序列进行排序，可以得到一趟排序的结果如图 7.5 所示。

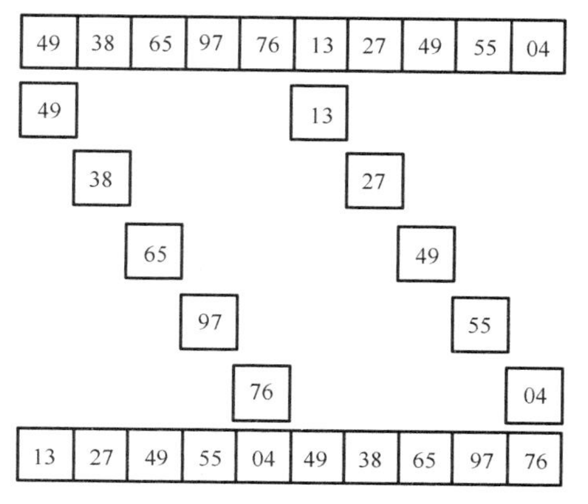


图 7.5　希尔排序第 1 趟排序结果

随后，按照每间隔 3 个数的规则，再次划分短序列，此时的长序列划分为{13,55,38,76}, {27,04,65}, {49,49,97}，针对每个短序列再次进行直接插入排序，可以得到两趟排序的结果如图 7.6 所示。

可以看出，在两趟排序之后，整个序列已经变得“基本有序”了，此时再进行每间隔 1 个数的规则划分短序列，发现短序列就是序列本身，因此第 3 趟进行简单直接插入排序处理，最终完成整个序列的排序。

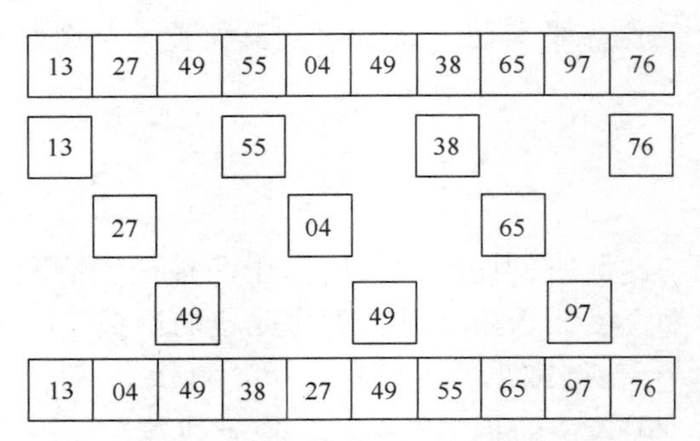


图 7.6　希尔排序第 2 趟排序结果

从上述例子可以看出，希尔排序是对直接插入排序的一个改进，其中的重点是将每间隔 *k* 个数组成新的短子序列，在上述例子中，第 1 趟希尔排序中，参数 *k*=5；第二趟希尔排序中，参数 *k*=3；第 3 趟希尔排序中，参数 *k*=1。依据参数 *n*，则较小的记录就不是一步一步地往前挪动，而是跳跃式地往前挪动，从而使得在最后一趟希尔排序时，间隔数目为 1。所以，希尔排序的复杂度比直接插入排序要低。

### 2．程序实现

在理解了希尔排序的过程之后，我们给出希尔排序的程序表达。

```
/*=============================================================
函数功能：希尔排序
函数输入：数组首地址*arr，数组长度 n
函数输出：无
=============================================================*/
void ShellSort(int *arr,int n)
{
int dlta[3]={5,3,1};                    //按增量序列 dlta[0..t-1]对数组作希尔排序
        for(int k=0;k<3;++k)
        ShellInsert(arr,n,dlta[k]);
}
/*=============================================================
函数功能：一趟希尔排序算法
函数输入：数组首地址*arr，数组长度 n，间隔 dk
函数输出：无
=============================================================*/
void ShellInsert(int *arr,int n,int dk)
{
        int i,j,k,temp;
        for(k=0;k<dk;k++)
        {
            for( i=k+dk;i<n;i=i+dk)
           {
```

```
                    if(arr[i]<arr[i-dk])            //插入数据小于前面一个数据
                    {
                        temp=arr[i];                //存储插入的数据
                        //移位直到找到插入数据的顺序位置
                        for( j=i-dk;j>=0&&temp<arr[j];j=j-dk)
                            arr[j+dk]=arr[j];
                        arr[j+dk]=temp;
                    }
                }
            }
        }
```

### 3．算法分析

希尔排序特点：反复调用一趟希尔排序算法实现不同增量下的排序；用于 $n$ 较大的情况；分割成几个小的直接插入排序；不稳定；算法复杂度为 $O(n\log_2 n)$。希尔排序是一种有效的改进排序算法，但其步长参数 $k$ 的选取一直是一个难以解决的问题。目前，只有一些局部的结论，在特定情况下存在一些较好的 $k$ 序列，使希尔排序的性能较好，但尚未有人证明存在一种最好的序列使得希尔排序的性能最优。也正是因为 $k$ 序列的不同会导致希尔排序的性能不同，尚未对希尔排序有一个完整严谨的复杂度分析，但一般而言，希尔排序的时间复杂度最好能够达到 $O(n\log_2 n)$，因此希尔排序也属于先进的排序算法之一。

**【知识 ABC】希尔排序算法的开发者**

希尔排序按其设计者希尔（Donald Shell）的名字命名，该算法于 1959 年公布。前文叙述过，步长的选择是希尔排序的关键，理论上只要最终步长为 1，任何步长序列都可以工作。Donald Shell 最初建议步长选择为 $n/2$ 且对步长取半直到步长达到 1。但这样的步长选取仍有改进空间，目前已知的最好步长序列由 Marcin Ciura 设计（1，4，10，23，57，132，301，701，1750，…），用这样步长序列的希尔排序比插入排序和堆排序都要快，甚至在小数组中比快速排序还快；但在涉及大量数据时，希尔排序还是比快速排序慢。

## 7.3　交换排序

所谓交换，就是根据序列中两个关键字的值的比较结果对换这两个记录在序列中的位置。交换排序的特点是，不断将键值较大的记录向序列的尾部移动，将键值较小的记录向序列的前部移动，从而最终达到有序序列的目的。本节介绍两种交换排序算法——冒泡排序算法和快速排序算法，其中快速排序算法是目前公认最快的排序算法。

### 7.3.1　冒泡排序

#### 1．基本思路

冒泡排序是一种最简单的排序方法，其核心思想是交换，所以属于交换排序。按照生活中的例子，在体育课上，体育老师要求同学们按身高从矮到高排队时，总会有人出来，比较挨着的两个人的身高，依次指着说：你们俩调换一下，你们俩换一下，数次调换之后，最高的人就会站到队头，而最矮的同学就会站到队尾，达到排序的目的。

我们依然用之前的例子来进行说明，对{49,38,65,97,76,13,27,49,55,04}这个序列进行冒泡排序，如图 7.7 所示。

可以发现，经过一趟冒泡排序之后，序列中值最大的记录{97}已经排到了序列最后，而较小的记录位置均向前移动了。数据大的记录下沉，小的记录上移，所以这种算法叫作冒泡排序算法。通过重复执行若干次冒泡排序算法，可以得到一个顺序的排序序列。

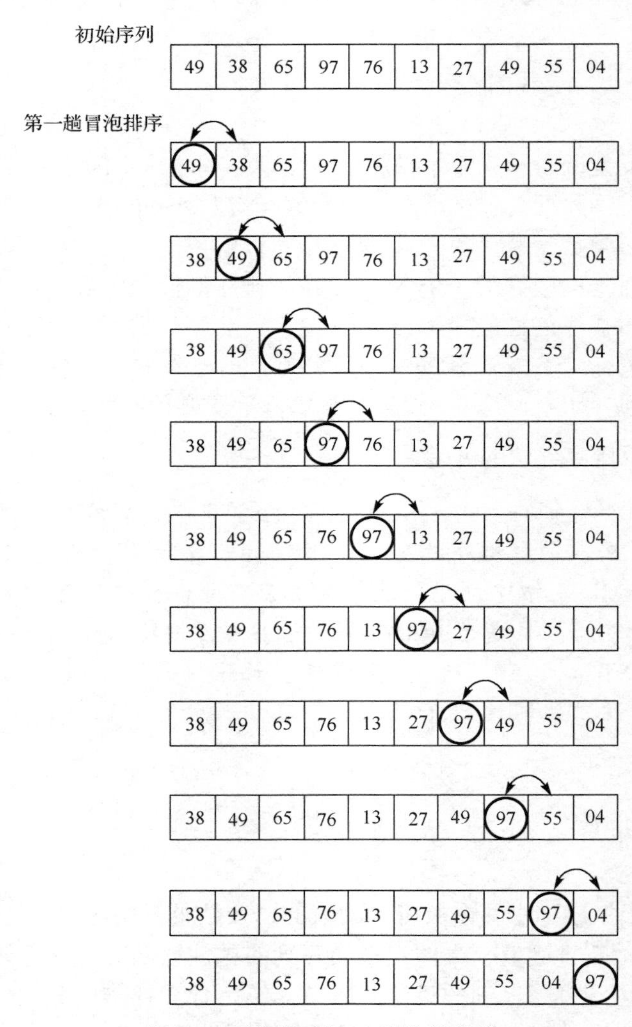


图 7.7　冒泡排序法一趟排序流程

### 2. 程序实现

```
/*==============================================================
函数功能：冒泡排序
函数输入：数组首地址*a，数组长度 n
函数输出：无
==============================================================*/
```

```
void BubbleSort(int *a, int n)
{
    int i,j,temp;
    int change=0;    //检测一次排序中是否发生交换，若无交换，则序列有序，仅需一趟排序
    for(i=n-1; i>=0&&change==0; i--)      //for 循环，先判断条件，再看是否执行
    {
        change=1;                          //位置不能变
        for(j=0; j<i; j++)                 //一次排序
        {
            if(a[j]>a[j+1])
            {
                change=0;
                temp=a[j];
                a[j]=a[j+1];
                a[j+1]=temp;
            }
        }
    }
}
```

### 3．算法分析

冒泡排序特点：速度慢，移动次数多。算法效率为 $O(n^2)$。

分析冒泡排序的效率，对于长度为 $n$ 的序列来说，如果初始待排序序列就是“正序”序列，则只需进行一趟排序，并且只有 $n-1$ 次记录比较，不需要移动记录；但是如果初始带排序序列是“逆序”序列，则需要进行 $n-1$ 趟排序，要进行 $\sum_{i=2}^{n}(i-1)=\dfrac{n(n-1)}{2}$ 次比较，并做同等数量级的移动，因此冒泡排序的复杂度为 $O(n^2)$。与直接插入排序相比，冒泡排序的时间复杂度相似，但移动次数更多，冒泡排序在性能方面劣于直接插入排序，因此在实际中较少应用。

## 7.3.2　快速排序

### 1．基础思想

快速排序方法是对冒泡排序的一种改进，基本思想是将待排序序列分成两部分，其中一部分的记录比另一部分的记录小，随后对这两部分分别再分成两部分，使一部分的所有记录都小于另一部分，如此反复，最终使整个序列最终有序。

为了实现这个目标，需要选择一个特殊的记录，称为枢轴（pivot）。枢轴的作用就是区分两个部分，如果能够找到一种方法，使得枢轴处于一个合适的位置，也就是说，处于枢轴之前的所有记录都小于枢轴，处于枢轴之后的记录都大于枢轴，那么就达到了快速排序的目标。

我们结合{49,38,65,97,76,13,27,49,55,04}这一序列的例子，对快速排序的排序思路方法进行说明，如图 7.8 所示。

图 7.8 显示了快速排序算法的第 1 趟排序示意图。按照快速排序的思想，首先需要选择一个枢轴数，一般选择整个序列的第 1 个数为枢轴，在本例中为{49}。为将枢轴移到合适的位

置，保证枢轴前的数都小于枢轴、枢轴后的数都大于枢轴，我们按如下步骤进行枢轴的移动。

枢轴

| | | | | | | | | | | |
|---|---|---|---|---|---|---|---|---|---|---|
| 初始序列 | 49 | 38 | 65 | 97 | 76 | 13 | 27 | 49 | 55 | 04 |
| 第1趟交换 | 04 | 38 | 65 | 97 | 76 | 13 | 27 | 49 | 55 | 49 |
| 第2趟 | 04 | 38 | 65 | 97 | 76 | 13 | 27 | 49 | 55 | 49 |
| 第3趟交换 | 04 | 38 | 49 | 97 | 76 | 13 | 27 | 49 | 55 | 65 |
| 第4趟 | 04 | 38 | 49 | 97 | 76 | 13 | 27 | 49 | 55 | 65 |
| 第5趟 | 04 | 38 | 49 | 97 | 76 | 13 | 27 | 49 | 55 | 65 |
| 第6趟交换 | 04 | 38 | 27 | 97 | 76 | 13 | 49 | 49 | 55 | 65 |
| 第7趟交换 | 04 | 38 | 27 | 49 | 76 | 13 | 97 | 49 | 55 | 65 |
| 第8趟交换 | 04 | 38 | 27 | 13 | 76 | 49 | 97 | 49 | 55 | 65 |
| 第9趟 | 04 | 38 | 27 | 13 | 49 | 76 | 97 | 49 | 55 | 65 |

图 7.8　快速排序第 1 趟排序算法示意图

① 设置 low、high 两个指针，分别指向序列的第一个记录和最后一个记录。此时，low 指向序列的第一个记录，也就是枢轴的位置。在图中，我们用粗线代表指针 low，粗线圈圈住的记录代表指针 low 指向的记录；用虚线圈代表指针 high，虚线圈圈住的记录代表指针 high 指向的记录。

② 比较 low、high 两个指针所指记录的大小，若记录 low 小于记录 high，则意味着记录 high 是大于枢轴的，理应处于枢轴的后面，因此不需要交换记录 low 和记录 high；若记录 low 大于记录 high，则意味着记录 high 是小于枢轴的，理应处于枢轴的前面，因此需要交换记录 low 和记录 high。在本例中，记录 low 的值{49}大于记录 high 的值{04}，因此交换记录 low 和记录 high 的值，记录 low 的值变为{04}，记录 high 的值变为{49}。

③ 在交换了记录 low 和 high 的值之后，需要移动指针；为了能够将枢轴移到合适的位置，应该再次选择一个记录与枢轴{49}进行比较。从此例中可以发现，此时合理的选择是移动指针 low 到记录{38}，因此我们将指针 low 移动一个位置，达到记录{38}。（想一想，为什么不是移动指针 high？）

④ 此时的记录 low 为{38}，记录 high 为{49}，此时记录 low 小于记录 high，因此不需要交换两者的位置。

⑤ 需要继续寻找合适的记录与枢轴比较，此时合理的选择是再次移动指针 low 到记录{65}，并再次与枢轴进行比较。此时记录 low 的值大于记录 high 的值，因此应该处于记录 high 的后面；我们交换指针 low 和指针 high 所指向的记录，第 3 趟交换完毕。

⑥ 此时，指针 low 所指的记录变为了枢轴{49}。为了能够寻找下一个合适的记录与枢轴进行比较，可以发现此时合理的选择是移动指针 high，使其指向记录{55}。将指针 low 指向的枢轴与指针 high 指向的记录相比较，很明显枢轴应该处于前面，因此不交换记录。

⑦ 继续移动指针 high，选取记录与枢轴进行比，直到第 5 趟指针 high 指向记录{27}之后，

枢轴才会与指针 high 所指向的记录交换位置。

⑧ 一旦发生了记录位置的交换，意味着此时指针 high 指向了枢轴{49}，而必须移动指针 low 来选择合适的记录与枢轴进行比较。重复上述算法，直到指针 low 与指针 high 相等，此时枢轴{49}被移动到了序列的中部，并且能够保证枢轴{49}之前的记录都小于枢轴，而枢轴之后的记录均大于枢轴。至此，我们完成了快速排序的第 1 趟排序算法。

很明显，只采用一趟快速排序算法无法对整个序列排序，因此，需要继续调用快速排序算法，对枢轴之前的序列和枢轴之后的序列分别排序，如图 7.9 和图 7.10 所示。可以发现，第 2 趟和第 3 趟排序只是在更短的序列中调用了快速排序算法，此处不再赘述。

这种在算法的内部调用自身算法的思路，就是利用分治与递归的思想解决实际问题的典型思路。分治与递归是利用计算机解决难问题的有效思路，在第 9 章会进行专门的叙述。在理解了快速排序的算法流程之后，我们给出快速排序的程序如下。

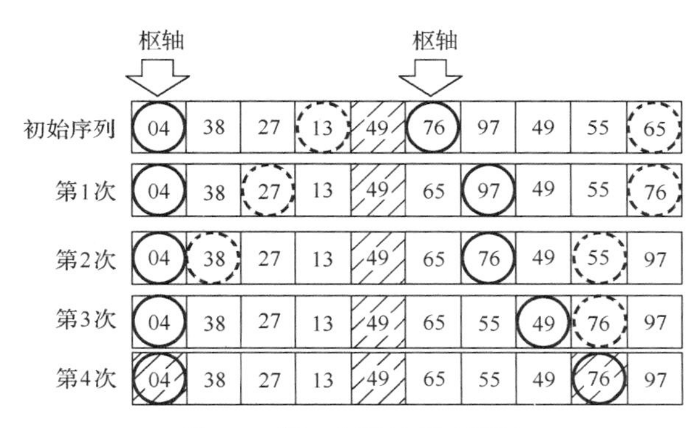


图 7.9　第 2 趟快速排序算法

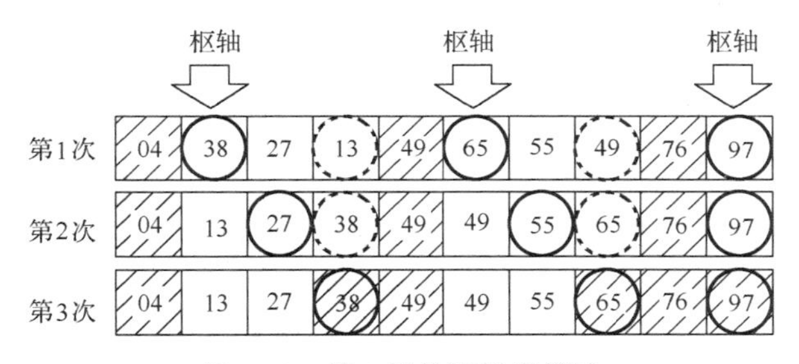


图 7.10　第 3 趟快速排序算法

## 2. 程序实现

```
/*=============================================================
函数功能：快速排序
函数输入：数组首地址*arr，数组长度 n，初始 low 指针位置，初始 high 指针位置
函数输出：无
=============================================================*/
void QSort(int *arr,int n,int low,int high)
{//对数组 arr[n]做快速排序,递归调用
        int pivotloc;
        if(low<high)
        {
```

```
            pivotloc=Partition_1(arr,low,high);
            QSort(arr,n,low,pivotloc-1);
            QSort(arr,n,pivotloc+1,high);
        }
}

/*==================================================================
函数功能：保持所有排序算法的输入输出参数一致
函数输入：数组首地址*arr，数组长度 n
函数输出：无
==================================================================*/
void QuickSort(int *arr,int n)
{//递归函数设置初值
        QSort(arr,n,0,n-1);
}

/*==================================================================
函数功能：一趟快速排序，利用枢轴移位排序。
          前后两路查找，一趟快速排序
函数输入：数组首地址*arr，初始 low 指针位置，初始 high 指针位置
函数输出：无
==================================================================*/
int Partition_1(int arr[],int low,int high)
{    //前后两路查找
        int pivotloc=arr[low],temp;          //将 low 位置指针空出,以第一个元素为枢轴数
        while( low < high )
        {
                while(low<high && arr[high]>=pivotloc)
                        --high;               //一直循环，直到从后面找到第一个小的值
                temp=arr[low];
                arr[low]=arr[high];
                arr[high]=temp;               //high 位置空出
                while(low<high && arr[low]<=pivotloc )
                        ++low;
                temp=arr[low];
                arr[low]=arr[high];
                arr[high]=temp;               //high 位置空出
        }
        return low;
}
```

### 3．算法分析

快速排序的特点：反复调用一趟快速排序算法对数组 arr[n]做快速排序，不稳定。算法效率为 $O(n\log n)$。

快速排序的时间复杂度为 $O(n\log n)$，在所有的同数量级的排序方法中，快速排序算法是目前公认的性能最好的排序方法。但是，如果初始记录的序列基本有序时，由于每一次比较都会涉及枢轴的交换，因此快速排序会蜕化为冒泡排序，复杂度恶化为 $O(n^2)$。目前也有一些

针对快速排序的改进算法，能够在一定程度上改进快速排序的算法性能，有兴趣的读者请参阅相关资料。

# 7.4　选择排序

选择排序是一种用“蛮力法”解决排序问题的算法。可将它简单描述为：对一个数列进行排序时，每次从剩余的序列中挑选出值最小的记录，放到序列开始位置，以此类推，直到数列的所有数字都已经放到最终位置为止。选择排序方法思路比较简单，关键问题在于如何从序列中选择值最小的记录。这一关键问题的不同解决方法，产生了两种不同的排序算法——简单选择排序和堆排序。

## 7.4.1　简单选择排序

### 1. 基本思想

选择排序的基本思想是，每一趟排序在所有记录中选取值最小的记录放入有序序列，如此重复，就能实现无序序列的有序化。按照生活中的例子来理解，我们可以想象一下手边有无序的扑克牌从方块 A 到方块 K 共 13 张。为了排序，我们首先从 13 张牌中找到最小的牌——方块 A，放到一边；再找到次小的牌 2，放到一边；如此重复，就可以实现从 A 到 K 的排序操作。这种思想就是简单选择排序的基本思想。

具体到实施思路，可以按照如下步骤来进行：

第 1 趟：在 1～$n$ 个数中找出最小的数，然后与第一个交换，第一个数排好；

第 2 趟：在 2～$n$ 个数中找出最小的数，然后与第二个交换，前两个数排好；

⋮

第 $n$-1 趟：在 $n$-1～$n$ 个数中找出最小的数，然后与第 $n$-1 个数交换，排序结束。

相对于冒泡排序来说，简单选择排序效率要高一些，因为冒泡排序在每一轮的每一次比较后，如果发现前面的数比后面的大，就要立即进行数据交换，数据交换次数平均要比选择排序的多，而选择排序则每一轮最多进行一次数据交换。结合例子{49,38,65,97,76,13,27,49,55,04}，我们说明简单选择排序算法的流程，如图 7.11 所示。

### 2. 程序实现

在理解了简单选择排序算法之后，我们给出算法的 C 语言程序如下。

```
/*================================================================
函数功能：选择排序
函数输入：数组首地址*a，数组长度 n
函数输出：无
================================================================*/
void SelectionSort (int *a, int n)
{//选择排序
	int i,j,temp;
	for(i=0;i<n-1;i++)
		for(j=i;j<n;j++)
		{
```

```
                if(a[j]<a[i])
                {
                    temp=a[j];
                    a[j]=a[i];
                    a[i]=temp;
                }
            }
        }
```

| 初始序列 | 49 | 38 | 65 | 97 | 76 | 13 | 27 | 49 | 55 | 04 |
| --- | --- | --- | --- | --- | --- | --- | --- | --- | --- | --- |
| 第1趟选择 | 04 | 38 | 65 | 97 | 76 | 13 | 27 | 49 | 55 | 49 |
| 第2趟选择 | 04 | 13 | 65 | 97 | 76 | 38 | 27 | 49 | 55 | 49 |
| 第3趟选择 | 04 | 13 | 27 | 97 | 76 | 38 | 65 | 49 | 55 | 49 |
| 第4趟选择 | 04 | 13 | 27 | 38 | 76 | 97 | 65 | 49 | 55 | 49 |
| 第5趟选择 | 04 | 13 | 27 | 38 | 49 | 97 | 65 | 76 | 55 | 97 |
| 第6趟选择 | 04 | 13 | 27 | 38 | 49 | 49 | 65 | 76 | 55 | 97 |
| 第7趟选择 | 04 | 13 | 27 | 38 | 49 | 49 | 55 | 76 | 65 | 97 |
| 第8趟选择 | 04 | 13 | 27 | 38 | 49 | 49 | 55 | 65 | 76 | 97 |
| 第9趟选择 | 04 | 13 | 27 | 38 | 49 | 49 | 55 | 65 | 76 | 97 |
| 第10趟选择 | 04 | 13 | 27 | 38 | 49 | 49 | 55 | 65 | 76 | 97 |

图 7.11　简单选择排序的算法流程

#### 3．算法分析

选择排序特点：每次选出最小元素在上面，算法不稳定。算法效率为 $O(n^2)$。

简单选择排序算法的主要操作都耗费在记录的比较操作中，等价于第 1 趟是在所有记录中寻找值最小的记录并取出，第 2 趟在剩下的 $n-1$ 个记录中寻找值最小的记录并取出，直到最后一个记录。因此，无论初始记录的排序是否基本有序，简单选择排序算法的比较次数都为 $n(n-1)/2$，因此其时间复杂度也为 $O(n^2)$，属于简单的排序算法的一种。

### 7.4.2　堆排序

#### 1．基本思想

堆排序是一种结合二叉树结构，采用一个辅助记录空间进行排序的算法。要理解堆排序中“堆”的概念，就必须与二叉树的概念结合起来。

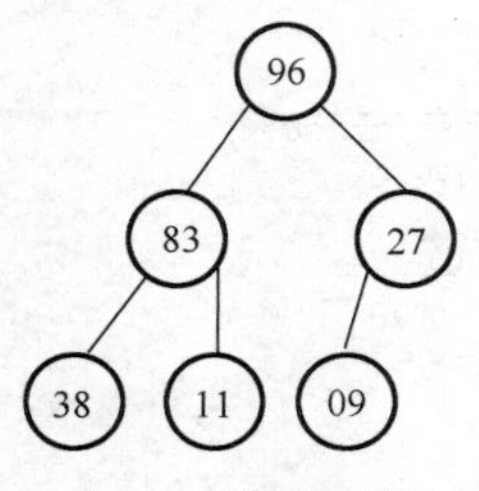

图 7.12　堆的示例

参考图 7.12 可以看出，对于一棵完全二叉树，如果所有结点（除叶子结点外）的值都大于（小于）其左右孩子结点的值，那么这棵完全二叉树就被称为一个堆。按照堆的定义，堆顶结点（二叉树的根结点）一定对应整个序列中最大（最小）的记录。这样一来，我们可以设计一种排序思路，每次将堆的堆顶记录输出；同时调整剩余的记录，使它们重新排成一个堆。重复以上过程，就能得到一个有序的序列，完成排序的过程，这种排序方法，我们称之为堆排序。

**【思考与讨论】**

问题一：一个无序序列中所有记录如何排成一个堆。

问题二：在输出堆顶的记录后，如何将输出一个记录后的序列中剩下的记录再次排成一个堆。

**讨论：**我们首先分析第二个问题，以图 7.13 为例，来说明第二个问题的解决方法。

图 7.13 已经是一个堆，堆顶记录{13}就是整个序列的最小记录，因此可以先将堆顶的记录输出，此时剩余的记录结构如图 7.14 所示。

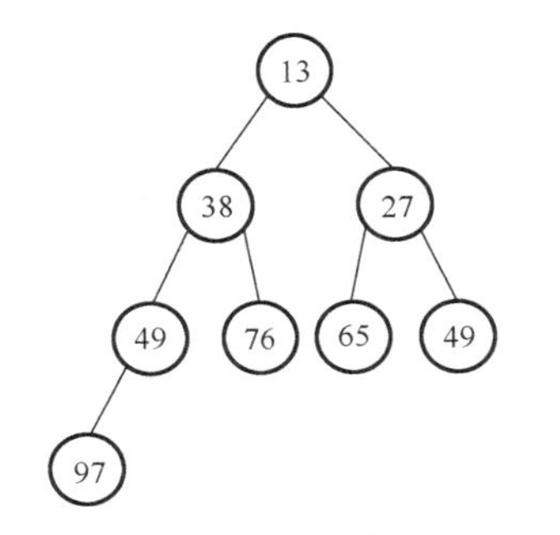

图 7.13　堆的例子

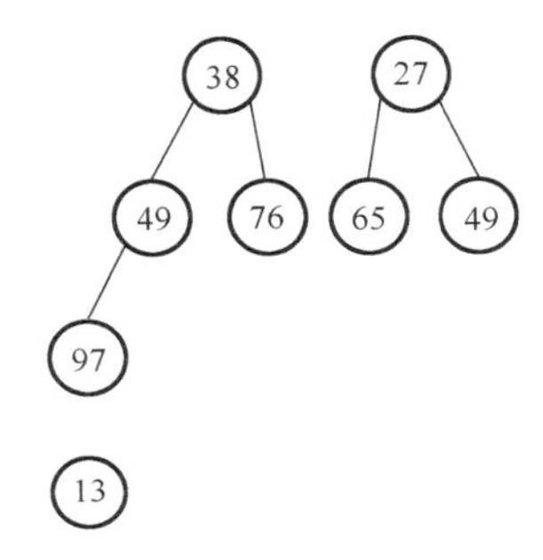

图 7.14　输出堆顶元素后的情形

可以看出，此时的左子树和右子树仍然是一个堆，也就意味着记录{38}是左子树堆中的最小记录，而记录{27}是右子树堆中的最小记录。为了能够继续找到值最小的记录并放置在堆顶，我们将二叉树按照顺序存储的最后一个记录{97}暂时置于堆顶，如图 7.15 所示。

但是这样一来，整个二叉树就不再是一个堆的结构，需要调整这个二叉树的记录顺序，使其仍然是一个堆。为达到这一目标，考虑到{38}和{27}分别是左子树和右子树的堆顶，只需要从{97}、{38}和{27}三个记录中选取最小的一个置于堆顶，就达到了堆顶记录小于左孩子和右孩子的目的，如图 7.16 所示。

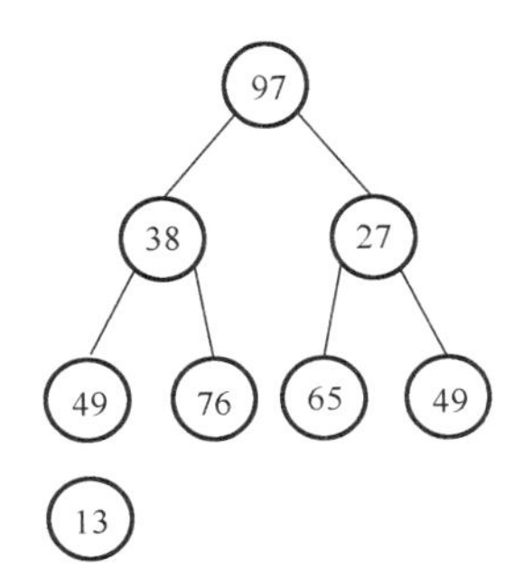

图 7.15　最后一个记录暂时放置于堆顶

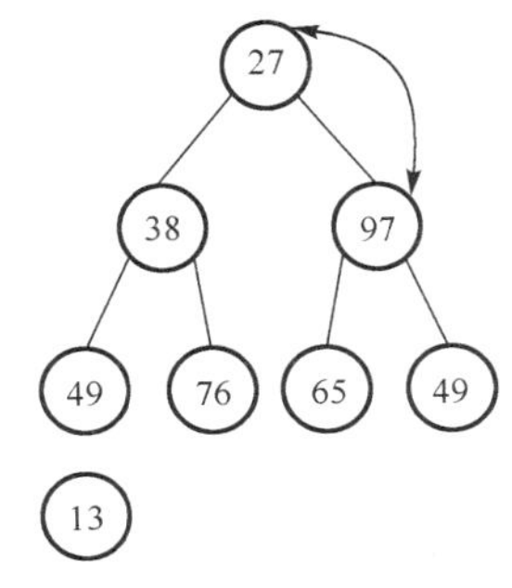

图 7.16　一次调整堆顶元素之后的情形

此时，虽然堆顶元素满足了堆的要求，却破坏了右子树的堆结构。为保证右子树仍然具有堆的结构，需要再次比较{97}、{65}和{49}三个记录，选取值最小的记录置于右子树的堆顶，如图 7.17 所示。

至此，剩余的记录重新排成了一个堆结构。此时可以将堆顶记录{27}进行输出，之后的剩余记录依然可以排成一个堆，如图 7.18 所示。

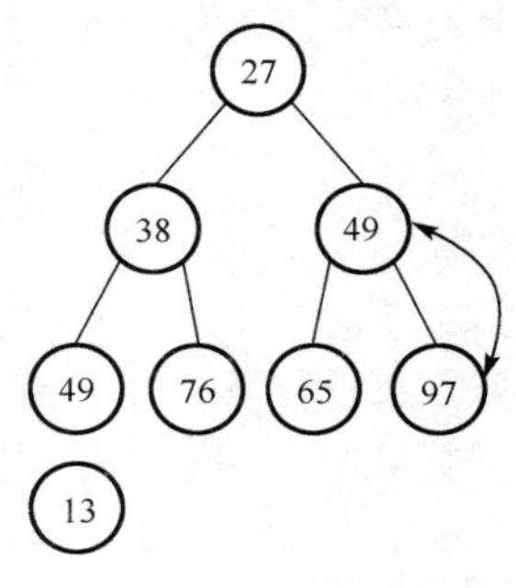


图 7.17　二次调整右子树堆顶记录之后的情况

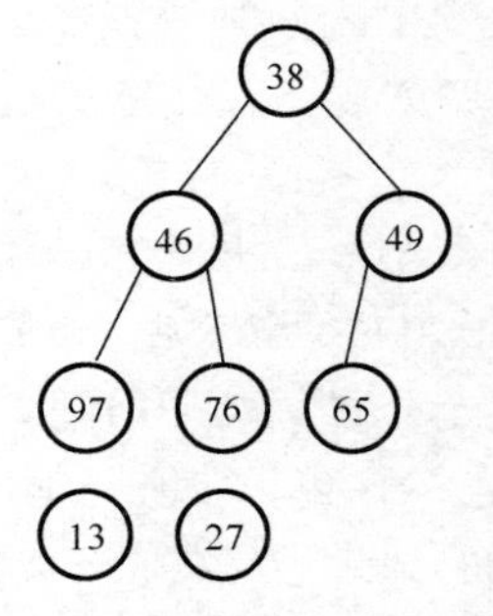


图 7.18　输出记录{27}后剩余记录再次排成一个堆

如此反复，最终生成一个有序序列。我们将这种从堆顶至叶子的调整过程称为“筛选”。实际上，第一个问题中从一个无序序列生成堆的过程，就是一个不断“筛选”的过程。

**2．堆排序实例**

以序列{49, 38, 65, 97, 76, 13, 27, 49, 55, 04}为例，利用“筛选”建立一个堆结构。

解析：首先，按照顺序存储原则，先将序列中的所有记录构建成一颗完全二叉树，如图 7.19 所示。

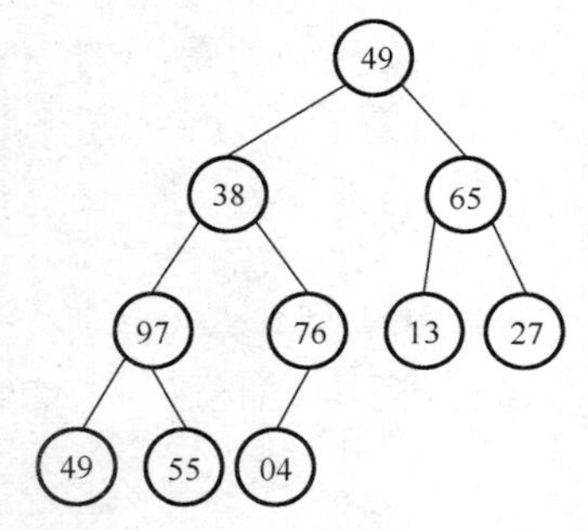


图 7.19　序列直接构成完全二叉树

此时的二叉树一般来说不具有堆的特性，因此，我们通过“筛选”将它构成一个堆的结构。按照“筛选”的原则，首先我们知道一棵完全二叉树的最后一个非终端结点 $\lfloor n/2 \rfloor$，因此在本例中，我们选择第 5 个记录{76}作为初始筛选结点。首先比较{76}和其左右孩子记录的大小，并按照筛选的选择进行交换，因此得到如图 7.20 所示的新的完全二叉树。

接下来，对倒数第二个非终端结点进行处理，即选择记录{97}，并对比其左右孩子的记录，进行筛选操作，可以得到一棵更新后的完全二叉树，如图 7.21 所示。

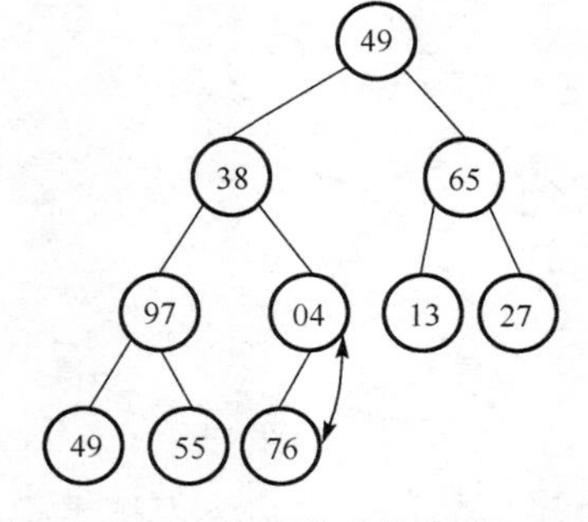


图 7.20　一次筛选之后的完全二叉树

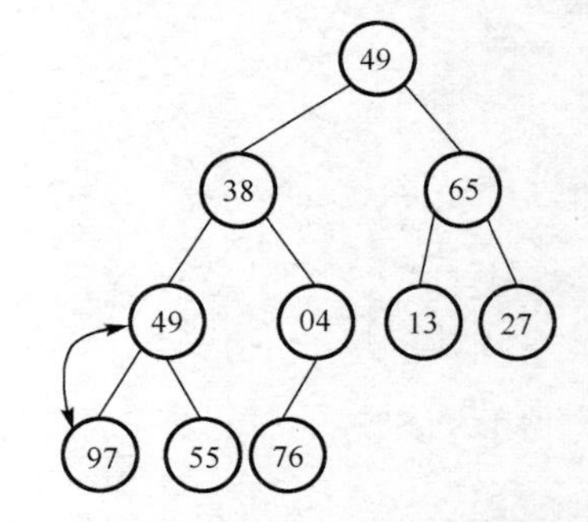


图 7.21　二次处理之后的完全二叉树

重复上述步骤，最终得到一个结构完整的堆，如图 7.22 所示，并以此进行记录的堆排序操作。

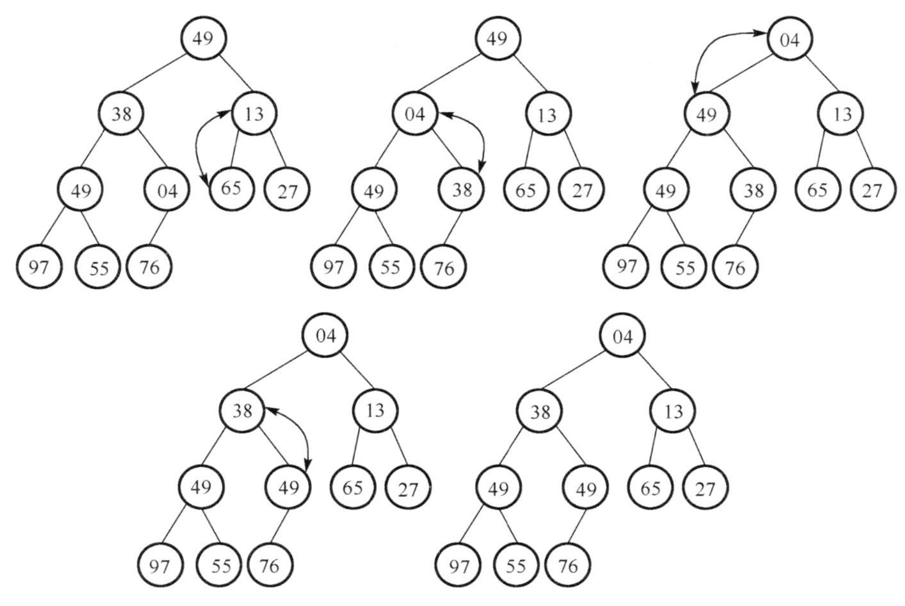

图 7.22　序列经过处理后生成堆

### 3. 程序实现

在理解了堆排序的基本思想之后，堆排序的 C 语言程序实现如下。

```
/*==============================================================
函数功能：堆排序
函数输入：数组首地址*H，数组长度 N
函数输出：无
==============================================================*/
void HeapSort(int *H,int N)
{
      int i,temp;
      for(i=N/2;i>=0;--i)
      {
            MaxHeap(H,i,N);              //建立最大堆，找出了最大元素
      }
      for(i=N-1;i>=0;--i)
      {
            temp=H[0];
            H[0]=H[i];
            H[i]=temp;                   //互换，最大值给数组最后元素
            MaxHeap(H,0,i-1);
}
```

堆排序的特点：利用二叉树进行排序，只需一个额外空间即可实现排序。

```
/*==============================================================
函数功能：建立最大堆
函数输入：数组首地址*H，元素在数组中的位置为 n，数组长度 N
```

```
函数输出：无
=================================================================*/
void MaxHeap(int *H,int n,int N)
{//建立最大堆
    int l=2*n+1;
        //数组从 0 开始（l=2*n+1,r=2*(n+1)）和从 1 开始(l=2*n,r=2*n+1)的左右孩子标志不一样
    int r=2*n+2;
    int max;                                //l,r,max 均表示数组坐标
    int temp;                               //表示元素，交换时候用
    if (l<N&&H[l]>H[n])    max=l;           //左结点大
    else  max=n;                            //根大

    if(r<N&&H[r]>H[max])   max=r;           //右结点大
    if(max!=n)                              //交换
    {
        temp=H[n];
        H[n]=H[max];
        H[max]=temp;
        MaxHeap(H,max,N);                   //保证最大堆
    }
}
```

**4．算法分析**

一般而言，对于记录较少的序列排序时，并不建议使用堆排序。但当记录数很大的序列排序时，堆排序会比较有效，因为主要时间耗费在建立初始堆和调整新堆时反复进行的“筛选”上。堆排序在最差情形下，时间复杂度也为 $O(n\log_2 n)$，相比快速排序在最差情形下时间复杂度会恶化至 $O(n^2)$，堆排序在最差情形下也有较好的时间复杂度，这是其最大的优点。

# 7.5 归并排序

**1．基本思想**

归并排序是一类与上述方法思想不同的排序方法。所谓的归并，就是将两个或两个以上的有序序列合起来，生成一个新序列，并保证这个新序列有序。无论采用顺序结构还是链表结构，都可以在 $O(m+n)$的时间量级上实现。

首先考虑一个简单的问题，如何将两个有序的序列合并成一个新的有序序列。假设有两个有序序列 A 和 B，其中 A={1,3,5,7,9}，B={1,2,6,8,10}，我们希望将 A 和 B 合并成新的有序序列 C。我们可以按照如下的策略进行合并。

归并第 1 步见图 7.23。首先，由于 A 和 B 都是有序序列，因此合并后的有序序列 C 的第一个记录一定来自 A 或 B 的第一个记录，取决于 A 和 B 谁的第 1 个记录更小。由于都是 1，所以任选一个来自 A 序列的记录 1。

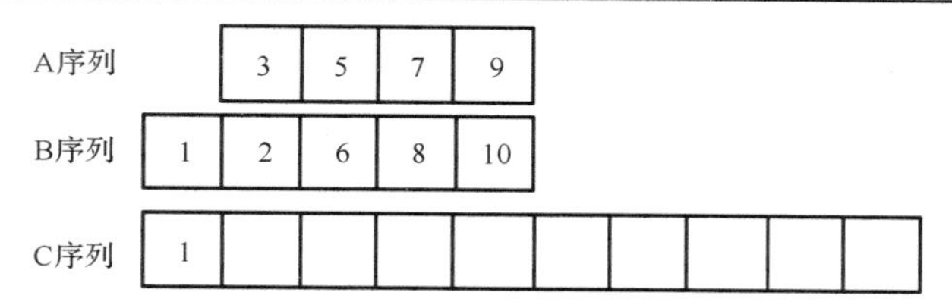


图 7.23　归并第 1 步

归并第 2 步见图 7.24，A 序列中的打头记录变成了 3，而 B 序列中的打头记录还是 1，我们选取序列第 1 个记录中较小的那个记录输出，因此序列 C 的第 2 个元素是来自 B 序列的记录 1。

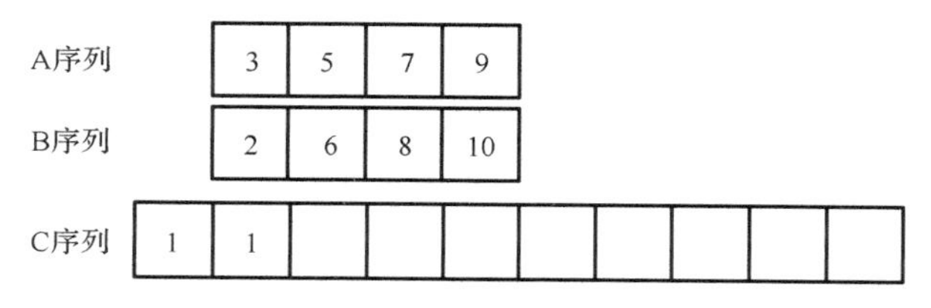


图 7.24　归并第 2 步

接下来的第 3 步和第 4 步分别如图 7.25 和图 7.26 所示。

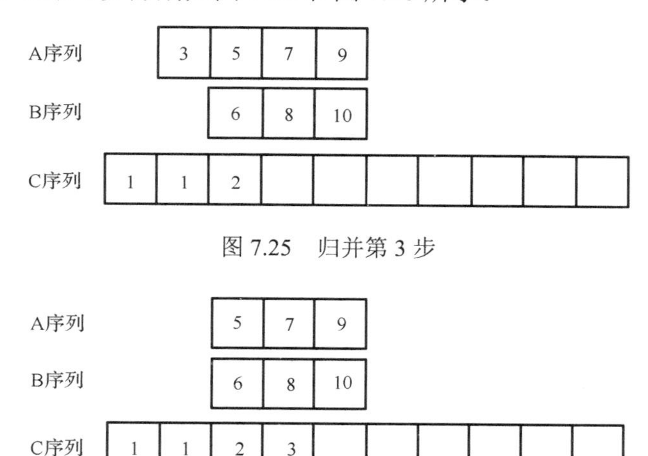


图 7.26　归并第 4 步

中间省略若干步骤，最终得到图 7.27 所示的归并结果 C 序列。

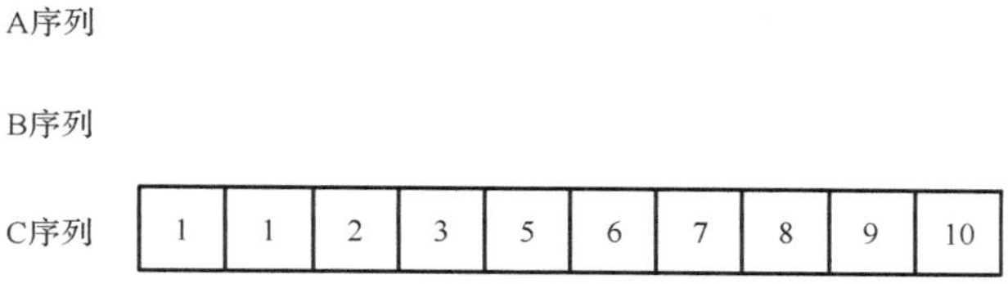

A序列

B序列

C序列　1　1　2　3　5　6　7　8　9　10

图 7.27　归并结束

最后得到一个新的序列 C，且 C 是一个有序序列。很明显，我们有一种很高效的算法能够将两个有序的子序列合并成为一个新的有序序列。归并排序就是重复调用上述归并算法，首先将单个记录视为一个有序序列，然后不断将相邻的两个有序序列合并得到新的有序序列，如此反复，最后得到一个整体有序的序列。这种算法称为 2 路归并排序。以无序序列{49, 38, 65, 97, 76, 13, 27, 49, 55, 04}为例进行说明，排序的流程如图 7.28 所示。

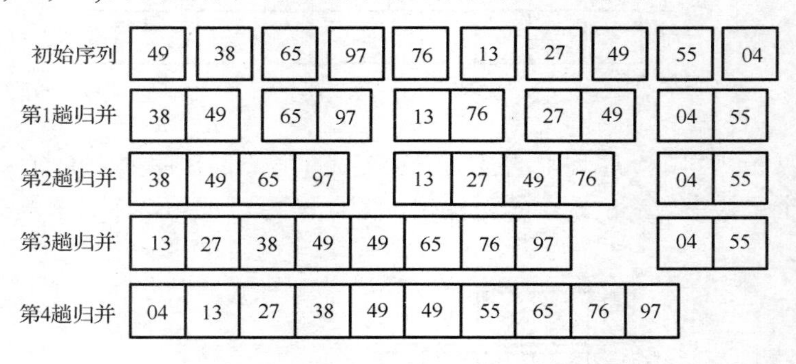


图 7.28　归并排序的算法执行图

### 2．程序实现

在理解了归并排序的思路之后，我们给出归并排序的 C 语言程序如下。

```
/*======================================================================
函数功能：归并排序
函数输入：待排序数组首地址*arr，arr 数组长度 N
函数输出：无
======================================================================*/
void TMSort(int *arr,int N)
{
    int t=1;
    int *arr2=(int*)malloc(N*sizeof(int));
    while(t<N)
        {
            MSort(arr,arr2,N,t);        //(原数组，排序后数组，总长度，子数组长度)
            t*=2;
            MSort(arr2,arr,N,t);
            t*=2;
    }
    free(arr2);
}

/*======================================================================
函数功能：一趟归并排序算法
函数输入：待排序数组首地址*SR，存放排序数组首地址*TR，数组长度 n，一趟归并子系列长度 t
函数输出：无
======================================================================*/
void MSort(int *SR,int *TR,int n,int t)
{
    int i=0,j;
    while(n-i>=2*t)  //将相邻的两个长度为 t 的各自有序的子序列合并成一个长度为 2t 的子序列
    {
        Merge(SR,TR,i,i+t-1,i+2*t-1);
```

```
            i=i+2*t;
        }
        if(n-i>t)                                //若最后剩下的元素个数大于一个子序列的长度 t 时
            Merge(SR,TR,i,i+t-1,n-1);
        else    //n-i <= t 时，相当于只是把 X[i..n-1]序列中的数据赋值给 Y[i..n-1]
            for( j=i; j<n; ++j )
                TR[j]=SR[j];
}
```

一趟归并排序算法的特点是，通过 merge 函数将两个有序序列合并为一个有序序列。

```
/*================================================================
函数功能：合并算法，将两个有序序列合并为一个有序序列
函数输入：待排序数组首地址*SR，存放排序数组首地址*TR，m 分 SR 为两个有序数组，SR 长
          度 n，i 是 SR 数组的第一个数据地址
函数输出：无
================================================================*/
void Merge(int *SR,int *TR,int i,int m,int n)
{//将有序的 SR[i...m]和 SR[m+1...n]归并为有序的 TR[i...n]
    int j,k;
    for(j=m+1,k=i;i<=m&&j<=n;++k)
    {
        if(SR[i]<SR[j])                       //选择最小的赋值
            TR[k]=SR[i++];
        else
            TR[k]=SR[j++];
    }
    while(i<=m)                               //剩余的插入
        TR[k++]=SR[i++];
    while(j<=n)                               //剩余的插入
        TR[k++]=SR[j++];
}
```

### 3．算法分析

参加排序的初始序列分成长度为 1 的子序列，使用 MSort 函数进行第一趟排序，得到 $n/2$ 个长度为 2、各自有序的子序列（若 $n$ 为奇数，还会存在一个最后元素的子序列），再一次调用 MSort 函数进行第二趟排序，得到 $n/4$ 个长度为 4、各自有序的子序列，第 $i$ 趟排序就是两两归并长度为 $2^{i-1}$ 的子序列得到 $n/(2^i)$长度为 $2^i$ 的子序列，直到最后只剩一个长度为 $n$ 的子序列。

由此看出，一共需要 $\log_2 n$ 趟排序，每一趟排序的时间复杂度是 $O(n)$，由此可知该算法总的时间复杂度是 $O(n\log_2 n)$，但是该算法需要 $O(n)$的辅助空间。

归并排序特点是反复调用一趟归并排序算法，属于稳定排序。算法效率是复杂度 $O(n\log_2 n)$。

归并排序的最好、最坏和平均时间复杂度都是 $O(n\log_2 n)$，而空间复杂度是 $O(n)$，因此可以看出，归并排序算法比较占用内存，但却是效率较高的一种排序算法。

利用递归实现归并排序在实现上比较简洁，但是由于其内存资源占用较大，因此实用性比较差。归并排序还有非递归的实现形式，有兴趣的读者请自行参阅相关资料。与快速排序和堆排序相比较，归并排序最大的特点是它是一种稳定的排序方法。

# 7.6 分配排序

与之前提到的排序算法不同，分配排序是一种基于空间换时间的排序方法。其基本思想是，排序过程不是比较关键字，而是通过用额外的空间进行“分配”和“收集”来实现排序，当额外空间占用较大时，分配排序的时间复杂度可达到线性阶 $O(n)$。简言之，就是分配排序利用空间换时间，因此其性能与基于比较的排序相比，有数量级的提高。

## 7.6.1 桶排序

一般而言，我们考察本章前面提到的排序算法，其最好的算法时间复杂度存在一个下界 $O(n\log n)$，但是，这并不意味着不存在更快的算法。更快的排序算法利用对待无序序列的某些限定性假设，来避免绝大多数的“比较”操作，桶排序就是基于这样的原理提出的。

### 1．基本思想

桶排序假设输入数据服从均匀分布，平均情况下它的时间复杂度为 $O(n)$。因为数据均匀独立地分布在整个区间，所以桶排序将待排序序列划分成若干个区间，每个区间即视为一个桶；然后基于某一种映射函数，将待排序序列中的记录映射到对应的桶中，对每个桶中的所有记录进行比较排序（如高效的快速排序），并按序输出，即得到最终的有序序列。

以序列{49, 38, 65, 97, 76, 13, 27, 49, 55, 04}为例，按照桶排序的思路，首先确定区间。由于这些记录的值都是小于 100 的，因此可以定制 10 个桶，映射函数为 $f(k)=k/10$，并对 $f(k)$的值取整。在映射之后，所有桶的情况如图 7.29 所示。

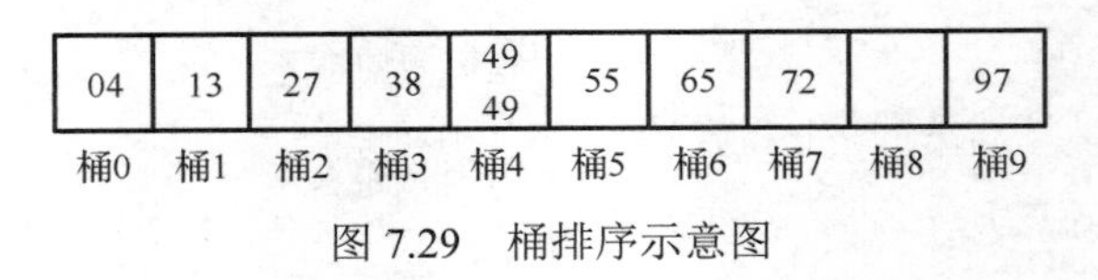


图 7.29 桶排序示意图

随后，对每个非空的桶进行快速排序，就能得到有序序列，完成排序过程。当然，也可以根据其他规则定制桶（例如，代码中是按照待排数据的位数定制桶），然后，将数据按照规则放入到对应桶中，再对各个桶进行排序，最后把各个有序桶合成一个有序序列。

桶排序利用函数的映射关系，减少了几乎所有的比较工作。实际上，桶排序的映射函数值的计算，其作用就相当于把大量的待排序记录分割成基本有序的数据块（桶），然后对桶中的少量记录做先进的比较排序即可，因此桶排序的时间复杂度分为两部分：（1）循环计算每个关键字的桶映射函数，这个时间复杂度是 $O(n)$。（2）利用先进的比较排序算法对每个桶内的所有数据进行排序，其时间复杂度为 $\sum n_i \log_2(n_i)$，其中，$n_i$ 为第 $i$ 个桶中的数据量。

由于第一部分的时间复杂度为线性复杂度，因此，第二部分是决定桶排序性能好坏的关键因素，要提高效率，只能尽量减少每个桶内数据量，使桶内排序时的数据量较小。因此，在进行桶排序时需要尽量做到下面两点：

- 映射函数 $f(k)$能够将 $n$ 个数据平均的分配到 $m$ 个桶中，这样每个桶就有均匀的[$n/m$]个数据量。所以桶排序一般用于具有独立均匀分布特性的数据的排序。
- 尽量增大桶的数量，在最理想的情况下做到每个桶中只存在一个数据，这样就完全避开了桶内数据的“比较”排序操作。

桶排序的平均时间复杂度为线性的 $O(n+c)$，其中 $c=n\times(\log_2 n-\log_2 m)$。如果相对于同样的 $n$，桶数量 $m$ 越大，其效率越高，最好的时间复杂度达到 $O(n)$。当然桶排序的空间复杂度为 $O(n+m)$，如果输入数据非常庞大，而桶的数量也非常多，则空间代价无疑是昂贵的。

### 2. 程序实现

在理解了桶排序的基本思路之后，我们给出桶排序的 C 语言程序实现。

```
/*=================================================================
函数功能：桶排序
函数输入：待排序数组首地址 A，数组长度 N
函数输出：无
=================================================================*/
void BucketSort_1(int *A,int N)
{
    int i,j,MaxBit,number;                    //MaxBit 表示数组中元素的最大位数
    MaxBit=AMaxBit(A,N);
    //桶 B[MaxBit][N+1],B[i][0]存放每个桶中的元素数目
    int **B=(int**)malloc(MaxBit*sizeof(int*));
    int temp;
    if(B==NULL) return 0;
    for(i=0;i<MaxBit;i++)
    {
        B[i]=(int*)malloc((N+1)*sizeof(int));   //加 1 是因为第一个地址不存储数据元素
        B[i][0]=0;                            //最初每个桶内元素个数为 0
    }

    for(i=0;i<N;i++)
    {
        number=BitX(A[i]);
        ++B[number-1][0];   //每个桶内数据元素。行为 number-1,因为数组从下标 0 开始
        temp=B[number-1][0];
        B[number-1][temp]=A[i];               //放入桶中
    }

    int k;
    //每个桶内元素进行直接插入排序，注意桶内第一个元素表示桶元素大小，不参加排序
    for(i=0;i<MaxBit;i++)
    {
        for(k=2;k<B[i][0]+1;++k)
        {
            if(B[i][k]<B[i][k-1])
            {
                temp=B[i][k];   //哨兵
                for( j=k-1; temp<B[i][j] && j>=1;   --j)
                    B[i][j+1]=B[i][j];
                B[i][j+1]=temp;    //L.r[j+1]即 L.r[i-1]
            }
```

```
            }
        }

        k=0;
        for( i=0; i<MaxBit; i++ )              //桶元素赋值给数组
              for( j=1; j<=B[i][0]; j++ )
                    A[k++]=B[i][j];
              for( i=0; i<MaxBit; i++ )        //释放内存
                    free(B[i]);
        free(B);
}
```

桶排序特点：均匀分布效果好，类型为整数，按照元素位数，分配到不同桶中。

```
/*==========================================================================
函数功能：利用 BitX 函数的结果，找出数组中元素的最大位数，确定需要多少桶来进行排序
函数输入：待排序数组首地址 A，数组长度 N
函数输出：待排序列中元素的最大位数，等价于所需桶的个数
==========================================================================*/
int AMaxBit(int A[],int N)           //待排元素最大数的位数
{
    int largest=A[0],digits=0;
    for(int i=1;i<N;++i)
{
        if(A[i]>largest)
        largest=A[i];
   while(largest!=0)
   {
         ++digits;
         largest/=10;
   }
   return digits;
}
/*=====================================================================
函数功能：对单个元素求解最大位数
函数输入：待排序数组首地址 A，数组长度 N
函数输出：待排序列中某个元素的位数
=====================================================================*/
int BitX(int x)                          //某个元素 X 的位数
{
      int number=0;
      while(x!=0)
      {
            ++number;
            x/=10;
      }
      return number;
}
```

### 3. 算法分析

桶排序是一种高效的排序算法，在最理想的情况下可以达到线性的时间复杂度。当然，在数据量巨大的情况下，贸然增加桶的数量会使空间浪费极其严重，因此，桶排序的复杂度本质上是一个时间代价和空间代价的权衡问题。此外，桶排序另外一个优点是，它一种稳定的排序方法。

## 7.6.2　基数排序

### 1. 基本思想

基数排序是一种与之前介绍的比较型排序算法完全不同的算法，其主要思想是通过多关键字排序对单逻辑记录进行排序的方法。为了说明基数排列的主要思想，我们依然以序列{49, 38, 55, 97, 76, 13, 27, 49, 65, 04}为例对基数排序进行说明。

由于选取的序列是 00～99 的两位数，因此每个记录实际上存在两个关键字，第一个关键字为个位数值的大小，第二个关键字为十位数值的大小。由低位到高位进行，首先采用第一个关键字对序列进行桶排序，由于个位数值只能为 0～9，因此定制 10 个桶，并将映射函数 $f(k)$ 定为记录的个位数的数值。如此一来，整个序列会被分配到各自的桶中，如图 7.30 所示。

我们按照桶的顺序把所有的记录搜集起来，得到一个新的无序序列{13, 04, 65, 55, 76, 27, 97, 38, 49, 49}。这个新的序列依然是无序的，此时，使用第二个关键字，也就是记录十位数的数值，对序列再次进行桶排序，如图 7.31 所示。

图 7.30　第 1 趟基数排序示意图

图 7.31　第 2 趟基数排序示意图

按照桶的顺序搜集序列，得到一个全新的序列

{04,13,27,38,49,49,55,65,76,97}

可以看出整个序列已经排序完毕。通过两次分配和整理过程，得到一个有序的序列。

再举一个洗牌的例子。我们规定每张牌有两个关键字，第一个关键字是花色，满足黑桃＞红桃＞方片＞梅花的顺序；第二个关键字是数字，满足 A＞K＞Q＞J＞10＞…＞2 的顺序。如果有一副牌的顺序完全打乱，那么如何使其重新排列成一副有序的牌呢？

可以采取这样的一种方法，首先按照牌面的不同花色分成 13 堆，也就是所有花色的 A 放在一堆，所有花色的 K 放在一堆，以此类推。随后按照数值的大小从小到大叠在一起（A 在 K 的上面，K 在 Q 的上面……2 在最下面），然后再按照不同的花色大小分成四堆，由于 A 在最上面，此时依据花色分成的四堆中，A 应该在最下面的位置，同花色的 K 应该在 A 的上面……同花色的 2 应该在最上面。这样，我们将四堆牌照花色的顺序叠放起来，最终就能得到一个有序的序列。

基数排序正是基于这种“搜集”加“分配”的思想，完成对记录进行排序的一种算法。一般情况下，如果序列存在 $d$ 个关键字 K$i$，其中 K1 称为最主位关键字，也就是比较时占据最主要因素的关键字，如扑克中的花色，和两位数中的十位数（如果十位数较大，那么无须比较个位数也能判断大小）；K$d$ 称为最次位关键字，也就是占据最不主要因素的关键字，如果扑克中的数值，以及二位数中的个位数。

**【思考与讨论】**

数值排序都可以按照什么关键字进行搜集和分配？

**讨论：**可以发现，在上面的两个例子中，数值排序的例子是先按照最次位关键字（个位数）进行搜集和分配，再按照最主要关键字（十位数）进行搜集和分配，最终完成基数排序；这种情况我们称为最低位优先（Least Signification Digit first，LSD）方法。那么能不能从最主要关键字开始进行基数排序呢？答案是可以的，这种情况称为最高位优先（Most Signification Digit first，MSD）。使用 MSD 法的时候，必须从最主要关键字出发，首先把序列分成若干个子序列，每个子序列中的元素的最主要关键字相同；随后对每个子序列进行第二次 MSD 排序，直到子序列中仅剩下一个元素。一般而言，在关键字数目较少时，使用 LSD 有很好的性能，而在关键字数目较多时，使用 MSD 有较好的性能。

### 2. 程序实现

在理解了基数排序的算法思想之后，我们给出程序实现。基数排序，按照数字 0～9 进行分配。与桶排序相比，桶排序按照元素位数分桶，每个桶要进行其他排序，使其成为有序桶。

若最大数组位数为 MaxBit，则进行 MaxBit 次收集和分配。0～9 共 10 个桶，依次由低位到高位填入（分配，桶排序）、收集。

```
/*=================================================================
函数功能：基数排序
函数输入：待排序数组首地址 A，数组长度 N
函数输出：无
=================================================================*/
void RadixSort(int* A, int N)
    {
        int i,j,k,bit;
        int MaxBit;
        MaxBit=A_MaxBit(A,N);                        //数组最大元素的最高位数
        int **B=(int**)malloc(N*sizeof(int));        //二维数组，行为 10，
        if(B==NULL)
        return 0;
        for (i = 0; i < 10; i++)
        {
            B[i] = (int *)malloc(sizeof(int) * (N + 1));
            B[i][0] = 0;                     //index 为 0 处记录这组数据的个数   B[10][N+1]
        }
        //从个位开始到 MaxBit 位,由低位到高位，对不同的位数进行桶排序
        for (bit = 1; bit <= MaxBit; bit++)
        {
            for (j = 0; j < N; j++)                  //分配过程，数组中 N 个数分配
            {
                int num =X_Bit_Number(A[j],bit);
                int index = ++B[num][0];
                B[num][index] = A[j];
```

```
            }
            for (i = 0, j =0; i < 10; i++)              //收集，行
            {
                for (k = 1; k <= B[i][0]; k++)          //列
                    A[j++] = B[i][k];
                B[i][0] = 0;                            //复位
            }
        }
        for(i=0;i<10;i++)
            free(B[i]);
    free(B);

}
```

基数排序特点：从低位到高位依次排序，属于稳定排序，排序速度快。

```
/*============================================================
函数功能：利用 X_Bit_Number 的函数，求解数组中所有元素的位数，确定使用几次桶排序
函数输入：待排序数组首地址 A，数组长度 N
函数输出：待排序数组 A 中元素的最大位数
============================================================*/
int A_MaxBit(int A[],int N)                    //待排数组 A 中，元素最大数的位数
{
    int largest=A[0],digits=0;
    for(int i=1;i<N;++i)
        if(A[i]>largest)
        largest=A[i];
   while(largest!=0)
   {
        ++digits;
        largest/=10;
   }
   return digits;
}
/*============================================================
函数功能：求元素的位数
函数输入：元素 X，元素 X 第 bit 位
函数输出：元素 X 的第 bit 位的数字
============================================================*/
  int X_Bit_Number(int X,int bit)
                    //元素 X 的第 bit 位的数字，个位等于 X%10,将 bit 位转化为个位 X/temp
    {
        int temp = 1;
        for (int i = 0; i < bit - 1; i++)
            temp *= 10;
        return (X / temp) % 10;
    }
```

### 3．算法分析

对于基数排序而言，假若给定 $n$ 个 $d$ 位整数，其中每一个数位有 $k$ 个可能的取值，以自然数排序为例，$k$ 可能取值从 0 到 9，则 $k$ 的值为 10。因此，对 $n$ 个 $d$ 位数来说，如果其中任意一位排序使用的稳定排序方法耗时 $O(n+k)$，那么对于 $d$ 位整数的基数排序而言，就可以在 $O(d(n+k))$的时间内将这些整数排序完毕。基数排序是一种高效的排序算法，但在使用范围方面不如其他排序方法广泛。

## 7.7 各种排序算法的比较

我们回顾一下本章介绍的几种算法。

### 1．快速排序（QuickSort）

快速排序在本质上是利用分治思想的一种递归算法。一般情况下，快速排序比大部分排序算法都要快，是目前公认最快的排序方法。但在序列基本有序的情况下，会蜕化成冒泡排序，影响排序的性能。另外，快速排序是基于递归的，涉及内存中大量的堆栈调用。对于内存有限的机器来说，它不是一个好的选择。

### 2．归并排序（MergeSort）

归并排序首先将每个记录视为一个有序序列，然后两两合并有序序列得到新的序列，这样就可以排序所有记录。合并排序比堆排序要快，一般情况下是不如快速排序算法的。

### 3．堆排序（HeapSort）

堆排序适合于数据量非常大的场合，如达到百万数据量。堆排序不需要大量的递归或者多维的暂存数组。这对于数据量非常巨大的序列是合适的。当记录超过数百万条时，由于快速排序，归并排序都使用递归来设计算法，可能发生堆栈溢出错误。

堆排序将所有的数据建成一个堆，最大（最小）的数据在堆顶，然后将堆顶数据和序列的最后一个数据交换。接下来再次重建堆，交换数据，如此下去，就可以排序所有的数据。

### 4．希尔排序（ShellSort）

希尔排序将数据分成不同的组，先对每一组进行排序，然后再对所有的元素进行一次插入排序，以减少数据交换和移动的次数。希尔排序的效率很高，但分组的合理性对算法产生重要影响。希尔排序比冒泡排序、插入排序都要快，但要慢于快速排序、归并排序和堆排序。希尔排序适合于数据量在 5000 以下且速度并不是特别重要的场合，它对于数据量较小的数列排序是非常好的。

### 5．插入排序（InsertSort）

插入排序通过把序列中的值插入一个已排序好的序列中，直到该序列的结束。插入排序是对冒泡排序的改进，现在使用较少，但由于算法简单，对一些小型序列的排序仍十分有效。

### 6．冒泡排序（BubbleSort）

冒泡排序是最慢的排序算法。由于需要一趟又一趟地比较序列中的每个记录，比较次数多，因此是效率最低的算法，算法复杂度为 $O(n^2)$。

### 7．选择排序（SelectSort）

这种排序方法是交换方法的排序算法，算法复杂度为 $O(n^2)$。在实际应用中处于和冒泡排序基本相同的地位。它们只是排序算法发展的初级阶段，在实际中使用较少。

### 8．桶排序

桶排序是一种利用空间换取时间的排序策略，理论上采用与序列记录一样数目的桶，就可以达到线性的时间复杂度。但在记录数目十分巨大时会造成巨大的空间占用，甚至可能无法实现排序操作。一般而言，桶排序的速度慢于快速排序等高性能排序方案，但快于传统的排序方法。

### 9．基数排序（RadixSort）

基数排序和通常的排序算法并不走同样的路线。它是一种比较新颖的算法，基数排序应用于整数的排序效果较好。如果要应用于浮点数的排序，必须将浮点数映射为多个关键字的比较，这是一件非常麻烦的地方。

各种排序算法的性能比较见表 7.1。

**表 7.1　各种排序算法的性能比较**

| 排序方法 | 平均时间 | 最坏情况 | 辅助存储 |
|---|---|---|---|
| 冒泡排序 | $O(n^2)$ | $O(n^2)$ | $O(1)$ |
| 选择排序 | $O(n^2)$ | $O(n^2)$ | $O(1)$ |
| 希尔排序 | $O(n\log n)$ | $O(n\log n)$ | $O(1)$ |
| 快速排序 | $O(n\log n)$ | $O(n^2)$ | $O(\log_2 n)$ |
| 堆 排 序 | $O(n\log n)$ | $O(n\log n)$ | $O(1)$ |
| 归并排序 | $O(n\log n)$ | $O(n\log n)$ | $\mathrm{O}(n)$ |
| 插入排序 | $O(n^2)$ | $O(n^2)$ | $O(1)$ |
| 桶 排 序 | $\mathrm{O}(n)$ | $O(n^2)$ | $\mathrm{O}(n)$ |
| 基数排序 | $O(d(n+k))$ | $O(d(n+k))$ | $O(kd)$ |

注：表中 $n$ 是排序元素个数，$d$ 个关键字，关键码的取值范围为 $k$。

综上所述，本章讨论的这些算法，没有哪一种算法的性能是最优的，有的适用于 $n$ 比较大的情况，有的适用于 $n$ 比较小的情况；有的适用于序列基本有序的情况，有的适用于序列完全无序的情况，等等。不同排序算法的最好和最坏情况也不相同。因此，在不同情况下要选择不同的排序算法，甚至可以将多种方法结合起来使用。

排序算法的整体测试代码如下。

```
/******************************排序算法测试*******************************/
#include<stdio.h>
#include<stdlib.h>
#include<malloc.h>
#define length 11                        //定义排序长度
void InsertSort(int *a,int n);           //直接插入排序
void ShellSort(int *a,int n);            //希尔排序
void BubbleSort(int *a, int n);          //冒泡排序
```

```
void QuickSort(int *a, int n);                    //快速排序
void SelectionSort(int *a, int n);                //选择排序
void HeapSort(int *a,int n);                      //堆排序
void TMSort(int *a,int n);                        //两路归并排序（Two_Merging Sort）
void BucketSort(int *a,int n);                    //桶排序
void RadixSort(int *a,int n);                     //基数排序
//各种排序算法代码，为了方便理解，输入元素采用数组，实际应用中可根据需要设置为结构体
int main()
{
    int arr[length]={15,124,2,19,14,321,415,1,62,58,55};
    int method;
    int i;
    printf("排序前数组：\n");
    for(i=0;i<length;i++)
    printf("%3d   ",arr[i]);
    printf("\n");
    printf("**************** 请选择排序方式 ********************\n");
    printf("插入排序     1：直接插入排序                    2：希尔排序\n");
    printf("交换排序     3：起泡排序                        4：快速排序\n");
    printf("选择排序     5：简单选择排序                    6：堆排序\n");
    printf("归并排序     7：两路归并排序                    \n");
    printf("分配排序     8：桶排序                          9：基数排序\n");
    printf("*******************************************************\n");
    scanf("%d",&method);
    switch(method)
    {
        case 1:     InsertSort(arr,length);       break;    //插入排序
        case 2:     ShellSort(arr,length);        break;    //希尔排序
        case 3:     BubbleSort(arr,length);       break;    //冒泡排序
        case 4:     QuickSort(arr,length);        break;    //快速排序
        case 5:     SelectionSort(arr,length);    break;    //一般选择排序
        case 6:     HeapSort(arr,length);         break;    //堆排序
        case 7:     TMSort(arr,length);           break;    //两路归并排序
        case 8:     BucketSort(arr,length);       break;    //桶排序
        case 9:     RadixSort(arr,length);        break;    //基数排序
        default:    InsertSort(arr,length); ;               //如果选择错误，默认直接插入排序
    }
    printf("排序后数组：\n");
    for(i=0;i<length;i++)
        printf("%3d   ",arr[i]);
    printf("\n");
}
```

# 7.8　本章小结

本章主要内容间的联系见图 7.32。

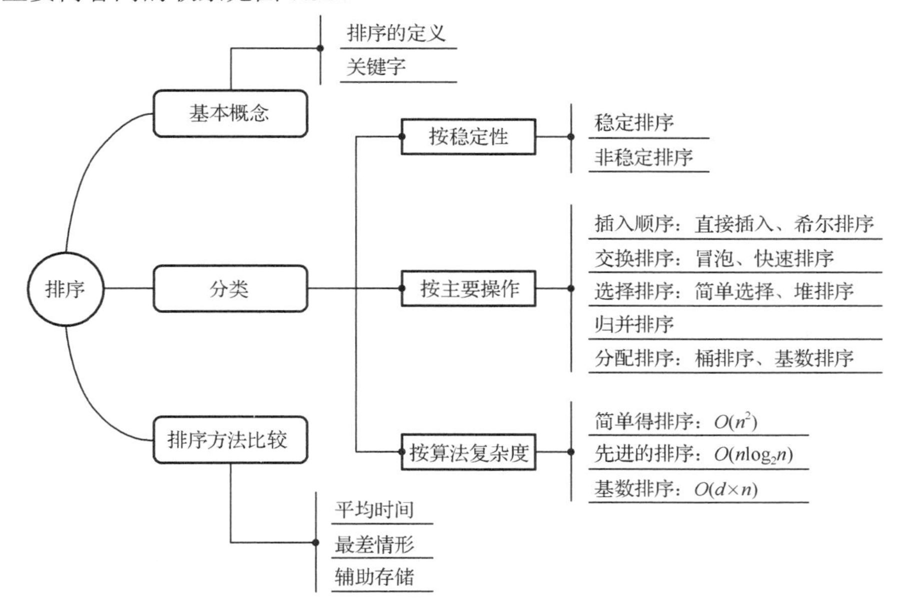


图 7.32　排序各概念间的联系

# 习题

## 一、选择题

1．下列内部排序算法中：

（1）比较次数与序列初态无关的算法是（　　）。

（2）不稳定的排序算法是（　　）。

（3）在初始序列已基本有序（除去 $n$ 个元素中的某 $k$ 个元素后即呈有序，$k \ll n$）的情况下，排序效率最高的算法是（　　）。

（4）排序的平均时间复杂度为 $O(n\log_2 n)$的算法是（　　），复杂度为 $O(n^2)$的算法是（　　）。

（A）快速排序　　（B）直接插入排序　　（C）二路归并排序

（D）简单选择排序　　（E）起泡排序　　（F）堆排序

2．比较次数与排序的初始状态无关的排序方法是（　　）。

（A）直接插入排序　　（B）起泡排序

（C）快速排序　　（D）简单选择排序

3．对一组数据（84，47，25，15，21）排序，数据的排列次序在排序的过程中的变化为

（1）84，47，25，15，21；（2）15，47，25，84，21；（3）15，21，25，84，47；（4）15，21，25，47，84；则采用的排序是（　　）。

（A）选择　　（B）冒泡　　（C）快速　　（D）插入

4．下列排序算法中，（　　）排序在一趟结束后不一定能选出一个元素放在其最终位置上。

（A）选择　　（B）冒泡　　（C）归并　　（D）堆

5．一组记录的关键码为（46，79，56，38，40，84），则利用快速排序的方法，以第一个记录为基准得到的一次划分结果为（　　）。

（A）(38，40，46，56，79，84)　　（B）(40，38，46，79，56，84)

（C）(40，38，46，56，79，84)　　（D）(40，38，46，84，56，79)

6．下列排序算法中，在待排序数据已有序时，花费时间最多的是（　　）排序。

（A）冒泡　　（B）希尔　　（C）快速　　（D）堆

7．就平均性能而言，目前最好的内排序方法是（　　）排序法。

（A）冒泡　　（B）希尔插入　　（C）交换　　（D）快速

8．下列排序算法中，占用辅助空间最多的是（　　）。

（A）归并排序　　（B）快速排序　　（C）希尔排序　　（D）堆排序

9．若用冒泡排序方法对序列{10，14，26，29，41，52}从大到小排序，需进行（　　）次比较。

（A）3　　（B）10　　（C）15　　（D）25

10．快速排序方法在（　　）情况下最不利于发挥其长处。

（A）要排序的数据量太大　　（B）要排序的数据中含有多个相同值

（C）要排序的数据个数为奇数　　（D）要排序的数据已基本有序

11．下列四个序列中，哪一个是堆（　　）。

（A）75，65，30，15，25，45，20，10　　（B）75，65，45，10，30，25，20，15

（C）75，45，65，30，15，25，20，10　　（D）75，45，65，10，25，30，20，15

12．有一组数据（15，7，20，7，9，8，-1，4），用堆排序的筛选方法建立的初始堆为（　　）。

（A）-1，4，8，9，20，7，15，7　　（B）-1，7，15，7，4，8，20，9

（C）-1，4，7，8，20，15，7，9　　（D）A，B，C 均不对。

**二、填空题**

1．大多数排序算法都有两个基本的操作：________和________。

2．在对一组记录（54，38，96，23，15，72，60，45，83）进行直接插入排序时，当把第 7 个记录 60 插入到有序表时，为寻找插入位置至少需比较________次。（可约定为从后向前比较）

3．在插入和选择排序中，若初始数据基本正序，则选用________（到尾部）；若初始数据基本反序，则选用________。

4．在堆排序和快速排序中，若初始记录接近正序或反序，则选用________；若初始记录基本无序，则最好选用________。

5．对于 $n$ 个记录的集合进行冒泡排序，在最坏情况下需要的时间是________。若对其进行快速排序，在最坏的情况下需要的时间是________。

6．对于 $n$ 个记录的集合进行归并排序，需要的平均时间是________，需要的附加空间是________。

7．对于 $n$ 个记录的表进行两路归并排序，整个归并排序需进行________趟（遍），共计移动________次记录。（即移动到新表中的总次数共 $\log_2 n$ 趟，每趟都要移动 $n$ 个元素）

8．设要将序列（Q, H, C, Y, P, A, M, S, R, D, F, X）中的关键码按字母序的升序重新排列，那么，
冒泡排序一趟扫描的结果是________；
初始步长为 4 的希尔排序一趟的结果是________；
二路归并排序一趟扫描的结果是________；
快速排序一趟扫描的结果是________；
堆排序初始建堆的结果是________。

9．在堆排序、快速排序和归并排序中，若只从存储空间考虑，则应首先选取________方法，其次选取________方法，最后选取________方法；若只从排序结果的稳定性考虑，则应选取________方法；若只从平均情况下最快考虑，则应选取________方法；若只从最差情形下最快并且要节省内存考虑，则应选取________方法。

10．若待排序的序列中存在多个记录具有相同的键值，经过排序，这些记录的相对次序保持不变，则称这种排序方法是________的，否则称为________的。

11．按照排序过程涉及存储设备的不同，排序可分为________排序和________排序。

## 三、应用题

1．已知序列基本有序，问对此序列最快的排序方法是什么？此时平均复杂度是多少？

2．对于给定的一组键值（83，40，63，13，84，35，96，57，39，79，61，15），分别画出应用直接插入排序、直接选择排序、快速排序、堆排序、归并排序对上述序列进行排序中各趟的结果。

3．判断下列序列是不是堆（可以是小堆，也可以是大堆，若不是堆，请将它们调整为堆）。

（1）100，85，98，77，80，60，82，40，20，10，66

（2）100，98，85，82，80，77，66，60，40，20，10

（3）100，85，40，77，80，60，66，98，82，10，20

（4）10，20，40，60，66，77，80，82，85，98，100

4．设计一个用链表表示的直接选择排序算法。

5．冒泡排序算法是把大的元素向上移（气泡的上浮），也可以把小的元素向下移（气泡的下沉）。请给出上浮和下沉过程交替进行的冒泡排序算法（即双向冒泡排序法）。

6．输入 50 名学生的记录（每名学生的记录包括学号和成绩），组成记录数组，然后按成绩由高到低的次序输出（每行 10 个记录）。排序方法采用选择排序。

7．已知（$k_1,k_2,\cdots,k_n$）是堆，试写一个算法将（$k_1,k_2,\cdots,k_n,k_{n+1}$）调整为堆。按此思想完成：一个从空堆开始一个一个填入元素的建堆算法（提示：增加一个 $k_{n+1}$ 后应从叶子向根的方向调整）。

# 第 8 章　数据的处理方法——索引与查找技术

【主要内容】

- 索引与查找的概念
- 线性索引、树形索引
- 线性表的查找、树表的查找
- 散列技术

【学习目标】

- 掌握索引与查找的概念
- 了解线性索引与树形索引
- 掌握线性表的查找
- 掌握散列技术

在图书馆未实现信息化管理的年代，人们想要获取某个特定有用的信息还是一件费时费力的事。即使是走进当时最先进的图书馆，找一本想要的书也是费尽周折的。那个年代的图书馆前台有很多如图 8.1 所示的小柜子，里面放满了索引卡片。一张索引卡片对应一本图书信息，并有一个特定的编号——索书号（如我国使用的中图分类号）。所有图书的书脊上都由人工粘贴了这个编号，并以此为序排列在书架上。读者检索图书信息时，要先查看柜子里的卡片，利用书名、出版日期或作者名等特定信息作为查找的依据，找对应图书的索书号。图书管理员根据这个索书号去书库查找图书所在位置，再将请求的图书送到读者手中。

今天的图书馆藏书量比几十年前增加了很多，图书的查找通过电子索引、搜索引擎反馈信息变得快速方便。图 8.2 是西安电子科技大学图书馆的电子图书搜索引擎界面及按书名《算法导论》搜到的相关图书信息。以前需要人手工查找的操作，现在全由计算机代劳了。

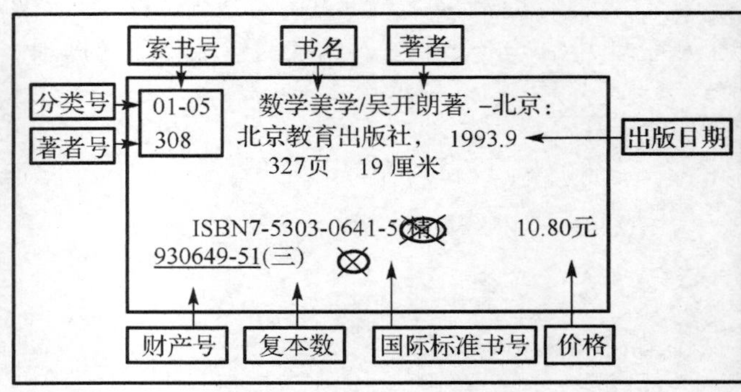


图 8.1　古老的索引卡片柜及图书目录卡片

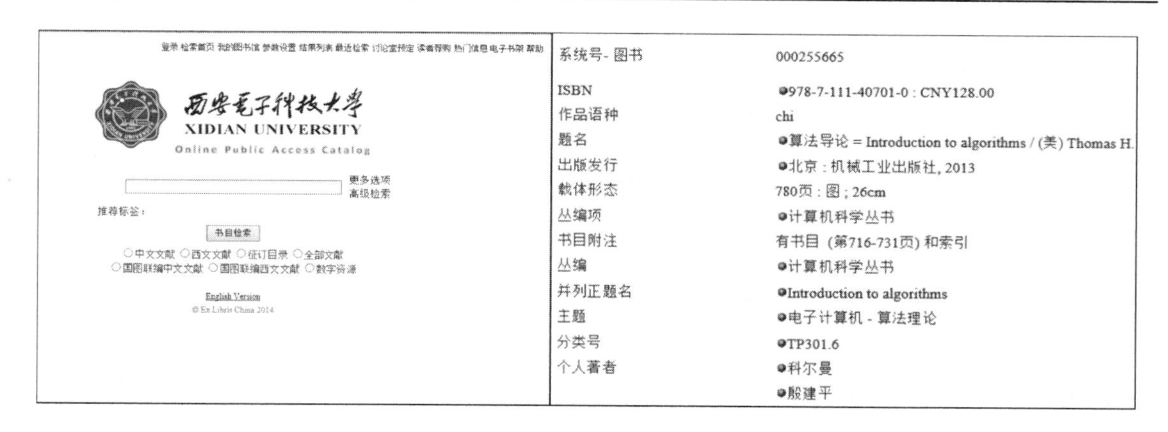


图 8.2　图书检索网页

在当今信息时代，人们接触信息的渠道多种多样，当代人烦恼的不再是信息难以获取，而是信息过多，如何从庞杂的信息中筛选查找有用信息就成为更加迫切的问题。

面对 Internet 上海量的网页信息，当我们使用最为流行的搜索引擎进行信息检索，点击搜索按钮，奇迹般地快速获得合理排序的搜索结果时，是否曾好奇地想过这是怎么做到的？

这个过程其实与图书馆查找图书是有相似性的，只是搜索的范围更广、搜索的内容更详细。搜索引擎所完成的工作，基本上可以分为以下三个方面。

- 搜集信息：利用网络爬虫一类的技术，对网络上的各种网页进行遍历，并搜集之上的信息。
- 建立索引：把搜集到的信息整理成方便查找的索引表。
- 提供查询服务：面向用户提供查询接口，从后台索引中找到相关信息并反馈。

事实上，索引技术与查找算法都是搜索引擎中最为关键的技术。利用索引技术，搜索引擎公司将 Internet 上所有的现存网页信息归入自己的数据库；利用查找技术，在每个用户发出搜索指令时，搜索引擎可以提取出有用的内容用于信息反馈。

【名词解释】索引（Index）、查找（Look up）

索引是一种线索性指引，它是关键字和相应物理地址之间的一种逻辑清单。

查找是在数据元素集合中，通过一定的方法找出与给定关键字相同的数据元素的过程，这个查找的集合对象可以为线性或非线性、有序或无序的。经典的查找算法有顺序查找、二分查找、二叉排序树查找及散列查找等。

索引是为快速查找而生的——通常，索引本身是按照关键字有序排列的线性或非线性数据结构。

## 8.1　索引的基本概念

在实际生活中，我们常常用到的索引——如词典中的目录，或科技书刊的索引——都是计算机中索引技术的灵感来源。目录与索引的例子见图 8.3。

| | | | | | | | |
|---|---|---|---|---|---|---|---|
| (80) 扌部 | | 扳 | 17 | 拎 | 409 | 拽 | 88 |
| 一至二画 | | 抡 | 431 | 拥 | 802 | 挺 | 66 |
| 扎 | 828 | 扮 | 20 | 抵 | 138 | 括 | 37 |
| 打 | 119 | 抢 | 538 | 拘 | 340 | 拴 | 62 |
| 扑 | 519 | 抑 | 791 | 抱 | 26 | 拾 | 605 |
| 扒 | 11 | 抛 | 501 | 拄 | 879 | 挑 | 665 |
| 扔 | 566 | 投 | 673 | 拉 | 375 | 指 | 866 |
| 三画 | | 抗 | 356 | 拦 | 378 | 挣 | 858 |
| 扛 | 355 | 抖 | 153 | 拌 | 20 | 挤 | 291 |
| 扣 | 364 | 护 | 265 | 拧 | 487 | 拼 | 514 |
| 托 | 680 | 抉 | 347 | 拂 | 193 | 挖 | 683 |
| | | 扭 | 489 | 拙 | 887 | 按 | 6 |
| | | | | | | 挥 | 275 |

图 8.3　目录与索引的例子

## 8.1.1　索引的定义

索引技术为查找数据表中的数据而创建一个专用于查找的索引表。每个索引表由多个索引项组成，每个索引项为一个二元组（关键字，地址），其中，关键字是唯一标示数据表中待查结点的数据项。索引表中多个索引项之间一般按照关键字有序排列。例如，图 8.4 是学生信息的数据表与索引表。

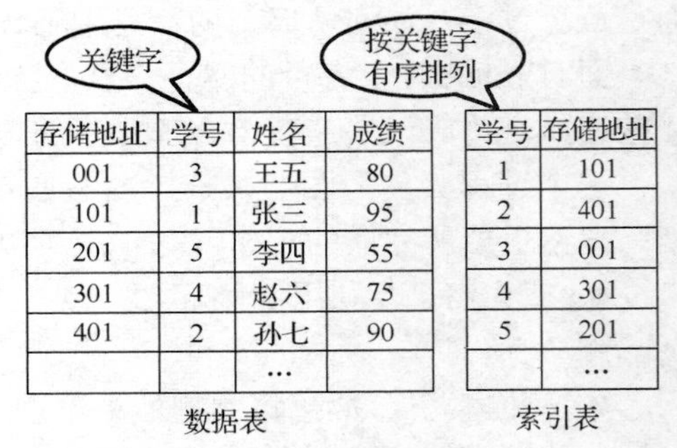


| 存储地址 | 学号 | 姓名 | 成绩 |
|---|---|---|---|
| 001 | 3 | 王五 | 80 |
| 101 | 1 | 张三 | 95 |
| 201 | 5 | 李四 | 55 |
| 301 | 4 | 赵六 | 75 |
| 401 | 2 | 孙七 | 90 |
| | | … | |

| 学号 | 存储地址 |
|---|---|
| 1 | 101 |
| 2 | 401 |
| 3 | 001 |
| 4 | 301 |
| 5 | 201 |
| | … |

图 8.4　学生信息表及索引表

用 C 语言描述一个索引项可以表示如下。

```
typedef struct
{
    KeyType key;            //关键字
    DSType *pAddress;       //该关键字对应的数
据项地址
} IndexEntry;
```

## 8.1.2　表示索引的逻辑结构

只要是可以排序的逻辑结构，理论上均可以用于建立索引表。前面章节中讨论的线性表和树都可以实现排序，因此索引表可以使用线性数据结构来存储，也可以以树形的方式存储。

根据是否便于修改，索引分为静态索引和动态索引。根据使用的逻辑结构，索引可以分为线性索引和树形索引。

根据索引中关键字对应项目在数据表中的唯一性，索引中的关键字分为主关键字和次关键字。通常我们所说的索引是指针对主关键字的索引。但一个数据元素往往具有多个特征，这些主关键字之外的特征可以作为次关键字（通常，能唯一确定一个记录的关键字称为主关键字，而不能唯一确定一个记录的关键字称为次关键字），并且也可以建立索引。

对主关键字建立的线性索引，根据索引项与数据表中数据元素之间的个数关系，可以分为稠密索引和稀疏索引（也叫分块索引）。

对次关键字建立的索引，有多重表（又称多关键字表）、倒排表这些不同的索引表形式。

对数据量很大的线性索引的处理仍然比较耗时，可以对其再建立索引，称为二级索引；

在二级索引之上还可以建立三级索引、四级索引……多级索引形成类似树形的结构，便于查找。但这种索引结构往往以顺序表的方式存储，其索引项不易随着数据项的增减变化而修改。我们称这种类型的索引为静态的索引，适用于数据项基本固定的场景。

树形索引更多地用作动态索引，这些树的形态可以方便地根据数据项的变化而变化，同时保持索引的排序属性不变。其中，采用的树的形态有二叉树和非二叉树两种。二叉排序树（或者称为二叉搜索树）是二叉树索引的典型代表，其中又有平衡二叉树这种更为适用的索引结构；非二叉树的索引典型代表是 B 树，即平衡多路搜索树，它是为磁盘或其他直接存取的辅助存储设备而设计的一种平衡搜索树。B 树相对于二叉树的优势在于，可以降低磁盘的读入/读出操作的次数，从而提高运算效率。

本章涉及以上提到的所有索引类型，按照图 8.5 所示的方式展开叙述。需要说明的是，该图并不是涵盖了现实中所有的索引类型，只包含了其中有代表性的一部分。

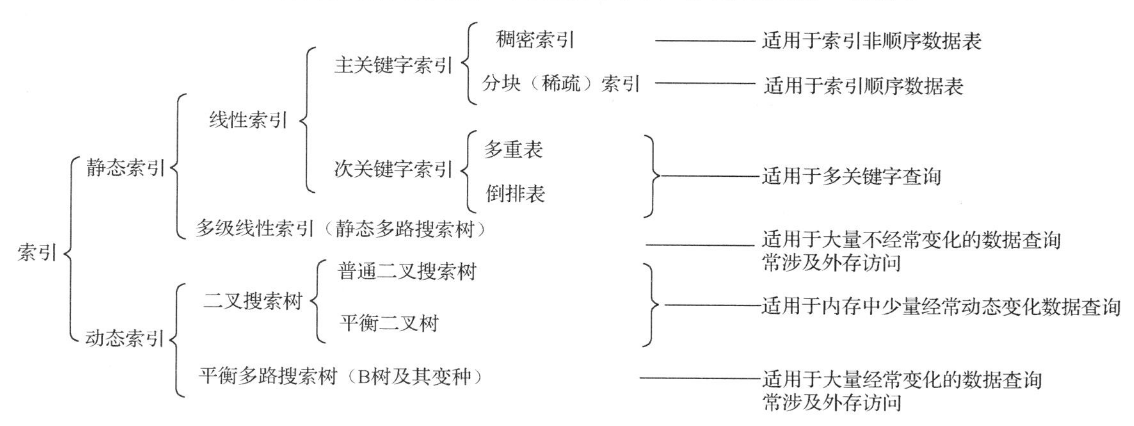


图 8.5　索引的分类与各自适用场景

### 8.1.3　索引的主要操作

索引的主要操作包括如下。

- 插入：数据表中增加内容时，向索引表中插入相应结点。
- 删除：数据表中删除内容时，在索引表中删除相应结点。
- 查找：按照关键字查找相应数据元素在数据表中存储的位置。

如前所述，索引表可以采用线性或非线性数据结构的方式进行表达。8.2 节与 8.3 节分别对这两种方式展开论述。

## 8.2　线性索引技术

线性索引是最基本的索引表组织方式。这时索引项常以关键字顺序存储。

### 8.2.1　稠密索引

#### 1. 实际问题中的稠密索引

为了组织相关的活动，学生会某干部 L 同学想调研一下本班同学的兴趣爱好，发起了一次调查活动。他拿着一个小本子，询问他遇到的每个同学的业余兴趣。可是当他回头整理自己小本子上密密麻麻的调研结果记录时，发现调研前只是给每位同学预留了 4 页纸，但是各位同学之间却没有按照学号排序。这就导致自己每次想要查看某位同学的具体信息时，需要从头到尾翻着找，很不方便。为了自己查看方便，他在本子的最前面贴了一张纸，按照学号顺序整理了一遍自己的记录。图 8.6 中左侧的索引表就是他这张纸上写下的内容，右侧的数据就是他在本子中各页上记录的内容。由于访谈调研的过程是完全无序的，这个索引表中也就只好老老实实把每位同学的记录所在的页码都分别列了下来。这个索引表就是一个稠密索引。

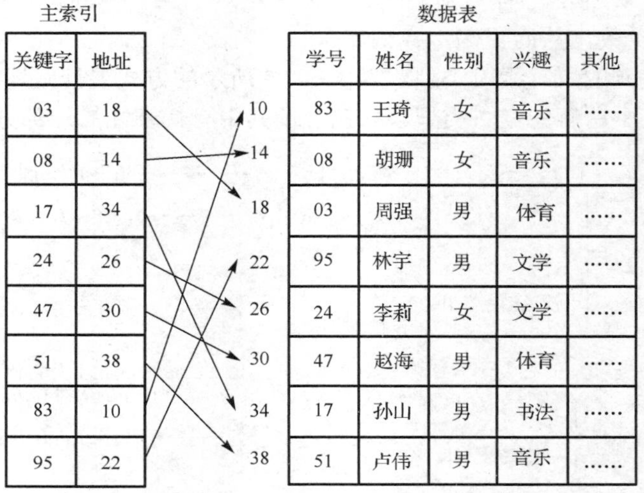

主索引

| 关键字 | 地址 |
|---|---|
| 03 | 18 |
| 08 | 14 |
| 17 | 34 |
| 24 | 26 |
| 47 | 30 |
| 51 | 38 |
| 83 | 10 |
| 95 | 22 |

数据表

| | 学号 | 姓名 | 性别 | 兴趣 | 其他 |
|---|---|---|---|---|---|
| 10 | 83 | 王琦 | 女 | 音乐 | …… |
| 14 | 08 | 胡珊 | 女 | 音乐 | …… |
| 18 | 03 | 周强 | 男 | 体育 | …… |
| 22 | 95 | 林宇 | 男 | 文学 | …… |
| 26 | 24 | 李莉 | 女 | 文学 | …… |
| 30 | 47 | 赵海 | 男 | 体育 | …… |
| 34 | 17 | 孙山 | 男 | 书法 | …… |
| 38 | 51 | 卢伟 | 男 | 音乐 | …… |

图 8.6　稠密索引的例子——调研记录的页码索引

### 2. 稠密索引的定义

稠密索引是指在线性表中，将数据集中的每个记录对应一个索引项。

稠密索引适用于所有类型的数据表，这类文件的索引查找、更新都较方便，但由于索引项多，占用空间较大。所以，当数据表中的记录本身带有顺序时（索引顺序文件），可以不采用稠密索引，而记录在数据表中是任意存放的时（索引非顺序文件），必须使用稠密索引。

## 8.2.2　分块索引

### 1. 实际问题中的分块索引

事实上，很多时候数据本身是有序的，这时若建立稠密索引，索引会占用很大空间且查询麻烦。很多人使用词典时，常常在词典的侧面写下 26 个英文字母，找单词直接到这个单词首字母所在的区域去找，那么这 26 个英文字母就是分块索引了。图 8.7 所示的这种词典就非常体贴地直接将各英文字母的区域用阴影注解在页面边缘，并分区域对应，在词典侧面就形成了方便检索的字母索引。

当然，如果数据本身顺序性没有那么强，但分类明确，那么分类就可以作为索引，这也可视为分块索引。大家去图书馆找书可能有类似的经验，按照图书的种类是社科书籍、工程用书还是杂志，可以选择具体的借阅室；而按照图书分类号可以快速找到书所在的书架，但那本书具体放在第几排、第几本就得细细翻找了。这种情况我们称数据是分段有序的，即数据表分为多段，段之间有序，而每段内部无序。书架之间的中图分类号这个关键字就是符合该特征的。注意，这时图书的种类信息也包含在中图分类号中，所以不同种类图书之间按照中图分类号这个关键字也是分段有序的。

图 8.7　分块索引的例子——词典侧面的字母索引

综上，在为索引顺序文件或分段有序的数据表建立索引时，可以降低索引项的数目，采用分块索引的方式。

### 2. 分块索引的概念

建立一个分块有序的数据表，将 $n$ 个数据元素“按块有序”划分为 $m$ 块（$m \leqslant n$）。每一块中的结点不必有序，但块与块之间必须“按块有序”；即第 1 块中任一元素的关键字必须小于第 2 块中任一元素的关键字；而第 2 块中任一元素的关键字又必须小于第 3 块中的任一元素的关键字……在该分块有序数据表中选取各块中的最大关键字构成一个索引表，即为分块索引。由于未对每个记录建立索引项，与稠密索引的概念相对，分块索引也称为稀疏索引。

## 8.2.3　分级索引

在计算机中，对数据库进行查找时，一般是直接将索引加载到内存里面进行检索的。如果索引项太多，索引表本身可能因太大而无法在内存中存储，导致频繁在内存与外存（如硬盘）之间进行数据交换，影响查找速度。分块存储和索引就是这种情况的最合理解决方案。

利用分块索引查找数据时，需要两次查找，在索引中找到相应的区域，然后在该区域内进行第二次查找。

**【知识 ABC】索引的分级**

在索引条目非常多时，也可以为索引建立索引表，这就形成了多级结构。

刚刚提到的图书分类的问题其实就是一个多级结构问题。因为很多学校的借阅室就是按照种类划分的——社会科学类图书借阅室、自然科学类图书借阅室等，那么找到对应借阅室的过程相当于查找最上层的一级索引，然后到具体借阅室里找存放书籍的书架，这是查找了第二层的二级索引。

再如，专为磁盘存取文件设计的文件组织方式 ISAM（Indexed Sequential Access Method,

索引顺序存取方法），也是一个典型的多级索引结构。由于磁盘是以盘组、柱面和磁道三级地址存取的设备，可对磁盘上的数据文件建立盘组、柱面和磁道多级索引，如图 8.8 所示。这时不仅数据表很大，索引表也很大，分级的原因就在于无法将索引表一次性装入内存进行检索，只好仅允许索引的索引（二级索引），甚至是三级、更高级索引常驻内存，而低层的索引就放入外存了。这时，访问外存的次数等于读入索引的次数加上一次读取对象。访问外存的次数在这种情况下成为整个系统的性能瓶颈，因为外存的读取响应速度比内存慢几个数量级。

当然，多级索引已经不是单纯的线性索引结构，后面我们会在树形索引中继续介绍这种分层级的索引结构。

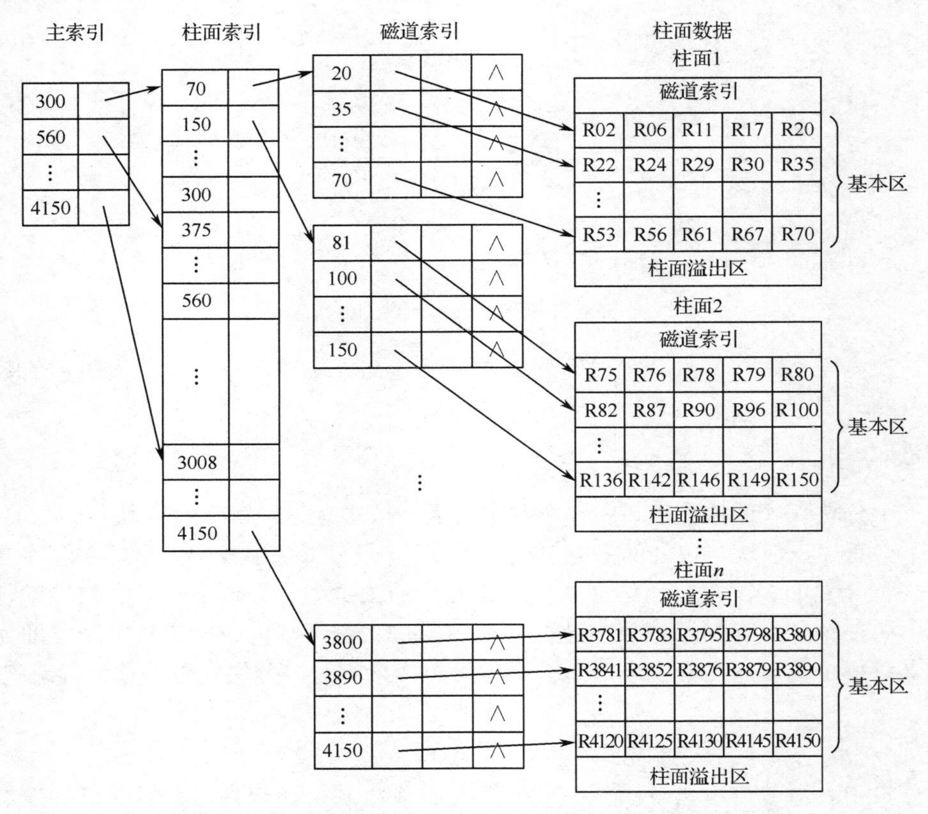


图 8.8  多级索引的例子——磁盘文件组织方式 ISAM

## 8.2.4 多重表

### 1. 实际问题中的多重表

学生会干部 L 同学最终把自己的访谈记录按照学号先后顺序整理了一遍，重新整理后的记录可以作为学生会的存档文件供以后的活动策划参考。然而在工作实施过程中，他发现对同学们的性别和兴趣分别进行总结和查找时不是那么方便，于是他又琢磨着怎么用索引的方式让这个记录更方便查阅。他想到的办法是对性别、兴趣这些信息各自建立一个索引表，此时每个索引关键字都对应不止一个记录，也就是这些“关键字”其实是次关键字。在建立次关键字索引时，他让索引表中关键字对应的地址是第一条该关键字的记录对应的页码；而每条记录都会留一个信息，表示还有谁与自己的这个关键字值相同，结果就形成了图 8.9 所示的结构，而这就是一个多重表结构。

索引表

| 关键字 | 地址 |
|---|---|
| 03 | 100 |
| 08 | 108 |
| 17 | 116 |
| 24 | 124 |
| 47 | 132 |
| 51 | 140 |
| 83 | 148 |
| 95 | 156 |

数据表

| | 学号 | 姓名 | 性别 | | 兴趣 | | 其他 |
|---|---|---|---|---|---|---|---|
| 100 | 03 | 周强 | 男 | 116 | 体育 | 132 | … |
| 108 | 08 | 胡珊 | 女 | 124 | 音乐 | 140 | … |
| 116 | 17 | 孙山 | 男 | 132 | 书法 | ∧ | … |
| 124 | 24 | 李莉 | 女 | 148 | 文学 | 156 | … |
| 132 | 47 | 赵海 | 男 | 140 | 体育 | ∧ | … |
| 140 | 51 | 卢伟 | 男 | 156 | 音乐 | 148 | … |
| 148 | 83 | 王琦 | 女 | ∧ | 音乐 | ∧ | … |
| 156 | 95 | 林宇 | 男 | ∧ | 文学 | ∧ | … |

性别索引表

| 次关键字 | 地址 | 链长 |
|---|---|---|
| 男 | 100 | 5 |
| 女 | 108 | 3 |

兴趣索引表

| 次关键字 | 地址 | 链长 |
|---|---|---|
| 体育 | 100 | 2 |
| 音乐 | 108 | 3 |
| 书法 | 116 | 1 |
| 文学 | 124 | 2 |

图 8.9　多重表的例子——调研记录的次关键字索引

### 2．多重表定义

多重表文件是将索引方法和链接方法相结合的一种组织方式。它的具体组织方式是对每个需要查询的次关键字建立一个索引，同时将具有相同次关键字的记录链接成一个链表，并将此链表的头指针、链表长度及次关键字，作为索引表的一个索引项。

通常，多重表文件的主文件是一个顺序文件。

### 3．多重表的数据结构描述

用 C 语言来描述多重表情况下的数据，除了用普通索引项的方式来表示索引表，还需要对数据表进行改造，具体如下。

```
typedef struct MLNode
{
    KeyType key;                              //索引主关键字
    DataType data;                            //其他数据项
    SubKeyTpye1 subKey1;                      //第 1 个次关键字值
    struct MLNode * pNextBySubKey1;           //第 1 个次关键字值相关的链表指针
    SubKeyTpye2 subKey2;                      //第 2 个次关键字值
    struct MLNode * pNextBySubKey2;           //第 2 个次关键字值相关的链表指针
    …
} MultiList;
MultiList aMultiList[N];                      //多种次关键字对应的次索引兼数据表
```

然后建立专门的次关键字索引，次关键字索引项可以定义如下。

```
typedef struct
{
```

```
        SubKeyType subKey;                     //次关键字
        MultiList *pAddress;                   //次关键字对应链表起始项地址
        int linkLen;                           //次关键字对应链表长度
    }SubIndexEntry;
```

在调研记录这个例子中，主关键字是学号，次关键字是性别和兴趣。它在每个数据元素中这两个关键字相邻位置设有两个链接字段，分别将具有相同性别和相同兴趣的记录链接在一起，与下面示意的性别索引表和兴趣索引表一起形成性别索引和兴趣索引。有了这些索引，就方便处理各种有关次关键字的查询。

在多重表中根据次关键字进行信息检索时，需要根据给定值，在对应次关键字索引表中找到对应索引项，再从这个索引项指向的头指针出发，列出该链表上的所有记录。

## 8.2.5 倒排表

### 1．生活中的倒排表

建立多重表之后，L 同学发现要确定热爱音乐的男同学有几位时就比较困难，除了要查多个索引表，还要在数据表里面翻来翻去，几经周折才能找到想要的信息。这时爱动脑筋的 L 同学在做关于集合的数学题时，发现集合求交集的方法非常适合自己的这种查找思路。于是他灵光一现，想到另一种对次关键字进行索引的办法。这个思路就是在索引表中一次性给出所有相同记录的主关键字值，这样就不用在每条记录里面增设指针条目，于是形成了图 8.10 所示的结果。这种思路得到的数据表和普通数据表没有什么差别，仅增加了专门用于次关键字的索引表，从这两个索引表中可以轻松获知同时具有两个不同条件的同学，而要确定具体是哪几位同学，则可以结合主索引表去查看。这种次索引结构称为倒排表。

索引表

| 关键字 | 地址 |
|---|---|
| 03 | 100 |
| 08 | 108 |
| 17 | 116 |
| 24 | 124 |
| 47 | 132 |
| 51 | 140 |
| 83 | 148 |
| 95 | 156 |

数据表

| | 学号 | 姓名 | 性别 | 兴趣 | 其他 |
|---|---|---|---|---|---|
| 100 | 03 | 周强 | 男 | 体育 | … |
| 108 | 08 | 胡珊 | 女 | 音乐 | … |
| 116 | 17 | 孙山 | 男 | 书法 | … |
| 124 | 24 | 李莉 | 女 | 文学 | … |
| 132 | 47 | 赵海 | 男 | 体育 | … |
| 140 | 51 | 卢伟 | 男 | 音乐 | … |
| 148 | 83 | 王琦 | 女 | 音乐 | … |
| 156 | 95 | 林宇 | 男 | 文学 | … |

性别索引表

| 次关键字 | 记录号表 |
|---|---|
| 男 | 03, 17, 47, 51, 95 |
| 女 | 08, 24, 83 |

兴趣索引表

| 次关键字 | 记录号表 |
|---|---|
| 体育 | 03, 47 |
| 音乐 | 08, 51, 83 |
| 书法 | 17 |
| 文学 | 24, 95 |

图 8.10　倒排表的例子——调研记录的次关键字索引

### 2．倒排表的定义

倒排表也称为倒排索引，是用记录的非主属性值（次关键字）查找记录的次索引。其中包括了所有次关键字，并列出了与之有关的所有记录主关键字，主要用于复杂查询。

倒排表还有几个名字：反向索引、反向档案，这个“倒”或“反向”的来历是由于它不是由记录来确定属性值，而是由属性值来确定记录的位置。事实上，现在的主流搜索引擎在处理复杂查询时就是基于倒排表来实现的，它们可以根据单词快速获取包含这个单词的文档列表。

### 3. 倒排表的数据结构描述

用 C 语言描述倒排表的数据，索引表和数据表都不需要有任何改动，仅增加一个次索引相关的次索引表即可。由于倒排表中记录的个数不确定，有必要使用链表一类的工具对记录进行存储。可以考虑如下的定义形式。

```
typedef struct InvertedLisNodet
{
      KeyType key;                        //符合次关键字值的本项对应的主关键字值
      struct InvertedLisNodet *pNext;     //次关键字对应链表指针
} InvertedList;

typedef struct
{
      SubKeyType subKey;                  //次关键字值
      InvertedList *pAddress;             //次关键字值对应链表起始项地址
} SubIndexEntry;
SubIndexEntry subIndList[M];              //一种次关键字对应的倒排表
```

### 4. 倒排表实例

**【例 8-1】**简单的搜索引擎倒排索引。

有三篇文档建立索引（实际应用中，文档的数量巨大）。

- 文档 1（D1）：中国移动互联网发展迅速。
- 文档 2（D2）：移动互联网未来的潜力巨大。
- 文档 3（D3）：中华民族是勤劳的民族。

文档中的词典集合为：{中国，移动，互联网，发展，迅速，未来，的，潜力，巨大，中华，民族，是，个，勤劳}。

为了计算机逻辑运算的方便，可以用 1 比特来代表每个关键字在文档中是否出现，得到表 8.1 中的结果。当搜索同时包含“互联网”和“潜力”的文档时，搜索引擎从倒排表中提取“110”和“010”这两个二进制数进行布尔运算，求得“010”这个值，说明同时包含这两个关键字的文档合集只有文档 2。

**表 8.1　用于搜索的倒排表举例**

| 关键字 | 中国 | 移动 | 互联网 | 发展 | 迅速 | 未来 | 的 | 潜力 | 巨大 | 中华 | 民族 | 是 | 个 | 勤劳 |
|---|---|---|---|---|---|---|---|---|---|---|---|---|---|---|
| | 100 | 110 | 110 | 100 | 100 | 010 | 011 | 010 | 010 | 001 | 001 | 001 | 001 | 001 |

这个简单索引方法可以用于小数据，如索引几千个文档。此方法有两点限制：

（1）需要有足够的内存来存储倒排表，对于搜索引擎来说，都是 GB 级的数据，当数据规模不断扩大时，根本不可能提供这么多的内存。

（2）采用的算法是按顺序执行，不方便并行处理。

由此看出，实际中的搜索引擎实现要复杂得多。

因为顺序存储结构有随机存取、易于访问、便于查找的特点，线性索引往往以顺序存储结构存储。然而，顺序存储结构在插入和删除操作中有明显的劣势——需要大量的移动操作，运算复杂度较高。如果数据表是基本不变的集合，如词典，那么采用这种线性索引是非常合适的；若数据表的集合本身变化很大，如当今的 Internet，每天都会产生很多新的内容，对其建立索引就涉及经常的变化，线性索引就不合适了。

事实上，线性索引适用于内容基本不变的集合，一般又称为静态索引。当针对如 Internet 内容变化多且快速的情况，一般可以采用动态索引来实现快速的查找。考虑到查找效率，动态索引一般以树形来建立索引，即树形索引。

## 8.3 树形索引

图 8.8 所示是一个多级索引的例子——磁盘文件组织方式，索引顺序访问方法给出的索引组织形式，呈现为一棵树的形状。这可以视为是一种树形的索引，其形成的 $m$ 叉树也称为 $m$ 路搜索树，如图 8.11 所示，在其对应的数据表（也即对应的文件）结构初始创建时，这个索引就已确定，在运行期间树的结构不会发生变化。它在文件不频繁修改的情况下非常有效，但不适合频繁增长和缩小的数据文件。如果数据文件（或者说索引对应的数据表）经常发生变化，我们需要建立动态索引来适应这种情况。

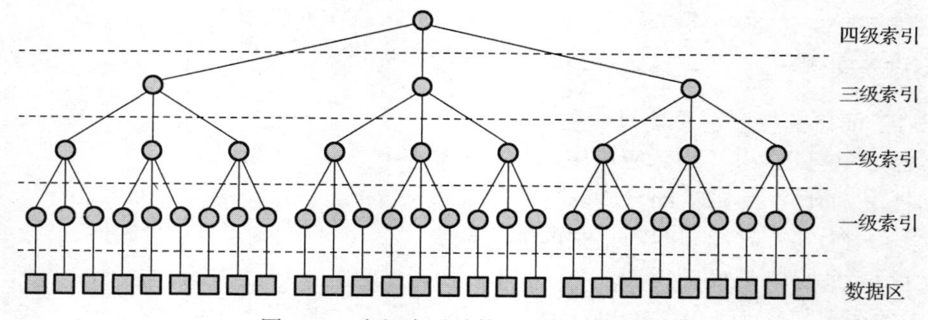


图 8.11　多级索引结构形成 $m$ 路搜索树

动态树形索引是因其方便动态建立而被引入索引领域的。在树形索引中，平均搜索次数与树的深度有关，若树结点数为 $n$，则当树的各分支高度最多相差为 1 时，高度是最小的，这样的树称为平衡树，此时树的高度最多为 $\log_2 n$，对树的各操作的时间复杂度为 $O(\log_2 n)$。树的高度受树形态的影响，因此树的形态是否平衡就成为搜索效率的关键。

下面我们对二叉树和非二叉树的两种形态来分别进行介绍。

### 8.3.1 二叉排序树

#### 1. 二叉排序树的概念

在第 5 章中详细介绍的二叉树可用于查找和排序，称为二叉排序树，也称为二叉搜索树。它在随机遇到一个数据时，可以用很快的速度对其进行插入，并使任何一个步骤下保持该二叉树中序遍历有序的状态。这个特质使得它非常适用于动态索引。图 8.12 给出一棵二叉排序树的例子。

【名词解释】二叉排序树

二叉排序树（Binary Sort Tree）又称为二叉查找树（Binary Search Tree）、二叉搜索树，它或者是一棵空树，或者是具有下列性质的二叉树：

（1）若左子树不空，则左子树上所有结点的值均小于它的根结点的值；

（2）若右子树不空，则右子树上所有结点的值均大于它的根结点的值；

（3）左、右子树也分别为二叉排序树。

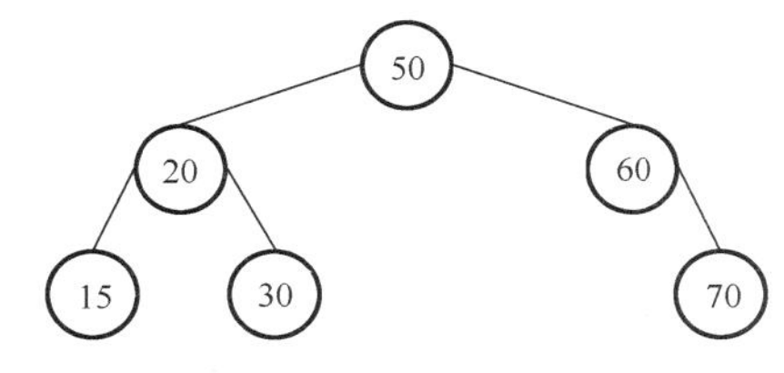

图 8.12 一棵二叉排序树

**2. 数据结构描述**

```
typedef struct BSTreeNode
{
    DataType data;
    KeyType key;
    struct BSTreeNode *lChild, *rChid;
} BSTree;
BSTree *bsTree;
```

**3. 建立二叉排序树的算法**

我们可以依照随机构造方法来建立二叉排序树。即，将遇到的第一个数据作为根结点，建立一个新的二叉排序树，其余各数据通过向树中合适位置插入结点的方式并入树中，最终形成一棵包含所有非重复键值（键值：关键字值）的二叉排序树。注意，二叉排序树中不允许键值相同的结点存在。

在二叉排序树的建立中最关键的操作是插入，而插入建立在查找的基础上——首先进行查找，找到该结点的键值则不进行插入，找不到则在最终到达的位置进行插入。查找步骤如下：

① 若二叉树根结点的关键字值等于查找的关键字，则查找成功。

② 否则，若小于根结点的关键字值，递归查左子树。

③ 若大于根结点的关键字值，递归查右子树。

④ 若子树为空，查找不成功。

**4. 建立二叉排序树示例**

**【例 8-2】**根据给定数列建立一棵二叉排序树：50，20，15，60，30，70。

首先以 50 为关键字建立一个结点，作为二叉排序树的根结点，得到图 8.13(a)所示的单结点二叉树；再根据上面所述的查找步骤，查找到根结点的左子树，未查到相应结点，而这个位置就是 20 应该插入的位置，将其插入，得到图 8.13(b)所示的二叉树；继续重复以上步骤，得到图 8.13(c)所示的二叉树，可以看到与图 8.12 完全相同。

**【思考与讨论】**

按照二叉排序树建立的树是什么样的树？

**讨论：**如果交换这个序列中数据的顺序，也许会得到一棵同样包含这些键值、形态完全不同的二叉排序树。例如，顺序换为 70，50，60，30，20，15，试试按照以上思路建立的搜索树是什么形态？

再观察每次得到的二叉排序树，对其进行中序深度优先遍历，看看会得到什么规律？没错，就是从小到大递增的序列。这也是二叉排序树的一个典型特征：中序深度优先遍历下是有序的。这也是二叉排序树这个名称的由来，同时也是我们特地讨论它的原因。

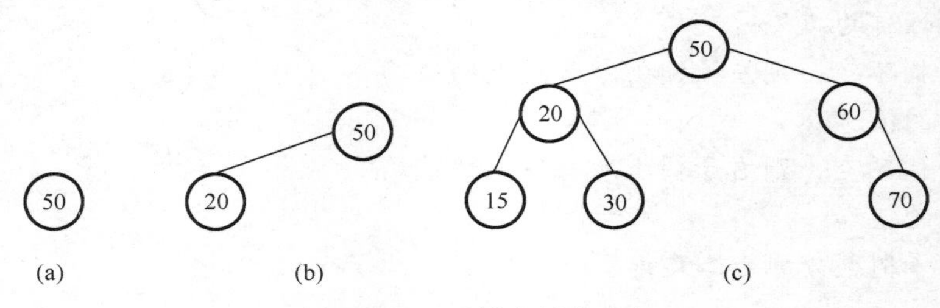


图 8.13　二叉排序树的建立

### 5．二叉排序树插入运算

下面给出二叉排序树中的插入基本运算（注意，其中包含了查找的操作）的函数实现。从中可以看出二叉排序树如何在动态变化过程中保持中序深度优先遍历的有序特性不变。

```
/*==================================================
函数功能：在二叉排序树中插入查找关键字 key
函数输入：二叉排序树根指针，待插入关键字
函数输出：插入是否成功
==================================================*/
bool InsertBST(BsTree *t，KeyType key)
{
	if(t == NULL)
	{
		if(!(t = (BsTree*)malloc(sizeof(BiTree))))
		{
			printf("Error in memory allocation!\n");
			return FALSE;
		}
		t->lChild=t->rChild=NULL;
		t->data=key;
		return TRUE;
	}
	if(key < t->data)
		return InsertBST(t->lchild,key);
	else if(key > t->data)
		return InsertBST(t->rchild,key);
	else{
		printf("This key is already exist in this tree!\n");
		return FALSE;
		}
}
/*==================================================
函数功能：根据一个数组建立一棵二叉排序树
函数输入：二叉排序树根指针，存有关键字的数组，关键字个数
```

```
函数输出：创建二叉排序树是否成功
=================================================*/
bool CreateBsTree(BsTree *tree, KeyType d[], int n)
{
	int i;
	if(tree)
	{
		printf("The tree is not empty!");
		return FALSE;
	}
	for(i=0;i<n;i++)
	{
		if(!(InsertBST(tree,d[i])))
			return FALSE;
	}
	return TRUE;
}
```

因为删除后还需保持二叉树中序深度优先遍历有序的状态，所以在二叉排序树中删去一个结点要比插入操作复杂得多。感兴趣的读者可自行查看相关资料。

### 6．二叉排序树查找效率分析

二叉排序树在随机构建的情况下，理想高度为 $O(\log_2 n)$。如果二叉排序树建立在一个本来有序的序列上，二叉树的形态就会在每层均只有左子树或只有右子树，形同线性结构，这时的查找相当于在链表中进行查找，每次要从表头结点开始依次查找，时间复杂度为 $O(n)$，效率较低。

那么有没有办法无论在什么特征的集合上建立二叉排序树都保证不会出现这样“偏形”的二叉树呢？相应的策略是建立平衡二叉树。

### 7．平衡二叉树

【名词解释】平衡二叉树

平衡二叉树（Balanced Binary Tree）又称为 AVL 树，具有以下性质：它是一棵空树，或者它的左右两个子树的高度差的绝对值不超过 1，且左右两个子树都是一棵平衡二叉树。

构造平衡二叉树的主要思想在于：如果插入或删除一个结点使其高度之差大于 1，就要进行结点之间的旋转，将二叉树重新维持在一个平衡状态。构造与调整平衡二叉树的常用算法有红黑树、伸展树、AVL、SBT、Treap 等。

在以上任一种平衡二叉树上面进行直接的插入或删除操作，都有可能使所得结果违反平衡二叉树的定义。因此，必须相应改变树的指针结构，其修改是通过旋转来完成的。

旋转（Rotation）是能保持二叉排序树性质的搜索树局部操作。图 8.14 中给出了两种基本旋转操作的示例：左旋和右旋。通过旋转可以在保持二叉树中序遍历有序的前提下改变左右子树的高度差，从而达到接近平衡的目的。对平衡二叉树的具体操作，本书不再具体展开。

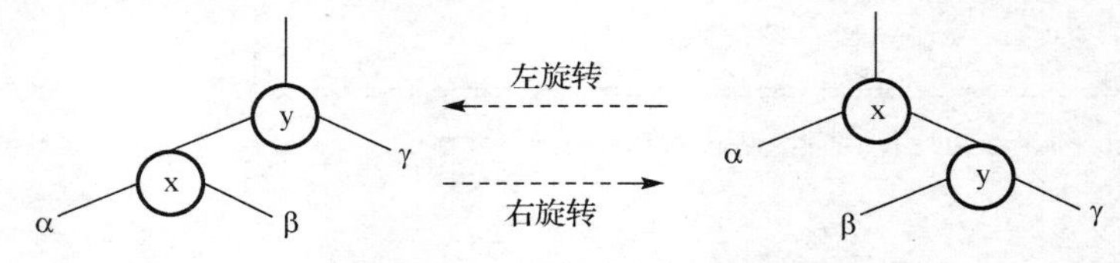


图 8.14 二叉排序树上的旋转操作

## 8.3.2 B 树

### 1. 问题的引入

由于存储成本的原因，数据库的数据是存储在外存上的，为缩短数据查找时间，采用分块索引和分级索引的方式对其中的数据进行管理。磁盘的读写效率远低于内存操作，为实现快速检索，计算机一般直接将索引加载到内存。如果索引项很多造成索引文件太大，就会产生无法全部在内存中存储的问题，导致频繁在内存与外存之间进行数据交换（I/O 操作），影响查找速度。

前面介绍的排序算法多适用于内存排序（也称内部排序），外存排序（也称外部排序）因磁盘读写时间的限制而需另行设计。

索引树的深度直接影响读写外存磁盘的次数（总访问次数等于访问每个底层索引的次数加一次数据访问），因此索引树的高度越低越好，相对于每个结点最多表示一个数据的二叉树，如果每个结点根据实际情况可以包含多个关键字信息和多个分支，就可以使树的深度降低，意味着查找一个元素只要很少结点从外存磁盘中读入内存，从而很快访问到要查找的数据。实现这样结构设计的树形结构就是 B 树结构，以及相关的变种结构：B+树结构和 B*树结构。B 即 Balanced 的首字母，是平衡的意思。

### 2. B 树的概念

B 树是层级化了的动态分块索引，除叶子结点外的上层索引都是稀疏的，结点可以有很多孩子，类似于平衡二叉树的搜索树，可以根据数据的变化灵活调整树的形态，保证以最少的外存访问次数读取数据。B 树与图 8.8 中多级索引的例子——磁盘文件组织方式 ISAM 的主要区别就在于 ISAM 属于静态的多级索引，而 B 树是动态的多级索引，适用于数据内容频繁发生变化的情形。

### 3. 最简单的 B 树——2—3 树

下面我们从一种最简单的 B 树——2—3 树开始介绍，树的实例见图 8.15。“B 树、2—3”的意思是，这是一棵平衡 3 路搜索树，每个结点最多有 2 个关键字、3 个分支。

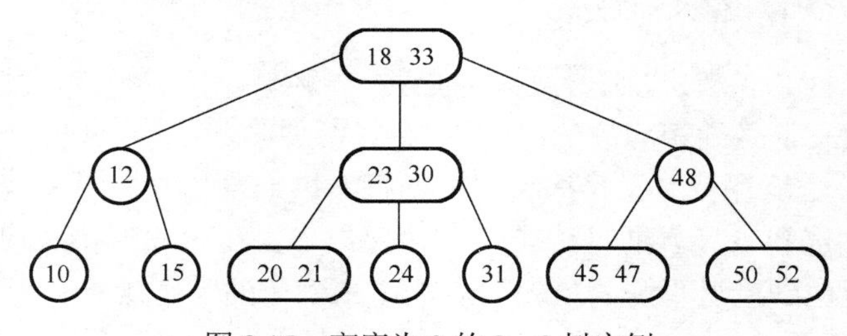


图 8.15 高度为 3 的 2—3 树实例

### 4．2—3 树的定义

具有下例性质的树称为一棵 2—3 树。

（1）一个结点包含一个或两个关键字；

（2）每个内部结点有两个子女（包含一个关键字），或者 3 个子女（包含两个关键字）；

（3）所有叶子结点在树的同一层，因此树总是高度平衡的；

（4）2—3 树每一个结点的左子树中所有后继结点的关键字值都小于其父结点第一个关键字的值；

（5）中间子树所有后继结点的关键字值都大于或等于其父结点第一个关键字的值、小于第二个关键字的值；

（6）如果有右子树，那么右子树所有后继结点的关键字值都大于或等于其父结点第二个关键字的值。

### 5．2—3 树结点的数据结构描述

2—3 树结点的 C 语言定义可以表示如下。

```
typedef struct Node
{
	KeyType lkey;
	KeyType rkey;
	int Numkeys;
	struct Node *left,*center,*right;
} Tree23Node;
Tree23Node *type23Tree;
```

### 6．2—3 树的结构特点及操作

2—3 树中包含两个孩子的结点称为 2 结点，包含三个孩子的结点称为 3 结点。2—3 树的形态与满二叉树非常相似，若某棵 2—3 树不包含 3 结点，则看上去像满二叉树——其所有内部结点都可有两个孩子，而且所有的叶子都在同一层。因此高为 $h$ 的 2—3 树至少包含同等高度的满二叉树那么多的结点，为 $2^h-1$ 个；包含 $n$ 的结点的 2—3 树的高度不大于包含同样结点的二叉树的高度 $\lceil \log_2(n+1) \rceil$。

为了维持平衡特征，在 2—3 树中插入或者删除结点常常也需要做特殊的处理。类似于二叉平衡树中会用到的旋转操作，2—3 树中插入时需要上移、分裂等特殊操作；而删除时就需要反向的合并、下移操作，如图 8.16 所示。

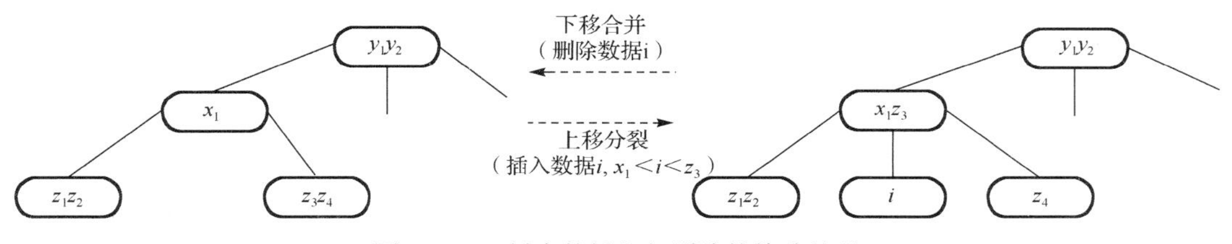


图 8.16　B 树中的插入与删除的特殊处理

#### 7. $m$ 阶的 B 树定义

更一般地，$m$ 阶的 B 树定义如下。

一棵 $m$ 阶 B 树（balanced tree of order $m$）是一棵平衡的 $m$ 路搜索树，它或者是空树，或者是满足下列性质的树：

（1）树中每个结点最多含有 $m$ 个孩子（$m \geqslant 2$）；

（2）每个非根非叶子结点存储 $\left\lceil \frac{m}{2} \right\rceil - 1$ 到 $m-1$ 个关键字，且这些关键字以升序存放；

（3）每个非叶子结点有比其包含的关键字个数多一个的指向孩子的指针，即有 $\left\lceil \frac{m}{2} \right\rceil$ 到 $m$ 个子结点，叶子结点则没有孩子指针；

（4）非叶子结点存储的关键字对存储在其各个子树中的关键字范围加以分割；

（5）每个叶子结点具有相同的深度，即树的高度；

（6）所有关键字在整棵树中出现，且只出现一次。

前面介绍的 2—3 树按照这个定义，就是一棵 3 阶 B 树。实际问题中 $m$ 的选择应该与具体外存的物理特性相关。

注意，图 8.8 所示的多级索引例子，形态上类似于一棵 B 树，但是它的数据并不存在于中间结点中，因此并不是一棵 B 树。另外，多级索引的静态索引属性也与 B 树有着本质的不同。

#### 8. $m$ 阶 B 树的高度与查找效率

既然对于外存进行 I/O 访问的次数取决于 B 树的高度，则考察最差情形下 B 树的高度性质就很重要。给定一棵 $m$ 阶 B 树，包含 $N$ 个关键字，高度为 $h$，则有

$$h \leqslant \log_{\left(\left\lceil \frac{m}{2} \right\rceil\right)} \frac{N+1}{2} + 1 \tag{8-1}$$

注：B 树高度不计入叶结点的一层，因 B 树的叶结点不存储数据。

式（8-1）的证明略。这个 B 树的高度公式从侧面说明 B 树的查找效率是相当高的。

#### 9. B 树的变种

B 树还有很多变种，如 B+树、B*树，在计算机领域也有广泛应用。

## 8.4 查找概述

在信息爆炸的现代社会，要快速地从海量信息中获取自己需要的那一份，就必须依靠查找技术。

前面提到，在索引表上的基本操作除了插入删除，还有一个重要的操作就是查找——按照关键字查找相应数据元素在数据表中存储的位置。事实上，索引就是为查找而生的，在以上各种索引中进行查找，性能到底如何？我们先回顾一下查找的基本概念，这里的查找不限于索引上的查找，还包括在原始数据中的查找。

## 8.4.1　查找的基本概念

在数据表存储的数据元素中，通过一定的方法找出与给定关键字相同的数据元素的过程叫作查找。

关键字是记录中某个项或组合项的值，用它可以标识记录。能唯一确定一个记录的关键字，称为主关键字；而不能唯一确定一个记录的关键字，称为次关键字。

就像很多问题可以用枚举法来暴力解决一样，在哪种索引结构中，或者在数据表中，是否有通用的查找方法呢？实际上，查找都可以用顺序查找（如果是树形，可以依遍历顺序顺次查找）来实现。与枚举法一样，顺序查找也是最耗时的方法。实际中，尤其在海量数据中进行顺序查找往往是不可行的。可以说查找效率是衡量查找算法性能的重要指标。

## 8.4.2　查找算法的性能

### 1．影响查找效率的因素

查找算法花费的时间，一般情况下是以关键字值的比较次数来度量的。那么，这个比较次数与哪些因素有关呢？通常有以下几个因素会影响查找中的比较次数：

- 算法。
- 数据规模。
- 待查关键字在数据表中的位置。
- 查找频率。

其中，算法起决定性的作用。评价一个算法的好坏，通常采用一般情况下，或者加上最好情况、最差情况下的平均查找长度作为参考。

### 2．查找成功的平均查找长度

查找成功需要的平均查找长度用式（8-2）来计算，有时还需评估查找失败（表中不存在要查找的关键字）需要的平均查找长度。

$$\mathrm{ASL}=\sum_{i=1}^{n} p_i c_i \qquad (8\text{-}2)$$

式中，$n$ 为问题的规模，$p_i$ 为查找第 $i$ 个记录的概率，$c_i$ 为查找第 $i$ 个记录所需对关键字进行比较的次数。这时待查关键字的位置就作为随机参量被均值概念包含进去了，而查找频率与具体应用相关，与算法没有直接关系。所以这里的算法性能评价结果一般是一个与数据规模相关的函数。

### 3．特殊情形下的查找效率

在某些特殊情况下，查找算法花费时间并不由关键字值的比较次数来度量。在 8.3.2 节中提到内存与外存需要交换数据的情况，此时因外存设备响应时间占用绝大部分的查找时间，查找性能完全由读取外存数据的次数决定。

与其他算法一样，查找算法的性能因数据结构的存储方式和逻辑组织方式不同而不同。下面按照线性表和树表的不同分类分别对各种查找算法进行性能分析和讨论。

# 8.5 线性表的查找技术

线性表根据存储方式分为顺序表和链表两种。

在链表和无序的顺序表中，只能使用顺序查找，即从线性表的一端向另一端逐个进行比较的方式。

## 8.5.1 顺序查找

### 1. 顺序查找的定义

从线性表的一端到另一端将关键字与给定的查找值逐个进行比较，若相等，则查找成功，给出该记录在数据表中的位置；若查找了整个表的范围仍未找到与给定值相等的关键字，则查找失败，给出失败信息。

### 2. 顺序查找示例

以下是在顺序表中进行顺序查找的 C 语言代码示例。

```
/*=====================================================
函数功能：顺序查找
函数输入：顺序表指针，顺序表长度，要查找的关键字的值
函数输出：找到的关键字所处的位置，或者未找到关键字返回-1
=====================================================*/
int SeqSearch (Node r[], int n, int iKey)
{
        int i=0;
        while (i<n && r[i].key != iKey) i++;
        if (i<n) return i;
        else return -1;
}
```

### 3. 顺序查找成功的效率分析

假设每个位置的查询概率都相等，那么对该算法进行复杂度分析，查找成功需要的平均查找长度为

$$\mathrm{ASL}=\sum_{i=1}^{n} p_i c_i=\sum_{i=1}^{n} p_i (n-i+1)=\frac{n+1}{2} \tag{8-3}$$

其中，$p_i$ 为查找第 $i$ 个位置上的数据的概率，$c_i$ 为查找到该数据的比较次数。查找失败需要的查找总长度为表长 $n$，因此也为 $O(n)$。

### 4. 顺序查找算法的优化及效率分析

前面的 C 代码还有优化的余地。因为每次 while 循环都要对 $i$ 是否超出表长范围进行判断，比较耗时，可以使用增加哨兵的方法将两个条件合并为一个。

```
/*==================================================
函数功能：顺序查找
函数输入：顺序表指针，顺序表长度，要查找的关键字的值
函数输出：找到的关键字所处的位置，或者未找到关键字返回-1
==================================================*/
int SeqSearch (Node r[], int n, int iKey)
{
	int i=0;
	r[n].key=iKey; //注意：需要在 r 分配时分配 n+1 个元素空间才可以这样用
	while (r[i].key != iKey) i++;
	if (i<n) return i;
	else return -1;
}
```

这种方案，尽管提高了整个程序的运算速度，但是算法的比较次数不变，时间复杂度仍然为 $O(n)$。

**5．顺序查找失败的情况分析**

以上分析的是查找成功的查找长度，而如果查找失败，比较次数就一定等于表长，也就是时间复杂度为 $O(n)$。

由以上分析可以看出，顺序查找的算法复杂度还是相当高的，尤其在数据表很长时，这个缺点会变成致命的。但由于计算简单，对线性表是否排序没有要求，对存储方式也没有要求，其适用的场景还是比较多的。

## 8.5.2　有序表查找

### 8.5.2.1　折半查找算法

大家可能玩过猜数字的游戏。游戏的规则是请你在有限次数内猜一个数字，如果我告诉你“低了”，你会提高数字来猜测；但如果我告诉你“高了”，这时你会怎么做？聪明的你一定想到降低一半的方法来猜下一个数字会更快一些接近答案，这就是折半查找的思想。

只有对有序的顺序表才可以进行折半查找。

**1．问题描述**

数组元素的有序序列为 5，10，19，21，31，37，42，48，50，55，用折半查找法查找 19 及 66。

**2．问题分析**

折半查找，一般将待比较的 key 值与第 mid=(low+high)/2 位置的元素进行比较，比较结果分三种情况，如下所示。

（1）相等：mid 位置的元素即为所求；

（2）大于：low=mid+1；

（3）小于：high=mid−1。

查找过程见图 8.17。

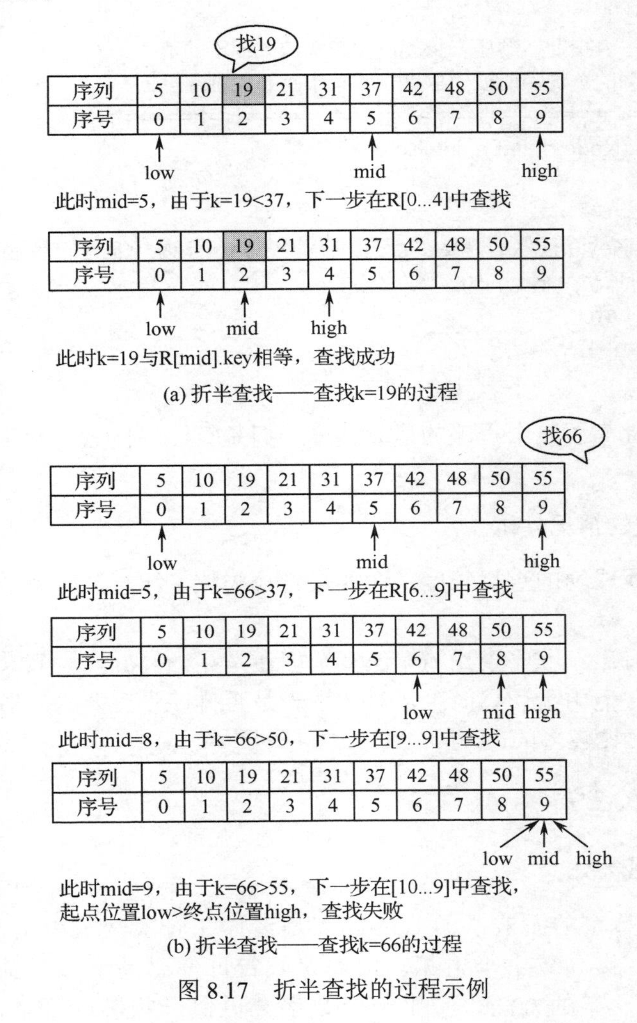


图 8.17　折半查找的过程示例

### 3．程序实现

在顺序表中进行折半查找的 C 语言代码如下。

```
/*==================================================
函数功能：折半查找
函数输入：排好序的顺序表指针，顺序表长度，要查找的关键字的值
函数输出：找到的关键字所处的位置，或者未找到关键字返回-1
==================================================*/
int BiSearch (Node r[], int n, int iKey)
{
	int low=0, high=n-1;
	while (low<=high)
	{
		mid = (low+high+1)/2;
		if (r[mid].key < iKey)
```

```
                low = mid+1;
            else if(r[mid].key > iKey)
                high = mid-1;
            else
                return mid;
        }
        return -1;
    }
```

该代码为一个非递归的算法实现，事实上该算法思想是一个典型的递归算法，读者可以试着写成递归形式。

**4．算法复杂度分析**

假设对 $n$ 个元素的折半查找需要消耗的时间为 $t(n)$。容易知道，若 $n=1$，则 $t(n)=c_1$；若 $n>1$，则

$$t(n)\leqslant t\left(\frac{n}{2}\right)+c_2\leqslant t\left(\frac{n}{4}\right)+2\cdot c_2\cdots\leqslant c_1+(\log_2 n)\cdot c_2=O(\log_2 n) \tag{8-4}$$

其中，$c_1$、$c_2$ 都是常数。由此，时间复杂度为 $O(\log_2 n)$。

为更好地理解以上算法，可以把它想象成一棵二分的判定树，如图 8.18 所示。查找的过程就是从该树的根结点开始，向叶子方向有条件地选分支逐层查找。

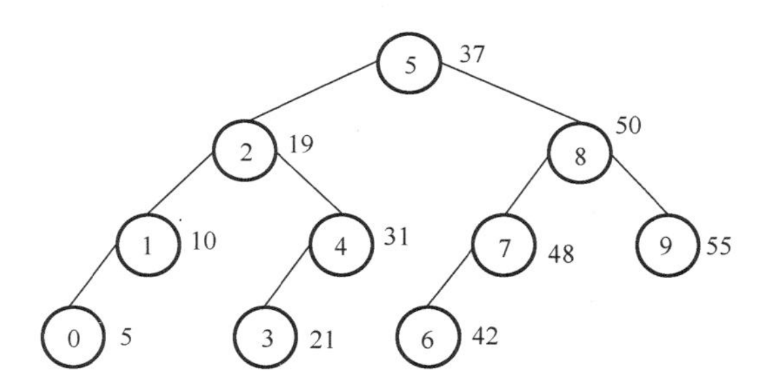


图 8.18　$N$=10 时与二分查找对应的比较判定树

### 8.5.2.2　斐波那契查找

斐波那契（Fibonacci）数列又称黄金分割数列。斐波那契查找与折半查找很相似，折半查找对有序表的分割系数为 0.5，即分割点按照（low+high）×0.5 进行计算，而斐波那契查找对有序表的分割系数为黄金分割数 0.618。

**1．斐波那契查找算法思路**

对于斐波那契数列 F[k]={1, 1, 2, 3, 5, 8, 13, 21, 34, 55, 89}，前后两个数字的比值随着数列的增加，越来越接近黄金比值 0.618。如这里的 89，把它想象成整个有序表的元素个数，89=55+34，则把元素个数为 89 的有序表分成前半段 55 个元素和后半段 34 个元素。假如要查找的元素在前半段，那么继续按照斐波那契数列值分割，55 = 34 + 21，前半段 34 个元素，后半段 21 个元素，如此重复进行，直到查找成功或失败，就把斐波那契数列应用到查找算法中了。图 8.19 所示为有 13 个元素的有序表，按斐波那契数分割有序表，可以看到这棵树具有

一种接近于平衡（平衡的概念参见前文平衡二叉树）的形态，所以其算法效率与二分查找法接近。

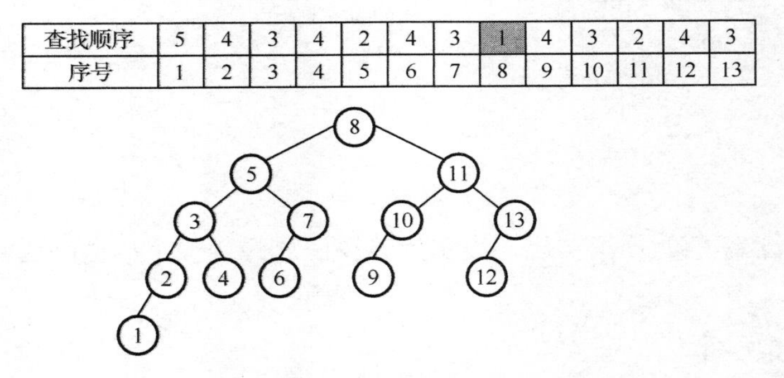

| 查找顺序 | 5 | 4 | 3 | 4 | 2 | 4 | 3 | 1 | 4 | 3 | 2 | 4 | 3 |
|---|---|---|---|---|---|---|---|---|---|---|---|---|---|
| 序号 | 1 | 2 | 3 | 4 | 5 | 6 | 7 | 8 | 9 | 10 | 11 | 12 | 13 |



图 8.19　一棵 5 阶的斐波那契树

当有序表的元素个数 *n* 并非恰好为斐波那契数列中的某个数时，需要把有序表的元素个数长度补齐，让它成为斐波那契数列中的一个数值，如图 8.20 所示。

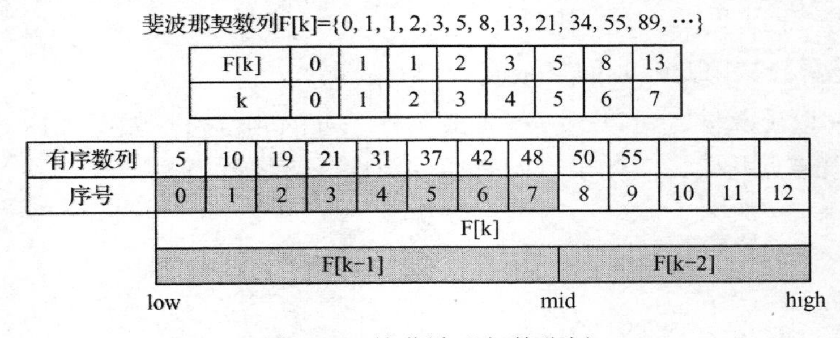

斐波那契数列F[k]={0, 1, 1, 2, 3, 5, 8, 13, 21, 34, 55, 89, …}

| F[k] | 0 | 1 | 1 | 2 | 3 | 5 | 8 | 13 |
|---|---|---|---|---|---|---|---|---|
| k | 0 | 1 | 2 | 3 | 4 | 5 | 6 | 7 |

| 有序数列 | 5 | 10 | 19 | 21 | 31 | 37 | 42 | 48 | 50 | 55 | | | |
|---|---|---|---|---|---|---|---|---|---|---|---|---|---|
| 序号 | 0 | 1 | 2 | 3 | 4 | 5 | 6 | 7 | 8 | 9 | 10 | 11 | 12 |



图 8.20　按斐波那契数分割

查找时 key 值与 mid 位置值比较结果有三种，需要计算的各参数规则如下。

mid = low + F[k−1] −1（注意，F[ ]为长度，减 1 是 C 数组下标）

（1）相等：mid 位置的元素即为所求；

（2）小于：high=mid−1；k=k−1；

（3）大于：low=mid+1；k=k−2。

### 2．斐波那契查找实例

**【例 8-3】** 数组元素个数 *n*=10 的有序数列为 5，10，19，21，31，37，42，48，50，55。用斐波那契查找法查找 key 为 19 及 66 的元素。

**解析：** 数组长度为 10，不是斐波那契数组，比 9 大的斐波那契数最小的为 13，所以须补足数组长度到 13，故斐波那契分割数组为 F[k]={0,1, 1, 2, 3, 5, 8, 13}，开始时 k=7。

首次 mid=F[k−1]−1=8−1=7。注意 mid 为下标，故用分段 F[k−1]长度减 1。

利用斐波那契查找的解答过程如图 8.21 所示。相关程序实现，感兴趣的读者可自己完成。

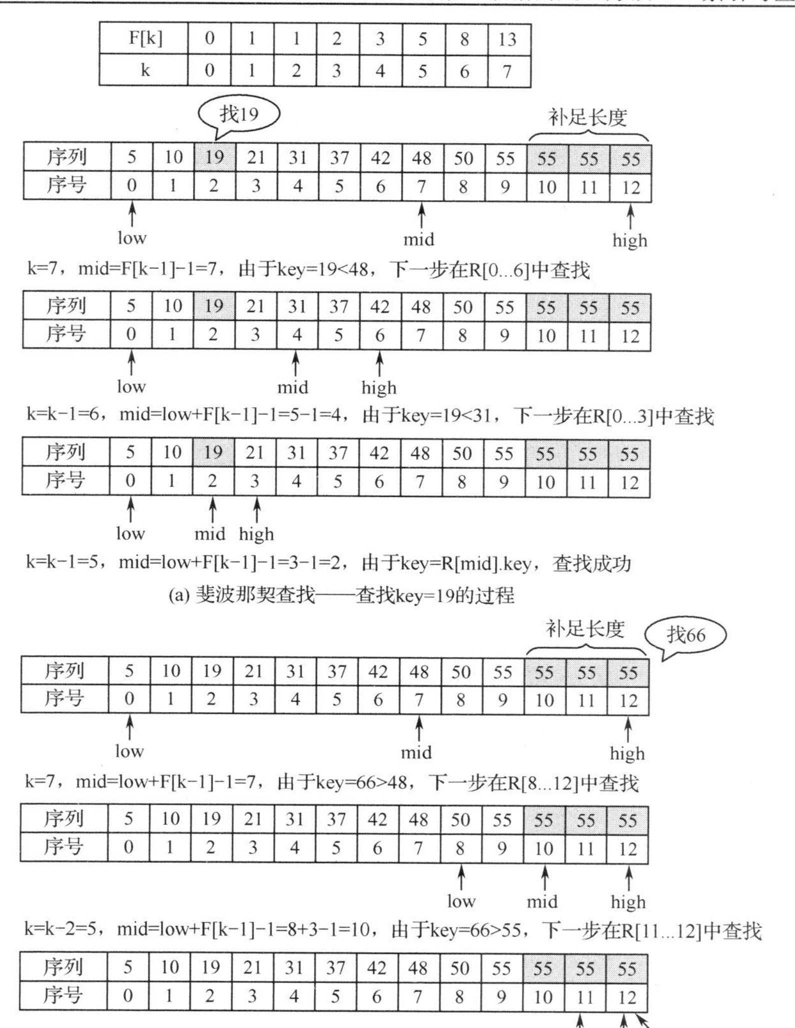


(b) 斐波那契查找——查找key=66的过程

图 8.21 斐波那契查找实例

## 8.5.3 索引查找

### 8.5.3.1 问题引入

前面的查找方法指的是针对数据表的查找，可以看出，对有序数据表的折半查找相比顺序查找效率高了很多。然而，数据表中的大量数据在查找时仍然是一个负担。这时建立索引表并到索引表上实施查找，就成为更为高效的方法。

**【例 8-4】**假设内存工作区仅能容纳 64KB 的数据，在某一时刻内存最多可容纳 64 个对象以供搜索。现有对象总数 14400 个，索引表中每一个索引项占 4 字节，试比较各种方案的效率。效率分析见表 8.2。

表 8.2　各种存储和查找方式的处理效率分析

| 存储形式 | | 处理方法 |
| --- | --- | --- |
| 数据表 | 无序表 | 不可能把所有对象的数据一次都读入内存。需多次读取外存记录，读取外存记录的次数为 $O(n)$ |
| | 有序表 | 不可能把所有对象的数据一次都读入内存。需多次读取外存记录，读取外存记录的次数为 $O(\log_2 n)$ |
| 索引表 | | 14400 个索引项需要字节数：14400×4/1024=56.25KB，所以在内存中可以容纳所有的索引项。先搜索索引以确定数据对象的存储地址，再经过 1 次外存的读取对象操作就可以完成搜索 |

#注：读取外存的响应时间远远高于读取内存的响应时间，所以这里主要以读取外存的次数来评价方案的效率。

由此可以看出索引查找的重要性。这个例子其实和现实生活中的感受是一致的——拿到一本词典，我们常常利用索引去找单词，因为这样比直接翻开词典找词要快。

在排好序的索引表数据中的查找，除了通常效率较高的折半查找，还有一种较快速的查找算法——内插查找。

#### 8.5.3.2　内插查找

翻阅词典时，我们一般不会严格按照折半查找或斐波那契查找的方式来确定我们下一次翻到的页码，而是经过这样一个思索过程：如果要找的字按照字母顺序比已翻开页面上的字大很多时，就多翻几页来看下一个页面；否则就少翻一些页面来查看。

在设计计算机算法时，我们也可以利用这个思路，根据数学上的内插法，当知道关键字 K 位于 $K_1$ 和 $K_h$ 之间时，将下一次查找探测的位置选在 $\frac{K-K_1}{K_h-K_1}$ 这一比例点上。

内插查找在关键字以基本上均匀的速度增加的情况下，可以比折半查找更快地接近要查找的位置——折半查找每一步把查找工作量从 $n$ 降到 $n/2$，而内插查找则把工作量从 $n$ 降到 $\sqrt{n}$。

**1．代码示例**

在顺序表中进行内插查找的 C 语言代码示例如下。

```
/*==================================================
函数功能：内插查找
函数输入：排好序的顺序表指针，顺序表长度，要查找的关键字的值
函数输出：找到的关键字所处的位置，或者未找到关键字返回-1
==================================================*/
int BiSearch (Node r[], int n, int iKey)
{
	int low=0, high=n-1;
	while (low<=high)
	{
		mid = low+(high-low)*(iKey-r[low].key)/(r[high].key-r[low].key);
		if (r[mid].key < iKey)
		low = mid+1;
		else if(r[mid].key > iKey)
		high = mid-1;
		else
		return mid;
	}
```

```
        return -1;
    }
```

**2．算法效率分析**

可以看出，虽然这个代码比折半查找仅改动了 mid 的计算方法，但这个小小的改动可以将算法复杂度从 $O(\log_2 n)$ 降为 $O(\log_2 \log_2 n)$，这时无法画出一棵固定形态的查找树，因为每次执行时，下一个查找位置是由具体要查的关键字来决定的。

然而，实际的计算机仿真实验表明，这个算法的时间复杂度的提高往往并没有那么激动人心的效果，因为实际中的数据分布不一定那么理想，$O(\log_2 \log_2 n)$ 和 $O(\log_2 n)$ 之间的差别也不是很大，计算下一个查找位置时的复杂计算也会抵消一部分效果。

尽管如此，内插算法还是有非常成功的应用场景的，在外部查找时的起始阶段，可以明显减少访问外部数据的次数，大大提高响应时间。外部查找的概念请参考 B 树一节。

#### 8.5.3.3　分块查找

在利用索引查找的过程中，除了以上方法，还有分块查找的情况。这一般在利用分块索引也就是稀疏索引的情况下发生。由于分块索引对应的数据表是分块有序的（块内部则不一定有序），根据分块索引可以迅速找到数据所在区域，但并非具体位置。数据的具体位置需在此区域内进行顺序查找来确认。由此可以看出，分块查找的效率介于顺序查找和折半查找之间。

## 8.6　树表的查找技术

这里的树表是排序后的树表，树中孩子分左右，有大小顺序关系，双亲结点的关键字值划分了各个孩子中数据的边界。因此，树中的查找都是自根结点开始向下逐层查找的过程。平均查找长度与树的结点数据量、树的高度直接相关。

### 8.6.1　二叉排序树的查找

普通的二叉排序树中，结点里的数据量 $n$ 是固定的，仅有一个数据元素，因此二叉排序树的查找性能仅仅直接与树高相关，即查找次数与树的高度成正比。在成功查找时，对各种二叉排序树形态查找的复杂度分析如下。

（1）最差情形

二叉树退化为线性链表，因此复杂度为 $O(n)$。

（2）一般情形

此时查找效率与二叉排序树高度的期望值成正比，所以复杂度为 $O(\log_2 n)$。

（3）最好情形

最好情形下的二叉排序树是平衡的，与完全二叉树的性质相似，其高度小于等于 $\log_2(n+1)$，因此复杂度为 $O(\log_2 n)$。

### 8.6.2　B 树的查找

B 树的搜索从根结点开始，对结点内有序排列的关键字序列进行二分查找，找到则结束，否则进入查询关键字所属范围的孩子结点；重复上述过程直到对应的孩子指针为空，或已经是叶子结点。

前文已经分析过，B 树查找效率取决于对外存 I/O 访问的次数，而对外存 I/O 访问的次数取决于 B 树的高度，如 8.3.2 节的式（8-1）所示。

### 8.6.3 在非数值有序表上的查找——字典树

#### 1. 问题引入

以上讲到的关键字都是以数值方式出现的。然而，实际中的查找并不一定都是在数值组成的表中进行的，如搜索引擎对页面中的词频进行统计，是对单词这样的文本进行的查找，此时照搬之前的经验就不合适了。

#### 2. 字符串查找树实例

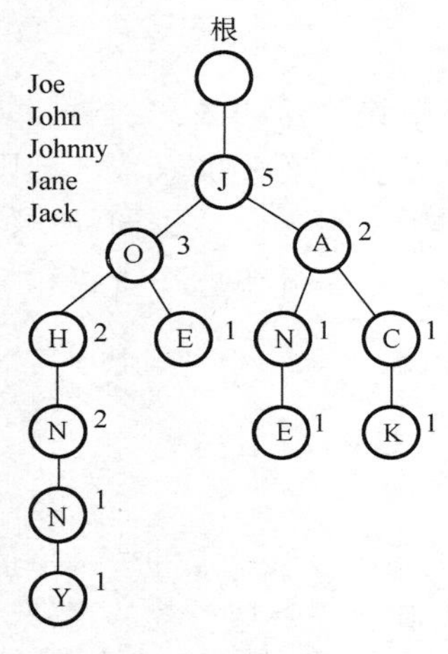


图 8.22　一棵字符串查找树

对给定的字符串进行词频统计，可以借鉴哈夫曼译码的方法。图 8.22 给出了一棵字符串查找树的实例。树中包含了字符串集合 [Joe, John, Johnny, Jane, Jack]，在这棵树中进行搜索的过程可以描述如下：

① 从根结点开始一次搜索；

② 取得要查找关键词的第一个字母，根据该字母选择对应的子树并转到该子树继续检索；

③ 在相应的子树上取得要查找关键词的第二个字母，并进一步选择对应的子树检索；

④ 重复第④步直到关键词的所有字母搜索完毕（查找成功），或找不到对应字母（查找失败）；

⑤ 若在某个结点处关键词的所有字母已被取出，则读取附在该结点上的信息，完成查找。

#### 3. 字典树

上述字符串查找树，正式的名字是字典树，又称单词查找树，是专门用于针对字符串查找而设计的一种排序树。字典树具有以下三个基本性质。

- 根结点不包含字符，除根结点外每一个结点都只包含一个字符。
- 从根结点到某一结点，将路径上经过的字符连接起来，为该结点对应的字符串。
- 每个结点的所有子结点包含的字符都不相同。

在字典树中进行信息统计，是在查找成功时将附在结点上的信息加 1（表示多发现一个该词），在查找失败的情况下新建对应结点，并在新建结点上设置信息为 1（表示目前发现一个当前关键词）。这样处理的优点是利用字符串的公共前缀来减少查询时间，最大限度地减少无谓的字符串比较。

#### 4. 数据结构描述

可以用 C 语言数据类型定义一棵字典树如下。

```
#define MAX   26                        //英文字符集大小
typedef struct TrieNode
```

```
{
    int nCount;                       //记录该字符出现次数
    struct TrieNode* next[MAX];       //每个字母后面都可以跟任何的字母
}TrieNode;
TrieNode* pRoot                       //字典树根指针/
```

### 5. 程序实现

在字典树中的查找操作实现如下。

```
/*==============================================
函数功能：字典树查找
函数输入：字典树根指针，要查找的关键词的值
函数输出：找到的关键词对应的信息（这里为出现频次），或者未找到关键词返回 0
==============================================*/
int SearchTrie(TrieNode* pRoot,char *s)
{
    TrieNode *p;
    int i,k;
    if(!(p=pRoot))
        return 0;
    i=0;
    while(s[i])
    {
        k=s[i++]-'a';
        if(p->next[k]==NULL) return 0;
        p=p->next[k];
    }
    return p->nCount;
}
```

在字典树中插入新遇到的关键词信息程序实现如下。

```
/*==============================================
函数功能：在字典树中新建结点
函数输入：无
函数输出：新建立的结点地址
==============================================*/
TrieNode* CreateTrieNode()
{
    int i;
    TrieNode *p;
    p=( TrieNode*)malloc(sizeof(TrieNode));
    p->nCount=1;
    for(i=0;i<MAX;i++)
        p->next[i]=NULL;
    return p;
}
/*==============================================
```

```
函数功能：在字典树中插入新遇到的关键词信息
函数输入：字典树根指针，新遇到的关键词
函数输出：无
===================================================*/
void InsertTrie(TrieNode* pRoot,char *s)
{
    inti,k;
    TrieNode*p;
    if(!(p=pRoot))
    {
        p=pRoot=CreateTrieNode();
    }
    i=0;
    while(s[i])
    {
        k=s[i++]-'a';                              //确定 branch
        if(p->next[k]) p->next[k]->nCount++;       //若找到则频次值加 1
        else p->next[k]=CreateTrieNode();          //找不到则新建相应结点
        p=p->next[k];
    }
    return;
}
```

## 8.7 散列表存储及其查找技术

### 8.7.1 问题引入

通过前面对查找技术的分析，可以发现目前接触到的查找技术花费的查找时间均与数据的规模相关。随着 Internet 规模的扩大、数据规模的增加，查找速度将越来越慢。或许很难想象，因为随着 Internet 上数据量的增加，利用上面查找技术的搜索引擎的工作效率越来越低，一条数据查询从不到半秒得到结果慢慢退化到需要几秒、几分钟甚至几个小时的时间才能得到结果。

那么有没有什么技术可以帮助搜索引擎一直保持今天的搜索反馈速度，而不会在数据量暴增的过程中迷失呢？现代技术中云计算等利用硬件能力来提高运算速度等的方法都不错，但从算法的角度是否还能提高搜索速度呢？

#### 1．抽签与排队位置引发的思考

参加某竞赛的选手要经过一个答辩环节，为保证公平合理，答辩顺序抽签决定。选手按抽签得到的号码信息，立即就能找到自己在整个答辩队列中的位置。查找迅速的原因是号码信息与位置直接对应。

从数据结构的角度看，抽签确定顺序问题是在数据元素值与其下标相同的顺序表上，进行按序号的查找。顺序表采用的是随机存取结构，可以根据序号和顺序表的首地址，通过计算直接得到存储地址。这个查找算法的复杂度为 $O(1)$。到目前为止，这是我们接触过的查找算法中复杂度最低的高效算法。

抽签问题的数组元素值与其存储下标相同的情形只是一种特例，能否把这种直接计算地址的思路进行扩展，把算法思想应用到现实中更复杂的数据结构中呢？如学籍管理，每个学生有姓名、学号、各科成绩等信息，其关键字“学号”就是一个有序整数。此时数据元素中的关键字可以和存储位置对应，实现随机存取。更一般的情形是，数据元素本身或其关键字都不直接与存储位置有对应关系，此时若关键字通过某种函数变换，得到的值与存储位置直接对应，则也可以实现随机存取。图 8.23 描述了这一思维转换过程。

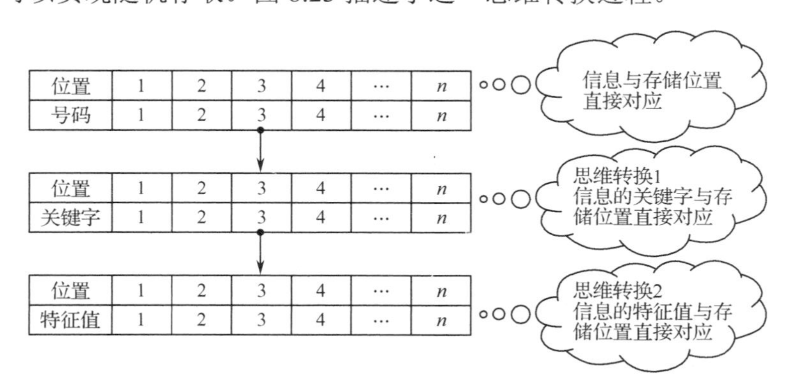


图 8.23　抽签与排队位置引发的思考

### 2. 网络搜索中字的搜索与图的搜索

传统的搜索引擎（如百度、谷歌），通过输入关键字来搜索相关内容。对于一张图片，如果想搜索更大分辨率的同样图片，或者想知道该图片的出处和相关内容，网络搜索引擎是否也能满足要求呢？这在引擎文字搜索功能出现很多年后，对人们而言还只是个理想，和文字信息相比，图片的信息存储量很大。

随着互联网上图像的数据信息日渐庞大，用户对网上图像搜索的要求也在不断提高，图像搜索引擎应运而生。以图搜图，搜索引擎根据用户上传的图片，搜索出与之相同或相似的图片。

搜图的原理是对用户上传的图片生成一个“指纹”特征值，与数据库中已有的图片指纹比对，结果越接近，说明图片越相似。这里的关键技术称为“感知哈希算法”（Perceptual Hash Algorithm），算法的主要步骤是：缩小图像尺寸至 8 像素×8 像素，简化色彩，计算所有像素的灰度平均值，用均值与每个像素的灰度比较，大于或等于平均值的记为 1，小于平均值的记为 0。将比较结果组合在一起，构成一个 64bit 的整数，就是这张图片的指纹。

以上引例中快速查找的解决方法，是通过函数映射的方式，计算得出数据元素的存储地址或特征值，这种方法即是“散列法”，根据存储地址存储数据元素生成的数据表被称为散列表。显然，相较于之前的各种查找技术，在散列表中进行数据查找，理想情况下仅需要计算散列函数的时间，即常数时间就可以得到结果，直接将查找时间复杂度降到了 $O(1)$附近，大大提高了搜索效率。

## 8.7.2　散列概述

### 1. 散列定义

散列是把任意长度的输入，通过散列函数（算法）变换成固定长度的输出（散列值）的技术。散列既是存储方法也是查找方法。

散列法用于散列表存储时，是以散列函数值作为地址值来用的。注意，这里的地址值是指相对起始存储位置的相对地址值。利用相对地址值达到快速访问的存储结构，是具有随机存取优点的顺序存储，因此散列表一般是基于线性存储结构实现的。

**2. 散列表的设计讨论**

（1）散列问题一

有一数据表包括用户名字、电话、住址等，将用户的名字作为关键字，其集合为

S = {Anne,Ben,Davis,Eden,Frank, Greg, Isabel,Robert,Tony, Una, Will}

按照散列的思想，设计一个可以快速访问的线性存储结构。

（2）散列表设计一

散列的思想是要找出元素的特征值与存储地址的对应关系，观察关键字表可以发现，每个名字的首字母都不相同，因此可以将名字的首字母在 26 个字母中的顺序值作为元素在数据表中的地址。由此可设散列表存储空间为 char HT[26][8]，散列函数为 H(key)=key[0] - 'a'，形成的散列表存储空间如图 8.24 所示。

| 散列地址 | 0 | 1 | 2 | 3 | 4 | 5 | 6 | 7 |
|---|---|---|---|---|---|---|---|---|
| 关键字 | Anne | Ben | | Davis | Eden | Frank | Greg | |
| 散列地址 | 8 | … | 17 | 18 | 19 | 20 | 22 | … |
| 关键字 | Isabel | | Robert | | Tony | Una | Will | |

图 8.24 散列表设计一

（3）问题讨论

由此散列表可以观察到，散列表长度设置得比结点数大，这是以空间换效率的策略。

（4）散列问题二

设在上例的集合 S 中增加 4 个关键字构成一个新的集合 S1

S1 = S + {Alice, Elsa, Wilson, Uday}

求新的散列函数 H2(key)。

（5）散列表设计二

由图 8.25 可以看到，新增加的关键字如果还是采用问题一中的散列函数，则首字母一样的关键字会有同一个地址，如“Anne”和“Alice”就产生了冲突。在这种情形下，若仍用上例 S1 的散列表，则要修改散列函数。可以这样定义新的散列函数

H2(key)=key 中首尾字母在字母表中序号的平均值

| 散列地址 | 0 | 1 | 2 | 3 | 4 | 5 | 6 | 7 |
|---|---|---|---|---|---|---|---|---|
| 关键字 | Anne | Ben | | Davis | Eden | Frank | Greg | |
| | Alice | | | | Elsa | | | |
| 散列地址 | 8 | … | 17 | 18 | 19 | 20 | 22 | … |
| 关键字 | Isabel | | Robert | | Tony | Una | Will | |
| | | | | | | Uday | Wilson | |

图 8.25 散列表设计 2

### 3. 冲突问题

不同关键字取到相同散列值的情况称为冲突。发生冲突的不同关键字互称为同义词。

**【思考与讨论】**

散列函数 H2 能保证集合添加新关键字时无冲突产生吗?

**讨论：**对于不同的两个关键字，由原来的散列函数得到的散列地址可能相同。在实际应用中，不产生冲突的散列函数极少。即冲突的发生是大概率事件。

**【知识 ABC】冲突的发生在散列中是大概率事件**

为了容纳数据，存储空间的大小并不小于要存入的数据元素个数，但由于关键字的取值空间到地址空间之间是压缩映射关系，这个压缩性的随机函数导致的冲突虽然不多，就其存在性而言，仍是一个大概率事件。

这个命题可以用生日悖论来说明。按照鸽巢原理或抽屉原理，在 367 个人中至少有两个人的生日相同，这是说有两人生日为同一天的概率（冲突概率）为 1。要达到 97%的冲突概率，仅需要 52 个人；要达到 50%的冲突概率，仅需 23 个人。可以发现，冲突的概率在采样集合很小时迅速增加，而在采样集合样本个数达到总取值空间的一半以上时，冲突的存在是一个大概率事件。

通过实例的讨论，关于散列问题，我们有下面的结论和解决方法。

### 4. 散列表存储方案的基本思路

（1）散列表的存储空间设置

散列值的取值空间通常远小于散列函数输入的取值空间，散列样本范围小于存储空间，但样本取值空间大于存储空间，散列空间映射关系如图 8.26 所示。为了容纳数据，存储空间必须不小于要存入数据元素的个数；为了给散列函数的设计留出空间，通常将存储空间的大小取为比存入数据元素个数更大的值。

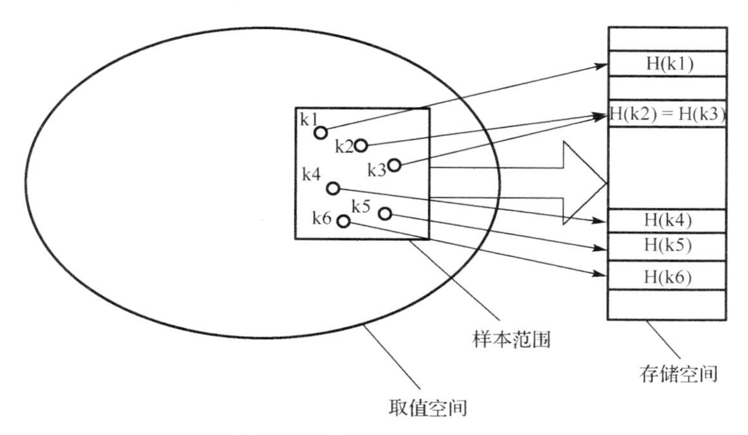


图 8.26　散列空间映射关系

散列表的存储效率可以用散列表空间大小 $m$ 与填入表中的结点数 $n$（$n<m$）之比来表示，我们称 $\alpha=n/m$ 为散列表的**装填因子**，其取值范围为[0.65,0.9]。

（2）冲突解决的方法

用散列技术进行存储和查找，都采用散列函数来计算相应的存储地址。在很大概率下，散列函数会使不同关键字映射到同一地址而发生冲突。

冲突的同义词需要找到不同的地址来存储，查找中遇到同义词时也必须能够找到真正需要的那个关键字。

为减少冲突对查找速度的恶劣影响，可以考虑的方法有：

- 通过适当的散列函数设计，降低冲突的概率。
- 设计出在冲突发生时可以彻底分清同义词中各关键字存储位置的方法。

我们可以总结散列表技术的主要设计原则为容纳数据、解决冲突。

## 8.7.3 散列函数的设计

### 1．散列函数设计规则

（1）散列函数的设计原则

散列函数的设计目标是尽量降低冲突的概率，同时满足散列值在合法地址空间内的要求。由此可以推知散列函数的下面一些设计基本原则。

- 散列函数值在分配的散列表长度空间内。
- 散列函数的输出结果尽量均匀分布在整个地址取值空间上。
- 散列函数的计算应尽量简单。

（2）散列函数的特点

按照散列函数设计原则设计出来的散列函数往往具有以下特点。

- 长变短：散列算法可将任意长度的数据散列成固定长度的数据。
- 速度快：散列算法基本上很少有复杂操作，速度很快。
- 不可逆：由散列结果找到散列前的字符串是困难的。
- 低碰撞：存在散列前输入不同而散列后输出相同的情况，但绝大多数情况是输入不同、输出不同。

满足以上条件和特点的函数非常多。下面举例说明几种常用的散列函数。

### 2．常用的散列函数

（1）平方取中法

某些情况下，字值在各个位上的分布差不多，也不是特别均匀，这时直接用数字分析法就不易取到合适的地址值。如二进制数字的关键字，或者相近字母表示的关键字。如果仍然想利用数字分析法，就要对各个位上的数字分布进行打散，平方就是一个合适的操作。

**【例 8-5】**已知一组关键字集（AO，AB，A1，AD，DA），试以平方取中法分别对 100 和 1000 个地址大小的存储空间选择散列函数。

对文本的操作往往要转换为计算机表达的该文本的数字来进行，如使用 ASCII 码值对其进行转换，有关键字值集合为（6579，6566，6549，6568，6865），可见各个位上的分布都不算均匀，但如果先把它们进行平方，得到（43283241，43112356，42889401，43138624，47128225），其分布就散开了一些，这时再进行数字分析，选择较为均匀的位进行组合，就相对容易了。

比如，选择中间的 2 位（第 4、5 位）作为 100 个地址情况下的取值，地址值分别为（83，12，89，38，28）；取中间 3 位（第 4、5、6 位）作为 1000 个地址情况下的取值，地址值分别为（832，123，894，386，282）。

（2）除留余数法

除留余数法，也叫除法散列法，该方法通过取关键字 $k$ 除以因子 $m$ 的余数，将 $k$ 映射到 $m$ 个地址中的某一个上。即散列函数为

$$h(k) = k \bmod m$$

通常建议选择一个接近于存储空间长度的素数为 $m$ 的值，这样可以在大多数情况下保证函数值有较好的均匀性。

**【例 8-6】**已知一组关键字集（26，36，41，38，44，15，68，12，6，51，25），取装填因子 $\alpha = 0.75$，$m = \left\lceil \dfrac{n}{\alpha} \right\rceil = 15$，存储空间大小为 15，试以除留余数法选择合适的散列函数。

因为存储空间大小为 15，所以可取比 15 小的最大素数 13 为除数，得散列函数

$$h(k) = k \bmod 13$$

则各关键字的地址分别为（0，10，2，12，5，2，3，12，6，12，12）。可以看到其中出现了冲突，这就有待于冲突的解决方法来将每个数值都存入散列表中了。

（3）基数转换法

该方法把关键字视为另一种进制的数据，转换回原来的进制，再从中取若干位作为地址。一般取大于原基数的数作为转换基数，且两个基数互素为好。例如，十进制数关键字 596238，通过把它们视为十一进制数，它的值为

$$(596238)_{11} = 5\times 11^5 + 9\times 11^4 + 6\times 11^3 + 2\times 11^2 + 3\times 11 + 8 = 945293$$

如果存储空间大小为 1000，这时可以取后三位为散列地址。

（4）随机数法

既然我们的目标是尽量将其随机分布在值域上，那么任意一个伪随机函数通过改造使得值域满足要求，就可以用来作为散列函数使用。这种方法在关键字长度不等时更有效。

$$h(k) = \text{random}(k)$$

此外，还有很多种散列函数，如全域散列法、移位法、折叠法、减去法、乘法等，这些算法采用很多“杂凑”的手段，事实上，散列函数也称为杂凑函数，散列表也称为杂凑表。

### 8.7.4　处理冲突的方法

冲突是大概率发生的事件，解决冲突是散列表设计中必不可少的关键技术。现实生活中不乏冲突的例子，比如，去看电影发现自己心仪的位置被占了，这时候你是如何解决冲突的呢？在你一定还要去看这部电影的前提下，通常有两种方法来解决——空间上和时间上的方法。前者就是你在心仪的位置周围列一个备选的序列（次优选择，第三优选，等等），按照这个序列去找寻尽量舒服的位置；后者就是你仍然选择心仪的位置，而等到下一场甚至下下一场电影放映的时候观看。

与以上生活中的例子相仿，散列表中冲突的解决方法通常可以分为两类：开放寻址法（再找寻当前空间下的位置）和拉链法（仍然盯紧当前的位置，只是这个位置上有多个不同的关键字记录）。

### 1. 开放寻址法

开放寻址方法（Open Addressing）也称为闭散列（Closed Hashing），是一种在纯线性存储空间上的解决方案，所有元素都放在线性的散列表中。

（1）探查方法

在冲突发生时进行数据插入需要连续检查散列表，直到找到一个空的位置来存放数据，这个过程称为探查（Probe）。根据探查序列的不同分为线性探查、二次探查、双重散列等。设存储空间大小为 $m$，则这些方法下得到的散列函数可以统一表示为

$$h''(k,i) = (h(k) + h'(k,i)) \bmod m，\ i = 0,1,\cdots,m-1$$

其中，$h(k)$ 为原始散列函数，$h'(k,i)$ 为探查序列相关函数，一般与 $i$ 有关，$i$ 为探查的次数序号。

在线性探查法中，有 $h'(k,i) = i$；在二次探查法中，有 $h'(k,i) = c_1 i + c_2 i^2$，而在双重散列中，有 $h'(k,i) = f(i, h_2(k,i))$，其中 $h_2(k)$ 是与 $h(k)$ 不同的另一个散列函数，$f(a,b)$ 为将 $a$ 与 $b$ 的值进行简单运算的函数，如 $a$ 与 $b$ 的乘法。

在再次散列的散列表中查找，就要按其所用的探查序列从散列值位置开始：

- 如果在散列值位置为空，返回失败。
- 如果在散列值位置就找到了该关键字，返回成功。
- 如果在散列值位置未找到，则按照探查序列依次查找后面的位置；如果找到，则返回成功。
- 如果在查找过程中遇到空位置，则说明表中无此数据，查找失败。

（2）开放地址法实例

**【例 8-7】** 针对例 8-6 中的数据关键字集（26，36，41，38，44，15，68，12， 6，51，25），仍取散列函数为

$$h(k) = k \bmod 13$$

同时利用线性探查法对冲突进行处理，得到图 8.27 所示的结果。结果中将比较次数也列了出来，我们可以看到有些数据在冲突发生后又进行了一次或多次比较才找到存储位置。比如 12 的散列位置是 12，但 38 已经先占据了这个位置，因此需要用线性探查公式计算出新的散列地址

H”(key,i)= (H(key)+H’(key,i)) % m =(12+1)%15=13

| key | 26 | 36 | 41 | 38 | 44 | 15 | 68 | 12 | 6 | 51 | 25 |
|---|---|---|---|---|---|---|---|---|---|---|---|
| key%13 | 0 | 10 | 2 | 12 | 5 | 2 | 3 | 12 | 6 | 12 | 12 |

| 散列地址 | 0 | 1 | 2 | 3 | 4 | 5 | 6 | 7 | 8 | 9 | 10 | 11 | 12 | 13 | 14 |
|---|---|---|---|---|---|---|---|---|---|---|---|---|---|---|---|
| 关键字 | 26 | 25 | 41 | 15 | 68 | 44 | 6 | | | | 36 | | 38 | 12 | 51 |
| 比较次数 | 1 | 5 | 1 | 2 | 2 | 1 | 1 | | | | 1 | | 1 | 2 | 3 |

图 8.27　利用线性探查法得到的结果

需要注意的是，68 插入时与位置 3 上 15 的比较，以及 25 插入时与位置 0 上 26 的比较，这都是不同散列函数值的关键字，本不应该发生冲突，却在查找插入位置过程中发生了矛盾，这种现象叫作堆积。

【名词解释】堆积

散列地址不同的结点争夺同一个后继散列地址的现象称为堆积（Clustering）。

堆积的发生是再次散列法的主要弊端。再次散列法还有一个缺点，就是在数据删除过程

中无法彻底释放该存储单元。这其实也是由堆积现象引起的。因为具有不同散列值的数据之间会进行比较，插入过程中的这个弊端在查找时也会发生。如果在上述例子中删去位置 3 上的 15 这个关键字，那么在查找 68 这个关键字时，就会因为直接散列地址 3 上面为空而返回失败。为避免这种情况，需要对删除的位置进行特殊标记，这加大了算法的复杂度。

再次散列法用到的数据结构非常简单，就是顺序存储的线性表，可以用以下 C 语言代码对其数据结构进行描述。

```
typedef struct                              // 散列表结点结构
{
      KeyType key;
      DataType other;
} HashTable;
HashTable HT[M];
/*==================================================
函数功能：线性探查法数据查找
函数输入：散列表顺序表指针，要查找的关键字的值
函数输出：找到的关键字所处的位置，或者未找到关键字返回-1
==================================================*/
int H(KeyType k);                           //此为散列函数值计算函数
int LinPrbSrch(HashTable HT[ ], KeyType k)
{
      int d,i=0;                            //i 为冲突时的地址增量
      d=H(k);                               //d 为散列地址
      while ((i<m) && (HT[d].key ! =k) && (HT[d].key!=Nil))
      //这里 Nil 表示关键字为空
      {
            i++;
            d=(d+i) % M
      }
      if(HT[d].key==k) return d;
      return -1;                        //若 HT[d].key =k 查找成功，否则失败
}
/*==================================================
函数功能：线性探查法数据插入
函数输入：散列表顺序表指针，要插入的结点
函数输出：无
==================================================*/
void LinPrbIns (HashTable HT[ ], HashTable s)
{
    int d;
    d= LinPrbSrch (HT[ ], s.key)            //查找 s 的插入位置
    if (HT[d].key= =Nil)
       HT[d]=s;                             //d 为开放地址，插入 s
    else
       printf("ERROR");                     //结点存在或表满
    return;
}
```

## 2．拉链法

拉链法（Separate Chaining）也称为开散列（Open Hashing），这种方法是混合式存储空间上的一种解决方案。该方法把散列到同一地址的所有元素放在一个链表中，而散列表的主体线性结构部分各个地址上存储一个指针，它指向存储所有散列到该地址的元素的链表的表头；如果不存在这样的元素，该指针为空。

**【例 8-8】** 针对例 8-6 中的数据关键字集（26，36，41，38，44，15，68，12，6，51，25），仍取散列函数为

$$h(k) = k \bmod 13$$

同时利用拉链法对冲突进行处理，可得图 8.28 所示的结果。

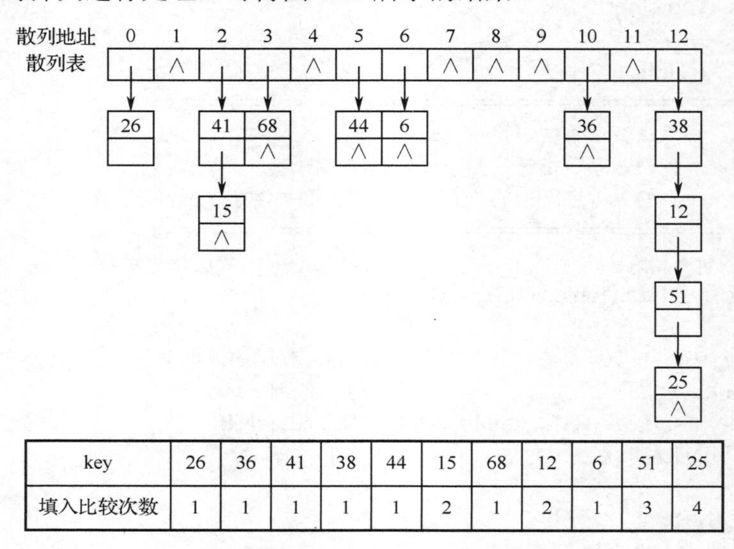


| key | 26 | 36 | 41 | 38 | 44 | 15 | 68 | 12 | 6 | 51 | 25 |
|---|---|---|---|---|---|---|---|---|---|---|---|
| 填入比较次数 | 1 | 1 | 1 | 1 | 1 | 2 | 1 | 2 | 1 | 3 | 4 |

图 8.28　利用拉链法得到的结果

用 C 语言对该存储方式可以进行如下描述。

```
typedef struct NodeType
{
        KeyType key;
        DataType other;
        struct NodeType *next;
} ChainHash;
ChainHash *HTC[m];
/*================================================
函数功能：拉链法下的数据查找
函数输入：散列表顺序表首地址，要查找的关键字的值
函数输出：找到的关键字所处的位置，或者未找到关键字返回空指针
================================================*/
int H(KeyType k);                                   //此为散列函数值计算函数
ChainHash *ChnSrch(ChainHash *HTC[ ], KeyType k)
{
        ChainHash *p;
        p=HTC[H(k)];                                //取 k 所在链表的头指针
        while (p && (p->key ! =k))    p=p->next;    //顺序查找
```

```
        return p;                                //查找成功，返回结点指针，否则返回空指针
    }
    /*================================================
    函数功能：拉链法数据插入
    函数输入：散列表顺序表首地址，要插入的结点
    函数输出：无
    ================================================*/
    void ChnIns(ChainHash *HTC[ ],*s)
    {
        int d ;
        ChainHash *p;
        p= ChnSrch (HTC,s->key);                          //查看表中有无待插结点
        if (p)   printf("ERROR");                         //表中已有该结点
        else { d=H(s->key);   s->next=HTC[d];   HTC[d]=s; }     //插入 s
        return;
    }
```

### 3．拉链法的扩展——哈希树

拉链法可以较好地解决堆积问题。然而，在相同哈希地址下的单链表中进行信息查找，仍然要以顺序的方式进行，效率比较低下。参考开放地址法中再次散列的思路，在拉链法中可以扩展该单链表为一棵以另一种或多种散列函数定义的多叉链表，即哈希树的方式，从而提高查找效率。

为提高存储效率，可以使用纯链式的方法对哈希树进行存储。

**【例 8-9】**仍然针对例 8-6 中的关键字集（26，36，41，38，44，15，68，12，6，51，25）进行分析。

由于这里 11 个数取值范围在 6～68，则可取两个散列函数分别为

$$h(k) = k \bmod 7$$

$$h(k) = k \bmod 11$$

7 和 11 这两个质数自然也是互质的，模运算的结果可以涵盖 77 个不同的数据，联合两个运算，可以保证以上数据完全不产生冲突（保证不冲突并不是必要的，如果发生冲突仍然可以再利用冲突的解决方法进行处理）。以上两个散列函数相应散列值见表 8.3，由此可得图 8.29 所示的哈希树。

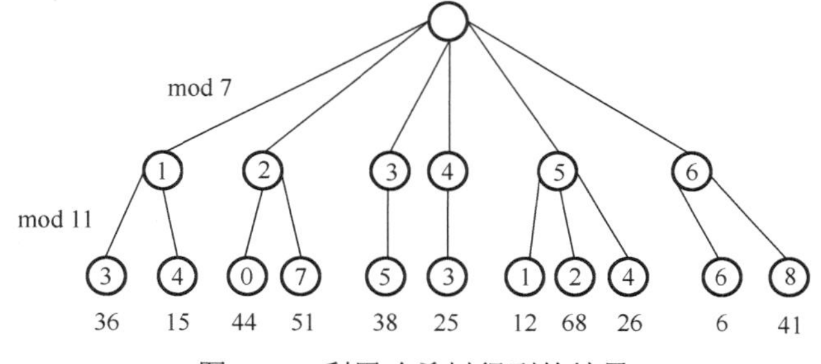


图 8.29　利用哈希树得到的结果

**表 8.3　散列函数的散列值**

| key | 26 | 36 | 41 | 38 | 44 | 15 | 68 | 12 | 6 | 51 | 25 |
|---|---|---|---|---|---|---|---|---|---|---|---|
| key%7 | 5 | 1 | 6 | 3 | 2 | 1 | 5 | 5 | 6 | 2 | 4 |
| key%11 | 4 | 3 | 8 | 5 | 0 | 4 | 2 | 1 | 6 | 7 | 3 |

在哈希树进行查找和存储时，其复杂度与哈希树的高度有关。

细心的读者也许会发现，哈希树的形态特征和查找方式与 8.6.3 节提到的字典树相似。事

实上，字典树可以视为一种特殊的哈希树。这里哈希树的数据结构和算法实现的 C 语言描述省略，读者可参考字典树的部分。

### 8.7.5　散列查找的性能分析

评价一个查找算法的好坏时，我们通常采用一般情形，或者连同最好情形、最差情形下的平均查找长度作为参考，如查找成功则需要的是平均查找长度。有时还要评估查找失败（表中不存在要查找的关键字），它需要的是平均查找长度，8.4.2 节的式（8-2）是计算平均查找长度的统一公式，无论查找成功还是失败都适用。

#### 1. 线性探查法效率分析

例 8-7 用线性探查法构造散列表时，填入散列表比较次数和查找失败比较次数，见图 8.30。

| 散列地址 | 0 | 1 | 2 | 3 | 4 | 5 | 6 | 7 | 8 | 9 | 10 | 11 | 12 | 13 | 14 |
|---|---|---|---|---|---|---|---|---|---|---|---|---|---|---|---|
| key | 26 | 25 | 41 | 15 | 68 | 44 | 6 | | | | 36 | | 38 | 12 | 51 |
| 填入散列表比较次数 | 1 | 5 | 1 | 2 | 2 | 1 | 1 | | | | 1 | | 1 | 2 | 3 |
| 查找失败比较次数 | 7 | 6 | 5 | 4 | 3 | 2 | 1 | | | | 1 | | 10 | 9 | 8 |

图 8.30　线性探法查效率分析

查找成功的情况，如查找关键字 25，其散列地址是 25%13=12，从地址 12 开始找，转圈找到下标为 1 的位置时找到，共找了 5 次，这个和“填入散列表的比较次数”情形是一样的。

查找失败的情况，如查找关键字 64，其散列地址是 64%13=12，在地址 12 的子链表上找，逐一与关键字比较，转圈一直找到下标为 6 的位置，依然没有找到，到下标是 7 的位置为空，查找失败，共找了 10 次，注意，这里约定位置内容为空的这一次比较，不算在查找次数之内。

由此我们可以得到线性探查法构造的散列表，其成功和失败的平均查找长度如下。

$$\text{ASL}_{\text{succ}}=\sum_{i=1}^{n} p_i c_i=(1+5+1+2+2+1+1+1+1+2+3)/\text{结点数}=20/11\approx1.82$$

$$\text{ASL}_{\text{unsucc}}=\sum_{i=1}^{n} p_i c_i=(7+6+5+4+3+2+1+1+10+9+8)/\text{表长}=56/15\approx3.73$$

查找成功，是查找次数除以问题规模——结点数 $n$，因为是在已有的结点范围内找到了；查找失败，是查找次数除以数据空间长度——表长，因为在整个数据空间都没有找到。

#### 2. 拉链法效率分析

例 8-8 用拉链法构造散列表时，填入散列表比较次数和查找失败比较次数，见图 8.31。

查找成功的情况，与填入拉链表的比较次数的情形是一样的。

查找失败的情况，如查找关键字 64，其散列地址是 64%13=12，在图 8.28 中，地址为 12 的子链上有 4 个关键字，分别是 38、12、51、25，64 与它们比较后都不相等，查找失败，故共找了 4 次。

| key | 26 | 36 | 41 | 38 | 44 | 15 | 68 | 12 | 6 | 51 | 25 |
|---|---|---|---|---|---|---|---|---|---|---|---|
| 填入比较次数 | 1 | 1 | 1 | 1 | 1 | 2 | 1 | 2 | 1 | 3 | 4 |

| key% 13 | 0 | 1 | 2 | 3 | 4 | 5 | 6 | 7 | 8 | 9 | 10 | 11 | 12 |
|---|---|---|---|---|---|---|---|---|---|---|---|---|---|
| 查找失败比较次数 | 1 | 0 | 2 | 1 | 0 | 1 | 1 | 0 | 0 | 0 | 1 | 0 | 4 |

图 8.31　拉链法查效率分析

由此我们可以得到拉链法构造的散列表，其成功和失败的平均查找长度如下。

$$\text{ASL}_{\text{succ}}=\sum_{i=1}^{n} p_i c_i =(1+1+1+1+1+2+1+2+1+3+4)/\text{结点数}=18/11\approx1.64$$

$$\text{ASL}_{\text{succ}}=\sum_{i=1}^{n} p_i c_i =(1+2+1+1+1+1+4)/\text{表长}=11/13\approx0.85$$

### 3. 各种冲突解决方法的查找效率比较

假设对每个关键字的查找都是等概率的，则对于例 8-7、例 8-8 和例 8-9 中的结果，利用式（8-2）进行分析，可以得到如表 8.4 所示的结果。

表 8.4　例题中各种冲突解决方法的查找比较次数分析

| | | 线性探查法 | 拉链法 | 哈希树 |
|---|---|---|---|---|
| 平均查找长度 | 查找成功 | 1.82 | 1.64 | 2 |
| | 查找失败 | 3.73 | 0.85 | 2 |
| 最长查找长度 | 查找成功 | 5 | 4 | 2 |
| | 查找失败 | 10 | 4 | 2 |

可以看出散列法中解决冲突的方法的不同，对同一散列函数下同一组数据得到的散列表的平均查找长度、最长查找长度均有影响。

在两种冲突解决方法中，查找操作的最差情形（散列函数未能将结果均匀分散时）运行时间与表长成正比，但多数情况下散列函数设计得当，在闭散列情况下很少堆积，而在开散列情况下将每条单链表的长度控制到很短，查找时间接近于 $O(1)$。

插入操作在开散列情况下采用头插法可以以 $O(1)$的时间复杂度完成，而删除操作则与查找操作性能类似。

可以证明，任何解决冲突的散列表的平均查找长度都是装填因子 $\alpha$ 的函数。因此，恰当地选择散列函数、设计装填因子，对于散列技术的应用效果影响巨大。

尽管散列表有非常好的查找性能，然而仅从查找领域来看，它有一个致命的缺点，就是不方便多关键字的复杂查询或区间查询。比如，查询语句为“找出学校中来自陕西的女同学的信息”，或者“找出学校中年龄超过 24 岁的学生信息”。这一类的查询在索引表中可以轻松实现，而在散列表（只能根据一个主关键字来确定地址，而生源地、性别、年龄都属于次关键字信息）中则需逐项遍历才可以得到结果，其快速查询的特点无法发挥作用。

因此在搜索引擎中，尽管会在一些具体问题上利用散列技术来加速，我们日常生活中的信息搜索还是离不开索引技术的支持，索引技术可称得上是搜索引擎最大的基石。当然，散列还可以与索引技术结合起来使用，如散列索引。

**【知识 ABC】散列技术的应用范围不仅限于存储与查找**

散列技术的应用除了存储方法，还包括密码学领域和版权保护等领域。例如，著名的 MD5 加密方法就是一种散列。利用散列生成信息指纹的技术，可用于音视频的查找、文件的比对。Google 搜索引擎在汇总网页信息的过程中，利用的信息指纹就是用散列方法计算得到的，同时还以散列表的方式进行存储以快速“查重”——防止重复访问同一页面。

## 8.8 本章小结

本章主要内容间的联系见图 8.32、图 8.33 和图 8.34。

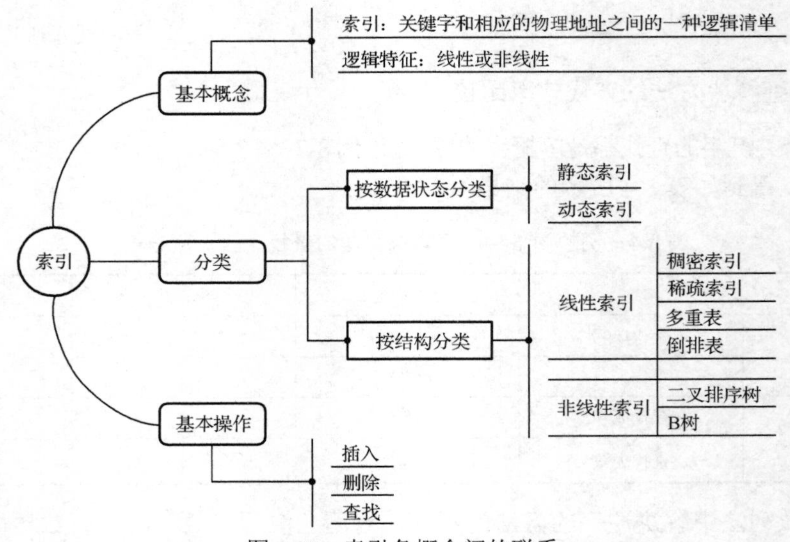


图 8.32　索引各概念间的联系

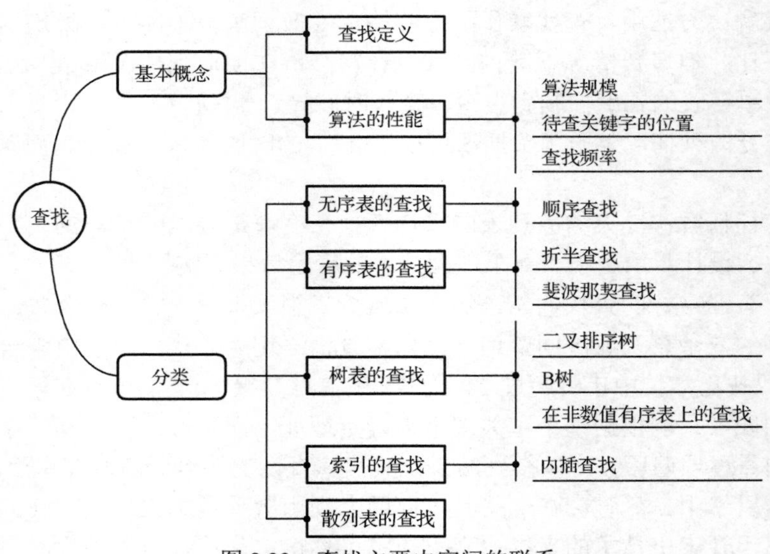


图 8.33　查找主要内容间的联系

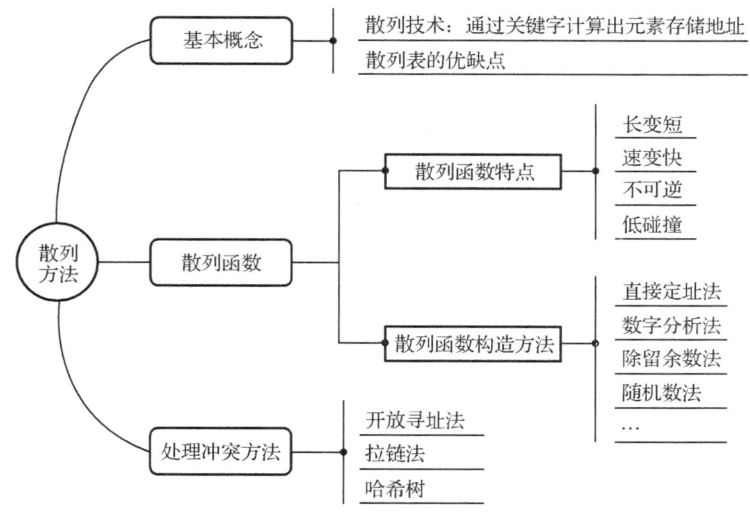


图 8.34　散列各概念间的联系

# 习题

## 一、单项选择题

1．在以下索引结构中，哪种索引结构最适用于非常大量且经常变动的数据？（　　）

（A）B 树　　（B）二叉排序树　　（C）多级索引　　（D）线性索引

2．下面哪种查找方法不适用于多关键字组合查找？（　　）

（A）多重表　　（B）倒排表　　（C）散列表

3．下面哪种查找方法可以用于未排序的数据表？（　　）

（A）顺序查找　（B）折半查找　　（C）斐波那契查找　　（D）内插查找

4．下面哪种查找方法对已排序且已建立稀疏索引的数据表效率最高？（　　）

（A）分块查找+折半查找　　（B）分块查找+顺序查找

（C）分块查找+斐波那契查找　　（D）直接折半查找

5．采用分块查找时，若线性表中有 1024 个数据元素，在等概率查找每个数据元素的前提下，假设块内的数据无序，则以下分块大小中，哪个能达到最高的查找效率？（　　）

（A）1024　　（B）32　　（C）256　　（D）16

6．散列存储的基本思想是根据关键字和散列函数来确定散列地址。在该方法中，冲突指的是（　　）。

（A）不同关键字映射到同一地址　　（B）不同散列值的数据抢占同一地址

（C）不同关键字存储到同一地址　　（D）不同关键字链接到同一地址后面

7．设散列地址空间为 $0\sim m-1$，使用除留余数法作为散列函数，即 $H(\mathrm{k})=k \bmod p$，则 $p$ 的取值适合选择哪一种？（　　）

（A）小于 $m$ 的奇数　　（B）大于 $m$ 的最小素数

（C）小于 $m$ 的最大素数　　（D）等于 $m$

8．堆积现象是在下列哪种情况下发生的？（　　）

（A）散列表中利用拉链法解决冲突　　（B）散列表中利用开放寻址法解决冲突
（C）利用B树建立索引　　（D）利用斐波那契法进行查找

## 二、填空题

1．对一个数据表建立动态还是静态索引的依据是________，而对一个适于建立静态索引的数据表，是建立线性索引还是建立树形索引的依据是________。

2．建立树形索引时，为降低查找复杂度，主要考虑树的形态上的________特征。

3．一般情况下，二叉排序树上进行查找的算法时间复杂度为________，最差情形的算法时间复杂度为________。

4．斐波那契查找的平均算法效率________于折半查找。

5．折半查找的算法时间复杂度为________。

6．在对________中的数据进行查找时，内插查找法明显优于折半查找法。

7．在对全部存储于内存中的数据进行查找时，B树的查找算法效率________于二叉排序树。

8．散列技术的应用中需要解决的两大问题是________和________。

9．散列函数的设计要求计算复杂度________，函数取值均匀性要________，且取值范围不能超出地址范围。

10．装填因子α是指装入散列表的数据与散列表长度之间的比值，α取值越________，发生冲突的可能性越大。

11．根据生日悖论原理，散列地址发生冲突的概率________。

12．散列技术的查找效率主要受________的选择的影响。

13．散列技术适用于对一个关键字的区间进行查询吗？（是/否）________。

14．解决散列中冲突问题的方法主要有两种：________和________。

## 三、应用题

1．已知一个数据表有序，那么对其建立索引可以用哪些索引结构？若其中的数据很少变动且数量较大，哪种索引结构最为适合？这时查找效率最高可以达到什么样的复杂度？

2．对于给定的一组关键字（56，89，12，58，79，23，35，62，47，15，96，24），画出对应的随机生成的二叉排序树。

3．对于已排序的一组关键字（14，23，25，35，42，49，56，78，84，96，135），分别画出在其中查找96、87这两个关键字的折半查找判定树和斐波那契查找判定树。

4．利用除留余数法为下列关键字集合的存储设计散列函数，并画出分别用开放寻址法和拉链法解决冲突得到的空间存储状态（散列因子可取0.75）。

关键字集合：85，75，27，40，65，98，74，89，12，5，46，97，13，69，52，26，19，92

## 四、算法设计题

1．完整写出一个折半查找和内插查找的可执行代码，并自己编制两个例子，一个例子下折半查找的平均查找长度低于内插查找，另一个例子平均查找长度高于内插查找。请简要说明编制例子的设计思路并用代码运行验证。

2．完整写出一个可执行的利用基数转换法实现散列函数、利用拉链法处理冲突的散列表程序，其中可以进行建立和查找。

3．针对例8-11写出散列树的数据结构和建立过程、查找算法。

# 第9章 经 典 算 法

【主要内容】

- 缩小规模算法：递归法、分治法、动态规划法、贪心法
- 解空间搜索算法：回溯法、分支限界法

【学习目标】

通过对有代表性的常用算法的研究，理解并掌握算法设计的基本技术：

- 掌握递归的概念，会用递归方法解决实际问题。
- 熟练掌握利用分治法解决问题的基本思想并进行程序设计。
- 掌握动态规划方法解决问题的基本思想，理解将问题化为多阶段图的方法，能对具体问题写出正确的递推公式。
- 掌握贪心算法解决问题的基本思想并进行程序设计。
- 理解回溯法与分支限界法解决问题的基本思想。

任何一个可以用计算机解决的问题所需的计算时间都与其规模有关，这也就意味着，通常情况下，问题规模越大，耗费的时间和计算资源越多；问题的规模越小，所需的时间和计算资源越小，问题的求解也越容易。因此，在处理一些困难问题时，我们会考虑通过缩小问题的规模使问题更容易求解。在充分研究这类算法的规律之后，人们将这些算法总结成缩小规模的算法。本章我们介绍这类通过缩小规模来求解问题的经典算法：递归法、分治法、动态规划法、贪心法。

在实际解题过程中可以发现，并不是任何问题都可以直观地分解成若干小问题来求解，往往最容易想到的解题策略是枚举法（也称穷举法或蛮力法），即针对要解决问题的所有可能情况，一个不漏地进行检验，从中找出符合要求的答案。因此，枚举法是通过牺牲时间来换取答案的全面性。如果在搜索解的过程中加上判定条件来加快搜索速度，那么按搜索策略的不同分为回溯法与分支限界算法。

## 9.1 递归——有去有回的过程

### 9.1.1 “先进后出”的递归

递归过程是一个有去有回的过程，求解过程具有“先进后出”的特点；在计算机中，借助栈来实现递归函数的运行是一种方便的方法。

#### 1．递归引例

当你站在两面相对的镜子之间时，你在镜子里会看到什么？没错，镜子里呈现的是多个逐渐缩小的相似图像。镜中镜是日常生活中的现象，在数学和编程中也有类似的情形发生，先来观察两个案例。

**案例一：阶乘**

阶乘运算是我们熟知的数学运算，在它的定义中，阶乘运算中包含了阶乘运算自身的调用，只不过是在 $n-1$ 的缩小的规模上。

$$n!=\begin{cases}1 & n=0\\ n*(n-1)! & n>0\end{cases}$$

**案例二：链表结点定义**

单链表结点结构定义如下，在结构定义内部又出现了 struct node 这样的链表结构引用。

```
typedef   struct node
{
   datatype   data;
   struct   node   *next;
} linklist;
```

**2．递归的概念**

当问题中出现了计算过程直接调用自身（也包括间接调用自己）的情形，这样的过程就称为递归的过程；若一个对象的解释部分地包含它自身，或用它自身定义自己的情形，就称这样的对象是递归的对象。

递归过程是一个“有去有回”的过程。在问题不断从大到小、从近及远的过程中，会有一个终点，一个到了那个点就不用再往更小、更远的地方走下去的点，然后从那个点开始，原路返回原点。

【名词解释】递归

在数学与计算机科学中，递归是指在函数的定义中使用函数自身的方法。

**3．递归的要素**

递归的基本思想是把规模大的问题转化为规模小的相似子问题来解决。在函数实现时，因为解决大问题的方法和解决小问题的方法往往是同一个方法，所以就产生了函数调用它自身的情况。另外，这个解决问题的函数若要得到结果，必须有明显的结束条件，否则会无限递归下去。因此递归过程必须具有两个要素，见表 9.1。

表 9.1　递归要素

| | |
|---|---|
| 递归边界条件 | 当问题最简单时，本身不再使用递归的定义 |
| 递归继续条件 | 使问题向边界条件转化的规则 |

递归的数学模型实际是数学归纳法。归纳法适用于一种场景，就是一个难度较大的问题可以转化为解决其子问题来解决，而其子问题又变成解决子问题的子问题来进行解决；这些问题其实都是同一个模型，即存在相同的逻辑归纳处理项，归纳到需要结束时的那一个处理方法必须给出最终解，否则数学归纳法会变成无穷归纳，永远不能结束。

## 9.1.2　递归的计算机实现

计算机是如何处理递归问题的呢？

经典的递归例子是求阶乘。直接求某个整数的阶乘是一个困难的问题，我们采用递归的思想来分析这一问题。

### 1. 问题分析

（1）整数阶乘算法是否具备递归继续的条件？

整数的阶乘是连续乘法运算，对于整数 $n$，满足 $n!= n\times(n-1)!$。为求整数 $n$ 的阶乘，可以先求出整数 $n-1$ 的阶乘，再将 $n-1$ 的阶乘结果乘上整数 $n$。因此，求整数 $n$ 的阶乘的问题转化为求整数 $n-1$ 的阶乘问题；同理，求整数 $n-1$ 的阶乘问题，转化为求整数 $n-2$ 的阶乘问题……直到求整数 1 的阶乘问题。很明显，这一问题逐一可以转化成小一号规模的问题，从而满足递归继续条件。

（2）整数阶乘算法是否具备边界条件？

在求整数 $n$ 的阶乘这一问题中，反复递归之后，会得到求整数 1 的阶乘的问题，而整数 1!=1。因此，整数 1 的阶乘问题是直接可解的，这也是递归的边界条件。

综合以上两点，可以确定求整数 $n$ 的阶乘问题是一个可递归的问题，可以尝试设计用递归来求解阶乘的算法。

### 2. 程序实现

```
/*=================================================
函数功能：阶乘算法 factorial()
函数输出：整数 n 的阶乘 n!
函数输入：整数 n
=================================================*/
#include "stdio.h"
#include "math.h"
int factorial(int n);

int factorial(int n)                    //递归计算过程
{
       if(n == 1)                       //递归边界条件
       {
           return 1;
       }
       return n * factorial(n-1);       //递归继续条件
}

int main(void)
{
      int n,  rs;
      printf("请输入需要计算阶乘的数 n：");
      scanf("%d", &n);
      rs = factorial(n);                //利用子函数求解阶乘
      printf("%d ",  rs);
      return 0;
}
```

### 3. 递归要素归结

可以发现，factorial()函数的内部定义中使用了 factorial()函数本身，这就是一个递归的明显特征，即在定义函数时调用函数本身。

边界条件: if(n == 1) return 1;
递归继续条件: n * factorial(n-1)

### 4. 递归算法执行过程分析

现以计算 factorial(3)为例，看看 C 语言是如何处理递归运算的。处理过程如图 9.1 所示。

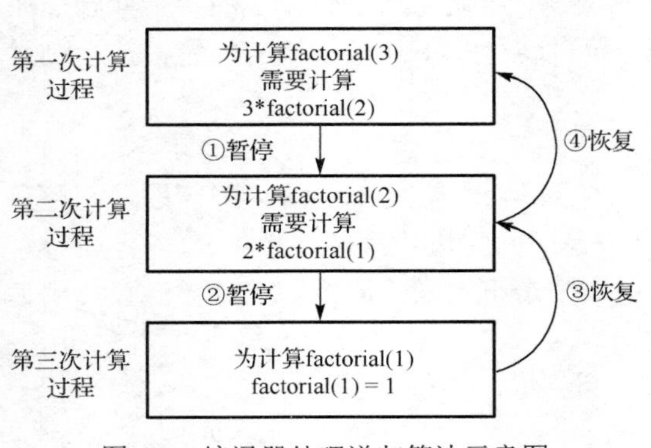


图 9.1 编译器处理递归算法示意图

开始，编译器启动第一个计算过程计算 factorial(3)；为计算 factorial(3)，需要计算 factorial(2)。遇到这种情况时，编译器会暂停 factorial(3)的计算，并将当前的计算结果全部暂存于堆栈中，因此会遇到暂停①。

随后，编译器启动第二个计算过程，计算 factorial(2)。很明显，为了计算 factorial(2)，必须计算 factorial(1)。此时，编译器会出现暂停②，将当前计算结果存储于堆栈中。

启动第三个计算，计算 factorial(1)。Factorial(1)是有返回值的，其值等于 1。因此，第三次计算过程结束，③恢复到第二次计算过程中。在求得 factorial(1)=1 后，第二次计算过程结果结束，得到 factorial(2)的值为 2，此时将④恢复到第一次计算过程中，并最终输出计算结果 factorial(3) = 3*factorial(2) =6。

## 9.1.3 递归方法特点分析

使用递归算法，只要得到递归数学公式就能很方便地写出程序，程序可读性强，容易理解。计算机中递归是用堆栈机制实现的，每深入一层递归，都要在内存中占去一块栈数据区域，这样一旦递归嵌套层数较深，就会占据大量的内存空间，甚至会以内存崩溃而告终。因此在某些对运行空间有限制的场合，需要以非递归的方式替代递归算法，常用的说法是消除递归，消除方法主要有下面几种。

### 1. 利用栈结构消除递归

利用一个栈来人工模拟系统堆栈的操作过程。这种方法通用性强，但本质上还是递归的，区别是将计算机做的事情改由人工来完成，因此对算法的优化效果不明显。

### 2. 利用迭代法消除递归

迭代算法是用计算机解决问题的一种基本方法。它利用计算机运算速度快、适合做重复性操作的特点，让计算机对一组指令（或一定步骤）进行重复执行，每次执行这组指令（或这些步骤）时，都从变量的原值推出它的一个新值。

利用迭代算法解决问题，需要做好以下三个方面的工作。

（1）确定迭代变量

在可以用迭代算法解决的问题中，至少存在一个直接或间接的、不断由旧值递推出新值的变量，这个变量就是迭代变量。

（2）建立迭代关系式

所谓迭代关系式，指如何从变量的前一个值推出其下一个值的公式（或关系）。迭代关系式的建立是解决迭代问题的关键，通常可以使用递推或倒推的方法来完成。

（3）对迭代过程进行控制

在什么时候结束迭代过程?这是编写迭代程序必须考虑的问题。迭代过程的控制通常可分为两种情况：一种是所需的迭代次数是一个确定的值，可以计算出来；另一种是所需的迭代次数无法确定。对于前一种情况，可以构建一个固定次数的循环来实现对迭代过程的控制；对于后一种情况，需要进一步分析出用来结束迭代过程的条件。

**【例 9-1】** 计算斐波那契数列的各项，迭代算法实现如下。

```
/*=================================================
函数功能：迭代计算 Fibonacci 数列
函数输出：Fibonacci 数列的第 n 项的值
函数输入：整数 n
=================================================*/
long Fib(long n)
 {      long F1=0，F2=1，F3；
        if   (n<=1)   return n；
        for (int   i=0；     i<=n；     i++)
                {   F3 =F1+ F2；
                    F1=F2；
                    F2=F3；
                }
          return   F3；
}
```

递归和迭代方式均基于一个控制结构：迭代使用的是循环结构，递归使用的则是选择结构。迭代和递归均涉及循环：迭代显式使用一个循环结构，递归则通过重复性的函数调用实现循环。迭代和递归均涉及终止测试：迭代在循环条件失败时终止，递归则是在遇到基本情况时终止。

### 3．尾递归消除法

尾递归是一种特殊的递归方式，它的递归调用语句只有一个，放在程序语句的最后，在程序最后一行进行自身函数的调用。

**【例 9-2】** 在使用链表的算法中，查找链表的最后一个结点并打印。

（1）非递归实现

```
//打印链表最后一个结点
void Print ( linklist *f )
{      while ( f ->next != NULL )   f = f->next；
       printf(" f ->data"，%c)；
}
```

（2）递归实现

```
//利用递归实现打印链表最后一个结点
void Print( linklist *f )
{      if ( f ->next == NULL )   printf(" f ->data"，%c)；
       else Print( f ->next )；
}
```

【例 9-3】用尾递归的方法，计算斐波那契数列，程序实现如下。

```
/*===================================================
函数功能：尾递归求 Fibonacci 数列
函数输入：Fibonacci 数列的相邻两项值 a 和 b，项数 n
函数输出：Fibonacci 数列的第 n 项的值
===================================================*/
Int fib_rw(int a, int b, int n)
{
if(n<=1) return b;
return fib_rw(b, a+b, n-1);//在程序最后一行进行单纯自身函数的调用——尾递归
}
```

尾递归优化主要是对栈内存空间的优化，这个优化是 $O(n)$到 $O(1)$的；至于时间的优化，其实是对空间的优化导致内存分配的工作减少产生的，不会带来质的飞跃。

## 9.1.4　递归算法实例

递归算法是一把双刃剑，在能够清晰解决问题的同时，造成空间复杂度高的问题。但是，递归算法仍然不失为一个解决问题的好方法，尤其是一些问题只能使用递归算法解决，如数学上经典的汉诺塔问题。

### 1．问题描述

汉诺塔是一个经典的数学问题，它的表述如下：现有三根柱子 A、B、C，在柱子 A 上，从上到下按由小到大的顺序放置 $n$ 个圆盘，每个圆盘都比它下面的圆盘小，如图 9.2 所示，现在，需要将 $n$ 个圆盘从柱子 A 上移动到柱子 C 上，每次移动的时候必须保证小圆盘在大圆盘的上方。请问，应该按照什么样的顺序移动圆盘？需要移动多少次？

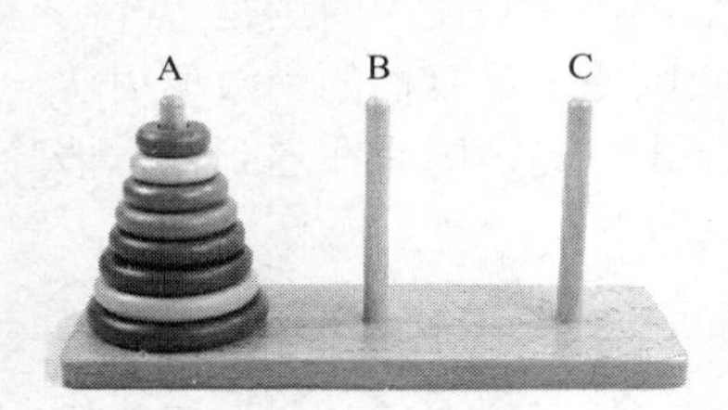


图 9.2　汉诺塔

在没有计算机的年代，汉诺塔问题是一个近乎无解的问题，从正向思维出发考虑汉诺塔问题很难解决。但是利用递归，可以给出一个很漂亮的解法，汉诺塔也是少数几个必须利用递归算法才能轻松求解的问题。按照递归的原则，我们对汉诺塔问题进行分析。

### 2．问题分析

（1）汉诺塔问题是否具备递归继续条件？

柱子 A 上的圆盘共用 $n$ 个，需要将 $n$ 个圆盘按照约束条件移动到柱子 C，原问题即为求解 hanoi(n)。假设存在一种方法 algorithm1，能够将 A 上的前 $n-1$ 个圆盘移动到柱子 B；然后，将 A 上的最后一个，也就是第 $n$ 个圆盘移动到柱子 C；最后，再次依照 algorithm1 方法，把柱子 B 上的 $n-1$ 个圆盘移动到柱子 C，最终汉诺塔问题得到解决。

现在的核心问题变为方法 algorithm1 究竟是采用什么方法能够实现 $n-1$ 个圆盘的移动呢？也就是说，有什么方法能够将 $n-1$ 个圆盘从柱子 A 移动到柱子 B 呢？可以发现，这个核心问题实际上就是规模小一号的汉诺塔问题 hanoi($n-1$)，我们成功地将一个原问题 hanoi($n$)变成了规模更小的子问题 hanoi($n-1$)；同理可得，为了求解问题 hanoi($n-1$)，就必须求解子问题

hanoi($n$−2)……依次类推，可以证明汉诺塔问题具备递归特性。

（2）汉诺塔问题是否具备边界条件？

当汉诺塔问题递归到 hanoi(1)时，实际上是可以解出这一问题的。hanoi(1)指的是柱 A 上只有一个圆盘，因此只需把这个圆盘移动到柱子 C 即可完成任务。因此，汉诺塔问题具备结束条件。

综上所述，汉诺塔问题满足递归的要求，因此可以利用递归算法构建一个漂亮的解决程序。

### 3．代码实现

```
#include <stdio.h>
//第一个塔为初始塔，中间的塔为借用塔，最后一个塔为目标塔
int i=1；//记录步数
//将编号为 n 的盘子由 from 移动到 to
void move(int n，char from，char to)
{
    printf("第%d 步：将%d 号盘子%c---->%c\n"，i++，n，from，to)；
}

//将 n 个盘子由初始塔移动到目标塔(利用借用塔)
void hanoi(int n，char from，char depend_on，char to)
{
    //只有一个盘子是直接将初塔上的盘子移动到目的地
    if (n==1)   move(1，from，to)；
    else
    {
        //先将初始塔的前 n-1 个盘子借助目的塔移动到借用塔上
        hanoi(n-1，from，to，depend_on)；
        //将剩下的一个盘子移动到目的塔上
        move(n，from，to)；
        //最后将借用塔上的 n-1 个盘子移动到目的塔上
        hanoi(n-1，depend_on，from，to)；
    }
}

int main()
{
    printf("请输入盘子的个数：\n")；
    int n；
    scanf("%d"，&n)；
    char x='A'，y='B'，z='C'；
    printf("盘子移动情况如下：\n")；
    hanoi(n，x，y，z)；
    return 0；
}
```

### 9.1.5 递归小结

递归的基本思想是把规模大的问题转化为规模小的相似子问题来解决。在函数实现时，因为解决大问题的方法和解决小问题的方法往往是同一个方法，所以产生了函数调用它自身的情况。另外，这个解决问题的函数必须有明显的结束条件，这样就不会产生无限递归的情况了。

递归过程必须具有两个要素。

- 边界条件：在问题最简单的情况下，本身不再使用递归的定义。
- 递归继续条件：使问题向边界条件转化的规则。

在递归方法能够更加自然地反映出问题并使程序更易于理解和调试时，递归方法通常取代迭代方法。选择递归解决方案的另一个原因是，迭代解决方案可能看上去不是那么直观。

在要求程序性能的情形中，应该避免使用递归。递归调用会占用很多时间，空间复杂度较高，容易造成堆栈溢出。

递归是一种设计程序的优秀方法，但是其缺点也是显而易见的，就是其空间复杂度很高，容易造成堆栈溢出；因此，还需要能够消除递归的方法。但是，并不是所有能够用递归解决的问题都可以改用非递归的方法解决。读者可以考虑一下，究竟什么情况下，只能用递归解决问题。

## 9.2 分治法——分而治之策略

### 9.2.1 分治法

#### 1. 分治的概念

在算法设计中，分治算法是一种很重要的算法。字面上的解释是“分而治之”，就是把一个复杂的问题分成两个或更多的相同或相似的子问题，通过合并子问题的解即可得到原问题的解。这个技巧是很多高效算法的基础，如快速排序算法、归并排序算法等。

任何一个可以用计算机求解的问题所需的计算时间都与其规模有关。以有序表查找算法为例，当序列个数 $n$=1 时，只需一次比较就能确定查找结果；当 $n$=2 时，比较两次就能确定查找结果。但是，当 $n$ 在十万、百万数量级时，问题就不那么容易处理了。直接解决一个规模较大的问题，有时相当困难。

#### 2. 分治法的设计思想

将一个难以直接解决的大问题，分割成若干规模较小的相同问题，各个击破、分而治之。具体来说，对于一个规模为 $n$ 的问题，若该问题可以容易地解决（比如，当规模 $n$ 小于一个阈值时）则直接解决，否则将其分解为 $k$ 个规模较小的子问题，这些子问题互相独立且与原问题形式相同，递归地解这些子问题，然后将各子问题的解合并得到原问题的解。这种算法设计策略叫作分治法。分治和递归就像一对孪生兄弟，在算法设计中经常结合使用。

#### 3. 分治法的算法描述

按照分治算法的思想，我们给出一种一般的算法设计模式。

```
DataType Divide-and-Conquer(P)
{
    if (P<=n0)
        对问题 P 进行求解；
    else
        将问题 P 分解为更小的问题 P1，P2，...，Pk；

    for (i=1；i<=k；i++)
        对问题 Pi 进行求解

    y=合并所有问题 Pi 的解；
    return y；
}
```

在这段伪代码中，$n_0$ 是问题 P 的规模阈值，大于该阈值 $n_0$ 的问题视为大规模问题，需要对其分解直到规模小于 $n_0$ 使问题可解。

可以看出，对于分治算法而言，如何将原问题分割为子问题，每个子问题的规模是否相同，这些问题没有一个决定性的定论。但是人们从大量的实例中总结得到，将子问题分成规模大致相等的若干个子问题时，分治算法最为有效。

## 9.2.2 分治法的适用条件

分治法能够解决的问题一般具有下面这些特征。

（1）问题在小规模时容易解决

问题的规模缩小到一定程度就可以容易地解决。这条特征是绝大多数问题都可以满足的，因为问题的计算复杂性一般随着问题规模的增加而增加。

（2）问题可以分解为相同小问题

问题可以分解为若干个规模较小的相同问题。这一条特征是应用分治法的前提，它也是大多数问题可以满足的，此特征反映了递归思想的应用。

（3）问题的解由子问题的解合并而成

利用该问题分解出的子问题的解可以合并为该问题的解。这一条特征是关键，能否利用分治法完全取决于问题是否具有第三条特征，如果具备了第一条和第二条特征，而不具备第三条特征，则可以考虑贪心法或动态规划法。

（4）子问题互相独立

该问题分解出的各子问题是相互独立的，即子问题之间不包含公共的子问题。最后一条特征涉及分治法的效率，如果各子问题不是独立的，则分治法要做许多不必要的工作，重复地解公共的子问题，此时虽然可用分治法，但一般用动态规划法较好。

## 9.2.3 分治问题的类型

分治算法能够处理的问题种类很多，经过人们长期不断总结，大概有以下两种类型：第一种是把问题分成子问题后，解决了子问题就解决了整个问题，不需合并；第二种是将问题进行分解之后，需要经过合并才能最终解决问题。

#### 9.2.3.1 问题分解不需合并的情形

这种类型最典型的问题就是之前介绍过的二分检索问题，通过不断地将序列分成两部分来查找序列中的某一个值，算法效率非常高效。这里我们用数学上经典的“整数划分问题”进行分治算法的说明。

**1. 问题描述**

有一个正整数 $n$，现需将 $n$ 表示为一系列正整数的和

$$n = n_1 + n_2 + \ldots + n_k \qquad n_1 \geqslant n_2 \geqslant \cdots \geqslant n_k \geqslant 1$$

这样的一系列整数就称为整数 $n$ 的一个划分，不同划分的个数称为划分数，记为 $p(n)$。

**2. 问题分析**

举例来说，整数 6 有如下 11 种不同的划分：

6

5+1

4+2， 4+1+1

3+3， 3+2+1， 3+1+1+1

2+2+2， 2+2+1+1， 2+1+1+1+1

1+1+1+1+1+1

也就是说，$p(6)=11$。

**3. 问题讨论**

**【思考与讨论】**

对于任意整数 $n$，其整数划分 $p(n)$等于多少？

**讨论：**这一问题可以用分治法得到很好的解决。我们将最终的整数划分结果分成互相不重叠的区间，在每个区间上分别讨论，就能得到所有的分解形式。

在整数划分中，由于有子整数的限制条件，分解出来的第一个子整数 $n_1$ 一定是所有子整数中最大的一个，我们称之为最大加数 $n_1$。因此，我们定义一个新的函数 $q(n,m)$，将其定义为最大加数 $n_1$ 不大于 $m$ 的划分个数。如此一来，整数划分问题可以分成 4 个子问题来考虑。下面的说明中，均以整数 6 的划分为例进行说明。

（1）$q(n,1) = 1$

在这里，$q(n,1)$意味着整数 $n$ 的一种划分形式，其中最大加数 $n_1$ 不大于 1。在这种情况下，任何整数 $n$ 都只有一种划分方式，以整数 6 为例，就是 6=1+1+1+1+1+1 这种形式。

（2）$q(n,m) = q(n,n), \quad m \geqslant n$

当 $m \geqslant n$ 时，由于所有划分出来的子整数都是正整数，不会出现负数，因此 $q(6,7)$和 $q(6,6)$没有区别，意味着 $q(n,m) = q(n,n)$。这个结论还是引申出一个推论，即 $q(1,m) = 1$。

（3）$q(n,m) = q(n,n) = 1 + q(n,n-1)$，$m=n$

我们分析正整数 $n$ 的通用划分，整数 $n$ 的划分应该由其中最大加数 $n_1=n$ 的划分数和 $n_1<n$ 的划分数组成。以 6 为例，$q(6,6)$应该由 $n_1=6$ 的划分和 $n_1<6$ 的划分两部分构成，其中 $n_1=6$ 的情况下，只存在一种分解方式，即 $6 = 6$，划分数为 1。因此 $q(n,n) = 1 + q(n-1,n)$。

（4）$q(n,m) = q(n,m-1) + q(n-m,m)$ ，$n>m>1$

子问题（3）给出了最大加数为 $n_1=n$ 时情况，在更加普通的情况下，最大加数 $n_1\leq m$ 时，正整数 $n$ 由 $n_1=m$ 的划分和 $n_1<m$ 的划分组成。以 $q(6,4)$ 为例考虑 $n_1<m$ 的情况，最大加数 $n_1\leq m-1$，因此划分数为 $q(n,m-1)$，以整数 6 为例，相当于此时的最大加数不大于 3，因此可以表示为 $q(6,3)$；而当 $n_1=m$ 时，相当于最大加数已经确定，划分数由剩余部分的 $n-m$ 确定，因此划分个数为 $q(n-m,m)$，以整数 6 为例，相当于此时的最大加数为 4，因此划分数的个数由剩余的 6−4=2 部分来确定，因此划分数为 $q(2,4)$。所以，$q(6,4)$ 应该由 $q(6,3)$ 与 $q(2,4)$ 组成，即 $q(6,4)=q(6,3)+q(2,4)$。

#### 4．递归公式归结

以上关系实际上给出了计算 $q(n,m)$ 的递归计算公式，通过此式可以最终完成程序的设计，请读者自行尝试。

$$q(n,m)=\begin{cases}1 & n=1,m=1\\ q(n,n) & n<m\\ 1+q(n,n-1) & n=m\\ q(n,m-1)+q(n-m,m) & n>m>1\end{cases} \tag{9-1}$$

实际上，我们之前学过的很多算法都可以归结到分治算法的思路中，例如，在排序算法中学习到的快速排序算法、归并排序算法等，读者可以考虑一下在快速排序和归并排序算法中分治与递归的策略是如何体现的。

### 9.2.3.2　问题分解后需要合并的情形

将问题进行分解之后，需要经过合并才能最终解决问题。这种类型的典型例子就是归并排序问题。我们首先回忆一下归并排序算法，排序过程示意图见图 9.3，归并排序是成功应用分治技术的一个完美的例子，采用分治法进行自顶向下的算法设计，在形式上更加简洁。

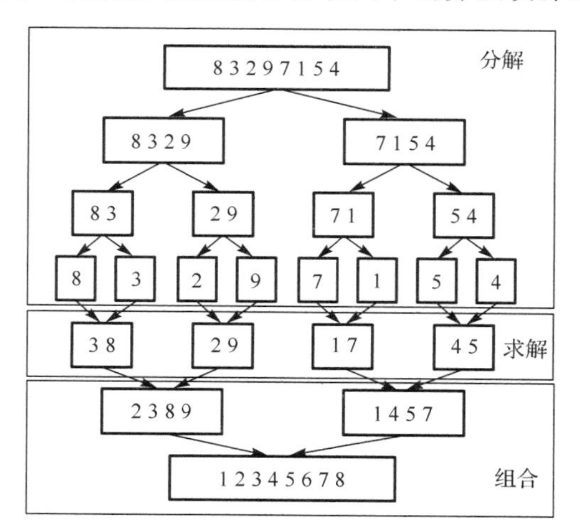


图 9.3　归并排序算法排序过程示意图

应用分治法的三个步骤如下（假设归并排序的当前区间是 A[0…$n-1$]，其中 $n=2^k$，为了简化算法，不足时可补 0）：

（1）分解。将当前区间一分为二，A[0…[$n/2$]−1]和 A[[$n/2$]…$n-1$]。

（2）求解。递归地对两个子区间 A[0…[$n/2$]−1]和 A[[$n/2$]…$n-1$]进行归并排序。

（3）组合。将已排序的两个子区间 A[0…[$n$/2]−1]和 A[[$n$/2]…$n$−1]归并为一个有序的区间 A[0…$n$−1]。

在归并算法中，可以发现应用递归的终结条件是子区间长度为 1，即一个记录自然有序时，终止递归算法。

## 9.2.4 分治法小结

### 1. 分治法解题步骤

分治法在每一层递归上都有三个步骤，解题基本思路如图 9.4 所示。

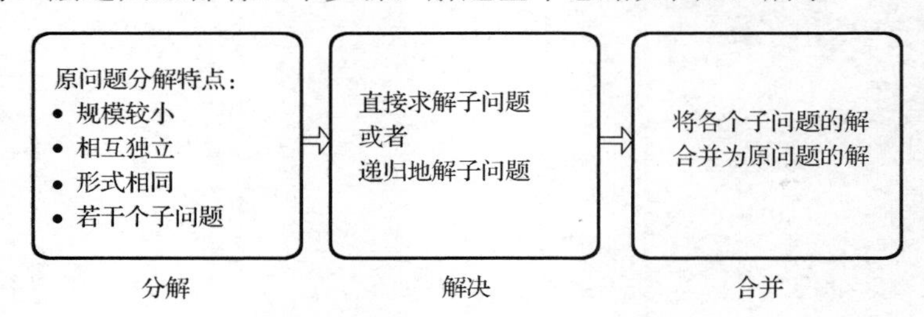


图 9.4 分治法解题基本思路

- 分解：原问题分解为若干个规模较小、相互独立、与原问题形式相同的子问题。
- 解决：若子问题规模较小且容易被解决则直接解，否则递归地解各个子问题。
- 合并：将各个子问题的解合并为原问题的解。递归地求出各个子问题的解后，便可自下而上地将子问题的解合并成原问题的解。

### 2. 分治算法解题关键

（1）如何将原始问题分解为子问题

往往先把输入分成两个与原问题相同的子问题，如果规模还是太大，则对这些子问题再进行上述处理，直到这些子问题易于解决。

（2）合并子问题

往往分治法的难点在于分完之后怎么合并。分治法的合并步骤是算法的关键，合并策略决定了算法的优劣。有些问题的合并方法比较明显，有些问题合并方法比较复杂，或有多种合并方案，或合并方案不明显。如何合并，没有统一的模式，需具体问题具体分析。

（3）分治问题往往用到递归算法

由分治法产生的子问题往往是原问题的较小模式，这就为使用递归技术提供了方便。反复应用分治手段，可以使子问题与原问题类型一致而使其规模不断缩小，最终使子问题缩小到易于直接求出其解。这自然导致递归过程的产生。分治与递归像一对孪生兄弟，经常被同时应用在算法设计中，并由此产生许多高效算法。

# 9.3 动态规划——多段决策法

## 9.3.1 动态规划

动态规划是运筹学中用于求解决策过程中的最优化的数学方法。在算法领域，动态规划是一种使用多阶段决策过程最优的通用方法，是应用数学中用于解决某类最优化问题的重要工具。

### 1. 问题背景

**【知识 ABC】多阶段决策与动态规划**

由美国数学家贝尔曼（Ballman）等人在 20 世纪 50 年代提出，他们针对多阶段决策问题的特点，提出了解决这类问题的“最优化原理”，并成功地解决了生产管理、工程技术等方面的许多实际问题。

在这里，多阶段决策过程是指这样一类特殊的活动过程，它们可以按时间顺序分解成若干相互联系的阶段，在每个阶段都要做出决策，全部过程的决策是一个决策序列，所以多阶段决策问题也称为序贯决策问题。一般来说，可以采用穷举法来求解多阶段决策，在求出所有的可行解之后，挑选一个最优解。但是穷举法面临计算复杂度极高的问题，甚至不可解的问题；还有一种方法是分段求解法，将求解过程分成一系列阶段，每个阶段依次求得最优解。这一方法能够有效降低求解的难度，但是无法保证分步最优解一定合成整体最优解。动态规划也是一种求解多阶段决策过程的有效方法。

### 2. 动态规划解题思路

动态规划的思路与分治法相类似，其基本思想也是将原问题分解成若干子问题，先求解子问题，随后从这些子问题得到原问题的解。动态规划与分治法的最大区别在于，动态规划得到的子问题往往不是互相独立的，而是互相交叠的。正因为此，我们无法把一个问题划分成完全独立的子问题，这给分治策略带来很大的麻烦。为了处理这种问题，可以考虑一种新的思路，一旦计算了某一个子问题，在求解这个子问题的过程中将计算中间的结果保存下来，而不去管这些中间结果以后会不会用得到。这样一来，在后续计算过程中要使用时可以快速查找调用，就能够节约重复计算的时间；而不使用也不会带来额外的损失，顶多是浪费了一部分内存空间。

可以发现，动态规划的思路是存储计算过程中所有子问题的解，而不管该子问题的解以后是不是一定会用到。因此，动态规划在本质上是一种用“空间换时间”的计算策略。

### 3. 动态规划算法设计步骤

基于动态规划的算法设计通常按照 4 个步骤来进行：

① 找出最优解性质，并描述其结构特征。

② 递归定义最优值。

③ 以自底向上的方式计算最优值。

④ 根据计算最优值时得到的信息构造一个最优解。

### 4. 动态规划与分治法的比较

你也许会想，这种将大问题分解成小问题的思维不就是分治法吗？动态规划是不是分而治之呢？其实，虽然在运用动态规划的逆向思维法和分治法分析问题时，都使用了这种将问题实例归纳为更小的相似子问题，并通过求解子问题产生一个全局最优值的思路，但动态规划不是分治法：关键在于分解出来的各子问题的性质不同。

分治法要求各子问题是独立的（即不包含公共的子问题），因此一旦递归地求出各个子问题的解，便可自下而上地将子问题的解合并成原问题的解。如果各子问题是不独立的，那么分治法就要做许多不必要的工作，重复地解公共的子问题。

动态规划与分治法的不同之处在于，动态规划允许这些子问题不独立（即各子问题可包含公共的子问题），它对每个子问题只解一次，并将结果保存起来，避免每次遇到时都要重复计算。这就是动态规划高效的一个原因。

因此，使用动态规划还是使用分治法，在于问题经分解得到的子问题是不是互相独立的。对于子问题不互相独立的问题，若用分治法来解，则分解得到的子问题数目太多，有些子问题被重复计算很多次。如果能够保存已解决的子问题的答案，在需要时找出已求得的答案，就可以避免大量的重复计算、节省时间。可以用一个表来记录所有已解子问题的答案。不管该子问题以后是否被用到，只要它被计算过，就将其结果填入表中。这就是动态规划法的基本思路。具体的动态规划算法多种多样，但它们具有相同的填表格式。以斐波那契数列为例，看一下其求解的子问题。

**5．动态规划实例分析**

**【例 9-4】**斐波那契数列项的求解过程

斐波那契数列项求解过程的分解形式如图 9.5 所示。

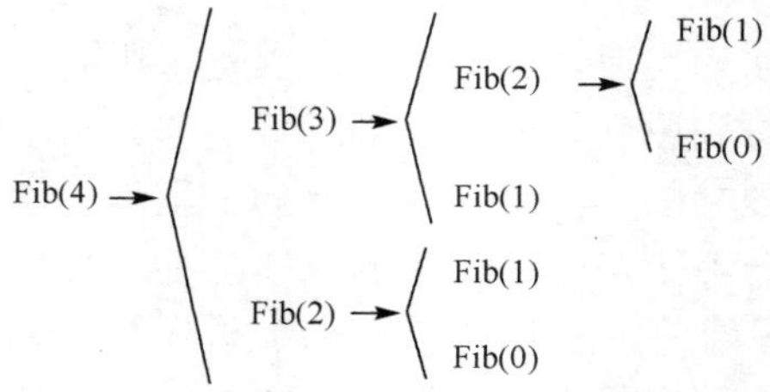

Fib(4) →
Fib(3) →
Fib(2) →
Fib(1)
Fib(0)
Fib(1)
Fib(2) →
Fib(1)
Fib(0)

图 9.5  斐波那契数列求解过程的分解形式

可以发现在求解 Fib(4)的过程中，Fib(2)和 Fib(3)被重复求解了许多次。那么如何提高求解效率呢？可以考虑一种方法，一旦求解得到了 Fib(2)和 Fib(3)的数值，就利用一个表格把它们储存起来，在下次需要调用时直接查表使用即可。这种方法就是动态规划的出发点。可以发现，需要额外的存储空间进行 Fib(2)和 Fib(3)的存储工作，动态规划在本质上就是一种用空间换时间的优化策略。

## 9.3.2 动态规划的解题方法

### 9.3.2.1 动态规划解题方法分类

动态规划有两种解题方法，一种称为自底向上法，首先由最小的问题开始，逐步向上，最后求取整个问题的解；还有一种方法是自顶向下法，从原始问题开始，子问题逐步往下层递归的求解，这种方法有时候也被称为备忘录方法。

### 9.3.2.2 动态规划解题方法讨论

**1．问题描述**

最短路径问题。图 9.6 给出了一个示意图，图中每个顶点代表一个城市，两个城市间的连线代表道路，连线上的数值代表道路的长度。现在，想从城市 A 到达城市 E，怎样走路程最短，最短路程的长度是多少？

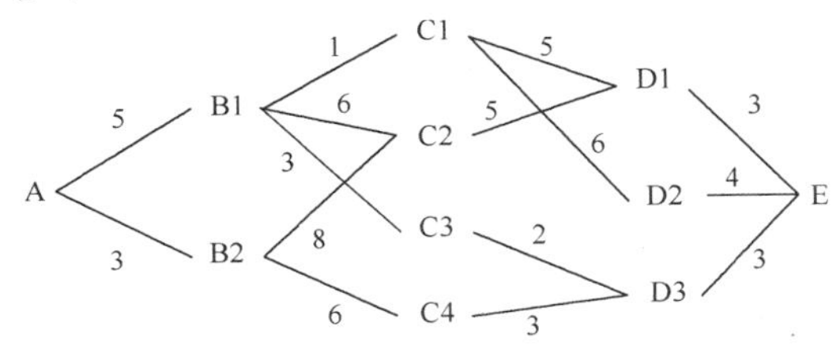


图 9.6 最短路径问题——网络图示法

### 2. 解题方法 1——穷举法

容易想到的一种方法是列举出所有可能发生的方案和结果，再对它们一一进行比较，求出最优方案，此种方法称为全枚举法或穷举法。显然，当组成交通网络的结点很多时，用穷举法求最优路线的计算工作量将十分庞大，而且其中包含许多重复计算。

### 3. 解题方法 2——局部最优法

所谓“局部最优路径”法，是从 $k$ 出发，并不考虑全线是否最短，只是选择当前最短的途径，“逢近便走”，以局部最优会带来整体最优为假设，在这种想法指导下，所取决策必是 A →B2 →C4 →D3 →E，全程长度是 15；显然这种方法的结果常是错误的。

### 3. 解题方法 3——分段求最优

（1）分析解结构

把问题分成若干 $k$ 个阶段，如图 9.7 所示。

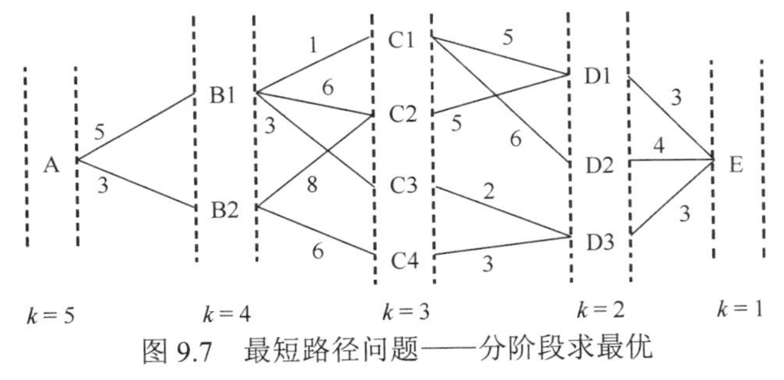


图 9.7 最短路径问题——分阶段求最优

前点到终点 E 的最短距离是列出前一段到当前点所有可能的情形，在其中选取最优结果。例如：

① $D_1$、$D_2$、$D_3$ 到 E 的距离分别为 3、4、3。

② $C_1$ 到 E 的所有路径

$$C_1-D_1-E=5+3=8$$

$$C_1-D_2-E=6+4=10$$

取中间点为 $D_1$ 的路径为最优结果。终点到起点的最优解由各段的最优组合而成。

把所有点到终点 E 的最优结果记录在表格中，如图 9.8 所示。从终点开始逐段计算最短距离，这就是自底向上的方法。

（2）找出递推式

根据前面的分析，可以看出最优结果的选取是根据下面的规则进行的

当前点的最优 = 最优{ 前段到当前点所有可能的情形}

| $D_1$ | $D_2$ | $D_3$ | $C_1$ | $C_2$ | $C_3$ | $C_4$ | $B_1$ | $B_2$ | A |
|---|---|---|---|---|---|---|---|---|---|
| 3 E | 4 E | 3 E | – | – | – | – | – | – | – |
| | | | 8 $D_1$ | 8 $D_1$ | 5 $D_3$ | 6 $D_3$ | – | – | – |
| | | | | | | | 8 $C_3$ | 12 $C_4$ | – |
| | | | | | | | | | 13 $B_1$ |

目的端E到达此点的最短路径（子问题最优）

所经过的中间点

图 9.8 最短路径问题——动态规划记录表

抽象成符号表示的形式即为递推式

$$\mathrm{DM}_{k+1}(X_{k+1}) = \min\{ d_k(X_{k+1}, X_k) + \mathrm{DM}_k(X_k) \}$$

其中，

$i$=1～$n$，设第 $k$ 阶段有 $n$ 个顶点；

$d_k(X_k, X_{k+1})$——第 $k$ 阶段由顶点 $X_k$ 到 $k$+1 阶段的顶点 $X_{k+1}$ 的路径距离；

$\mathrm{DM}_k(X_k)$——从第 $k$ 阶段的 $X_k$ 到终点 E 的最短距离。

（3）构建最佳解

如图 9.9 所示，从起点 A 开始，以中间点为线索，可逐步求得 A 到 E 的最短路径和最短距离。

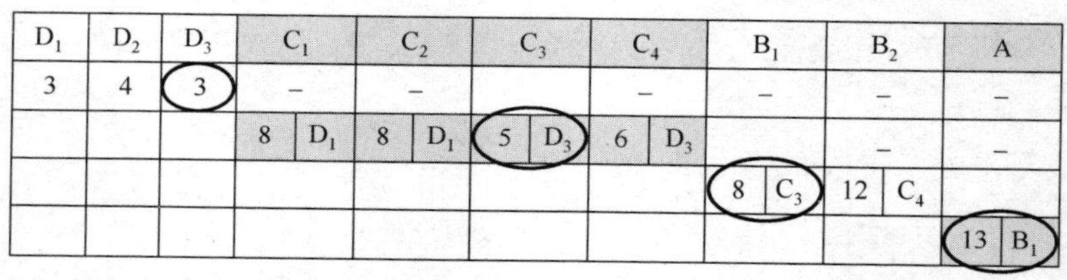

| $D_1$ | $D_2$ | $D_3$ | $C_1$ | $C_2$ | $C_3$ | $C_4$ | $B_1$ | $B_2$ | A |
|---|---|---|---|---|---|---|---|---|---|
| 3 | 4 | 3 | – | – | | – | – | – | – |
| | | | 8 $D_1$ | 8 $D_1$ | 5 $D_3$ | 6 $D_3$ | | – | – |
| | | | | | | | 8 $C_3$ | 12 $C_4$ | |
| | | | | | | | | | 13 $B_1$ |

A到E最短路径为A→B1→C3→D3→E
最短路程长度为13



图 9.9 最短路径问题——构建最佳解

#### 9.3.2.3 动态规划问题的特征

使用动态规划求解的问题均具备以下三个特征。

（1）重叠子问题

在用递归算法自顶向下解问题时，每次产生的子问题并不总是新问题，有些子问题被反复计算多次。动态规划算法正是利用了这种子问题的重叠性质，对每一个子问题只解一次，而后将其解保存在一个表格中，在以后尽可能多地利用这些子问题的解。

动态规划实质上是一种以空间换时间的技术，它在实现的过程中不断存储产生过程中的各种状态，所以它的空间复杂度要大于其他算法。子问题的重叠性这个性质并不是动态规划适用的必要条件，但是，如果该性质无法满足，动态规划算法同其他算法相比就不具备优势。

（2）最优子结构

当问题的最优解包含其子问题的最优解时，称该问题具有最优子结构性质。可以通俗地理解为子问题的局部最优将导致整个问题的全局最优，即问题具有最优子结构的性质，也就是说，一个问题的最优解只取决于其子问题的最优解，非最优解对问题的求解没有影响。

最优化原理是动态规划的基础，任何问题，如果失去了最优化原理的支持，就不可能用动态规划方法计算。根据最优化原理导出的动态规划基本方程是解决一切动态规划问题的基本方法。

（3）无后效性

一个问题能否用“动态规划”解决，一个关键的判断条件是“它是否有后效性”。所谓无后效性，指的是这样一种性质：某阶段的状态一旦确定，则此后过程的演变不再受此前各状态及决策的影响。也就是说，“未来与过去无关”，当前的状态是此前历史的一个完整总结，此前的历史只能通过当前的状态去影响过程未来的演变。

从图论的角度去考虑，如果把这个问题中的状态定义成图中的顶点，两个状态之间的转移定义为边，转移过程中的权值增量定义为边的权值，则构成一个有向无环加权图。因此，这个图可以进行“拓扑排序”，至少可以按它们拓扑排序的顺序去划分阶段。

在判断这个问题是否有后效性时，一个方法就是将问题的阶段作为顶点，阶段与阶段之间的关系看作有向边，判断这个有向图是否为“有向无环图”，亦即这个图是否可以进行“拓扑排序”。

**【例 9-5】**非最优子结构的例子。

如图 9.10 所示，有结点 A、B、C、D，结间之间道路的长度为连线上方的数字。

最优路径的条件：从 A 到 D 的所有路径中，长度除以 4 所得余数最小的路径。

求一条最优路径。

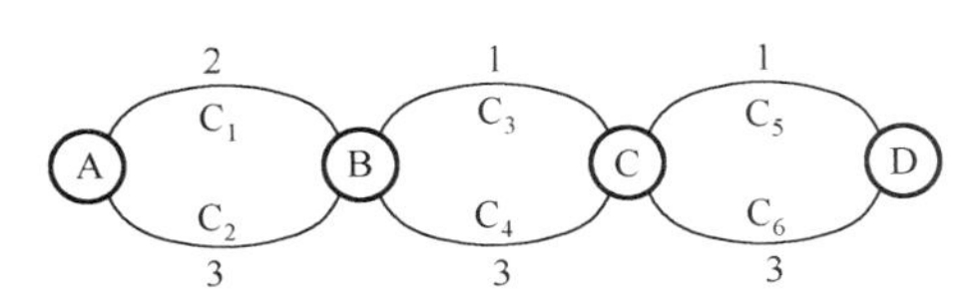

图 9.10　非最优子结构

**解析：**在这个题目中，如果按照动态规划的思维，A 最优取值可以由 B 的最优取值来确定，而 B 的最优取值为 0，所以 A 的最优值为 2，而实际上，路径 $C_1$—$C_3$—$C_5$ 可得最优值为 0，所以，B 的最优路径并不是 A 最优路径的子路径。也就是说，A 的最优取值不是由 B 的最优取值决定的，其不具有最优子结构。

具有最优子结构的问题，即一个问题的最优解只取决于其子问题的最优解，也就是说，非最优解对问题的求解没有影响。

由此可见，并不是所有的“决策问题”都可以用“动态规划”来解决。所以，只有当一个问题呈现出最优子结构时，“动态规划”才可能是一个合适的候选方法。

## 9.3.3　动态规划解题实例

动态规划能求解难问题，下面再来看一些经典的动态规划问题。

### 9.3.3.1　矩阵连乘问题

#### 1．问题描述

给定 $n$ 个矩阵$\{A_1, A_2, \cdots, A_n\}$，其中，$A_i$ 与 $A_{i+1}$ 是可乘的，$i$=1，2，…，$n$−1，计算这 $n$ 个矩阵的连乘积 $A_1A_2\cdots A_n$。

#### 2．问题分析

由于矩阵乘法满足结合律，故计算矩阵的连乘积可以有许多不同的计算次序。这种计算次序可以用加括号的方式来确定。若一个矩阵连乘积的计算次序完全确定，也就是说该连乘积已完全加括号，则可以依此次序反复调用两个矩阵相乘的标准算法计算出矩阵连乘积。

完全加括号的矩阵连乘积可递归地定义为：（1）单个矩阵是完全加括号的；（2）矩阵连乘积 A 是完全加括号的，则 A 可表示为两个完全加括号的矩阵连乘积 B 和 C 的乘积并加括号，即 A=(BC)。

例如，矩阵连乘积 $A_1A_2A_3A_4$ 有 5 种不同的完全加括号的方式

$$(A_1(A_2(A_3A_4)))$$
$$(A_1((A_2A_3)A_4))$$
$$((A_1A_2)(A_3A_4))$$
$$((A_1(A_2A_3))A_4)$$
$$(((A_1A_2)A_3)A_4)$$

每一种完全加括号的方式对应一个矩阵连乘积的计算次序，这决定着进行乘积所需的计算量。若 A 是一个 $p \times q$ 矩阵，B 是一个 $q \times r$ 矩阵，则在计算其乘积 C=AB 的标准算法中，需要进行 $pqr$ 次数乘。

为了说明在计算矩阵连乘积时加括号方式对整个计算量的影响，先考察 3 个矩阵 $A_1$、$A_2$、$A_3$ 连乘的情况。设这 3 个矩阵的维数分别为 10×100、100×5、5×50。加括号的方式只有两种：$((A_1A_2)A_3)$、$(A_1(A_2A_3))$。第一种方式需要的数乘次数为 10×100×5+10×5×50=7500；第二种方式需要的数乘次数为 100×5×50+10×100×50=75000。第二种加括号方式的计算量是第一种方式计算量的 10 倍。由此可见，在计算矩阵连乘积时，加括号方式，即计算次序对计算量有很大的影响。于是，自然提出矩阵连乘积的最优计算次序问题，即对于给定的相继 $n$ 个矩阵 $\{A_1, A_2, \cdots, A_n\}$（其中矩阵 $A_i$ 的维数为 $p_{i-1} \times p_i$，$i=1, 2, \cdots, n$），如何确定计算矩阵连乘积 $A_1A_2\cdots A_n$ 的计算次序（完全加括号方式），使得依此次序计算矩阵连乘积需要的数乘次数最少。

要解决这一问题，最简单的想法就是穷搜法，也就是测试所有不同的加括号方法，找到乘法次数最少的一种。但是，当连乘矩阵数目较多时，加括号的方式是以指数级增加的，因此穷搜法不是解决这一问题的好方法。为了较好地解决矩阵连乘问题，我们采用动态规划方法。

动态规划方法一般分成 4 个步骤解决，下面按照顺序进行说明。

（1）分析最优解的结构

假设连乘的矩阵为 $A_0A_1\cdots A_{n-1}$。对于这些连乘矩阵而言，一定存在一个乘法次数最少的最优加括号方式。我们假设在 $A_k$ 和 $A_{k+1}$ 处断开是最优的加括号方式，那么也就意味着有一个括号会加在 $A_k$ 和 $A_{k+1}$ 中间，如下所示

$$(A_0A_1\cdots A_k)(A_{k+1}A_{k+2}\cdots A_{n-1})$$

考虑到我们的假设前提，亦即这种加括号方式是最优的。从这个假设可以推出一个新的结论，就是此时连乘矩阵 $A_0A_1\cdots A_k$ 和连乘矩阵 $A_{k+1}A_{k+2}\cdots A_{n-1}$ 都已经是最优的加括号计算方法，否则会导致与假设前提矛盾。

将这一结论换一种描述方式，矩阵连乘问题的最优加括号方法，包含着其子问题的最优加括号方法。当一个问题的最优解包含了其子问题的最优解时，称其具有最优子结构性质。利用动态规划能够求解的问题，都需要具备最优子结构特征。

（2）建立递推关系

继续分析这一问题。建立一个二维计数器 m[i][j]，用来记录 $A_iA_{i+i}\cdots A_{j-1}A_j$ 所需的最少乘法次数。那么矩阵连乘问题 $A_0A_1\cdots A_{n-1}$ 的最少乘法次数，就转变为求解 $m[0][n-1]$。

当 $i=j$ 时。此时实际上在对单一矩阵 $A_i$ 进行求解。单一矩阵 $A_i$ 不涉及任何乘法运算，因此

$$m[i][j]=0$$

当 $i<j$ 时。为了计算 $A_iA_{i+i}\cdots A_{j-1}A_j$ 的最少乘法次数，应该遍历每一种可能的位置，并最终选取最少的一种赋值给 m[i][j]。为遍历求解，需要求解在 $k$ 处断开时的乘法次数，并选取遍历所有 $k$ 之后最小的一个。

在 $k$ 处断开之后，$A_iA_{i+i}\cdots A_{j-1}A_j$ 会被划分为两部分：$A_i\cdots A_k$ 和 $A_{k+1}\cdots A_j$。因此，m[i][j] 的最终结果应为

$$m[i][j]=m[i][k]+m[k+1][j]+p[2]p[k]p[j]$$

其中，m[i][k]和 m[k][j]分别为前后两部分 $A_i\cdots A_k$ 和 $A_{k+1}\cdots A_j$ 的最少乘法次数，加项 p[2]p[k]p[j] 是前后两个部分矩阵各自乘后的结果再相乘带来的乘法次数。因此可以发现，为了求得 m[i][j]，需要对其中所有的 $k$ 进行遍历，而 m[i][k]和 m[k][j]也是需要求解的最优乘法次数。

（3）采用自底向上的方法计算最优值

举例而言，为了求解 m[4][2]，就要求解它们的子问题 m[4][k]和 m[k][2]；但 m[k][2]也会出现在求解 m[5][2]的过程中，也就意味着 m[k][2]是一个会被反复用到的子问题的解。这就带来一个思路，在求解子问题的过程中，将所有计算过的子问题的解全部都存储起来，之后需要求解子问题时，只需要检查一下存储器，若存在这一子问题的解，就可以直接输出，不存在的子问题的解，才真正调用算法去求解。如此可大大降低求解问题的时间复杂度，但增加了空间的消耗。因此，动态规划在本质上是一种空间换时间的优化策略。

为了更好地描述动态规划的求解流程，以一个具体的例子 $A_0A_1A_2A_3A_4A_5$ 来进行说明。6 个矩阵的维度分别是 30×35、35×15、15×5、5×10、10×20 和 20×25。

为求解 m[0][5]，首先采用自底向上的方法进行计算。在这个问题中，“底”指的是最小的子问题 m[i][i]。我们知道 m[i][i]=0，因此得到以下矩阵

$$\begin{bmatrix} 0 & \times & \times & \times & \times & \times \\ & 0 & \times & \times & \times & \times \\ & & 0 & \times & \times & \times \\ & & & 0 & \times & \times \\ & & & & 0 & \times \\ & & & & & 0 \end{bmatrix}$$

接下来计算 m[0][1]、m[1][2]、m[2][3]、m[3][4]和 m[4][5]。在这种情况下，就是两个相邻矩阵连乘，因此不存在加括号的方式，可以继续补充我们的矩阵

$$\begin{bmatrix} 0 & 15750 & \times & \times & \times & \times \\ & 0 & 2625 & \times & \times & \times \\ & & 0 & 750 & \times & \times \\ & & & 0 & 1000 & \times \\ & & & & 0 & 5000 \\ & & & & & 0 \end{bmatrix}$$

继续计算 m[0][2]，m[1][3]，m[2][4]，m[3][5]。此时相当于 3 个相邻矩阵连乘，存在两种加括号的方案。以 m[0][2]为例，为了计算 m[0][2]，依据计算公式可得

$$m[0][2] = m[0][k] + m[k+1][2] + p[i]p[k]p[j]$$

$k$ 的取值只有 0 或 1 可选。当 $k$=0 时，

$$m[0][2] = m[0][0] + m[1][2] + p[i]p[k]p[j]$$

可以发现，式中的 m[0][0]和 m[1][2]都已经计算得到，直接查矩阵就可以求解出此时的 m[0][2]=0+2625+30×35×5=7875。当 $k$=1 时

$$m[0][2] = m[0][1] + m[2][2] + p[i]p[k]p[j]$$

同样可以发现，式中，m[0][1]和 m[2][2]已经计算得到，因此 m[0][2] = 15750 + 0 + 30 × 15×5 = 18000。

综合遍历 $k$ 的所有情况，可以最终确定 m[0][2]= 7875。用一个新的矩阵 s[i][j]来记录断开的位置，此时的 s[0][2]=$k$+1=1。

通过类似方法，我们能够求解所有 m[i][j]，直到最终求解 m[0][5]为止。补充完毕的矩阵 m[i][j]如下所示。

$$\begin{bmatrix} 0 & 15750 & 7875 & 9375 & 11875 & 15125 \\ & 0 & 2625 & 4375 & 7125 & 10500 \\ & & 0 & 750 & 2500 & 5375 \\ & & & 0 & 1000 & 3500 \\ & & & & 0 & 5000 \\ & & & & & 0 \end{bmatrix}$$

而记录断开位置的矩阵 s[i][j]也一并可以得到。

$$\begin{bmatrix} 0 & 1 & 1 & 3 & 3 & 3 \\ & 0 & 2 & 3 & 3 & 3 \\ & & 0 & 3 & 3 & 3 \\ & & & 0 & 4 & 5 \\ & & & & 0 & 5 \\ & & & & & 0 \end{bmatrix}$$

（4）构造最优解

以上算法中，我们计算出来的最少的乘法次数 m[0][5]最少需要 15125 次乘法运算。但是，我们还不知道如何加括号来达到这一目标。因此，还必须依靠辅助矩阵 s[i][j]解决这一问题。

由于 s[i][j]=k+1 给出了矩阵的最优断开位置，也就是矩阵应该断在 $k$ 和 $k$+1 之间，对于 $A_0A_1\cdots A_5$ 而言，s[0][5]=3 给出了其断开位置，因此第一重括号应该加在

$$(A_0A_1A_2)(A_3A_4A_5)$$

对于前后两部分而言，s[0][2]=1 实际上指出了 $A_0A_1A_2$ 连乘时的最优括号位置，即 $A_0(A_1A_2)$；而 s[3][5]=5 也指出了 $(A_3A_4)A_5$ 连乘的最优括号位置，最终可以构建出一个完整的最优解

$$(A_0(A_1A_2))((A_3A_4)A_5)$$

综合上述步骤（1）～（4），我们最终解决了矩阵连乘问题。由于在计算过程中采取了自

底向上的计算方法，因此大大节约了子问题的求解时间，复杂度相比穷搜法而言降低了一个数量级。

#### 9.3.3.2　0—1 背包问题的动态规划法求解

##### 1. 问题描述

在 *n* 件物品取出若干件放在承重为 w 的背包里，每件物品的重量为 $w_1,w_2,\dots,w_n$，与之相对应的价值为 $v_1,v_2,\dots,v_n$。如何搭配选取 *n* 种物品，使得选出的物品价值最高，且能装入承重为 w 背包中。注意：在本题中，所选物品 *i* 不能只部分装入背包。

##### 2. 问题分析

为方便描述问题，我们设有 4 种物品，相应的重量和价值见图 9.11。

按照自底向上的方法，首先是背包中没有物品，然后放入物品 1，观察背包在当前限定承重量状态下是否可以放入物品，记录此时背包中物品的价值。重复这个过程，逐步加入物品，直到所有物品都试着加入过。用表格记录子问题的解，用的是自底向上法。所有情形记录见图 9.12。

| 物品$i$ | 重量$w_i$ | 价值$v_i$ |
|---|---|---|
| 1 | 2 | 12 |
| 2 | 1 | 10 |
| 3 | 3 | 21 |
| 4 | 2 | 15 |

背包承重量 w = 5

图 9.11　0—1 背包问题

| 情形 | $i$ \ $j$ | 0 | 1 | 2 | 3 | 4 | 5 |
|---|---|---|---|---|---|---|---|
| $w_1=0$　$v_1=0$ | 无 | 0 | 0 | 0 | 0 | 0 | 0 |
| $w_1=2$　$v_1=12$ | 1 | 0 | 0 | 12 | 12 | 12 | 12 |
| $w_2=1$　$v_2=10$ | 1, 2 | 0 | 10 | 12 | 22 | 22 | 22 |
| $w_3=3$　$v_2=21$ | 1, 2, 3 | 0 | 10 | 12 | 22 | 31 | 33 |
| $w_4=2$　$v_4=15$ | 1, 2, 3, 4 | 0 | 10 | 15 | 25 | 31 | 37 |

物品价值

*i*：可放置物品编号，*j*：背包当前最大承重量

图 9.12　0—1 背包问题——动态规划解法

##### 2. 找出递推关系

递推式见图 9.13，其中 *i* 为物品编号，v[i,j]表示加入第 *i* 个物品、在背包承重量为 *j* 时的价值；$v_i$——第 *i* 个物品的价值，其重量为 $w_i$；v[ i−1, j−wi ]为前 *i*−1 个物品，在未加入 $w_i$ 时已有的最大价值；v[ i−1, j ]为前 *i*−1 个物品，在承重量是 *j* 时的最大价值。

当前承重为 j 时价值最大值为下面二者之一：

- 当前物品 $w_i$ 装不进（$j<w_i$），则仍为上一个同承重量 *j* 状态的价值 v[ i−1,j ]。
- 当前物品 $w_i$ 可以装进（$j>=w_i$），则其价值为承重为 $j$-$w_i$ 时价值+$w_i$ 的价值 $v_i$。

##### 3. 构建最佳解

解的构建是自底向上，从 *j*=5，v(4,5)开始，见图 9.14。

按照递推公式，逐步得到相应物品是否能加入背包的判断，并得到对应的价值。

$$v[i,j]=\begin{cases}\max\{v[i-1,j],v_i+v[i-1,j-w_i]\} & j>=w_i\\ v[i-1,j] & j<w_i\end{cases}$$

初始条件：*j*>=0 时，v[0, j]=0；*i*>=0 时，v[i,0]=0

| 0 | 0 | … | $j - w_i$ | j | … | w |
|---|---|---|---|---|---|---|
| … | | | | | | |
| $i-1$ | 0 | | $v[i-1, j-w_i]$ | $v[i-1, j]$ | | |
| $i$ | 0 | | | $v[i, j]$ | | |
| … | | | | | | |
| $n$ | 0 | | | | | 目标 |

图 9.13　0—1 背包问题——递推式

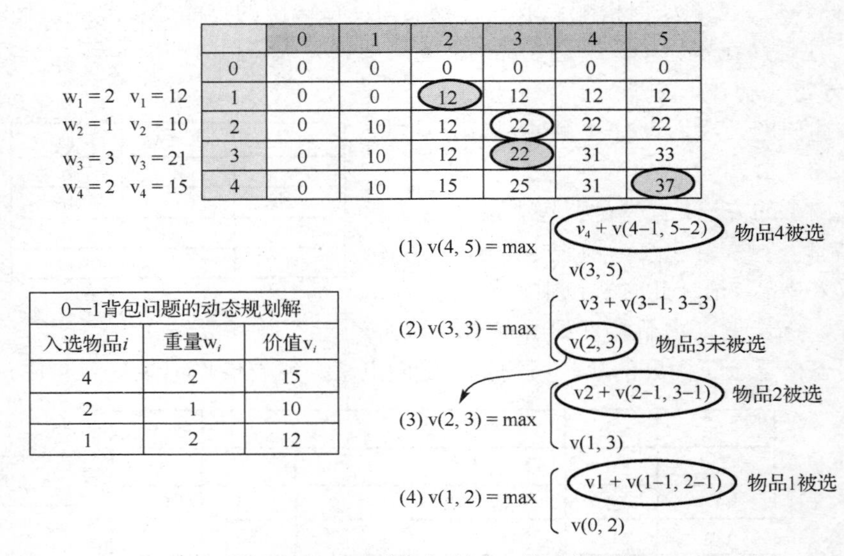


图 9.14　0—1 背包问题——构建最佳解

### 9.3.4　动态规划小结

动态规划能够解决很多优化问题，是一种非常重要的计算方法。同时，动态规划还有一种变形方法，称为备忘录方法，采取的是自顶向下的计算方法，且也将子问题的解进行存储。备忘录方法特别适合解决并非所有子问题都需要求解的问题，通过降低求解子问题的数量来节约计算时间；对于大部分子问题都需要求解的问题而言，动态规划相对而言更加有效。

## 9.4　贪心算法——局部最优解法

### 9.4.1　贪心算法

#### 1．贪心算法简介

所谓的贪心算法，就是做出在当前看来是最好选择的一种方法。比如，有三种硬币，面值分别为 1 元、5 角、1 角，如果给客户找零 2 元 7 角，请问怎么找零才能使所需硬币数目最少？

方案：首先找一个面值不超过 2 元 7 角的面值最大的硬币，这里是 1 元硬币，然后从 2 元 7 角中减去 1 元，得到 1 元 7 角，再找一个面值不超过 1 元 7 角的面值最大硬币，这里是 1 元硬币，以此类推。

前面介绍的哈夫曼编码算法、最小生成树 Kruskal 算法、求解最短路径的 Dijkstra 算法，都属于贪心算法思想。

贪心算法在对问题求解时不从整体最优上考虑，所做出的仅是在某种意义上的局部最优解。

贪心算法没有固定的算法框架，算法设计的关键是贪心策略的选择。必须注意的是，贪心算法不是对所有问题都能得到整体最优解，选择的贪心策略必须具备无后效性，即某个状态之后的过程不会影响之前的状态，而只与当前状态有关。所以对采用的贪心策略一定要仔细分析其是否满足无后效性。

### 2. 贪心算法的性质

对于一个具体问题，如何确定是否可用贪心算法求解，以及能否得到问题的最优解？这个问题很难给予肯定的回答。但是，从许多可用贪心算法求解的问题中可以总结出两个重要的性质：最优子结构性质和贪心选择性质。

（1）最优子结构性质

当一个问题的最优解包含其子问题的最优解时，称此问题具有最优子结构性质。问题的最优子结构性质是该问题可用动态规划算法或贪心算法求解的关键特征。

（2）贪心选择性质

贪心选择性质是指所求问题的整体最优解可以通过一系列局部最优的选择，即贪心选择来达到。对于一个具体问题，要确定它是否具有贪心选择性质，必须证明每一步的贪心选择可以带来问题的整体最优解。

贪心选择性质是贪心算法可行的基本要素，也是贪心算法与动态规划算法的主要区别。与动态规划算法相比，虽然贪心算法和动态规划算法都要求问题具有最优子结构性质，但动态规划算法通常以自底向上的方式解各子问题，而贪心算法则通常以自顶向下的方式进行求解，以迭代的方式做出相继的贪心选择，每做一次贪心选择就将所求问题简化为规模更小的子问题，因此它们在处理具体问题方面仍有差异。

### 3. 贪心算法设计思路

贪心算法一般遵循以下基本思路进行算法设计：

① 建立数学模型来描述问题。

② 把求解的问题分成若干子问题。

③ 对每一子问题求解，得到子问题的局部最优解。

④ 把子问题的解局部最优解合成原来解问题的一个解。

### 4. 贪心算法的伪代码描述

贪心算法的伪代码实现可以参考如下伪代码。

```
从问题的某一初始解出发;
while （能朝给定总目标前进一步）
{
        利用可行的决策，求出可行解的一个解元素;
}
由所有解元素组合成问题的一个可行解;
```

## 9.4.2 贪心算法经典问题

贪心策略适用的一个重要前提是局部最优策略能产生全局最优解。因此，实际上贪心算法适用的情况相对较少。我们来看下面的经典例子。

### 9.4.2.1 0—1 背包问题的贪心算法求解

#### 1. 问题描述

给定 $n$ 个物品，其中，第 $i$ 个物品的重量为 $w_i$，价值为 $v_i$；背包的总容量为 c。那么，如何选择物品才能使得装入背包的物品总价值最大？对于每件物品来说，可以选择全部装入，也可以选择部分装入，或者不装入。

#### 2. 问题解析

贪心算法的原则是计算所有物品的单位重量价值 $v_i/w_i$。首先选取单位重量价值最高的物品装，再选取单位重量价值次高的物品装，以此类推，直到将背包装满为止。此时的背包中物品价值达到最大。对图 9.15 中设定各物品的重量和价值，我们给出动态规划和贪心算法（亦称为贪婪算法）相应的解，此时 0—1 背包问题用动态规划和贪心法的结果都是最优解。

| 物品$i$ | 重量$w_i$ | 价值$v_i$ | 单位重量的价值 |
|---|---|---|---|
| 1 | 2 | 12 | 6 |
| 2 | 1 | 10 | 10 |
| 3 | 3 | 21 | 7 |
| 4 | 2 | 15 | 7.5 |

背包承重量
w = 5

| | 0—1背包问题 | | | | | | 背包问题 | | |
|---|---|---|---|---|---|---|---|---|---|
| | 动态规划解法 | | | 贪婪解法 | | | 贪婪解法 | | |
| 物品$i$ | 4 | 2 | 1 | 2 | 4 | 1 | 2 | 4 | 3 |
| 重量$w_i$ | 2 | 1 | 2 | 1 | 2 | 2 | 1 | 2 | 2 |
| 价值$v_i$ | 15 | 10 | 12 | 10 | 15 | 12 | 10 | 15 | 14 |
| 包内总价 | 37 | | | 37 | | | 39 | | |

图 9.15 0—1 背包问题的各种解法比较

下面我们换一组数据，将图 9.15 中物品 3 的单价 21 改为 24，此时可以看贪心算法对 0—1 背包问题的解就不是最优的了，而动态规划法的结果依然是最优的，见图 9.16。

| 物品$i$ | 重量$w_i$ | 价值$v_i$ | 单价 |
|---|---|---|---|
| 1 | 2 | 12 | 6 |
| 2 | 1 | 10 | 10 |
| 3 | 3 | 24 | 8 |
| 4 | 2 | 15 | 7.5 |

背包承重量
w = 5

| | 0—1背包问题 | | | | | | 背包问题 | | |
|---|---|---|---|---|---|---|---|---|---|
| | 动态规划解法 | | | 贪婪解法 | | | 贪婪解法 | | |
| 物品$i$ | 4 | 3 | | 2 | 3 | | 2 | 3 | 4 |
| 重量$w_i$ | 2 | 3 | | 1 | 3 | | 1 | 3 | 1 |
| 价值$v_i$ | 15 | 24 | | 10 | 24 | | 10 | 24 | 7.5 |
| 包内总价 | 39 | | | 34 | | | 41.5 | | |

图 9.16 背包问题的各种解法比较 2

### 9.4.2.2　活动安排问题

#### 1．问题描述

现在有一系列活动需要使用同一个场地，同一时间只能有一个活动占用这块场地，如何安排场地的使用来保障所有活动顺利开展且两个活动不冲突呢？

#### 2．问题分析

活动场地安排问题就是要在所给的活动集合中选出最大的相容活动子集合，首先把这个问题具体化。

设有 $n$ 个活动，其中每个活动都要求使用同一场地，在同一时间只有一个活动能使用这一场地。活动 $i$ 有一个要求使用该资源的起始时间 $s_i$ 和一个结束时间 $f_i$，且 $s_i<f_i$。如果选择了活动 $i$，则它在半开时间区间$[s_i,f_i)$内占用资源。若区间$[s_i, f_i)$与区间$[s_j,f_j)$不相交，则称活动 $i$ 与活动 $j$ 是相容的。也就是说，$f_i \geq s_j$ 时，活动 $i$ 与活动 $j$ 相容。

现在给定 $n$ 个活动，每个活动必须使用该场地才能完成，但不能同时被两个活动使用，下面是 $n$ 件事情分别使用资源 M 的时间段：$[s_1,f_1)$，$[s_2,f_2)$，$[s_3,f_3)$，…$[s_n,f_n)$，现在的问题是：如何在一段时间内做尽可能多的事。如图 9.17 所示。

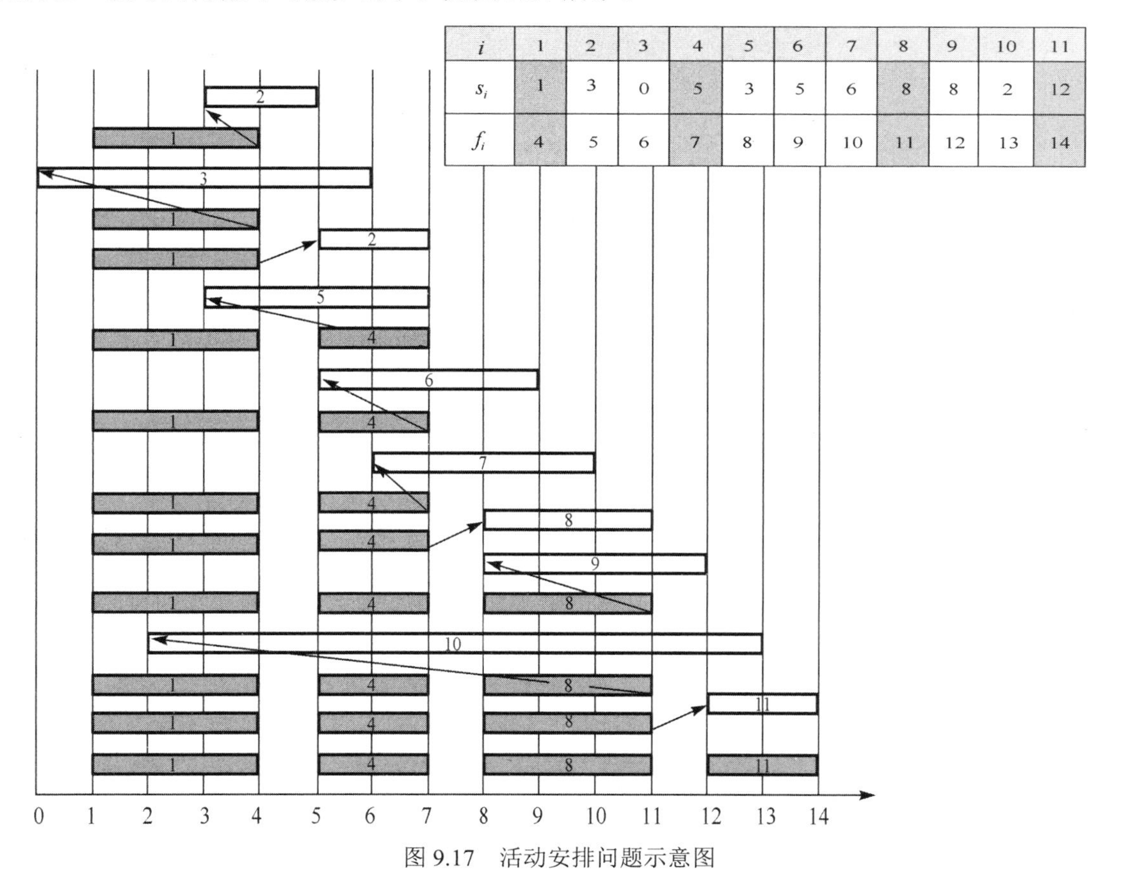

| $i$ | 1 | 2 | 3 | 4 | 5 | 6 | 7 | 8 | 9 | 10 | 11 |
|---|---|---|---|---|---|---|---|---|---|---|---|
| $s_i$ | 1 | 3 | 0 | 5 | 3 | 5 | 6 | 8 | 8 | 2 | 12 |
| $f_i$ | 4 | 5 | 6 | 7 | 8 | 9 | 10 | 11 | 12 | 13 | 14 |



图 9.17　活动安排问题示意图

此问题的贪心算法原则是：选取时间结束最早的事情做，这样才能把剩余的时间空出来安排更多的活动。因此，首先对活动的结束时间排序，越早结束的活动的位置越靠前，这样在第一次选取时，选取最早结束的活动进行安排，第二次选取时，在所有与第一个活动相容的活动中，选取最早结束的活动进行安排。如此重复，一般就能得到活动安排问题的最优解。本例中的结果为安排活动 1，4，8，11。

#### 3．代码实现

```
void GreedySelector(int n， Datatype s[]， Datatype f[]， int A[])
{
    A[0] = 1；
    int j = 1；
    for (int i = 1；i<n；i++)
    {
        if (s[i]>=f[j])
        {
            A[i] = 1；
            j = i；
        }
        else
        {
            A[i] = 0；
        }
    }
}
```

### 9.4.3 贪心算法小结

贪心算法与动态规划法、分治法类似，它们都是将问题实例归纳为更小的、相似的子问题，并通过求解子问题产生一个全局最优解。几个算法之间的区别也非常明显。

分治法中的各子问题是独立的，即不包含公共的子问题，因此一旦递归地求出各子问题的解，便可自底向上地将子问题的解合并成问题的解。如果各子问题是不独立的，则分治法要做许多不必要的工作，重复地求解公共的子问题。

动态规划的实质是分治思想和解决冗余，因此，动态规划是一种将问题实例分解为更小的、相似的子问题，并存储子问题的解而避免计算重复的子问题，以解决最优化问题的算法策略。

贪心算法选择可能要依赖已经做出的所有选择，但不依赖于有待于做出的选择和子问题。因此贪心法自顶向下，一步一步地做出贪心选择；每作一次贪心选择就将所求问题简化为规模更小的子问题，但是贪心算法并不能保证全局最优。

贪心算法是一类应用场景较少的优化算法，判断某一问题能否通过贪心选择得到问题最优解，往往是一件很困难的事情。但是，在一些不需得到最优解、只需得到较好的解的场合，贪心算法会有很好的效果。

# 9.5　回溯法——深度优先搜索解空间

## 9.5.1　回溯法

### 1. 回溯法简介

回溯法实际上是一个类似枚举的搜索尝试过程，主要是在搜索尝试过程中寻找问题的解，当发现已不满足求解条件时，就“回溯”返回，尝试别的路径。可以参考走迷宫的过程，一开始会随机选择一条道路前进，走不通时就会回头，找另外一条没有试过的道路前进。实际上，走迷宫的算法是就是回溯法的经典问题。

回溯法是一种选优搜索法，按选优条件向前搜索以达到目标。但当探索到某一步时，发现原选择并不优或达不到目标，就退回一步重新选择，这种走不通退回再走的技术称为回溯法，满足回溯条件的某个状态的点称为“回溯点”。许多规模较大的复杂问题都可以使用回溯法，有“通用解题方法”的美称。

### 2. 问题的解空间

应用回溯法解决问题时，首先必须定义问题的解空间。9.4 节介绍了背包问题。如果在背包问题中限制每个物品要么被选、要么不选，不存在分割物品的情况，那么背包问题就会变为 0—1 背包问题。0—1 问题无法用贪心算法解决，因为不能保证将背包装满，空闲的部分会降低背包的总体价值。实际上，对于 0—1 背包问题，其所有可能的情况是可以列出的，以 3 个物品的 0—1 背包问题为例，由于每件物品只存在选和不选两种情况，我们用 0 代表不选，用 1 代表选，则一共存在 $2^3=8$ 种组合的情况，如表 9.2 所示。

表 9.2　背包问题的解

| 物品 1 | 物品 2 | 物品 3 |
|---|---|---|
| 0 | 0 | 1 |
| 0 | 1 | 1 |
| 1 | 0 | 0 |
| 1 | 0 | 1 |
| 1 | 1 | 0 |
| 1 | 1 | 1 |
| 0 | 0 | 0 |

对于这 8 种情况，总有一种是最好的组合，如果能一一测试所有情况的结果，并挑出来最好的输出，就达到了求解 0—1 背包问题最优解的目的。但是，当物品较多时，这种搜索方法复杂度是以 2 的幂次递增的，因此，必须考虑如何减少复杂度的问题。为有效消除不需要的情况，需要一种有效的组织解空间的方式，通常采用树或图作为解空间的组织方式。以 3 物品 0—1 背包问题为例，可以采用图 9.18 所示的树型结构来描述。如图 9.18 所示，从根结点出发，沿着任何一条路径到叶子结点，就构成了解空间中的一个解。

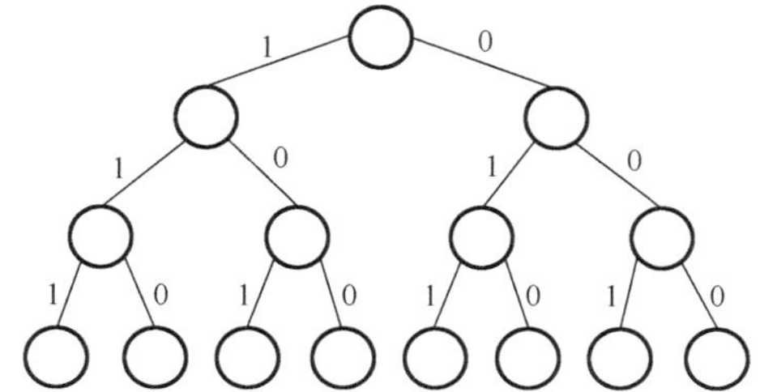

图 9.18　树结构描述的 0—1 背包问题的解空间

### 3. 回溯法的执行过程

确定了问题的解空间之后，回溯法从根结点开始，以深度优先的方式搜索整个解空间。如果某个结点可选，就称它为一个活结点；如果从一个活结点能够继续向纵向的方向移动一个结点，则该新结点就成为新的活结点。如果在当前的活结点处不能再向纵向的方向移动，则意味着该结点选择失败，必须回溯到上一个结点处重新选择。因此，这种不能向纵向移动的结点称它为死结点。回溯法就是以上述流程为思想，递归地在整个解空间中进行搜索，直到找到所需的解，或者所有结点都变成死结点。

## 9.5.2 回溯法实例

### 9.5.2.1 背包问题的回溯法求解

#### 1. 问题描述

以 3 个物品的 0—1 背包问题为例，对回溯法的思想进行说明。

#### 2. 问题解析

现在有物品 1、物品 2 和物品 3 三件物品，重量分别为 $w_1$=16、$w_2$=15、$w_3$=15，价值分别为 $v_1$=45、$v_2$=25、$v_3$=25。现在有一个最多装重量 30 的背包，每件物品要么选取、要么不选取，如何选择物品使得背包中的物品价值最高呢？本例解空间表示如图 9.19 所示。

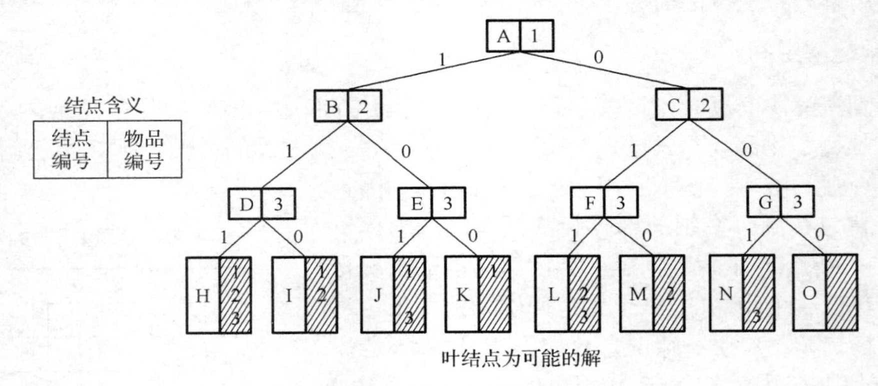


图 9.19　0—1 背包问题解空间表示

在图 9.20 中，从根结点 A 开始，沿着左边的路径向结点 B 的纵向方向搜索，因此第一步搜索意味着选取了物品 1，此时的剩余容量为 14，而当前背包的价值为 45。

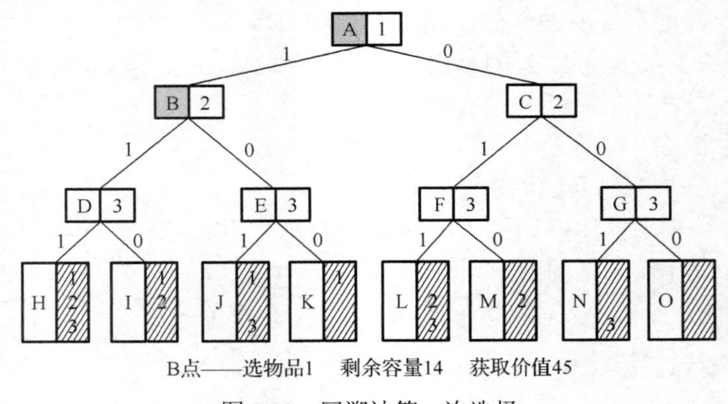


图 9.20　回溯法第一次选择

在图 9.21 的第二步搜索中，如果选择了结点 D，意味着同时选择了物品 1 和物品 2，这会导致整个背包的重量超重，因此结点 D 不可选，变成死结点。同时也意味着结点 D 下方的所有结点都不必再搜索。

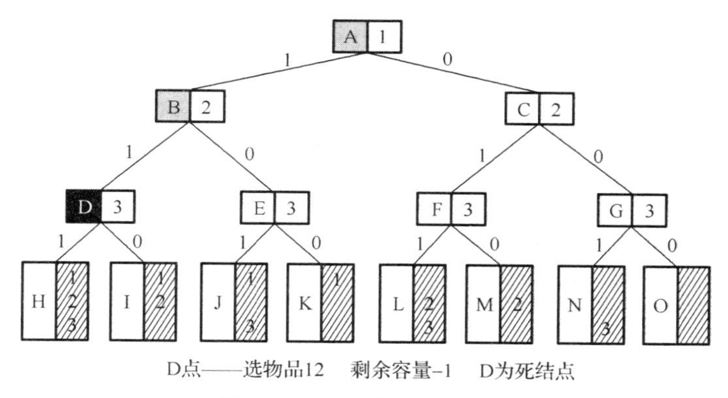


图 9.21　回溯法第二次选择

在图 9.22 中，从结点 D 回溯到结点 B，再次前往结点 E，意味着物品 1 可以选择，而物品 2 不能选择，因此结点 E 是一个可选路径，可以从结点 E 出发，再次纵向搜索。

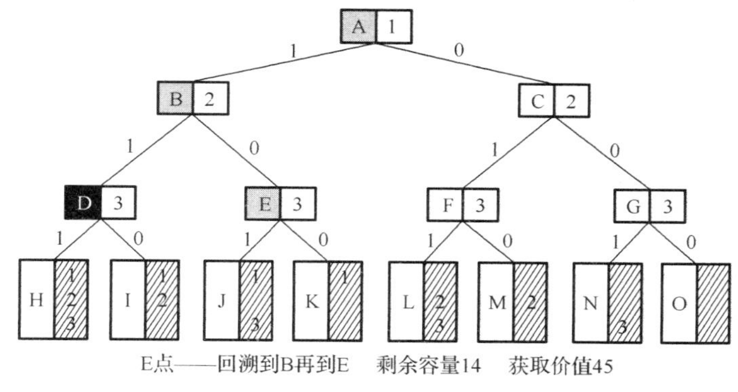


图 9.22　回溯法第三次选择

在图 9.23 中，从结点 E 出发，一旦选择了结点 J，则意味着物品 1 和物品 3 同时选择，又会导致背包的整体重量超标。因此，结点 J 也成为一个死结点，需再次回溯重新搜索。

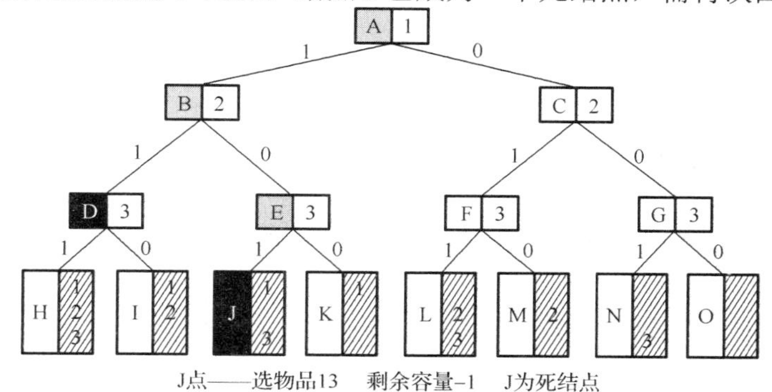


图 9.23　回溯法第四次选择

在图 9.24 中，从结点 E 出发，选择结点 K，意味着仅选择物品 1，而物品 2 和物品 3 都不会被选择。此时，得到该 0—1 背包问题的一个可行解，即只选择物品 1，最终的背包价值为 45。

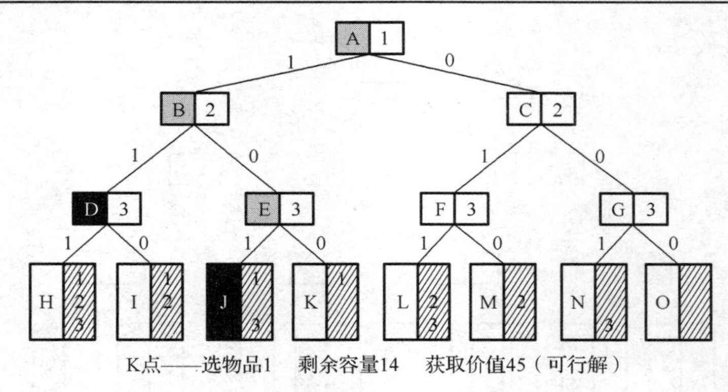


图 9.24 回溯法第五次选择

继续在该解空间中递归的求解，就能求出该问题的所有可行解，并在其中选择最优的一个解输出，就得到该问题的最终解。

#### 9.5.2.2 哈密顿回路问题

历史上著名的哈密顿回路、四色定理、八皇后问题等问题，最终都是通过回溯法得到求解的。下面看一下用回溯法解决哈密顿回路问题的思路。

**【知识 ABC】哈密顿图与回路**

哈密顿图是一个无向图，由天文学家哈密顿提出。

哈密顿回路与哈密顿图：通过图 G 的每个结点一次且仅一次的回路，就是哈密顿回路。存在哈密顿回路的图就是哈密顿图。

**1. 问题描述**

判断图 9.25 中的图是否存在哈密顿回路。

**2. 问题分析**

按照回溯法的解题思路，首先要构建树形解空间，在解空间中按深度搜索算法搜索所有的可行解。按照图 9.25，从结点 a 出发构建的一个解空间树如图 9.26 所示。

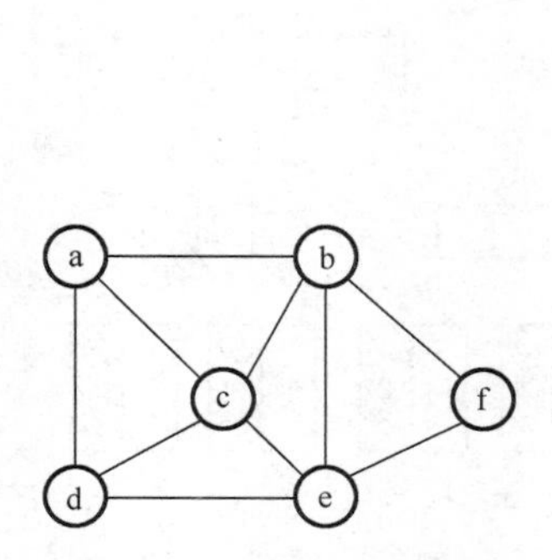


图 9.25 哈密顿图问题

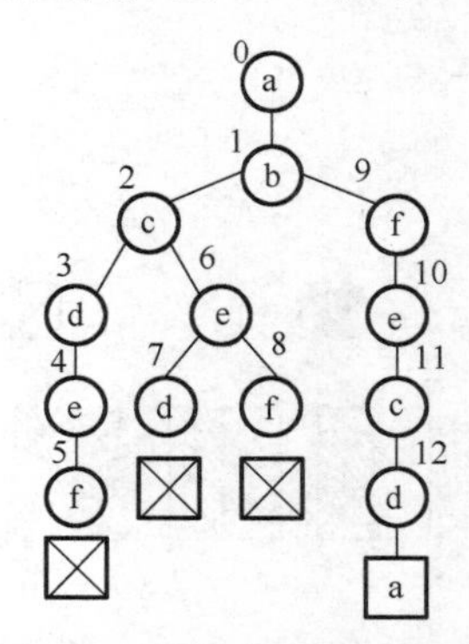


图 9.26 哈密顿回路问题的解空间

从结点 a 出发搜索，a→b、a→c 和 a→d 都是可行路径。为避免解空间过大，首先选择 a→b 的路径开始搜索。从结点 b 开始，有 b→c 和 b→f 两条路径可以选择。我们继续沿着 b→c

的路径搜索，b→c→d→e→f。当到达结点 f 时，发现从 f 无法返回出发结点 a，这也导致了这一次的搜索失败，因此需要回溯至之前具有其他可行路径的结点再次搜索，并将这一无解路径从解空间中去除，这一过程称为剪枝。

在回溯回结点 c 之后，我们沿着另外一条路径 b→c→e 进行搜索。可以发现，无论是路径 b→c→e→d 还是路径 b→c→e→f，都无法构成哈密顿回路，这条路径也应从解空间中剪枝去除。

再次回溯到结点 b，我们沿着 b→f 的路径再次搜索。能够发现，沿着这条路径搜索下去，最终得到一个返回结点 a 的哈密顿回路 a→b→f→e→c→d→a。因此，该图是一个哈密顿图。

由于该问题只要找到一个可行解就能够求解，因此到此为止可以结束整个算法。当然，如果要寻找另一条哈密顿回路，可以从其他没有尝试过的路径出发，继续前面的操作。

回溯算法一个有趣的特性是在搜索执行的同时产生解空间。在搜索期间的任何时刻，仅保留从开始结点到当前结点的路径。因此，回溯算法的空间需求为 $O(n)$，$n$ 为从开始结点起最长路径的长度。这个特性非常重要，因为解空间的大小通常是最长路径长度的指数或阶乘，所以，存储全部解空间很容易造成内存空间的溢出。

### 3．哈密顿回路问题算法

哈密顿回路问题算法可以按照以下伪代码步骤解决。

```
1. 顶点数组 x[n]初始化为-1，标志哈密顿回路数组 Visited[n]初始化为 0；
2. k=1；visited[1]=1；x[1]=1；从顶点 1 出发构造哈密顿回路；
3. While(k>=1)
      3.1   x[k]=x[k]+1，搜索下一个顶点；
      3.2   若（n 个顶点没有被穷举）执行以下操作
            3.2.1   若（顶点 x[k]不在哈密顿回路上&&(x[k-1]，x[k]∈E)），转步骤 3.3
            3.2.2   否则，  x[k]=x[k]+1，搜索下一个顶点；
      3.3   若数组 x[n]已形成哈密顿路径，则输出数组 x[n]，算法结束；
      3.4   否则
            3.4.1   若数组 x[n]构成哈密顿路径的部分解，则 k=k+1，转步骤 3；
            3.4.2   否则，重置 x[k]，k=k-1，取消顶点 x[k]的访问标志，转步骤 3。
```

## 9.5.2.3　八皇后问题

国际象棋中的皇后是一枚强力棋子，能够将直线和斜线上的棋子吃掉。国际象棋棋盘如图 9.27 所示，是否可以在一个国际棋盘上放置 8 个皇后，保证这 8 个皇后互相不吃掉对方呢？也就是棋盘的每一行、每一列和每一个斜线都不能有超过一个的皇后。如果存在可行方案，有多少种不同的方案呢？八皇后问题最早由国际象棋棋手马克斯・贝瑟尔于 1848 年提出，著名的数学家高斯认为有 76 种方案，但是并没有证明这一结论。之后陆续有数学家对其进行研究，现在利用计算机编程可以得到的方案为 92 组，有兴趣的读者可以自行搜索相应的程序。

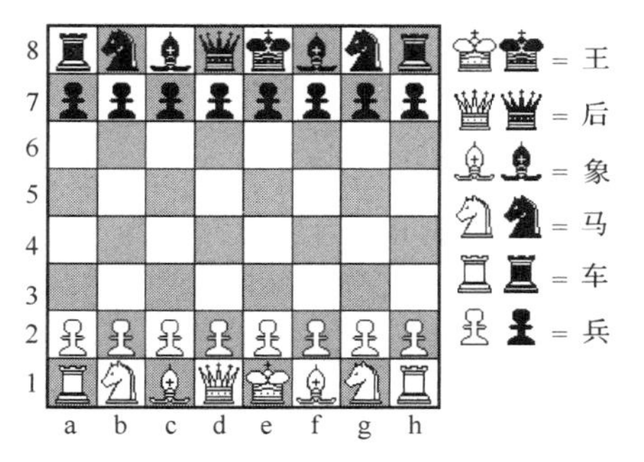


图 9.27　国际象棋的棋盘

### 9.5.3 回溯法小结

回溯法实际上是一种试错思路，通过不断尝试解的组合达到求可行解和最优解的目的。虽然都有穷搜的概念蕴含其中，但回溯法和穷举查找法不同。对于一个问题的所有实例，穷举法注定是非常缓慢的，但应用回溯法，至少可以期望对于一些规模不是很小的实例，计算机在可接受的时间内对问题求解。即使回溯法没有消去一个问题的状态空间中的任何一个元素，并在结束时生成了其中的所有元素，它还是提供了一种特定的解题方法，而这个方法本身具有一定的价值。

## 9.6 分支限界法——广度优先搜索解空间

### 9.6.1 分支限界法简介

与回溯法类似，分支限界法也是一种在问题的解空间中寻找问题解的算法。两者最大的不同在于，回溯法是要寻找解空间中满足约束条件的所有解，而分支限界法只是要找到解空间中满足约束条件的一个解，或者在满足约束条件的解中找一个使目标函数极大或极小的解。由于出发点不同，回溯法需要利用深度优先策略在解空间中搜索，而分支限界法需要以广度优先策略在解空间中搜索。

分支限界法首先需要确定一个合理的限界函数，并根据限界函数确定目标函数的界[down, up]。然后，按照广度优先策略遍历问题的解空间树，在分支结点上，一次搜索该结点的所有孩子结点，分别估算这些孩子结点的目标函数的可能取值。如果某孩子结点的目标函数可能取的值超出目标函数的界，则将其丢弃，因此从这个结点生成的解不会比目前已经得到的解更好；否则，将其加入待处理结点表（PT 表），依次从 PT 表中选取使目标函数的值取得极值的结点称为当前扩展结点，重复上述过程，直到找到最优解。

随着这个遍历过程的不断深入，PT 表中估算的目标函数的界会越来越接近问题的最优解。当搜索到一个叶子结点时，如果该结点的目标函数值是 PT 表中的极值（最小化问题就是极小值，最大化问题就是极大值），则该叶子结点对应的解就是问题的最优解；否则，根据这个叶子结点调整目标函数的界（对于最小化问题，调整上界；对于最大化问题，调整下界），依次考察 PT 表中的结点，将超出目标函数界的结点丢弃，然后从 PT 表中选取使目标函数取得极值的结点继续进行扩展。

为了突出与回溯法的不同，我们依然使用 0—1 背包问题对分支限界法进行说明。

**1．问题描述**

假设有 4 件物品，其重量分别为 4、7、5、3，而价值分别为 40、42、25、12，现有背包的容量 W=10。用分支限界法求解。

**2．问题分析**

将给定的物品按照单位重量价值从大到小排序，见表 9.3。

表 9.3 0—1 背包问题的参数

| 物品 | 重量 | 价值 | 价值/重量 |
| --- | --- | --- | --- |
| 1 | 4 | 40 | 10 |
| 2 | 7 | 42 | 6 |
| 3 | 5 | 25 | 5 |
| 4 | 3 | 12 | 4 |

首先采用贪心算法，从单位价值最高的物品

开始选取。贪心算法永远选择当前看起来最有利的选择，因此我们选择物品 1，获得的价值是 40。贪心算法对于 0—1 背包问题无法得到最优解，所以此时的 40 可以视为 0—1 背包问题的一个下界。

接下来考虑最好的情况，背包中装入的全部是第 1 个物品，且可以将背包装满，这样我们就可以得到一个理论上的最优上界，10×(40/4) =100。如此，我们得到目标函数的界为[40,100]，限界函数为

$$UB = v + (W - w) \times (v_{i+1} / w_{i+1})$$

### 3．问题的解空间

依据限界函数，可以画出该问题的解空间，如图 9.28 所示。

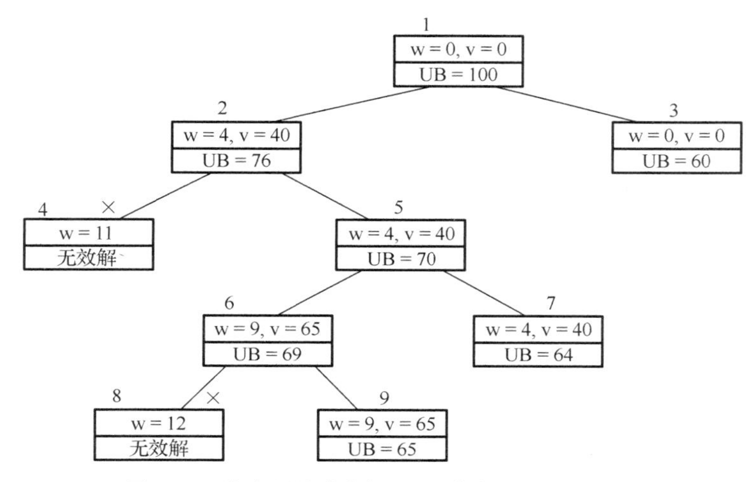


图 9.28　分支限界法求解 0—1 背包问题的解空间

### 4．解空间的搜索

具体的搜索过程如下：

① 在根结点 1，没有将任何物品装入背包，背包的重量和获得的价值均为 0，根据之前计算的上界我们知道，目标函数的函数值为 100。

② 在结点 2，将物品 1 装入背包，背包的重量为 4，获得的价值为 40，目标函数值为 40+(10−4)×6=76。结点 2 是符合限界要求的，因此将结点 2 加入 PT 表中；在结点 3，没有将物品 1 装入背包，背包的重量和获得的价值仍为 0，目标函数值 10×6=60，结点 3 也应该加入 PT 表中。

③ 在 PT 表中优先选取函数值取得极大的结点 2 进行搜索。

④ 在结点 4，将物品 2 装入背包，背包的重量为 11，不满足约束条件，将结点 4 丢弃；在结点 5，没有将物品 2 装入背包，背包的重量与价值与结点 2 相同，目标函数值为 40+(10−4)×5=70，将结点 5 加入 PT 表。

⑤ 在 PT 表中选取目标函数值取得极大的结点 5 优先进行搜索。

⑥ 在结点 6，将物品 3 装入背包，背包的重量为 9，获得的价值为 65，目标函数值为 65+(10−9)×4=69，因此将结点 6 加入 PT 表中；在结点 7，没有将物品 3 装入背包，背包的重量和价值与结点 5 相同，目标函数值为 40+(10−4)×4=64，将结点 7 接入 PT 表中。

⑦ 在 PT 表中选取目标函数极大的结点 6 优先进行搜索。

⑧ 在结点 8，将物品 4 装入背包，背包的重量为 12，不满足约束条件；在结点 9，没有将物品 4 装入背包，背包的重量与价值与结点 6 相同，目标函数值为 65。

⑨ 由于结点 9 是叶子结点，同时结点 9 的目标函数值是 PT 表中的极大值，所以，结点 9 对应的解即是问题的最优解，搜索结束。

## 9.6.2 分支限界法的求解思想

### 1. 分支限界法算法描述

分支限界法的一般求解过程可以如下描述。

```
根据限界函数确定目标函数的界[down,up]；将待处理结点表 PT 初始化为空；
对根结点的每个孩子结点 x 执行下列操作
 {  估算结点 x 的目标函数值 value
    若 value>=down，将结点 x 加入 PT 表中‘
 }
 循环直到某个叶子结点的目标函数值在 PT 表中最大
 {
     I=PT 表中值最大的结点
     对结点 i 的每个孩子结点 x 执行下列操作；
     {
         估算结点 x 的目标函数值 value
         若 value>=down，则将结点 x 加入 PT 表中
         若结点 x 是叶子结点且结点 x 的 value 值在 PT 表中最大，则将结点 x 对应的解输出，
             算法结束；
         若结点 x 是叶子结点但结点 x 的 value 值在 PT 表中不失最大，则令 down=value，并且
             将 PT 表中所有小于 value 的结点删除。
     }
 }
```

### 2. 分支限界法的关键问题

应用分支限界法的关键问题就在于以下三点：

- 如何确定合适的限界函数；
- 如何组织待处理结点列表；
- 如何确定最优解中的各分量。

### 3. 分支限界法的效率

分支限界法和回溯法实际上都属于蛮力穷举法，若遍历具有指数阶个结点的解空间树，最差情形的时间复杂度也是指数级的。

与回溯法不同的是，分支限界法首先扩展解空间树中的上层结点，并采用限界函数，有利于实行大范围剪枝，同时根据限界函数不断调整搜索方向，选择最可能取得最优解的子树优先进行搜索。所以，如果选择了结点的合理扩展顺序，并设计了一个好的限界函数，分支限界法可以快速得到问题的解。

分支限界法的较高效率是以付出一定的代价为基础的，其工作方式也造成算法设计的复

杂性，一个良好的限界函数往往需要花费更多的时间来计算目标函数值，对于具体问题来说，往往需要大量的实现才能得到一个好的限界函数。分支限界法对解空间树中结点的处理是跳跃式的，因此在搜索到某个叶子结点得到最优值时，为了从该叶子结点求出对应最优解的各分量，需对每个扩展结点保存该结点到根结点的路径，这使得算法设计较为复杂。算法还需要维护一个 PT 表，且需在 PT 表中查找极值的结点，这需要较大的存储空间；在最差情形下，分支限界法需要的空间复杂度也是指数级的。

## 9.6.3　分支限界法经典问题

### 1．问题描述

旅行家问题是分支限界法的经典问题，内容如下。

旅行家需要旅行 $n$ 个城市，要求经历各城市一次且仅经历一次，然后回到出发城市，求所走的最短路程。拓扑图和邻接矩阵如图 9.29 所示。

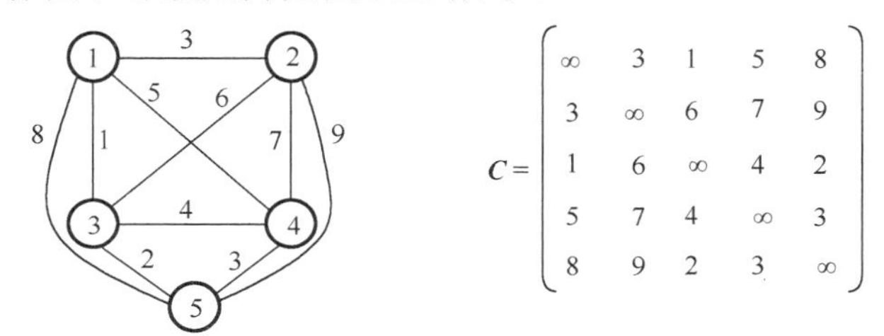


$$C=\begin{pmatrix} \infty & 3 & 1 & 5 & 8 \\ 3 & \infty & 6 & 7 & 9 \\ 1 & 6 & \infty & 4 & 2 \\ 5 & 7 & 4 & \infty & 3 \\ 8 & 9 & 2 & 3 & \infty \end{pmatrix}$$

图 9.29　旅行家问题拓扑图与存储邻接矩阵

### 2．问题分析

（1）问题上界

采用贪心法，我们每一步都选择最短的路径，可以求得近似解为 1→3→5→4→2→1，其路径长度为 1+2+3+7+3=16。由于贪心算法一般无法得到最优解，因此这个结果可以作为旅行家问题的上界。

（2）问题下界

把矩阵中每一行的最小元素相加，得到一个简单的下界，其路径长度为 1+3+1+3+2=10。但实际上还存在一个信息量更大的下界：考虑一个旅行家问题的完整解，在每条路径上，每个城市都有两条邻接边，一条是进入这个城市的，另一条是离开这个城市的。那么，如果把矩阵中每一行最小的两个元素相加再除以 2，在图中所有的代价都是整数时，再对这个结果向上取整，就得到一个合理的下界

$$((1+3)+(3+6)+(1+2)+(3+4)+(2+3))/2=14$$

于是得到目标函数的界[14,16]。

需要强调的是，这个解并不是一个合法的选择，很可能并不是一个哈密顿回路，从而不符合题干要求，它仅给出了一个参考下界。

（3）限界函数

我们选取的限界函数为

$$\mathrm{LB}=2\left(\sum_{i=1}^{k-1}\mathrm{C}[\mathrm{r}_i][\mathrm{r}_{i+1}]+\sum_{\mathrm{r}_i\in\mathrm{U}}\mathrm{r}_i+\sum_{\mathrm{r}_j\notin\mathrm{U}}\mathrm{r}_j\right)/2$$

其中，$r_i$ 是行不在路径上的最小元素；$r_j$ 是行最小的两个元素。

应用分支限界法求解图 9.29 所示无向图的旅行家问题，其搜索空间如图 9.30 所示。

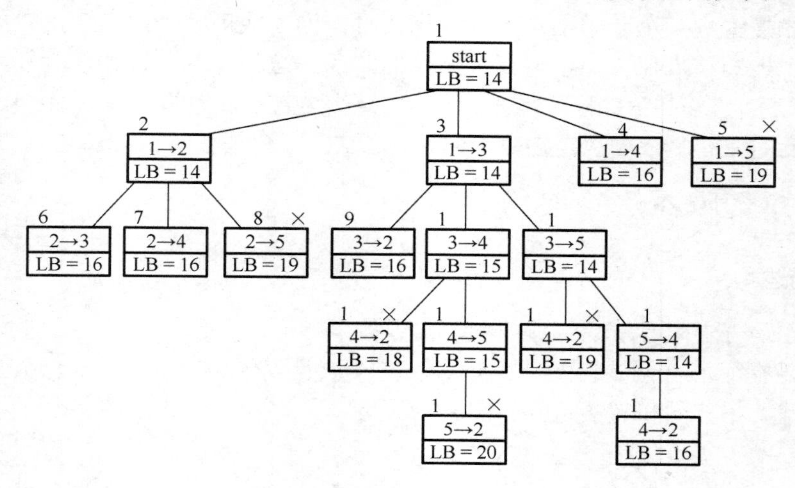


图 9.30 旅行家问题的搜索空间

### 3. 搜索过程

具体的搜索过程如下。

① 在根结点 1，根据限界函数计算目标函数的值为 LB=((1+3)+(3+6)+(1+2)+(3+4)+(2+3))/2=14。

② 在结点 2，从城市 1 到城市 2，路径长度为 3，目标函数的值为((1+3)+(3+6)+(1+2)+(3+4)+(2+3))/2=14，将结点 2 加入待处理结点表 PT 中；在结点 3，从城市 1 到城市 3，路径长度为 1，目标函数的值为((1+3)+(3+6)+(1+2)+(3+4)+(2+3))/2=14，将结点 3 加入表 PT 中；在结点 4，从城市 1 到城市 4，路径长度为 5，目标函数的值为((1+5)+ (3+6)+(1+2)+(3+5)+(2+3))/2=16，将结点 4 加入表 PT 中；在结点 5，从城市 1 到城市 5，路径长度为 8，目标函数的值为((1+8)+(3+6)+(1+2)+(3+5)+(2+8))/2=19，超出目标函数的界，将结点 5 丢弃。

③ 在表 PT 中选取目标函数值极小的结点 2 优先进行搜索。

④ 在结点 6，从城市 2 到城市 3，目标函数值为((1+3)+(3+6)+(1+6)+(3+4)+(2+3))/2=16，将结点 6 加入表 PT 中；在结点 7，从城市 2 到城市 4，目标函数值为((1+3)+(3+7)+(1+2)+(3+7)+(2+3))/2=16，将结点 7 加入表 PT 中；在结点 8，从城市 2 到城市 5，目标函数值为((1+3)+(3+9)+(1+2)+(3+4)+(2+9))/2=19，超出目标函数的界，将结点 8 丢弃。

⑤ 在表 PT 中选取目标函数值极小的结点 3 优先进行搜索。

⑥ 在结点 9，从城市 3 到城市 2，目标函数值为((1+3)+(3+6)+(1+6)+(3+4)+(2+3))/2=16，将结点 9 加入表 PT 中；在结点 10，从城市 3 到城市 4，目标函数值为((1+3)+(3+6)+(1+4)+(3+4)+(2+3))/2=15，将结点 10 加入表 PT 中；在结点 11，从城市 3 到城市 5，目标函数值为((1+3)+(3+6)+(1+2)+(3+4)+(2+3))/2=14，将结点 11 加入表 PT 中。

⑦ 在表 PT 中选取目标函数值极小的结点 11 优先进行搜索。

⑧ 在结点 12，从城市 5 到城市 2，目标函数值为((1+3)+(3+9)+(1+2)+(3+4)+(2+9))/2 =19，超出目标函数的界，将结点 12 丢弃；在结点 13，从城市 5 到城市 4，目标函数值为((1+3)+(3+6)+(1+2)+(3+4)+(2+3))/2=14，将结点 13 加入表 PT 中。

⑨ 在表 PT 中选取目标函数值极小的结点 13 优先进行搜索。

⑩ 在结点 14，从城市 4 到城市 2，目标函数值为((1+3)+(3+7)+(1+2)+(3+7)+(2+3))/2 =16，最后从城市 2 回到城市 1，目标函数值为((1+3)+(3+7)+(1+2)+(3+7)+(2+3))/2 =16，由于结点 14 为叶子结点，得到一个可行解，其路径长度为 16。

⑪ 在表 PT 中选取目标函数值极小的结点 10 优先进行搜索。

⑫ 在结点 15，从城市 4 到城市 2，目标函数的值为((1+3)+(3+7)+(1+4)+(7+4)+(2+3))/2 =18，超出目标函数的界，将结点 15 丢弃；在结点 16，从城市 4 到城市 5，目标函数值为((1+3)+(3+6)+(1+4)+(3+4)+(2+3))/2=15，将结点 16 加入表 PT 中。

⑬ 在表 PT 中选取目标函数值极小的结点 16 优先进行搜索。

⑭ 在结点 17，从城市 5 到城市 2，目标函数的值为((1+3)+(3+9)+(1+4)+(3+4)+(9+3))/2 =20，超出目标函数的界，将结点 17 丢弃。

⑮ 表 PT 中目标函数值均为 16，且有一个是叶子结点 14，所以，结点 14 对应的解 1→3→5→4→2→1 即是旅行家问题的最优解，搜索过程结束。

### 9.6.4　分支限界法小结

分支限界法由“分支”策略和“限界”策略两部分组成。“分支”策略体现在对问题空间按广度优先的策略进行搜索；“限界”策略是为了加速搜索速度而采用启发信息剪枝的策略。分支搜索的一种搜索方式是 FIFO，在搜索当前 E 结点全部儿子后，其儿子结点成为活结点，E 结点变为死结点；活结点存储在队列中，队首的活结点出队后变为 E 结点，其再生成其他活结点的儿子……直到找到问题的解或活结点队列为空。分支搜索的另一种搜索方式是优先队列搜索，它通过结点的优先级使搜索尽快朝着解空间树上有最优解的分支推进。这样，当前最优解一定较接近真正的最优解。其后，将当前最优解作为一个“标准”，对上界（或下界）不可能达到（或大于）这个“标准”的分支，则不去进行搜索，这样剪枝的效率更高，能较好地缩小搜索范围，从而提高搜索效率。其中，优先队列分支限界法进行算法设计的有一个要点：结点优先级确定后，按结点优先级进行排序就生成了优先队列。作业分配问题正是利用了这一思想进行算法设计，也通过最大效益的分配方案为最佳解的限界筛选最优解。

分支算法的求解目标是找出满足约束条件的一个解，或是在满足条件的解中找出使某一目标函数值达到极大或极小的解，即在某种意义下的最优解。分支限界法的解空间比回溯法大得多，因此当内存容量有限时，回溯法成功的可能性更大。仅就限界剪枝的效率而言，优先队列的分支限界法显然要更高一些。回溯法则因为层次的划分，可以在上界函数值小于当前最优解时剪去以该结点为根的子树，缩小了搜索范围；分支限界法做到回溯法能做到的，若采用优先队列的分支限界法，有上界函数作为活结点的优先级，一旦有叶结点成为当前扩展结点，就意味着该叶结点所对应的解即为最优解，可以立刻终止过程。以上例子说明，优先队列的分支限界法更像是有选择、有目的地进行深度优先搜索，时间效率、空间效率都比较高。

## 9.7 本章小结

### 1. 本章内容的思维导图

本章介绍的经典算法间的联系见图 9.31。

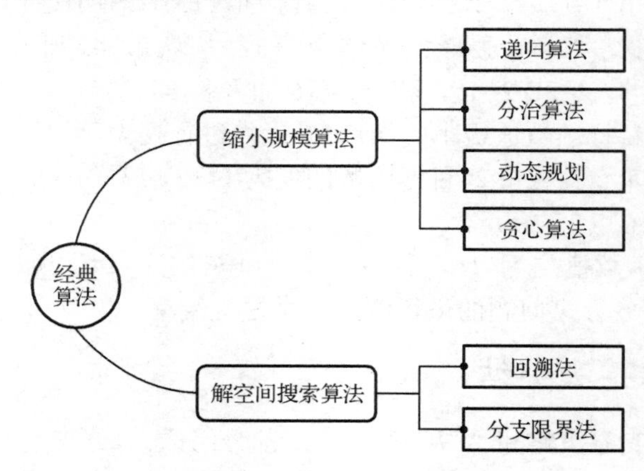


图 9.31 经典算法间的联系

### 2. 算法的比较

分治法、动态规划和贪心算法的比较见表 9.4，回溯法和分支限界法的比较见表 9.5。

表 9.4 动态规划、分治法和贪心算法的比较

| | 解题步骤 | 子问题特点 | 解题方向 | 适用场合 |
|---|---|---|---|---|
| 分治法 | 分、治、合 | 各子问题独立 | 自顶向下 | 通用算法 |
| 动态规划 | 找出递推关系<br>用表格记录子问题的解<br>构建结果 | 子问题有重叠 | 自底向上<br>自顶向下 | 最优化问题 |
| 贪心算法 | 以迭代的方式做出相继的贪心选择 | 子问题可有重叠 | 自底向上 | 最优化问题（解不一定是最优解） |

表 9.5 回溯法和分支限界法的比较

| | 在解空间树中查找求解目标 | 搜索方式 |
|---|---|---|
| 回溯法 | 找出满足约束条件的所有解 | 以深度优先的方式搜索 |
| 分支限界法 | 找出满足约束条件的一个解，或在满足约束条件的解中找出某种意义下的最优解 | 以广度优先或以最小耗费优先的方式搜索 |

## 习题

1. 描述归并排序和快速排序中存在的递归特性。

2. 利用递归算法解决奶牛问题：一只小奶牛，在 4 岁时开始生一只小奶牛，并且以后每年生一只小奶牛。现有一只刚出生的小奶牛，问 20 年后共有奶牛多少只？

3. 用分治法设计两个大整数乘积的算法。注意，大整数是用计算机中的整数类型无法表

示的整数。

4．用分治法设计两个矩阵乘积的算法。

5．给定平面上的 $n$ 个点，找出其中的一对点，使得在 $n$ 个点组成的所有点对中，该点对之间的距离最小。该问题称为最接近点对问题。使用动态规划方法解决最接近点问题。

6．用动态规划算法和分支限界算法解决 0—1 背包问题。

7．有一批集装箱要装上一艘载重量为 c 的轮船，其中，集装箱 $i$ 的重量为 $w_i$。要求确定：在装载体积不受限制的情况下，如何装载才能将尽可能多地集装箱装上轮船。

8．在国际象棋 8×8 方格的棋盘上，从任意指定方格出发，为马寻找一条走遍棋盘每一格且每个格子只经过一次的一条路径。

9．假设某国发行了 $n$ 种不同面值的邮票，且规定每个信封上最多只许贴 $m$ 张邮票。连续邮资问题要求，对于给定的 $n$ 和 $m$，给出邮票面值的最佳设计，使得可在一个信封上贴出从邮资 1 开始、增量为 1 的最大连续邮资区间。

10．用回溯法解决八皇后问题。

11．若已知一个迷宫只有一条路径可以走通，试采用回溯法求解迷宫的唯一通路。

# 附录 A　数据的联系

数据结构的含义包括三个方面——数据的逻辑结构、数据的存储结构和数据的运算。数据的逻辑结构体现数据的联系，数据的存储是数据在计算机中的体现。在实际问题中，数据的处理，一是根据问题中的信息抽象出信息中的数据与联系，并根据问题的功能要求及数据量的大小选用合适的存储结构（在图 A.1 中，“结构选用”部分列出的是简单的部分选用原则示例）；二是根据功能要求划分模块分别处理；三是测试和调试。

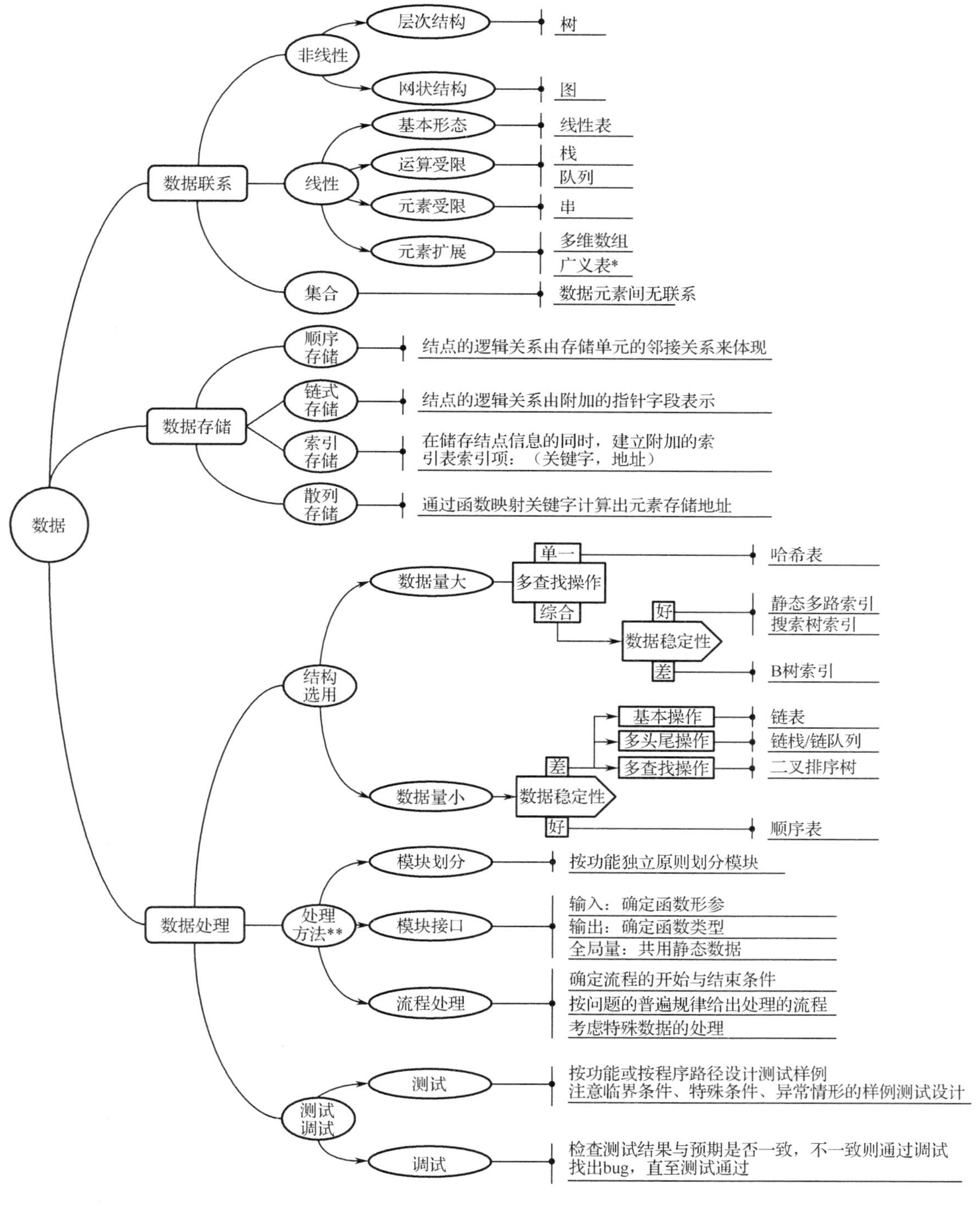


图 A.1　数据的联系

*说明：广义表属于非线性结构，是线性表的一种推广。

**说明：此处数据的处理方法按面向过程的方式给出。